流体流动问题
解析与计算

黄卫星　编著

Analysis
and
Calculation
for
Fluid Flow
Problems

化学工业出版社

·北京·

内容简介

本书较系统地汇集了具有教学价值及工程实际意义的流体流动典型问题，并根据流体力学知识，将问题划分为12章，包括：流体力学特性相关问题，流体流动基本概念问题，流体静力学问题，流动系统质量动量能量守恒问题，不可压缩一维层流问题，流体流动微分方程的应用，不可压缩理想流体平面流动问题，流动相似与模型实验问题，不可压缩流体管内流动问题，边界层流动及绕流阻力问题，可压缩流体管内流动问题，过程设备流体停留时间问题。书中各章按"知识要点及基本公式＋典型问题及解析计算过程"的方式编排，从中阐明相关问题的类型特点、常用假设、解析要领、计算方法，借此帮助读者深化基本概念的理解，熟悉原理公式的应用，积累分析建模的经验，提升解决工程实际问题的能力。

本书既可作为高校学生学习流体力学类课程的辅导教材，也可作为高校教师讲授工程流体力学课程的案例教材，同时也可作为相关专业科研及工程技术人员的常备参考书。

图书在版编目（CIP）数据

流体流动问题解析与计算/黄卫星编著.—北京：化学工业出版社，2020.9（2023.4重印）
ISBN 978-7-122-37055-6

Ⅰ.①流…　Ⅱ.①黄…　Ⅲ.①流体流动-高等学校-教材　Ⅳ.①O351.2
中国版本图书馆 CIP 数据核字（2020）第 085915 号

责任编辑：丁文璇　　　　　　　　　　　　　　　装帧设计：张　辉
责任校对：王　静

出版发行：化学工业出版社（北京市东城区青年湖南街 13 号　邮政编码 100011）
印　　装：北京建宏印刷有限公司
787mm×1092mm　1/16　印张 24½　字数 613 千字　　2023 年 4 月北京第 1 版第 3 次印刷

购书咨询：010-64518888　　　　　　　　　　售后服务：010-64518899
网　　址：http://www.cip.com.cn
凡购买本书，如有缺损质量问题，本社销售中心负责调换。

定　　价：96.00 元

流体流动既是自然现象，又是工程实际中借以实现动量、热量及质量传递的基本手段。在过程装备、化工轻工、能源动力、航空航天、土木水利、环境安全等工程领域，流体流动及其所带来的问题，都是其专业工作者必须面对和解决的问题。国内外高校工程类专业多数都将工程流体力学课程作为标配专业基础课也正是基于流体流动现象的广泛工程背景。

流体流动的基本原理和分析方法在各种流体力学教材中都有涉及，但要能较好地将其应用于解决工程实际问题，必须能把握不同流动问题的类型特点、常用假设、解析要领及计算方法。这种把握能力的培养是践行理论联系实际的过程，其中不仅需要勤于演算不同类型的习题，更需要广泛借鉴工程实际流动问题的解析经验。只有经历这样的实践过程，方可深化基本概念的理解，熟悉原理公式的应用，积累分析建模的经验，不断提升解决工程实际问题的能力。

编者长期讲授工程流体力学及传递过程课程，并以"多相流传递过程及设备"为主要方向指导培养研究生，开展科学研究，服务工程实际。编写此书的目的，就是与相关专业的高校学生、任课教师和专业工作者分享编者在教学及科研实践中解析计算流体流动问题的经验。

本书较为系统地汇集了具有教学价值和工程实际意义的流体流动典型问题，其中包括编者近年来面向工程实际所解决的部分问题。根据其涉及的流体力学知识范畴，本书将这些问题划分为12章，包括流体力学特性相关问题、流体流动基本概念问题、流体静力学问题、流动系统质量/动量/能量守恒问题、不可压缩一维层流问题、流体流动微分方程的应用、不可压缩理想流体平面流动问题、流动相似及模型实验问题、不可压缩流体管内流动问题、边界层流动及绕流阻力问题、可压缩流体管内流动问题、过程设备内流体的停留时间问题。

书中各章内容以"知识要点及基本公式＋典型问题及解析计算过程"的方式编排。其中各章涉及的知识要点的详细阐述、基本公式的来源与建立过程，可查阅黄卫星、伍勇编著《工程流体力学》（第3版）的对应各章。在将这些知识要点及基本公式应用于典型问题的解析计算过程时，编者充分注意到了以下几点：

① 阐明问题的类型特点及常用假设，包括假设的必要性，假设的合理性及其理论与实验依据。

② 阐明特定类型问题的解析要领，重点是面对那些需要进行建模分析的问题时的建模思路与方法，或面对不同条件的计算问题时从什么特征条件入手和应用什么方程建立计算方法与步骤。不同类型的问题都有各自的解析思路可寻，比如管道流动问题，其中单一管路的阻力/流量/管径计算、串联/并联/分支管路及管网的计算、可压缩流体有摩擦绝热/等温流动的计算等，就各有不同的解析要领。

③ 应用现代计算工具实现微积分方程或复杂方程组的计算，重点是基于Excel表格工具的数值积分方法、微分方程数值计算方法、线性/非线性方程组的迭代计算方法、方程联立试差计算方法（可压缩流动问题常用）、特定问题的近似计算方法（如管网问题的逐次近似法）等。

④ 以讨论或注解的形式，指出某些典型问题分析结果的适应范围或在工程实际中的扩展应用。

为应用方便，本书以附录形式给出了矢量与场论的基本公式（附录A），典型特殊函数的性质及微分方程的解（附录B），常见流体的物性参数（附录C），常见物理量的量纲与单位换算及常见特征数（附录D），管道粗糙度、局部阻力系数及绕流总阻力系数参考值（附录E）。

本书既可作为高校学生学习流体力学类课程的辅导教材，也可作为高校教师讲授工程流体力学课程的案例教材，同时也可作为相关专业科研及工程技术人员的常备参考书，为其解决流体流动工程实际问题提供案例参考和方法借鉴。

本书出版之际，编者衷心感谢四川大学化学工程学院及过程装备与安全工程系的同事们为本书编写提供的相关资料与教学支持；感谢四川大学化工学院"多相流过程与设备及安全工程"科研团队全体研究生同学给予的长期协助；同时对国内相关科研院所及企业公司多年来的项目合作以及兄弟院校专家教授和任课教师的宝贵建议表示诚挚的谢意，并希望读者对本书中的缺点与不足予以指正。

黄卫星

2020 年 5 月

四川大学，成都

目　录

第4章　流动系统质量/动量/能量守恒问题　　60

第 5 章　不可压缩一维层流问题　　　114

第 6 章　流体流动微分方程的应用　　　　139

第 7 章　不可压缩理想流体平面流动问题　　　　　　　　163

第8章　流动相似及模型实验问题　　　184

第 9 章　不可压缩流体管内流动问题　　231

第 10 章 　边界层流动及绕流阻力问题　　　　　　　　　268

第12章　过程设备内流体的停留时间问题　　333

第1章

流体力学特性相关问题

流体区别于固体的力学特性包括：流动性、可压缩性、黏滞性和液体表面张力特性。其中，流动性指流体伴随切应力的连续变形行为，该行为的运动学及动力学问题见后续各章。本章主要涉及与流体可压缩性、黏滞性和液体表面张力特性相关的基本问题。

1.1 流体压缩率计算问题

1.1.1 流体可压缩性概述

可压缩性指流体体积 V 随压力 p 增加而减小的特性。可压缩性通常用体积弹性模数 E_V 或体积压缩系数 β_p 来表征，其定义为

$$E_V = -V\frac{\mathrm{d}p}{\mathrm{d}V} \quad 或 \quad \beta_p = -\frac{1}{V}\frac{\mathrm{d}V}{\mathrm{d}p} \tag{1-1}$$

式中，$\mathrm{d}V$ 是对应压力增量 $\mathrm{d}p$ 的体积减小量（$\mathrm{d}V<0$）；$-\mathrm{d}V/V$ 为体积压缩率。

液体的可压缩性 液体的体积弹性模数 E_V 很大，且随压力温度变化较小，若将其视为常数，则积分式(1-1)可得体积压缩率与压力变化的关系为

$$\frac{V_1-V_2}{V_1} = 1 - \exp\left(-\frac{p_2-p_1}{E_V}\right) \tag{1-2}$$

以水为例，查附表C-1，常温常压下水的 $E_V = 2.171\times10^9\,\mathrm{Pa}$，由式(1-2)可知压力每增加 1atm（$=101325\mathrm{Pa}$），其体积压缩率仅为 0.0047%。故液体通常视为不可压缩流体。

气体的可压缩性 气体的压缩率与压缩过程的热力学行为有关。对于理想气体，有

$$pV^n = \mathrm{const}, \quad E_V = np$$

代入式(1-1)可得

$$\frac{V_1-V_2}{V_1} = 1 - \left(\frac{p_1}{p_2}\right)^{1/n} \tag{1-3}$$

式中，n 为多变过程指数，$n=1$ 为等温过程，$n=k$ 为等熵过程（k 为绝热指数）。

以空气为例，将空气等温压缩（$n=1$）使其压力增加一倍，其体积减小率将达到 50%。可见气体压缩率远大于液体，因此称为可压缩流体。

此外，若已知压缩过程的温度变化，则气体压缩率可根据理想气体状态方程表示为

$$\frac{V_1-V_2}{V_1} = 1 - \frac{p_1 T_2}{p_2 T_1} \tag{1-4}$$

1.1.2 压缩率计算

【P1-1】不同热力过程的气体压缩率问题。 用压缩机将初始温度为 20℃ 的空气从绝对压力 1atm 压缩到 6atm。等温压缩、等熵压缩（可逆绝热过程）以及压缩终温为 78℃ 这三种情况下，空气的体积压缩率各为多少？压缩终温为 78℃ 这一过程的过程指数 n 为多少？并解释三个过程终点温度不一样的原因。

解 根据式(1-3)，理想气体体积压缩率（用 Δ_V 表示）为

$$\Delta_V = 1 - V_2/V_1 = 1 - (p_1/p_2)^{1/n}$$

等温过程 $n=1$，故 $\qquad \Delta_V = 1 - 1/6 = 83.33\%$

等熵过程 $n=k=1.4$，故 $\Delta_V = 1 - (1/6)^{1/1.4} = 72.19\%$

等熵过程终点温度 T_2 可根据式(1-4)确定，即

$$T_2 = T_1(1 - \Delta_V)(p_2/p_1) = 293 \times (1 - 0.7219) \times (6/1) \approx 489(\text{K})$$

压缩终温为78℃的过程，其压缩率可直接由式(1-4)计算，即

$$\Delta_V = 1 - \frac{V_2}{V_1} = 1 - \frac{p_1 T_2}{p_2 T_1} = 1 - \frac{1 \times 351}{6 \times 293} = 80.03\%$$

该过程的过程指数为

$$n = \frac{\ln p_1/p_2}{\ln(1 - \Delta_V)} = \frac{\ln 1/6}{\ln(1 - 0.8003)} \approx 1.11$$

以上三个过程具有相同的起始压力和终端压力。其中，等温压缩过程所生产的热量随时被取走，故得以保持等温（293K），且压缩率最大（83.33%）；等熵压缩中所产生的热量全部储存于气体中，故终点温度最高（489K），压缩率最小（72.19%）；第三个过程（$n=1.11$）只有部分热量被取走，故终点温度（351K）介于二者之间，压缩率（80.03%）也介于二者之间。

【P1-2】压力表校验器油缸加压问题。如图1-1所示，用手轮旋进活塞对压力表校验器油缸内的油进行加压。加压前油压 $p_0 = 1\text{atm}$（$=101325\text{Pa}$），油的体积 $V_0 = 200\text{cm}^3$。已知油的体积压缩系数 $\beta_p = 4.75 \times 10^{-10}\ \text{m}^2/\text{N}$，活塞直径 $D = 10\text{mm}$，活塞杆螺距 $t = 2\text{mm}$，且活塞周边密封良好，问：为使油压达到 200atm，手轮应转动多少转？此时油的体积压缩率为多少？

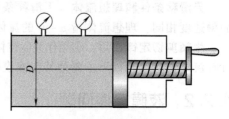

图1-1　P1-2附图

解　根据液体压缩率计算式(1-2)并以 β_p 代替 E_V，可得油的压缩率表达式为

$$\Delta_V = \frac{V_0 - V}{V_0} = 1 - \exp[-\beta_p(p - p_0)]$$

设 n 为手轮转动转数，则油的体积压缩量等于活塞面积与推进距离的乘积，即

$$V_0 - V = (\pi D^2/4)nt$$

两式联立有

$$n = \frac{4V_0}{\pi D^2 t}\{1 - \exp[-\beta_p(p - p_0)]\}$$

代入数据可得

$$n = 12.14,\ \Delta_V = 0.95\%$$

1.2　流体黏性及液膜摩擦问题

1.2.1　流体黏性概述

黏性及牛顿剪切定律　黏性指流体连续变形过程中内部伴随产生摩擦力的属性。摩擦力的产生有分子内聚力和分子动量交换两种机理。对于图1-2所示的流体速度 $u = u(y)$ 的一维流动，流体层间单位面积的摩擦力或切应力 τ 可用牛顿剪切定律描述，即

$$\tau = \mu\frac{\text{d}u}{\text{d}y} \tag{1-5}$$

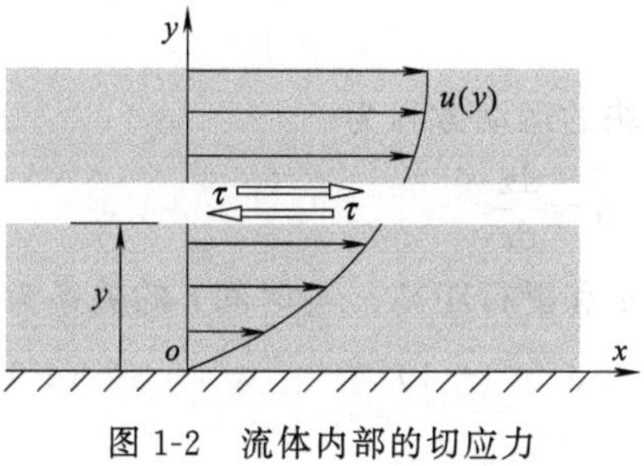

式中，μ 是流体动力黏度，基本单位为 $\text{Pa} \cdot \text{s}$。

黏度及其温度变化行为　黏度 μ 是物性参数，主要受温度影响，压力影响微弱。气体黏度随温度升高而增大，液体黏度则随温度升高而减小且总体上远大

图1-2　流体内部的切应力

于气体黏度。不同温度下气体和水的黏度可用以下经验关系式计算

$$\mu_{气} = \mu_0 \frac{273+C}{T+C} \left(\frac{T}{273} \right)^{1.5} \tag{1-6}$$

$$\mu_{水} = \mu_0 \exp \left[-1.94 - 4.80 \left(\frac{273}{T} \right) + 6.74 \left(\frac{273}{T} \right)^2 \right] \tag{1-7}$$

式中，μ_0 是 $T=273\text{K}$ 时的黏度；C 是依气体种类而定的常数（见附表 C-3），对于常用的空气，$C=111$。气体的黏度-温度关系在可压缩管流问题中尤为实用。

此外，流体力学分析中还用希腊字母 ν 表示流体黏度和密度的组合，即

$$\nu = \mu / \rho \tag{1-8}$$

ν 称为运动黏度，基本单位为 m^2/s，在传递过程研究中通常称为动量扩散系数。

无滑移条件和理想流体　无滑移条件指流体与固体壁面之间不存在相对滑动，其速度与固壁速度相同。理想流体指 $\mu=0$ 的流体，是黏性影响很小时的一种简化假设。

牛顿剪切定律应用　①用作关联流体应力与速度的物理方程；②由已知速度分布 $u=f(y)$ 计算流体切应力。以下主要是其在液膜摩擦计算中的应用。

1.2.2　液膜摩擦问题

液膜摩擦问题即被薄层液膜隔开的两平行壁面相对运动产生的摩擦问题。因液膜很薄，液膜内的速度可视为线性分布，液膜内的切应力可根据牛顿剪切定律表示为

$$\tau = \mu \frac{u_{\text{w}}}{\delta} \tag{1-9}$$

式中，δ 是液膜厚度；u_{w} 是两平行壁面的相对速度。该式表明：液膜内速度线性分布，则液膜内切应力 τ 沿厚度均匀分布，此条件下壁面切应力等于液膜内的切应力。

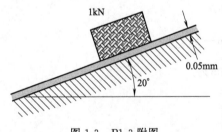

图 1-3　P1-3 附图

【P1-3】液膜滑动摩擦典型问题。如图 1-3 所示，一滑块借助重力沿 $\theta=20°$ 的倾斜油膜面下滑，初速为零。滑块摩擦面积 $A=400\text{cm}^2$，重量 $mg=1\text{kN}$，油膜厚度 $\delta=0.05\text{mm}$，黏度 $\mu=0.07\text{Pa·s}$。设油膜内速度线性分布，试求滑块受力平衡时的速度 u_0 及滑块速度 $u=0.99u_0$ 时下滑的距离。

解　设 u 为滑块速度，则滑块底面的液膜摩擦力和滑块在运动方向的重力分量分别为

$$F_{\tau} = -\tau A = -\mu \frac{u}{\delta} A, \quad F_{\text{g}} = mg \sin\theta$$

令以上两力之和为零并代入 $u=u_0$，可得滑块受力平衡时的速度为

$$u_0 = \frac{m\delta}{\mu A} g \sin\theta \tag{1-10}$$

代入数据可得 $u_0 = 6.108\text{m/s}$。

更一般的，设 x 为滑动方向坐标，则加速状态下滑块的运动方程为

$$mg \sin\theta - \mu \frac{u}{\delta} A = m \frac{\text{d}u}{\text{d}t} \quad 且 \quad u = \frac{\text{d}x}{\text{d}t}$$

积分以上方程并考虑滑块初速为零，可得滑块速度 u 和滑行距离 x 与时间 t 的关系为

$$u = u_0 (1 - \text{e}^{-t/t_0}), \quad x = u_0 t_0 (t/t_0 + \text{e}^{-t/t_0} - 1) \tag{1-11}$$

其中 t_0 是时间常数，即

$$t_0 = m\delta / \mu A$$

将已知数据和 u_0 计算结果代入，可得 $u = 0.99u_0$ 时滑块的下滑时间和距离分别为

$$t = 8.383\,\mathrm{s}, \quad x = 40.198\,\mathrm{m}$$

扩展应用： 式(1-10)与式(1-11)亦适用于活塞在管内对中垂直下滑的液膜摩擦问题，此时 δ 是活塞与管壁间的液膜厚度，A 是活塞圆柱面面积，且 $\theta = 90°$。

【P1-4】液膜转动摩擦典型问题。 液膜转动摩擦可用图1-4所示的圆台体为模型，其中圆台半锥角 α，大端半径 R，小端半径 R_1，角速度 ω，圆台侧面与固定锥面之间的油膜厚度为 δ，黏度为 μ。试确定圆台受到的摩擦力矩 M。

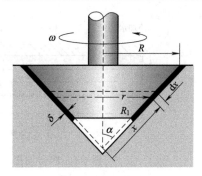

解 设油膜厚度方向速度线性分布，根据薄膜摩擦切应力公式(1-9)，半径 r 处的锥面切应力为

$$\tau = \mu \frac{u_{\mathrm{w}}}{\delta} = \mu \frac{r\omega}{\delta} = \mu \frac{\omega}{\delta} x \sin\alpha$$

图 1-4　P1-4 附图

半径为 r 的锥面环形带宽度为 $\mathrm{d}x$，对应面积为

$$\mathrm{d}A = 2\pi r \,\mathrm{d}x = 2\pi (x \sin\alpha)\mathrm{d}x$$

因环带微元面 $\mathrm{d}A$ 上切应力 τ 相同，故 $\mathrm{d}A$ 上切应力 τ 对转轴的力矩 $\mathrm{d}M$ 可表示为

$$\mathrm{d}M = \tau r \,\mathrm{d}A = \left(2\pi \frac{\mu\omega}{\delta} \sin^3\alpha\right) x^3 \,\mathrm{d}x$$

上式在 $x = R_1/\sin\alpha \to R/\sin\alpha$ 区间积分可得圆台受到的摩擦力矩为

$$M = \frac{\mu\omega}{\delta} \frac{\pi(R^4 - R_1^4)}{2\sin\alpha} \tag{1-12}$$

该摩擦力矩即转动圆台所需力矩。已知转动摩擦力矩，则转动功率为 $N = M\omega$。

扩展应用： 显然，在式(1-12)中令 $R_1 = 0$，其 M 则是圆锥转动摩擦力矩。

此外，引入圆台侧面积（摩擦面积）S，则式(1-12)可更一般的表示为

$$S = \pi \frac{(R - R_1)}{\sin\alpha}(R + R_1), \quad M = \frac{\mu\omega}{\delta} \frac{(R^2 + R_1^2)}{2} S \tag{1-13}$$

由此可得图1-5所示的圆环盘和圆柱转动摩擦的壁面切应力与摩擦力矩计算式。

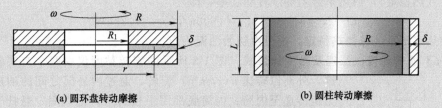

(a) 圆环盘转动摩擦　　　　　　　(b) 圆柱转动摩擦

图 1-5　圆环盘和圆柱转动摩擦

圆环盘面转动摩擦：$\alpha = \pi/2$，$x = r$，$S = \pi(R^2 - R_1^2)$，因此

$$\tau = \frac{\mu\omega}{\delta} r, \quad M = \frac{\mu\omega}{\delta} \frac{\pi(R^4 - R_1^4)}{2} \tag{1-14}$$

圆柱面转动摩擦：$R_1 = R$，$(R - R_1)/\sin\alpha = L$，$x\sin\alpha = R$，$S = 2\pi LR$，因此

$$\tau = \frac{\mu\omega}{\delta} R, \quad M = \frac{\mu\omega}{\delta} \frac{4\pi LR^3}{2} \tag{1-15}$$

【P1-5】 转动圆盘的摩擦力矩及散热率问题。图 1-6 所示为两平行圆盘，圆盘直径 $D=200\text{mm}$，液膜厚度 $\delta=0.5\text{mm}$，黏度 $\mu=0.02\text{Pa}\cdot\text{s}$，上盘固定，下盘转速 $n=500\text{r/min}$。设任意半径 r 处液膜内的流体速度线性分布，试写出 r 处的流体速度表达式，并计算转动下圆盘所需力矩 M 和维持系统热稳定需要的散热率 Q。

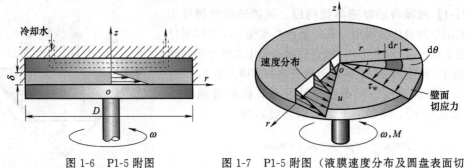

图 1-6　P1-5 附图　　　　图 1-7　P1-5 附图（液膜速度分布及圆盘表面切应力）

解　图示坐标下半径 r 处转动圆盘表面速度 $u_0=r\omega$（$z=0$），固定圆盘表面速度 $u_\delta=0$（$z=\delta$）；若液膜厚度方向速度线性分布，则 z 处液层速度 u 可按比例关系确定，即

$$\frac{u_0-u_\delta}{\delta-0}=\frac{u-u_\delta}{\delta-z}\rightarrow u=u_0\left(1-\frac{z}{\delta}\right)=r\omega\left(1-\frac{z}{\delta}\right)$$

该速度分布形态如图 1-7 所示。根据该速度分布，由牛顿剪切定律可得 r 处的切应力为

$$\tau=\mu\frac{\partial u}{\partial z}=-\mu\frac{r\omega}{\delta}$$

由此可见，r 处的液膜切应力在厚度方向是均匀的（与 z 无关），故此处圆盘壁面切应力 τ_w 大小等于 τ，方向见图 1-7。由此可得转动圆盘所需力矩（圆盘摩擦力拒）为

$$M=\int_0^R\int_0^{2\pi}r\tau_\text{w}(r\,\mathrm{d}\theta\,\mathrm{d}r)=\frac{\pi\mu\omega D^4}{32\delta}$$

代入数据得　　$$M=\frac{\pi\times0.02\times(500\pi/30)\times0.2^4}{32\times(0.5/1000)}=0.329(\text{N}\cdot\text{m})$$

在没有泄漏的情况下，转动摩擦功率将全部转化为热能，使液膜温度升高。为保持液膜温度恒定（热稳定），散热率必须等于转动功率，即

$$Q=N=M\omega=0.329\times(500\pi/30)=17.23(\text{W})$$

该散热率下系统保持热稳定，油温由初始油温确定。

【P1-6】 旋转黏度仪原理及黏度计算式。图 1-8 所示的旋转黏度仪由两个有底的圆筒组成，外筒以转速 $n(\text{r/min})$ 旋转，通过内外筒之间的油液摩擦将力矩传递至内筒；内筒底部用平板封闭，上端固定悬挂于一金属丝下，通过测定金属丝扭转角度确定内圆筒所受扭矩为 M。已知内外筒侧壁间隙为 δ_1，底面间隙为 δ_2，内筒半径 $R\gg\delta_1$，筒高为 L。假设油膜厚度方向速度线性分布，求油液黏度 μ 的计算式。

解　该问题是圆柱面摩擦和圆盘面摩擦的复合问题。根据式 (1-15) 和式 (1-14)，内筒受到的总摩擦力拒为

$$M=M_1+M_2=\frac{\mu\omega}{\delta_1}\frac{4\pi LR^3}{2}+\frac{\mu\omega}{\delta_2}\frac{\pi R^4}{2}$$

通过金属丝扭转角度测得内圆筒所受力矩 M（材料力学问

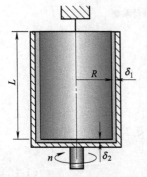

图 1-8　P1-6 附图

题），则油液黏度计算式为

$$\mu = M\frac{2\delta_1\delta_2}{\omega\pi R^3(4L\delta_2+R\delta_1)} = \frac{2\delta_1\delta_2 M}{\pi R^3(4L\delta_2+R\delta_1)}\frac{30}{n\pi}$$

该式在 $R\gg\delta_1$ 的条件下得到，最后的黏度计算式应在此基础上乘以修正系数。

1.3　表面张力效应问题

1.3.1　表面张力概述

表面张力即存在于液体表面的张紧力。其产生原因是（气-液）界面两侧分子引力不同，其表现是使液体表面呈收缩趋势，如空气中的自由液滴、肥皂泡总是呈球形。

表面张力系数　即液面单位长度流体线受到的表面张力，用 σ 表示，单位 N/m。因此，若已知 σ，则液体表面长度为 l 的流体线一侧的表面张力 f 就表示为

$$f = \sigma l \tag{1-16}$$

表面张力系数 σ 属液体的物性参数，与液体表面接触的物系相关。σ 一般随温度升高而降低，但不显著。常见液体的 σ 见附表 C-1。表面张力有以下基本效应。

弯曲液面的附加压力差　见图 1-9，为平衡弯曲液面边缘表面张力 f 的合力（向下），液面内侧（凹陷侧）压力 p_i 必然高于外侧（凸出侧）压力 p_o，从而导致弯曲液面两侧存在附加压力差，该压力差可表示为

$$\Delta p = p_i - p_o = \sigma\left(\frac{1}{R_1}+\frac{1}{R_2}\right) \tag{1-17}$$

式中，R_1、R_2 分别是曲面上两正交曲线的曲率半径。

平直液面：$R_1 = R_2 = \infty$，$\Delta p = 0$，没有附加压力差。

球形液面：$R_1 = R_2 = R$，故

$$\Delta p = p_i - p_o = 2\sigma/R \tag{1-18}$$

柱状液面：取 aa' 为柱面周线，bb' 为柱面母线，则 $R_1 = R$，$R_2 = \infty$，因此

$$\Delta p = p_i - p_o = \sigma/R \tag{1-19}$$

润湿效应　见图 1-10，对于大气环境中与固体表面接触的液滴，当其表面张力作用大于液-固分子引力时，液滴将收缩成团，此时液滴对固体表面不具润湿性；反之，液滴将在固体表面四散扩张，具有润湿性。润湿性可用液滴与固体表面的接触角 θ 表征，润湿则 θ 为锐角，反之为钝角。例如，与洁净玻璃面接触时，水的 $\theta = 0°$，具有润湿性；水银的 $\theta = 140°$，不具润湿性。

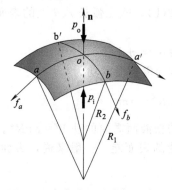

图 1-9　弯曲液面的附加压力差

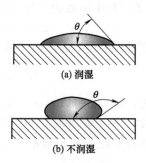

图 1-10　润湿效应

毛细现象 即润湿效应和表面张力作用产生的液体沿固壁爬升的现象。图 1-11 即细小玻璃管分别插入水和水银中的毛细现象，且根据静力平衡分析可知，管内外液位高差为

$$h = \frac{2\sigma\cos\theta}{\rho gr} \tag{1-20}$$

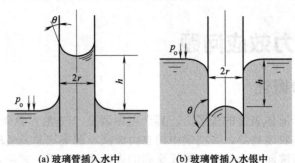

(a) 玻璃管插入水中　　　(b) 玻璃管插入水银中

图 1-11　毛细现象

当接触角 θ 为钝角时，$h < 0$，即管内液面低于管外液面。

式(1-20) 仅适用于小管（$d < 12\text{mm}$），也可作为测定 σ 的原理式。

1.3.2　表面张力效应问题

一般流动问题中表面张力影响很小，可以忽略。但在涉及毛细现象、液滴形成及自由液面的相关问题中，表面张力可能有显著影响。以下是表面张力效应相关的几个基本问题。

【P1-7】 扩展液面所需的功及自由液面的表面能。如图 1-12，在水平液面取半径为 r 的圆形液面，试确定将其扩展为半径 R（$R > r$）的液面需要做的功。表面张力系数 σ 已知。

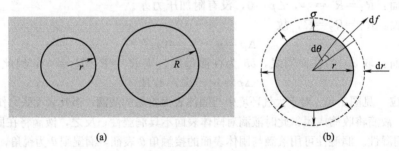

(a)　　　　　　　　　　(b)

图 1-12　P1-7 附图

解　半径 r 的液面周边所受表面张力如图 1-12(b)，微元弧长 $r\text{d}\theta$ 上的表面张力及其在半径扩展 $\text{d}r$ 的过程中所做的功分别为

$$\text{d}f = \sigma(r\text{d}\theta), \quad \text{d}W = \text{d}f\text{d}r = \sigma r\text{d}\theta\text{d}r$$

积分上式可得半径 r 的液面扩展为半径 R 的液面需要做的功为

$$W = \sigma 2\pi\frac{R^2 - r^2}{2} = \sigma\pi R^2 - \sigma\pi r^2$$

由此可知，由一个点（$r = 0$）生成半径为 R 的新液面需要的功 $W = \sigma\pi R^2$。此即表面积为 πR^2 的液面因存在表面张力而具有的能量，称为的表面能。一般来说，表面积为 A 的自由液面具有的表面能（用 E 表示）可表达为

$$E = \sigma A \tag{1-21}$$

基于表面能概念，半径为 R 的大液滴的表面能 E_R 及其分解为 n 个半径为 r 的小液滴后

的表面能 nE_r 就分别为

$$E_R = \sigma 4\pi R^2 , \quad nE_r = n\sigma 4\pi r^2$$

考虑质量守恒有

$$\frac{4}{3}\pi R^3 = n\frac{4}{3}\pi r^3 \rightarrow r^2 = n^{-2/3}R^2$$

因此

$$nE_r = n\sigma 4\pi r^2 = \sigma 4\pi R^2 n^{1/3} > E_R$$

即分解后的 n 个小液滴的总表面能更大，因此分解过程需要做功 W，且

$$W = nE_r - E_R = \sigma 4\pi R^2 (n^{1/3}-1) \tag{1-22}$$

需要指出，此处 W 仅是分解过程中克服表面张力做的功，是实际过程功耗的一部分。

【P1-8】空气中小液滴的内外压差。 水滴直径为 0.3mm 时，其内部压力比外部大多少？

解 查附表 C-1，知水在常温空气中的表面张力系数 $\sigma = 0.073\text{N/m}$，所以根据式(1-18)可知液滴内外的压差为

$$\Delta p = \frac{2\sigma}{R} = \frac{2 \times 0.073}{0.15 \times 10^{-3}} = 973(\text{Pa})$$

小液滴因内外压差较大而保持张紧状态，使其能在自由沉降中克服相对较弱的外部阻力而不变形，因此其沉降过程的终端速度可用球形颗粒终端速度公式计算。

【P1-9】表面张力导致的液体沸腾壁温过热度问题。 图 1-13 所示为加热壁面微小裂穴处（汽化核心）液体汽化产生的气泡。因为液固界面液体温度 $t = t_w$（壁温），所以通常认为，只要壁温 t_w 达到液体压力 p 对应的饱和温度 t_s 则壁面液体将沸腾。但实验表明，t_w 必须大于 t_s 才会使液体产生汽化，其中 $\Delta t_s = t_w - t_s$ 称为壁温过热。试：

① 根据表面张力效应解释这一现象；

② 若气泡半径 $R = 25\mu\text{m}$，界面张力系数 $\sigma = 0.0589\text{N/m}$，液体压力 $p = 101325\text{Pa}$（对应饱和温度 $t_s = 100℃$），试估计过热度 Δt_s。

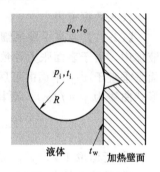

图 1-13 P1-9 附图

解 根据弯曲液面附加压差概念，气泡内部压力 p_i 必然高于外部液体压力 p_o。设气泡为球形，则两者之差为

$$\Delta p = p_i - p_o = \frac{2\sigma}{R}$$

① 因为 $\Delta p > 0$，所以 p_i 对应的饱和温度 t_i 必然大于 p_o 对应的饱和温度 t_s，即

$$t_i - t_s > 0$$

另一方面，根据传热学原理，为维持气泡生长，气泡外的液体温度 t_o 应不低于气泡内的饱和温度 t_i，即 $t_o \geqslant t_i$；取气泡外液体温度 $t_o = t_w$（壁温），则有 $t_w \geqslant t_i$；因此

$$\Delta t_s = t_w - t_s \geqslant t_i - t_s > 0 \quad 即 \quad \Delta t_s = t_w - t_s > 0$$

这一结果表明，由于表面张力，液体沸腾壁面必然存在过热度，即 $\Delta t_s > 0$；此时气泡外部液体必然处于过热状态，因为液体温度 $t_o = t_w$ 高于其压力 p_o 对应的饱和温度 t_s。

② 因为

$$\Delta p = \frac{2\sigma}{R} = \frac{2 \times 0.0589}{25/1000000} = 4712(\text{Pa})$$

故

$$p_i = p_o + \Delta p = 101325 + 4712 = 106037(\text{Pa})$$

查表得 p_i 对应的饱和温度 $t_i = 101.3℃$。因 p 对应饱和温度 $t_s = 100℃$，所以过热度为

$$\Delta t_s = t_w - t_s \geqslant t_i - t_s = 101.3 - 100 = 1.3(℃)$$

即

$$\Delta t_{s,\min} = 1.3℃$$

实际过热度 $\Delta t_s \geqslant \Delta t_{s,min}$，且通常在几度到十几度之间。以下是相关文献中提供的沸腾加热壁温过热度实验关联式（式中 q 为壁面热流密度，kW/m^2；p 为液体绝对压力，MPa）：

锅炉除氧水 $\quad\quad\quad\quad\quad\quad\quad \Delta t_s = 1.879 q^{0.3}/p^{0.15}$

一般冷却水 $\quad\quad\quad\quad\quad\quad\quad \Delta t_s = 0.0646 q^{0.9488}/p^{0.2781}$

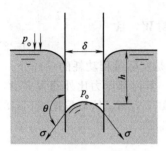

图 1-14 P1-10 附图

【P1-10】平行板间的毛细现象计算。 图 1-14 所示为插入水银中的两平行玻璃板，板间距 $\delta=1mm$。已知水银密度 $\rho=13600kg/m^3$，在空气中的表面张力系数 $\sigma=0.514N/m$，与玻璃的接触角 $\theta=140°$。试确定玻璃板内外的液面高差 h。

解　如图所示，板外液面深度 h 处的压力为 $p_0+\rho gh$，根据静力学原理，板内弯曲液面内侧（处于与深度 h 相同的水平面）的压力也为 $p_0+\rho gh$。因此取垂直纸面方向为单位厚度，则板内弯曲液膜竖直方向的力平衡方程以及由此得到的玻璃板内外液面高差 h 表达式为

$$p_0\delta + 2\sigma\cos(\pi-\theta) = (p_0+\rho gh)\delta \quad\rightarrow\quad h = -\frac{2\sigma\cos\theta}{\delta\rho g}$$

代入数据可得 $\quad\quad\quad\quad\quad\quad\quad h=5.9mm$

【P1-11】竖直平壁毛细现象液面形状的近似解与数值解。 如图 1-15 所示，一平壁浸入液体中，由于表面张力导致的毛细现象，邻近壁面的液面将成为弯曲面。很显然，该弯曲液面是垂直于 x-y 平面的可展曲面。已知液体的接触角 θ 和表面张力系数 σ，且若该弯曲液面形状曲线为 $y=f(x)$，则其曲率半径 r 的表达式为

$$\frac{1}{r}=\frac{y''}{(1+y'^2)^{3/2}} \quad\quad \left(\text{其中 } y'=\frac{dy}{dx},\ y''=\frac{d^2y}{dx^2}\right)$$

① 近似取 $1/r=y''$，确定平壁附近液面的形状曲线 $y=f(x)$ 和最大高度 h；

② 按准确的曲率半径表达式建立液面形状曲线的微分方程，并用数值方法求解。

解　设 p_i 是 x 处自由液面内侧压力（见图 1-16），则根据弯曲液面附加压差公式有

$$p_0-p_i=\sigma(1/R_1+1/R_2)$$

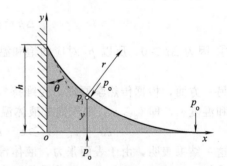

图 1-15 P1-11 附图　　　　　　图 1-16 P1-11 附图（p_i 与 p_0 的关系）

因为液面是垂直于 x-y 的柱状可展曲面，所以可取 $R_1=r$，则 $R_2=\infty$，于是有

$$p_0-p_i=\sigma/r$$

另一方面，因 x 轴置于水平自由液面（见图 1-16），故 x 轴对应水平液层的压力均为 p_0。因此根据静力学原理可知，p_0 与 p_i 又满足下列关系

$$p_0=p_i+\rho gy$$

将此代入附加压差式可得 y-r 关系为

$$\frac{\sigma}{r}=\rho g y \quad \text{或} \quad y=\frac{L^2}{r} \qquad \left(\text{其中 } L=\sqrt{\frac{\sigma}{\rho g}}\right)$$

① 近似取 $1/r=y''$ 则有 $\qquad L^2 y'' - y = 0$

对照附录 B.2.2 给出的该类型微分方程的解，可得该方程的通解为

$$y=C_1 e^{x/L}+C_2 e^{-x/L}$$

由边界条件：$x=0$；$y=h$；$x \to \infty$，$y=0$，确定积分常数后可得液面曲线方程为

$$y=h e^{-x/L}$$

式中，h 是壁面液体爬升高度，可根据壁面接触角或力平衡条件确定，方法如下。

A. 因为液体与壁面的接触角为 θ，所以

$$x=0, \quad y'=-1/\tan\theta$$

于是由液面曲线方程求导可得 $\qquad h=h_A=L/\tan\theta$

B. 参考图 1-17，取 z 方向为单位厚度，由 y 方向力平衡可得

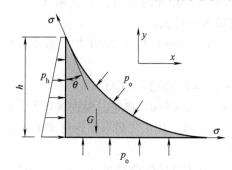

图 1-17 P1-11 附图（水平液面以上流体受力分析）

$$\sigma\cos\theta=G \to \sigma\cos\theta=\int_0^{\infty}\rho g y\, dx \to L^2\cos\theta=\int_0^{\infty}y\, dx$$

进一步将液面方程代入积分有 $\qquad h=h_B=L\cos\theta$

C. 参考图 1-17，取 z 方向为单位厚度，由 x 方向力平衡可得

$$\sigma\sin\theta+h p_o=\int_0^{h}p_h\, dy+\sigma$$

其中 p_h 是壁面上的压力，且根据静力学原理有

$$p_h=p_o-\rho g y$$

进一步将 p_h 代入积分可得

$$h=h_C=L\sqrt{2(1-\sin\theta)}$$

结果分析：对于实际问题，h 应该是唯一的。但从结果看，h_A、h_B 和 h_C 相互不同且差别较大。比如：取 $\rho=1000\text{kg/m}^3$，$g=9.8\text{m/s}^2$，$\sigma=0.073\text{N/m}$，$\theta=10°$，则有

$$h_A=15.5\text{mm}, \quad h_B=2.67\text{mm}, \quad h_C=3.51\text{mm}$$

从以上过程判断，h_A 与 h_B 显然是有较大误差的，因为两者的导出都引用了近似的液面曲线方程（曲率半径近似）；h_C 应该是准确的，因为 h_C 直接由力平衡得到，未引用曲线方程。因此液面曲线的方程可表示为

$$y=h_C e^{-x/L}=L\sqrt{2(1-\sin\theta)}\ e^{-x/L} \qquad \left(\text{其中 } L=\sqrt{\sigma/\rho g}\right)$$

但需指出，该方程仍然是近似的，因为指数项本身应用了近似的曲率半径。

② 将曲率半径准确表达式代入以上 y-r 关系式，则液面曲线的微分方程为

$$y=L^2/r \to y\left[1+\left(\frac{dy}{dx}\right)^2\right]^{3/2}=L^2\frac{d^2 y}{dx^2} \quad \left(\text{其中 } L=\sqrt{\sigma/\rho g}\right)$$

边界条件为 $\qquad x=0, \ y=h; \ x \to \infty, \ y=0$

此外，前面获得的 x、y 方向的力平衡条件仍然成立，即

$$\sum F_x=0: \ h=L\sqrt{2(1-\sin\theta)}; \qquad \sum F_y=0: \ L^2\cos\theta=\int_0^{\infty}y\, dx$$

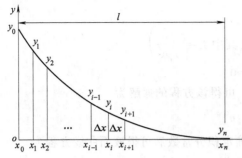

图 1-18　P1-11 附图（数值解计算区域划分）

该微分方程解析解困难，可借助数值解，过程如下。

a. 计算区域及微分方程离散。如图 1-18 所示，取计算区域长度为 l（估计 $x=l$ 时，$y=0$），并将其分为 n 个等距区间（也可不等距），区间间隔 $\Delta x=l/n$。其中，x_i 处 y 的一阶导数及二阶导数可分别用中心差分公式和二阶差分公式表示为

$$\left(\frac{\mathrm{d}y}{\mathrm{d}x}\right)_i=\frac{y_{i+1}-y_{i-1}}{2\Delta x},\quad\left(\frac{\mathrm{d}^2y}{\mathrm{d}x^2}\right)_i=\frac{y_{i+1}-2y_i+y_{i-1}}{(\Delta x)^2}$$

将此代入微分方程，整理可得 x 轴上任意点 i 对应的液面高度 y_i 的方程为

$$y_i=\frac{8L^2\Delta x(y_{i+1}+y_{i-1})}{16L^2\Delta x+[(2\Delta x)^2+(y_{i+1}-y_{i-1})^2]^{3/2}}\qquad(i=1,2,\cdots,n)$$

该离散方程是由 n 个方程构成的方程组，每一 y_i 只与其相邻的 y_{i-1}、y_{i+1} 有关。

b. 计算 y_1、y_n 时，y_0、y_{n+1} 的赋值条件。由离散方程可见：

$i=1$ 时，$y_{i-1}=y_0$，其中 y_0 由边界条件（$x=0$，$y=h$）和 x 方向力平衡条件确定，即

$$y_{i-1}=y_0=h,\ h=L\sqrt{2(1-\sin\theta)}\ \rightarrow\ y_0=L\sqrt{2(1-\sin\theta)}$$

$i=n$ 时，$y_{i+1}=y_{n+1}$，其中 y_{n+1} 由边界条件（$x=\infty$，$y=0$）确定。根据该条件，选取计算区域长度 l 的要求是：$x=l$，$y\approx0$，即 $x_n=l$，$y_n\approx0$，因 l 之后液面保持水平，故

$$y_{i+1}=y_{n+1}=0$$

需要指出，选取计算区域长度 l 使得 $x_n=l$ 时 $y_n\approx0$（即尽可能满足 $x=\infty$，$y=0$），对保证计算精度是很重要的。为此可用 y 方向力平衡方程为控制条件，即

$$L^2\cos\theta=\int_0^\infty y\,\mathrm{d}x\ \rightarrow\ L^2\cos\theta\approx\sum_{i=1}^n y_i\Delta x$$

实际计算中，l 取得越长且分段越多（Δx 越小），则 $\sum y_i\Delta x$ 越接近 $L^2\cos\theta$（给定值）。因此可用两者相对偏差 Δ_1 检验 l 是否足够长且 Δx 是否足够小，其中

$$\Delta_1=\left(\sum_{i=1}^n y_i\Delta x-L^2\cos\theta\right)\frac{1}{L^2\cos\theta}$$

实际计算中，可根据精度要求取 $|\Delta_1|=10^{-4}\sim10^{-3}$ 确定 l 及 Δx 是否合适。

c. 迭代公式构造及收敛条件。引入松弛因子 ω 可写出差分方程的迭代公式如下

$$y_i=\omega\frac{8L^2\Delta x(y_{i+1}+y_{i-1})}{16L^2\Delta x+[(2\Delta x)^2+(y_{i+1}-y_{i-1})^2]^{3/2}}+(1-\omega)y_i\qquad(i=1,2,\cdots,n)$$

其中 $0<\omega<2$，$\omega=1$ 称为 G-S 迭代，$\omega<1$ 为低松弛迭代，$\omega>1$ 为超松弛迭代。

迭代过程收敛条件为前后两轮 y_i 值的相对偏差小于某一精度要求，即

$$|y_i^{(k)}-y_i^{(k-1)}|/y_i^{(k)}<\varepsilon_y\qquad(i=1,2,\cdots,n)$$

式中，k 表示当前计算值；$k-1$ 表示上一轮计算值。控制精度一般可取 $\varepsilon_y=10^{-5}\sim10^{-3}$。

d. 计算结果。该问题的离散方程为非线性方程组，其迭代过程在 Excel 计算表中易于实现。其中计算区域参数取值和 L、y_0 取值分别为

$$l=25\mathrm{mm},\ n=250,\ \Delta x=0.1\mathrm{mm}$$

$$L = \sqrt{\sigma/\rho g} = \sqrt{0.073/(1000 \times 9.81)} = 2.728 \times 10^{-3} (\text{m})$$

$$y_0 = L\sqrt{2(1-\sin\theta)} = 2.728\sqrt{2(1-\sin10°)} = 3.507 \times 10^{-3} (\text{m})$$

此外，为加快收敛和保证获得收敛解，可用以上获得的近似曲线关系赋予 y_i 的初值。

根据 y_i 收敛结果绘制的液面曲线及其与近似解的比较如图 1-19 所示，其中力平衡条件相对偏差 $|\Delta_1| < 0.035\%$，前后两轮 y_i 的相对偏差最大值 $\varepsilon_y < 0.003\%$。

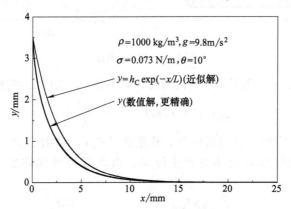

图 1-19　P1-11 附图（数值解与近似解获得的液面形状曲线对比）

计算说明：以上计算中，应用了 x、y 方向的力平衡方程，前者用于为 y_0 赋值，后者用于计算 Δ_1 以检验 l 和 Δx 是否合适。但没有涉及壁面处液面曲线的斜率条件，即

$$x = 0, \quad y' = -1/\tan\theta$$

如果应用该条件，则壁面处（$x=0$）的一阶导数 y' 只能用向前差分公式近似，由此得

$$y_0' = \left(\frac{\mathrm{d}y}{\mathrm{d}x}\right)_0 = \frac{y_1 - y_0}{\Delta x} \rightarrow y_1 = y_0 - \frac{\Delta x}{\tan\theta} = 3.507 - \frac{0.1}{\tan10°} = 2.940 (\text{mm})$$

这相当于又规定了 y_1 的值。这种做法的好处是：y_i 的初值赋值更简单（可令初值均为 0），且更容易获得收敛解，但收敛解的误差更大（尤其是力平衡条件的相对偏差 Δ_1 较大时），原因在于向前差分格式本身精度较低。事实上，根据边壁液面形状可知，向前差分得到的 y_1 并不能保证壁面曲线的斜率条件（除非壁面处液面曲线是直线），实际的 y_1 应该大于 2.940mm。图 1-19 曲线中的 $y_1 = 3.131$mm，能更好保证壁面曲线的斜率条件。

1.4　其他问题

【**P1-12**】**理想塑性流体管流问题**。图 1-20(a) 所示为充满圆形管的理想塑性流体（切应力行为最简单的非牛顿流体），该流体的特点是当其内部切应力 $\tau \leqslant \tau_0$ 时不会产生流动（$\mathrm{d}u/\mathrm{d}r = 0$），$\tau > \tau_0$ 后才产生流动（$\mathrm{d}u/\mathrm{d}r \neq 0$），且流动时 τ 与 $\mathrm{d}u/\mathrm{d}r$ 表现出线性关系，即

$$\tau = \tau_0 - \mu_0 \frac{\mathrm{d}u}{\mathrm{d}r} \quad (\tau \leqslant \tau_0 \text{ 时}, \mathrm{d}u/\mathrm{d}r = 0)$$

其中 τ_0 为初始屈服应力；μ_0 是大于零的常数（黏度）。

① 若最初流体处于静止，求将该塑性流体整体挤出管外的最小压差 $\Delta p = (p_1 - p_2)$；

② 考虑单位管长压降 $\Delta p/L$ 恒定条件下该流体在管内的连续流动 [见图 1-20(b)]，若已知 $r=r_0$ 处流体的轴向切应力 $\tau=\tau_0$，试分析流动区的速度分布。

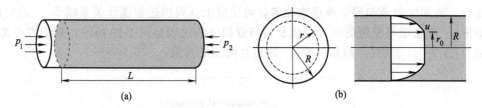

图 1-20   P1-12 附图

解   ① 当流体在 Δp 作用下未发生流动时，对半径 r、长度 L 的流体柱作力平衡可得

$$\Delta p \pi r^2 = \tau 2\pi r L \ \rightarrow \ \tau = \frac{\Delta p}{L}\frac{r}{2}$$

由此可见，Δp 一定时，轴向切应力 τ 总是在管壁 $r=R$ 处最大，故只要增加 Δp 使管壁切应力 $\tau_{\mathrm{w}} > \tau_0$，则管壁处流体将产生流动。由此可得该流体整体挤出管外的最小压差，即

$$\tau_{\mathrm{w}} = \frac{\Delta p}{L}\frac{R}{2} > \tau_0 \ \rightarrow \ \Delta p_{\min} = \frac{2L\tau_0}{R}$$

② 对于 $\Delta p/L$ 恒定条件下的连续流动，力平衡方程仍然成立，又因 $r=r_0$ 时 $\tau=\tau_0$，故

$$\tau = \frac{\Delta p}{L}\frac{r}{2}, \ \tau_0 = \frac{\Delta p}{L}\frac{r_0}{2}$$

据此进一步可知，在 $r_0 < r \leqslant R$ 区域，切应力 $\tau > \tau_0$，故该区域为流动区，于是将以上两式代入该流体的 $\tau\text{-}\mathrm{d}u/\mathrm{d}r$ 关系式可得

$$\frac{\mathrm{d}u}{\mathrm{d}r} = \frac{\Delta p}{2\mu_0 L}(r_0 - r)$$

该式积分并应用边界条件：$r=R$，$u=0$，可得流动区速度分布 [见图 1-20(b)] 为

$$u = \frac{\Delta p R^2}{4\mu_0 L}\left[\left(1 - \frac{r^2}{R^2}\right) - 2\frac{r_0}{R}\left(1 - \frac{r}{R}\right)\right] \quad (r_0 < r \leqslant R)$$

在 $0 \leqslant r \leqslant r_0$ 区域，$\tau < \tau_0$，流体之间无相对运动（$\mathrm{d}u/\mathrm{d}r=0$），但整体跟随流动区流体运动，其运动速度等于 $r=r_0$ 处的流动区速度，即

$$u_{\mathrm{c}} = \frac{\Delta p R^2}{4\mu_0 L}\left(1 - \frac{r_0}{R}\right)^2 \quad (0 \leqslant r \leqslant r_0)$$

若 $\tau_0 = 0$（等同于 $r_0 = 0$），则理想塑性流体为牛顿流体，速度分布式归结为牛顿流体在圆管内充分发展的层流流动速度分布式，u_{c} 则为管中心速度（最大速度）。

【P1-13】流体质点尺度的近似模型。 流体质点是统计平均密度不受分子热运动影响的最小单元。为明确该最小单元的尺度概念，在密度为 ρ_{g} 的空气中选取边长为 a 的立方体单元（见图 1-21），以构建最小单元尺度模型。模型认为：当该单元外表面一个分子平均自由程 λ 以内 [图 1-21(a) 中阴影部分体积] 的空气分子随机进入该单元时，该单元的密度最大，记为 $\rho_{\max}$；当该单元内表面一个分子平均自由程 λ 以内 [图 1-21(b) 中阴影部分体积] 的空气分子随机跳出该单元时，该单元的密度最小，记为 $\rho_{\min}$。这样，对于分子进出单元的双向随机过程，单元内的统计平均密度随机值 ρ 必然介于 $\rho_{\max}$ 与 $\rho_{\min}$ 之间，且当 $\rho_{\max} \rightarrow \rho_{\min}$ 时 $\rho \rightarrow \rho_{\mathrm{g}}$（确定值）。

① 若已知单元相对尺度 $\varepsilon = a/\lambda \gg 1$ 时，图中阴影部分体积内空气分子随机进入或跳出

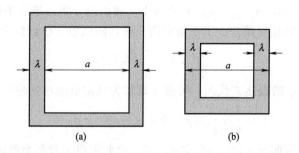

图 1-21 P1-13 附图

该单元的总体概率均为 $1/4$，试建立 $\rho_{\max}/\rho_{\mathrm{g}}$、$\rho_{\min}/\rho_{\mathrm{g}}$ 与 ε 的关系，并在 $\varepsilon=10\sim10^4$ 的范围内绘图显示其变化关系；

② 已知标准状态下（$T=0\,^{\circ}\mathrm{C}$，$P=101325\mathrm{Pa}$）空气分子的平均自由程 $\lambda=6.9\times10^{-2}\,\mu\mathrm{m}$，试确定满足条件 $(\rho_{\max}-\rho_{\min})/\rho_{\mathrm{g}}<5\%$ 的最小单元边长 a。

解 密度 ρ_{g} 是与分子热运动无关的确定值，故单元内气体总质量 $m=\rho_{\mathrm{g}}a^3$。

① 图 1-21(a) 中阴影部分体积 V_1 以及 V_1 中能随机进入单元的空气分子总质量 m_1 分别为

$$V_1=(a+2\lambda)^3-a^3,\ m_1=V_1\rho_{\mathrm{g}}/4$$

图 1-21(b) 中阴影部分体积 V_2 以及 V_2 中能随机跳出单元的空气分子总质量 m_2 分别为

$$V_2=a^3-(a-2\lambda)^3,\ m_2=V_2\rho_{\mathrm{g}}/4$$

因此按定义有
$$\rho_{\max}=\frac{m+m_1}{a^3}=\frac{a^3+[(a+2\lambda)^3-a^3]/4}{a^3}\rho_{\mathrm{g}}$$

$$\rho_{\min}=\frac{m-m_2}{a^3}=\frac{a^3-[a^3-(a-2\lambda)^3]/4}{a^3}\rho_{\mathrm{g}}$$

整理可得
$$\frac{\rho_{\max}}{\rho_{\mathrm{g}}}=\frac{3}{4}+\frac{1}{4}\left(1+\frac{2}{\varepsilon}\right)^3,\ \frac{\rho_{\min}}{\rho_{\mathrm{g}}}=\frac{3}{4}+\frac{1}{4}\left(1-\frac{2}{\varepsilon}\right)^3$$

在 $\varepsilon=10\sim10^4$ 的范围内，$\rho_{\max}/\rho_{\mathrm{g}}$、$\rho_{\min}/\rho_{\mathrm{g}}$ 随单元相对尺度 ε 的变化如图 1-22 所示，其中两者之间的区域则为平均密度随机值 ρ 的取值区间。由图可见，随单元相对尺度 ε 的增大，随机值 ρ 的取值区间将不断收窄，并最终趋于确定值 ρ_{g}，即 $\rho/\rho_{\mathrm{g}}\rightarrow1$。

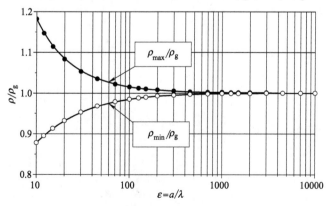

图 1-22 P1-21 附图（最大及最小相对密度随单元相对尺度 ε 的变化）

② 因为随着差值 $\Delta\rho=(\rho_{max}-\rho_{min})$ 的减小，随机值 ρ 将逐渐趋于确定值，故可认为该差值 $\Delta\rho$ 与确定值 ρ_g 的相对偏差小于某给定值 β 时，随机值 ρ 已近似为确定值。于是根据

$$\frac{\Delta\rho}{\rho_g}=\frac{\rho_{max}-\rho_{min}}{\rho_g}\leqslant\beta$$

并将 ρ_{max}/ρ_g、ρ_{min}/ρ_g 的表达式代入，可得 ρ 近似为确定值的单元相对尺度模型为

$$\frac{3}{\varepsilon}+\frac{4}{\varepsilon^3}\leqslant\beta \quad 或 \quad \beta\varepsilon^3-3\varepsilon^2-4\geqslant0$$

若对一般流动问题取 $\beta=5\%$，则 $\varepsilon\geqslant60.03$，由此可得 ρ 近似为确定值的单元尺度为

$$a=\varepsilon\lambda\geqslant60.03\lambda \quad 或 \quad a_{min}=60.03\lambda$$

将分子平均自由程 $\lambda=6.9\times10^{-2}\mu m$ 代入，则

$$a_{min}=4.14\mu m$$

在一般流动问题中，将这样的尺度视为"点"，则流体可视为连续介质。

第 2 章

流体流动基本概念问题

本章主要涉及流体运动学及动力学的基本概念与方法问题，包括流体运动学行为的描述，典型流动（管内流动、边界层流动、绕流流动）的特征行为、流动阻力概念、阻力系数定义以及基于阻力系数计算流动阻力的基本方法。

2.1 流体运动学行为的描述及相关问题

2.1.1 流体运动学行为的描述

(1) 流场及流动分类

流体所占据的空间称为流场，并通常根据其中分布的物理量来命名，如"速度场""压力场"等。根据关注点的不同，流场中流动的分类方式有多种，其中最基本的有两种：

① 按时间变化特性分为稳态流动和非稳态流动。稳态流动指流场空间点 (x, y, z) 处的速度 $\mathbf{v}$ 与时间 t 无关，即 $\partial \mathbf{v}/\partial t = 0$；反之为非稳态流流动。

② 按空间变化特性分为一维、二维或三维流动。一维流动指流体速度的分布（变化）只与一个坐标有关，与两个或三个坐标有关则称为二或三维流动。

(2) 描述流体运动的两种方法

① 拉格朗日法：通过跟踪流场中流体质点的运动，进而获得流场运动规律的方法称为拉格朗日法。为跟踪流体质点，特别用 a、b、c 来标记 t_0 时刻位于空间点 (x_0, y_0, z_0) 的流体质点，其中 $a = x_0$，$b = y_0$，$c = z_0$。这样该流体质点随后 t 时刻的轨迹坐标就表示为

$$x = x(a, b, c, t), \quad y = y(a, b, c, t), \quad z = z(a, b, c, t) \tag{2-1}$$

此即流体质点运动的迹线方程，其中的身份标记 (a, b, c) 称为拉格朗日变量，简称拉氏变量。

已知迹线方程，对时间求导可得拉氏变量表示的流体质点速度

$$\frac{\mathrm{d}x}{\mathrm{d}t} = v_x(a, b, c, t), \quad \frac{\mathrm{d}y}{\mathrm{d}t} = v_y(a, b, c, t), \quad \frac{\mathrm{d}z}{\mathrm{d}t} = v_z(a, b, c, t) \tag{2-2}$$

② 欧拉法：通过研究流场空间点的流体运动，进而获得流场运动规律的方法称为欧拉法。欧拉法中，物理量直接表示为空间坐标 (x, y, z) 和时间 t 的函数，如速度表示为

$$v_x = v_x(x, y, z, t), \quad v_y = v_y(x, y, z, t), \quad v_z = v_z(x, y, z, t) \tag{2-3}$$

工程实际中流体运动行为的描述主要采用欧拉法，其中坐标量 (x, y, z) 称为欧拉变量。

已知欧拉法速度分布，则流体质点的轨迹坐标可由迹线微分方程确定，即

$$\frac{\mathrm{d}x}{\mathrm{d}t} = v_x(x, y, z, t), \quad \frac{\mathrm{d}y}{\mathrm{d}t} = v_y(x, y, z, t), \quad \frac{\mathrm{d}z}{\mathrm{d}t} = v_z(x, y, z, t) \tag{2-4}$$

③ 两种方法的关系：任意物理量 ϕ（速度、压力等）均可用拉氏法或欧拉法表示为

$$\phi = \phi(a, b, c, t) \quad \text{或} \quad \phi = \phi(x, y, x, t)$$

将拉氏表达式变换为欧拉表达式的方法是：由迹线方程 (2-1) 解出 (a, b, c) 并代入拉氏表达式 $\phi(a, b, c, t)$，即可得到物理量 ϕ 的欧拉表达式 $\phi(x, y, z, t)$。

将欧拉表达式变换为拉氏表达式的方法是：解迹线微分方程 (2-4)(并由质点标记条件确定积分常数)获得迹线方程，再代入 $\phi(x, y, z, t)$ 即可得 ϕ 的拉氏表达式 $\phi(a, b, c, t)$。

(3) 质点导数

流体质点物理量 ϕ（速度、压力等）对于时间 t 的变化率称为该物理量的质点导数。

① 拉氏物理量的质点导数：拉氏物理量 $\phi=\phi(a,b,c,t)$ 本身就表示质点的物理量，所以拉氏物理量 ϕ 的质点导数就直接等于

$$\frac{\partial \phi(a,b,c,t)}{\partial t} \tag{2-5}$$

② 欧拉物理量的质点导数：欧拉物理量 $\phi=\phi(x,y,z,t)$ 是空间点处的物理量。其质点导数有特别的形式，并用 $\mathbf{D}\phi/\mathbf{D}t$ 标记，即

$$\frac{\mathbf{D}\phi}{\mathbf{D}t}=\frac{\partial \phi}{\partial t}+v_x\frac{\partial \phi}{\partial x}+v_y\frac{\partial \phi}{\partial y}+v_z\frac{\partial \phi}{\partial z} \tag{2-6}$$

可见欧拉物理量 ϕ 的质点导数 $\mathbf{D}\phi/\mathbf{D}t$ 由两部分构成：一是固定空间点上 ϕ 随时间 t 的变化率 $\partial \phi/\partial t$（局部变化率），二是因流动导致的 ϕ 随位置变化的变化率（对流变化率）。

(4) 迹线与流线

① 迹线：即流体质点的运动轨迹曲线，是同一质点在不同时刻的位置的连线。其中以拉氏变量表示的质点坐标的时间参数方程（2-1）称为迹线方程；也可将欧法速度表达式代入迹线微分方程（2-4）求解获得迹线方程。

② 流线：即同一时刻流场中存在的这样一条曲线，该曲线上各点的流体速度方向都与曲线的切线方向一致。流线的主要性质有：

a. 除速度为 0 或 ∞ 的特殊点外，流场空间点有且只有一条流线通过，即流线不能相交。

b. 流场中流线的疏密程度可反映流场速度大小，流线密集处流速高于稀疏处。

c. 稳态流场中流线与迹线的形状重合。故稳态流场的流线谱可直观反映流动形态。

③ 流线方程：根据流线上流体质点的速度与流线切线方向一致可得流线方程为

$$\frac{\mathrm{d}x}{v_x}=\frac{\mathrm{d}y}{v_y}=\frac{\mathrm{d}z}{v_z} \tag{2-7}$$

(5) 流体微元的运动及转动速率与体变形速率

流体微元的运动可分解为：平移、转动、剪切和体变形（膨胀）四种基本形式。运动行为分析中最常涉及的是流体微元的转动速率（角速度）和体变形速率。

① 流体微元的转动速率与有旋/无旋流动：已知欧拉法速度 $\mathbf{v}$，则流体微元（质点）在 x-y、y-z、z-x 平面的转动速率或角速度 ω_z、ω_x、ω_y 分别为

$$\omega_z=\frac{1}{2}\left(\frac{\partial v_y}{\partial x}-\frac{\partial v_x}{\partial y}\right),\ \omega_x=\frac{1}{2}\left(\frac{\partial v_z}{\partial y}-\frac{\partial v_y}{\partial z}\right),\ \omega_y=\frac{1}{2}\left(\frac{\partial v_x}{\partial z}-\frac{\partial v_z}{\partial x}\right) \tag{2-8}$$

无旋流动：即流体质点在运动过程中没有自转的流动，其条件是

$$\omega_z=0,\ \omega_x=0,\ \omega_y=0 \tag{2-9}$$

有旋流动：不满足以上条件则为有旋流动，即流体质点在运动过程中存在自转。

② 流体微元的体变形速率与不可压缩流动：体变形速率即单位时间的体积应变，用 $\dot{V}$ 表示（又称体积应变速率或体积膨胀速率）。已知欧拉法速度 $\mathbf{v}$，则

$$\dot{V}=\nabla\cdot\mathbf{v}\equiv\frac{\partial v_x}{\partial x}+\frac{\partial v_y}{\partial y}+\frac{\partial v_z}{\partial z}\quad \text{或}\quad \dot{V}=\nabla\cdot\mathbf{v}\equiv\frac{1}{r}\frac{\partial(rv_r)}{\partial r}+\frac{1}{r}\frac{\partial v_\theta}{\partial \theta}+\frac{\partial v_z}{\partial z} \tag{2-10}$$

特别地，对于不可压缩流体，流体微元可以变形但体积不变（应变为零），即

$$\nabla\cdot\mathbf{v}=0 \tag{2-11}$$

该方程称为不可压缩流动的连续性方程，是不可压缩流动最常用的方程之一。

2.1.2 运动学行为相关问题

【P2-1】已知欧拉速度场求迹线方程/流线方程/质点加速度。已知欧拉速度场如下

$$\mathbf{v}=v_x\mathbf{i}+v_y\mathbf{j}=(x+t)\mathbf{i}+(y+t)\mathbf{j}$$

① 试求 $t=0$ 时通过 $x=a$、$y=b$ 的质点的迹线方程；

② 试求该流场中通过 $x=a$、$y=b$ 点的流线方程，并确定其 $t=0$ 时刻的形状；

③ 试求以拉氏变量 (a,b) 表示的流体速度与质点加速度。

解 速度 $\mathbf{v}$ 为欧拉物理量，且与 x、y、t 有关，因此该流场是二维、非稳态流场。

① 已知速度分量为 $\qquad v_x=x+t,\ v_y=y+t$

将此代入迹线微分方程可得

$$\frac{\mathrm{d}x}{\mathrm{d}t}=v_x,\ \frac{\mathrm{d}y}{\mathrm{d}t}=v_y \rightarrow \frac{\mathrm{d}x}{\mathrm{d}t}-x=t,\ \frac{\mathrm{d}y}{\mathrm{d}t}-y=t$$

这两个方程都是 $y'+p(t)y=q(t)$ 形式的微分方程，对照附录 B.2.1 给出的解，可得

$$x=c_1\mathrm{e}^t-t-1,\ y=c_2\mathrm{e}^t-t-1$$

将 $t=0$、$x=a$、$y=b$ 代入确定 c_1、c_2，可得以拉氏变量 a、b 表示的迹线方程，即

$$x=(a+1)\mathrm{e}^t-t-1,\ y=(b+1)\mathrm{e}^t-t-1$$

此即 $t=0$ 时通过 $x=a$、$y=b$ 的质点的迹线方程。

② 将欧拉速度分量代入流线微分方程可得

$$\frac{\mathrm{d}x}{x+t}=\frac{\mathrm{d}y}{y+t}$$

因流线是同一时刻的流体线，故流线微分方程积分时 t 为常数，同时也意味着积分常数 c 是时间的函数，即 $c=c(t)$。据此积分上式可得该流场的流线（流线簇）方程为

$$\ln(x+t)=\ln(y+t)+\ln c(t) \quad \text{或} \quad (x+t)=c(t)(y+t)$$

将 $x=a$、$y=b$ 代入上式确定 $c(t)$，可得通过 (a,b) 点的流线，即

$$c(t)=(a+t)/(b+t),\ y=(x+t)(a+t)/(b+t)-t$$

上式表明，过 (a,b) 点的流线形状随时间 t 变化，其中 $t=0$ 时刻的流线形状为

$$y=(b/a)x$$

③ 以上拉氏变量迹线方程对 t 求一、二阶导数，可得 a、b 表示的速度及加速度，即

$$v_x=(a+1)\mathrm{e}^t-1,\ v_y=(b+1)\mathrm{e}^t-1;\ a_x=(a+1)\mathrm{e}^t,\ a_y=(b+1)\mathrm{e}^t$$

也可直接将拉氏迹线方程代入欧拉速度式得到拉氏速度式，再对 t 求导得到加速度。

还可先对欧拉速度 v_x、v_y 求质点导数得到欧拉变量表示质点加速度，即

$$a_x=1+(x+t),\ a_y=1+(y+t)$$

再将拉氏变量迹线方程代入，得到以拉氏变量 a、b 表示的质点加速度。

【P2-2】二维非稳态流场空间点的流体加速度与流体质点加速度。 给定速度场为

$$\mathbf{v}=(6+2xy+t^2)\mathbf{i}-(xy^2+10t)\mathbf{j}+25\mathbf{k}$$

试求空间点 $(3,0,2)$ 处的流体加速度及该点的流体质点加速度。

解 速度 $\mathbf{v}$ 为欧拉物理量，流动为二维、非稳态流动，但有三个速度分量。

空间点的流体加速度即局部加速度，可直接由速度对 t 求导得到，即

$$\mathbf{a}_1=\partial\mathbf{v}/\partial t=2t\mathbf{i}-10\mathbf{j}$$

该局部加速度与空间坐标无关，即各空间点上速度随时间的变化规律相同。

流体质点的加速度即速度的质点导数，即

$$\mathbf{a}=\frac{\mathbf{Dv}}{\mathbf{D}t}=\frac{\partial\mathbf{v}}{\partial t}+v_x\frac{\partial\mathbf{v}}{\partial x}+v_y\frac{\partial\mathbf{v}}{\partial y}+v_z\frac{\partial\mathbf{v}}{\partial z}$$

其中 $\qquad \dfrac{\partial\mathbf{v}}{\partial t}=2t\mathbf{i}-10\mathbf{j},\quad \dfrac{\partial\mathbf{v}}{\partial x}=2y\mathbf{i}-y^2\mathbf{j},\quad \dfrac{\partial\mathbf{v}}{\partial y}=2x\mathbf{i}-2xy\mathbf{j},\quad \dfrac{\partial\mathbf{v}}{\partial z}=0$

将速度分量和以上速度偏导数结果代入 **a** 的表达式，整理可得

$$\mathbf{a}=a_x\mathbf{i}+a_x\mathbf{j}\begin{cases}a_x=2t+(6+2xy+t^2)2y-(xy^2+10t)2x\\a_y=-10-(6+2xy+t^2)y^2+(xy^2+10t)2xy\end{cases}$$

此即空间点 (x,y,z) 处的流体质点加速度，其中 **a** 与 z 无关，表示 z 方向恒速。空间点 $(3,0,2)$ 处的流体质点加速度则为

$$\mathbf{a}=-58t\mathbf{i}-10\mathbf{j}$$

【P2-3】三维非稳态流场的质点加速度与温度变化率。已知速度场及其温度分布为

$$\mathbf{v}=xt\mathbf{i}+yt\mathbf{j}+zt\mathbf{k},\quad T=At^2/(x^2+y^2+z^2)$$

其中 A 为常数。试求：

① 流场空间点 (x,y,z) 处的温度变化率和加速度；

② 流场空间点 (x,y,z) 处流体质点的温度变化率和加速度；

③ $t=0$ 时通过 $(x=a,\ y=b,\ z=c)$ 点处的流体质点的温度变化率和加速度。

解　速度 **v**、温度 T 为欧拉物理量，二者都是三维、非稳态问题，且

$$v_x=xt,\ v_y=yt,\ v_z=zt$$

① 流场空间点处的温度变化率和加速度指空间点上温度 T 和速度 **v** 对时间 t 的变化率，可由 T、**v** 直接对 t 求导获得（空间点处的加速度称为局部加速度，用 $\mathbf{a}_l$ 表示），即

$$\frac{\partial T}{\partial t}=\frac{2At}{x^2+y^2+z^2},\quad \mathbf{a}_l=\frac{\partial\mathbf{v}}{\partial t}=x\mathbf{i}+y\mathbf{j}+z\mathbf{k}$$

② 流体质点的温度变化率和加速度是温度和速度的质点导数，即

$$\frac{\mathbf{D}T}{\mathbf{D}t}=\frac{\partial T}{\partial t}+v_x\frac{\partial T}{\partial x}+v_y\frac{\partial T}{\partial y}+v_z\frac{\partial T}{\partial z},\quad \mathbf{a}=\frac{\mathbf{D}\mathbf{v}}{\mathbf{D}t}=\frac{\partial\mathbf{v}}{\partial t}+v_x\frac{\partial\mathbf{v}}{\partial x}+v_y\frac{\partial\mathbf{v}}{\partial y}+v_z\frac{\partial\mathbf{v}}{\partial z}$$

由 **v**、T 表达式对时间和坐标求导并代入速度分量，整理可得

$$\frac{\mathbf{D}T}{\mathbf{D}t}=\frac{2At(1-t^2)}{x^2+y^2+z^2},\quad \mathbf{a}=(1+t^2)(x\mathbf{i}+y\mathbf{j}+z\mathbf{k})$$

③ 为将以上流体质点的温度变化率和加速度转化为拉氏表达式，需首先建立迹线微分方程，并求解获得带积分常数的迹线参数方程，即

$$\frac{\mathrm{d}x}{\mathrm{d}t}=xt,\ \frac{\mathrm{d}y}{\mathrm{d}t}=yt,\ \frac{\mathrm{d}z}{\mathrm{d}t}=zt\ \rightarrow\ x=c_1\mathrm{e}^{t^2/2},\ y=c_2\mathrm{e}^{t^2/2},\ z=c_3\mathrm{e}^{t^2/2}$$

对于 $t=0$ 时通过 $(x=a,\ y=b,\ z=c)$ 的质点，$c_1=a$，$c_2=b$，$c_3=c$，故

$$x=a\mathrm{e}^{t^2/2},\ y=b\mathrm{e}^{t^2/2},\ z=c\mathrm{e}^{t^2/2}$$

将此代入欧拉变量表示的 $\mathbf{D}T/\mathbf{D}t$ 和 **a** 中，即可得该质点的温度变化率和加速度

$$\frac{\mathbf{D}T}{\mathbf{D}t}=\frac{2At(1-t^2)}{(a^2+b^2+c^2)\mathrm{e}^{t^2}},\quad \mathbf{a}=(1+t^2)\mathrm{e}^{t^2/2}(a\mathbf{i}+b\mathbf{j}+c\mathbf{k})$$

计算说明：若有一传感器可测试温度的瞬时变化率，则传感器在空间点固定不动测得的变化率为 $\partial T/\partial t$，传感器完全追随流体流动，经过该点时测得的变化率则为 $\mathbf{D}T/\mathbf{D}t$。

【P2-4】迹线与流线问题 I。给定速度场：$\mathbf{v}=6x\mathbf{i}+6y\mathbf{j}-7t\mathbf{k}$。

① 试求 $t=0$ 时通过点 (a,b,c) 的迹线方程；

② 试求该流场的流线方程及其在 $t=0$ 时刻的方程形式；

③ 试求通过点 (a,b,c) 的流线方程及 $t=0$ 时刻的流线形状。

解　速度场分量为　　　　$v_x=6x,\ v_y=6y,\ v_z=-7t$

① 迹线微分方程为 $\dfrac{\mathrm{d}x}{\mathrm{d}t}=6x$，$\dfrac{\mathrm{d}y}{\mathrm{d}t}=6y$，$\dfrac{\mathrm{d}z}{\mathrm{d}t}=-7t$

积分得迹线方程为 $x=c_1\mathrm{e}^{6t}$，$y=c_2\mathrm{e}^{6t}$，$z=-7t^2/2+c_3$

$t=0$ 时过 (a,b,c) 点的迹线即该时刻位于 (a,b,c) 点的流体质点的迹线。该迹线可根据 $t=0$、$x=a$、$y=b$、$z=c$ 确定 c_1、c_2、c_3 后得到，结果为

$$x=a\mathrm{e}^{6t}，y=b\mathrm{e}^{6t}，z=-7t^2/2+c$$

② 流线微分方程为 $\dfrac{\mathrm{d}x}{6x}=\dfrac{\mathrm{d}y}{6y}=\dfrac{\mathrm{d}z}{-7t}$

考虑 t 为定值，积分该方程可得该流场的流线（流线簇）方程为

$$y=c_1(t)x，z=-\frac{7}{6}t\ln x+c_2(t)$$

令 $c_{10}=c_1(0)$，$c_{20}=c_2(0)$，则 $t=0$ 时刻的流线方程形式为

$$y=c_{10}x，z=c_{20}$$

即 $t=0$ 时的流线是 $z=c_{20}$ 的 x-y 平面上斜率为 c_{10} 的直线。

③ 在流线簇方程中令 $x=a$，$y=b$，$z=c$，确定 c_1、c_2，可得通过点 (a,b,c) 的流线，即

$$y=\frac{b}{a}x，z=-\frac{7}{6}t\ln\frac{x}{a}+c$$

该流线在 $t=0$ 时的形状为 $y=(b/a)x，z=c$

【P2-5】迹线与流线问题 Ⅱ。给定非稳态速度场：$\mathbf{v}=U_0\mathbf{i}+V_0\cos(kx-\beta t)\mathbf{j}$，其中 U_0、V_0、k、β 均为常数。

① 求 $t=t_0$ 时刻且通过 $x=a$、$y=b$ 点的流线方程；

② 分别求 $t=t_0$ 及 $t=0$ 时刻通过 (a,b) 点的质点迹线方程；

③ 证明 $k\to0$、$\beta\to0$ 时，通过相同点 (a,b) 的流线与迹线重合。

解 根据给定速度场可知，其速度分量为

$$v_x=U_0，v_y=V_0\cos(kx-\beta t)$$

① 将速度代入流线微分方程得

$$\frac{\mathrm{d}x}{U_0}=\frac{\mathrm{d}y}{V_0\cos(kx-\beta t)} \quad 或 \quad \mathrm{d}y=\frac{V_0}{U_0}\cos(kx-\beta t)\mathrm{d}x$$

将 t 视为常数，对上式进行积分得流线（流线簇）方程为

$$y=\frac{V_0}{kU_0}\sin(kx-\beta t)+c_1(t)$$

流线是同一时刻的流体线，每一时刻 t 都有一簇确定的流线，其中 $t=t_0$ 时刻的流线簇为

$$y=\frac{V_0}{kU_0}\sin(kx-\beta t_0)+c_1(t_0)$$

$t=t_0$ 时刻的流线簇中，通过 $x=a$、$y=b$ 点的流线对应的 c_1 为

$$b=\frac{V_0}{kU_0}\sin(ka-\beta t_0)+c_1(t_0) \rightarrow c_1(t_0)=b-\frac{V_0}{kU_0}\sin(ka-\beta t_0)$$

所以 $t=t_0$ 通过点 (a,b) 的流线为

$$y=\frac{V_0}{kU_0}[\sin(kx-\beta t_0)-\sin(ka-\beta t_0)]+b \tag{a}$$

② 迹线微分方程为 $\dfrac{\mathrm{d}x}{\mathrm{d}t}=U_0$，$\dfrac{\mathrm{d}y}{\mathrm{d}t}=V_0\cos(kx-\beta t)$

上式积分可得　　　　$x=U_0t+c_1$，$y=\dfrac{V_0}{kU_0-\beta}\sin[kc_1+(kU_0-\beta)t]+c_2$

迹线是同一质点不同时刻的位置点构成的曲线。对于 $t=t_0$ 时刻通过（a，b）点的流体质点，积分常数为

$$c_1=a-U_0t_0,\quad c_2=b-\frac{V_0}{kU_0-\beta}\sin(ka-\beta t_0)$$

所以该质点的迹线方程为

$$\begin{cases} x=U_0(t-t_0)+a \\ y=\dfrac{V_0}{kU_0-\beta}\{\sin[ka-\beta t+kU_0(t-t_0)]-\sin(ka-\beta t_0)\}+b \end{cases} \tag{b}$$

在上式中令 $t_0=0$，即为 $t=0$ 时刻通过（a，b）点的质点的迹线方程

$$\begin{cases} x=U_0t+a \\ y=\dfrac{V_0}{kU_0-\beta}\{\sin[ka+(kU_0-\beta)t]-\sin(ka)\}+b \end{cases}$$

③ $k\to0$、$\beta\to0$ 时，因为

$$\lim_{k\to0,\beta\to0}\frac{\sin(kx-\beta t_0)-\sin(ka-\beta t_0)}{k}=x-a$$

$$\lim_{k\to0,\beta\to0}\frac{\sin[ka-\beta t+kU_0(t-t_0)]-\sin(ka-\beta t_0)}{kU_0-\beta}=t-t_0$$

所以流线方程（a）和迹线方程（b）分别简化为

$$\text{流线：}y=\frac{V_0}{U_0}(x-a)+b,\quad \text{迹线：}\begin{cases} x=U_0(t-t_0)+a \\ y=V_0(t-t_0)+b \end{cases}$$

消去迹线方程中的 t，可得到任意时刻的迹线形状，即

$$y=\frac{V_0}{U_0}(x-a)+b$$

即 $k\to0$、$\beta\to0$ 时，通过相同点（a，b）的流线与迹线的形状重合，原因是此时的流场为稳态流场，即 $v_x=U_0$，$v_y=V_0$（直接由该稳态流场也可获得以上结果）。

【P2-6】流场运动学特性的判断。 给定拉格朗日流场质点迹线方程为

$$x=ae^{-(2t/k)},\quad y=be^{t/k},\quad z=ce^{t/k}$$

其中 k 为常数。试判断流场：

① 是否稳态；

② 是否不可压缩；

③ 是否有旋。

解　由迹线方程可知质点运动轨迹是空间曲线。根据迹线方程求导可得速度分量为

$$v_x=\frac{\mathrm{d}x}{\mathrm{d}t}=-\frac{2a}{k}e^{-(2t/k)}=-\frac{2}{k}x,\quad v_y=\frac{\mathrm{d}y}{\mathrm{d}t}=\frac{b}{k}e^{t/k}=\frac{1}{k}y,\quad v_z=\frac{\mathrm{d}z}{\mathrm{d}t}=\frac{c}{k}e^{t/k}=\frac{1}{k}z$$

① 由于　　　　　　　　　$\partial v_x/\partial t=0,\ \partial v_y/\partial t=0,\ \partial v_z/\partial t=0$

即流体速度均与时间 t 无关，所以该流场为稳态流场。

② 因为　　　　　　$\nabla\cdot\mathbf{v}=\dfrac{\partial v_x}{\partial x}+\dfrac{\partial v_y}{\partial y}+\dfrac{\partial v_z}{\partial z}=-\dfrac{2}{k}+\dfrac{1}{k}+\dfrac{1}{k}=0$

所以该流场不可压缩。

③ 因为 $\omega_x=\dfrac{1}{2}\left(\dfrac{\partial v_z}{\partial y}-\dfrac{\partial v_y}{\partial z}\right)=0$，$\omega_y=\dfrac{1}{2}\left(\dfrac{\partial v_x}{\partial z}-\dfrac{\partial v_z}{\partial x}\right)=0$，$\omega_z=\dfrac{1}{2}\left(\dfrac{\partial v_y}{\partial x}-\dfrac{\partial v_x}{\partial y}\right)=0$

所以该流场为无旋流场。这意味着流体质点以平移方式沿曲线轨迹运动。

【P2-7】三维不可压缩流场运动学特性的判断与计算。 已知不可压缩流体速度分布为

$$v_x = 2x^2 + y, \quad v_y = 2y^2 + z$$

且已知在 $z=0$ 处，有 $v_z=0$。试求：

① 速度分量 v_z；

② 流体质点自转的最小角速度。

解 ① 不可压缩流体可变形但体积不变，故其体积应变速率 $\nabla \cdot \mathbf{v} = 0$，即

$$\nabla \cdot \mathbf{v} = \frac{\partial v_x}{\partial x} + \frac{\partial v_y}{\partial y} + \frac{\partial v_z}{\partial z} = 0 \ \rightarrow \ 4x + 4y + \frac{\partial v_z}{\partial z} = 0$$

积分可得

$$v_z = -4(x+y)z + f(x,y)$$

由给定条件可知，对任何 x、y，当 $z=0$ 时 $v_z=0$，故积分常数 $f(x,y) \equiv 0$。因此

$$v_z = -4(x+y)z$$

② 由以上速度分布，可得流体质点自转角速度分量分别为

$$\omega_x = \frac{1}{2}\left(\frac{\partial v_z}{\partial y} - \frac{\partial v_y}{\partial z}\right) = \frac{1}{2}(-4z - 1) = -2z - \frac{1}{2}$$

$$\omega_y = \frac{1}{2}\left(\frac{\partial v_x}{\partial z} - \frac{\partial v_z}{\partial x}\right) = \frac{1}{2}(0 + 4z) = 2z$$

$$\omega_z = \frac{1}{2}\left(\frac{\partial v_y}{\partial x} - \frac{\partial v_x}{\partial y}\right) = \frac{1}{2}(0 - 1) = -\frac{1}{2}$$

根据质点自转角速度分量，可得质点自转的空间角速度 ω 大小为

$$\omega = \sqrt{\omega_x^2 + \omega_y^2 + \omega_z^2} = \sqrt{8z^2 + 2z + 0.5}$$

以上结果表明，该流场中质点自转的空间角速度 ω 仅与 z 有关，即在 $z=c$ 的平面内质点自转角速度处处相同。令 $\mathrm{d}\omega/\mathrm{d}z = 0$ 可得 ω 取得极值的 z 坐标及 ω 极值为

$$z = -1/8, \quad \omega = \omega_{\min} = \sqrt{8/8^2 - 2/8 + 0.5} = \sqrt{6}/4$$

【P2-8】电除尘器内粒子的运动轨迹及分离长度。 某电除尘器由间距为 $2b$ 平行板组成，其坐标设置如图 2-1 所示。其中板间气体的速度分布（x-y 平面问题）为

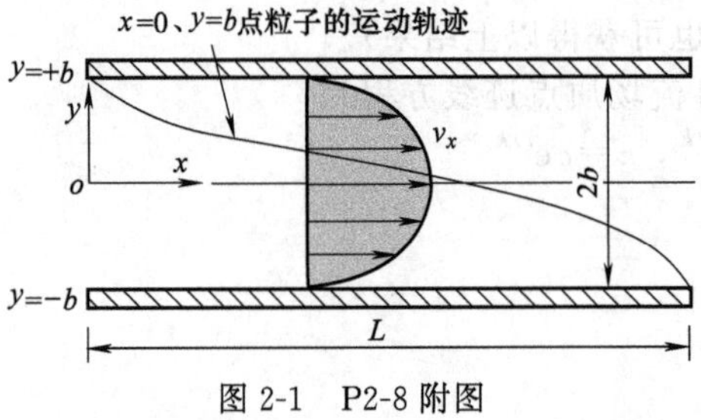

$$v_y = 0, \quad v_x = \frac{3}{2}v_\mathrm{m}(1 - \eta^2)$$

其中 v_m 是气体平均流速（已知量）；$\eta = y/b$，是 y 方向无因次坐标。在除尘器进口截面上，尘埃粒子在 x 方向跟随气体流动，同时在重力及电场力作用下沿 $-y$ 方向作初速为零的匀加速运动，且已知加速度为 a。粒子到达底板即实现除尘分离，其中粒子到达底板的距离 L 即该粒子的分离长度。假设粒子之间的运动互不干扰且不影响气体流场。

图 2-1 P2-8 附图

① 试确定通过进口（$x=0$）截面上 $y=y_0$ 点粒子的轨迹方程；

② 试确定能到达底板最远距离的粒子在进口截面上的坐标位置 y_0；

③ 取 $b=0.1\mathrm{m}$，$v_\mathrm{m}=0.1\mathrm{m/s}$，$a=1\mathrm{m/s^2}$，计算进口截面上 $y_0=b$、$b/2$、0、$-b/2$ 处粒子到达底板的时间和距离，并画出其轨迹曲线。

解 尘埃粒子在 $-y$ 方向的加速度为 a 且初速度为零，x 方向速度与气体速度相同，因此根据图示坐标，粒子的 x、y 速度分量为

$$v_x = \frac{3}{2} v_m (1 - \eta^2) , \quad v_y = -at$$

① 根据速度分量建立粒子的迹线微分方程，求解可得粒子迹线方程一般形式为

$$\frac{dx}{dt} = v_x \rightarrow x = \frac{3}{2} v_m \int (1 - \eta^2) dt + C_1, \quad \frac{dy}{dt} = v_y \rightarrow y = -\frac{1}{2} at^2 + C_2$$

对于 $t = 0$ 时进口截面（$x = 0$）上 $y = y_0$ 的粒子：$C_2 = y_0$，其轨迹坐标 y 的方程为

$$y = -\frac{1}{2} at^2 + y_0 \qquad \begin{cases} -b \leqslant y_0 \leqslant b \\ -b \leqslant y \leqslant y_0 \end{cases}$$

引入无因次坐标 $\eta = y/b$，并令 $\eta_0 = y_0/b$，则上式又可表示为

$$\eta = -\frac{1}{2} \frac{a}{b} t^2 + \eta_0 \qquad \begin{cases} -1 \leqslant \eta_0 \leqslant 1 \\ -1 \leqslant \eta \leqslant \eta_0 \end{cases} \qquad (a)$$

将 η 代入 x 方程并积分，其中 $t = 0$ 时 $x = 0$，可得进口截面 y_0 点粒子的 x 坐标轨迹为

$$x = \frac{3}{2} v_m \left[(1 - \eta_0^2) t + \frac{1}{3} \frac{a}{b} \eta_0 t^3 - \frac{1}{20} \left(\frac{a}{b}\right)^2 t^5 \right] \qquad (b)$$

其中，不同 η_0 点粒子的运动从 $\eta = \eta_0$ 开始，至 $\eta = -1$ 结束（到达底板），因此 x 方程中 t 的取值范围可由式(a) 确定，即

$$\eta = \eta_0 \text{ 时}, \ t = 0; \quad \eta = -1 \text{ 时}, \ t = \sqrt{(2b/a)(1 + \eta_0)}$$

② 将粒子到达底板的时间（$\eta = -1$ 对应的 t）代入式(b)，可得进口截面上不同 y_0 点粒子到达底板时的 x 坐标，该坐标即为分离该粒子所需的除尘器板长 L，即

$$L = x \big|_{\eta = -1} = \frac{3}{\sqrt{2}} v_m \sqrt{\frac{b}{a}} \left[(1 - \eta_0^2)(1 + \eta_0)^{\frac{1}{2}} + \frac{2}{3} \eta_0 (1 + \eta_0)^{\frac{3}{2}} - \frac{1}{5} (1 + \eta_0)^{\frac{5}{2}} \right]$$

由此可见，进口截面上不同 η_0 点的粒子实现分离的板长是不同的。令 $dL/d\eta_0 = 0$，可得

$$\eta_0 = -1, \ \eta_0 = 0.5 \quad \text{或} \quad y_0 = -b, \ y_0 = 0.5b$$

且

$$L_{min} = L_{\eta_0 = -1} = 0, \ L_{max} = L_{\eta_0 = 0.5} = 1.2 v_m \sqrt{3b/a}$$

③ 取：$b = 0.1 \text{m}$，$v_m = 0.1 \text{m/s}$，$a = 1 \text{m/s}^2$，计算得到的进口截面上 $\eta_0 = 1$、0.5、0、-0.5 各点的粒子到达底板的时间 t 和距离见表 2-1，其运动轨迹曲线见图 2-2。

表 2-1　进口截面上不同点处粒子到达底板的时间 t 与距离 x

η_0	t/s	x/m
1.0	0.632	0.0506
0.5	0.548	0.0657
0.0	0.447	0.0537
−0.5	0.316	0.0253

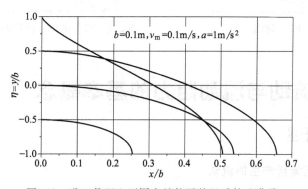

图 2-2　进口截面上不同点处粒子的运动轨迹曲线

【P2-9】圆管层流的运动学特性。如图 2-3，若 v_m 为管内平均流速，知流体在圆形管中层流流动的速度分布为

$$v_z = 2v_m(1 - r^2/R^2)$$

① 判断流动是否为不可压缩流动；

② 判断流动是有旋流动还是无旋流动；

③ 求流线与迹线方程。

解 柱坐标下流体微元的转动角速度及不可压缩流动连续性方程分别为

$$2\omega_r = \left(\frac{1}{r}\frac{\partial v_z}{\partial \theta} - \frac{\partial v_\theta}{\partial z}\right), \quad 2\omega_\theta = \left(\frac{\partial v_r}{\partial z} - \frac{\partial v_z}{\partial r}\right), \quad 2\omega_z = \left(\frac{1}{r}\frac{\partial r v_\theta}{\partial r} - \frac{1}{r}\frac{\partial v_r}{\partial \theta}\right)$$

$$\nabla \cdot \mathbf{v} = \frac{1}{r}\frac{\partial (r v_r)}{\partial r} + \frac{1}{r}\frac{\partial v_\theta}{\partial \theta} + \frac{\partial v_z}{\partial z} = 0$$

根据圆管层流速度分布方程可知：

① 因为，$v_r = v_\theta = 0$，且 $\partial v_z/\partial z = 0$，所以 $\nabla \cdot \mathbf{v} = 0$，故流动不可压缩；

② 因为，$\omega_r = 0$，$\omega_\theta = 2v_m r/R^2$，$\omega_z = 0$，所以流动有旋，且 $\omega_{\theta max} = 2v_m/R$；

③ 流线微分方程为 $\qquad v_z dr = v_r dz, \quad v_z r d\theta = v_\theta dz$

因为 $v_r = v_\theta = 0$，$v_z \neq 0$，所以必有 $dr = 0$，$d\theta = 0$，由此可得流线方程为

$$r = c_1, \quad \theta = c_2$$

该结果表明，流线上的各点的 r、θ 坐标不变，即流线为平行于 z 的直线。

迹线微分方程为 $\qquad \dfrac{dr}{dt} = 0, \quad r\dfrac{d\theta}{dt} = 0, \quad \dfrac{dz}{dt} = 2v_m\left(1 - \dfrac{r^2}{R^2}\right)$

积分可得迹线方程 $\qquad r = c_1, \quad \theta = c_2, \quad z = 2v_m\left(1 - \dfrac{r^2}{R^2}\right)t = v_z t$

该结果表明，质点沿平行于 z 轴的直线行进，行进速度为 v_z。

运动特性分析：因流动稳态，故流线与迹线形状相同，均为与 z 平行的直线。其次，流动有旋，表明质点在沿 z 方向行进时有自转，且自转角速度 $\omega_\theta > 0$（逆时针）（图 2-4），这种自转是由质点上下两侧的速度差造成的；根据速度分布可知，质点上侧表面速度 v_z' 小于质点下侧表面速度 v_z，从而导致质点逆时针转动，即 $\omega_\theta > 0$。

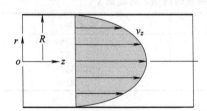

图 2-3 P2-9 附图

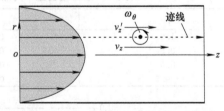

图 2-4 P2-9 附图（圆管内的迹线及质点自转）

2.2 流体流动与流动阻力的基本概念

2.2.1 要点概述

（1）典型力学因素所产生的流动

重力流动 主要指液位高差形成的自发流动，流体密度差导致的自然对流亦属此类。

压差流动 主要指流体压力差作用下的强制流动。其中获得压差的方式包括流体机械做功提升流体压头、热能/化学能转化形成局部高压、流体射流或蒸汽冷凝形成负压等。

运动表面推挤与摩擦产生的流动 如风扇、搅拌桨、液-液或液-固摩擦等产生的流动。

其他力学因素产生的流动 如表面张力/毛细力、电场力、离心场力等产生的流动。

（2）层流与湍流

层流 即流体层间犹如平行滑动的流动。特征是横向动量传递仅有分子热运动——分子扩散，且热运动尺度≪流体质点尺度。时间特性上，层流流场空间点的速度 u 是确定值。

湍流 即流体内部充满不同尺度旋涡的流动。特征是横向动量传递以微团随机脉动为主——湍流扩散，且脉动尺度≫流体质点尺度，故传递速率大为增强。时间特性上，湍流流场空间点的速度 u 由时均速度 $\bar{u}$（确定值）和脉动速度 u'（随机值）构成，即 $u = \bar{u} + u'$。

注：除另加说明，一般计算中提及的湍流速度均指的是湍流时均速度 $\bar{u}$。

（3）固壁边界对流动的影响

设置固壁边界是形成特定流场的直接手段。研究特定流场与固体壁面的相互作用是工程实际关注的主要问题。利用特定形状的构件创造有利于过程的流动条件（均匀分布、充分接触、增强混合、减小阻力、干扰边界层等）是过程设备内构件创新的基本出发点。

2.2.2 三类典型流动的特征行为及流动阻力

（1）圆管中的流动

层流与湍流 圆管流动的基本行为可根据管流雷诺数 $Re = \rho u D/\mu$ 来描述。其中 $Re <$ 2300 时为层流，$Re > 4000$ 时为湍流，其间为过渡流。

进口区与充分发展区流动 见图 2-5，因管壁影响，圆管流动分为进口区流动和充分发展区流动。其中层流时进口区长度 $L_e = 0.058DRe$，湍流时 $L_e \approx 50D$。进口区流动有两个速度分量且是二维的，充分发展区流动仅有一个速度分量且是一维的，即

进口区 $\qquad v_z = v_z(r,z), \ v_r = v_r(r,z), \ v_\theta = 0$

充分发展区 $\qquad v_z = v_z(r), \ v_r = v_\theta = 0$

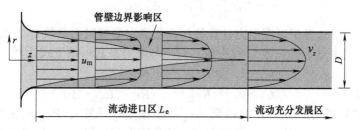

图 2-5 流体在圆管内的流动

流动阻力及其计算方法 管道流动的阻力为摩擦阻力，圆管充分发展流动的摩擦阻力可用壁面切应力 τ_0 或摩擦压力降 Δp_f 或阻力损失 h_f 表征，三者的计算式分别为

$$\tau_0 = \frac{\lambda}{4}\frac{\rho u_m^2}{2}, \ \Delta p_f = \lambda \frac{L}{D}\frac{\rho u_m^2}{2}, \ h_f = \lambda \frac{L}{D}\frac{u_m^2}{2g} \tag{2-12}$$

且三者的换算关系为 $\qquad \Delta p_f = 4\tau_0 L/D = \rho g h_f \tag{2-13}$

式中，L、D 是管长与管径；ρ、u_m 是流体密度与平均流速；λ 是平均摩擦阻力系数。

由此可见，管道流动阻力计算的核心是确定流动工况下的摩擦阻力系数 λ。其中，对于充分发展的圆管层流和湍流，分别有

层流 $$\lambda = \frac{64}{Re}$$

(2-14)

湍流 $$\lambda = \frac{0.3164}{Re^{1/4}} (4000 < Re < 10^5)$$

以上湍流 λ 计算式称为 Blasius 公式，因简洁而常用（湍流 λ 的更多经验式见第 9 章）。

(2) 沿平壁表面的边界层流动

边界层流动 见图 2-6，流体以来流速度 u_0 沿平壁流动时会因黏性影响在壁面附近形成速度分布，其中流体速度 u 由壁面处 $u = 0$ 至 $u = 0.99u_0$ 对应的流体层称为边界层，其厚度 δ 称为边界层厚度。δ 随 x 是不断增加的，但若整个板长 L 范围内 δ 都远小于流场 y 方向尺度 H，则称其为边界层流动。平壁边界层的流动通常用板距雷诺数 $Re_x = \rho u_0 x / \mu$ 描述。

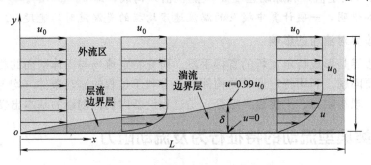

图 2-6 沿平壁表面的边界层流动

层流边界层与湍流边界层 流体沿平壁流动时，平壁前缘段边界层内的流动为层流，称为层流边界层；之后边界层内的流动将过渡为湍流，称为湍流边界层。若过渡点坐标 x_c 对应雷诺数为 Re_c（过渡雷诺数），则 $Re_x < Re_c$ 为层流边界层，$Re_x > Re_c$ 为湍流边界层。

实验表明，过渡雷诺数 Re_c 的范围在 $3 \times 10^5 \sim 3 \times 10^6$ 之间。一般计算可取 $Re_c = 5 \times 10^5$。

流动阻力及其计算方法 平壁边界层的流动阻力为摩擦阻力。其壁面平均切应力 τ_0 或总摩擦力 $F_f = \tau_0 A_f$（A_f 为摩擦面积）可用摩擦阻力系数 C_f 表示为

$$\tau_0 = C_f \frac{\rho u_0^2}{2}, \quad F_f = \tau_0 A_f = C_f \frac{\rho u_0^2}{2} A_f$$

(2-15)

由此可见，平壁边界层摩擦阻力计算的核心是确定摩擦阻力系数 C_f（关于 C_f 的展开分析见第 10 章）。其中对于板长为 L 的平壁，其平均阻力系数可用下式计算

层流边界层 $\qquad C_f = 1.328 Re_L^{-1/2} \quad (Re_L < Re_c)$ (2-16)

湍流边界层 $\qquad C_f \approx 0.074 Re_L^{-1/5} \quad (Re_c < Re_L < 10^7)$ (2-17)

其中式(2-17)适用于 $x_c \ll L$ 的情况（x_c 可根据 Re_c 计算）；$Re_L = \rho u_0 L / \mu$ 是板长雷诺数。因边界层流动中板宽方向（$\perp$图面方向）各参数视为均匀，故 C_f 仅涉及板长尺寸。

(3) 绕流流动的阻力与阻力系数

绕流流动 指流体以来流速度 u_0 绕过二维或三维物体的流动。图 2-7 是长圆柱或球形体绕流，其迎风面有边界层流动特点，背风面是边界层分离形成尾迹区，流动状态较为复杂。

绕流阻力及其计算方法 绕流流动中固体在流动方向上对流体的作用力称为阻力，流体对固体的作用力则称为曳力，二者大小相等方向相反。不加区别时，可一

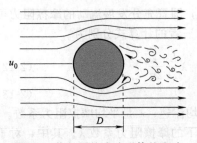

图 2-7 绕长圆柱或球形体的流动

并称之为绕流阻力，并用 F_D 表示。绕流阻力 F_D 一般由两部分构成：一是固体表面压力 p 在流动方向的合力 F_p，称为形状阻力或压差阻力；二是固体表面切应力 τ_0 在流动方向的合力 F_f，称为摩擦阻力；即

$$F_D = F_p + F_f \tag{2-18}$$

绕流总阻力 F_D、形状阻力 F_p、摩擦阻力 F_f 可引入阻力系数分别表示为

$$F_D = C_D \frac{\rho u_0^2}{2} A_D, \quad F_p = C_p \frac{\rho u_0^2}{2} A_D, \quad F_f = C_f \frac{\rho u_0^2}{2} A_f \tag{2-19}$$

式中，A_D 是物体在来流方向的投影面积；A_f 是物体表面积即摩擦面积；C_D、C_p、C_f 分别称为总阻力系数、形状阻力系数、摩擦阻力系数。由于 F_D 比 F_p 和 F_f 更易于测试，且工程计算中更关心的是总阻力 F_D，故文献资料中一般仅提供 C_D 的关联式或经验值。常见二维或三维绕流的总阻力系数见附表 E-4。其中球形体的绕流阻力系数可用下式计算

$$C_D = \frac{24}{Re} + \frac{3.73}{Re^{0.5}} - \frac{4.83 \times 10^{-3} Re^{0.5}}{1 + 3 \times 10^{-6} Re^{1.5}} + 0.49 \quad (Re < 2 \times 10^5) \tag{2-20}$$

式中，$Re = \rho u_0 D / \mu$ 称为绕流雷诺数。关于 C_D 的其他关联式及其讨论见第 10 章。

2.2.3 流动阻力计算基本方法的应用

【P2-10】圆管流动摩擦产生的螺栓附加拉力。 有一水位恒定的水箱，其底部有竖直向下的排水管将水排入水池。排水管用螺栓连接到水箱底部，管段上无其他支撑。已知管内径 $D = 0.02\text{m}$，管长 $L = 6\text{m}$，液位恒定且体积流量 $q_V = 0.0015\text{m}^3/\text{s}$，水的密度 $\rho = 998.2\text{kg/m}^3$，运动黏度 $\nu = 1.006 \times 10^{-6}\text{m}^2/\text{s}$。试求因流体流动使螺栓受到的附加拉力 F。

解 不排水时螺栓仅承受管段重力，排水时流体与管壁的摩擦使螺栓受到附加拉力 F。该附加拉力等于管壁平均切应力 τ_0 与管壁摩擦面积 A 的乘积，即

$$F = \tau_0 A = \lambda \frac{\rho u_m^2}{8} \pi D L$$

排水时的管内平均流速及雷诺数为

$$u_m = \frac{4 q_V}{\pi D^2} = \frac{4 \times 0.0015}{\pi \times 0.02^2} = 4.775 (\text{m/s}), \quad Re = \frac{u_m D}{\nu} = \frac{4.775 \times 0.02}{1.006 \times 10^{-6}} = 94930$$

可见，管内流动为湍流，且 $Re < 10^5$，因此可用 Blasius 公式计算阻力系数，即

$$\lambda = \frac{0.3164}{Re^{0.25}} = \frac{0.3164}{94930^{0.25}} = 0.018$$

代入数据得

$$F = 0.018 \times \frac{998.2 \times 4.775^2}{8} \pi \times 0.02 \times 6 = 19.3 (\text{N})$$

【P2-11】圆管流动的形态判别及泵送功率计算。 密度 $\rho = 900\text{kg/m}^3$、运动黏度 $\nu = 3.3 \times 10^{-4}\text{m}^2/\text{s}$ 的油在内径 $D = 75\text{mm}$、长度 $L = 1.5\text{km}$ 的圆管内流动，质量流量 $q_m = 7.0\text{kg/s}$。

① 试判断流动是层流还是湍流。

② 试确定克服摩擦阻力所需的泵送功率，设泵的效率为 70%。

③ 计算管壁切应力。

解 ①根据已知条件计算平均流速及雷诺数，即

$$u_m = \frac{q_m}{\rho A} = \frac{7}{900 \times \pi \times 0.0375^2} = 1.761 (\text{m/s})$$

$$Re = \frac{u_m D}{\nu} = \frac{1.761 \times 0.075}{3.3 \times 10^{-4}} = 400.2$$

因为 $Re<2300$，所以流动为层流。

② 流体长距离输送可视为充分发展流动，因此将层流摩擦阻力系数 $\lambda=64/Re$ 代入摩擦压降公式可得

$$\Delta p_f=\frac{64}{Re}\frac{L}{D}\frac{\rho u_m^2}{2}=\frac{64}{400.2}\times\frac{1500}{0.075}\times\frac{900\times1.761^2}{2}\times10^{-3}=4463.4(kPa)$$

由此可计算克服摩擦阻力所需的泵送功率为

$$N=\frac{q_V\Delta p_f}{\eta}=\frac{(7/900)\times4463.4}{0.7}=49.6(kW)$$

③ 根据管壁切应力与摩擦压降关系式［式(2-13)］可得

$$\tau_0=\Delta p_f\frac{D}{4L}=4463400\times\frac{0.075}{4\times1500}=55.8(N/m^2)$$

【P2-12】圆管层流与湍流的速度分布特性。实验表明，对于圆管内充分发展的流动，层流时管中心最大速度 $u_{max}=2u_m$（u_m 为平均流速），湍流时则有 $u_{max}\approx1.25u_m$（表明湍流时横向混合增强，速度分布更平坦）。设层流与湍流的轴向速度 u 沿径向坐标 r 的变化分别为

层流 $\qquad\qquad\qquad u=u_{max}[1-(r/R)^n]$

湍流 $\qquad\qquad\qquad u=u_{max}(1-r/R)^{1/n}$

① 试确定层流速度分布式中的 n 及层流摩擦阻力系数 λ 与管流雷诺数 Re 的关系；

② 试确定湍流速度分布式中的 $n(n>0)$。

解 ① 对层流速度分布式积分可得管内平均流速 u_m 为

$$u_m=\frac{1}{\pi R^2}\int_0^R u(2\pi r)dr=\frac{2u_{max}}{R^2}\int_0^R[1-(r/R)^n]rdr=u_{max}\frac{n}{n+2}$$

由 $u_{max}=2u_m$ 可知 $\qquad n=2$ 或 $\qquad u=u_{max}(1-r^2/R^2)$

根据该速度分布，应用牛顿剪切定律可得管壁切应力为

$$\tau_0=\mu\frac{du}{dr}\bigg|_{r=R}=-\mu u_{max}\frac{2}{R}=-\frac{4\mu u_m}{R}$$

式中符号"一"仅表示壁面处流体表面的切应力方向与流动方向相反。

根据管流时 τ_0 的计算式［式(2-12)］可得层流摩擦阻力系数为

$$\lambda=\tau_0\frac{8}{\rho u_m^2}=\frac{4\mu u_m}{R}\frac{8}{\rho u_m^2}=\frac{64}{\rho u_m D/\mu}\quad\text{即}\quad\lambda=\frac{64}{Re}$$

② 对湍流速度分布式积分，可得管内平均流速 u_m 为

$$u_m=\frac{1}{\pi R^2}\int_0^R u(2\pi r)dr=\frac{2u_{max}}{R^2}\int_0^R\left(1-\frac{r}{R}\right)^{1/n}rdr=u_{max}\frac{2n^2}{(2n+1)(n+1)}$$

由 $u_{max}\approx1.25u_m$ 并考虑 $n>0$，可得

$$n=3+\sqrt{11}\approx6.32$$

应用于近似计算时，以上湍流速度分布式中一般取 $n=7$。

【P2-13】非圆形管的摩擦阻力损失及水力直径。流体在图 2-8 所示的非圆形截面管道内作充分发展的流动（层流或湍流），流体密度 ρ，平均流速 u_m。如果用 A 表示管道截面流体流通面积，P 表示管道截面的壁面周长（管道截面浸润周边长度），且定义水力直径 $D_h=4A/P$，试确定管流摩擦压降 Δp_f 或阻力损失 h_f 与阻力系数 λ 的关系。其中 λ 由管壁平均切应力 τ_0 定义为

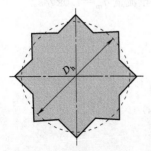

图 2-8 P2-13 附图

$$\tau_0 = \lambda \rho u_m^2 / 8$$

解 对于非圆形截面管内充分发展的流动，管长 L 对应的流体摩擦压降 Δp_f 与管壁平均切应力 τ_0 的轴向力平衡关系为：$\Delta p_f A = \tau_0 L P$，由此可得

$$\Delta p_f = \frac{\tau_0 L}{A/P} = \lambda \frac{L}{4A/P} \frac{\rho u_m^2}{2}$$

引入水力直径 $D_h = 4A/P$ 并考虑 $\rho g h_f = \Delta p_f$，可得

$$\Delta p_f = \lambda \frac{L}{D_h} \frac{\rho u_m^2}{2}, \quad h_f = \lambda \frac{L}{D_h} \frac{u_m^2}{2g}$$

由此可见，引入水力直径 D_h，非圆形管的 Δp_f-λ 或 h_f-λ 关系形式上就与圆形管完全一致。这就是按 $D_h = 4A/P$ 定义非圆形管水力当量直径的主要意义。实践还表明，引入 D_h 后，圆形管的阻力或换热系数公式甚至可近似用于非圆形管，尤其是湍流工况。

【P2-14】边界层流动及球体绕流组合结构的阻力计算。 某巡航导弹可近似看成由前端半球体战斗部、圆柱形发动机部和半球体尾部组成，其中柱形发动机部长 $L = 3.6\mathrm{m}$，直径 $D = 380\mathrm{mm}$。已知导弹贴近地面飞行，速度 480m/s，气温 10℃。假设巡航导弹前后半球的总阻力可视为一个球体的阻力且 $C_D = 0.27$，发动机部的阻力可视为宽度为 πD 的平壁边界层摩擦阻力，试求导弹其克服空气阻力消耗的功率。

解 查附表 C-6，10℃时空气密度 $\rho = 1.247\mathrm{kg/m}^3$，运动黏度 $\nu = 1.416 \times 10^{-5}\mathrm{m}^2/\mathrm{s}$。将前后半球的总阻力合并一个球体所受的阻力，则该阻力为

$$F_D = C_D \frac{\rho u^2}{2} A_D = 0.27 \times \frac{1.247 \times 480^2}{2} \times \frac{\pi \times 0.38^2}{4} = 4398.8\,(\mathrm{N})$$

将圆柱形发动机部视为宽度为 πD、长度为 L 的平壁。取过渡雷诺数 $Re_c = 5 \times 10^5$，并认为平板前缘为边界层起点，则层流边界层占据的长度范围 x_c 为

$$x_c = \frac{\nu}{u_0} Re_c = \frac{1.416 \times 10^{-5}}{480/3.6} \times 5 \times 10^5 = 0.053\,(\mathrm{m})$$

因 x_c 不及 L 的 1.5%，故该表面阻力系数可按式(2-17)计算，其中 L 对应的 Re_L 为

$$Re_L = \frac{u_0 L}{\nu} = \frac{480 \times 3.6}{1.416 \times 10^{-5}} = 1.22 \times 10^8$$

该 $Re_L > 10^7$，超过式(2-17)的应用范围。在此只能用该式作近似计算，即

$$C_f \approx \frac{0.074}{Re_L^{1/5}} = \frac{0.074}{(1.22 \times 10^8)^{0.2}} = 1.79 \times 10^{-3}$$

由此可得圆柱形发动机部的表面摩擦阻力为

$$F_f = C_f \frac{\rho u_0^2}{2} A_f = 0.00179 \times \frac{1.247 \times 480^2}{2} \times \pi \times 0.38 \times 3.6 = 1105.1\,(\mathrm{N})$$

导弹所受到的空气总阻力和所消耗的功率分别为

$$F = F_D + F_f = 4398.8 + 1105.1 = 5503.9\,(\mathrm{N})$$
$$P = Fu = 5503.9 \times 480 = 2.642 \times 10^6\,(\mathrm{W})$$

【P2-15】轿车风阻问题。 一轿车宽 1.8m，高 1.6m，其中底盘高度为 0.16m。试求该轿车在 20℃环境中以 120km/h 速度行驶时，由于风阻所消耗的功率 P。已知总阻力系数 $C_D = 0.3$。

解 轿车的风阻指是轿车行驶中受到的空气阻力。显然，轿车行驶中受到的空气阻力等价于空气以轿车行驶速度 u 绕流静止轿车所受到的阻力 F_D，轿车因风阻所消耗的功率 P 则

等于 $F_D u$，即

$$P = F_D u = C_D \frac{\rho u^2}{2} A_D u$$

代入已知数据和20℃时的空气密度 $\rho = 1.205 \text{kg/m}^3$，可得

$$P = 0.3 \times \frac{1.205 \times (120/3.6)^2}{2} \times 1.8 \times 1.44 \times \frac{120}{3.6} = 17352 \text{(W)}$$

【P2-16】 **流体低速绕流球形体的形状阻力与摩擦阻力。** 流体绕流球体的流动如图 2-9 所示，其中 u_0 与 p_0 是来流速度与压力，球体半径 R，流体密度 ρ，黏度 μ。当速度很低时，其惯性力可以忽略，此时球体壁面的压力与切应力（绕 x 轴对称）沿 θ 的变化可表示为

$$p = p_0 - \frac{3}{2}\frac{\mu u_0}{R}\cos\theta, \quad \tau_0 = \frac{3}{2}\frac{\mu u_0}{R}\sin\theta$$

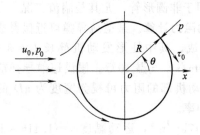
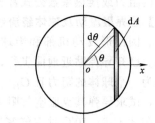

图 2-9　P2-16 附图　　　　　　图 2-10　P2-16 附图（积分单元）

① 试证明该条件下颗粒的形状阻力、摩擦阻力和总阻力分别为

$$F_p = 2\pi\mu u_0 R, \quad F_f = 4\pi\mu u_0 R, \quad F_D = 6\pi\mu u_0 R$$

② 试确定该条件下球体的形状阻力系数 C_p、摩擦阻力系数 C_f 和总阻力系数 C_D；

③ 取 $Re = 0.1$、1、2，分别计算 C_D，并与经验式(2-20)的计算结果比较。

解　① 按定义，阻力即流动方向上球体对流体的作用力，其大小等于流体在流动方向（图 2-9 中 x 方向）对球体的作用力（曳力）。其中形状阻力 F_p 等于球体表面压力 p 在流动方向的合力，摩擦阻力 F_f 等于球体表面切应力 τ_0 在流动方向的合力。

因为球体壁面的 p 与 τ_0 绕 x 轴对称，所以绕 x 轴的环形微元面 dA 上（见图 2-10），p 或 τ_0 是相等的，且 dA 上 p 与 τ_0 作用力的 x 分量（流动方向分量）分别为

$$dF_p = -p\cos\theta dA, \quad dF_f = \tau_0\sin\theta dA$$

如图 2-10 所示，环形微元面 dA 可表示为

$$dA = 2\pi R\sin\theta R d\theta = 2\pi R^2\sin\theta d\theta$$

将 dA、p、τ_0 代入 dF_p、dF_f 并积分，可得球体的形状阻力和摩擦阻力分别为

$$F_p = \int_0^\pi dF_p = -\int_0^\pi p\cos\theta dA = (3\pi R\mu u_0)\int_0^\pi \cos^2\theta\sin\theta d\theta = 2\pi R\mu u_0$$

$$F_f = \int_0^\pi dF_f = \int_0^\pi \tau_0\sin\theta dA = (3\pi R\mu u_0)\int_0^\pi \sin^3\theta d\theta = 4\pi R\mu u_0$$

由此可得总阻力为　　　　$F_D = F_p + F_f = 6\pi R\mu u_0$

② 阻力与阻力系数的定义关系为

$$F_D = C_D\frac{\rho u_0^2}{2}A_D, \quad F_p = C_p\frac{\rho u_0^2}{2}A_D, \quad F_f = C_f\frac{\rho u_0^2}{2}A_f$$

将以上各作用力代入，并以 $D = 2R$ 表示球体直径，且考虑 $A_f = 4A_D = \pi D^2$，可得

$$C_D = \frac{24\mu}{\rho u_0 D} = \frac{24}{Re}, \quad C_p = \frac{8\mu}{\rho u_0 D} = \frac{8}{Re}, \quad C_f = \frac{4\mu}{\rho u_0 D} = \frac{4}{Re}$$

③ 当 $Re=0.1$、1、2 时，由以上理论式和经验式 [式(2-20)] 分别可得

$$C_D = \frac{24}{Re} = 240、24、12$$

$$C_D = \frac{24}{Re} + \frac{3.73}{Re^{0.5}} - \frac{4.83\times10^{-3}Re^{0.5}}{1+3\times10^{-6}Re^{1.5}} + 0.49 = 252.2、28.2、15.1$$

计算可知，对应于 $Re=0.1$、1、2，理论值 C_D 与经验值的相对误差分别为 -4.9%、-14.9%、-20.6%。可见 Re 数越小，理论值越接近经验值，因为理论值是在惯性力可忽略（速度极低）的条件下得到的，所以 Re 数越小理论值误差越小。

【P2-17】球形颗粒的自由沉降速度计算。颗粒在流体中自由沉降时受到重力、浮力和流体曳力作用。力平衡条件下，颗粒沉降速度恒定，该速度 u_t 称为颗粒的沉降速度（或终端速度）。设颗粒为球形，直径和密度分别为 d、ρ_p，流体黏度和密度分别为 μ、ρ_f，总阻力系数为 C_D，求 u_t 的表达式以及 $d=1mm$、$\rho_p=7800kg/m^3$ 的金属球在 20℃ 水中的沉降速度。

解 由重力与浮力和流体曳力相平衡可得

$$\rho_p g \frac{\pi d^3}{6} = \rho_f g \frac{\pi d^3}{6} + C_D \frac{\rho_f u_t^2}{2} \times \frac{\pi d^2}{4} \rightarrow u_t = \sqrt{\frac{4d(\rho_p-\rho_f)g}{3\rho_f C_D}}$$

20℃时水的密度 $\rho_f=998.2kg/m^3$，黏度 $\mu=0.001Pa\cdot s$，因此 u_t 下的绕流雷诺数为

$$Re = \rho_f u_t d/\mu = 998.2u_t \times 0.001/0.001 = 998.2u_t$$

对应的总阻力系数用经验式(2-20) 计算，即

$$C_D = \frac{24}{Re} + \frac{3.73}{Re^{0.5}} - \frac{4.83\times10^{-3}Re^{0.5}}{1+3\times10^{-6}Re^{1.5}} + 0.49$$

可见，确定 u_t 需要试差，即假设 u_t，计算 Re 和 C_D，再计算 u_t，直至 u_t 的计算值与假设值相符为止。试差结果为

$$u_t = 0.3676m/s, Re = 366.94, C_D = 0.6595$$

第 3 章

流体静力学问题

本章主要涉及静止或相对静止流体中的压力分布及器壁受力问题，包括流体静力学基本方程及静止流场基本特性，重力场静止流体压力分布及相关问题，重力场静止液体中的器壁受力，直线匀加速系统和匀速转动系统中的液体静力学问题。

3.1　流体静力学基本方程及静止流场特性

3.1.1　流体静力学基本方程

（1）静止流体的受力

流体受力一般包括质量力和表面力。其中静止或相对静止流体的表面力仅有静压力。

质量力　即质量力场（如重力场）作用于流体整个体积的力，也称体积力。一般用单位质量流体受到的质量力，即单位质量力 $\mathbf{f}$ 来表征。设 f_x、f_y、f_z 是 $\mathbf{f}$ 的三个分量，则

$$\mathbf{f}=f_x\mathbf{i}+f_y\mathbf{j}+f_z\mathbf{k} \tag{3-1}$$

静压力　即静止流体表面的单位面积力 p。静压力 p 的方向总是垂直指向表面，大小与表面取向无关，即同一点各方位表面上的 p 大小相同。

（2）静力平衡方程

静力平衡方程表示的是静止流体的质量力 $\mathbf{f}$ 与静压力 p 的平衡关系，即

$$\rho f_x=\frac{\partial p}{\partial x},\ \rho f_y=\frac{\partial p}{\partial y},\ \rho f_z=\frac{\partial p}{\partial z} \tag{3-2}$$

（3）压力微分方程

一般流场中，空间点压力 p 沿微分路径 $\mathrm{d}\mathbf{r}(=\mathrm{d}x\mathbf{i}+\mathrm{d}y\mathbf{j}+\mathrm{d}z\mathbf{k})$ 变化时的增量 $\mathrm{d}p$ 为

$$\mathrm{d}p=\frac{\partial p}{\partial x}\mathrm{d}x+\frac{\partial p}{\partial y}\mathrm{d}y+\frac{\partial p}{\partial z}\mathrm{d}z$$

静止流场中，p 与 $\mathbf{f}$ 满足关系式(3-2)，故 $\mathrm{d}p$ 可进一步表示为

$$\mathrm{d}p=\rho(f_x\mathrm{d}x+f_y\mathrm{d}y+f_z\mathrm{d}z)\quad 或\quad \mathrm{d}p=\rho\mathbf{f}\cdot\mathrm{d}\mathbf{r} \tag{3-3}$$

此即静止流场压力微分方程。因为 p 又可理解为单位体积流体具有的压力能，故该方程的意义是：沿 $\mathrm{d}\mathbf{r}$ 的压力能增量 $\mathrm{d}p$ 等于单位体积质量力 $\rho\mathbf{f}$ 沿 $\mathrm{d}\mathbf{r}$ 做的功。

静止流场有以下基本特性：

① 质量力 $\mathbf{f}\perp$ 等压面（等压面即 $\mathrm{d}p=0$ 的面）；

② 两种流体的分界面是等压面；

③ 不可压缩静止流场中质量力 $\mathbf{f}$ 有势，即 $\nabla\times\mathbf{f}=0$。

3.1.2　静止流场特性问题

【P3-1】静止流场特性问题Ⅰ。如图 3-1 所示，已知静止流场中某点的单位质量力为 $\mathbf{f}$，流体静压力为 p。试写出 p 沿任意微分路径 $\mathrm{d}\mathbf{r}$ 的变化率 $\mathrm{d}p/\mathrm{d}r$ 的表达式，其中 $\mathrm{d}\mathbf{r}$ 与 $\mathbf{f}$ 之间的夹角为 α，并讨论 $\mathrm{d}p/\mathrm{d}r$ 与 $\mathrm{d}\mathbf{r}$ 取向或 α 角的关系。

解　对于静止流场，由压力微分方程可知

$$\mathrm{d}p=\rho\mathbf{f}\cdot\mathrm{d}\mathbf{r}$$

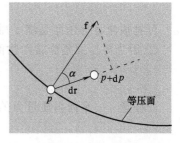

图 3-1　P3-1 附图

其中 $\mathbf{f} \cdot d\mathbf{r}$ 即质量力 $\mathbf{f}$ 沿 $d\mathbf{r}$ 所做的功。如图 3-1 所示，该功又可表示为

$$\mathbf{f} \cdot d\mathbf{r} = f\cos\alpha\, dr$$

由此可得 p 沿任意微分路径的变化率为

$$\frac{dp}{dr} = \rho f\cos\alpha$$

该式表明，静止流场中的压力变化率 dp/dr 与 $d\mathbf{r}$ 的取向有关。其中：

当 $d\mathbf{r}$ 与 $\mathbf{f}$ 同向时，$\alpha = 0$ 或 $\cos\alpha = 1$，此时 dp/dr 最大，即 p 沿 $\mathbf{f}$ 方向的变化率最大。

当 $d\mathbf{r} \perp \mathbf{f}$ 时，$\alpha = \pm\pi/2$ 或 $\cos\alpha = 0$，此时 $dp/dr = 0$ 或 $p = \text{const}$，即此时的 $d\mathbf{r}$ 取向必然是等压面方向，由此可以推知：静止流场中的质量力 $\mathbf{f}$ 必然垂直于等压面。

【P3-2】静止流场特性问题 Ⅱ。已知某不可压缩流场的压力微分方程为

$$dp = \rho(yz\,dx + 2\lambda zx\,dy + 3\beta xy\,dz)$$

问常数 λ、β 取何值时，该流场是静止流场？

解 对比静止流场的压力微分方程可知，若该流场静止，则质量力应为

$$f_x = yz, \quad f_y = 2\lambda zx, \quad f_z = 3\beta xy$$

另一方面，根据不可压缩静止流场中质量力有势的特点，又有 $\nabla \times \mathbf{f} = 0$，或

$$\left(\frac{\partial f_z}{\partial y} - \frac{\partial f_y}{\partial z}\right)\mathbf{i} + \left(\frac{\partial f_x}{\partial z} - \frac{\partial f_z}{\partial x}\right)\mathbf{j} + \left(\frac{\partial f_y}{\partial x} - \frac{\partial f_x}{\partial y}\right)\mathbf{k} = 0$$

因为矢量为零则其分量必须为零，故以上条件可表示为

$$\frac{\partial f_z}{\partial y} - \frac{\partial f_y}{\partial z} = (3\beta - 2\lambda)x = 0, \quad \frac{\partial f_x}{\partial z} - \frac{\partial f_z}{\partial x} = (1 - 3\beta)y = 0, \quad \frac{\partial f_y}{\partial x} - \frac{\partial f_x}{\partial y} = (2\lambda - 1)z = 0$$

由此可见，要使以上条件对于任意 (x, y, z) 成立，只能是各项的系数为零，由此得

$$\beta = 1/3, \quad \lambda = 1/2$$

【P3-3】静止流场特性问题 Ⅲ。柱坐标 $(r\text{-}\theta\text{-}z)$ 体系下静止流体的压力微分方程为

$$dp = \rho(f_r\,dr + f_\theta r\,d\theta + f_z\,dz)$$

现已知某流场整体以角速度 ω 绕 z 轴匀速转动（z 轴垂直朝上），其中的流体相对静止，且流体在离心力和重力的作用下，r、θ、z 方向的单位质量力分别为

$$f_r = \omega^2 r, \quad f_\theta = 0, \quad f_z = -g$$

① 试确定该相对静止流场中的等压面方程；

② 验证该流场中的质量力 $\mathbf{f}$ 垂直于等压面；

③ 若该流场中存在两种流体（不相溶），证明其分界面是等压面。

解 将质量力代入压力微分方程，可得该相对静止流场的压力微分方程为

$$dp = \rho(\omega^2 r\,dr - g\,dz)$$

① 在上式中令 $dp = 0$ 并积分，可得等压面方程为

$$z = \frac{\omega^2}{2g}r^2 + c$$

可见该流场等压面是绕 z 轴的旋转抛物面，不同的常数 c 代表不同的等压面。

② 因为等压面是旋转抛物面，故任意 $r\text{-}z$ 平面内抛物面曲线的斜率为

$$\tan\beta = \frac{dz}{dr} = \frac{\omega^2 r}{g}$$

而任意 $r\text{-}z$ 平面内质量力的作用方向（与 r 轴夹角的正切 $\tan\alpha$）为

$$\tan\alpha = \frac{f_z}{f_r} = -\frac{g}{\omega^2 r}$$

因为 $\tan\alpha\tan\beta=-1$，故质量力垂直于等压面。

③ 若该相对静止流场中存在两种流体，密度分别为 ρ_1、ρ_2，则沿分界面微分路径的压力增量可分别表示为

$$\mathrm{d}p=\rho_1(\omega^2 r\mathrm{d}r-g\mathrm{d}z),\ \mathrm{d}p=\rho_2(\omega^2 r\mathrm{d}r-g\mathrm{d}z)$$

对于分界面上同一微分路径（即 $\mathrm{d}r$、$\mathrm{d}z$ 一定的微分路径），其 $\mathrm{d}p$ 是唯一的，故由以上两方程相减可得

$$\left(\frac{1}{\rho_1}-\frac{1}{\rho_2}\right)\mathrm{d}p=0\quad 或\quad (\rho_1-\rho_2)(\omega^2 r\mathrm{d}r-g\mathrm{d}z)=0$$

因为 $\rho_1\neq\rho_2$，故有 $\qquad\mathrm{d}p=0\quad 或\quad \omega^2 r\mathrm{d}r-g\mathrm{d}z=0$

前者（$\mathrm{d}p=0$）表明：分界面必然是等压面；后者积分则是分界面方程，即

$$z=\frac{\omega^2}{2g}r^2+c_1$$

该方程与等压面方程具有相同形式，这同样表明分界面必然是等压面。

3.2　重力场静止流体的压力分布及相关问题

3.2.1　重力场静止流体的压力分布

(1) 重力场静止流体的压力微分方程

重力场中，重力 $\mathbf{F}=m\mathbf{g}$，所以流体单位质量力 $\mathbf{f}=\mathbf{g}$。按习惯取 z 轴垂直水平面向上，则重力方向为 z 的反方向，此时流体单位质量力的分量为

$$f_x=0,\ f_y=0,\ f_z=-g$$

将此代入一般形式的静止流场压力微分方程，可得重力场静止流体的压力微分方程为

$$\mathrm{d}p=-\rho g\mathrm{d}z \tag{3-4}$$

(2) 重力场静止气体的压力分布

上式应用于静止气体时需要知道密度 ρ 与压力 p 的关系。其中比较典型的关系是

$$\rho=cp^{1/n} \tag{3-5}$$

式中，n、c 是常数。这种 ρ 仅与 p 有关的流场称为正压流场。如理想气体等温流场，其中 $n=1$。海平面以上的大气对流层（高度<11km）可近似为正压流场，其中 $n\approx1.238$。

对于满足式(3-5)的正压流场，将其中的 ρ 代入式(3-4) 积分，并设 $z=0$ 时压力 $p=p_0$、密度 $\rho=\rho_0$，可得气体压力 p 随高度 z 的变化为

$$\frac{p}{p_0}=\left(1-\frac{n-1}{n}\frac{\rho_0 gz}{p_0}\right)^{n/(n-1)} \tag{3-6}$$

应用理想气体状态方程，并设 $z=0$ 时温度 $T=T_0$，又可得 T、ρ 随 z 的变化为

$$\frac{T}{T_0}=1-\frac{n-1}{n}\frac{\rho_0 gz}{p_0},\ \frac{\rho}{\rho_0}=\left(1-\frac{n-1}{n}\frac{\rho_0 gz}{p_0}\right)^{1/(n-1)} \tag{3-7}$$

(3) 重力场静止液体的压力分布

对于液体，其密度 $\rho=$ const。因此直接对压力微分方程积分，并设 $z=0$ 时 $p=p_0$，可得

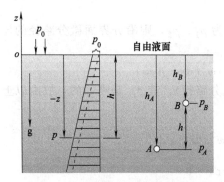

图 3-2　重力场静止液体的压力分布

$$p = p_0 - \rho g z \qquad (3\text{-}8)$$

上式所描述的压力分布如图 3-2 所示。其中，若以自由液面以下的液层深度 h 替代 $-z$，则有

$$p = p_0 + \rho g h \qquad (3\text{-}9)$$

由此进一步可知（见图 3-2），若高差为 h 的 A、B 两点的压力分别为 p_A、p_B，则

$$p_A = p_B \pm \rho g h \qquad (3\text{-}10)$$

其中，B 点高于 A 点取"＋"号，反之取"－"号。该式是同一静止液体（种类相同且相互连通的静止液体）的压力递推公式。该式对于复式 U 形压差计的压力递推计算尤为方便。

（4）重力场静止液体的等压面

在式(3-8) 中令 p 为定值，则 z 必然为定值，即重力场静止液体中的等压面是水平面，或者说重力场中同一静止液体在同一水平面上具有相同的压力。

3.2.2　重力场静压分布方程的应用

【P3-4】大气层状态参数的估计。已知海平面（$z=0$）的空气条件为：$p_0 = 101325\text{Pa}$，$\rho_0 = 1.285\text{kg/m}^3$，$T_0 = 288.15\text{K}$，且空气温度 T 随高度的下降率为 0.007K/m。若海平面以上的大气层可视为满足式(3-5) 的正压流场，试确定该式中的指数 n，并估计 5000m 高空处气体的温度 T、压力 p 及密度 ρ。

解　对于满足式(3-5) 的正压流场，可根据式(3-7) 求导得到 T 随 z 的变化率，即

$$\frac{\mathrm{d}T}{\mathrm{d}z} = -\frac{n-1}{n}\frac{\rho_0 g}{p_0}T_0$$

将已知数据和条件 $\mathrm{d}T/\mathrm{d}z = -0.007\text{K/m}$ 代入，可解出 $n = 1.243$。

据此，并根据式(3-6) 和式(3-7)，可得 $z = 5000\text{m}$ 处的 T、p、ρ 分别为

$$T = T_0\left(1 - \frac{n-1}{n}\frac{\rho_0 g z}{p_0}\right) = T_0 - 0.007z = 253.15(\text{K}) = -20(℃)$$

$$p = p_0(T/T_0)^{n/(n-1)} = 52244(\text{Pa}), \quad \rho = \rho_0(T/T_0)^{1/(n-1)} = 0.754(\text{kg/m}^3)$$

【P3-5】复式 U 形压差计压力递推计算。图 3-3 所示为连接到水箱或管道的复式测压计，其中 ρ 为水的密度，ρ_m 为指示剂密度（深色），且 $\rho_\mathrm{m} > \rho$。已知液面 2 与液面 a 的高差为 $h_{2\text{-}a}$，与液面 c 的高差为 $h_{2\text{-}c}$，且图中 1、2、3、4 点处于同一水平面。

① 试给出 1、2、3、4 点的压力 p_1、p_2、p_3、p_4 的大小顺序；

② 若要确定管道内的压力 p_A，还需要测量哪些液面高差？

解　重力场中，同一静止液体的水平面上压力相等，因此有

$$p_a = p_b, \quad p_2 = p_3, \quad p_c = p_d$$

① 根据静止流场压力递推公示并引用以上压力等式可得

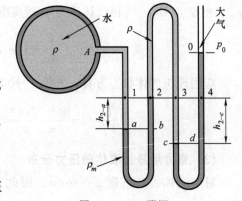

图 3-3　P3-5 附图

$$p_1 = p_a - \rho g h_{2-a} = p_b - \rho g h_{2-a} = p_2 + \rho_m g h_{2-a} - \rho g h_{2-a} = p_2 + (\rho_m - \rho) g h_{2-a}$$

所以 $\qquad\qquad\qquad p_1 > p_2$

又因为 $\qquad p_2 = p_3 = p_c - \rho g h_{2-c} = p_d - \rho g h_{2-c} = p_4 + (\rho_m - \rho) g h_{2-c}$

所以 $\qquad\qquad\qquad p_3 > p_4$

因此总排序为 $\qquad\qquad p_1 > p_2 = p_3 > p_4$

② 根据压力递推公示，管道内的压力 p_A 可最终表达如下

$$p_A = p_a - \rho g h_{A-a} = p_b - \rho g h_{A-a} = p_2 + \rho_m g h_{2-a} - \rho g h_{A-a} = p_3 + \rho_m g h_{2-a} - \rho g h_{A-a}$$
$$= p_c - \rho g h_{2-c} + \rho_m g h_{2-a} - \rho g h_{A-a} = p_d - \rho g h_{2-c} + \rho_m g h_{2-a} - \rho g h_{A-a}$$
$$= p_0 + \rho_m g h_{0-c} - \rho g h_{2-c} + \rho_m g h_{2-a} - \rho g h_{A-a}$$

由此可见，要确定 p_A，还需测量液面高差 h_{A-a} 和 h_{0-c}。

【P3-6】油的比重测试问题。图 3-4 所示为一敞口圆柱形金属容器（不透明），已知其内壁直径 $D = 0.4\text{m}$，上部为油，下部为水，外壁设置有透明测压管如图。

① 若测压管中读数为 $a = 0.2\text{m}$，$b = 1.2\text{m}$，$c = 1.4\text{m}$，求油的比重。

② 若油的比重为 0.84，$a = 0.5\text{m}$，$b = 1.6\text{m}$，求容器中水和油的体积。

解 根据重力场静液压力分布式，容器底部压力可分别由两竖管液柱高度表示为

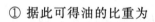

图 3-4 P3-6 附图

$$p = p_0 + \rho_{油} g (c - a) + \rho_{水} g a, \quad p = p_0 + \rho_{水} g b$$

① 据此可得油的比重为 $\qquad \dfrac{\rho_{油}}{\rho_{水}} = \dfrac{b-a}{c-a} = \dfrac{1.0}{1.2} = 0.833$

② 根据上式又可得 c 为 $\qquad c = \dfrac{\rho_{油}}{\rho_{水}} (b - a) + a = 1.810 \text{(m)}$

油和水的体积为 $\qquad\qquad V_{油} = \dfrac{\pi}{4} D^2 (c - a), \quad V_{水} = \dfrac{\pi}{4} D^2 a$

代入数据可得 $\qquad V_{油} = 16.46 \times 10^{-2}\text{m}^3, \quad V_{水} = 6.28 \times 10^{-2}\text{m}^3$

由体积公式可见，若只测试油和水的体积，则测试 b 的测压管是多余的。

【P3-7】杯式真空计测压问题。图 3-5 所示为杯式汞真空计，空置状态下杯中液面和 U 形管液面均处于 0 刻度位置（虚线），液面为大气压 p_0；测压时杯的上端接口与负压空间联通，杯内压力 $p < p_0$，此时杯内液面上升 Δh，测压管液面下降 h。已知杯的直径 $D = 60\text{mm}$，管的直径 $d = 6\text{mm}$。试求 $h = 300\text{mm}$ 时杯中的真空度（mmHg），并说明这种测压计的优点。

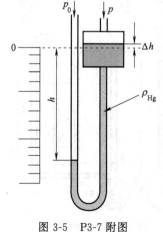

图 3-5 P3-7 附图

解 因指示液不可压缩，所以测压管中 $h = 300\text{mm}$ 时，杯中液面上升高度 Δh 为

$$\Delta h \frac{\pi}{4} D^2 = h \frac{\pi}{4} d^2 \rightarrow \Delta h = h d^2 / D^2 = 3\text{mm}$$

杯中绝对压力为 $\quad p = p_0 - \rho_{Hg} g (h + \Delta h)$

由此可知杯中真空度为 $\quad p_0 - p = \rho_{Hg} g (h + \Delta h)$

或 $\qquad (p_0 - p) / (\rho_{Hg} g) = h + \Delta h = 303 \text{(mmHg)}$

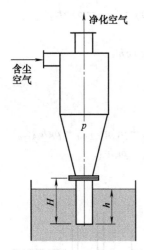

图 3-6 P3-8 附图

由此可见，对于 303mmHg 的真空度，杯中液面仅上升 3mm。这种真空计的优点是便于将管中升高的指示剂收纳于大直径的杯中，以防止指示剂溢出，同时可降低真空计高度。

【P3-8】旋风除尘器水封设计问题。 旋风除尘器如图 3-6 所示，其下端出灰管段长 H，部分插入水中，使除尘器内部与外界大气隔开，称为水封。现要求在实现水封的同时，出灰管内部液面不得高于出灰管上部法兰位置。设除尘器内操作压力（表压）$p = -1.2 \sim 1.2\text{kPa}$。

① 试问出灰管长度 H 至少为多少？

② 若 $H = 300\text{mm}$，问其中插入水中的部分 h 应在什么范围？水的密度 $\rho = 1000\text{kg/m}^3$。

解 设水池较大，其液面位置不因出灰管内的液面波动而变化。

① 正压操作时，出灰管内液面低于管外液面，设其高差为 h_1，则根据静压分布方程有

$$h_1 = p/\rho g = 1200/(1000 \times 9.81) = 0.122(\text{m}) = 122(\text{mm})$$

为实现水封，出灰管插入深度 h 必须大于此高差，即 $h > h_1$。

负压操作时，出灰管内液面高于管外液面，设其高差为 h_2，则

$$h_2 = -p/\rho g = -(-1200)/(1000 \times 9.81) = 0.122(\text{m}) = 122(\text{mm})$$

要使出灰管内液面低于法兰位置，则未插入水中的管段长度必须大于 h_2，即

$$H - h > h_2$$

因此，结合正、负压操作时的要求有

$$H > h + h_2 > h_1 + h_2 = 244\text{mm}$$

② 根据以上不等式可知，取 $H = 300\text{mm}$，则 h 的范围为 $H - h_2 > h > h_1$，即

$$178\text{mm} > h > 122\text{mm}$$

【P3-9】微压差计及测量精度分析。 为精确测定 A、B 两管道内流体之间的微小压差（A、B 在同一水平面），设计图 3-7 所示的微压差计。其中 A、B 两管道内和 U 形管内为同一种流体（深色），密度为 ρ；微压计上方液体（指示剂）密度为 ρ_m，且 $\rho_m < \rho$；倒置 U 形管中为空气，密度为 ρ_g。

① 试用读数 H、h_1、h_2 和 ρg 表示 A 和 B 的压差；

② 讨论测量误差。

解 ① 设 b 点与下方 A-B 水平面的高差为 x，与上方 e 点的高差为 y。根据重力场静止液体压力分布关系，A 和 B 的压力可分别表示为

$$p_A = p_a + \rho g(H + x)$$

$$p_B = p_b + \rho g x = p_a + \rho_m gH + \rho g x$$

由此可得压差表达式之一为

$$p_A - p_B = (\rho - \rho_m)gH \qquad (a)$$

又因为

$$p_b = p_c + \rho_m g h_1 = p_d - \rho g(h_1 - h_2 - y) + \rho_m g h_1$$

$$p_b = p_e + \rho g y = p_d + \rho_g g h_2 + \rho g y$$

所以

$$\rho - \rho_m = \frac{h_2}{h_1}(\rho - \rho_g)$$

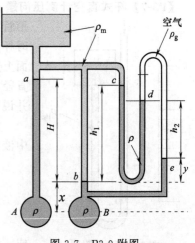

图 3-7 P3-9 附图

将此代入式(a)，又可得压差表达式之二为

$$p_A - p_B = \frac{h_2}{h_1}(\rho - \rho_g)gH \approx \frac{h_2}{h_1}\rho g H \tag{b}$$

② 式(a) 表明，为测量微压差 $p_A - p_B$，指示剂密度 ρ_m 应尽量接近被测液体密度 ρ，因为 $p_A - p_B$ 一定时，$\rho - \rho_m$ 越小，H 越大，其读数误差越小。这是采用单支 U 形管测量微压差所能想到的方法。但这种方法的测试误差可能很大，原因是 $\rho - \rho_m$ 越小，ρ 和 ρ_m 本身的测试误差越将被放大。为说明这一原因，对式(a) 微分可得

$$\frac{\mathrm{d}(p_A - p_B)}{p_A - p_B} = \frac{\rho}{\rho - \rho_m}\frac{\mathrm{d}\rho}{\rho} - \frac{\rho_m}{\rho - \rho_m}\frac{\mathrm{d}\rho_m}{\rho_m} + \frac{\mathrm{d}H}{H}$$

式中，$\mathrm{d}\rho/\rho$、$\mathrm{d}\rho_m/\rho_m$、$\mathrm{d}H/H$ 的意义分别是 ρ、ρ_m、H 的测量偏差（相对偏差）。假设密度与长度测量的相对偏差均为 $\pm 1\%$，则压差的最大相对偏差（各偏差绝对值之和）为

$$\frac{\mathrm{d}(p_A - p_B)}{p_A - p_B} = \frac{\rho + \rho_m}{\rho - \rho_m} \times 1\% + 1\%$$

由此可见，若取 $\rho = 1000\mathrm{kg/m^3}$，$\rho_m = 950\mathrm{kg/m^3}$，则

$$\frac{\mathrm{d}(p_A - p_B)}{p_A - p_B} = 39 \times 1\% + 1\% = 40\%$$

即 1% 的密度测量偏差将被放大 40 倍，使得压差的最大相对偏差达到 40%。且 ρ_m 越接近 ρ，测试压差可达到的最大相对偏差越大。

采用图 3-7 的设计后，压差由式(b) 确定，对此表达式微分可得

$$\frac{\mathrm{d}(p_A - p_B)}{p_A - p_B} = \frac{\mathrm{d}h_2}{h_2} - \frac{\mathrm{d}h_1}{h_1} + \frac{\mathrm{d}\rho}{\rho} + \frac{\mathrm{d}H}{H}$$

仍然假设密度与长度测量的相对偏差均为 $\pm 1\%$，则压差的最大相对偏差为

$$\frac{\mathrm{d}(p_A - p_B)}{p_A - p_B} = 1\% + 1\% + 1\% + 1\% = 4\%$$

即采用式(b)，密度及长度的测量偏差不会被放大，各被测量的偏差为 $\pm 1\%$ 时，压差的最大相对偏差为 4%。这就是图 3-7 所示微压差计能提高测试精度的原理。

【P3-10】容器中的液压平衡问题。 一个底部为正方形的容器，上部被分隔成两部分，底部连通。在容器中装入水以后，再在左侧加入密度为 ρ_o 的油，形成图 3-8 所示的状态。设油的密度 $\rho_o = 820\mathrm{kg/m^3}$，水的密度 $\rho_w = 1000\mathrm{kg/m^3}$。

① 试计算容器上部左侧油层的高度 h；

② 如果在油面上放置一个重量 $G = 1000\mathrm{N}$ 的木块，则右侧的水面要升高多少？

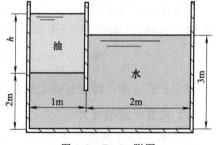

图 3-8 P3-10 附图

解 ① 因流体静止，油-水交界面与同一水平面的流体静压相同，由此可得

$$h = \frac{\rho_w}{\rho_o} \times (3 - 2) = 1.220(\mathrm{m})$$

② 设左侧放置木块后右侧水面上升 $\Delta h(\mathrm{m})$，因水的体积不变，故根据面积关系可知油-水界面将下降 $2\Delta h$。此时水面与油-水界面的高差 h_1、交界面的表压力 p 分别为

$$h_1 = 1 + 3\Delta h, \quad p = \rho_w g h_1$$

设交界面面积为 A，则交界面上 p 的总力应等于界面以上油和木块的总重量，即

$$\rho_w g h_1 A = G + \rho_o g h A$$

由此可得 $h_1 = \dfrac{G + \rho_o g h A}{\rho_w g A} = \dfrac{1000 + 820 \times 9.81 \times 1.220 \times 3}{1000 \times 9.81 \times 3} = 1.034(\text{m})$

$$\Delta h = \frac{h_1 - 1}{3} = \frac{1.034 - 1}{3} = 0.0113(\text{m}) = 11.3(\text{mm})$$

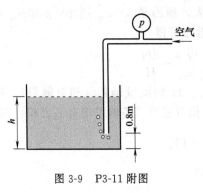

【P3-11】利用小管吹送空气测量水槽液位。图 3-9 所示为利用小管吹送少量空气以确定水槽液位的方法。已知小管出口端距离水槽底部 0.8m，小管上的压力表读数为 30kPa，试估计水槽液位 h。设水槽中的液体密度 $\rho = 980\text{kg/m}^3$。

图 3-9   P3-11 附图

解   利用小管的目的是便于空气将管内液体排挤出去，吹送少量空气的目的是减小气体在出口处对水槽液体的干扰，使之保持静力学状态，这样空气管出口处的压力可按静压分布方程计算，或者说，出口处压力可表示为

$$p - p_0 = \rho g(h - 0.8) \quad \text{或} \quad h = \frac{p - p_0}{\rho g} + 0.8$$

忽略气体重力及摩擦，压力表读数 30kPa 亦代表管口表压力，故此时水槽液位为

$$h = 30000 / (980 \times 9.81) + 0.8 = 3.921(\text{m})$$

3.3   重力场静止液体中的器壁受力

3.3.1   液体重力静压对器壁的作用力

对于重力场静止液体中的器壁受力，工程实际中关注的是液体重力静压即 $p - p_0$ 的作用力，因为自由液面气压 p_0 对器壁的作用是均匀的，且 p_0 对大气环境的物体为平衡力系。

因为器壁表面静压力（$p - p_0$）总是垂直指向器壁表面（$-\mathbf{n}$ 方向），所以液重静压对该点微元表面 dA 的作用力 $d\mathbf{F}$ 以及整个器壁表面 A 的静压总力 $\mathbf{F}$ 可一般表示为

$$d\mathbf{F} = -(p - p_0)\mathbf{n}dA, \quad \mathbf{F} = \iint\limits_A d\mathbf{F} = -\iint\limits_A (p - p_0)\mathbf{n}dA \qquad (3\text{-}11)$$

该积分式应用于特定器壁表面的简化形式（即器壁受力计算简易方法）如下。

(1) 竖直平壁的受力

参见图 3-10 中的竖直平壁 A，应用式（3-11）的结果是，A 表面仅受水平作用力 F_x，且 F_x 由两部分构成，一是其顶部恒定液压 $\rho g h_a$ 的作用力，二是顶部以下非均匀液压 $\rho g h$ 的作用力，且该作用力既可通过积分计算，也可用 A 表面形心距离 h_c 处的液压直接计算，即

$$F_x = \rho g h_a A + \rho g \int_0^H h w \, dh \qquad (3\text{-}12a)$$

或

$$F_x = \rho g h_a A + \rho g h_c A \qquad (3\text{-}12b)$$

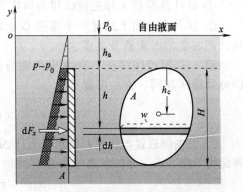

图 3-10   静止液体中竖直平壁的受力

对于规则平壁的受力（通常情况如此），采用 h_c 计算其受力尤为方便。

(2) 水平壁面的受力

液重静压作用下，水平壁面仅有竖直（y 方向）作用力 F_y（壁面朝上则 F_y 朝下，壁面朝下则 F_y 朝上），其大小等于壁面 A 承受的液体重力，即

$$F_y = \rho g h A = \rho g V \tag{3-13}$$

式中，A 是水平壁面面积；h 是壁面以上液体深度；V 是 A 对应的液柱体积，$V=hA$。

(3) 弯曲壁面的受力

① 弯曲壁面受到的 x 方向水平作用力 F_x 等于其垂直于 x 轴的投影面（竖直平面）的受力，因此只要确定其投影面的形状与面积，即可用式(3-12)计算其 F_x。

② 弯曲壁面受到的 y 方向（竖直）作用力 F_y 等于该曲面承受的液体重力，可用式(3-13)计算（其中 V 是曲面对应的液柱体积），且壁面朝上时 F_y 朝下，壁面朝下则 F_y 朝上。

(4) 沉浸物体的浮力及浮力中心

静止液体中，沉浸固体表面所受液重静压（$p-p_0$）的总力 **F** 称为浮力，浮力方向垂直向上，大小等于物体浸没体积 V 对应的液体重力，浮力中心为浸没体积 V 的形心。

3.3.2 平面力系的力矩及合力中心

力矩的一般表达式 设器壁某点微元表面 dA 上液压作用力为 d**F**，该点相对于坐标原点 o 的位置矢径为 **r**，则 d**F** 对 o 点的矩 d**M** 以及器壁静压的总力矩 **M** 可一般表示为

$$d\mathbf{M} = \mathbf{r} \times d\mathbf{F}, \quad \mathbf{M} = \iint_A \mathbf{r} \times d\mathbf{F} \tag{3-14}$$

x-y 平面力系情况 平面力系在工程实际中较为常见，如图 3-11 所示。图中器壁表面垂直于 x-y 平面，因而表面液压局部力 d**F** 必然位于 x-y 平面。根据式(3-14)或直接由图示方位可知，d**F** 的分量 dF_x、dF_y 对坐标原点 o 即对 z 轴的矩分别为

$$dM_{z,F_x} = -y\,dF_x, \quad dM_{z,F_y} = x\,dF_y \tag{3-15}$$

注：因为约定逆时针转矩为正，而力矩 $y\,dF_x$ 的转向为顺时针（见图 3-11），故有负号。

式(3-15)沿壁面积分表示局部力的力矩之和，即

$$M_{z,F_x} = -\iint_A y\,dF_x, \quad M_{z,F_y} = \iint_A x\,dF_y \tag{3-16}$$

如图 3-11 所示，若液压合力分量 F_x、F_y 的作用线交点坐标为（x_c, y_c），则根据合力的矩等于局部力的矩之和，可得 F_x、F_y 作用线的交点坐标为

$$x_c = M_{z,F_y}/F_y, \quad y_c = -M_{z,F_x}/F_x \tag{3-17}$$

合力的方向角 α 则由 F_x、F_y 确定，即

$$\tan\alpha = F_y/F_x \quad 或 \quad \alpha = \arctan(F_y/F_x) \tag{3-18}$$

平面力系等宽壁面的液压作用力及其作用线位置 为简化分析，图 3-12 给出了几种等宽壁面的液压作用力及其作用线位置（壁面垂直于图面，且在垂直于图面方向的宽度均为 L）。

需要注意：① 以上各图中，上部液面为自由液面（大气压力）；

② 若壁面另一侧接触液体，其作用力大小及作用

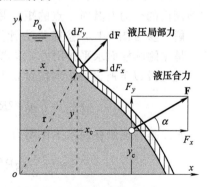

图 3-11 平面力系（器壁⊥x-y 平面）

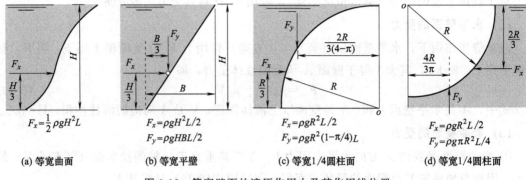

$$F_x = \frac{1}{2}\rho g H^2 L$$

(a) 等宽曲面

$$F_x = \rho g H^2 L/2$$
$$F_y = \rho g H B L/2$$

(b) 等宽平壁

$$F_x = \rho g R^2 L/2$$
$$F_y = \rho g R^2 (1-\pi/4) L$$

(c) 等宽1/4圆柱面

$$F_x = \rho g R^2 L/2$$
$$F_y = \rho g \pi R^2 L/4$$

(d) 等宽1/4圆柱面

图 3-12   等宽壁面的液压作用力及其作用线位置

线位置仍然不变，但作用力方向相反。

3.3.3   静止液体中的器壁受力问题

【P3-12】液体比重计密度测量范围计算。图 3-13 为某液体比重计，其下端配重部分为圆柱体，上端圆杆整个杆长均标有刻度，测量时部分圆杆露出水面并保持图中平衡状态，通过圆杆刻度读数可确定液体密度。已知比重计几何尺寸如图，总质量 $m = 35\text{g}$。试确定该比重计可测量的液体密度范围。

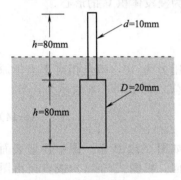

图 3-13   P3-12 附图

解   设液体密度为 ρ，浸入液体的圆杆杆长为 x，显然，为获取读数要求 $0 < x < 8\text{cm}$。在浸入深度为 x 且达到平衡时，比重计重力等于其浮力，即

$$mg = \rho g \frac{\pi}{4}(D^2 h + d^2 x)$$

由此可将液体密度表示为 $\rho = \dfrac{4m}{\pi(D^2 h + d^2 x)}$

根据该式可知，$x = 0$ 对应的液体密度最大，$x = 8\text{cm}$ 时对应的密度最小，且

$$\rho_{max} = \frac{4 \times 35}{\pi(2^2 \times 8 + 0)} = 1.393(\text{g/cm}^3), \ \rho_{min} = \frac{4 \times 35}{\pi(2^2 \times 8 + 1^2 \times 8)} = 1.114(\text{g/cm}^3)$$

即该比重计可测液体密度范围为 $1.114 \sim 1.393\text{g/cm}^3$。

【P3-13】圆筒形闸门受力分析。图 3-14 所示为圆筒形闸门，圆筒半径 $R = 2\text{m}$，长度 $L = 10\text{m}$，上游水深为 $2R$，下游水深为 R，水的密度 $\rho = 1000\text{kg/m}^3$。试计算液体静压对该圆筒闸门的合力及其对 o 点的矩，并确定合力作用方位。

解   参考图 3-12，按简易法计算。为此标出圆筒表面液压作用力，见图 3-15。其中，F_{x1} 是左侧圆柱面水平作用力，参考图 3-12(a) 可知，F_{x1} 的大小、作用线坐标 y_1 及其力矩（此处及以下所说力矩均指对 o 点的力矩）分别为

$$F_{x1} = \frac{1}{2}\rho g (2R)^2 L, \ y_1 = -\frac{R}{3}, \ M_{F_{x1}} = \frac{2}{3}\rho g R^3 L$$

F_{x2} 是右侧圆柱面水平作用力，参考图 3-12(a) 可知，其大小、作用线坐标及力矩为

$$F_{x2} = -\frac{1}{2}\rho g R^2 L, \ y_2 = -\frac{2R}{3}, \ M_{F_{x2}} = -\frac{1}{3}\rho g R^3 L$$

F_{y1} 是 a-b 圆柱面竖直作用力，参考图 3-12(c) 可知，其大小、作用线坐标及力矩为

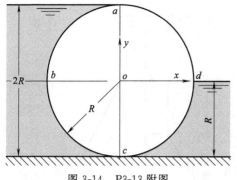

图 3-14　P3-13 附图

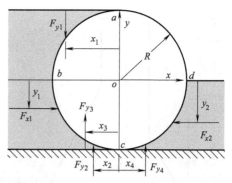

图 3-15　P3-13 附图（闸门表面的作用力）

$$F_{y1} = -\left(1 - \frac{\pi}{4}\right)\rho g R^2 L, \quad x_1 = -\frac{2R}{3 \times (4-\pi)}, \quad M_{F_{y1}} = \frac{1}{6}\rho g R^3 L$$

F_{y2} 是 b-c 圆柱面（仅由中心水平线以下液压产生的）竖直作用力，参考图 3-12(d) 可知，其大小、作用线坐标及其力矩为

$$F_{y2} = \frac{\pi}{4}\rho g R^2 L, \quad x_2 = -\frac{4R}{3\pi}, \quad M_{F_{y2}} = -\frac{1}{3}\rho g R^3 L$$

F_{y3} 是 b-c 圆柱面（仅由中心水平线以上液压 $\rho g R$ 产生的）竖直作用力，该液压均匀作用于 b-c 圆柱面，因此 F_{y3} 的大小、作用线坐标和力矩为

$$F_{y3} = \rho g R^2 L, \quad x_3 = -\frac{R}{2}, \quad M_{F_{y3}} = -\frac{1}{2}\rho g R^3 L$$

F_{y4} 是 c-d 圆柱面竖直作用力，参考图 3-12(d) 可知，其大小、作用线坐标和力矩为

$$F_{y4} = \frac{\pi}{4}\rho g R^2 L, \quad x_4 = \frac{4R}{3\pi}, \quad M_{F_{y4}} = \frac{1}{3}\rho g R^3 L$$

综上结果，圆筒形闸门 x、y 方向的液压合力及其力矩为

$$F_x = \frac{3}{2}\rho g R^2 L, \quad F_y = \frac{3}{4}\rho g \pi R^2 L, \quad M_{F_x} = \frac{1}{3}\rho g R^3 L, \quad M_{F_y} = -\frac{1}{3}\rho g R^3 L$$

代入数据可得　　　　　$F_x = 588.6\text{kN}, \quad F_y = 924.6\text{kN}$

$$M_{F_x} = 261.6\text{kN·m}, \quad M_{F_y} = -261.6\text{kN·m}$$

根据式(3-17)，由以上结果可得 F_x、F_y 作用线交点坐标为

$$x_c = \frac{M_{F_y}}{F_y} = -\frac{4}{9\pi}R = -0.283(\text{m}), \quad y_c = -\frac{M_{F_x}}{F_x} = -\frac{2}{9}R = -0.444(\text{m})$$

合力作用线的方向角为　　　　　$\tan\theta = \dfrac{F_y}{F_x} = \dfrac{\pi}{2}, \quad \theta = 57.52°$

结果分析：分析以上各作用力和力矩的表达式可知

$$M_{F_{x1}} + M_{F_{y1}} + M_{F_{y2}} + M_{F_{y3}} = 0, \quad M_{F_{x2}} + M_{F_{y4}} = 0, \quad M_{F_x} + M_{F_y} = 0$$

即闸门左侧、右侧及整个闸门的液压合力矩都为零。其原因是圆柱面上各点的液压作用力都通过圆心，所以每一部分圆柱面或整个圆柱面上液压合力的矩都为零。

本问题中 y 方向合力及其力矩根据浮力和形心概念计算更方便。

【P3-14】水坝受力的分析与计算。 一拦河大坝，坝内外侧水深和坝体截面尺寸如图 3-16 所示。试参考图 3-12，计算液重静压作用下单位宽度大坝受到的液压合力及其作用线与坝基平面的交点。已知水的密度 $\rho = 1000\text{kg/m}^3$。

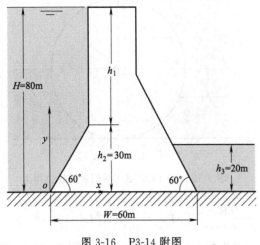

图 3-16　P3-14 附图

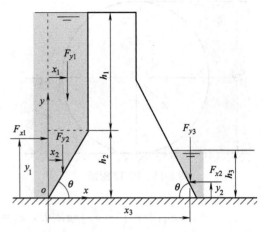

图 3-17　P3-14 附图（水坝壁面的
作用力及作用线坐标）

解　本题中，各壁面均为平直表面，壁面受力及作用线位置标注于图 3-17。其中：

F_{x1} 为水坝内侧壁面水平力，参考图 3-12(a)，其大小、作用线坐标及对 o 点的力矩为

$$F_{x1}=\rho g(h_1+h_2)^2/2,\ y_1=(h_1+h_2)/3,\ M_{F_{x1}}=-\rho g(h_1+h_2)^3/6$$

F_{x2} 为水坝外侧壁面水平力，参考图 3-12(b) 可知，其大小、作用线坐标及 o 点力矩为

$$F_{x2}=-\rho g h_3^2/2,\ y_2=h_3/3,\ M_{F_{x2}}=\rho g h_3^3/6$$

F_{y1} 为 h_2 上方液压 $\rho g h_1$ 对下方倾斜壁面的竖直作用力，该液压均匀作用于倾斜壁面，因此其作用力的大小、作用线坐标及 o 点力矩为

$$F_{y1}=-\rho g h_1\frac{h_2}{\tan\theta},\ x_1=\frac{h_2}{2\tan\theta},\ M_{F_{y1}}=-\rho g h_1\frac{h_2^2}{2\tan^2\theta}$$

F_{y2} 为 h_2 部分非均匀液压对倾斜壁面的竖直作用力，参考图 3-12(b) 可知，其大小、作用线坐标及 o 点力矩为

$$F_{y2}=-\frac{\rho g h_2^2}{2\tan\theta},\ x_2=\frac{h_2}{3\tan\theta},\ M_{F_{y2}}=-\frac{\rho g h_2^3}{6\tan^2\theta}$$

F_{y3} 为水坝外侧壁面竖直力，参考图 3-12(b) 可知，其大小、作用线坐标及 o 点力矩为

$$F_{y3}=-\frac{\rho g h_3^2}{2\tan\theta},\ x_3=W-\frac{h_3}{3\tan\theta},\ M_{F_{y3}}=-\frac{\rho g h_3^2}{2\tan\theta}\left(W-\frac{h_3}{3\tan\theta}\right)$$

综上结果，水坝壁面 x、y 方向的合力及其对 o 点的力矩为

$$F_x=\frac{\rho g}{2}\left[(h_1+h_2)^2-h_3^2\right],\ F_y=-\frac{\rho g}{2\tan\theta}(2h_1 h_2+h_2^2+h_3^2)$$

$$M_{F_x}=-\frac{\rho g}{6}\left[(h_1+h_2)^3-h_3^3\right],\ M_{F_y}=-\frac{\rho g}{6\tan^2\theta}(3h_1 h_2^2+h_2^3+3Wh_3^2\tan\theta-h_3^3)$$

代入数据可得　　　　　$F_x=29430.0\text{kN},\ F_y=-12177.2\text{N}$

$$M_{F_x}=-824040.0\text{kN}\cdot\text{m},\ M_{F_y}=-151895.7\text{kN}\cdot\text{m}$$

合力方向角及 F_x 与 F_y 作用线交点的坐标分别为：

$$\tan\alpha=F_y/F_x=-0.4138,\ \alpha=-22.48°$$

$$x_c=M_{F_y}/F_y=12.474\text{m},\ y_c=-M_{F_x}/F_x=28.0\text{m}$$

合力作用线为直线，斜率为 $\tan\alpha$，用已知点 (x_c, y_c) 确定截距，则作用线方程为

$$y = -0.4138x + 33.162$$

在该方程中令 $y=0$（坝基平面方程），可得合力作用线与坝基交点的 x 坐标为

$$x = 80.140\text{m}$$

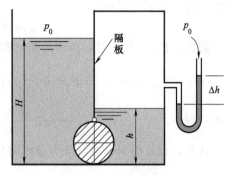

图 3-18　P3-15 附图

【P3-15】圆柱闸门两侧的静压平衡问题。 如图 3-18 所示，两水池间的隔板底端有一圆柱体闸门，闸门对称于隔板并分割左右水池，圆柱体与隔板和水池底部光滑接触（无泄漏、无摩擦），且此时圆柱体水平方向所受合力为 0。已知：圆柱体直径 $D=1\text{m}$，长 $L=1\text{m}$；左池敞口，水深 $H=6\text{m}$；右池封闭，水深 $h=1.5\text{m}$，上方压力由 U 形管高差 Δh 表示。水的密度 $\rho=1000\text{kg/m}^3$，U 形管内指示剂密度 $\rho_m=13600\text{kg/m}^3$。

① 试求此时测压管读数 Δh 为多少；

② 液体静压在竖直方向作用于圆柱体的总力。

解　① 圆柱体水平方向合力为 0 意味着圆柱体两侧壁面水平方向的受力相等。设此时密封室内表压力为 p_1，则根据弯曲表面水平方向受力的计算方法以及式(3-12) 有

$$\rho g(H-D)(DL) + \rho g\frac{D}{2}(DL) = p_1(DL) + \rho g(h-D)(DL) + \rho g\frac{D}{2}(DL)$$

由此可得

$$p_1 = \rho g(H-h)$$

该结果表明，密闭空间的压力 p_1 等于该空间再增加深度为 $H-h$ 的液体施加的静压。

因为 U 形管一端接大气时，高差 Δh 表示的是密封室内的表压，因此

$$\Delta h = \frac{p_1}{\rho_m g} = \frac{\rho}{\rho_m}(H-h) = 0.331\text{m} = 331\text{mm}$$

② 因为此时圆柱左右两侧液体静压相同（相当于圆柱浸没于非隔离的同一流体中），故其竖直方向的液体静压总力 F_y 等于其浮力，即

$$F_y = \rho g\frac{\pi D^2}{4}L = 7696.9\text{N}$$

【P3-16】平板闸门自动开启所需的水深计算。 图 3-19 所示为一竖直平板安全闸门，闸门垂直于图面方向宽度 $L=0.6\text{m}$，孔口高度 $h_1=1\text{m}$，支撑铰链安装在距底部 $h_2=0.4\text{m}$ 处（c 点），闸门只能绕 c 点顺时针转动。试求闸门自动打开所需的水深 h。

解　闸门自动开启的条件是：闸门水平方向合力 F_x 的作用线位于 c 点之上，或 F_x 对 c 点的矩 M_c 为顺时针。

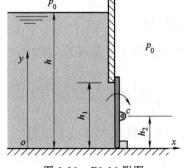

图 3-19　P3-16 附图

解法一：简易方法。闸门为矩形竖直平壁，根据竖直平板受力公式(3-12)，其水平方向合力 F_x 为

$$F_x = F_{x1} + F_{x2}$$

且

$$F_{x1} = \rho g(h-h_1)h_1 L$$

$$F_{x2} = \rho g(h_1^2/2)L$$

F_{x1} 是 h_1 以上液层静压均匀作用于闸门的合力，其作用线与底部的距离为

$$y_1 = h_1/2 \quad (y_1 > h_2)$$

F_{x2} 是 h_1 顶部以下的液层静压作用于闸门的合力，

其作用线与底部的距离为

$$y_2 = h_1/3 \qquad (y_2 < h_2)$$

因此，F_{x1}、F_{x2} 对 c 点的力矩之和 M_c 为（约定逆时针转矩为正）

$$M_c = F_{x1}(h_2 - y_1) + F_{x2}(h_2 - y_2) = \rho g(h - h_1)h_1 L\left(h_2 - \frac{h_1}{2}\right) + \rho g\frac{Lh_1^2}{2}\left(h_2 - \frac{h_1}{3}\right)$$

整理后得

$$M_c = -\rho g L\left[\frac{hh_1}{2}(h_1 - 2h_2) - \frac{h_1^2}{6}(2h_1 - 3h_2)\right]$$

此外，也可根据合力与分力分别对坐标原点 o 取矩，得到合力作用线的 y 坐标，即

$$F_x y = F_{x1} y_1 + F_{x2} y_2 \rightarrow y = \frac{h_1(3h - 2h_1)}{3(2h - h_1)}$$

根据闸门开启的条件：$M_c \leqslant 0$ 或 $y \geqslant h_2$，均可得到闸门自动打开所需水深为

$$h \geqslant \frac{h_1}{3}\frac{(2h_1 - 3h_2)}{(h_1 - 2h_2)} = \frac{2 \times 1 - 3 \times 0.4}{3 \times (1 - 2 \times 0.4)} = \frac{4}{3}(\text{m})$$

解法二：积分法。闸门壁面 y 处的液重静压、微元面积及其表面力分别为

$$p = \rho g(h - y), \quad \mathrm{d}A = L\,\mathrm{d}y, \quad \mathrm{d}F_x = p\,\mathrm{d}A = \rho g L(h - y)\,\mathrm{d}y$$

以逆时针力矩为正，则 $\mathrm{d}F_x$ 对 c 点的力矩 $\mathrm{d}M_c$ 以及闸门受到的总力矩分别为

$$\mathrm{d}M_c = (h_2 - y)\mathrm{d}F_x = \rho g L(h_2 - y)(h - y)\mathrm{d}y$$

$$M_c = \int_0^{h_1} \rho g L(h_2 - y)(h - y)\mathrm{d}y = \rho g L\left(hh_1 h_2 - \frac{1}{2}hh_1^2 - \frac{1}{2}h_1^2 h_2 + \frac{1}{3}h_1^3\right)$$

该 M_c 显然与解法一的结果一致，所以关于 h 的结果也与解法一相同。

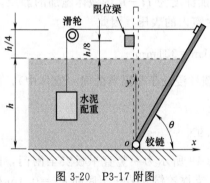

图 3-20 P3-17 附图

【P3-17】水池闸门拉索水泥配重的体积计算。 图 3-20 是通过水泥配重拉紧钢索控制水池闸门位置的示意图。其中水的密度 $\rho = 1000\text{kg/m}^3$，水泥配重密度 $\rho_c = 2400\text{kg/m}^3$，水池液位深度 $h = 1.6\text{m}$，闸门宽度 $W = 0.8\text{m}$，倾角 $\theta = 60°$。设所有固体接触处为刚性光滑接触（无变形和摩擦阻力）。①试确定保持图中平衡位置所需的水泥配重的体积 V；②试确定该体积下闸门处于竖直状态时与限位横梁的接触力（如图，此时滑轮上方拉索仍然水平）。

解 ①闸门保持倾斜平衡位置时，闸门液压力和拉索作用力相对于 o 点矩的平衡。

闸门液压力矩包括液压水平力 F_x 和竖直力 F_y 对 o 点的矩。F_x 的大小为闸门竖直投影面形心处液压与面积的乘积，作用线至 o 点的垂直距离为 $h/3$，故 F_x 的力矩为

$$M_{o,F_x} = -\left(\frac{1}{2}\rho g h\right)(hW)\frac{h}{3} = -\frac{1}{6}\rho g h^3 W$$

闸门液压竖直力 F_y 等于闸门承受的液体重力，作用线至 o 点的水平距离为 $h/(3\tan\theta)$，故 F_y 对 o 点的力矩为

$$M_{o,F_y} = -\left[\rho g\frac{h(h/\tan\theta)W}{2}\right]\frac{h/\tan\theta}{3} = -\frac{1}{6}\frac{\rho g h^3 W}{\tan^2\theta}$$

拉索与滑轮刚性光滑接触，其拉力 F 等于水泥配重有效重力，且 F 对 o 点力矩为

$$M_{o,F} = (\rho_c - \rho)gV \times \frac{5}{4}h$$

于是，根据闸门液压力矩与拉索力矩相平衡，可得水泥配重的体积为

$$M_{o,F}+M_{o,F_x}+M_{o,F_y}=0 \rightarrow V=\frac{2\rho h^2 W}{15(\rho_c-\rho)}\left(1+\frac{1}{\tan^2\theta}\right)$$

代入数据有

$$V=0.260\text{m}^3$$

② 该体积的水泥配重下闸门处于竖直状态时，拉索拉力不变，此时滑轮上方拉索仍然水平，故拉索拉力对闸门的力矩 $M_{o,F}$ 不变，液压力矩仅有 M_{o,F_x}。设闸门与限位梁接触受到的横推力为 F_b，则 F_b 对 o 点的力矩为

$$M_{o,F_b}=-F_b(9/8)h$$

因此，根据力矩平衡方程可得此时闸门与限位横梁的接触力为

$$M_{o,F}+M_{o,F_x}+M_{o,F_b}=0 \rightarrow F_b=\frac{10}{9}(\rho_c-\rho)gV-\frac{4}{27}\rho gh^2 W$$

代入数据得

$$F_b=991.2\text{N}$$

3.4 直线匀加速系统液体静力学问题

3.4.1 问题概述及基本方程

(1) 直线匀加速系统中的压力微分方程

直线匀加速系统指以恒定加速度 **a** 作直线运动的系统。在这样的系统中，单位质量液体受到的惯性力为 $-\mathbf{a}$。因此，考虑重力同时存在，直线匀加速系统中相对静止液体的单位质量力 **f** 包括重力 **g** 和惯性力 $-\mathbf{a}$，即

$$\mathbf{f}=\mathbf{g}-\mathbf{a} \quad 或 \quad f_x=g_x-a_x, \ f_y=g_y-a_y, \ f_z=g_z-a_z \tag{3-19}$$

将此代入式(3-3)，即可得直线匀加速系统中相对静止液体的压力微分方程

$$\mathrm{d}p=\rho\left[(g_x-a_x)\mathrm{d}x+(g_y-a_y)\mathrm{d}y+(g_z-a_z)\mathrm{d}z\right] \tag{3-20}$$

(2) 直线匀加速典型系统中相对静止液体的压力分布

直线匀加速典型系统如图 3-21 所示，容器以恒定加速度 **a** 沿倾角为 β 的斜面作直线运动，其中液体密度为 ρ，自由液面的压力为 p_0。为分析方便，取 y 坐标垂直于地平面朝上，x 坐标为水平方向（与静止时的液面重合），原点 o 置于液面中点。图中 H 是原始液层深度。

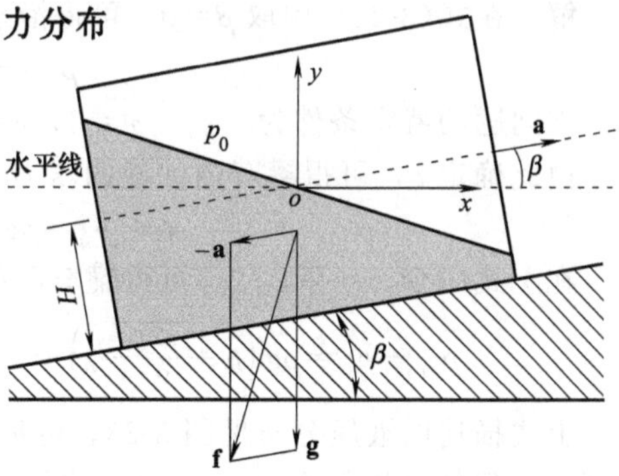

在图示运动坐标系下，运动加速度 **a** 和重力加速度 **g** 的分量为

$$a_x=a\cos\beta, \ a_y=a\sin\beta, \ a_z=0$$
$$g_x=0, \ g_y=-g, \ g_z=0$$

图 3-21 直线匀加速运动系统

因此流体单位质量力 **f** 的分量为

$$f_x=g_x-a_x=-a\cos\beta, \ f_y=g_y-a_y=-(g+a\sin\beta), \ f_z=0$$

将此代入式(3-20)，可得图示系统中相对静止液体的压力微分方程，即

$$\mathrm{d}p=-\rho a\cos\beta\mathrm{d}x-\rho(g+a\sin\beta)\mathrm{d}y \tag{3-21}$$

压力分布方程 积分上式可得压力分布方程为

$$p=-\rho(a\cos\beta)x-\rho(g+a\sin\beta)y+c_1 \tag{3-22}$$

等压面方程　在压力微分方程中令 $\mathrm{d}p=0$，积分可得等压面方程

$$y=-\frac{a\cos\beta}{(g+a\sin\beta)}x+c_2 \tag{3-23}$$

考虑自由液面通过 $x=0$、$y=0$ 点，上式中取 $c_2=0$，即为自由液面方程。

根据质量力和等压面方程，等压面斜率 $k=-f_x/f_y$，即质量力垂直于等压面。

同样可证明这样的系统中两种液体的分界面是等压面。

应用说明：以上方程应用于具体问题时，关键是根据问题的特定条件确定其中的积分常数 c，以获得特定系统的压力分布或等压面方程，并以此分析相关问题。

3.4.2　典型问题解析与计算

【P3-18】直线匀加速油罐车车厢壁面受力分析。如图 3-22 所示，油罐车车厢为矩形卧式容器，容器高 $H=1.2\mathrm{m}$，宽 $W=1.8\mathrm{m}$，长 $L=5\mathrm{m}$；其顶部正中设有进油管，油面距顶部高度 $h=0.3\mathrm{m}$，油的密度 $\rho=800\mathrm{kg/m^3}$。若罐车以 $a=1.5\mathrm{m/s^2}$ 的加速度水平运动，试确定容器两端壁面（A、B）受到的油液静压作用力 F_A、F_B 及其作用线位置。设坐标原点放在容器中心。

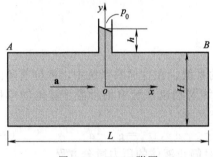

图 3-22　P3-18 附图

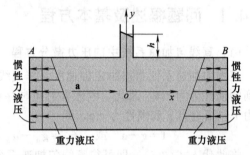

图 3-23　P3-18 附图（槽车端部壁面受压图）

解　在式(3-22)中取 $\beta=0$，可得沿水平方向匀加速运动容器内的液压分布方程为

$$p=-\rho ax-\rho gy+c$$

本问题的特定条件为　　$x=0$，$y=h+H/2$，$p=p_0$

由此确定 c，可得罐车内油液的压力分布为

$$p-p_0=\rho g(h+H/2-y)-\rho ax$$

在上式中令 $x=\mp L/2$，可得罐车两端壁面 A、B 的压力分布为

$$p_A-p_0=\rho g\left(h+\frac{H}{2}-y\right)+\rho a\frac{L}{2},\quad p_B-p_0=\rho g\left(h+\frac{H}{2}-y\right)-\rho a\frac{L}{2}$$

上式描述的液压分布见图 3-23，可见因惯性力作用 A 端面静压增大，B 端面静压减小且端面上部甚至为负压（$p<p_0$）。此外，由于两个端部均为矩形壁面，且壁面液压沿 y 方向线性分布，因此端部壁面受力等于壁面中心点液压乘以壁面面积，即

$$F_A=-(p_A-p_0)_{y=0}HW=-\rho\left[g\left(h+\frac{H}{2}\right)+a\frac{L}{2}\right]HW$$

$$F_B=(p_B-p_0)_{y=0}HW=\rho\left[g\left(h+\frac{H}{2}\right)-a\frac{L}{2}\right]HW$$

代入数据得　　　　　　$F_A=-21736.5\mathrm{N}$，　$F_B=8776.5\mathrm{N}$

为确定 F_A、F_B 的作用线位置，需要计算其对 o 点的力矩，有积分法和简易法两种计算方法。

① 积分法求力矩：根据端部壁面液压分布，壁面 y 处 $\mathrm{d}y$ 微元面的液压作用力分别为

$$\mathrm{d}F_A = -(p_A - p_0)W\mathrm{d}y,\ \mathrm{d}F_B = (p_B - p_0)W\mathrm{d}y$$

于是根据式(3-16)，端部壁面液压对坐标原点 o 的力矩分别为

$$M_{z,F_A} = -\iint\limits_A y\mathrm{d}F_A = \rho W \int_{-H/2}^{H/2} \left[g\left(h + \frac{H}{2} - y\right) + a\frac{L}{2} \right] y\mathrm{d}y = -\rho g \frac{WH^3}{12}$$

$$M_{z,F_B} = -\iint\limits_B y\mathrm{d}F_B = -\rho W \int_{-H/2}^{H/2} \left[g\left(h + \frac{H}{2} - y\right) - a\frac{L}{2} \right] y\mathrm{d}y = \rho g \frac{WH^3}{12}$$

② 简易法求力矩：见图 3-23，根据壁面 A 压力分布可知，其对 o 点产生力矩的压力仅有线性分布部分（均匀分布部分的总力作用线通过 o 点），该部分液压的总力 F'_A、其作用线的 y 坐标及其对 o 点产生力矩为

$$F'_A = -\rho g \frac{H}{2}HW,\ y = -\frac{1}{6}H,\ M_{z,F_A} = -yF'_A = -\rho g \frac{WH^3}{12}$$

同理，壁面 B 液压线性分布部分的总力 F'_B、其作用线的 y 坐标及其对 o 点产生力矩为

$$F'_B = \rho g \frac{H}{2}HW,\ y = -\frac{1}{6}H,\ M_{z,F_B} = -yF'_B = \rho g \frac{WH^3}{12}$$

可见简易法与积分法求得的力矩相同。代入数据可得

$$M_{z,F_A} = -2034.2\mathrm{N} \cdot \mathrm{m},\quad M_{z,F_B} = 2034.2\mathrm{N} \cdot \mathrm{m}$$

进一步根据式(3-17)，可得 F_A、F_B 的作用线（水平线）的 y 坐标分别为

$$y_A = -M_{z,F_A}/F_A = -0.094\mathrm{m},\quad y_B = -M_{z,F_B}/F_B = -0.232\mathrm{m}$$

【P3-19】直线匀加速槽车内液体的溢出问题。如图 3-24 所示，运送液体的矩形槽车以等加速度 **a** 沿坡度为 β 的斜面行进。已知槽车长 L，液体密度 ρ，槽车在平地静止时内部液面高度为 $H/2$，坐标设置如图。若要槽车内液体不从尾部孔口溢出，加速度 **a** 应满足什么条件。

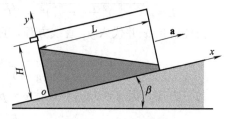

图 3-24　P3-19 附图

解　为应用压力分布式［式(3-22)］，可首先对该式进行坐标旋转变换（转动 β 角），即以

$$x' = x\cos\beta - y\sin\beta,\ y' = x\sin\beta + y\cos\beta$$

替代式(3-22) 中的 x、y，这样即可得到图 3-24 坐标系统下的压力分布一般方程

$$p = -\rho(a + g\sin\beta)x - (\rho g\cos\beta)y + c$$

本问题的特定条件：因槽车在平地静止时内部液面高度为 $H/2$，所以车内液体未达到出口之前，其液面中心都位于 $x = L/2$、$y = H/2$ 处，且此处 $p = p_0$。由此可确定积分常数 c，并得到图 3-21 系统中液体未达到出口之前的液压分布方程

$$p = p_0 + \rho(a + g\sin\beta)\left(\frac{L}{2} - x\right) + \rho g\cos\beta\left(\frac{H}{2} - y\right)$$

因自由液面上 $p = p_0$，故令上式中 $p = p_0$，可得自由液面方程（用 y_0 表示其 y 坐标）

$$y_0 = \frac{H}{2} + \frac{(a + g\sin\beta)}{g\cos\beta}\left(\frac{L}{2} - x\right)$$

槽车内液体不从尾部孔口溢出的条件是：$x = 0$ 时 $y_0 \leqslant H$，代入上式可得

$$a \leqslant \frac{H}{L}g\cos\beta - g\sin\beta$$

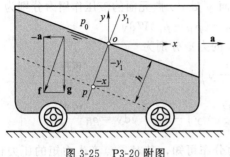

图 3-25　P3-20 附图

【P3-20】 直线匀加速系统液体中浸没物体的**总表面力（浮力）**。图 3-25 为水平匀加速系统，坐标如图且原点位于自由面，质量力 $\mathbf{f}$ 的大小为 f。

① 试证明自由液面以下垂直深度 h 处的压力为

$$p=p_0+\rho fh$$

② 试求液体中完全浸没物体的总表面力（浮力），其中浸没物体体积为 V。

解　本系统是图 3-21 典型系统在 $\beta=0$ 时的特例。故在典型系统的质量力、压力分布和等压面方程中令 $\beta=0$，可得本系统的质量力为

$$f_x=-a\,,\ f_y=-g\quad 且\ f=\sqrt{f_x^2+f_y^2}=\sqrt{a^2+g^2}$$

压力分布方程为　　　　　　　　　$p=-\rho ax-\rho gy+c_1$

等压面方程为　　　　　　　　　$y=-(a/g)x+c_2$

① 因自由液面也是等压面，且自由液面通过 o 点（$x=0$、$y=0$），故等压面方程中 $c_2=0$。在此用 y_0 表示自由液面 y 坐标，则自由液面方程为

$$y_0=-(a/g)x$$

由此可知，垂直于自由液面且过 o 点的直线方程为（用 y_1 表示其 y 坐标）

$$y_1=(g/a)x$$

如图 3-25 所示，若垂直深度为 h 的等压面与 y_1 直线的交点 p 的坐标为 (x,y_1)，则

$$h=\sqrt{(-x)^2+(-y_1)^2}=\sqrt{(-x)^2+(g/a)^2(-x)^2}=-x\sqrt{1+(g/a)^2}$$

由此解出 x 并代入 y_1 直线方程，可得 p 点坐标为

$$x=-\frac{h}{\sqrt{1+(g/a)^2}}\,,\ y_1=(g/a)x=-\frac{(g/a)h}{\sqrt{1+(g/a)^2}}$$

另一方面，因 $x=0$、$y=0$ 时 $p=p_0$，故本系统压力分布方程中 $c_1=p_0$，即

$$p=p_0-\rho ax-\rho gy$$

将 p 点坐标代入上式，可得深度为 h 的等压面的压力为

$$p=p_0+\frac{\rho ah}{\sqrt{1+(g/a)^2}}+\frac{\rho g(g/a)h}{\sqrt{1+(g/a)^2}}=p_0+\rho h\sqrt{a^2+g^2}$$

即　　　　　　　　　　　　　　$p=p_0+\rho fh$

此即存在均匀惯性力时（此时自由液面为倾斜平面），液面以下垂直深度 h 处的压力表达式。仅有重力的情况（$f=g$，自由液面为水平面）只是其特例。

② 若体积为 V、表面积为 A 的物体完全浸没在液体中，在物体表面（封闭曲面）所受的总表面力 $\mathbf{F}$ 可根据表面力公式(3-11)表示为

$$\mathbf{F}=\oiint_A d\mathbf{F}=-\oiint_A (p-p_0)\mathbf{n}dA$$

根据高斯公式［见附录 A，式(A-18)］，以上封闭曲面积分可转换为体积分，即

$$\mathbf{F}=-\oiint_A (p-p_0)\mathbf{n}dA=-\iiint_V \left[\nabla(p-p_0)\right]dV$$

其中　　　　$\nabla(p-p_0)=\dfrac{\partial(p-p_0)}{\partial x}\mathbf{i}+\dfrac{\partial(p-p_0)}{\partial y}\mathbf{j}+\dfrac{\partial(p-p_0)}{\partial z}\mathbf{k}$

因为压力分布方程为　　　　　　$p=p_0-\rho ax-\rho gy$

所以
$$\nabla(p-p_0)=-\rho a\mathbf{i}-\rho g\mathbf{j}$$

代入积分式可得
$$\mathbf{F}=\iiint\limits_{V}(\rho a\mathbf{i}+\rho g\mathbf{j})\,\mathrm{d}V=\rho aV\mathbf{i}+\rho gV\mathbf{j}$$

或
$$F_x=\rho aV,\ F_y=\rho gV$$

该结果表明：因为直线均加速系统中 x、y 方向都存在均匀质量力，$f_x=-a$，$f_y=-g$，故浸没物体总表面力由 F_x、F_y 构成，其大小分别等于与相同体积液体在 x、y 方向受到的总质量力。仅有重力时，$F_x=0$，F_y 即重力场静止液体中的浮力。

3.5　匀速转动系统液体静力学问题

3.5.1　问题概述及基本方程

图 3-26 所示为以角速度 ω 匀速转动的系统。在这样的系统中，因存在向心加速度 $\mathbf{a}$（沿径向指向转动中心），所以单位质量液体受到的惯性力为 $-\mathbf{a}$。因此，重力场条件下，匀速转动系统中相对静止液体的单位质量力 $\mathbf{f}$ 包括重力 $\mathbf{g}$ 和惯性力 $-\mathbf{a}$，即

$$\mathbf{f}=\mathbf{g}-\mathbf{a}\tag{3-24}$$

对于转动系统，采用柱坐标 $(r\text{-}\theta\text{-}z)$ 描述问题更为方便，该坐标下静止流体的压力微分方程一般形式为

$$\mathrm{d}p=\rho(f_r\mathrm{d}r+f_\theta r\mathrm{d}\theta+f_z\mathrm{d}z)\tag{3-25}$$

压力微分方程　根据图 3-26 所示坐标方位，重力加速度 $\mathbf{g}$ 和向心加速度 $\mathbf{a}$（沿径向指向转动中心）的分量分别为

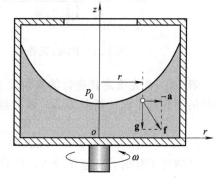

图 3-26　匀速转动系统

$$g_r=0,\ g_\theta=0,\ g_z=-g$$
$$a_r=-r\omega^2,\ a_\theta=0,\ a_z=0$$

因此流体单位质量力 $\mathbf{f}$ 的分量为
$$f_r=g_r-a_r=r\omega^2,\ f_\theta=g_\theta-a_\theta=0,\ f_z=g_z-a_z=-g\tag{3-26}$$

将此代入式(3-25)，可得图示匀速转动系统中相对静止液体的压力微分方程为
$$\mathrm{d}p=\rho r\omega^2\mathrm{d}r-\rho g\mathrm{d}z\tag{3-27}$$

压力分布方程　积分上式可得压力分布方程为
$$p=\frac{1}{2}\rho\omega^2r^2-\rho gz+c_1\tag{3-28}$$

等压面方程　在压力微分方程中令 $\mathrm{d}p=0$，积分可得等压面方程
$$z=\frac{\omega^2}{2g}r^2+c_2\tag{3-29}$$

对该式求导可知，等压面斜率 $k=r\omega^2/g=-f_r/f_z$，即质量力垂直于等压面。同样可证明这样的系统中两种液体的分界面是等压面。

应用说明：以上方程应用于具体问题时，关键是根据问题的特定条件确定其中的积分常数 c，获得特定系统的压力分布或等压面方程，并以此分析相关问题。

3.5.2　典型问题解析与计算

【P3-21】液体转速计测试原理。图 3-27 所示是一液体转速计，由直径为 d_1 的中心圆筒、重量为 W 的活塞以及两支直径为 d_2 的有机玻璃管组成。玻璃管距轴线的半径距离为 R，系统中盛有汞液，密度为 ρ。静止状态时，$\omega=0$，$h=0$；工作时转速计下端连接被测转动系统（转速 ω）。试确定指针下降距离 h 与转速 ω 的关系。设活塞壁无摩擦。

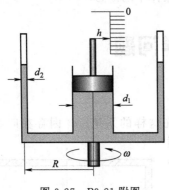　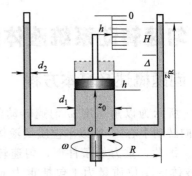

图 3-27　P3-21 附图　　　　　图 3-28　P3-21 附图（转速计液位分析）

解　① 首先确定转速计的液位关系。见图 3-28，设静止状态下（不转动）玻璃管中液面与活塞底部平面的高差为 Δ，该高差由静压平衡确定，即

$$\frac{W}{\pi d_1^2/4}=\rho g\Delta \ \rightarrow\ \Delta=\frac{W}{\rho g\,\pi d_1^2/4}$$

转速计工作时，活塞下降 h，导致玻璃管液面上升 H，两者关系由体积相等确定，即

$$h\frac{\pi d_1^2}{4}=2H\frac{\pi d_2^2}{4} \rightarrow H=h\frac{d_1^2}{2d_2^2}$$

此时，玻璃管液面与活塞底面高差为

$$z_R-z_0=h+\Delta+H \quad \text{或} \quad z_R-z_0=\frac{W}{\rho g\,\pi d_1^2/4}+h\left(1+\frac{d_1^2}{2d_2^2}\right)$$

② 压力分布方程应用。匀速转动系统压力分布一般方程为

$$p=\rho(\omega^2 r^2/2-gz)+c$$

设转速计工作时活塞底面中心点压力为 p_c，则本问题的特定条件可表示为：$r=0$，$z=z_0$，$p=p_c$，由此确定常数 c，可得图示系统的压力分布方程为

$$p=p_c+\rho\frac{\omega^2 r^2}{2}-\rho g(z-z_0)$$

将该方程应用于玻璃管上部液面时：$r=R$，$z=z_R$，$p=p_0$，可得

$$p_c-p_0=\rho g(z_R-z_0)-\frac{\rho\omega^2}{2}R^2$$

进一步将前面的 z_R-z_0 关系代入可得活塞底部中心点压力方程，即

$$p_c-p_0=\frac{W}{\pi d_1^2/4}+\rho gh\left(1+\frac{d_1^2}{2d_2^2}\right)-\frac{\rho\omega^2}{2}R^2$$

③ 确定指针下降距离 h 有两种方法：近似方法，精确方法。

近似方法：认为 d_1 较小，活塞底部平均液压为 p_c-p_0，且根据活塞受力平衡有

$$p_c - p_0 = W/(\pi d_1^2/4)$$

将此代入活塞底部中心点压力方程，可得 h-ω 关系为

$$h = \frac{\omega^2 R^2}{g[2+(d_1/d_2)^2]}$$

精确方法：实际上活塞底面液压是沿 r 变化的，即活塞底部总力应由底部液压积分确定。

活塞底部 $z=z_0$，将此代入压力分布方程，可得活塞底部压力 p_1 与 r 的关系为

$$p_1 = p_c + \rho\omega^2 r^2/2$$

于是根据活塞重力等于液压总力有

$$W = \int_0^{d_1/2}(p_1-p_0)2\pi r\,dr = 2\pi\int_0^{d_1/2}\left(p_c-p_0+\rho\frac{\omega^2 r^2}{2}\right)r\,dr$$

结果为　　$$W=(p_c-p_0)\frac{\pi d_1^2}{4}+\rho\omega^2\frac{\pi d_1^4}{64} \quad\text{或}\quad p_c-p_0=\frac{W}{\pi d_1^2/4}-\rho\frac{\omega^2 d_1^2}{16}$$

将此代入活塞底部中心点压力方程，可得 h-ω 关系为

$$h = \frac{\omega^2 R^2}{g[2+(d_1/d_2)^2]}\left(1-\frac{1}{8}\frac{d_1^2}{R^2}\right)$$

由此可见，前面的近似解适用于 d_1 相对于 R 较小的情况。

【P3-22】 转动容器中液体的溢出问题。一敞口圆筒容器绕中心轴等速旋转，见图 3-29。已知容器半径 $R=150\text{mm}$，高 $H=500\text{mm}$，静止时液面高度 $h=300\text{mm}$。

① 求液面刚达到容器上边缘时的转速 n_1；

② 若转速继续增大，求容器底部曝露出半径 $r_0=10\text{mm}$ 的底面时的转速 n_2。

解　匀速转动系统的等压面一般方程为

$$z = \frac{\omega^2}{2g}r^2 + c$$

令 $r=R$、$z=H$ 确定常数 c，可得到液面边缘高度等于 H 的等压面方程。用 z_H 表示该等压面的 z 坐标，则该等压面方程为

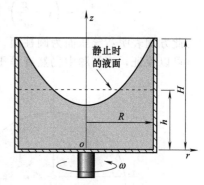

图 3-29　P3-22 附图

$$z_H = H - \frac{\omega^2}{2g}(R^2-r^2)$$

① 因为是敞口容器，故以上边缘高度等于 H 的等压面方程也就是自由液面方程；又由于液面刚达到容器上边缘还未溢出时，其中的液体体积与容器静止时的液体体积相同，因此有

$$\pi R^2 h = \int_0^R z_H 2\pi r\,dr = 2\pi\int_0^R\left[H-\frac{\omega^2}{2g}(R^2-r^2)\right]r\,dr = \pi R^2\left(H-\frac{\omega^2}{4g}R^2\right)$$

由此得　　$$\omega=\omega_1=\frac{2}{R}\sqrt{(H-h)g} \quad\text{或}\quad n_1=\frac{30}{\pi}\omega_1=\frac{60}{\pi R}\sqrt{(H-h)g}=178.3(\text{r/min})$$

② 若转速继续增大，则容器内液体不断溢出，但自由液面边缘始终保持高度 H，因此以上等压面方程仍然适用。而容器底部曝露出半径 $r_0=10\text{mm}$ 的底面，则表明该自由液面与底面的交点坐标为：$r=r_0$，$z_H=0$。将此代入自由液面方程可得

$$0 = H - \frac{\omega^2}{2g}(R^2-r_0^2) \quad\text{或}\quad \omega=\omega_2=\sqrt{\frac{2gH}{(R^2-r_0^2)}}$$

即
$$n_2 = \frac{30}{\pi}\omega_2 = \frac{30}{\pi}\sqrt{\frac{2gH}{(R^2 - r_0^2)}} = 199.8(\mathrm{r/min})$$

【P3-23】卧式转动圆筒内液体的等压面问题。 一个充满水的密闭卧式圆筒容器，以等角速度 ω 绕自身中心轴线旋转，如图 3-30 所示。试考虑重力的影响，证明其等压面是圆柱面，且等压面的中心轴线比容器中心轴线高 $y_0 = g/\omega^2$。

解 本问题采用直角坐标较为方便，坐标如图 3-30 所示。圆筒截面上任意点的重力加速度 **g** 的分量和向心加速度 **a** 的分量分别为
$$g_x = 0, \ g_y = -g, \ g_z = 0$$
$$a_x = -r\omega^2\cos\theta = -\omega^2 x, \ a_y = -r\omega^2\sin\theta = -\omega^2 y, \ a_z = 0$$
因为单位质量力 **f** = **g** − **a**，所以容器内液体所受的单位质量力分量为
$$f_x = g_x - a_x = \omega^2 x, \ f_y = g_y - a_y = -g + \omega^2 y, \ f_z = g_z - a_z = 0$$
将此代入直角坐标系压力微分方程一般式 [式(3-3)]，可得图示系统压力微分方程为
$$\mathrm{d}p = \rho\omega^2 x\,\mathrm{d}x + \rho(\omega^2 y - g)\mathrm{d}y$$
令 $\mathrm{d}p = 0$，然后积分，得等压面方程为
$$\frac{\omega^2 x^2}{2} + \frac{\omega^2 y^2}{2} - gy = c \quad \text{或} \quad x^2 + y^2 - \frac{2gy}{\omega^2} = \frac{2c}{\omega^2}$$
在该等压面方程两边同时加上 g^2/ω^4 可得
$$x^2 + \left(y - \frac{g}{\omega^2}\right)^2 = \frac{2c}{\omega^2} + \frac{g^2}{\omega^4} \quad \text{或} \quad x^2 + \left(y - \frac{g}{\omega^2}\right)^2 = C$$
此方程表明：等压面为圆柱面，轴心坐标为 $x = 0$，$y = y_0 = g/\omega^2$。

可以验证，该问题中仍然有等压面斜率 $k = -f_x/f_y$，即质量力垂直于等压面。

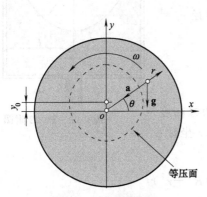

图 3-30　P3-23 附图

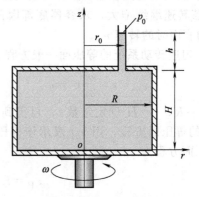

图 3-31　P3-24 附图

【P3-24】转动容器的汽化转速及顶盖受力。 圆筒容器如图 3-31 所示，其半径 $R = 0.6\mathrm{m}$，充满 20℃的水，在顶盖上 $r_0 = 0.43\mathrm{m}$ 处有一敞口接管，管中的水位 $h = 0.5\mathrm{m}$。为防止液体汽化，试确定此容器绕 z 轴旋转的最大转速 n，此时顶盖所受的液压总力为多少。

解 匀速转动系统压力分布一般表达式为
$$p = \rho\left(\frac{\omega^2 r^2}{2} - gz\right) + c$$
本问题的特定条件是 $\quad r = r_0, \ z = H + h, \ p = p_0$
由此确定常数 c 后，可得系统压力分布方程具体形式为
$$p - p_0 = \rho\left[\frac{\omega^2}{2}(r^2 - r_0^2) + g(H + h - z)\right]$$

该方程表明，相同 r 下，顶盖壁面（$z=H$）液压 p_H 最小，且 p_H 与 r 的关系为

$$p_H - p_0 = \rho\left[gh - \frac{\omega^2}{2}(r_0^2 - r^2)\right]$$

该方程进一步表明，顶盖壁面液压在中心（$r=0$）处最小，即

$$p_{H,min} - p_0 = \rho\left(gh - \frac{\omega^2}{2}r_0^2\right) \quad \text{或} \quad \omega = \sqrt{\frac{2}{\rho r_0^2}(\rho gh - p_{H,min} + p_0)}$$

若水的饱和蒸气压为 p_V，则防止液体空化的条件是 $p_{H,min} \geq p_V$。由此得最大转速为

$$\omega_{max} = \sqrt{2(\rho gh - p_V + p_0)/\rho r_0^2}$$

20℃水的饱和蒸气压 $p_V = 2334.6\text{Pa}$（绝），并取 $p_0 = 101325\text{Pa}$，$\rho = 1000\text{kg/m}^3$，可得

$$\omega_{max} = 33.52\text{rad/s} \quad \text{或} \quad n_{max} = (30/\pi)\omega_{max} = 320\text{(r/min)}$$

顶盖壁面液压总力 F 可根据顶盖壁面液压分布式积分得到，即

$$F = \int_0^R (p_H - p_0)2\pi r \,\mathrm{d}r = \int_0^R \rho\left[\frac{\omega^2}{2}(r^2 - r_0^2) + gh\right]2\pi r \,\mathrm{d}r$$

积分结果为

$$F = \rho gh\pi R^2 - \frac{1}{4}\rho\pi\omega^2 R^2(2r_0^2 - R^2)$$

将 $\omega = \omega_{max}$ 代入，得

$$F = 2434.1\text{N}$$

【P3-25】转动容器中两种液体的分界面及压力分布。圆筒容器如图 3-32 所示，其半径 $R = 300\text{mm}$，高 $H = 500\text{mm}$，盛水至 $h = 400\text{mm}$，水的密度 $\rho_w = 1000\text{kg/m}^3$，余下的容积盛满密度 $\rho_o = 800\text{kg/m}^3$ 的油。容器绕 z 轴旋转，并在顶盖中心有一小孔和大气相通。

① 问转速 n 为多大时，油-水界面刚好接触底板？
② 求此时容器顶盖和底板上的最大和最小压力。

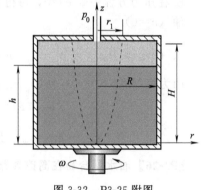

图 3-32 P3-25 附图

解 匀速转动系统内液压分布一般方程为

$$p = \frac{1}{2}\rho\omega^2 r^2 - \rho gz + c$$

设油水界面触底时转速 $\omega = \omega_1$，底板中心压力为 p_1，并考虑到此时圆筒中心线上（$r=0$）全部为油，可得本问题的特定条件是

$$r = 0, \ z = 0, \ \rho = \rho_o, \ p = p_1$$
$$r = 0, \ z = H, \ \rho = \rho_o, \ p = p_0$$

代入一般方程可得

$$c = p_1 = p_0 + \rho_o gH$$

因此油水界面触底时流场的压力分布为

$$p - p_1 = \frac{\rho\omega_1^2}{2}r^2 - \rho gz \quad \text{或} \quad p - p_0 = \frac{\rho\omega_1^2}{2}r^2 - \rho gz + \rho_o gH$$

① 因分界面是等压面，故将 $z = H$，$p = p_1$ 代入上式，可得顶盖处分界面半径 r_1，单独将 $p = p_1$ 代入上式可得油水分界面方程（其 z 坐标用 z_1 表示），即

$$r_1 = \frac{1}{\omega_1}\sqrt{2gH}, \ z_1 = \frac{\omega_1^2}{2g}r^2 \ (r \leq r_1)$$

式中的 ω_1 可根据质量守恒，由容器静止和旋转状态下油的体积相等确定，即

$$\pi R^2(H - h) = \pi r_1^2 H - \int_0^{r_1} z_1 2\pi r \,\mathrm{d}r \quad \text{或} \quad \omega_1 = \frac{H}{R}\sqrt{\frac{g}{H - h}}$$

代入数据可得油-水界面触底时的转速 n 及顶盖处分界面半径 r_1 分别为

$$n=\frac{30}{\pi}\omega_1=\frac{30}{\pi}\frac{H}{R}\sqrt{\frac{g}{H-h}}=157.5\text{r/min},\ r_1=\frac{1}{\omega_1}\sqrt{2gH}=0.190\text{m}$$

② 在液面触底时的压力分布方程中分别令 $\rho=\rho_o$，$\rho=\rho_w$，可得油、水两相的压力方程

$$p-p_0=\rho_o\frac{\omega_1^2}{2}r^2+\rho_o g(H-z),\quad p-p_0=\rho_w\frac{\omega_1^2}{2}r^2+g(\rho_o H-\rho_w z)$$

A. 在以上两式中令 $z=H$，可得顶盖壁面上油、水两相的压力分布为：

油（$0\leqslant r\leqslant r_1$） $p-p_0=\rho_o\dfrac{\omega_1^2}{2}r^2$

水（$r_1\leqslant r\leqslant R$） $p-p_0=\rho_w\dfrac{\omega_1^2}{2}r^2-gH(\rho_w-\rho_o)$

因为顶盖壁面中心（$r=0$）压力最小，边缘（$r=R$）压力最大，故由以上两式可得

$$p_{\min}-p_0=0$$

$$p_{\max}-p_0=\rho_w\frac{\omega_1^2}{2}R^2-gH(\rho_w-\rho_o)=11281.5\text{Pa}=1.151\text{mH}_2\text{O}$$

B. 在压力方程中令 $z=0$，可得容器底部油、水两相的压力分布为：

油（$r=0$） $p-p_0=\rho_o gH$

水（$0\leqslant r\leqslant R$） $p-p_0=\rho_w\dfrac{\omega_1^2}{2}r^2+\rho_o gH$

因为容器底部中心（$r=0$）压力最小，边缘（$r=R$）压力最大，故

$$p_{\min}-p_0=\rho_o gH=3924\text{Pa}=0.400\text{mH}_2\text{O}$$

$$p_{\max}-p_0=\rho_w\frac{\omega_1^2}{2}R^2+\rho_o gH=16186.5\text{Pa}=1.652\text{mH}_2\text{O}$$

【P3-26】油水混合物在高速转鼓中的分层界面及壁面压力计算。 高速转鼓如图 3-33 所

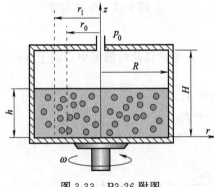

图 3-33   P3-26 附图

示，顶部与大气联通，转鼓半径 $R=300\text{mm}$，高 $H=500\text{mm}$，静止时油水混合液深度 $h=300\text{mm}$，混合物中油的容积比 $\beta=0.2$。已知水的密度 $\rho_w=1000\text{kg/m}^3$，油的密度 $\rho_o=850\text{kg/m}^3$，且高速转动时重力影响可以忽略。试确定转鼓转速为 $\omega=100\text{rad/s}$ 时：

① 油的自由表面半径 r_0，油水交界面半径 r_1；

② 转鼓筒体内壁面的压力；

③ 转鼓筒体受到的轴向拉力。

解 匀速转动系统内液压分布一般方程中，令 $g=0$，可得高速转鼓中液体的压力分布方程，其中令压力为常数又可得等压面方程，两方程分别为

$$p=\frac{1}{2}\rho\omega^2 r^2+c,\ r^2=\frac{C}{\rho\omega^2}$$

① 由等压面方程可知，忽略重力影响的等压面即 r 为定值的圆柱形表面。因此根据静止和转动条件下油水总体积相等原则，可确定自由液面半径 r_0，即

$$\pi R^2 h=\pi(R^2-r_0^2)H \rightarrow r_0=R\sqrt{1-h/H}$$

因为油的容积比为 β，且 r_0 至交界面半径 r_1 为油层占据，故根据油的体积守恒又可得

$$\pi R^2 h\beta = \pi(r_1^2 - r_0^2)H \rightarrow r_1 = R\sqrt{\frac{r_0^2}{R^2} + \beta\frac{h}{H}} = R\sqrt{1 - (1-\beta)\frac{h}{H}}$$

代入已知数据可得自由表面半径 r_0 和油水交界面半径 r_1 分别为

$$r_0 = 0.190\text{m}, r_1 = 0.216\text{m}$$

② 根据 $r = r_0$，$p = p_0$，可确定压力分布方程中的 c，从而得到油层压力分布，即

$$c = p_0 - \frac{1}{2}\rho_\text{o}\omega^2 r_0^2 \rightarrow p - p_0 = \frac{1}{2}\rho_\text{o}\omega^2(r^2 - r_0^2) \qquad (r = r_0 \rightarrow r_1)$$

由此得交界面压力 p_1 为 $\qquad p_1 - p_0 = \frac{1}{2}\rho_\text{o}\omega^2(r_1^2 - r_0^2)$

在压力分布方程中令 $r = r_1$，$p = p_1$，确定 c，又可得水层压力分布为

$$c = p_1 - \frac{1}{2}\rho_\text{w}\omega^2 r_1^2 \rightarrow p - p_1 = \frac{1}{2}\rho_\text{w}\omega^2(r^2 - r_1^2) \qquad (r = r_1 \rightarrow R)$$

将油水交界面压力 p_1 代入，可将水层压力分布进一步表示为

$$p - p_0 = \frac{\omega^2}{2}[\rho_\text{w}(r^2 - r_1^2) + \rho_\text{o}(r_1^2 - r_0^2)] \qquad (r = r_1 \rightarrow R)$$

令 $r = R$，并将 r_0、r_1 表达式代入，可得转鼓筒体内壁压力 p_w 的表达式为

$$p_\text{w} - p_0 = \frac{\omega^2 R^2}{2}\frac{h}{H}[\rho_\text{w}(1-\beta) + \rho_\text{o}\beta]$$

代入数据可得 $\qquad\qquad p_\text{w} - p_0 = 261.9\text{kPa}$

③ 转鼓筒体受到的轴向拉力 F 等于转鼓顶盖受到的轴向总力，即

$$F = \int_{r_0}^{r_1}(p - p_0)2\pi r\,\mathrm{d}r + \int_{r_1}^{R}(p - p_1)2\pi r\,\mathrm{d}r$$

积分得 $\qquad\qquad F = \frac{\pi\omega^2 R^4}{4}\frac{h^2}{H^2}[\rho_\text{w}(1-\beta)^2 + \rho_\text{o}\beta^2]$

代入数据可得转鼓筒体的轴向拉力为 $F = 15436.1\text{N}$。

第4章

流动系统质量/动量/能量守恒问题

质量守恒、动量守恒、能量守恒是流体流动过程遵循的基本原理，据此建立的控制体质量守恒方程、动量守恒方程和能量守恒方程是流体系统物料衡算、受力分析、能量衡算以及流动问题综合分析的重要工具。本章将应用这一工具分析计算流动系统的相关问题。

4.1　质量守恒方程及物料衡算问题

4.1.1　控制体质量守恒方程

(1) 控制体概念

控制体是根据需要所选择的一定形状的空间。图 4-1 是一般流动系统的控制体（虚线空间），控制体边界面称为控制面。其中有流体输入输出的控制面（即进出口截面）伴随有质量、动量、能量的输入输出，其余控制面上通常仅有力的作用和能量交换。

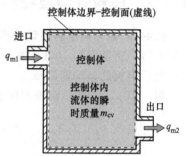

图 4-1　流动系统及控制体

(2) 质量守恒方程

控制体质量守恒定律可一般表述为

$$\begin{matrix}输出控制体\\的质量流量\end{matrix}-\begin{matrix}输入控制体\\的质量流量\end{matrix}+\begin{matrix}控制体内质量\\的时间变化率\end{matrix}=0$$

如图 4-1 所示，若用 q_{m1}、q_{m2} 分别表示控制体进、出口的质量流量，m_{cv} 表示控制体内流体的瞬时质量，则根据以上守恒定律可写出控制体质量守恒方程为

$$q_{m2}-q_{m1}+\frac{\mathrm{d}m_{cv}}{\mathrm{d}t}=0 \qquad (4\text{-}1)$$

对于稳态流动系统，$\mathrm{d}m_{cv}/\mathrm{d}t=0$，质量守恒方程简化为

$$q_{m1}=q_{m2} \quad 或 \quad \rho_1 v_1 A_1=\rho_2 v_2 A_2 \qquad (4\text{-}2)$$

其中 ρ、v、A 分别是进出口截面上流体的平均密度、平均速度和截面面积。

对于无化学反应的多组分流体系统，以上质量守恒方程对每一组分都成立。

(3) 有化学反应的多组分流体系统的质量守恒方程

基于质量单位的守恒方程　对于多组分系统中的任意组分 i，设其进、出口质量流量为 $q_{m1,i}$、$q_{m2,i}$，在控制体内的瞬时质量为 $m_{cv,i}$、生成率为 $R_i(\mathrm{kg/s})$，并规定：对于生成物 $R_i>0$，反应物 $R_i<0$，则该组分的质量守恒方程为

$$q_{m2,i}-q_{m1,i}-R_i+\frac{\mathrm{d}m_{cv,i}}{\mathrm{d}t}=0 \qquad (4\text{-}3)$$

由此可见：生成物（$R_i>0$）相当于增加控制体的输入项，反应物（$R_i<0$）相当于增加输出项。此外，以质量为单位时，各组分质量生成率之和 $\sum R_i=0$。

基于物质的量的守恒方程　化学反应中常用摩尔（mole）表达物质的量。用 i 组分物质的分子量 M_i（kg/kmol）遍除式(4-3)，则可得到基于物质的量的 i 组分物质的守恒方程，即

$$q'_{m2,i}-q'_{m1,i}-R'_i+\frac{\mathrm{d}m'_{cv,i}}{\mathrm{d}t}=0 \qquad (4\text{-}4)$$

此时，$q'_{m1,i}$、$q'_{m2,i}$ 分别是控制体进、出口截面上 i 组分物质的摩尔流量（kmol/s）；$m'_{cv,i}$ 为

控制体内 i 组分物质的瞬时摩尔量（kmol）；R'_i 为 i 组分物质的摩尔生成率（kmol/s），同样规定生成物 $R'_i > 0$，反应物 $R'_i < 0$；且一般情况下 $\sum R'_i \neq 0$。

反应组分生成率之间的关系 各组分生成率之间的关系可根据化学反应式确定。比如，对于由反应物 A、B 得到生成物 C、D 的化学反应：

$$a\text{A} + b\text{B} \longrightarrow c\text{C} + d\text{D}$$

各组分摩尔生成率 R'_i 之间以及 R'_i 与质量生成率 R_i 之间有如下关系

$$-\frac{R'_\text{A}}{a} = -\frac{R'_\text{B}}{b} = \frac{R'_\text{C}}{c} = \frac{R'_\text{D}}{d}, \; R_i = R'_i M_i \tag{4-5}$$

其中，a、b、c、d 分别为组分 A、B、C、D 的化学计量数（摩尔数）。据此关系，只要由已知条件确定了某一组分的生成率，则可得到其他组分的生成率。

4.1.2 质量守恒及物料衡算问题

【P4-1】辊轧钢板的运动速度计算。一辊轧机轧制热钢板，如图 4-2 所示。钢板经过辊轧后变薄，密度增加 10%，宽度增加 9%。如果钢板轧制前的给进速度 $v_1 = 0.1 \text{m/s}$，试确定轧制后钢板的运动速度 v_2。

解 以 ρ、A 表示钢板密度和横截面积，则根据定常流动质量守恒方程有

$$\rho_1 A_1 v_1 = \rho_2 A_2 v_2 \; \rightarrow \; v_2 = \frac{\rho_1 A_1}{\rho_2 A_2} v_1 = \frac{1 \times (30 \times 1)}{1.1 \times (10 \times 1.09)} \times 0.1 = 0.25 (\text{m/s})$$

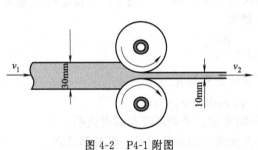

图 4-2 P4-1 附图

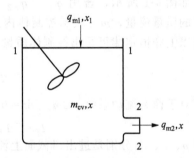

图 4-3 P4-2 附图

【P4-2】搅拌槽中盐溶液的浓度-时间关系。如图 4-3 所示，盐分质量分率 $x_1 = 20\%$ 的盐溶液以 $q_{m1} = 20 \text{kg/min}$ 的流量加入搅拌槽，与槽内原有溶液混合后以 $q_{m2} = 10 \text{kg/min}$ 的流量流出。搅拌槽内原有溶液质量 $m_0 = 1000 \text{kg}$、盐分质量分率 $x_0 = 10\%$。设搅拌充分（即槽内各处溶液浓度均匀、出口浓度等于槽内浓度），试确定：

① 任意时刻 $t(\text{min})$ 搅拌槽中盐溶液的质量分率 x；

② 搅拌槽中溶液的盐含量达到 200kg 时所需的时间 t。

解 由题设条件，溶液在搅拌槽中不断累积，属于非稳态问题。

① 如图 4-3 所示，取截面 1-1 与 2-2 之间的流场空间为控制体，并设 m_{cv}、x 分别为搅拌槽内溶液瞬时质量和盐分质量分率，则 t 时刻控制体内溶液的质量守恒方程为

$$q_{m2} - q_{m1} + \frac{\text{d}m_{cv}}{\text{d}t} = 0 \quad \text{或} \quad \frac{\text{d}m_{cv}}{\text{d}t} = \Delta q_m \quad [\text{其中} \; \Delta q_m = (q_{m1} - q_{m2})]$$

积分以上方程并考虑：$t = 0$，$m_{cv} = m_0$，可得搅拌槽内的瞬时质量为

$$m_{cv} = \Delta q_m t + m_0 \quad \text{或} \quad m_{cv} = 10t + 1000$$

因充分混合时出口与槽内的盐分质量分率 x 相同，故控制体内盐分的质量守恒方程为

$$q_{m2}x - q_{m1}x_1 + \frac{dm_{cv}x}{dt} = 0 \quad 或 \quad \frac{dx}{q_{m1}(x_1-x)} = \frac{dt}{\Delta q_m t + m_0}$$

积分上式并应用初始条件：$t=0$ 时 $x=x_0$，可得盐分质量分率与时间的关系为

$$\frac{x-x_1}{x_0-x_1} = \left(1 + \frac{\Delta q_m t}{m_0}\right)^{-q_{m1}/\Delta q_m}$$

② 根据以上结果，搅拌槽中溶液的盐含量 $m_{cv}x$ 与时间的关系为

$$m_{cv}x = (\Delta q_m t + m_0)\left[x_1 + (x_0-x_1)\left(1+\frac{\Delta q_m}{m_0}t\right)^{-q_{m1}/\Delta q_m}\right]$$

代入数据简化可得　　$m_{cv}x = 2(t+100) - 10000/(t+100)$

由此可计算出当 $m_{cv}x = 200\text{kg}$ 时，所需时间为 $t=36.6\text{min}$。

【P4-3】搅拌槽中溶液混合的浓度-时间关系。相同溶质不同浓度的两股溶液 A、B 进入搅拌槽中混合后放出，如图 4-4 所示。其中 A、B 两股溶液的质量流量和溶质质量分率分别为 $q_{m,A}$、x_A、$q_{m,B}$、x_B，出口溶液的质量流量和溶质质量分率分别为 q_m、x。由于充分搅拌，槽内溶液浓度分布均匀，且 $t=0$ 时刻，槽内原有溶液质量为 m_0，溶质质量分率为 x_0。试推导表明：

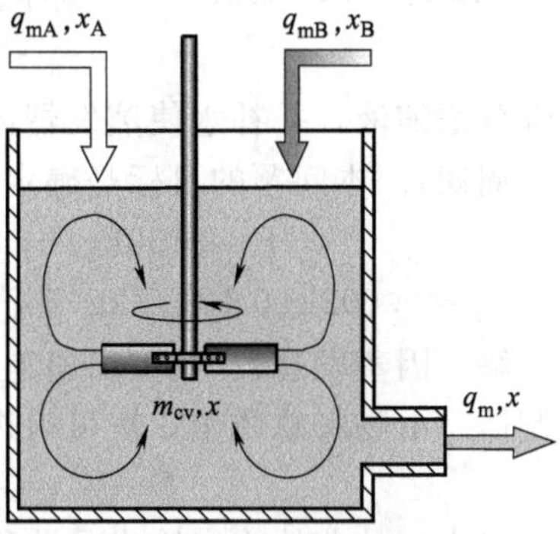

① 出口溶液溶质质量分率 x 与时间的关系为

$$\frac{x-x_1}{x_0-x_1} = \left(1 + \frac{\Delta q_m}{m_0}t\right)^{-\frac{q_{m1}}{\Delta q_m}}$$

图 4-4　P4-3 附图

其中，x_1 为 A、B 流股的平均质量分率，q_{m1} 为进口总流量，Δq_m 为进出口流量差，即

$$x_1 = (q_{m,A}x_A + q_{m,B}x_B)/q_{m1}, \quad q_{m1} = q_{m,A} + q_{m,B}, \quad \Delta q_m = q_{m1} - q_m$$

② 对于进出口总质量流量相等的情况，即 $\Delta q_m = q_{m1} - q_m = 0$，有

$$\frac{x-x_1}{x_0-x_1} = \exp\left(-\frac{q_{m1}}{m_0}t\right)$$

解　① 溶液的质量守恒方程和盐分的质量守恒方程分别为

$$q_m - (q_{m,A} + q_{m,B}) + \frac{dm_{cv}}{dt} = 0, \quad q_m x - (q_{m,A}x_A + q_{m,B}x_B) + \frac{dm_{cv}x}{dt} = 0$$

令　　　　　$q_{m1} = q_{m,A} + q_{m,B}, \quad q_{m1}x_1 = q_{m,A}x_A + q_{m,B}x_B$

则以上两方程及其相应的初始条件可表示为

$$q_m - q_{m1} + \frac{dm_{cv}}{dt} = 0, \quad m_{cv}|_{t=0} = m_0; \quad q_m x - q_{m1}x_1 + \frac{dm_{cv}x}{dt} = 0, \quad x|_{t=0} = x_0$$

对以上两式积分，可得搅拌槽内溶液质量 m_{cv} 及溶质质量分率 x 与时间的关系分别为

$$m_{cv} = \Delta q_m t + m_0, \quad \frac{x-x_1}{x_0-x_1} = \left(1 + \frac{\Delta q_m}{m_0}t\right)^{-\frac{q_{m1}}{\Delta q_m}}$$

② 当 $\Delta q_m = 0$ 时，总质量流是稳态的，此时 $dm_{cv}/dt = 0$，$m_{cv} = m_0$；但盐分的流动非稳态，其质量守恒方程为

$$q_m x - q_{m1}x_1 + \frac{dm_{cv}x}{dt} = 0 \rightarrow x - x_1 + \frac{m_0}{q_{m1}}\frac{dx}{dt} = 0$$

积分上式并考虑：$t=0$，$x=x_0$，可得总质量流稳态时质量分率 x 与时间的关系为

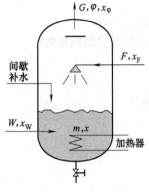

图 4-5　P4-4 附图

$$\frac{x-x_1}{x_0-x_1}=\exp\left(-\frac{q_{m1}}{m_0}t\right)$$

【P4-4】放射性盐溶液蒸发浓缩的操作周期计算。图 4-5 是某废水处理工艺中的蒸发器，目的是对含放射性盐分的溶液进行浓缩，以便后续处理。待浓缩液有两股进料，其中一股的质量流量为 F、盐分质量分率为 x_F，另一股的质量流量为 W、盐分质量分率为 x_W。产生的蒸汽流量为 G，蒸汽本身不含盐分，但其中夹带的液滴含有盐分，且已知每千克蒸汽夹带的液滴质量为 φ（液滴夹带率），液滴中的盐分质量分率为 x_φ。蒸发过程中进/出料连续稳定，故蒸发器内溶液总质量 m 保持不变，但其中的盐分分率 x 随时间增加（水分相应减少），且蒸发从 $x=x_0$ 开始，至 $x=x_N$ 结束为一个操作周期（然后在短时间内排除部分浓缩液，并补水使蒸发器内溶液质量恢复到 m、盐分分率恢复到 x_0，继而进入下一蒸发周期）。本问题的目标是确定该蒸发周期的耗时，其中给定参数为

$$F=3150\text{kg/h},\ x_F=0.0004,\ W=700\text{kg/h},\ x_W=0.0002$$

$$\varphi=0.002\text{kg（液滴）/kg（蒸汽）},\ x_\varphi=(x_F+x)/2,\ x_0=0.04,\ x_N=0.05,\ m=900\text{kg}$$

解　因蒸发过程中进/出料连续稳定，蒸发器内溶液总质量 m 保持不变，故取蒸发器为控制体，由物料总质量守恒可得进出料质量流量之间的关系为

$$F+W=G(1+\varphi)\quad\text{或}\quad G=(F+W)/(1+\varphi)$$

其次，盐分的输出输入是非稳态过程，其质量守恒方程为

$$G\varphi x_\varphi-Fx_F-Wx_W+\frac{\mathrm{d}mx}{\mathrm{d}t}=0$$

将 G 和 x_φ 的表达式代入，以上守恒方程可写为如下形式

$$\frac{\mathrm{d}(x+x_F)}{\mathrm{d}t}+\alpha(x+x_F)=\beta\qquad\left[\text{其中}\quad\alpha=\frac{\varphi(F+W)}{2(1+\varphi)m},\ \beta=\frac{Fx_F+Wx_W}{m}\right]$$

该方程为 $y'+p(x)y=q(x)$ 形方程，其通解由附录 B.2.1 给出，定解条件是 $x\,|_{t=0}=x_0$，解的结果为

$$x=\frac{\beta}{\alpha}-x_F-\left[\frac{\beta}{\alpha}-x_F-x_0\right]\mathrm{e}^{-\alpha t}\quad\text{或}\quad t=\frac{1}{\alpha}\ln\left[\frac{\beta/\alpha-(x_0+x_F)}{\beta/\alpha-(x+x_F)}\right]$$

代入给定数据可得

$$\alpha=\frac{\varphi(F+W)}{2(1+\varphi)m}=\frac{0.002\times(3150+700)}{2\times(1+0.002)\times900}=4.269\times10^{-3}(\text{h}^{-1})$$

$$\beta=\frac{Fx_F+Wx_W}{m}=\frac{3150\times0.0004+700\times0.0002}{900}=1.556\times10^{-3}(\text{h}^{-1})$$

蒸发从 $x_0=0.04$ 至 $x=x_N=0.05$ 的操作周期耗时为

$$t=\frac{1000}{4.269}\ln\left[\frac{1.556/4.269-(0.04+0.0004)}{1.556/4.269-(0.05+0.0004)}\right]=7.34(\text{h})$$

【P4-5】筛板塔净化气流夹带液滴的混合置换模型及塔板数计算。图 4-6 所示为筛板塔中的一块塔板，其中 W、G 分别为洗涤液和气流质量流量，$G\varphi$ 为气流夹带液滴的质量流量（φ 为液滴夹带率，即每千克气流夹带的液滴质量）。只要进入塔板前洗涤液中组分 A 的质量分率 x_0 小于液滴中组分 A

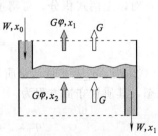

图 4-6　P4-5 附图

的质量分率 x_2，则液滴与洗涤液在塔板上混合后，气流重新夹带的液滴中组分 A 的质量分率 x_1 将小于 x_2，从而实现液滴的净化，此即筛板塔净化气流夹带液滴的混合置换原理。假设在正常的连续操作下，W、G、φ 都保持恒定，且气流中的液滴与洗涤液在塔板上充分混合，试根据以下参数，确定将液滴中组分 A 的质量分率从 0.012 降低到 0.03×10^{-6} 所需的塔板数。

$$W = 700\text{kg/h}, \quad G = 3850\text{kg/h}, \quad \varphi = 1\%, \quad x_0 = 0$$

解 设夹带液滴与洗涤液在塔板上充分混合，且混合后组分 A 的质量分率为 x_1，则离开塔板的气流夹带液滴中的组分分率和洗涤液中的组分分率均为 x_1，因此，针对图中的塔板单元，组分 A 的质量守恒方程为

$$W x_0 + G \varphi x_2 = W x_1 + G \varphi x_1$$

由此可得
$$x_1 = \frac{W x_0 + G \varphi x_2}{W + G \varphi} \quad 或 \quad x_2 = x_1 + \frac{W}{G \varphi}(x_1 - x_0)$$

此即液滴净化模型公式，应用该式递推计算，可确定实现液滴净化所需的塔板数。

对于上部第 1 块塔板，取 $x_0 = 0$，$x_1 = 0.03 \times 10^{-6}$，可得该塔板之下液滴中的组分分率为

$$x_2 = 0.03 \times 10^{-6} + \frac{700}{3850 \times 0.01} \times (0.03 \times 10^{-6} - 0) = 0.5755 \times 10^{-6}$$

对于第 2 块塔板，可按相同公式计算该塔板下液滴中的组分分率 x_3，即

$$x_3 = x_2 + \frac{W}{G \varphi}(x_2 - x_1) = 1.049 \times 10^{-5}$$

以此类推，可得第 3、4、5 块塔板下液滴中的组分分率分别为

$$x_4 = 1.908 \times 10^{-4}, \quad x_5 = 3.469 \times 10^{-3}, \quad x_6 = 6.308 \times 10^{-2}$$

由此可见，第 5 块塔板下液滴中的组分分率 $x_6 > 0.012$，表明 5 块塔板足以将液滴中组分 A 的质量分率从 0.012 降低到 0.03×10^{-6}。该方法适用于液滴净化率要求较高的场合。

【P4-6】废水搅拌池中自分解组分的浓度-时间关系。 某工业废水以流量 q_m 排入搅拌池中进行自分解反应，以降低有害组分 A 的排放浓度，如图 4-7 所示。已知，进口废水流量 q_m，A 组分质量分率 x_{A0}，分解速率 $r_A = -k \rho_A$ [kg/(m³·s)]，其中 ρ_A 为 A 组分质量浓度 [kg(A)/m³（溶液）]，k 为反应常数 (1/s)。设分解的气相产物质量忽略不计，废水溶液密度 ρ 不变，搅拌池有效容积为 V，且搅拌池中废水组分分布均匀，试求：

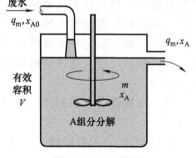

图 4-7 P4-6 附图

① 搅拌池由空置状态到充满废水的过程中组分 A 的质量分率 x_A 与时间的关系；

② 搅拌池充满废水形成稳态流动后 A 组分质量分率 x_A 与时间的关系；

③ 无限长时间后搅拌池排出废水中的质量分率 x_A 与进口质量分率 x_{A0} 之比。

解 ① 废水未流出搅拌槽之前（出口流量为零）组分 A 的质量守恒方程为

$$-q_m x_{A0} - R_A + \mathrm{d}m_A/\mathrm{d}t = 0$$

设 $V' = q_m t / \rho$，为槽中废水瞬时体积，则 A 组分的质量浓度及生成率分别为

$$\rho_A = m_A / V', \quad R_A = -k \rho_A V' = -k m_A$$

将此代入守恒方程，积分并应用初始条件：$t = 0$，$m_A = 0$，可得

$$m_A = \frac{q_m x_{A0}}{k}(1 - e^{-kt}) \quad \text{或} \quad x_A = \frac{m_A}{q_m t} = \frac{x_{A0}}{kt}(1 - e^{-kt})$$

该式适用的时间范围为

$$t \leqslant \rho V / q_m$$

② 废水充满搅拌池形成稳态流动后，组分 A 的质量守恒方程为

$$q_m x_A - q_m x_{A0} - R_A + dm_A / dt = 0$$

此时

$$m_A = \rho V x_A, \quad R_A = -k m_A = -k\rho V x_A$$

令废水充满搅拌槽的时间 $\rho V / q_m = \tau$ （平均停留时间），则守恒方程可表示为

$$x_A - x_{A0} + k\tau x_A + \tau (dx_A / dt) = 0 \tag{a}$$

其初始条件为

$$t = \tau = \frac{\rho V}{q_m}, \quad x_A = x_{A,\tau} = \frac{x_{A0}}{k\tau}(1 - e^{-k\tau})$$

对式（a）进行积分，可得 A 组分质量分率 x_A 与时间的关系为

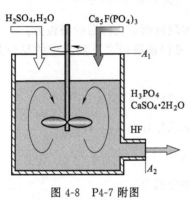

H₂SO₄,H₂O　Ca₅F(PO₄)₃

A_1

H_3PO_4
$CaSO_4 \cdot 2H_2O$

HF

A_2

图 4-8　P4-7 附图

$$\frac{x_A - x_{A0}/(1+k\tau)}{x_{A,\tau} - x_{A0}/(1+k\tau)} = \exp\left[-(1+k\tau)\frac{t-\tau}{\tau}\right]$$

③ 无限长时间后　$\dfrac{x_A}{x_{A0}} = \dfrac{1}{1+k\tau} = \dfrac{q_m}{q_m + k\rho V}$

由此可见，只要搅拌池体积 V 足够大，有害组分 A 的排放浓度 x_A 可降到相当低的程度。

【P4-7】磷酸反应槽出口溶液的浓度-时间关系。如图 4-8 所示为湿法磷酸搅拌反应槽。槽内加入氟磷酸钙 [磷矿石，$Ca_5F(PO_4)_3$]、水（H_2O）和硫酸（H_2SO_4），生成磷酸（H_3PO_4，液）、二水硫酸钙（$CaSO_4 \cdot 2H_2O$，固）和氟化氢（HF，气）。其反应式如下

$$Ca_5F(PO_4)_3 + 5H_2SO_4 + 10H_2O =\!=\!= 3H_3PO_4 + 5CaSO_4 \cdot 2H_2O\downarrow + HF\uparrow$$

实际生产中磷矿石加入量为 10000kg/h，并按化学计量数加入质量浓度为 98% 的硫酸。过程开始时，槽内存有质量浓度为 20% 的磷酸溶液 10000kg；操作过程中连续取出磷酸溶液和二水硫酸钙以保持槽内磷酸溶液总质量为 10000kg（即溶液流动稳态），且已知操作稳定后（指组分浓度恒定）生成的磷酸溶液质量浓度为 40%。设搅拌槽内磷酸溶液浓度均匀，且生成磷酸的反应与槽内磷酸溶液浓度无关，问操作开始 0.5h 后，槽内磷酸溶液的质量浓度为多少？

解　取搅拌槽为控制体，其进口面为 A_1、出口面为 A_2，分析溶液中磷酸组分的质量守恒过程。

进口面 A_1：无磷酸输入，故磷酸质量流量 $q_{m1,H_3PO_4} = 0$。

出口面 A_2：设溶液流量为 q_{m2}，其中磷酸分率为 $x_{H_3PO_4}$，则磷酸质量流量 $q_{m2,H_3PO_4} = q_{m2} x_{H_3PO_4}$。

搅拌槽内：溶液总质量恒定 $m_{cv} = 10000kg$，磷酸分率为 $x_{H_3PO_4}$，且 $x_{H_3PO_4}\big|_{t=0} = x_0 = 0.2$。

于是，设磷酸质量生成率为 $R_{H_3PO_4}$，则磷酸组分的质量守恒关系可根据式（4-3）表示为

$$q_{m2} x_{H_3PO_4} - R_{H_3PO_4} + d(m_{cv} x_{H_3PO_4})/dt = 0$$

式中，出口溶液流量 q_{m2} 和槽内溶液质量 m_{cv} 均稳定不变，且反应物进料稳定时磷酸生成率 $R_{H_3PO_4}$ 也稳定不变（生成磷酸的反应与槽内溶液浓度无关），所以由 $t=0 \rightarrow t$，$x_{H_3PO_4} = x_0 \rightarrow x_{H_3PO_4}$ 积分质量守恒方程，可得槽内磷酸质量分率与时间的关系为

$$x_{H_3PO_4} = \frac{R_{H_3PO_4}}{q_{m2}} + \left(x_0 - \frac{R_{H_3PO_4}}{q_{m2}}\right)\exp\left(-\frac{q_{m2}}{m_{cv}}t\right)$$

又因为 $t \to \infty$，$x_{H_3PO_4} \to x_{H_3PO_4,\infty}$（$x_{H_3PO_4,\infty}$ 为操作稳定后槽内磷酸溶液的质量分率），于是又有

$$q_{m2} = \frac{R_{H_3PO_4}}{x_{H_3PO_4,\infty}}, \quad x_{H_3PO_4} = x_{H_3PO_4,\infty} + (x_0 - x_{H_3PO_4,\infty})\exp\left(-\frac{R_{H_3PO_4}}{m_{cv}x_{H_3PO_4,\infty}}t\right)$$

磷酸质量生成率 $R_{H_3PO_4}$ 分析：已知磷矿石、磷酸、硫酸的分子量分别为

$$M_{Ca_5F(PO_4)_3} = 504\text{kg/kmol}, \quad M_{H_3PO_4} = 98\text{kg/kmol}, \quad M_{H_2SO_4} = 98\text{kg/kmol}$$

因为磷矿石加入量 10000kg/h＝19.84kmol/h，而按化学反应式，1mol 磷矿石需要 5mol 硫酸，所以硫酸加入量应为

$$5 \times 19.84 = 99.21(\text{kmol/h}) = 9722.22(\text{kg/h})$$

但由于硫酸质量浓度仅为 98%，所以磷矿石（反应物）的实际耗量为

$$R_{Ca_5F(PO_4)_3} = -10000 \times 0.98 = -9800(\text{kg/h})$$

根据反应式可知：消耗 1mol 磷矿石生成 3mol 磷酸，所以磷酸质量生成率 $R_{H_3PO_4}$ 为

$$R_{H_3PO_4} = -R_{Ca_5F(PO_4)_3} \times \frac{3}{1} \times \frac{M_{H_3PO_4}}{M_{Ca_5F(PO_4)_3}} = -(-9800) \times \frac{3}{1} \times \frac{98}{504} = 5716.67(\text{kg/h})$$

代入给定数据，可得磷酸溶液的出口流量和 0.5h 后槽内溶液的磷酸质量分率，即

$$q_{m2} = R_{H_3PO_4}/x_{H_3PO_4,\infty} = 5716.67/0.4 = 14291.68(\text{kg/h})$$

$$x_{H_3PO_4} = 0.4 + (0.2 - 0.4)\exp\left(-\frac{5716.67}{10000 \times 0.4} \times 0.5\right) = 0.302 = 30.2\%$$

说明： 以上计算中的磷矿石量指的是纯的氟磷酸钙量，实际生产中磷矿石以料浆形态加入，其中的大量水分部分结合在二水硫酸钙中，大部分成为磷酸溶液中的溶剂。

4.2 动量、动量矩守恒方程及流体系统受力分析

4.2.1 控制体动量及动量矩守恒方程

（1）动量、动量流量及控制体动量守恒方程

动量及动量流量 质量 m 与速度的乘积 $\mathbf{v}m$ 称为动量，质量流量 q_m 与速度的乘积 $\mathbf{v}q_m$ 则是单位时间的动量，称为动量流量（用于描述随流体输入输出控制体的动量）。

控制体动量守恒方程 控制体中流体受力与动量变化的关系可用动量守恒定律表述为

$$\begin{matrix}\text{控制体内流} \\ \text{体所受合力}\end{matrix} = \begin{matrix}\text{输出控制体} \\ \text{的动量流量}\end{matrix} - \begin{matrix}\text{输入控制体} \\ \text{的动量流量}\end{matrix} + \begin{matrix}\text{控制体内动量} \\ \text{的时间变化率}\end{matrix}$$

将此应用于图 4-9 所示控制体（进口截面 A_1，出口截面 A_2，体积 V，控制体内流体所受合力 $\sum\mathbf{F}$），可写出控制体动量守恒一般方程为

$$\sum\mathbf{F} = \iint\limits_{A_2} \mathbf{v}_2 \mathrm{d}q_m - \iint\limits_{A_1} \mathbf{v}_1 \mathrm{d}q_m + \frac{\mathrm{d}}{\mathrm{d}t}\iiint\limits_V \mathbf{v}\mathrm{d}m \qquad (4\text{-}6)$$

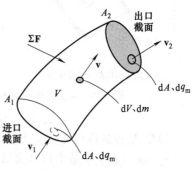

图 4-9 控制体受力及动量输入输出

式中，$\mathbf{v}_2 dq_m$ 是 A_2 截面上 dA 微元面的动量流量（dq_m 是微元面质量流量），其积分即输出控制体的动量流量；同理，$\mathbf{v}_1 dq_m$ 沿 A_1 积分则是输入控制体的动量流量；$\mathbf{v}dm$ 是控制体内 dV 微元的动量（dm 是微元质量），其积分则是控制体内流体的总动量，总动量对时间 t 求导即控制体内动量的时间变化率。

动量守恒方程（4-6）是矢量方程，其 x、y 方向的分量式（z 分量式从略）如下

$$
\begin{cases}
\sum F_x = \iint\limits_{A_2} v_{2x} dq_m - \iint\limits_{A_1} v_{1x} dq_m + \dfrac{d}{dt} \iiint\limits_{V} v_x dm \\[2mm]
\sum F_y = \iint\limits_{A_2} v_{2y} dq_m - \iint\limits_{A_1} v_{1y} dq_m + \dfrac{d}{dt} \iiint\limits_{V} v_y dm
\end{cases}
\tag{4-7}
$$

以进出口平均速度表示的动量守恒方程　对于进出口为管流截面的系统，可用进出口截面平均速度与质量流量的乘积近似计算动量流量，由此可将动量守恒方程简化为

$$
\begin{cases}
\sum F_x = v_{2x} q_{m2} - v_{1x} q_{m1} + \dfrac{d}{dt} \iiint\limits_{V} v_x dm \\[2mm]
\sum F_y = v_{2y} q_{m2} - v_{1y} q_{m1} + \dfrac{d}{dt} \iiint\limits_{V} v_y dm
\end{cases}
\tag{4-8}
$$

注：此处 v_{1x}、v_{2x}、v_{1y}、v_{2y} 指进出口截面平均速度的 x、y 分量（以下同此）。

稳态过程的动量守恒方程　对于稳态流动，控制体动量变化率为零，方程进一步简化为

$$
\begin{cases}
\sum F_x = v_{2x} q_{m2} - v_{1x} q_{m1} \\
\sum F_y = v_{2y} q_{m2} - v_{1y} q_{m1}
\end{cases}
\tag{4-9}
$$

注：若控制体有多个出口，则出口动量流量指所有出口的动量流量之和，进口亦然。

(2) 动量矩、动量矩流量及控制体动量矩守恒方程

动量矩　即动量 $\mathbf{v}m$ 对某参照点 o 的矩（与作用力 $\mathbf{F}$ 对参照点的矩概念相同）。

动量矩流量　指单位时间的动量矩，即动量流量 $\mathbf{v}q_m$ 对某参照点 o 的矩。

x-y 平面稳流系统的动量矩守恒方程　控制体动量矩守恒定律及一般方程见文献 [1]，在此仅针对常见的 x-y 平面稳流系统 [见图 4-10(a)，其中 A_1、A_2 分别为控制体进、出口截面，且以坐标原点 o 为矩的参照点]，给出其控制体动量矩守恒方程，即

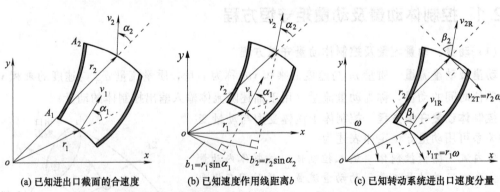

(a) 已知进出口截面的合速度　　**(b) 已知速度作用线距离 b**　　**(c) 已知转动系统进出口速度分量**

图 4-10　x-y 平面稳流系统的控制体及其进出口截面的位置矢径与流体速度

$$
\sum M_z = (r_2 \sin\alpha_2) v_2 q_{m2} - (r_1 \sin\alpha_1) v_1 q_{m1}
\tag{4-10}
$$

$\sum M_z$ 是控制体内流体受力的合力矩，下标 z 表示 x-y 平面系统的力矩指向 z 方向。

$(r_2 \sin\alpha_2) v_2 q_{m2}$ 是出口截面的动量矩流量，即动量流量 $v_2 q_{m2}$ 对 o 点的矩，其中 r_2 是出口截面的位置矢径长度，α_2 则是由 r_2 延伸线逆时针转动到 v_2 的角度，见图 4-10(a)。

$(r_1\sin\alpha_1)v_1q_{m1}$ 是进口截面的动量矩流量，即 v_1q_{m1} 对 o 点的矩，其余说明与上类似。

动量矩守恒方程的其它形式及应用要点

① 式（4-10）中的 $r\sin\alpha$ 实际是速度作用线与 o 点的垂直距离 b，见图 4-10（b）。因此，在明确知道各速度作用线的垂直距离时，式（4-10）改写为以下形式更为方便，即

$$\sum M_z = b_2 v_2 q_{m2} - b_1 v_1 q_{m1} \tag{4-11}$$

但其中的 b 有正负之分。当速度 v 绕 o 点构成逆时针转矩时 b 为正，反之为负。

② 对于转动系统，见图 4-10（c），通常已知进出口的相对速度 v_R 和牵连速度 v_T，且 $v_T = r\omega$，$v_T \perp r$，因此，若用 β 表示 v_R 到 r 垂直线的逆时针转角，则式（4-10）又可改写为

$$M_z = (v_{2R}\cos\beta_2 - r_2\omega)r_2 q_{m2} - (v_{1R}\cos\beta_1 - r_1\omega)r_1 q_{m1} \tag{4-12}$$

该式应用于转动系统尤为方便，但其中的 ω 是顺时针角速度，逆时针时 ω 取负值。

③ 控制体有多个出口时，方程中的出口动量矩应为所有出口动量矩之和；进口亦然。

4.2.2 流体系统受力问题分析

【P4-8】弯曲喷管受力分析。水流经图 4-11 所示弯曲喷管排放于大气环境，喷管平面位于 x-y 平面。已知喷管进口截面积 $A_1 = 78\text{cm}^2$，平均流速 $v_1 = 2\text{m/s}$，压力 $p_1 = 2.98 \times 10^5\text{Pa}$（绝）；出口截面积 $A_2 = 7.8\text{cm}^2$，出口角 $\beta = 45°$，环境压力 $p_0 = 10^5\text{Pa}$；喷管进出口中心垂直高差 $a = 18\text{cm}$，水平距离 $b = 36\text{cm}$；喷管内流体重力 $G = 15.7\text{N}$，G 指向 $-y$ 方向，其作用线至法兰端面水平距离 $c = 13.5\text{cm}$，水的密度 $\rho = 1000\text{kg/m}^3$。

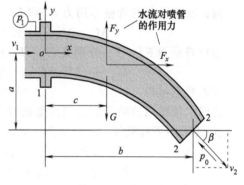

① 试确定喷管内水流受到的合力 $\sum F_x$、$\sum F_y$ 以及水流对喷管的作用力 F_x、F_y；

② 试确定喷管内水流所受合力相对于端面 o 点的合力矩 $\sum M_z$ 以及喷管受力 F_x、F_y 相对于端面 o 点的合力矩 M_z；

图 4-11 P4-8 附图

③ 若采用直喷管（$a=0$，$\beta=0$，且 $c=14.8\text{cm}$），其余参数不变，则 F_x、F_y、M_z 又为多少？

解 ① 质量守恒分析：取喷管进口截面 1—1 与出口截面 2—2 之间的流场空间为控制体，因流动稳态且不可压缩，故由质量守恒可知

$$q_{m1} = q_{m2} = q_m = \rho v_1 A_1 = 15.6\text{kg/s}, \quad v_2 = v_1 A_1 / A_2 = 20\text{m/s}$$

控制体进出口动量流量分析：出口与进口截面上流体的动量流量之差为：

x 方向 $\qquad\qquad v_{2x}q_{m2} - v_{1x}q_{m1} = (v_2\cos\beta - v_1)q_m$

y 方向 $\qquad\qquad v_{2y}q_{m2} - v_{1y}q_{m1} = (-v_2\sin\beta - 0)q_m$

于是根据稳态过程的控制体动量守恒方程，可得水流受到的 x、y 方向的合力分别为

$$\sum F_x = v_{2x}q_{m2} - v_{1x}q_{m1} \rightarrow \sum F_x = (v_2\cos\beta - v_1)q_m$$

$$\sum F_y = v_{2y}q_{m2} - v_{1y}q_{m1} \rightarrow \sum F_y = -(v_2\sin\beta)q_m$$

代入数据可得 $\qquad\qquad \sum F_x = 189.4\text{N}, \sum F_y = -220.6\text{N}$

控制体内水流受力构成分析：水流受到三个方面的作用力，一是进、出口截面压力 p_1 和 p_0 的作用力；二是流体自身重力 G；三是喷管对流体的作用力，该作用力通过弯头内壁面以正压力和摩擦力的方式作用于流体，假设其合力在 x、y 方向的分量分别为 F'_x 和 F'_y。

于是根据图 4-11 所示坐标，水流在 x、y 方向受到的合力分别为

$$\sum F_x = p_1 A_1 + F'_x - p_0 A_2 \cos\beta, \quad \sum F_y = F'_y - G + p_0 A_2 \sin\beta$$

因水流对喷管的作用力 $F_x = -F'_x$、$F_y = -F'_y$，所以

$$F_x = -F'_x = p_1 A_1 - p_0 A_2 \cos\beta - \sum F_x, \quad F_y = -F'_y = p_0 A_2 \sin\beta - G - \sum F_y$$

代入数据可得 $\qquad\qquad F_x = 2079.8\text{N}, \quad F_y = 260.1\text{N}$

该结果中，$F_x > 0$，$F_y > 0$，表明喷管受力均指向坐标正方向。

② 控制体进出口动量矩流量分析：对喷管法兰端面 o 点取矩，进口截面流体动量矩为零，出口截面流速 v_2 的 x、y 分量大小及其作用线与 o 点的垂直距离分别为

$$v_{2x} = v_2 \cos\beta, \quad b_{2x} = a, \quad v_{2y} = v_2 \sin\beta, \quad b_{2y} = -b$$

其中，因 v_{2y} 绕 o 点构成顺时针速度矩，故其作用线垂直距离取负值。于是根据平面稳流系统的动量矩守恒方程 [式(4-11)]，可得喷管内水流受到的合力矩为

$$\sum M_z = (b_{2x} v_{2x} + b_{2y} v_{2y}) q_m - 0 = (a\cos\beta - b\sin\beta) v_2 q_m$$

代入数据可得 $\qquad\qquad \sum M_z = -39.7\text{N} \cdot \text{m}$

水流所受力矩的构成分析：对喷管法兰端面 o 点取矩，进口截面 p_1 作用力的力矩为零，出口截面 p_0 作用力的 x、y 分力的力矩以及重力 G 的力矩分别为（取逆时针为正）

$$-a(p_0 A_2 \cos\beta), \quad b(p_0 A_2 \sin\beta), \quad -cG$$

假设水流受到的管壁作用力 F'_x 和 F'_y 对 o 点的合力矩为 M'_z，则水流受到的总力矩为

$$\sum M_z = M'_z - a(p_0 A_2 \cos\beta) + b(p_0 A_2 \sin\beta) - cG$$

因喷管受力 F_x、F_y 分别是 F'_x、F'_y 的反作用力，所以其合力矩 $M_z = -M'_z$，即

$$M_z = -M'_z = (-a\cos\beta + b\sin\beta) p_0 A_2 - cG - \sum M_z$$

代入数据可得 $\qquad\qquad M_z = 47.5\text{N} \cdot \text{m}$

此即水流作用使喷管法兰端面受到的力矩，力矩转向为逆时针。

③ 若采用平直喷管（$a = 0$，$\beta = 0$，$c = 14.8\text{cm}$），其余参数不变，则

$$\sum F_x = (v_2 - v_1) q_m, \quad \sum F_y = 0, \quad \sum M_z = 0$$

$$F_x = p_1 A_1 - p_0 A_2 - \sum F_x, \quad F_y = -G, \quad M_z = -cG$$

且 $\qquad \sum F_x = 280.8\text{N}, \quad F_x = 1965.6\text{N}, \quad F_y = -15.7\text{N}, \quad M_z = -2.32\text{N} \cdot \text{m}$

讨论：根据以上分析可见，控制体内流体受到的合力 $\sum F$ 直接由进出口的动量流量确定，与进出口压力取绝压或表压无关；而管壁对流体的作用力只是 $\sum F$ 中的一部分，这部分力与进出口压力取绝压或表压有关。取绝压时所得的 F_x、F_y 包括 p_0 的影响，以此作为喷管内壁受力，则喷管外壁受力也要考虑 p_0 的作用；取表压时 F_x、F_y 不包括 p_0 的影响，以此作为喷管内壁受力，则喷管外壁受力不考虑 p_0 的作用。力矩的情况与此类似。

【P4-9】**喷气发动机推力计算**。图 4-12 为一喷气发动机示意图，其中进气口空气平均流速 $v_1 = 90\text{m/s}$，密度 $\rho = 1.307\text{kg/m}^3$，所耗燃油为空气质量流量的 1.5%，尾部喷气口平均气速 $v_2 = 270\text{m/s}$，且进气口与喷气口面积均为 1m^2。忽略燃料的进口动量，并设进、出口压力均等于环境压力，试估算发动机所能提供的推力（发动机内气流受力的反作用力）。

解 根据题中数据可知，进入发动机的空气质量流量及燃油质量流量分别为

$$q_{m,g} = \rho v_1 A = 1.307 \times 90 \times 1 = 117.63(\text{kg/s})$$

$$q_{m,o} = 0.015 q_{m,g} = 0.015 \times 117.63 = 1.764(\text{kg/s})$$

由此根据稳态流动质量守恒方程可知，发动机喷气口的质量流量为

$$q_{m2} = q_{m,g} + q_{m,o} = 117.63 + 1.764 = 119.39(\text{kg/s})$$

设发动机控制体内气流沿流动方向所受总力为 F，并以 $vq_{m,o}$ 表示该方向燃油输入的动量流量，则根据动量守恒方程有

$$F = v_2 q_{m2} - v_1 q_{m,g} - v q_{m,o}$$

忽略燃油输入的动量，代入数据可得发动机控制体内气流受到的总力为

$$F = v_2 q_{m2} - v_1 q_{m1,g} = 270 \times 119.39 - 90 \times 117.63 = 21648.6(N)$$

因为发动机进、出口压力均为环境压力，且气体重力忽略不计，所以 F 即气流在发动机内部受到的总力，其反作用力即发动机提供的推力（沿气流反方向）。

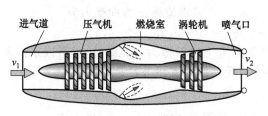

图 4-12　P4-9 附图

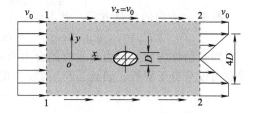

图 4-13　P4-10 附图

【P4-10】**二维风洞中测试柱状体的阻力系数。** 图 4-13 是二维风洞中测试某柱状体阻力系数的示意图，其中"二维"指流体速度平行于 x-y 平面，且垂直于该平面的方向上各参数无变化。图中虚线框为控制体表面，其前端面气体速度 v_0 分布均匀，后端面因柱体干扰形成图中所示的 V 形对称速度分布，上下表面 x 方向速度等于 v_0。现已知柱体迎风面直径 $D=50\text{mm}$，气速 $v_0=30\text{m/s}$，气体密度 $\rho=1.2\text{kg/m}^3$，且整个流场气压 p 均匀。试确定此条件下单位长度柱体对气流的阻力和柱体的总阻力系数。

解　根据图 4-13 中坐标设置，后端面 V 形速度分布区在 $y=2D$ 范围的速度分布式为

$$v = v_0 y / (2D) \quad (0 \leqslant y \leqslant 2D)$$

取控制体在垂直于 x-y 平面方向为单位厚度，并用 H 表示控制体 y 方向总高度，则控制体前端面输入的质量流量和后端面输出的质量流量分别为

$$q_{m1} = \rho v_0 H, \quad q_{m2} = \rho v_0 (H - 4D) + \rho (v_0/2)(4D) = \rho v_0 H - 4\rho v_0 D/2$$

由此结果并根据质量守恒可知，控制体上下表面必有流体输出；又因上下表面对称于 x 轴，故上下表面输出的质量流量相等，用 q_{m1-2} 表示其中一个表面输出的质量流量，则

$$2q_{m1-2} = q_{m1} - q_{m2} = 4\rho v_0 D/2 \quad \text{或} \quad q_{m1-2} = \rho v_0 D$$

因 1—1 截面上速度恒定为 v_0，故该截面输入的 x 方向的动量流量为

$$v_{1x} q_{m1} = v_0 (\rho v_0 H) = \rho v_0^2 H$$

因上下表面均有 $v_x = v_0$，故上下表面共同输出的 x 方向的动量流量为

$$2v_x q_{m1-2} = 4\rho v_0^2 D/2$$

后端 2—2 截面上速度变化显著，其输出的 x 方向的动量流量应积分计算，即

$$v_{2x} q_{m2} = v_0 [\rho v_0 (H - 4D)] + 2 \int_0^{2D} \rho v^2 \mathrm{d}y = \rho v_0^2 H - \frac{8}{3} \rho v_0^2 D$$

流场气压均匀时，控制体内气流受力仅有柱体阻力 F_x，故根据控制体动量守恒方程有

$$F_x = v_{2x} q_{m2} + 2v_x q_{m1-2} - v_{1x} q_{m1} = -\frac{2}{3} \rho v_0^2 D = -\frac{2}{3} \times 1.2 \times 30^2 \times 0.05 = -36(N/m)$$

式中负号表示气流所受阻力的方向沿 x 反方向。根据柱体绕流阻力系数的定义，且考虑单位长度柱体的迎风面积 $A_D = D$，可得柱体的阻力系数 C_D 为

$$C_D = F_x \frac{2}{\rho v_0^2 A_D} = \frac{2}{3} \rho v_0^2 D \frac{2}{\rho v_0^2 D} = \frac{4}{3}$$

【P4-11】理想水流垂直冲击平板的受力分析。图 4-14 所示为水流冲击固定垂直壁面的动量实验。忽略流体黏性（理想水流）和重力时，水流将形成图中所示冲击形态。现已知喷嘴出口直径 $d = 10\text{mm}$，水的密度 $\rho = 1000\text{kg/m}^3$，实验测得水流对平板的冲击力为 $F = 100\text{N}$，试确定射流的体积流量。

解 取控制体如图 4-14 虚线框所示，根据稳态质量守恒方程，控制体进出口流量为

$$q_{m1} = q_{m2} = q_m = \rho v_1 (\pi d^2 / 4)$$

根据 x 方向的动量方程，并考虑 $v_{2x} = 0$，$v_{1x} = v_1$，可得流体 x 方向受力为

$$\sum F_x = v_{2x} q_{m2} - v_{1x} q_{m1} = (v_{2x} - v_{1x}) q_m = (0 - v_1) q_m = -v_1 q_m$$

因控制体内大气压力对水流的合力为零，且忽略重力和摩擦力（无黏性），所以水流所受总力仅来自于平板。因此 $\sum F_x$ 的反作用力即平板受到的水流冲击力 F，即

$$F = -\sum F_x = v_1 q_m$$

在该式中代入 $\qquad v_1 = 4 q_V / (\pi d^2)$，$q_m = \rho q_V$

可得 $\qquad q_V = \sqrt{F \pi d^2 / 4\rho} = \sqrt{100 \times \pi \times 0.01^2 / 4000} = 2.8 \times 10^{-3} (\text{m}^3/\text{s})$

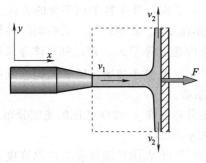 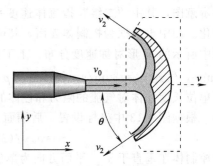

图 4-14　P4-11 附图　　　　　　　　　　图 4-15　P4-12 附图

【P4-12】理想水流冲击固定叶片和平移叶片的受力分析。固定喷嘴喷出的水流以速度 v_0 冲击对称弯曲叶片，如图 4-15 所示。其中喷嘴出口截面积 A，叶片出口角为 θ，水的密度为 ρ。设水流为理想水流（无黏性）且重力忽略不计。试证明：

① 当叶片固定时，水流对叶片的冲击力 F_x 为 $F_x = \rho A v_0^2 (1 + \cos\theta)$；

② 当叶片以速度 v 沿 x 方向匀速运动时 $F_x = \rho A (v_0 - v)^2 (1 + \cos\theta)$。

提示：根据沿流线的伯努利方程可知，大气环境（压力均匀）且忽略重力时，理想水流冲击叶片的速度与离开叶片的速度相等。因此，图 4-15 中水流以速度 v_0 冲击固定叶片时，水流离开叶片的速度 $v_2 = v_0$；若叶片以速度 v 匀速运动，则水流冲击叶片的速度为 $v_0 - v$，离开叶片的速度为 $v_2 = (v_0 - v)$。

解 ①水流对固定叶片的冲击力 F_x。围绕固定叶片取控制体，如图 4-16 虚线框所示。此时水流稳定则冲击过程稳定，所以根据质量守恒方程，并考虑理想水流特点，有

$$q_{m1} = q_{m2} = q_m = \rho v_0 A, \quad v_2 = v_1 = v_0$$

根据稳态过程控制体动量守恒方程，流体受到的 x 方向的合力为

$$\sum F_x = v_{2x} q_{m2} - v_{1x} q_{m1} = (v_{2x} - v_{1x}) q_m = (v_{2x} - v_{1x}) \rho v_0 A$$

因为 $\qquad v_{1x} = v_1 = v_0, \quad v_{2x} = -v_2 \cos\theta = -v_0 \cos\theta$

所以 $\qquad \sum F_x = (-v_0 \cos\theta - v_0) v_0 \rho A = -\rho A v_0^2 (1 + \cos\theta)$

因控制体内大气压力对水流的合力为零，且忽略重力和摩擦，所以水流所受总力仅来自于叶片。因此 $\sum F_x$ 的反作用力即叶片受到的水流冲击力 F_x，即

$$F_x = -\sum F_x = \rho A v_0^2 (1 + \cos\theta)$$

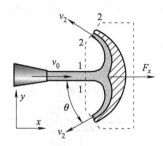

图 4-16　P4-12 附图（围绕固定叶片的控制体）

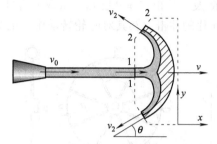

图 4-17　P4-12 附图（控制体随叶片匀速运动）

② 水流对匀速运动叶片的冲击力 F_x。

解法一：取控制体如图 4-17 虚线框所示，且控制体随叶片以速度 v 均匀运动。此时站在随叶片运动的控制体观察，经过 1—1 截面进入控制体的流体速度和质量流量分别为

$$v_1 = v_0 - v, \quad q_{m1} = \rho v_1 A = \rho(v_0 - v)A$$

根据理想水流特点和质量守恒方程，2—2 截面上水流离开叶片的速度和质量流量为

$$v_2 = v_1 = v_0 - v, \quad q_{m2} = q_{m1} = \rho(v_0 - v)A$$

控制体进、出口速度的 x 分量分别为

$$v_{1x} = v_1 = v_0 - v, \quad v_{2x} = -v_2\cos\theta = -(v_0 - v)\cos\theta$$

针对匀速运动控制体应用稳态动量守恒方程，可得流体受到的 x 方向的合力为

$$\sum F_x = v_{2x}q_{m2} - v_{1x}q_{m1} = -\rho A(v_0 - v)^2(1 + \cos\theta)$$

因控制体内气压对水流的合力为零，且忽略重力和摩擦，故水流所受总力仅来自于叶片。因此叶片受到的冲击力 F_x 即 $\sum F_x$ 的反作用力，即

$$F_x = -\sum F_x = \rho A(v_0 - v)^2(1 + \cos\theta)$$

解法二：将坐标固定在喷嘴上，取总控制体由进口截面 0—0 与出口截面 2—2 构成，见图 4-18。其中 0—0 至 1—1 部分为水流控制体，该部分控制体 1—1 截面以速度 v 运动，其中的流体质量 m 及动量随时间变化；1—1 至 2—2 部分为叶片控制体，该部分控制体整体以均匀速度 v 随叶片运动，其中的质量 m' 及动量是稳定的。因此，总控制体动量守恒方程为

$$\sum F_x = v_{2x}q_{m2} - v_{0x}q_{m0} + \frac{\mathrm{d}(mv_0 + m'v)}{\mathrm{d}t} = v_{2x}q_{m2} - v_{0x}q_{m0} + \frac{\mathrm{d}mv_0}{\mathrm{d}t}$$

其中进口截面 x 方向动量流量为

$$v_{0x}q_{m0} = v_0\rho v_0 A$$

出口截面相对速度为 $v_0 - v$、牵连速度为 v，因此出口截面绝对速度的 x 分量 v_{2x} 和出口截面的流量 q_{m2}（以相对速度计算）分别为

$$v_{2x} = -(v_0 - v)\cos\theta + v, \quad q_{m2} = \rho(v_0 - v)A$$

m 是 0—0 至 1—1 截面间水流流股的质量，设 $t = 0$ 时 1—1 截面与 0—0 重合，则

$$m = \rho v A t \quad \text{或} \quad \mathrm{d}(mv_0)/\mathrm{d}t = \rho v_0 v A$$

将以上各分项代入总控制体动量守恒方程，得到的水流冲击力将与解法一相同，即

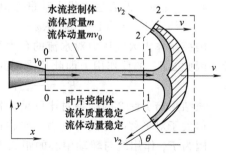

图 4-18　P4-12 附图（包括水流和运动叶片的控制体）

$$F_x = -\sum F_x = \rho(v_0 - v)^2 A (1 + \cos\theta)$$

【P4-13】理想水流冲击转动叶轮的受力分析。固定喷嘴以稳定水流冲击转动叶轮的叶片，使叶轮以角速度 ω 转动，见图 4-19。其中喷嘴出口面积 A、水流速度 v_0、密度 ρ、叶轮半径 R 及叶片出口角 θ 已知。试取所有叶片的包络面空间为控制体（见图中虚线），分析水流对叶片的冲击力及其对叶轮转动中心的力矩。

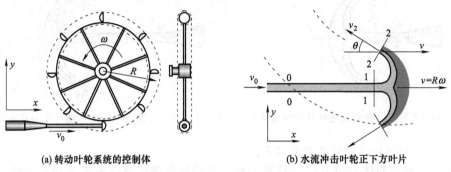

(a) 转动叶轮系统的控制体　　　　　(b) 水流冲击叶轮正下方叶片

图 4-19　P4-13 附图

解　很显然，水流冲击转动叶片的过程是周期性过程，其中两个相邻叶片接触水流的时间间隔为一个周期，周期内的冲击过程是非稳态的，但周期的重复过程是稳态的。

为简化分析，考虑叶轮实际转速较高，一个周期的时间较短，可将水流冲击转动叶轮的总体过程假定为连续稳定过程，而一个周期内的冲击过程则定格为图 4-19（b）所示的冲击状态，并以此代表连续过程每一时刻的冲击状态，分析水流冲击力及其力矩。

既然图 4-19（b）所示状态代表连续过程每一时刻的冲击状态，故从满足总体过程连续稳定的角度，叶片出口的水流质量流量应等于控制体进口的质量流量，即

$$q_{m2} = q_{m0} = \rho v_0 A = q_m$$

因叶轮转动，故叶片受到的冲击速度 v_1 应为水流速度 v_0 与叶片线速度 $v(=R\omega)$ 之差，而叶片出口的水流相对速度 v_2 则等于叶片受到的冲击速度 v_1（理想水流），即

$$v_2 = v_1 = v_0 - R\omega$$

在此基础上应用稳态过程的动量守恒方程，可将水流所受 x 方向合力表示为

$$\sum F_x = v_{2x} q_{m2} - v_{0x} q_{m0} = (v_{2x} - v_{0x}) q_m$$

式中，v_{0x} 为 0—0 截面绝对速度 v_0 的 x 分量，即 $v_{0x} = v_0$；v_{2x} 为 2—2 截面绝对速度的 x 分量，该分量等于 2—2 截面流体相对速度 v_2 和牵连速度 $R\omega$ 的 x 分量之和，即

$$v_{2x} = -v_2 \cos\theta + R\omega = -(v_0 - R\omega)\cos\theta + R\omega = (1 + \cos\theta)R\omega - v_0\cos\theta$$

注：此处认为叶轮半径 $R \gg$ 叶片尺度，故叶片各点线速度均为 $R\omega$。

将 v_{0x}、v_{2x} 的表达式代入动量守恒方程可得

$$\sum F_x = [(1 + \cos\theta)R\omega - v_0\cos\theta - v_0]q_m = -(v_0 - R\omega)(1 + \cos\theta)q_m$$

因控制体内大气压力对水流的合力为零，且忽略重力和摩擦，所以水流受力仅来自于叶片。因此 $\sum F_x$ 的反作用力即叶片受到的水流冲击力 F_x，即

$$F_x = -\sum F_x = (v_0 - R\omega)(1 + \cos\theta)q_m$$

该结果与 P4-12 的结果对比可见，相同水流对转动叶片的冲击力小于对固定叶片的冲击力，但大于对平移叶片的冲击力（平移速度 $v = R\omega$），由此可见以上假设有合理性。

因为 F_x 作用线与转动中心的距离为 R，且使叶轮逆时针转动，故 F_x 对叶轮的力矩为

$$M_z = F_x R = R(v_0 - R\omega)(1 + \cos\theta)q_m$$

也可应用动量矩守恒方程获得该力矩。相对于叶轮转动中心，控制体动量矩守恒方程为

$$\sum M_z = [(Rv - Rv_2\cos\theta) - Rv_0]q_m = -R(v_0 - R\omega)(1+\cos\theta)q_m$$

该力矩是水流受到的合力矩，而叶轮受到的力矩 $M_z = -\sum M_z$。已知力矩，可得叶轮获得的转动功率 N，且 $2R\omega = v_0$ 时转动功率最大，即

$$N = M_z\omega = R\omega(v_0 - R\omega)(1+\cos\theta)q_m, \quad N_{max} = v_0^2(1+\cos\theta)q_m/4$$

【P4-14】二维理想水流冲击倾斜平板的受力分析。 稳态二维水流冲击倾斜角为 θ 的固定平板，如图4-20所示。喷嘴为二维喷嘴，垂直书面方向单位宽度的射流面积为 A_0，射流出口速度为 v_0。考虑理想水流情况（无摩擦、无重力），有 $v_1 = v_2 = v_0$。

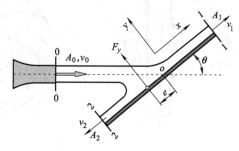

① 利用质量及动量守恒方程，写出单位宽度射流对应的转折流出口面积 A_1、A_2 和斜平板对水流的作用力 F_y 的表达式；

图4-20 P4-14 附图

② 写出作用力 F_y 的作用点与平板上射流中心线交点 o 的距离 e 的表达式。

解 ① 取 0—0、1—1、2—2 截面之间的流体空间为控制体，由稳态质量守恒方程有

$$q_{m0} = q_{m1} + q_{m2}$$

考虑 $\quad q_{m1} = \rho v_1 A_1, \quad q_{m2} = \rho v_2 A_2, \quad q_{m0} = \rho v_0 A_0, \quad v_1 = v_2 = v_0$
由质量守恒方程可得

$$A_0 = A_1 + A_2$$

由于环境压力对射流的合力为零，且不计摩擦和重力，所以水流所受合力全部来自于平板；而平板对水流的作用力仅有 y 方向作用力 F_y，x 方向作用力 $F_x = 0$（无摩擦）。故首先根据 y 方向的动量守恒方程有

$$F_y = v_{2y}q_{m2} + v_{1y}q_{m1} - v_{0y}q_{m0} = 0q_{m2} + 0q_{m1} - (-v_0\sin\theta)q_{m0}$$

由此可得

$$F_y = (v_0\sin\theta)q_{m0} = \rho v_0^2 A_0 \sin\theta$$

再根据 x 方向动量守恒方程有

$$0 = v_{2x}q_{m2} + v_{1x}q_{m1} - v_{0x}q_{m0} = (-v_2)q_{m2} + v_1 q_{m1} - (v_0\cos\theta)q_{m0}$$

由此可得

$$q_{m1} - q_{m2} = q_{m0}\cos\theta \quad 或 \quad A_1 - A_2 = A_0\cos\theta$$

于是，根据该面积关系和质量守恒获得的面积关系可解出

$$A_1 = \frac{A_0}{2}(1+\cos\theta), \quad A_2 = \frac{A_0}{2}(1-\cos\theta)$$

② 对平板上射流中心线交点 o 取矩（逆时针转动为正），则 0—0 截面的速度 v_0、1—1 截面的速度 v_1、2—2 截面的速度 v_2 的作用线至 o 点的垂直距离分别为

$$b_0 = 0, \quad b_1 = -A_1/2, \quad b_2 = A_2/2$$

流体受力 F_y 对 o 点的力矩为 $\quad M_z = -F_y e$
根据式(4-11)，本系统的控制体动量矩守恒方程可表述为

$$M_z = b_1 v_1 q_{m1} + b_2 v_2 q_{m2} - b_0 v_0 q_{m0} \quad 或 \quad -F_y e = -\frac{A_1}{2}v_1 q_{m1} + \frac{A_2}{2}v_2 q_{m2}$$

进一步将质量守恒与动量守恒的结果代入，整理可得

$$e = A_0/(2\tan\theta)$$

【P4-15】离心泵叶轮的输出力矩及功率。 流体在离心泵内的流动如图4-21所示，其中，流体由泵中心轴向进口进入叶轮，然后顺着叶片流动并同时随叶轮旋转，获得的动能在机壳（蜗壳）内转化为压力能（扩压）。叶轮流动空间结构参数为已知参数，主要包括：

ⅰ.叶轮进口截面半径 R_1、宽度 b_1，面积 $A_1 = 2\pi R_1 b_1$，叶片进口安转角 β_1；

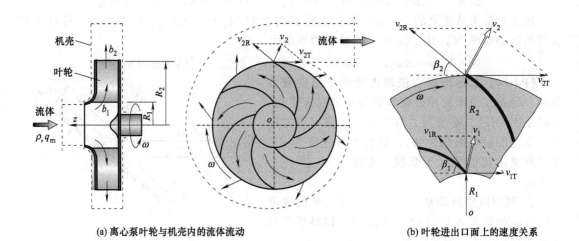

(a) 离心泵叶轮与机壳内的流体流动　　　　　　　　　(b) 叶轮进出口面上的速度关系

图 4-21　P4-15 附图

ⅱ. 叶轮出口截面半径 R_2、宽度 b_2，面积 $A_2 = 2\pi R_2 b_2$，叶片出口安转角 β_2。

试确定叶轮的输出力矩 M_z 及功率 N 与以上结构参数、叶轮转动角速度 ω、流体质量流量 q_m 以及流体密度 ρ 的关系。

解　该问题属典型的平面转动系统问题，其中叶轮进出口截面有相对速度 v_R 和牵连速度 v_T，且图示转动方向为顺时针，因此可直接应用式(4-12) 表达流体受到的合力矩，即

$$M_z = (v_{2R}\cos\beta_2 - r_2\omega)r_2 q_{m2} - (v_{1R}\cos\beta_1 - r_1\omega)r_1 q_{m1}$$

此时，$r_1 = R_1$，$r_2 = R_2$，$q_{m2} = q_{m1} = q_m$，相对速度 v_R 逆时针转动到 r 垂直线的转角 β 即叶片安装角，唯一需要确定的是叶轮进出口相对速度 v_{1R}、v_{2R} 的大小。

由图 4-21 中的速度方向可知，进出口截面上仅有相对速度才有法向分量（垂直于进出口截面的速度分量），因此根据"质量流量＝流体密度×截面法向速度×截面面积"有

$$q_m = \rho(v_{1R}\sin\beta_1)A_1 = \rho(v_{2R}\sin\beta_2)A_2$$

由此可得
$$v_{1R} = \frac{q_m}{\rho A_1 \sin\beta_1}, \quad v_{2R} = \frac{q_m}{\rho A_2 \sin\beta_2}$$

将此代入以上动量矩守恒方程，可得流体受到的合力矩为

$$M_z = \left(\frac{q_m}{\rho A_2 \tan\beta_2} - R_2\omega\right)R_2 q_m - \left(\frac{q_m}{\rho A_1 \tan\beta_1} - R_1\omega\right)R_1 q_m$$

因为叶轮控制体内流体受力包括：进出口截面的压力、流体重力和叶轮作用力，而进出口截面的压力均指向转动中心，重力对称于转动中心，两者对转动中心的力矩都为零，所以流体受到的合力矩仅由叶轮作用力产生，因此上式也就是叶轮输出力矩的一般表达式。

由此可得叶轮输出功率为　　　　　　　　　$N = M_z\omega$

不计摩擦等导致的机械能损失，叶轮输出功率 N 将全部用于增加流体的机械能。

特别地，若要求流体进入叶轮时的绝对速度沿径向方向，则进口截面动量矩流量必然为零（径向速度作用线通过叶轮转动中心），由此可确定满足该条件的叶片进口角，即

$$\left(\frac{q_m}{\rho A_1 \tan\beta_1} - R_1\omega\right)R_1 q_m = 0 \rightarrow \beta_1 = \arctan\left(\frac{q_m}{\rho A_1 R_1 \omega}\right)$$

4.3 能量守恒方程及其应用问题

4.3.1 流体系统的能量

流体系统涉及的能量一般划分为两类：储存能和迁移能。

储存能 指运动流体自身储存的能量。单位质量流体具有的存储能用 e 表示，一般包括：内能 u（流体分子层面的动能势能等）、宏观动能 $v^2/2$ 和位能 gz，即

$$e = u + v^2/2 + gz \tag{4-13}$$

对于一般换热流动过程，内能 u 主要指内热能，且有实际意义的是内能差 $\Delta u = (u_2 - u_1)$。对于气体（视为理想气体）和液体，可认为 u 只是温度 T 的函数，且气体内能差 $\Delta u = c_v \Delta T$，液体内能差 $\Delta u \approx c_p \Delta T$，其中 c_v、c_p 分别是比定容热容和比定压热容。

迁移能 指流体系统与外界进行热、功交换时传递的能量，包括热量和功量。

① 热量 包括流体系统与外界以导热、对流、辐射方式交换的热量，以及流体因化学反应等产生的热量。热量用单位时间传递或产生的热量即热流量 Q 描述（单位为 J/s 或 W），同时还约定：系统获得热量时 $Q > 0$，系统放出热量时 $Q < 0$。

② 功量 流体系统与外界交换的功量用单位时间的功即功率 W 描述（单位为 J/s 或 W），并约定：系统对外做功时 $W > 0$，系统获得外功时 $W < 0$；系统做功功率 W 包括三个部分，即

$$W = W_s + W_p + W_\mu \tag{4-14}$$

W_s 为轴功功率，即流体对机械设备做功的功率（正）或从机械设备得到的功率（负）。

W_p 为流动功功率，即流体克服其表面静压力 p 做功的功率。

W_μ 为黏性功功率，即流体克服其表面切应力 τ 和附加正应力 $\Delta\sigma$ 做功的功率（τ 和 $\Delta\sigma$ 都与流体黏性直接相关，故流体克服二者所做的功合称黏性功）。

4.3.2 控制体能量守恒方程

(1) 控制体能量守恒一般方程

流体系统控制体能量守恒定律可一般表述为

$$\begin{matrix} 控制体吸热 \\ 量（热流量） \end{matrix} - \begin{matrix} 控制体对外 \\ 做功的功率 \end{matrix} = \begin{matrix} 输出控制体的 \\ 储存能（流量） \end{matrix} - \begin{matrix} 输入控制体的 \\ 储存能（流量） \end{matrix} + \begin{matrix} 控制体储存能 \\ 的时间变化率 \end{matrix}$$

将此应用于图 4-22 所示控制体（进口截面 A_1，出口截面 A_2，体积 V，控制体吸热速率 Q，对外做功功率 W），可写出控制体能量守恒方程的一般形式为

$$Q - W = \iint\limits_{A_2} e_2 \, \mathrm{d}q_m - \iint\limits_{A_1} e_1 \, \mathrm{d}q_m + \frac{\mathrm{d}}{\mathrm{d}t} \iiint\limits_V e \, \mathrm{d}m \tag{4-15}$$

式中，$e_2 \mathrm{d}q_m$ 是出口截面 A_2 上 $\mathrm{d}A$ 微元面的储存能流量（$\mathrm{d}q_m$ 是微元面质量流量），其积分即输出控制体的储存能流量；类似地，$e_1 \mathrm{d}q_m$ 沿 A_1 的积分则是输入控制体的储存能流量；$e\mathrm{d}m$ 是控制体内 $\mathrm{d}V$ 微元的储存能（$\mathrm{d}m$ 是微元质量），其积分则是控制体内流体的总储存能，该储存能对时间 t 求导即控制体内储存能的时间变化率。

将 e 的分项式(4-13) 和 W 的分项式(4-14) 代入，则能量守恒方程进一步表达为

$$Q - W_s = \iint\limits_{A_2} \left(u + \frac{v^2}{2} + gz \right) \mathrm{d}q_m - \iint\limits_{A_1} \left(u + \frac{v^2}{2} + gz \right) \mathrm{d}q_m + \frac{\mathrm{d}E_{cv}}{\mathrm{d}t} + W_p + W_\mu \tag{4-16}$$

其中 E_{cv} 是控制体总储存能，且

$$E_{cv} = \iiint_V e\,\mathrm{d}m = \iiint_V \left(u + \frac{v^2}{2} + gz\right)\mathrm{d}m \tag{4-17}$$

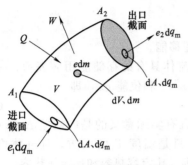

图 4-22　有热功交换的控制体

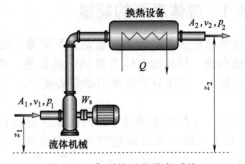

图 4-23　典型的过程设备系统

(2) 过程设备系统的控制体能量守恒方程

图 4-23 所示的过程设备系统在化工、动力等过程工业中有广泛的代表性。其中，进出口处于等直径管段，且以进出口之间的设备空间为控制体，则控制体表面有三类：进口截面 A_1，出口截面 A_2，静止的设备内壁表面。这样的控制体具有以下特点：

① 设备内壁表面流体速度为零，故壁面上虽有黏性力，但不做功；进/出口截面上只有轴向流速且流速沿轴向没有变化，故没有附加正应力，而截面上的切应力垂直于流体速度，也不做功；所以这样的系统中黏性功功率 $W_\mu = 0$。

② 流体克服静压力做功仅发生在进出口截面，其中进口流体获得流动功，功率可用流体压力与速度表示为 $p_1 v_1 A_1$，出口流体对外做功，功率为 $p_2 v_2 A_2$，因此流动功净功率为

$$W_p = p_2 v_2 A_2 - p_1 v_1 A_1 = \frac{p_2}{\rho_2} q_{m2} - \frac{p_1}{\rho_1} q_{m1} \tag{4-18}$$

在此基础上，再用进出口截面上 e 的平均值与质量流量 q_m 的乘积 eq_m 直接计算输入或输出控制体的储存能流量，则式(4-16)简化为过程设备系统常用的能量守恒方程，即

$$Q - W_s = \left(u_2 + \frac{\alpha_2 v_2^2}{2} + gz_2 + \frac{p_2}{\rho_2}\right)q_{m2} - \left(u_1 + \frac{\alpha_1 v_1^2}{2} + gz_1 + \frac{p_1}{\rho_1}\right)q_{m1} + \frac{\mathrm{d}E_{cv}}{\mathrm{d}t} \tag{4-19}$$

式中，u、v、z、p、ρ 相应为截面平均值；α 是以平均速度平方计算平均动能的误差修正系数，称为动能修正系数，可由进口或出口截面的速度分布积分确定，其定义为

$$\alpha = \frac{1}{v^3 A} \iint_A v_r^3 \,\mathrm{d}A \tag{4-20}$$

其中 v 为截面平均速度，v_r 为局部速度。对于圆管截面，湍流时 $\alpha \approx 1$，层流时 $\alpha = 2$。

对于稳态的过程设备系统：$\mathrm{d}E_{cv}/\mathrm{d}t = 0$，$q_{m1} = q_{m2} = q_m$，式(4-19)简化为

$$\frac{Q - W_s}{q_m} = \left(u_2 + \frac{\alpha_2 v_2^2}{2} + gz_2 + \frac{p_2}{\rho_2}\right) - \left(u_1 + \frac{\alpha_1 v_1^2}{2} + gz_1 + \frac{p_1}{\rho_1}\right) \tag{4-21}$$

注：1. 能力方程中 $u + p/\rho$ 是单位质量流体的焓，故常用焓的符号 i 合并代替。

2. 能量方程中 $gz + p/\rho$ 称为单位质量流体的总位能。特别地，若流动截面上的压力分布满足静止流体压力分布方程，则截面各点总位能相同，即 $gz + p/\rho$ 与 z 无关。

3. 能量方程应用中通常需根据问题特征做出合理简化，考虑是否可视为绝热过程，是否可忽略动能、位能、压力能、轴功等。比如，对于有热交换的不可压缩无相变流体系统，流

体内能变化显著，其动能、位能、压力能、甚至机械功均可忽略。工程实际中，通常将仅涉及热量 Q 和内能 u（或热焓 i）的能量守恒方程称为热平衡方程。

（3）过程设备系统能量方程的特定应用形式——机械能守恒方程

① 稳态条件下流体输送系统的机械能守恒方程。对于单纯的流体输送系统（无换热设备），式（4-21）中的热能项 $\Delta u - Q/q_m$ 仅来自于机械能的损耗（即机械能损耗转化为热能，一方面用于增加流体内能，一方面用于对外放热）。此情况下，通常用单位质量流体损失的机械能 $g\sum h_f$ 替代 $\Delta u - Q/q_m$，同时以流体机械输出功率 N 表示流体获得的轴功率 $-W_s$，并视流体为不可压缩，可得

$$\frac{N}{gq_m} = \frac{\alpha_2 v_2^2 - \alpha_1 v_1^2}{2g} + (z_2 - z_1) + \frac{p_2 - p_1}{\rho g} + \sum h_f \tag{4-22}$$

此即流体输送系统的机械能守恒方程（式中各项均属机械能，$\sum h_f$ 也自来于机械能）。其中，$\sum h_f$ 是单位重量流体损失的机械能，称为阻力损失，单位为 m 或 J/N。对于管道系统，$\sum h_f$ 包括管道沿程阻力损失和局部阻力损失，其计算式为：

沿程阻力损失
$$h_f = \lambda \frac{L}{D} \times \frac{v^2}{2g}$$

局部阻力损失
$$h_f = \zeta \frac{v^2}{2g} \tag{4-23}$$

式中，D、L 分别为管道直径和长度；λ 为摩擦阻力系数；ζ 为局部阻力系数。

② 稳态条件下单纯流动系统的伯努利方程。对于单纯的流动系统（无换热设备且 $N=0$，如管道流动），则式（4-22）简化为

$$\frac{\alpha_1 v_1^2}{2g} + z_1 + \frac{p_1}{\rho g} = \frac{\alpha_2 v_2^2}{2g} + z_2 + \frac{p_2}{\rho g} + \sum h_f \tag{4-24}$$

此即黏性流体的伯努利方程，称为引申的伯努利方程。若在此基础上进一步假设流体为理想流体（黏度 $\mu=0$），则 $\alpha=1$，$\sum h_f=0$，此时式（4-24）简化为

$$\frac{v_1^2}{2} + gz_1 + \frac{p_1}{\rho} = \frac{v_2^2}{2} + gz_2 + \frac{p_2}{\rho} \quad \text{或} \quad v\mathrm{d}v + g\mathrm{d}z + \frac{\mathrm{d}p}{\rho} = 0 \tag{4-25}$$

此即伯努利方程，适用于流线与控制体。其中前者的条件是无热功传递的理想不可压缩稳态流动，后者（微分式）同时适合于可压缩流体（但积分时需要知道 p-ρ 关系）。

4.3.3　能量守恒方程应用问题

【P4-16】强制循环蒸发器的循环流量及热量衡算。 图 4-24 为某浓缩蒸发工艺，其特点是操作期间系统物料流动和蒸发传热过程均可视为稳定状态。现已知进料溶液流量 $q_{m,F}=3850\text{kg/h}$，温度 $T_F=25℃$；二次蒸汽为饱和蒸汽，流量 $q_{m,S}=3850\text{kg/h}$，温度 $=102℃$，焓值 $i_S=2680\text{kJ/kg}$；蒸发室内为饱和状态（温度 102℃，压力 110kPa），且限定加热器出口溶液温度 $T\leqslant107℃$。作为初步设计，溶液焓值可按水的焓值取值，密度 $\rho=1000\text{kg/m}^3$，且系统热损失不计。试确定循环管路所需最小流量 q_m 及加热器放热速率 Q。

解　设蒸发室下部降液管流量为 $q_{m,x}$，则循环流量 q_m 为

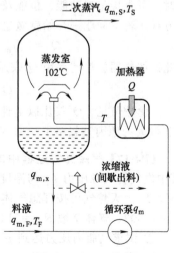

图 4-24　P4-16 附图

$$q_{\mathrm{m}}=q_{\mathrm{m,F}}+q_{\mathrm{m,x}} \quad \text{或} \quad q_{\mathrm{m,x}}=q_{\mathrm{m}}-q_{\mathrm{m,F}}$$

本系统目的在于加热流体使其蒸发（有相变），流体热焓增量显著，故动能、位能可以忽略。因此，将式(4-21)应用于整个系统（料液进口和二次蒸汽出口为控制体进出口）并设循环泵输出功率为 N，则有

$$Q+N=i_{\mathrm{S}}q_{\mathrm{m,S}}-i_{\mathrm{F}}q_{\mathrm{m,F}}$$

进一步针对降液管管口和料液进口至加热器出口之间的循环管路应用式(4-21)，又有

$$Q+N=i_{\mathrm{T}}q_{\mathrm{m}}-i_{\mathrm{F}}q_{\mathrm{m,F}}-i_{\mathrm{x}}q_{\mathrm{m,x}}$$

式中，i_{T} 是加热器出口溶液（$\leqslant 107\,^{\circ}\!\mathrm{C}$）的焓值；$i_{\mathrm{x}}$ 是降液管溶液（$102\,^{\circ}\!\mathrm{C}$）的焓值。

根据以上两式并将流量关系代入，可得循环流量为

$$q_{\mathrm{m}}=\frac{i_{\mathrm{S}}q_{\mathrm{m,S}}-i_{\mathrm{x}}q_{\mathrm{m,F}}}{i_{\mathrm{T}}-i_{\mathrm{x}}}$$

由此可见，因 i_{T} 随温度而增加，故加热器出口溶液温度 $T=107\,^{\circ}\!\mathrm{C}$ 时循环流量为最小。

查附表 C-5，可得相关温度下水的焓值如下

$$i_{\mathrm{F}}=i_{25}=104.84\mathrm{kJ/kg}, \quad i_{\mathrm{x}}=i_{102}=427.62\mathrm{kJ/kg}, \quad i_{\mathrm{T}}=i_{107}=448.70\mathrm{kJ/kg}$$

代入已知数据可得循环管路所需最小流量以及 $Q+N$ 项的值为

$$q_{\mathrm{m}}=\frac{2680-427.62}{448.70-427.62}\times 3850=411369(\mathrm{kg/h})=114.27(\mathrm{kg/s})$$

$$Q+N=(2680-104.84)\times 3850=9914366(\mathrm{kJ/h})=2753991(\mathrm{J/s})$$

为确定加热器放热速率 Q，需要估算循环泵输出功率 N。为此，在循环泵进出口之间应用机械能守恒方程，并忽略进出口之间的动能差、位能差和阻力损失，则

$$N=q_{\mathrm{V}}\Delta p=(q_{\mathrm{m}}/\rho)\Delta p$$

其中 Δp 为料液经过循环泵后的压力增量。因为蒸发室内料液进口与液面位差较小，所以该 Δp 主要用于克服管路（包括加热器）阻力损失，并维持蒸发室料液进口与室内环境的压差，正常设计下 Δp 一般在数十千帕范围。现保守取 $\Delta p=100\mathrm{kPa}$ 计算，则

$$N=(114.27/1000)\times 100000=11427(\mathrm{J/s})$$

$$Q=2753991-N=2742564(\mathrm{J/s}) \quad \text{且} \quad N/Q=0.42\%$$

讨论：以上计算结果表明，本系统虽有轴功输入，但主要用于维持流动，其功率 N 与放热速率 Q 相比只是一个小量，故也可忽略。换句话说，对这样的系统进行热量衡算时，可直接忽略动能、位能及轴功，此时式(4-21)仅涉及热量 Q 及热焓 i，称为热平衡方程。若本问题一开始就做这样的简化，则针对系统整体和循环管路的热平衡方程分别为

$$Q'=i_{\mathrm{S}}q_{\mathrm{m,S}}-i_{\mathrm{F}}q_{\mathrm{m,F}}, \quad Q'=i_{\mathrm{T}}q_{\mathrm{m}}-i_{\mathrm{F}}q_{\mathrm{m,F}}-i_{\mathrm{x}}q_{\mathrm{m,x}}$$

此处加热器放热速率用 Q' 表示以示区别。由此得到的 q_{m} 仍与上相同，Q' 则为

$$Q'=i_{\mathrm{S}}q_{\mathrm{m,S}}-i_{\mathrm{F}}q_{\mathrm{m,F}}=2753991\mathrm{J/s}$$

比较可见，Q' 仅比以上计算的 Q 大 0.42%，说明这种情况下忽略 N 是可行的。其中 Q' 偏大的原因是忽略了功率 N 在系统内耗散后产生的热能。

【P4-17】气瓶充气过程中的温升与充气量问题。图 4-25 所示为天然气气瓶充气过程，其中供气管气源压力 p_1 与温度 T_1 保持不变，气瓶体积 $V=0.1\mathrm{m}^3$，瓶内原有气体压力 p_0，温度 T_0。天然气可按理想气体处理，其比定容热容 $c_{\mathrm{V}}=1709\mathrm{J/(kg\cdot K)}$，绝热指数 $k=c_{\mathrm{p}}/c_{\mathrm{V}}=1.303$，气体常数 $R_{\mathrm{G}}=519\mathrm{J/(kg\cdot K)}$。设充气过程中气瓶内温度均匀分布。

① 试求气瓶内压力达到 p 时气体温度 T 的表达式。

② 若 $T_0=T_1=303\mathrm{K}$，且充气过程中气瓶绝热，试求从压力 $p_0=0.1\mathrm{MPa}$ 充气到 $p=$

2.5MPa 时的气体温度 T 和充气量 Δm。

③ 若充气过程中气瓶对外充分散热，使气体温度始终保持为 T_0，则充气量 Δm 和散热量 Q_h 又为多少？

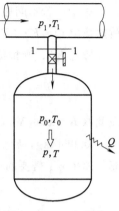

解 ① 充气过程是压力温度有显著变化的非稳态过程，压力能自然不可忽略，但比之于内热能变化，气体动能、位能可以忽略。其次，因瓶内气体温度上升会与外界发生热交换，故一般情况下 $Q \neq 0$。因此取 1—1 截面后的气瓶为控制体且考虑控制体无出口和轴功，应用式(4-19)有

$$Q = -\left(u_1 + \frac{p_1}{\rho_1}\right)q_{m1} + \frac{dE_{cv}}{dt}$$

图 4-25 P4-17 附图

因气瓶内气体温度均匀，且不计动能、位能，故气瓶内的瞬时储存能 $E_{cv} = mu$；又根据理想气体状态方程有 $p_1/\rho_1 = R_G T_1$，所以以上能量方程进一步表述为

$$Q = -(u_1 + R_G T_1)q_{m1} + d(mu)/dt$$

积分该式，并用 Q_h 表示充气过程中气瓶的总散热量（取正值），则有

$$Q_h = -\int_0^t Q dt = (u_1 + R_G T_1)\int_0^t q_{m1} dt - (mu - m_0 u_0)$$

其中 m_0、u_0 为气瓶内原有气体质量及内能，而 $q_{m1}dt = dm$（质量守恒方程），故

$$Q_h = (u_1 + R_G T_1)(m - m_0) - (mu - m_0 u_0)$$

或

$$Q_h = R_G T_1(m - m_0) + m(u_1 - u) - m_0(u_1 - u_0)$$

对于理想气体，根据内能差与温度的关系以及气体状态方程有

$$u_1 - u = c_v(T_1 - T), \ u_1 - u_0 = c_v(T_1 - T_0), \ m = \frac{pV}{R_G T}, \ m_0 = \frac{p_0 V}{R_G T_0}, \ k = 1 + \frac{R_G}{c_v}$$

将以上关系一并代入能量方程，整理后可得充气终点温度或散热量的表达式为

$$\frac{T}{T_1} = k\left(1 - \frac{p_0}{p} + k\frac{p_0 T_1}{p T_0} + \frac{R_G Q_h}{c_v p V}\right)^{-1}$$

或

$$Q_h = \frac{c_v p V}{R_G}\left[k\frac{T_1}{T} - 1 - \frac{p_0}{p}\left(k\frac{T_1}{T_0} - 1\right)\right] = c_v[m(kT_1 - T) - m_0(kT_1 - T_0)]$$

由此可见，充气过程终点温度 T 与散热量 Q_h 有关，散热越充分，则充气终点温度越低；反之，绝热条件下，$Q_h = 0$，终点温度最高。

② 取 $T_1 = T_0 = 303K$，$Q_h = 0$（气瓶绝热），则从压力 $p_0 = 0.1MPa$ 充气到 $p = 2.5MPa$ 时，气体终点温度 T 和充气量 Δm 分别为

$$T = 390.1K, \ \Delta m = m - m_0 = \frac{V}{R_G}\left(\frac{p}{T} - \frac{p_0}{T_0}\right) = 1.171kg$$

③ 若充气过程中气瓶充分散热，使气体温度始终保持为 T_0，则从压力 p_0 充气到 p 时的充气量和总散热量分别为

$$\Delta m = m - m_0 = \frac{V}{R_G T_0}(p - p_0), \ Q_h = c_v(kT_1 - T_0)\Delta m$$

取 $T_1 = T_0 = 303K$ 并代入相关数据，可得此条件下的充气量和总散热量分别为

$$\Delta m = 1.526kg, \ Q_h = 239431.8J$$

讨论：若本问题条件改为"充气过程中进入气瓶的质量流量 q_m 恒定，瓶内气体对外放热速率 $Q=KA(T-T_a)$，其中 K 为总传热系数（视为恒定），A 为气瓶表面积，T_a 为环境温度"，则根据以上类似过程可得气体温度 T 与充气时间 t 的关系为

$$T=\frac{kT_1+\alpha T_a}{1+\alpha}+\left(T_0-\frac{kT_1+\alpha T_a}{1+\alpha}\right)\left(1+\frac{q_m}{m_0}t\right)^{-(1+\alpha)}，其中 \alpha=\frac{KA}{c_v q_m}$$

在此取 $K=6.65\text{W}/(\text{m}^2\cdot\text{K})$，$A=1.26\text{m}^2$，$c_v=1709\text{J}/(\text{kg}\cdot\text{K})$，$T_1=T_0=T_a=303\text{K}$，$m_0=0.0644\text{kg}$，$k=1.303$，则由以上 $T\text{-}t$ 关系可得给定充气量 $\Delta m=1.171\text{kg}$ 时，不同充气速率 q_m 需要的充气时间 t 和瓶内气体的温度 T 如下

$$q_m\rightarrow\infty，\alpha\rightarrow0，q_m t=\Delta m=1.171\text{kg}，T=390.0\text{K}$$

$$q_m=0.05\text{kg/s}，\alpha=0.09806，t=\Delta m/q_m=23.42\text{s}，T=383.3\text{K}$$

$$q_m=0.005\text{kg/s}，\alpha=0.9806，t=\Delta m/q_m=234.2\text{s}，T=349.2\text{K}$$

$$q_m\rightarrow0，\alpha\rightarrow\infty，t=\Delta m/q_m\rightarrow\infty，T\rightarrow T_0=303\text{K}$$

即对于给定的充气量，充气速率越小或充气时间越长，则充气终点温度越低。

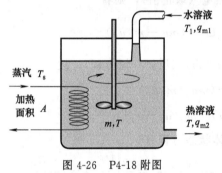

图 4-26 P4-18 附图

【P4-18】 加热搅拌槽中溶液的温度-时间关系。温度为 T_1 的溶液以质量流量 q_{m1} 进入搅拌槽加热，加热后的溶液以质量流量 q_{m2} 流出，如图 4-26 所示。搅拌槽中安装有加热面积为 A 的螺旋管，放热速率 $Q=hA(T_s-T)$，其中 h、T_s 分别为换热系数和螺旋管内饱和蒸汽温度，且两者均为定值，T 是搅拌槽中溶液温度。在 $t=0$ 时刻，搅拌槽中溶液温度为 T_0，质量为 m_0。设搅拌槽内混合充分溶液温度均匀，且搅拌槽保温良好热损失不计，试确定：

① 搅拌槽中溶液质量 m 与时间 t 的关系；

② 搅拌槽中溶液温度 T 与时间 t 的关系；

③ 代入下列数据，计算 $t=1\text{h}$ 时搅拌槽出口的溶液温度。

$$q_{m1}=81.6\text{kg/h}，T_1=294\text{K}，q_{m2}=54.4\text{kg/h}，T_0=311\text{K}，m_0=227\text{kg}$$

$$c_p=4187\text{J}/(\text{kg}\cdot\text{K})，A=0.929\text{m}^2，h=389\text{W}/(\text{m}^2\cdot\text{K})，T_s=422\text{K}$$

解 因溶液加热搅拌过程中进出口流量不等且温度随时间变化，故属于非稳态问题。

① 取搅拌槽为控制体并设槽内溶液瞬时质量为 m，则溶液的质量守恒方程为

$$q_{m2}-q_{m1}+dm/dt=0$$

积分上式并代入初始条件：$t=0$，$m=m_0$，可得槽内溶液质量与时间的关系为

$$m=(q_{m1}-q_{m2})t+m_0$$

② 本搅拌器仅为维持流体混合且无相变，流体机械能（动能、位能、压力能）及机械功与内能增量相比是小量，均可忽略，此时式(4-19)简化热平衡方程，即

$$Q=u_2 q_{m2}-u_1 q_{m1}+\frac{dE_{cv}}{dt} \quad 或 \quad (Q+u_1 q_{m1})-u_2 q_{m2}=\frac{dE_{cv}}{dt}$$

因搅拌槽中温度均匀，单位质量流体内能处处相等，所以 $E_{cv}=mu$。由此可知

$$\frac{dE_{cv}}{dt}=\frac{dmu}{dt}=m\frac{du}{dt}+u\frac{dm}{dt}=\left[(q_{m1}-q_{m2})t+m_0\right]\frac{du}{dt}+u(q_{m1}-q_{m2})$$

将此代入能量守恒方程，并注意搅拌槽中温度均匀时 $u_2-u=0$，可得

$$Q+(u_1-u)q_{m1}=[(q_{m1}-q_{m2})t+m_0]\,du/dt$$

在该式中代入　　　$Q=hA(T_s-T)$，$u_1-u=c_p(T_1-T)$，$du=c_p dT$

整理可得　　　$$\frac{dT}{hAT_s+c_pq_{m1}T_1-(hA+c_pq_{m1})T}=\frac{dt}{c_pm_0+c_p(q_{m1}-q_{m2})t}$$

由 $t=0 \to t$、$T=T_0 \to T$ 积分该温度微分方程，可得 T-t 关系为

$$T=B+(T_0-B)\left(1+\frac{1-\beta}{\tau}t\right)^{-(1+\alpha)/(1-\beta)}$$

其中

$$\alpha=\frac{hA}{c_pq_{m1}},\ \beta=\frac{q_{m2}}{q_{m1}},\ \tau=\frac{m_0}{q_{m1}},\ B=\frac{T_1+\alpha T_s}{1+\alpha}$$

③ 根据以上温度-时间关系，代入已知数据，并取 $t=1h$，可得溶液温度，即

$$\alpha=3.81,\ \beta=0.67,\ \tau=2.782h,\ B=395.4K,\ T=378.9K$$

> **讨论1**：若搅拌过程中流动稳态，即 $q_{m1}=q_{m2}=q_m$，则按上述类似步骤或在 T 的表达式中令 $\beta \to 1$ 取极限，可得 T-t 关系为
>
> $$T=B+(T_0-B)e^{-(1+\alpha)t/\tau}$$
>
> 根据该关系式，取 $q_m=81.6kg/h$，其他参数不变，则 $t=1h$ 时的溶液温度为
>
> $$T=380.4K$$
>
> **讨论2**：以上过程②中，将内能以内能差的形式表示，如 u_1-u，目的是利用 $\Delta u=c_p\Delta T$ 的关系。实际上，更便捷且等价的做法是直接令 $u=c_pT$、$u_1=c_pT_1$、$u_2=c_pT_2$，由此导出的温度微分方程仍然相同。

【P4-19】串联硫酸冷却槽突然停水及再启动过程的温度-时间关系。 某硫酸冷却系统由两级冷却槽构成，硫酸与冷却水流程如图 4-27 所示，其中的流量及温度为正常稳定运行时的数据，且已知冷却槽 1 和冷却槽 2 中的换热器传热面积和硫酸质量分别为

$$A_1=6.28m^2,\ m_1=4500kg,\ A_2=8.65m^2,\ m_2=4500kg$$

① 现由于事故发生突然停水，试估计停水 1h 后槽中硫酸的温度；

② 若停水 1h 后恢复正常水量供水，试估计恢复供水 1h 后槽中硫酸的温度。

为建立停水期间及恢复供水后硫酸温度与时间的关系，可做如下假设：

ⅰ.因充分搅拌，冷却槽中硫酸温度均匀，且冷却槽出口温度等于槽内硫酸温度；

ⅱ.换热器总传热系数 K 仅与流速有关，即恢复供水后的 K 与稳定运行时的 K 相同；

ⅲ.槽中硫酸量相对较大，停水或再启动过程中冷却水及换热管的蓄热变化率均可忽略；

ⅳ.管路和冷却槽无热损失；硫酸热容 $c_{H_2SO_4}=1500J/(kg \cdot K)$，水的热容 $c_{water}=4200J/(kg \cdot K)$。

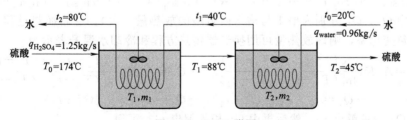

图 4-27　P4-19 附图

解 首先核定稳定运行期间硫酸槽内换热器的总传热系数。根据稳定运行时冷却水的吸热量及换热器传热方程，可得冷却槽 1 中换热器的总传热系数 K_1，即

$$Q_1 = c_{\text{water}} q_{\text{water}} (t_2 - t_1), \quad Q_1 = A_1 K_1 \Delta t_{\text{m1}} \;\rightarrow\; K_1 = \frac{c_{\text{water}} q_{\text{water}} (t_2 - t_1)}{A_1 \Delta t_{\text{m1}}}$$

因充分搅拌，冷却槽 1 中硫酸温度均匀（等于 T_1），因此传热温差为

$$\Delta t_{\text{m1}} = \frac{(T_1 - t_2) - (T_1 - t_1)}{\ln[(T_1 - t_2)/(T_1 - t_1)]} = \frac{(88 - 80) - (88 - 40)}{\ln[(88 - 80)/(88 - 40)]} = 22.32 \, (\text{℃})$$

由此得 $$K_1 = 1150 \text{W/m}^2$$

类似可得 $$\Delta t_{\text{m2}} = 12.43 \text{℃}, \quad K_2 = 750 \text{W/m}^2$$

① 突然停水后，硫酸继续以 $T_0 = 174$℃ 的温度进入冷却槽，槽中硫酸温度将不断升高。忽略机械能，并以 θ 表示时间，此时针对槽 1 的能量守恒方程为

$$\frac{\text{d}E_1}{\text{d}\theta} = u_0 q_{\text{H}_2\text{SO}_4} - u_1 q_{\text{H}_2\text{SO}_4} \quad \text{或} \quad c_{\text{H}_2\text{SO}_4} m_1 \frac{\text{d}T_1}{\text{d}\theta} = c_{\text{H}_2\text{SO}_4} (T_0 - T_1) q_{\text{H}_2\text{SO}_4}$$

解该微分方程，并根据 $\theta = 0$、$T_1 = T_{10}$ 的初始条件，可得 T_1 与时间 θ 的关系为

$$T_1 = T_0 - (T_0 - T_{10}) \text{e}^{-\theta/\theta_1}, \quad \theta_1 = m_1 / q_{\text{H}_2\text{SO}_4}$$

其中 θ_1 是槽 1 内硫酸的平均停留时间。此时针对槽 2 的能量守恒方程为

$$\frac{\text{d}E_2}{\text{d}\theta} = u_1 q_{\text{H}_2\text{SO}_4} - u_2 q_{\text{H}_2\text{SO}_4} \quad \text{或} \quad c_{\text{H}_2\text{SO}_4} m_2 \frac{\text{d}T_2}{\text{d}\theta} = c_{\text{H}_2\text{SO}_4} (T_1 - T_2) q_{\text{H}_2\text{SO}_4}$$

将 T_1 的表达式代入，并用 θ_2 表示槽 2 内硫酸的平均停留时间，可得

$$\frac{\text{d}(T_0 - T_2)}{\text{d}\theta} + \frac{1}{\theta_2}(T_0 - T_2) = \frac{1}{\theta_2}(T_0 - T_{10}) \text{e}^{-\theta/\theta_1}, \quad \theta_2 = \frac{m_2}{q_{\text{H}_2\text{SO}_4}}$$

该方程属于 $y' + py = q$ 型方程，参见附录 B.2.1 给出的解，并将 $\theta = 0$ 时 $T_2 = T_{20}$ 的初始条件代入，可得 T_2 与时间 θ 的关系为

$$\frac{T_0 - T_2}{T_0 - T_{20}} = \left[1 + \frac{\theta_1}{\theta_2 - \theta_1} \frac{T_0 - T_{10}}{T_0 - T_{20}} \exp\left(\frac{\theta}{\theta_2} \frac{\theta_2 - \theta_1}{\theta_1} - 1\right)\right] \exp\left(-\frac{\theta}{\theta_2}\right)$$

其中 $\theta_2 = \theta_1$ 时 $$\frac{T_0 - T_2}{T_0 - T_{20}} = \left(1 + \frac{T_0 - T_{10}}{T_0 - T_{20}} \frac{\theta}{\theta_1}\right) \text{e}^{-\theta/\theta_1}$$

于是，根据以上关系并代入相关数据，可得停水 1h 后槽中硫酸的温度，即

$$\theta_1 = \theta_2 = 1\text{h}, \quad T_0 = 174\text{℃}, \quad T_{10} = 88\text{℃}, \quad T_{20} = 45\text{℃}$$
$$\theta = 1\text{h}, \quad T_1 = 142.4\text{℃}, \quad T_2 = 94.9\text{℃}$$

② 停水 1h 后恢复正常水量供水（$q_{\text{water}} = 0.96\text{kg/s}$，$t_0 = 20\text{℃}$），则冷却槽中硫酸温度又开始降低。忽略机械能，此过程中槽 1 与槽 2 内硫酸的能量守恒方程分别为

$$Q_1 = u_1 q_{\text{H}_2\text{SO}_4} - u_0 q_{\text{H}_2\text{SO}_4} + \text{d}E_1/\text{d}\theta \;\rightarrow\; Q_1 = c_{\text{H}_2\text{SO}_4}(T_1 - T_0) q_{\text{H}_2\text{SO}_4} + c_{\text{H}_2\text{SO}_4} m_1 \text{d}T_1/\text{d}\theta$$
$$Q_2 = u_2 q_{\text{H}_2\text{SO}_4} - u_1 q_{\text{H}_2\text{SO}_4} + \text{d}E_2/\text{d}\theta \;\rightarrow\; Q_2 = c_{\text{H}_2\text{SO}_4}(T_2 - T_1) q_{\text{H}_2\text{SO}_4} + c_{\text{H}_2\text{SO}_4} m_2 \text{d}T_2/\text{d}\theta$$

注意式中 Q_1、Q_2 分别为槽 1 与槽 2 内硫酸的放热量（负）。忽略换热过程中冷却水和换热管的蓄热变化率，则该放热量可用换热器传热方程和冷却水温升表示为

$$-Q_1 = A_1 K_1 \frac{(T_1 - t_2) - (T_1 - t_1)}{\ln[(T_1 - t_2)/(T_1 - t_1)]}, \quad -Q_2 = A_2 K_2 \frac{(T_2 - t_1) - (T_2 - t_0)}{\ln[(T_2 - t_1)/(T_2 - t_0)]}$$
$$-Q_1 = c_{\text{water}} q_{\text{water}} (t_2 - t_1), \quad -Q_2 = c_{\text{water}} q_{\text{water}} (t_1 - t_0)$$

首先由 Q_2 相等解出 t_1，然后再由 Q_1 相等解出 t_2，可得

$$t_1 = (1 - \varepsilon_2) T_2 + \varepsilon_2 t_0, \quad t_2 = (1 - \varepsilon_1) T_1 + \varepsilon_1 t_1 = (1 - \varepsilon_1) T_1 + \varepsilon_1 (1 - \varepsilon_2) T_2 + \varepsilon_1 \varepsilon_2 t_0$$

其中 $$\varepsilon_1 = \exp(-A_1 K_1 / c_{\text{water}} q_{\text{water}}), \quad \varepsilon_2 = \exp(-A_2 K_2 / c_{\text{water}} q_{\text{water}})$$

然后将 t_1、t_2 表达式返回 Q_1、Q_2，并进一步代入能量守恒方程，整理可得

$$\theta_1 T_1' + [1+C(1-\varepsilon_1)]T_1 = C(1-\varepsilon_1)(1-\varepsilon_2)T_2 + [T_0 + C(1-\varepsilon_1)\varepsilon_2 t_0] \qquad (a)$$

$$\theta_2 T_2' + [1+C(1-\varepsilon_2)]T_2 = T_1 + C(1-\varepsilon_2)t_0 \qquad (b)$$

其中 $\qquad C = c_{\text{water}}q_{\text{water}}/c_{\text{H}_2\text{SO}_4}q_{\text{H}_2\text{SO}_4}$，$\theta_1 = m_1/q_{\text{H}_2\text{SO}_4}$，$\theta_2 = m_2/q_{\text{H}_2\text{SO}_4}$

注：此处 T 对时间 θ 的一阶导数简写为 T'，以下类同，二阶导数则用 T'' 表示。

由式(b) 可得 T_1 及其一阶导数表达式为

$$T_1 = \theta_2 T_2' + [1+C(1-\varepsilon_2)]T_2 - C(1-\varepsilon_2)t_0，T_1' = \theta_2 T_2'' + [1+C(1-\varepsilon_2)]T_2'$$

将此代入式(a)，整理可得关于 T_2 的微分方程，即

$$T_2'' + \alpha T_2' + \beta T_2 = \varphi$$

其中 $\qquad \alpha = \lambda_1/\theta_1 + \lambda_2/\theta_2$，$\lambda_1 = 1+C(1-\varepsilon_1)$，$\lambda_2 = 1+C(1-\varepsilon_2)$

$$\beta = \frac{\lambda_1\lambda_2 - C(1-\varepsilon_1)(1-\varepsilon_2)}{\theta_1\theta_2}，\quad \varphi = \frac{T_0 + [1-\varepsilon_1\varepsilon_2 + C(1-\varepsilon_1)(1-\varepsilon_2)]Ct_0}{\theta_1\theta_2}$$

求解该微分方程（见附录 B.2.2），可得 T_2 与时间 θ 的关系为

$$T_2 = c_1 e^{k_1\theta} + c_2 e^{k_2\theta} + \varphi/\beta$$

其中 $\qquad k_1 = \frac{1}{2}(-\alpha + \sqrt{\alpha^2-4\beta})$，$k_2 = \frac{1}{2}(-\alpha - \sqrt{\alpha^2-4\beta})$

将 T_2 及 T_2' 一并代入 T_1 表达式，又可得 T_1 与时间 θ 的关系为

$$T_1 = (\lambda_2 + k_1\theta_2)c_1 e^{k_1\theta} + (\lambda_2 + k_2\theta_2)c_2 e^{k_2\theta} + \lambda_2(\varphi/\beta) - C(1-\varepsilon_2)t_0$$

其中的积分常数由初始条件确定，即 $\theta = 0$，$T_1 = T_{10}$，$T_2 = T_{20}$，由此得

$$c_1 = T_{20} - \frac{\varphi}{\beta} - c_2，c_2 = \frac{1}{\theta_2\sqrt{\alpha^2-4\beta}}\left[\lambda_2(T_{20}-t_0) + k_1\theta_2\left(T_{20}-\frac{\varphi}{\beta}\right) - (T_{10}-t_0)\right]$$

至此，T_1、T_2 与时间 θ 的关系式中有关参数的计算完全确定。根据题中给定数据：

$$T_0 = 174℃，t_0 = 20℃，K_1 = 1150\text{W/m}^2，K_2 = 750\text{W/m}^2$$

$$q_{\text{H}_2\text{SO}_4} = 1.25\text{kg/s}，c_{\text{H}_2\text{SO}_4} = 1500\text{J/(kg·K)}，q_{\text{water}} = 0.96\text{kg/s}，c_{\text{water}} = 4200\text{J/(kg·K)}$$

可得相关参数计算值如下

$$\varepsilon_1 = 0.1667，\varepsilon_2 = 0.2000，C = 2.150，\theta_1 = \theta_2 = 1\text{h}$$

$$\lambda_1 = 2.792，\lambda_2 = 2.720，\alpha = 5.512\text{h}^{-1}，\beta = 6.162\text{h}^{-2}，\varphi = 277.23℃/\text{h}^2$$

$$\varphi/\beta = 45℃，\lambda_2(\varphi/\beta) - C(1-\varepsilon_2)t_0 = 88℃$$

$$k_1 = -1.558\text{h}^{-1}，k_2 = -3.954\text{h}^{-1}，c_1 = 48.398℃，c_2 = 1.514℃$$

将以上数据代入，并将前面计算的停水 1h 后的温度作为恢复供水时槽 1 与槽 2 的起始温度，即 $T_{10} = 142.4℃$，$T_{20} = 94.9℃$，即可计算不同时刻槽 1 与槽 2 的温度，其中

$$\theta = 0\text{h}，T_1 = 142.4℃，T_2 = 94.9℃；\theta = 0.5\text{h}，T_1 = 113.5℃，T_2 = 67.4℃$$

$$\theta = 1.0\text{h}，T_1 = 99.8℃，T_2 = 55.2℃；\theta = 4.0\text{h}，T_1 = 88.1℃，T_2 = 45.1℃$$

由此可见，恢复供水 4h 后，槽内温度已接近稳定运行状态。

【P4-20】供水管路系统的泵送功率计算。图 4-28 为某供水系统，其中水泵出口以后管路直径 d 相同且 $d = 280\text{mm}$，压力表表压力 $p = 100\text{kPa}$，要求输送的水量为 $q_V = 0.25\text{m}^3/\text{s}$。已知水的密度 $\rho = 1000\text{kg/m}^3$，水池液面到压力表处的总阻力损失 $\sum h_f = 1.5v^2/2g$，其中 v 是管路直径 d 对应的流速。试计算水泵的输出功率。

解 本问题属一般流体输送问题，在水池液面至压力表截面之间应用机械能守恒方程并取 $\alpha = 1$，有

$$\frac{N}{q_m g} = \frac{v_2^2 - v_1^2}{2g} + (h_2 - h_1) + \frac{p_2 - p_1}{\rho g} + \sum h_f$$

此处 1、2 分别指水池液面和压力表截面，所以

$$v_2^2 - v_1^2 \approx v^2,\quad z_2 - z_1 = h_2 - h_1,\quad p_2 - p_1 = p,\quad v = 4q_V/\pi d^2$$

将此代入以上机械能守恒方程，并代入数据可得泵的输出功率为

$$N = \left[g(h_2 - h_1) + \frac{p}{\rho} + \frac{1+\zeta}{2}\left(\frac{4q_V}{\pi d^2}\right)^2 \right]\rho q_V = 44866.3\,(\text{W})$$

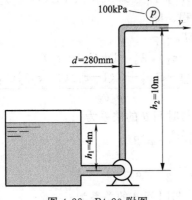

图 4-28　P4-20 附图

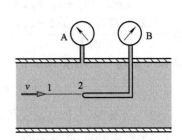

图 4-29　P4-21 附图

【P4-21】全压与驻点压力的概念及皮托管测速原理。 温度 20℃ 的空气在管道中流动，如图 4-29 所示。管道上安装有压力表 A、B，其中压力表 B 与皮托管接通，读数 71.3kPa（表压），压力表 A 与管壁接通并与皮托管测口（点 2）处于同一截面，读数 70.2kPa（表压）。已知当地大气压力为 684mmHg。设气体黏性和可压缩性影响可暂不考虑，试确定测点 2 处的空气速度。

解　设放置皮托管前，测点 2 静压为 p_2，速度为 v_2，该点全压 p_T 为

$$p_T = p_2 + \rho v_2^2/2$$

放置皮托管后，则前端测口处流体速度滞止为零（驻点），其压力 p_S 称为驻点压力。

作为一般分析，设水平流线上游某点 1 与测点 2 之间的阻力损失为 h_f，流体到达点 2 速度滞止为零时因黏性导致的能量损失为 h_f'，则两点间的引申伯努利方程为：

无皮托管　　　　　　　$$\frac{v_1^2}{2g} + \frac{p_1}{\rho g} = \frac{v_2^2}{2g} + \frac{p_2}{\rho g} + h_f$$

有皮托管　　　　　　　$$\frac{v_1^2}{2g} + \frac{p_1}{\rho g} = \frac{p_S}{\rho g} + h_f + h_f'$$

两式对比可得　　　　$$p_S = p_2 + \frac{\rho v_2^2}{2} - \rho g h_f' \quad \text{或} \quad p_S = p_T - \rho g h_f'$$

该式表明：由于黏性耗散，驻点压力总是小于全压。但在 $h_f' = 0$ 的理想情况下，驻点压力等于全压，即 $p_S = p_T$，由此得到皮托管测速的原理公式为

$$v_2 = \sqrt{2(p_S - p_2)/\rho} = \sqrt{2(p_B - p_A)/\rho}$$

式中的气体密度可根据理想气体状态方程由已知的静压和温度确定。查附表 C-2 可知，空气的气体常数为 $R = 287\text{J}/(\text{kg}\cdot\text{K})$，所以

$$\rho = \frac{p_A + p_0}{RT} = \frac{70200 + 684 \times 133.3}{287 \times (273 + 20)} = 1.919\,(\text{kg/m}^3)$$

因为同一环境压力下，绝对压力之差等于表压力之差，所以代入数据有

$$v_2 = \sqrt{2(p_B - p_A)/\rho} = \sqrt{2 \times (71300 - 70200)/1.919} = 33.86 \, (\text{m/s})$$

> **讨论**：以上测速原理公式未考虑流体黏性耗散和可压缩性影响。考虑黏性影响，实际流速应在理论流速基础上乘以修正系数 C，且 $C = 0.98 \sim 0.99$。关于可压缩性影响，可用马赫数 $Ma = v/a$ 判断，其中 a 为当地声速。当马赫数 $Ma < 0.1$ 时，可用不可压缩流体的测速公式；Ma 较高时，必须考虑可压缩性影响，另有公式，见第11章。

【P4-22】文丘里管流量公式。 为测量管道中的流体流量，可将称为文丘里流量计的缩放管连接到管道上，见图4-30。其原理是通过测试来流段与颈缩段截面的压差确定流速，从而确定流量。已知流体密度 ρ（视为恒定），U形管指示剂密度 ρ_m 且 $\rho_m > \rho$，U形管指示剂液柱高差 h，截面面积 A_1、A_2，试利用伯努利方程确定其测量流体质量流量的原理公式。

解　不计阻力损失及流体可压缩性影响，在 A_1 和 A_2 之间应用伯努利方程可得

$$\frac{p_1}{\rho} + \frac{v_1^2}{2} = \frac{p_2}{\rho} + \frac{v_2^2}{2} \rightarrow v_2^2 - v_1^2 = 2\frac{p_1 - p_2}{\rho}$$

根据质量守恒关系和U形管中的静力学关系可得

$$v_1^2 = v_2^2 (A_2/A_1)^2, \quad p_1 - p_2 = (\rho_m - \rho)gh$$

将此代入伯努利方程，可得 A_2 截面流体速度及质量流量公式，即

$$v_2 = \sqrt{\frac{2gh(\rho_m - \rho)/\rho}{1 - (A_2/A_1)^2}}, \quad q_m = A_2 v_2 = A_2 \sqrt{\frac{2\rho gh(\rho_m - \rho)}{1 - (A_2/A_1)^2}}$$

> **讨论**：以上流速或流量原理公式未考虑流体黏性阻力损失和可压缩性影响。考虑黏性影响，流量公式应在理论流量基础上乘以流量系数 C_d。可压缩性影响另见第11章。

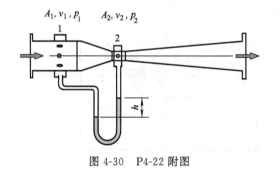

图 4-30　P4-22 附图

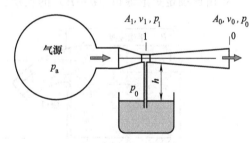

图 4-31　P4-23 附图

【P4-23】引射器的气源压力及面积比条件。 压缩空气通过一引射器将水池中的水抽吸喷出，如图4-31所示。已知：引射器喉口面积 A_1，出口面积 A_0，空气密度 ρ_g，水的密度 ρ_L，气源压力 p_a，引射器出口和水池液面压力均为大气压力 p_0。设气体为理想不可压缩流体，试求：

① 面积比 $A_1/A_0 = m$ 一定时，将水吸入喉口的气源最小压力 $p_{a,\min}$；

② 气源压力 p_a 一定时，将水吸入喉口的最大面积比 $m_{\max}$。

解　根据静力学关系可知，水池中的水通过竖管升高至喉口时，喉口处压力为

$$p_{1,\max} = p_0 - \rho_L gh$$

将该压力标注为最大，是因为要将水吸入喉口，喉口压力 p_1 不得大于该压力，即

$$p_1 \leqslant p_{1,\max}$$

另一方面，在气源与截面1和气源与截面0之间分别应用伯努利方程，并考虑气源容积

较大，其中气速较小，即 $v_a^2 \approx 0$，有

$$p_a - p_1 = \rho_g v_1^2/2, \quad p_a - p_0 = \rho_g v_0^2/2$$

考虑 $v_1 A_1 = v_0 A_0$，并令 $A_1/A_0 = m$（$m<1$），由以上两式将速度消去可得

$$p_a = \frac{p_0 - p_1 m^2}{1 - m^2} \quad \text{或} \quad m^2 = \frac{p_a - p_0}{p_a - p_1}$$

① 由以上关系之前者可知，m、p_0 给定的情况下，p_1 增大则气源压力 p_a 减小，或者说 p_a 减小将导致 p_1 增大（吸水能力减弱）。因此取 $p_1 = p_{1,\max}$ 可得 $p_a = p_{a,\min}$，即

$$p_{a,\min} = \frac{p_0 - p_{1,\max} m^2}{1 - m^2} = p_0 + \rho_L g h \frac{m^2}{1 - m^2}$$

此即截面比 m 给定时，将水吸入喉口的最小气源压力（实际压力应大于该压力）。

② 由以上关系之后者可知，p_a、p_0 给定的情况下，p_1 增大则面积比 m 增大，或者说 m 增大将导致 p_1 增大（吸水能力减弱）。因此取 $p_1 = p_{1,\max}$ 可得 $m = m_{\max}$，即

$$m_{\max} = \sqrt{\frac{p_a - p_0}{p_a - p_{1,\max}}} = \sqrt{\frac{p_a - p_0}{p_a - p_0 + \rho_L g h}}$$

此即气源压力给定时，将水吸入喉口的最大截面比 m（实际截面比应小于该值）。

【P4-24】薄板溢流堰的流量公式及流量计算。薄板溢流堰指垂直于水流的薄板形成的溢流装置，其中流体跨越堰口边缘时会形成舌形水流（亦称水舌），如图 4-32 所示。

① 试针对图中薄板构成的梯形堰口，并假设流体为理想流体，确定其理论流量计算式（以此乘以实验确定的流量系数 C_d，可得实际流量计算式）；

② 由此确定 V 形堰口（$b \to 0$）的流量公式，并计算 $\alpha = 35°$、$h = 0.3\text{m}$ 的 V 形堰口的流量（取 $C_d = 0.581$）；

③ 由此确定矩形堰口（$b = B$）的流量公式。

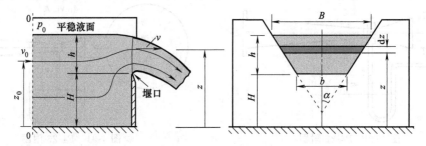

图 4-32　P4-24 附图

解　①考虑远离堰口的 0—0 截面，可认为该截面流动均匀且缓慢，其压力沿液层深度的分布满足静力学方程，因此该截面任意点（z_0）处的压力为

$$p = p_0 + \rho g(h + H - z_0) \rightarrow \frac{p}{\rho} + g z_0 = \frac{p_0}{\rho} + g(h + H)$$

由此可见，这样的假设下，0—0 截面上各点的总位能相等（与 z 无关）。因此，针对 0—0 截面至堰口高度 z 处的流线（速度分别为 v_0 和 v，见图 4-32），应用伯努利方程可得

$$\frac{p_0}{\rho} + g(h + H) + \frac{v_0^2}{2} = \frac{p_0}{\rho} + g z + \frac{v^2}{2}$$

考虑 0—0 截面面积远大于堰口面积，可认为 $(v^2 - v_0^2) \approx v^2$，故堰口高度 z 处的流速为

$$v = \sqrt{2g(h+H-z)}$$

根据图 4-32 中坐标与几何尺寸关系，堰口高度 z 处 dz 对应的微元面积可表示为

$$dA = \left[b + \frac{(B-b)}{h}(z-H) \right] dz$$

由此可得梯形堰口体积流量理论公式为

$$q_V = \int_H^{H+h} v\, dA = \frac{2}{15}\sqrt{2g}(2B+3b)h^{3/2}$$

或 $\qquad q_V = Av_m, \quad A = \frac{1}{2}(B+b)h, \quad v_m = \frac{4(2B+3b)}{15(B+b)}\sqrt{2gh}$

其中，h 是自由液面至堰口边缘的位差（可视为溢流口截面的理论液层深度）；A 是梯形堰口流动截面理论面积；v_m 则是 A 对应的平均流速。

实际流动中，因惯性力及黏性力的影响，堰口实际流动面积和平均流速都小于理论值，故实际流量公式通常引入流量系数 C_d 来考虑二者影响（C_d 由实验确定且 $C_d<1$），即

$$q_V = C_d A v_m = C_d \frac{2}{15}\sqrt{2g}(2B+3b)h^{3/2}$$

② 在以上流量公式中令 $b \to 0$，并注意 $\tan\alpha = B/2h$，可得 V 形堰口流量公式，即

$$q_V = C_d A v_m = C_d \frac{4}{15}\sqrt{2g}Bh^{3/2} = C_d \frac{8}{15}\sqrt{2g}(\tan\alpha)h^{5/2}$$

V 形堰口的 C_d 与 α 及 h 有关。当 $\alpha=35°$、$h=0.3\mathrm{m}$ 时，$C_d=0.581$（文献 [6]）。因此代入数据有

$$q_V = 0.581 \times \frac{8}{15} \times \sqrt{2 \times 9.81} \times \tan35° \times (0.3)^{5/2} = 0.0474(\mathrm{m}^3/\mathrm{s})$$

③ 在梯形堰口公式中令 $b=B$ 可得矩形堰口的流量公式，即

$$q_V = C_d A v_m = C_d \frac{2}{3}\sqrt{2g}Bh^{3/2}$$

> **讨论**：实验表明，当矩形堰口与来流流道等宽时，或两者虽不等宽但 $B \gg h$ 时，其流量系数 C_d 是确定的。其中，对于水的溢流，$C_d \approx 0.62$，即此条件下水的溢流流量计算式为
>
> $$q_V = 0.585\sqrt{g}Bh^{1.5}$$
>
> 该式应用时还要求：$(h+H)/h > 3.5$，即来流液层深显著大于溢流口液层厚度。但需注意，当 h 过小以致溢流只能贴附堰板壁面流动时（不能形成水舌），该式不再适用。

【P4-25】双堰型卧式三相分离器液层厚度的计算与调控。图 4-33 是双堰型卧式三相分

离器末端采集段示意图，其中有两个溢流堰：油的溢流堰（高度 H_o，溢流层理论厚度 δ_o，溢流平均流速 v_o），水的溢流堰（高度 H_w，溢流层厚度 δ_w，溢流流速 v_w），且溢流堰宽度与分离器前后壁面间距均为 B。对于分离器设计，油和水的液层厚度 h_o 和 h_w 是两个重要参数。为确定这两个参数，可做如下假设：因实际分离器中油水两相总体流动极为缓慢，故可忽略流动影响，认为流体压力沿液层深度分布满足静止流体压力分布方程。试根据该假设，并应用薄板溢流堰流量公

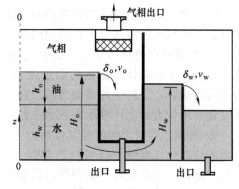

图 4-33 P4-25 附图

式，导出油和水的液层厚度 h_o 和 h_w 的计算式；其次，根据下列数据并取分离器侧壁间距 $B=1000\text{mm}$，计算 h_o 和 h_w 的值。

油：密度 $\rho_o=800\text{kg/m}^3$，流量 $q_{V,o}=5\text{m}^3/\text{h}$，堰高 $H_o=900\text{mm}$，流量系数 $C_{d,o}=0.58$

水：密度 $\rho_w=1000\text{kg/m}^3$，流量 $q_{V,w}=10\text{m}^3/\text{h}$，堰高 $H_w=800\text{mm}$，流量系数 $C_{d,w}=0.62$

解　忽略流动影响，认为压力沿液层深度分布满足静止流体静压分布方程，则从油侧溢流堰前计算的底部静压与水侧溢流堰前计算的底部静压相等，即

$$p_0+\rho_o gh_o+\rho_w gh_w=p_0+\rho_w g(H_w+\delta_w)$$

根据几何关系又有　　　　　　　　$h_o+h_w=H_o+\delta_o$

根据以上两式，并令 $\gamma=\rho_w/\rho_o$，可得水和油的液层厚度计算式分别为

$$h_w=\frac{\gamma H_w-H_o}{\gamma-1}+\frac{\gamma\delta_w-\delta_o}{\gamma-1},\ h_o=H_o+\delta_o-h_w$$

式中的溢流层理论厚度可根据薄板溢流堰流量公式（见 P4-24）计算，即

$$q_V=C_d\frac{2}{3}\sqrt{2g}B\delta^{1.5}\ \rightarrow\ \delta=\left(\frac{3}{2\sqrt{2g}}\times\frac{q_V}{C_dB}\right)^{2/3}$$

对于油，其溢流层理论厚度 $\delta_o=8.7\text{mm}$。

对于水，其溢流层理论厚度 $\delta_w=13.2\text{mm}$。

由此可得水和油的液层厚度分别为

$$h_w=[(1.25\times800-900)+(1.25\times13.2-8.7)]/0.25=431.2(\text{mm})$$
$$h_o=900+8.7-431.2=477.5(\text{mm})$$

> **讨论**：双堰型卧式分离器之所以采用油、水两个溢流堰，目的是便于调节控制水和油的液层厚度，以满足液滴的沉降分离需求。比如，其他参数不变，仅将水的溢流堰高度由 800mm 减小为 790mm，此时水和油的液层厚度则分别为
>
> $$h_w=350+31.2=381.2(\text{mm}),\ h_o=900+8.7-381.2=527.5(\text{mm})$$
>
> 由此可见，水和油的液层厚度对堰板高差的变化非常敏感，且这种敏感性随密度比 γ 的减小而增加。这正是双堰板能有效调节和控制液层厚度的原因。

4.4　守恒原理综合应用问题

4.4.1　流动流体与器壁的相互作用力问题

问题要点：流动流体与器壁的相互作用力问题通常需要应用动量守恒方程，其中的一个问题是：方程中控制体进出口截面的压力应采用绝压还是表压。该问题说明如下：

① 控制体内流体所受总力 ΣF 与进出口压力取绝压或表压无关。因为根据动量守恒方程，ΣF 等于控制体净输出的动量流量＋动量变化率，而动量本身不涉及进出口压力；从力的构成来看，ΣF 中的表面力涉及静压力，而静压力中的环境压力 p_0 对控制体封闭表面而言是自平衡力系，即静压力取绝压或表压并不影响 ΣF 的大小。

② 流体与器壁之间的相互作用力 F 与进出口压力取绝压或表压有关。F 只是 ΣF 中表面力的一部分，取绝压得到的 F 包括 p_0 的贡献，取表压时不包括 p_0 的贡献，分析时应予注明。这样，在单独对器壁部件进行受力分析时，若 F 包括 p_0 的贡献，则部件其他表面的受力也要考虑 p_0 的作用；若 F 不包括 p_0 的贡献，则部件其他表面也不考虑 p_0 的作用。

【P4-26】输水管路三通接管受力分析。 图 4-34
所示为位于水平面（x-y 平面）的输水管路三通接
管。其中 $\alpha_1 = 30°$、$\alpha_2 = 45°$，三通管进出口截面 A、
A_1、A_2 对应的管径分别为 $d = 400$mm、$d_1 =$
200mm、$d_2 = 300$mm，流量分别为 $q_m = 500$kg/s、
$q_{m1} = 200$kg/s、$q_{m2} = 300$kg/s；三通接管进口压力
表读数 70kPa（表压）。取水的密度 $\rho = 1000$kg/m^3，
并忽略流体摩擦阻力损失，试确定水流在 x、y 方向
上对三通接管的推力 R_x、R_y，并讨论进出口压力取
绝压或表压对计算结果的影响。

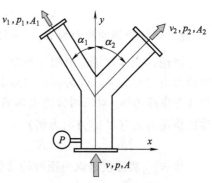

图 4-34　P4-26 附图

解　根据给定参数可知各截面平均流速分别为

$$v = \frac{q_m}{\rho A} = 3.979\text{m/s}, \quad v_1 = \frac{q_{m1}}{\rho A_1} = 6.366\text{m/s}, \quad v_2 = \frac{q_{m2}}{\rho A_2} = 4.244\text{m/s}$$

因三通接管位于水平面且不计摩擦，故分别从 A 到 A_1、A 到 A_2 应用沿流线的伯努利
方程，可得两出口的压力分别为

$$p_1 = \rho\frac{v^2 - v_1^2}{2} + p, \quad p_2 = \rho\frac{v^2 - v_2^2}{2} + p$$

也可针对三通接管控制体应用伯努利方程，此时控制体有两个出口，所以

$$\left(\frac{p}{\rho} + \frac{v^2}{2}\right)q_m = \left(\frac{p_1}{\rho} + \frac{v_1^2}{2}\right)q_{m1} + \left(\frac{p_2}{\rho} + \frac{v_2^2}{2}\right)q_{m2}$$

因 $q_m = q_{m1} + q_{m2}$，所以控制体伯努利方程与沿流线的伯努利方程将给出相同结果。

将各截面流速和进口截面压力代入伯努利方程，并设环境压力 $p_0 = 10^5$Pa，可得两出口
截面的表压力（以下标 g 区别）和绝对压力分别为

$$p_{1,g} = \rho\frac{v^2 - v_1^2}{2} + p_g = 57653\text{Pa}, \quad p_1 = p_{1,g} + p_0 = 157653\text{Pa}$$

$$p_{2,g} = \rho\frac{v^2 - v_2^2}{2} + p_g = 68910\text{Pa}, \quad p_2 = p_{2,g} + p_0 = 168910\text{Pa}$$

其次，根据动量守恒方程，三通接管内流体在 x、y 方向受到的总力可直接由控制体净
输出的动量流量确定，即

$$\sum F_x = -v_1\sin\alpha_1 q_{m1} + v_2\sin\alpha_2 q_{m2} = 263.7\text{N}$$
$$\sum F_y = v_1\cos\alpha_1 q_{m1} + v_2\cos\alpha_2 q_{m2} - vq_m = 13.4\text{N}$$

该总力的构成包括：管壁作用力和进出口压力的作用力。用 R_x'、R_y' 表示三通管壁对流
体作用力的 x、y 分量，并考虑三通接管进出口截面的压力方位，则该总力的构成为

$$\sum F_x = R_x' + A_1 p_1\sin\alpha_1 - A_2 p_2\sin\alpha_2$$
$$\sum F_y = R_y' + Ap - A_1 p_1\cos\alpha_1 - A_2 p_2\cos\alpha_2$$

由此可将三通管壁对流体的作用力表示为

$$R_x' = \sum F_x - A_1 p_1\sin\alpha_1 + A_2 p_2\sin\alpha_2$$
$$R_y' = \sum F_y - Ap + A_1 p_1\cos\alpha_1 + A_2 p_2\cos\alpha_2$$

将 p、p_1、p_2 以绝对压力代入，则管壁对流体的作用力中包括 p_0 的贡献，且

$$R_x' = 6229.8\text{N}, \quad R_y' = -8617.6\text{N}$$

此时管壁受到的推力为 $R_x = -R_x'$、$R_y = -R_y'$，且以此分析三通管受力时需计入 p_0。

将 p、p_1、p_2 以表压力代入，则管壁对流体的作用力中不包括 p_0 的贡献，且

$$R'_{x,g}=2802.4\text{N}, \quad R'_{y,g}=-3770.2\text{N}$$

此时管壁受到的推力为 $R_x=-R'_x$、$R_y=-R'_y$，且以此分析三通管受力时不计入 p_0。

> **讨论**：流体与管壁的相互作用力与进出口压力取绝压或表压有关，但三通管内流体受到的总力与此无关，因为该总力是由三通管内流体净输出的动量流量确定的。实际上，若单独考察压力 p_0 对三通管内流体的作用力，则根据 p_0 的合力为零，可得管壁面 p_0 对流体的作用力为（以 x 方向为例）
> $$R'_{x,0}=-A_1 p_0 \sin\alpha_1+A_2 p_0 \sin\alpha_2$$
> 该 $R'_{x,0}$ 实际就是取绝压时的管壁作用力 R'_x 与取表压时的作用力 $R'_{x,g}$ 的差值。
> 因为取绝压时 $\quad R'_x=\sum F_x-A_1(p_{1,g}+p_0)\sin\alpha_1+A_2(p_{2,g}+p_0)\sin\alpha_2$
> 代入 $R'_{x,0}$ 可得 $\quad R'_x-R'_{x,0}=\sum F_x-A_1 p_{1,g}\sin\alpha_1+A_2 p_{2,g}\sin\alpha_2$
> 取表压时 $\quad\quad\quad R'_{x,g}=\sum F_x-A_1 p_{1,g}\sin\alpha_1+A_2 p_{2,g}\sin\alpha_2$
> 两式对比并考虑 $R'_x-R'_{x,0}=R'_{x,g}$ 可知，无论压力取绝压还是表压，总力 $\sum F_x$ 不变。

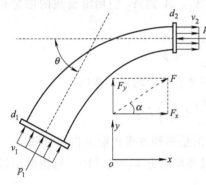

图 4-35　P4-27 附图

【P4-27】 变径弯管出口压力/温升及受力分析。水流以流量 $q_V=0.1\text{m}^3/\text{s}$ 流经变径弯管，弯管位于 $x\text{-}y$ 水平平面，坐标方位如图 4-35 所示。其中，进口截面直径 $d_1=0.2\text{m}$，表压 $p_1=120\text{kPa}$，出口截面直径 $d_2=0.15\text{m}$，进出口轴线夹角 $\theta=60°$，且已知弯管的总阻力损失 $\sum h_f=0.3 v_2^2/2g$。

① 假定进出口截面流速分布均匀，且弯管管壁绝热，试确定流体出口压力 p_2 和温升 ΔT；

② 确定水流对弯管作用力的大小和方向。

解 弯管进出口的平均流速 v_1 和 v_2 分别为

$$v_1=\frac{4q_V}{\pi d_1^2}=\frac{4\times 0.1}{\pi\times 0.2^2}=3.183(\text{m/s}), \quad v_2=\frac{4q_V}{\pi d_2^2}=\frac{4\times 0.1}{\pi\times 0.15^2}=5.659(\text{m/s})$$

① 因为弯管位于水平平面，所以在 1、2 截面之间应用引申伯努利方程有

$$\frac{p_1}{\rho g}+\frac{v_1^2}{2g}=\frac{p_2}{\rho g}+\frac{v_2^2}{2g}+\sum h_f$$

由此得 $\quad p_2=p_1+\dfrac{\rho v_1^2}{2}-\dfrac{\rho v_2^2}{2}-\rho g\sum h_f=p_1+\dfrac{\rho v_1^2}{2}-(1+0.3)\dfrac{\rho v_2^2}{2}$

根据机械能守恒方程 [式(4-22)] 的说明可知，黏性流体的机械能损失转化为热能后，一方面用于增加流体内能，一方面用于对外散热，即

$$gh_f=\Delta u-Q/q_m$$

因此时弯管壁面绝热，即 $Q=0$，所以

$$gh_f=\Delta u=c_p\Delta T \rightarrow \Delta T=\frac{g}{c_p}h_f=0.3\frac{v_2^2}{2c_p}$$

代入已知数据并取水的密度 $\rho=1000\text{kg/m}^3$，比定压热容 $c_p=4174\text{J/(kg·K)}$，可得
$$p_2=104.25\text{kPa（表）}, \quad \Delta T=0.001\text{K}$$

② 设弯管管壁对水流作用力的分量为 F'_x、F'_y，则在 1、2 截面间应用动量方程有：

x 方向 $\quad\quad F'_x+p_1 A_1\cos\theta-p_2 A_2=(v_2-v_1\cos\theta)\rho q_V$

y 方向 $\quad\quad F'_y+p_1 A_1\sin\theta=(0-v_1\sin\theta)\rho q_V$

因水流对弯管的作用力 $F_x = -F_x'$、$F_y = -F_y'$，所以

$$F_x = -F_x' = p_1 A_1 \cos\theta - p_2 A_2 - (v_2 - v_1 \cos\theta)\rho q_V$$

$$F_y = -F_y' = p_1 A_1 \sin\theta + v_1 \sin\theta \rho q_V$$

代入数据有（压力用表压力，计算所得作用力不包括 p_0 的贡献）

$$F_x = -364.0\text{N}, \quad F_y = 3540.5\text{N}$$

管壁所受合力 F 的大小及其与水平方向的夹角分别为

$$F = \sqrt{F_x^2 + F_y^2} = \sqrt{364.0^2 + 3540.5^2} = 3559.2(\text{N})$$

$$\alpha = \arctan(F_y/F_x) = \arctan(-3540.5/364.0) = -84.1°$$

【P4-28】明渠水流对闸门的冲击力。图 4-36 所示为明渠中水流经过闸门的情况，已知参数有流体密度 ρ，闸门前后的水深 H 和 h，试确定垂直纸面方向单位宽度闸门受到的水流冲击力。设流体可视为理想不可压缩流体（无摩擦和阻力损失），表面大气压力为 p_0，且在 1—1 和 2—2 截面上，水流速度分布均匀，压力沿高度的分布为

$$p_1 = p_0 + \rho g(H - y), \quad p_2 = p_0 + \rho g(h - y)$$

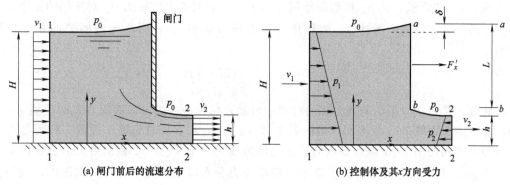

(a) 闸门前后的流速分布　　　(b) 控制体及其 x 方向受力

图 4-36　P4-28 附图

解　该问题为理想不可压缩流体的稳态流动问题。取 1—1 和 2—2 截面之间的流体空间为控制体，其垂直纸面方向为单位宽度。如图 4-36(b) 所示，设闸门内表面（a-b 面）对流体的总作用力为 F_x'，点 a 与 1—1 截面处的高度差为 δ，点 a 与点 b 之间的高差为 L。

根据稳态流动条件，由质量守恒方程有

$$\rho v_1 H = \rho v_2 h \quad 或 \quad v_2 = v_1 H/h$$

流体在 x 方向受到的总力的构成为

$$\sum F_x = \int_0^H p_1 \mathrm{d}y + p_0\delta + F_x' - p_0(\delta + H - L - h) - \int_0^h p_2 \mathrm{d}y$$

将进出口压力分布方程代入，积分并整理可得

$$\sum F_x = \rho g \frac{H^2 - h^2}{2} + F_x' + p_0 L$$

控制体进出口 x 方向动量流量之差（净输出的动量流量）为

$$(v_{2x} - v_{1x})q_m = (v_2 - v_1)\rho v_1 H = \left(\frac{H}{h} - 1\right)\rho v_1^2 H$$

因此，根据 x 方向动量守恒方程可得

$$\rho g \frac{H^2 - h^2}{2} + F_x' + p_0 L = \left(\frac{H}{h} - 1\right)\rho v_1^2 H$$

由此解出

$$F_x' = -\rho g \frac{H^2 - h^2}{2} + \frac{(H - h)H}{h}\rho v_1^2 - p_0 L$$

此外，1—1 和 2—2 截面上任意高度 y 处单位质量流体的机械能分别为

$$\frac{v_1^2}{2} + gz_1 + \frac{p_1}{\rho} = \frac{v_1^2}{2} + gy + \frac{[p_0 + \rho g(H-y)]}{\rho} = \frac{v_1^2}{2} + \frac{p_0}{\rho} + gH$$

$$\frac{v_2^2}{2} + gz_2 + \frac{p_2}{\rho} = \frac{v_2^2}{2} + gy + \frac{[p_0 + \rho g(h-y)]}{\rho} = \frac{v_2^2}{2} + \frac{p_0}{\rho} + gh$$

由此可见，两截面的机械能与 y 无关。于是根据伯努利方程（两截面机械能相等）且将 $v_2 = v_1 H/h$ 代入可得

$$v_1^2 = 2gh^2/(H+h)$$

将此代入 F'_x 的表达式，整理可得 F'_x 或其反作用力即水流对闸门的冲击力 F_x 为

$$F_x = -F'_x = \rho g \frac{(H-h)^3}{2(H+h)} + p_0 L$$

讨论：此处，由于控制体进出口截面压力采用了绝对压力，所以 F'_x 或 F_x 中包括了大气压力 p_0 的贡献，且 p_0 贡献的作用力为 $p_0 L$。若考虑大气压力 p_0 对闸门的作用是自平衡力系，一开始就不考虑 p_0 的作用（进出压力取表压），则水流与闸门的相互作用力为

$$F_x = -F'_x = \rho g \frac{(H-h)^3}{2(H+h)}$$

此外，从以上应用伯努利方程的过程中可知，尽管进口或出口截面各点的位能 gy 不同，各点的压力能 p/ρ 也不同，但两者之和（$gy + p/\rho$），即总位能，在同一截面各点处处相等。本问题中 1—1 截面各点的总位能都为 $p_0/\rho + gH$，2—2 截面各点的总位能都为 $p_0/\rho + gh$，其本质原因是假设了进出口截面压力分布满足静力学方程。实践中，均匀流段的流动截面上通常都可做这样的假设。

4.4.2　理想液体自由射流及孔口流动问题

问题要点：液体自由射流与孔口流动问题分析中，通常需要应用理想液体射流轨迹方程和容器壁面小孔流速公式。

① 对于图 4-37 所示的理想液体自由射流，设管口为坐标原点，管口截面积、流速和方位角分别为 A_0、v_0、α，则射流轨迹及流股截面 A 的变化方程为

$$y = x\tan\alpha - x^2 \frac{g}{2v_0^2\cos^2\alpha}, \quad A = A_0\left(1 - \frac{2g}{v_0^2}y\right)^{-0.5} \tag{4-26}$$

② 液体从容器壁面小孔流出的理论流速公式及其扩展形式分别为

$$v = \sqrt{2gh}, \quad v = \sqrt{2\Delta p/\rho} \tag{4-27}$$

以上两式中，前者针对液面恒定的敞口容器，其中液面至孔口的垂直位差 h 恒定；后者则是前者的扩展，适合于孔口两侧压差为 Δp 的一般情况。需要指出的是，对于位差 h 或压差 Δp 随时间变化的非稳态小孔流动，只要容器截面远大于孔口截面（容器内的流动相对比较缓慢），则可将其视为拟稳态过程，此情况下每一瞬时的孔口流速 v 与 h 或 Δp 的关系仍可用稳态流速公式

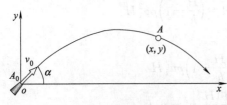

图 4-37　理想液体射流轨迹

[式(4-27)]描述（排放末期除外）。

【P4-29】理想流体垂直射流受力问题。 图 4-38 为理想流体垂直射流，其中喷管出口面积 $A_0 = 20\mathrm{cm}^2$，流速 $v_0 = 6\mathrm{m/s}$，射流撞击到质量 $m = 5\mathrm{kg}$ 圆盘机构。若圆盘机构无轴向摩擦，其重量全部由射流承受，试确定射流高度 h。

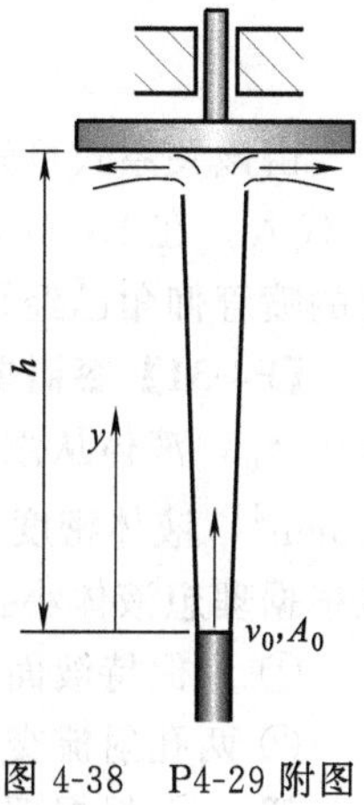

解　射流支撑圆盘达到平衡时保持稳定状态，其中射流流股受力包括圆盘重力和流股自身重力，两者皆垂直向下；射流撞击圆盘后沿圆盘表面径向扩散，速度沿水平方向。因此针对射流流股应用控制体动量守恒方程有

$$-mg - \rho g V = -v_0(\rho v_0 A_0)$$

其中 V 为射流流股体积。设流股任意截面的面积为 A，则

$$V = \int_0^h A \mathrm{d}y \qquad\qquad (a)$$

图 4-38　P4-29 附图

根据理想流体射流流股截面的变化关系式(4-26)可知

$$A = A_0 \left(1 - \frac{2g}{v_0^2} y\right)^{-0.5} = A_0 \frac{\varphi}{\sqrt{\varphi^2 - y}} \qquad (\text{其中 } \varphi^2 = \frac{v_0^2}{2g})$$

将其代入式(a)可得射流流股的体积为

$$V = \int_0^h A \mathrm{d}y = A_0 \varphi \int_0^h \frac{1}{\sqrt{\varphi^2 - y}} \mathrm{d}y = 2A_0 \varphi \left(\varphi - \sqrt{\varphi^2 - h}\right)$$

将 V 代入动量方程可得射流高度 h 的表达式，并进一步代入数据可得

$$h = \frac{v_0^2}{2g} - \frac{m^2 g}{2(\rho v_0 A_0)^2} = 0.983\mathrm{m}$$

其中射流流股到达圆盘时的横截面积为

$$A = A_0 \left(1 - \frac{2g}{v_0^2} y\right)^{-0.5} = 20 \times \left(1 - \frac{2 \times 9.81}{6^2} \times 0.983\right)^{-0.5} = 29.35(\mathrm{cm}^2)$$

讨论： 若将射流流股简化为等直径流股，则动量守恒方程及由此得到的射流高度为

$$-mg - \rho g(hA_0) = -v_0(\rho v_0 A_0) \rightarrow h = \frac{v_0^2}{g} - \frac{m}{\rho A_0} = 1.170\mathrm{m}$$

【P4-30】理想水流的流量及射程-方位角关系。 如图 4-39 所示，一喷管在距离地面 $h = 0.8\mathrm{m}$ 的高度以 $\alpha = 40°$ 的仰角将水喷射到 $L = 5\mathrm{m}$ 远的地点。喷管口直径 $d = 12.5\mathrm{mm}$，水的密度 $\rho = 1000\mathrm{kg/m}^3$。视流体为理想流体，试确定：

① 喷口处的质量流量；

② 在该流量下使 L 达到最大的喷管仰角 α。

解　① 将水流着地点坐标 $x = L$、$y = -h$ 代入式(4-26)，可得喷口流速和流量为

$$v_0 = \frac{L}{\cos\alpha} \sqrt{\frac{g/2}{L\tan\alpha + h}}, \quad q_{\mathrm{m}} = \rho \frac{\pi d^2}{4} v_0$$

代入数据有 $v_0 = 6.464\mathrm{m/s}$，$q_{\mathrm{m}} = 0.793\mathrm{kg/s}$

② 喷口流量不变则流速不变，因此根据以上流速关系并考虑 $L > 0$，可得流速或流量一定时射程与方位角的关系为

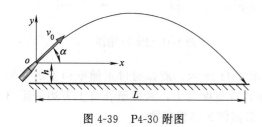

图 4-39　P4-30 附图

$$L = \frac{v_0^2}{g} \cos^2\alpha \left(\tan\alpha + \sqrt{\tan^2\alpha + \frac{2g}{v_0^2 \cos^2\alpha} h} \right)$$

由该关系式可知，若 $h=0$，则 $\alpha=45°$ 对应的 L 最大；当 $h=0.8\text{m}$ 时，将以上计算出的 v_0 代入，在 Excel 表中取不同 α 计算可知，$\alpha=40°$ 对应的 L 最大，且 $L_{\max}=5\text{m}$，即题中给出的喷管仰角已经是 $L=L_{\max}$ 对应的仰角。

【P4-31】容器壁面小孔射流轨迹问题。图 4-40 所示为液体储存容器，其中液面上方为常压 p_0，液体从液面下深度 $h_1=0.5\text{m}$、$h_2=1\text{m}$ 处的器壁小孔流出，小孔截面积均为 $A=0.5\text{cm}^2$，液体密度 $\rho=1000\text{kg/m}^3$。以孔 1 为坐标原点，并设两孔口流体沿径向水平射出。试根据理想液体小孔流速公式和射流轨迹方程确定：

① 为保持液面高度恒定所需的供液量 q_m；

② 两孔射流交汇点的坐标。

解 ① 根据理想液体小孔流速公式 [式(4-27)]，小孔 1 和小孔 2 的流速可分别表示为

$$v_1 = \sqrt{2gh_1}, \quad v_2 = \sqrt{2gh_2}$$

根据质量守恒，容器顶部所需供液量 q_m 为

$$q_m = q_{m1} + q_{m2} = \rho A \sqrt{2g} \left(\sqrt{h_1} + \sqrt{h_2} \right) = 0.378\text{kg/s}$$

② 对于水平射流，在理想流体射流轨迹方程中令 $\alpha=0$，可得孔 1 的射流轨迹，即

$$y = x\tan\alpha - x^2 \frac{g}{2v_1^2 \cos^2\alpha} \rightarrow y = -x^2 \frac{g}{2v_1^2}$$

同一坐标系下，小孔 2 的射流轨迹方程为

$$y + (h_2 - h_1) = -x^2 g / 2v_2^2$$

因交汇点 x 相同，故由两孔的射流轨迹方程可得交汇点的 y 坐标，进而得到 x 坐标，即

$$y = \frac{h_2 - h_1}{v_1^2 / v_2^2 - 1} = -h_2, \quad x = v_1 \sqrt{\frac{-2y}{g}} = 2\sqrt{h_1 h_2}$$

代入数据有

$$y = -1\text{m}, \quad x = \sqrt{2}\,\text{m}$$

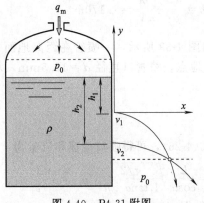

图 4-40　P4-31 附图

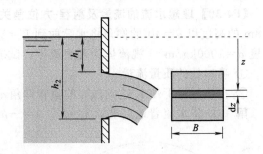

图 4-41　P4-32 附图

【P4-32】矩形孔口理论流量的对比计算。如图 4-41 所示，液体通过水槽壁面上的矩形孔向外排放，且液面位高恒定（稳态流动），已知孔口宽度为 B，液面至孔口上下边缘距离分别为 h_1、h_2。设水槽横截面远大于孔口截面，且液体为理想流体。

① 试根据能量守恒建立孔口流量 q_V 的表达式；

② 试分别用以上建立的流量表达式和小孔理论流速公式 [式(4-27)] 计算 $B=1.0m$、$h_1=0.8m$、$h_2=2.0m$ 时的流量，并比较两者偏差。

解 如图 4-41 所示，在液面（$z=0$，速度 ≈ 0）与孔口微元面（坐标为 z，速度为 v）之间应用沿流线的伯努利方程，可得孔口截面局部速度。即

$$\frac{p_0}{\rho}+gz=\frac{p_0}{\rho}+\frac{v^2}{2} \rightarrow v=\sqrt{2gz}$$

① 利用孔口截面局部速度积分，可得孔口的理论流量为

$$q_V=\int_{h_1}^{h_2} vB\,\mathrm{d}z=\int_{h_1}^{h_2} \sqrt{2gz}\,B\,\mathrm{d}z=\frac{2}{3}B\sqrt{2g}\,(h_2^{3/2}-h_1^{3/2})$$

以孔中心的位差直接代入式(4-27) 得到的流量公式为

$$q_V'=A\sqrt{2gh}=(h_2-h_1)B\sqrt{2gh_m}=(h_2-h_1)B\sqrt{g(h_1+h_2)}$$

② 代入数据可得两者计算的流量分别为

$$q_V=6.236m^3/s, \quad q_V'=6.286m^3/s$$

结果表明，小孔理论流量公式计算结果虽然偏大，但偏差很小，两者相对偏差 $<1\%$。

讨论：小孔流量公式与局部速度积分流量公式的比值为

$$\frac{q_V'}{q_V}=\frac{3}{2\sqrt{2}}\times\frac{(h_2-h_1)(h_1+h_2)^{1/2}}{h_2^{3/2}-h_1^{3/2}}$$

由此可见：$h_2\rightarrow h_1$，$q_V'/q_V\rightarrow 1$；$h_2\rightarrow\infty$ 或 $h_1=0$，$q_V'/q_V\rightarrow 3\sqrt{2}/4\approx 1.061$ 即，小孔流量公式虽然偏大，但最大偏差仅 6.1%。

【P4-33】纸浆蒸煮釜卸料流量与时间计算。 图 4-42 所示为纸浆蒸煮釜卸料示意图，其中料液为碎木屑与氢氧化钠溶液经加热加压蒸煮后形成的浆状液，卸料过程中浆状液冲击到底部平台可使纤维素与木质素进一步分开。已知蒸煮釜筒体截面积 $A=5m^2$，卸料口截面积 $A_0=0.03m^2$，卸料口至平台表面距离 $b=0.6m$，料液密度 $\rho=1050kg/m^3$。若卸料起始时刻液柱高度 $h_1=6.0m$，液面上方密闭空间水蒸汽表压 $p_1=600kN/m^2$，体积 $V_1=5m^3$，且忽略卸料过程中的摩擦阻力和釜内料浆动能，试按拟稳态过程确定：

① 起始时刻卸料口的流量和平台受到的冲击力；

② 液面下降 3m 时的孔口流量；

③ 液面下降 3m 所需的时间。

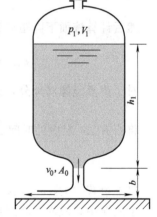

图 4-42 P4-33 附图

解 以 p_0 表示环境压力，并设卸料过程温度不变，则釜内液面下降距离为 h 时，液面上方水蒸气表压力 p 可按理想气体状态方程确定，即

$$(p_1+p_0)V_1=(p+p_0)(V_1+hA) \rightarrow p=\frac{p_1V_1-p_0hA}{V_1+hA}$$

根据拟稳态过程的小孔流速扩展公式 [式(4-27)]，此时出料口的质量流量为

$$q_m=\rho A_0 v_0=\rho A_0\sqrt{2\left[g(h_1-h)+\frac{p}{\rho}\right]}=\rho A_0\sqrt{2\left[g(h_1-h)+\frac{p_1V_1-p_0hA}{\rho(V_1+hA)}\right]}$$

① 起始时刻，$h=0m$，$p=p_1$，卸料口的流量为

$$q_m = 1050 \times 0.03 \times \sqrt{2 \times \left(9.81 \times 6 + \frac{600000}{1050}\right)} = 1118.4 (\text{kg/s})$$

视出料液柱截面积不变且等于 A_0，冲击过程为拟稳态过程，则对出料液柱作动量守恒可得流体受到的平台反冲力 F（其大小等于平台受到的冲击力），即

$$F - \rho A_0 b g = v_0 q_m \rightarrow F = \frac{q_m^2}{\rho A_0} - \rho A b g$$

代入数据得 $\qquad\qquad\qquad\qquad F = 39893.9\text{N}$

② 取环境压力 $p_0 = 10^5 \text{Pa}$，则釜内液面下降距离 $h = 3\text{m}$ 时，液面上方水蒸气表压力 p 及卸料口质量流量分别为

$$p = \frac{p_1 V_1 - p_0 h A}{(V_1 + hA)} = 75\text{kPa}, \quad q_m = \rho A_0 \sqrt{2\left[g(h_1 - h) + \frac{p}{\rho}\right]} = 447.4\text{kg/s}$$

③ 因釜内液体只出不进，故其质量守恒方程为

$$q_m = -\mathrm{d}m_{cv}/\mathrm{d}t$$

设起始时刻釜内液体质量为 m_1，则液面下降高度为 h 且液面仍然在圆筒（直径不变）范围时，釜内液体的剩余质量 $m_{cv} = m_1 - \rho h A$，将此代入质量守恒方程，有

$$q_m = \rho A (\mathrm{d}h/\mathrm{d}t) \quad \text{或} \quad t = \int_0^h (\rho A / q_m) \mathrm{d}h$$

其中 t 为液面下降 h 所需时间。理论上，将 q_m 的表达式代入后积分可得 t 与 h 的关系。但由于积分的困难，在此采用数值积分法计算液面下降 h 所需时间 t。将液面下降距离 h 划分为 n 段，每段距离为 $\Delta h = h/n$，然后针对每一个 Δh，计算截面下降所需的时间，而所有 Δh 对应的时间之和即为液面下降 h 所需的时间，具体过程如下。

对于从上至下第 i 个 Δh，计算其中点对应的液面下降距离 h_i，即

$$h_i = (i-1)\Delta h + 0.5\Delta h \quad (i = 1, 2, \cdots, n)$$

然后计算液面下降距离为 h_i 时卸料口的质量流量 $q_{m,i}$，即

$$q_{m,i} = \rho A_0 \sqrt{2\left[g(h_1 - h_i) + \frac{p_1 V_1 - p_0 h_i A}{\rho(V_1 + h_i A)}\right]}$$

对于蒸煮釜圆筒部分，Δh 对应的料液质量为 $\rho A \Delta h$，故液面下降 Δh 所需时间近似为

$$\Delta t_i = \rho A \Delta h / q_{m,i} \quad (i = 1, 2, \cdots, n)$$

将所有 Δh 对应的时间 Δt_i 相加，得到液面下降 h 所需的总时间 t，即

$$t = \sum_{i=1}^n \Delta t_i = \sum_{i=1}^n \frac{\rho A}{q_{m,i}} \Delta h$$

以上过程在 Excel 计算表中易于完成，且理论上 n 越大（分段越小）计算结果越准确。本问题中，液面下降距离 $h = 3\text{m}$，取 $n = 30$，则 $\Delta h = h/n = 0.1\text{m}$，由此计算得到的总时间 $t = 24.27\text{s}$。可以验证，此后再增加 n 对计算精度已无实际改进。

【P4-34】矩形槽内沉浸孔的拟稳态流动问题。图 4-43 所示为一矩形水槽，中间有一隔板，其中 $a = 3.5\text{m}$，$b = 7.0\text{m}$，垂直于纸面方向上水槽宽度 $l = 2.0\text{m}$。隔板下部有一面积 $A = 0.065\text{m}^2$ 的沉浸小孔，其流量系数 $C_d = 0.65$。若起始时刻两液面高差 $h_0 = 4.0\text{m}$，试求两液面高差为零时所需的时间。

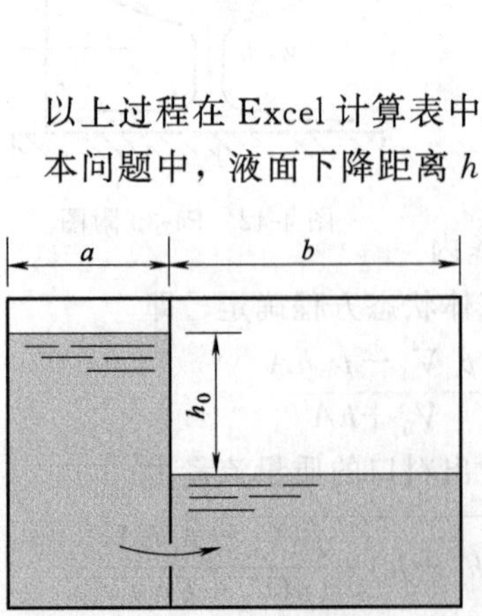

图 4-43　P4-34 附图

解　因沉浸孔截面不及隔板左侧水槽横截面积 A_a 的

1%，故该流动问题可视为拟稳态过程，其中两液面高差为 Δh 时，小孔两侧的压差为 $\rho g \Delta h$，孔口流量为

$$q_V = C_d A \sqrt{2\Delta p / \rho} = C_d A \sqrt{2g\Delta h}$$

从起始时刻开始，当隔板左侧液面下降距离为 x 时，右侧液面相应上升距离为 xa/b；此时两液面高差 Δh 及孔口流量分别为

$$\Delta h = h_0 - x\left(1 + \frac{a}{b}\right), \quad q_V = C_d A \sqrt{2g\left[h_0 - x\left(1 + \frac{a}{b}\right)\right]}$$

此时取隔板左侧水槽为控制体，由质量守恒方程又可得

$$q_V - A_a \frac{dx}{dt} = 0 \rightarrow C_d A \sqrt{2g\left[h_0 - x\left(1 + \frac{a}{b}\right)\right]} = A_a \frac{dx}{dt}$$

该式从 $t = 0 \rightarrow t$、$x = 0 \rightarrow x$ 积分，可得两液面高差由 h_0 减小至 Δh 所需时间为

$$t = \frac{2A_a}{(1 + a/b)C_d A \sqrt{2g}}\left(\sqrt{h_0} - \sqrt{\Delta h}\right)$$

当两液面高差为零时，$\Delta h = 0$，所需时间为

$$t = \frac{2A_a \sqrt{h_0}}{(1 + a/b)C_d A \sqrt{2g}} = \frac{2 \times 2 \times 3.5 \times \sqrt{4}}{(1 + 3.5/7) \times 0.65 \times 0.065 \times \sqrt{2g}} = 99.7(s)$$

> **讨论**：该结果只适合于孔口较小、两侧液面运动缓慢的拟稳态情况。若孔口相对较大，以致两侧液面的下降和上升速度较大时，惯性作用会使右侧液面反超左侧液面，出现两侧液面交替振荡的情况，此时两液面最终趋于相等（静止）的时间取决于系统的阻尼大小。

4.4.3 虹吸流动及液体汽化问题

问题要点：对于液体在管路中的流动，若其压力可能低于大气压，如虹吸管或水泵进口段流动，则需考虑液体压力低于其饱和蒸气压所产生的汽化问题。液体汽化会导致流动中断或产生汽蚀现象，此时针对单相连续流体建立的守恒方程不再适用。

【**P4-35**】**虹吸管排水流速及排水时间问题**。采用内径 $d = 20mm$ 的虹吸管从直径 $D = 3m$ 的圆筒水槽排水，见图 4-44。其中环境压力 $p_0 = 100kPa$，水的密度 $\rho = 988kg/m^3$，饱和蒸气压 $p_v = 12.3kPa$（水温 50℃）。若起始时刻虹吸管顶点 c 至液面的垂直距离 $h_c = 0.5m$，液面至虹吸管出口的垂直距离 $h_0 = 2m$，且此条件下管路总阻力损失可表示为 $\sum h_f = 7(v^2/2g)$（v 是管内平均流速），其中液面 1 至虹吸管顶点 c 的阻力损失 $h_{f,1-c} = 3(v^2/2g)$，试确定：

① 维持液面液位不变的条件下，虹吸管的排水流速。

② 维持液面液位不变的条件下，通过降低虹吸管出口位置（h_0 增加）能达到的最大流速为多少？

③ 若水槽上游停止供水，试确定水槽液面下降 0.5m 所需的时间。

解 ① 维持液面液位不变的条件下，排水过程是稳态过程，因此在液面 1 与虹吸管出口 2 之间应用引申的伯努利方程（取 $\alpha = 1$），有

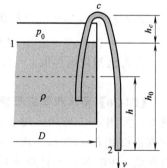

图 4-44 P4-35 附图

$$\frac{v_2^2-v_1^2}{2g}+(z_2-z_1)+\frac{p_2-p_1}{\rho g}+\sum h_f=0$$

见图 4-44，考虑 $v_2^2-v_1^2\approx v^2$，$z_2-z_1=-h_0$，$p_2=p_1=p_0$，所以有

$$v=\sqrt{2g(h_0-\sum h_f)}$$

将 $\sum h_f=\zeta(v^2/2g)$ 及给定数据代入，可得排水流速为

$$v=\sqrt{2gh_0/(1+\zeta)}=\sqrt{2\times9.81\times2/(1+7)}=2.215(\text{m/s})$$

② 进一步在虹吸管顶点 c 与出口 2 之间应用引申的伯努利方程（取 $\alpha=1$），有

$$\frac{v_2^2-v_c^2}{2g}+(z_2-z_c)+\frac{p_2-p_c}{\rho g}+h_{f,c-2}=0$$

因为 $z_2-z_c=-(h_0+h_c)$，$p_2=p_0$，且等直径管中 $v_c=v_2=v$，所以有

$$h_0=\frac{(p_0-p_c)}{\rho g}-h_c+h_{f,c-2}$$

为防止液体汽化，虹吸管顶点的液体压力应不小于其饱和蒸气压，即 $p_c\geqslant p_v$，由此得

$$h_{0\max}=\frac{p_0-p_v}{\rho g}-h_c+h_{f,c-2}$$

将 $h_{0\max}$ 代入流速公式，并考虑 $\sum h_f=h_{f,1-c}+h_{f,c-2}$，可得最大流速公式为

$$v_{\max}=\sqrt{2g(h_{0\max}-\sum h_f)}=\sqrt{2g\left[\frac{p_0-p_v}{\rho g}-(h_c+h_{f,1-c})\right]}$$

此时，$h_{f,1-c}=3(v_{\max}^2/2g)$，将此代入整理后可得虹吸管能达到的最大流速为

$$v_{\max}=\sqrt{\frac{2g}{(1+3)}\left(\frac{p_0-p_v}{\rho g}-h_c\right)}$$

代入数据得 $\qquad\qquad v_{\max}=6.434\text{m/s}$

③ 设水槽原有流体质量为 m_0，则液面下降至与虹吸管出口距离为 h 时的剩余质量为

$$m=m_0-\rho(h_0-h)(\pi D^2/4)$$

其次，因水池截面远大于虹吸管流动截面，故液面下降时虹吸管排水可视为拟稳态过程，此时的管路阻力特性亦可视为不变，即 $\sum h_f=\zeta(v^2/2g)$。所以虹吸管排水流速可表示为

$$v=\sqrt{2gh/(1+\zeta)}$$

将 m、v 代入以水槽为控制体的质量守恒方程，可得

$$\rho v\frac{\pi}{4}d^2-0+\frac{dm}{dt}=0\ \rightarrow\ dt=-\frac{D^2}{d^2}\sqrt{\frac{(1+\zeta)}{2g}}\frac{dh}{\sqrt{h}}$$

由 $t=0\rightarrow t$、$h=h_0\rightarrow h$ 积分上式，可得液面由 h_0 下降至 h 所需的时间为

$$t=(D/d)^2\sqrt{2(1+\zeta)/g}\left(\sqrt{h_0}-\sqrt{h}\right)$$

代入已知数据并取 $\zeta=7$，可得液面下降 0.5m 时或 $h=h_0-0.5=1.5$m 时所需时间为

$$t=5444\text{s}$$

【P4-36】两水库间虹吸管输水流量的计算。直径 $d=1.2$m 的管道靠虹吸作用由 A 向 B 输水，如图 4-45 所示。两水库液面高差 $H=6$m，管道最高点与水库液面 A 高差 $h=3$m。管道总长度 $L=720$m，其中从液面 A 到最高点 C 之间的管道长度 $l=240$m。设管道沿程阻力系数 $\lambda=0.04$，不计进出口等局部阻力，试求管内体积流量 q_V 及 C 点处的流体表压力 p_C。取水的密度 $\rho=1000\text{kg/m}^3$。

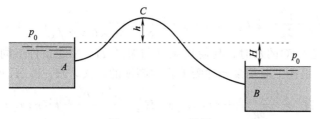

图 4-45　P4-36 附图

解　考虑 A、B 两液面动能近似为零且均处于大气环境，故在 A、B 两液面之间应用引申的伯努利方程，并引用沿程阻力损失公式有

$$H=h_{f,A-B}=\lambda\frac{L}{d}\times\frac{v^2}{2g}\quad 或 \quad v^2=\frac{2gH}{\lambda L/d}\quad 或 \quad q_V=Av=\frac{\pi}{4}d^2\sqrt{\frac{2gH}{\lambda L/d}}$$

代入数据有

$$q_V=\frac{\pi}{4}\times1.2^2\times\sqrt{\frac{2\times9.81\times6}{0.04\times720/1.2}}=2.50(\mathrm{m}^3/\mathrm{s})$$

管道顶点的流体表压力 p_C 可由液面 A 与顶点 C 点之间的引申伯努利方程确定，即

$$\frac{p_C}{\rho g}+h+\frac{v^2}{2g}+h_{f,A-C}=0 \rightarrow p_C=-\rho gh-\left(1+\lambda\frac{l}{d}\right)\frac{\rho v^2}{2}=-51.5\mathrm{kPa}$$

该压力显然高于常温下水的饱和蒸气压。

【P4-37】离心泵安装高度的计算。一离心泵（见图 4-46）铭牌标注：流量 $q_V=30\mathrm{m}^3/\mathrm{h}$，扬程 $H=24\mathrm{m}$ 水柱，转速 $n=2900\mathrm{r/min}$，允许吸上真空高度 $H_S=5.7\mathrm{m}$。现假设该泵符合现场流量与扬程要求，且已知吸入管路全部阻力损失 $\sum h_f=1.5\mathrm{mH_2O}$，当地大气压 $10\mathrm{mH_2O}$，泵的进口直径 $80\mathrm{mm}$。试确定该泵分别用于输送 $20℃$ 和 $80℃$ 的水时的安装高度。

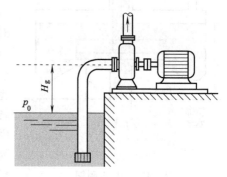

图 4-46　P4-37 附图

解　如图 4-46 所示，设离心泵进口截面压力为 p，流速为 v，进口前管路系统总阻力损失为 $\sum h_f$，则根据引申的伯努利方程可知，离心泵安装高度 H_g 与进口截面压力 p 有如下关系

$$p=p_0-\rho gH_g-\frac{\rho v^2}{2}-\rho g\sum h_f\quad 或 \quad H_g=\frac{p_0-p}{\rho g}-\frac{v^2}{2g}-\sum h_f$$

该关系表明，离心泵从大气环境的水池抽水时，其进口截面压力 p 总是处于负压状态，即 $p<p_0$，且 p 随安装高度 H_g 增加而减小。但从防止汽蚀的角度，又要求 p 不低于流体的饱和蒸气压 p_v。因此在以上能量方程中令 $p=p_v$，可得 H_g 的最大允许值，即

$$H_{g,max}=H_S-\frac{v^2}{2g}-\sum h_f,\quad H_S=\frac{p_0-p_v}{\rho g}$$

此即离心泵最大安装高度 $H_{g,max}$ 的理论计算式。

工程实际中，工业用泵的 H_S 还与泵的转速 n、流量 q_V 等有关，通常由生产厂家试验确定，并标注于产品说明书中。其中，工业用水泵的 H_S 通常是在环境压力为 $10\mathrm{mH_2O}$、吸送 $20℃$ 清水的条件下标定的。若现场使用条件与之不符，需要将 H_S 换算成新条件下的 H_S'。

本问题中，水池液面压力为 $10\mathrm{mH_2O}$，当水泵用于输送 $20℃$ 的水时，其使用条件与泵的 H_S 标定条件相同，因此计算 $H_{g,max}$ 时可直接应用泵铭牌标注的 $H_S=5.7\mathrm{m}$，故

$$H_{g,max} = H_S - \frac{v^2}{2g} - \sum h_f = 5.7 - \frac{1}{2 \times 9.81} \times \left(\frac{30/3600}{\pi \times 0.08^2/4} \right)^2 - 1.5 = 4.06 \text{(m)}$$

当水泵用于输送80℃的水时，其使用条件与泵的 H_S 标定条件不同，需要将 H_S 换算成新条件下的 H_S'。根据工业用泵允许吸上真空高度的定义，H_S 和 H_S' 可分别表示为

$$H_S = \frac{p_0 - p_v}{\rho g} + f(n, q_V), \quad H_S' = \frac{p_0' - p_v'}{\rho g} + f'(n, q_V)$$

换算中的假设条件是：不同环境压力和水温下，转速及体积流量对允许吸上真空高度的影响是相同的，即 $f'(n, q_V) = f(n, q_V)$，由此可得 H_S' 的换算关系为

$$H_S' = H_S + \frac{p_0' - p_0}{\rho g} - \frac{p_v' - p_v}{\rho g}$$

由水的饱和蒸气压表可知，80℃时水的饱和蒸气压 $p_v' = 47380\text{Pa}$，20℃时水的饱和蒸气压 $p_v = 2339\text{Pa}$，因为输送80℃水时水池液面压力仍为 $10\text{mH}_2\text{O}$，即 $p_0' = p_0$，所以

$$H_S' = 5.7 - (47380 - 2339)/9810 = 1.109 \text{(m)}$$

$$v = q_V/A = 30/(\pi \times 0.04^2) = 5968.31 \text{(m/h)} = 1.658 \text{(m/s)}$$

$$H_{g,max} = H_S' - v^2/2g - \sum h_f = 1.109 - 0.5 \times 1.658^2/9.81 - 1.5 = -0.531 \text{(m)}$$

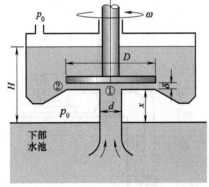

图 4-47　P4-38 附图

安装高度 $H_{g,max} < 0$ 意味着泵应安装于液面之下（水池壁面开孔与泵的进口连接）。

注：为保守起见，以上 H_S' 换算式中通常取 $p_v = 0$。此时 $H_S' = 0.87\text{m}$，$H_{g,max} = -0.77\text{m}$。

【P4-38】圆盘式摩擦泵流量公式及流量计算。图4-47所示为圆盘式摩擦泵原理图。直径为 D 的圆盘与泵壳底座圆环面（内径 d）的间隙为 δ，当圆盘以角速度 ω 转动时，其底部位置①将形成负压并将下部水池中的水吸入泵内。作为近似分析，可认为圆盘转动功率等于有薄层膜液的圆环盘转动功率，且该功率全部转化为流体机械能。试根据以上条件确定该摩擦泵的流量公式，并计算下列条件下的流量及位置①处的表压力。流体密度 $\rho = 850\text{kg/kg}$，黏度 $\mu = 0.008\text{Pa·s}$，圆盘转速 $n = 500\text{r/min}$，直径 $D = 350\text{mm}$，进口管径 $d = 50\text{mm}$，液面高差 $H = 600\text{mm}$，液膜厚度 $\delta = 1.5\text{mm}$，距离 $x = 300\text{mm}$。

解　参见 P1-5，有薄层液膜的圆环盘转动功率 N 的表达式为

$$N = M\omega = \frac{\mu \omega^2}{\delta} \frac{\pi (D^4 - d^4)}{32}$$

因圆盘转动功率全部转化为流体机械能，故在圆盘底部进口位置①与圆盘边缘出口位置②之间应用机械能守恒方程，并考虑 $z_2 - z_1 = 0$ 有

$$\frac{N}{q_m g} = \frac{\alpha_2 v_2^2 - \alpha_1 v_1^2}{2g} + \frac{p_2 - p_1}{\rho g}$$

进一步，设圆盘底部位置①至下部水池液面的垂直距离为 x，且忽略水池液面和泵内液面的流体动能，则水池液面与位置①之间以及位置②与泵内液面之间的伯努利方程分别为

$$p_0 = p_1 + \rho g x + \frac{\rho \alpha_1 v_1^2}{2}, \quad p_0 + \rho g (H - x) = p_2 + \frac{\rho \alpha_2 v_2^2}{2}$$

由此可得

$$\frac{p_2 - p_1}{\rho} + \frac{\alpha_2 v_2^2 - \alpha_1 v_1^2}{2} = gH$$

将此代入机械能方程可得 $\qquad N = \rho g H q_V$

该方程等同于水池液面与泵内液面之间的伯努利方程。将 N 的表达式代入其中可得

$$q_V = \frac{\mu \omega^2}{\rho g H \delta} \cdot \frac{\pi(D^4 - d^4)}{32}$$

代入数据可得 $\qquad q_V = 4.3 \times 10^{-3} \, \text{m}^3/\text{s}$

此时泵进口管的平均流速 v_1 及圆盘底部位置①处的表压力（取 $\alpha_1 = 1$）分别为

$$v_1 = \frac{4q_V}{\pi d^2} = 2.190 \, \text{m/s}, \quad p_1 - p_0 = -\rho g x - \frac{\rho v_1^2}{2} = -4539.8 \, \text{Pa}$$

4.4.4　突扩/突缩口的局部阻力及相关问题

问题要点：流动截面突变区局部阻力的分析通常以突扩或突缩口的流动为模型。突扩口或突缩口如图 4-48 所示，其流动及局部阻力特性的要点如下。

① 突扩口：流体进入大管后有效流动截面逐渐扩大，动能转化为压力能，有效流动截面周围是涡流区，涡流区机械能耗散产生的局部阻力损失 h_f 或局部阻力系数 ζ 为

$$h_f = \frac{(v_1 - v_2)^2}{2g} \quad \text{或} \quad h_f = \zeta \frac{v_1^2}{2g}, \quad \zeta = \left(1 - \frac{A_1}{A_2}\right)^2 \tag{4-28}$$

特别地，当流体由管道进入无限大空间时，$A_2 \to \infty$，$\zeta = 1$。

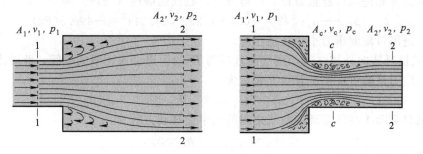

图 4-48　突扩口/突缩口流动示意图

② 突缩口：流体进入小管后有效流动截面将继续缩小，其最小截面 A_c 处称为缩脉。缩脉前压力能转化为动能，能量损失较小；缩脉后的流动类似于突扩口，其能量损失是突缩口局部阻力损失的主要部分。因此，突缩口的 h_f 或 ζ 可根据式（4-28）表示为

$$h_f = \frac{(v_c - v_2)^2}{2g} \quad \text{或} \quad h_f = \zeta \frac{v_2^2}{2g}, \quad \zeta = \left(\frac{A_2}{A_c} - 1\right)^2 \approx \frac{1}{2}\left[1 - \left(\frac{A_2}{A_1}\right)^{0.75}\right] \tag{4-29}$$

特别地，当流体由无限大空间进入管道时，$A_1 \to \infty$，$\zeta = 0.5$。

【P4-39】引风口/出风口压力与环境压力的关系。图 4-49 为某引风系统进口段。已知管径 $D = 300\,\text{mm}$，空气密度 $\rho = 1.293\,\text{kg/m}^3$ 且可视为不可压缩。

① 若进风口截面 1 的流速为 v_1，试确定该截面的静压 p_1 与环境压力 p_0 的关系；

② 若水杯中玻璃管吸水高度 $h = 50\,\text{mm}$，水的密度 $\rho_w = 1000\,\text{kg/m}^3$，且忽略截面 1、2 之间的阻力损失，试求空气平均流速 v 及截面 1 的静压 p_1（表压）；

③ 若风机反转向外排风，试确定出风口截面 1 的静

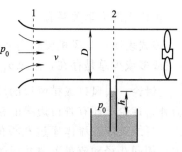

图 4-49　P4-39 附图

压 p_1 与环境压力 p_0 的关系；此时 h 将如何变化？

解 ① 环境气体向管内流动相当于气体从无限大空间进入管口，由突缩口的局部阻力特性可知，其进口局部阻力损失主要发生于进风口截面 1 下游的缩脉区之后，因此在管外静止空气与进风口截面 1 之间应用引申的伯努利方程时，可不计入进口局部阻力损失，即

$$p_0 = p_1 + \rho_1 v_1^2/2$$

结论：进风口截面的静压和动压之和等于环境压力，或者说进风口截面压力 p_1 低于环境压力 p_0，由此使得空气进入管道。

② 在截面 1—2 之间应用引申的伯努利方程，并引用第①问结果，可得

$$p_1 + \frac{\rho_1 v_1^2}{2} = p_2 + \frac{\rho_2 v_2^2}{2} + \rho g h_{f,1-2} \ \rightarrow \ p_0 = p_2 + \frac{\rho_2 v_2^2}{2} + \Delta p_{f,1-2}$$

其中 $\Delta p_{f,1-2} = \rho g h_{f,1-2}$ 是截面 1、2 之间的阻力压降。考虑流体不可压缩（$\rho_1 = \rho_2 = \rho$）且管道截面不变（$v_1 = v_2 = v$），可得空气平均流速为

$$v = \sqrt{2(p_0 - p_2 - \Delta p_{f,1-2})/\rho}$$

进一步将静力学关系（$p_0 - p_2$）$= \rho_w g h$ 代入，可得

$$v = \sqrt{2(\rho_w g h - \Delta p_{f,1-2})/\rho}$$

代入已知数据，且取 $\Delta p_{f,1-2} = 0$，可得空气流速为

$$v = \sqrt{2 \times 1000 \times 9.81 \times 0.05/1.293} = 27.544 (\text{m/s})$$

根据该速度和进风口能量方程，可得进风口截面的静压（表压）为

$$p_1 - p_0 = -\rho_1 v_1^2/2 = -0.5 \times 1.293 \times 27.544^2 = -490.5 (\text{Pa})$$

可见，进风口截面压力小于环境压力。

③ 当风机反转向外排气时，空气由直径为 D 的管道进入无限大空间，此时出风口局部阻力压降及阻力系数可按突扩管情况表示为

$$\Delta p_f = \zeta \rho_1 v_1^2/2 \quad \text{且} \quad \zeta = 1$$

而出风口截面 1 与外部环境空气之间的引申伯努利方程为

$$p_1 + \rho_1 v_1^2/2 = p_0 + \Delta p_f$$

将局部压降代入可得 $\qquad p_1 = p_0$

结论：与进风口情况不同，出风口截面静压 p_1 等于环境压力 p_0。此时流体靠惯性进入大气，其动压耗散于环境并转化为热能。

进一步在截面 2、1 之间应用引申的伯努利方程，并考虑 $p_1 = p_0$ 可得

$$p_2 + \frac{\rho_2 v_2^2}{2} = p_1 + \frac{\rho_1 v_1^2}{2} + \rho g h_{f,2-1} \ \rightarrow \ p_2 + \frac{\rho_2 v_2^2}{2} = p_0 + \frac{\rho_1 v_1^2}{2} + \Delta p_{f,2-1}$$

考虑流体不可压缩（$\rho_1 = \rho_2 = \rho$）且管道截面不变（$v_1 = v_2 = v$），可得

$$p_0 - p_2 = -\Delta p_{f,2-1}$$

再代入静力学关系有 $\qquad h = \dfrac{p_0 - p_2}{\rho_w g} = -\dfrac{\Delta p_{f,2-1}}{\rho_w g}$

该式表明：当风机反转向外排气时，若不计阻力损失（$\Delta p_{f,2-1} = 0$），则 $h = 0$。因阻力损失或多或少总是存在，且 $\Delta p_{f,2-1} > 0$，所以一般情况下 $h < 0$（低于杯中液面）。

讨论：引风口或排风口的局部阻力损失中，除以上涉及的进、出口（涡流区）局部阻力外，理论上还有管口边缘的锐缘效应导致的阻力，称为锐缘阻力，但一般问题中未予计入。锐缘效应在流体通过孔板的流动中有明显的表现，其导致的结果是：一定板厚范围内，相同孔径和流量下薄孔板的阻力大于厚孔板的阻力。

【P4-40】矿山坑道自然通风的风向及流速问题。

图 4-50 为矿山横向坑道与竖向通风井，其中横向坑道长 $L=300\text{m}$，竖井高 $H=200\text{m}$。已知矿山环境气温夜晚可低至 5℃（空气密度 $\rho_a=1.270\text{kg/m}^3$），白天可高到 30℃（空气密度 $\rho_a=1.165\text{kg/m}^3$）。设通风井与坑道热容很大，使其内部气温可保持在 20℃（空气密度 $\rho=1.205\text{kg/m}^3$），且总阻力损失 $h_f=9v^2/(2g)$（v 为通道内气体流速），试确定白天和夜晚通道内的风向及风速大小。

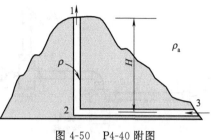

图 4-50　P4-40 附图

解　如图 4-50，首先假设风由坑道口 3 进入、竖井口 1 流出，并应用引申的伯努利方程有

$$p_3+\frac{\rho_3 v_3^2}{2}=p_1+\frac{\rho_1 v_1^2}{2}+\rho g H+\rho g h_f$$

根据进、出风口的局部阻力特性可知（见 P4-39），进风口 3 的静压与动压之和等于其对应的环境压力 p_{03}，出风口 1 的静压等于其对应的环境压力 p_{01}，故上式可写为

$$p_{03}=p_{01}+\rho_1 v_1^2/2+\rho g H+\rho g h_f$$

视矿山外环境气体静止，则环境压力 p_{03} 和 p_{01} 满足静力学关系，即

$$p_{03}=p_{01}+\rho_a g H$$

将此代入能量方程并考虑 $h_f=\zeta v^2/(2g)$ 有

$$(\rho_a-\rho)g H=\frac{\rho_1 v_1^2}{2}+\zeta\frac{\rho v^2}{2}$$

考虑风由竖井口 1 流出时：$\rho_1=\rho$，$v_1=v$，并将此代入上式，可得风速为

$$v=\sqrt{\frac{2(\rho_a-\rho)g H}{\rho(1+\zeta)}}=\sqrt{\frac{2\times(1.270-1.205)\times9.81\times200}{1.205\times(1+9)}}=4.601(\text{m/s})$$

由此可见：风由坑道进入、竖井流出只能发生于夜间（$\rho_a>\rho$）。

若不计流动阻力（$\zeta=0$），则 $v=14.549\text{m/s}$。

当风由竖井口 1 进入、坑道口 3 流出时，伯努利方程为

$$p_1+\frac{\rho_1 v_1^2}{2}+\rho g H=p_3+\frac{\rho_3 v_3^2}{2}+\rho g h_f$$

根据进、出风口的局部阻力特性，此时竖井口 1（进风口）的静压与动压之和等于 p_{01}，坑道口 3（出风口）静压 $p_3=p_{03}$，再将环境压力静力学关系和 h_f 的表达式代入，有

$$(\rho-\rho_a)g H=\frac{\rho_3 v_3^2}{2}+\zeta\frac{\rho v^2}{2}$$

考虑风由坑道 3 流出时：$\rho_3=\rho$，$v_3=v$，并将此代入上式，可得风速为

$$v=\sqrt{\frac{2(\rho-\rho_a)g H}{\rho(1+\zeta)}}=\sqrt{\frac{2\times(1.205-1.165)\times9.81\times200}{1.205\times(1+9)}}=3.609(\text{m/s})$$

由此可见：风由竖井口 1 进入、坑道口 3 流出只能发生于白天（$\rho>\rho_a$）。

若不计流动阻力（$\zeta=0$），则 $v=11.413\text{m/s}$。

【P4-41】引风除尘系统的阻力损失与风机功率。某引风除尘系统，如图 4-51 所示，其

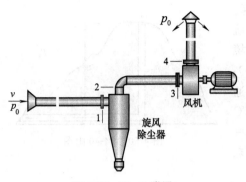

图 4-51 P4-41 附图

管道直径均为 $d=500\text{mm}$，气体密度 $\rho=1.2\text{kg/m}^3$，风机输出功率 $N=12\text{kW}$。实验测得管路相关截面上的压力数据如表 4-1 所示。设气体不可压缩，各截面之间的位差可忽略不计，且不考虑气体中粉尘的影响，试求：

① 除尘器的压力损失 Δp_{1-2} 和阻力损失 $h_{f,1-2}$；

② 管路的平均风速 v_m；

③ 风机输出的有效轴功率 N_e（用于增加流体机械能的轴功功率）和风机内的阻力损失 $h_{f,3-4}$（认为风机内的能量损失全为阻力损失）；

④ 除尘系统的总阻力损失 $\sum h_f$。

表 4-1　P4-41 附表

截面	1	2	3	4
全压/mmH$_2$O	−150	−240	−286	+33
静压/mmH$_2$O	−160			

解　此问题可视为不可压缩流体输送问题。

① 因流体不可压缩且管道直径相同，故各截面风速相同，所以静压差＝全压差，因此
$$\Delta p_{1-2}=(-150+240)\times 9.807=882.63(\text{Pa})$$

其次，在 1→2 之间应用引申的伯努利方程，因流速相同且不计位能，所以阻力损失为
$$h_{f,1-2}=\frac{p_1-p_2}{\rho g}=\frac{882.63}{1.2\times 9.81}=75.0(\text{m, Air})$$

换算为水柱（水的密度 1000kg/m^3）为
$$h_{f,1-2}=75.0\times(1.2/1000)=0.09(\text{mH}_2\text{O})=90(\text{mmH}_2\text{O})$$

② 因为全压＝静压＋动压，即 $p_{10}=p_1+\rho v_1^2/2$，且各截面风速相同，故平均风速为
$$v_m=v_1=\sqrt{2(p_{10}-p_1)/\rho}=\sqrt{2\times(10\times 9.807)/1.2}=12.78(\text{m/s})$$

由此得质量流量
$$q_m=\rho v_m(\pi d^2/4)=3.01\text{kg/s}$$

③ 在风机进出口之间应用机械能守恒方程，并考虑进出口风速相同且不计位能，有
$$\frac{N}{gq_m}=\frac{p_4-p_3}{\rho g}+h_{f,3-4}$$

该式表明，风机输出功率 N 一部分用于增加机械能（此处仅有压力能），一部分作为风机内的能量损失。其中用于增加压力能部分为有效功率 N_e，所以
$$N_e=\frac{p_4-p_3}{\rho}q_m=\frac{(33+286)\times 9.807}{1.2}\times 3.01=7847(\text{W})$$

认为风机内的能量损失 $h_{f,3-4}$ 全为阻力损失，则
$$h_{f,3-4}=\frac{N}{gq_m}-\frac{p_4-p_3}{\rho g}=\frac{N-N_e}{gq_m}=\frac{12000-7847}{9.81\times 3.01}=140.6(\text{m,Air})=169(\text{mmH}_2\text{O})$$

④ 在系统进口环境（经由系统内部）至出口环境之间应用机械能方程（环境速度为零、忽略位差则进出口环境压力均为 p_0），可得系统总阻力损失为
$$\sum h_f=N/gq_m=12000/(9.81\times 3.01)=406.4(\text{m,Air})=488(\text{mmH}_2\text{O})$$

讨论：因为进口截面上静压＋动压＝p_0、出口截面上压力为 p_0、速度为 v、出口环境状态下压力为 p_0、速度为零，所以忽略位差时，这三个位置单位重量流体的机械能分别为

$$\frac{p_0}{\rho g}, \quad \frac{p_0}{\rho g}+\frac{v^2}{2g}, \quad \frac{p_0}{\rho g}$$

设进口与出口截面之间的阻力损失为 $h_{f,a}$、出口至出口环境之间的阻力损失为 $h_{f,b}$，则分别在进口与出口截面之间、出口至出口环境之间应用机械能守恒方程有

$$\frac{N}{gq_m}=\left(\frac{p_0}{\rho g}+\frac{v^2}{2g}\right)-\frac{p_0}{\rho g}+h_{f,a}, \quad \frac{p_0}{\rho g}+\frac{v^2}{2g}=\frac{p_0}{\rho g}+h_{f,b}$$

两式相加即

$$\sum h_f=h_{f,b}+h_{f,a}=N/gq_m$$

其中

$$h_{f,b}=v^2/2g=10\text{mmH}_2\text{O}, \quad h_{f,a}=\sum h_f-h_{f,b}=478\text{mmH}_2\text{O}$$

即，总阻力损失中，管道内部损失为 $478\text{mmH}_2\text{O}$，耗散于环境的损失为 $10\text{mmH}_2\text{O}$。

【P4-42】等直径管中节流元件的局部阻力损失。流体在水平等直径管内充分发展流动，平均速度 U，管径 D。现在管中放置一直径为 d 的扁平柱状节流元件，如图 4-52 所示。根据突缩/突扩管局部阻力特点，可认为节流元件产生的局部阻力损失 $h'_{f,1-2}$ 主要发生于 c—c 截面下游的涡流区，即 $h'_{f,1-2}=h'_{f,1-c}+h'_{f,c-2}\approx h'_{f,c-2}$。假定流动不可压缩，$c$—$c$ 截面压力分布均匀，且放置元件后新增加的管壁摩擦力 F'_τ 可忽略。

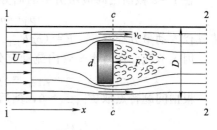

图 4-52　P4-42 附图

① 试确定支撑节流元件的水平作用力 F 的表达式；

② 试证明节流元件的局部阻力损失 $h'_{f,c-2}$ 可仿照突扩管公式 [式(4-28)] 表示为

$$h'_{f,c-2}=(v_c-U)^2/(2g)$$

其中 v_c 是节流元件截面流速（涡流区最大流速）。

解　用 A、A_c 分别表示管道和元件截面积，且令 $\beta=A_c/A=d^2/D^2$。

用 F_τ、h_f 分别表示放置节流元件前的管壁摩擦力及其对应的摩擦阻力损失，且根据水平直管充分发展流动的动量方程可知：$F_\tau=\rho g h_f A$。

① 首先在 $1\rightarrow c$ 截面之间取控制体如图 4-53(a)，其 x 方向动量方程为

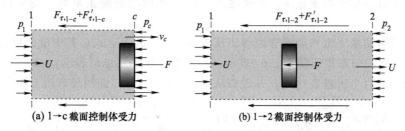

(a) $1\rightarrow c$ 截面控制体受力　　(b) $1\rightarrow 2$ 截面控制体受力

图 4-53　P4-42 附图 [控制体示意图（支撑力 F 由控制体外的管道支撑提供）]

$$p_1 A-(F_{\tau,1-c}+F'_{\tau,1-c})-F-p_c A=\rho v_c^2(A-A_c)-\rho U^2 A$$

由此得

$$F=A\left[(p_1-p_c)-\rho v_c^2(1-\beta)+\rho U^2\right]-(F_{\tau,1-c}+F'_{\tau,1-c})$$

为寻求进出口速度之间的关系，应用质量守恒方程可得

$$(A - A_c)v_c = AU \ \rightarrow \ v_c = U/(1-\beta)$$

为寻求压力与速度之间的关系,应用引申的伯努利方程可得

$$p_1 - p_c = \frac{\rho(v_c^2 - U^2)}{2} + \rho g(h_{f,1-c} + h'_{f,1-c})$$

将以上两式代入动量守恒方程,并考虑 $F_{\tau,1-c} = \rho g h_{f,1-c} A$,整理可得

$$F = A\frac{\beta^2}{(1-\beta)^2}\frac{\rho U^2}{2} + (\rho g h'_{f,1-c}A - F'_{\tau,1-c})$$

根据问题特点:$h'_{f,1-c} \approx 0$,$F'_{\tau,1-c} \approx 0$,故支撑节流元件的水平作用力可表示为

$$F = A\frac{\beta^2}{(1-\beta)^2}\frac{\rho U^2}{2}$$

② 在 1→2 截面之间取控制体如图 4-53(b),其 x 方向动量方程为

$$p_1 A - (F_{\tau,1-2} + F'_{\tau,1-2}) - F - p_2 A = \rho U^2 A - \rho U^2 A$$

即 $$F = (p_1 - p_2)A - (F_{\tau,1-2} + F'_{\tau,1-2})$$

在 1→2 截面之间应用引申的伯努利方程可得

$$p_1 - p_2 = \rho g(h_{f,1-2} + h'_{f,1-2})$$

将其代入动量方程有 $$F = (\rho g h_{f,1-2}A - F_{\tau,1-2}) + (\rho g h'_{f,1-2}A - F'_{\tau,1-2})$$

因无节流元件时水平管内流动充分发展,即 $(\rho g h_{f,1-2}A - F_{\tau,1-2}) = 0$,所以

$$F = \rho g h'_{f,1-2}A - F'_{\tau,1-2} = (\rho g h'_{f,1-c}A - F'_{\tau,1-c}) + (\rho g h'_{f,c-2}A - F'_{\tau,c-2})$$

根据问题特点取 $F'_{\tau,c-2} \approx 0$,然后将该式与①中第二个 F 表达式对比可知

$$h'_{f,c-2} = \frac{\beta^2}{(1-\beta)^2}\frac{U^2}{2g} \quad 或 \quad h'_{f,c-2} = \frac{(v_c - U)^2}{2g}$$

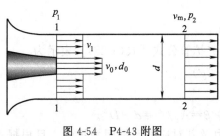

图 4-54 P4-43 附图

【P4-43】 **不可压缩流体引射混合的阻力损失。** 图 4-54 所示为引射混合器,其中高速流体由中心管以速度 $v_0 = 30\text{m/s}$ 喷出,周围同种流体以速度 $v_1 = 10\text{m/s}$ 流动,两股流体混合均匀到达截面 2—2 后的平均速度为 v_m;已知中心管口直径 $d_0 = 50\text{mm}$(面积 A_0),大管直径 $d = 150\text{mm}$(面积 A),流体密度 $\rho = 1.2\text{kg/m}^3$。设流体不可压缩,1—1 截面压力 p_1 和速度 v_0、v_1 均匀分布,2—2 截面动能修正系数 $\alpha = 1$。

① 试确定混合后平均流速 v_m 的表达式、1—1 截面动能修正系数 α 的表达式,并计算数值。

② 分别应用动量守恒和能量守恒导出压差 $p_2 - p_1$ 的表达式;其中壁面摩擦力用 F_τ 表示,1→2 截面之间的摩擦压降用 Δp_f 表示,局部阻力压降用 $\Delta p'_f$ 表示。

③ 根据以上两个压差表达式,并近似认为 $F_\tau/A = \Delta p_f$,证明局部阻力损失可表示为

$$h'_f = \beta\frac{v_0}{v_m}\frac{(v_0 - v_m)^2}{2g} + (1-\beta)\frac{v_1}{v_m}\frac{(v_1 - v_m)^2}{2g},\ 其中\ \beta = \frac{A_0}{A} = \frac{d_0^2}{d^2}$$

④ 讨论局部阻力损失 h'_f 表达式对 $v_1 = 0$、$v_0 = 0$、$v_0 = v_1$ 三种特殊情况的适应性。

⑤ 代入数据,计算局部阻力压降 $\Delta p'_f$;同时设 1→2 截面之间的距离 $L = 2\text{m}$,按 Blasius 阻力系数公式计算 1→2 截面之间的摩擦压降 Δp_f;比较二者大小可说明什么问题。

解 ① 在截面 1、2 之间应用质量守恒方程可得平均流速表达式,即

$$A\rho v_m = A_0 \rho v_0 + (A - A_0)\rho v_1 \quad 或 \quad v_m = \beta v_0 + (1-\beta)v_1$$

根据动能修正系数定义，1—1 截面的动能修正系数 α 为

$$\alpha = \frac{1}{v_m^3 A}\iint_A v^3 \mathrm{d}A = \frac{1}{v_m^3 A}\left(\int_0^{A_0} v_0^3 \mathrm{d}A + \int_{A_0}^A v_1^3 \mathrm{d}A\right) = \frac{v_0^3 A_0 + v_1^3(A - A_0)}{v_m^3 A}$$

引入 β 可得

$$\alpha = \frac{1}{v_m^3}[\beta v_0^3 + (1-\beta)v_1^3]$$

代入数据得

$$\beta = (d_0/d)^2 = 1/9, \quad v_m = 12.22\,\mathrm{m/s}, \quad \alpha = 2.131$$

② 在截面 1→2 之间应用动量守恒方程，并用 F_τ 表示壁面总摩擦力，可得

$$(p_1 - p_2)A - F_\tau = \rho v_m^2 A - [v_0^2 \rho A_0 + v_1^2 \rho(A - A_0)]$$

即

$$p_2 - p_1 = \rho[\beta v_0^2 + (1-\beta)v_1^2 - v_m^2] - F_\tau/A$$

在截面 1→2 之间应用引申的伯努利方程，并将总的阻力压降分为壁面摩擦压降 Δp_f 和内部涡流耗散及混合产生的局部阻力压降 $\Delta p_f'$，则有

$$p_2 - p_1 = \frac{(\alpha - 1)\rho v_m^2}{2} - (\Delta p_f + \Delta p_f')$$

③ 根据以上两个压差方程，并近似认为 $F_\tau/A = \Delta p_f$，则局部阻力压降可表示为

$$\Delta p_f' = \frac{(\alpha - 1)\rho v_m^2}{2} - \rho[\beta v_0^2 + (1-\beta)v_1^2 - v_m^2]$$

进一步将 α 的表达式代入，并考虑 $\Delta p_f' = \rho g h_f'$，可得局部阻力损失的表达式为

$$h_f' = \beta \frac{v_0}{v_m}\frac{(v_0 - v_m)^2}{2g} + (1-\beta)\frac{v_1}{v_m}\frac{(v_1 - v_m)^2}{2g}$$

④ 局部阻力损失 h_f' 表达式对 $v_1 = 0$、$v_0 = 0$、$v_0 = v_1$ 三种特殊情况的适应性如下：

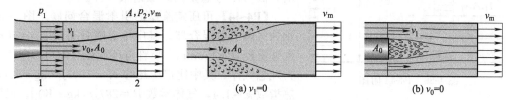

图 4-55　P4-43 附图 (引射混合器的特殊情况)

ⅰ. $v_1 = 0$ 时，系统简化为图 4-55(a) 所示的中心突扩管流动，此时 v_m 和 h_f' 简化为

$$v_m = \beta v_0 + (1-\beta)v_1 = \beta v_0, \quad h_f'|_{v_1=0} = \frac{(v_0 - v_m)^2}{2g} = (1-\beta)^2 \frac{v_0^2}{2g}$$

这正是中心管突然扩大后的平均速度和局部阻力损失的表达式。

ⅱ. $v_0 = 0$ 时，系统简化为图 4-55(b) 所示的环隙突扩管流动，此时 v_m 和 h_f' 简化为

$$v_m = \beta v_0 + (1-\beta)v_1 = (1-\beta)v_1, \quad h_f'|_{v_0=0} = \frac{(v_1 - v_m)^2}{2g} = (1-\beta)^2 \frac{v_1^2}{2g}$$

这正是环隙管突然扩大后的平均速度和局部阻力损失的表达式。

ⅲ. $v_0 = v_1$ 时，不存在速度差，流动类似于直管内的流动，此时 v_m 和 h_f' 简化为

$$v_m = v_0 = v_1, \quad h_f'|_{v_0=v_1} = 0$$

即直管流动没有局部阻力损失。

结果表明：引射混合器的局部阻力损失表达式适应以上三种特殊情况。

> 讨论：若以 q_{V_0}、q_{V_1}、q_V 分别表示中心管、环隙管和总管的体积流量，并注意
>
> $$q_{V_0}=A_0v_0=A\beta v_0,\quad q_{V_1}=(A-A_0)v_1=A(1-\beta)v_1,\quad q_V=Av_m$$
>
> 则局部阻力压降表达式又可改写为
>
> $$q_V\Delta p'_f=q_V\rho gh'_f=q_{V_0}\frac{\rho(v_0-v_m)^2}{2}+q_{V_1}\frac{\rho(v_1-v_m)^2}{2}$$
>
> 其中 $q_V\Delta p'_f$ 是局部阻力压降单位时间消耗的机械能，故上式的意义可表述为：引射混合器单位时间消耗的机械能等于中心管突然扩大消耗的机械能加上将环隙管流体由 v_1 加速到 v_m 所消耗的机械能。对于 $v_1>v_0$ 的情况也可作类似的解释。

⑤ 代入数据，可得局部阻力压降为

$$\Delta p'_f=\rho gh'_f=53.86\text{Pa}$$

按充分发展流动以 v_m 计算摩擦压降时，流动雷诺数及摩擦阻力系数分别为

$$Re=\frac{\rho v_m d}{\mu}=\frac{1.2\times12.22\times0.15}{1.86\times10^{-5}}=118258,\quad \lambda=\frac{0.3164}{Re^{0.25}}=0.0171$$

设 1→2 截面之间的距离 $L=2\text{m}$，则该距离内的摩擦压降为

$$\Delta p_f=\lambda\frac{L}{d}\times\frac{\rho v_m^2}{2}=0.0171\times\frac{2}{0.15}\times\frac{1.2\times12.22^2}{2}=20.43(\text{Pa})$$

对比可见：相对于 $\Delta p'_f$，局部阻力区的壁面摩擦压降 Δp_f 并不小。这说明节流元件局部阻力分析中通常所做的假设"局部阻力区壁面摩擦可以忽略"不一定都合适。这种假设下得到的局部阻力结果之所以合理，原因在于壁面摩擦项的影响在动量守恒和能量守恒方程中是相当的，由此导出局部阻力时壁面摩擦项相互抵消，故考不考虑壁面摩擦结果一样。

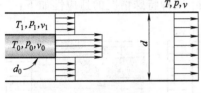

图 4-56　P4-44 附图

【P4-44】可压缩流体的引射混合问题。图 4-56 所示为气体引射混合器，其中中心喷管直径 $d_0=50\text{mm}$，大管直径 $d=150\text{mm}$，喷管与环隙管气体均为空气［视为理想气体，其中比定压热容 $c_p=1005\text{J}/(\text{kg}\cdot\text{K})$，绝热指数 $k=1.4$，气体常数 $R=287\text{J}/(\text{kg}\cdot\text{K})$］。已知喷管气流温度 T_0、压力 p_0、流速 v_0，环隙管气流温度 T_1、压力 p_1、流速 v_1。设系统绝热，壁面摩擦力及气体位能可忽略不计，速度按均匀分布考虑。

① 试确定混合均匀后的截面上气体的温度 T、压力 p 和流速 v；

② 计算下列两种条件下的 T、p、v。

条件A：$T_0=800\text{K}$，$T_1=300\text{K}$，$p_0=3\text{bar}$，$p_1=1\text{bar}$，$v_0=120\text{m/s}$，$v_1=50\text{m/s}$

条件B：$T_0=T_1=800\text{K}$，$p_0=p_1=3\text{bar}$，$v_0=120\text{m/s}$，$v_1=50\text{m/s}$

解　① 在两股气体的进口截面与混合均匀后的截面之间应用守恒方程，有：

质量守恒　　　　　　$\rho vA=\rho_0v_0A_0+\rho_1v_1A_1$ 或 $q_m=q_{m0}+q_{m1}$

其中 A、ρ 指总管截面积及混合密度，中心和环隙管相应参数分别标注下标 0 和 1。

动量守恒　　　　　　$p_0A_0+p_1A_1-pA=\rho v^2A-(\rho_0v_0^2A_0+\rho_1v_1^2A_1)$

或　　　　　　$A(p+\rho v^2)=P,\quad P=A_0(p_0+\rho_0v_0^2)+A_1(p_1+\rho_1v_1^2)$

其中 P 表示进口的静压与动压总力。进口条件给定，P 为定值。

能量守恒　　　　　　$\left(i+\frac{v^2}{2}\right)q_m=\left(i_0+\frac{v_0^2}{2}\right)q_{m0}+\left(i_1+\frac{v_1^2}{2}\right)q_{m1}$

在此以绝对零度为焓的参比温度（参比温度选择不影响结果），则 $i=c_pT$，因此有

$$\left(c_p T + \frac{v^2}{2}\right) q_m = E$$

其中

$$E = \left(c_p T_0 + \frac{v_0^2}{2}\right) q_{m0} + \left(c_p T_1 + \frac{v_1^2}{2}\right) q_{m1}$$

此处求解以上方程中涉及的 4 个未知量：T、p、ρ、v，可首先根据理想气体状态方程将动量方程中的 p 用 ρRT 表示，并注意 $\rho v A = q_m$，可得

$$v^2 - v(P/q_m) + RT = 0$$

此方程与能量方程联立消去 T，可得关于 v 的二次方程，从中可解出混合气流速度为

$$v = \frac{k}{k+1} \frac{P}{q_m} \left(1 \pm \sqrt{1 - 2 \frac{k^2-1}{k^2} \times \frac{E q_m}{P^2}}\right)$$

其中 $k = 1 + R/c_p$，是气体绝热指数。速度 v 的取值条件是：$v > 0$ 且小于声速。一旦速度确定，则可根据能量方程、动量方程和气体状态方程得到 T、p、ρ，即

$$T = \frac{1}{c_p}\left(\frac{E}{q_m} - \frac{v^2}{2}\right), \quad p = \frac{P/A}{1 + v^2/RT}, \quad \rho = \frac{p}{RT}$$

② 给定条件下 T、p、v 的计算

条件 A 的计算结果为

$$\rho_0 = 1.3066 \text{kg/m}^3, \quad \rho_1 = 1.1614 \text{kg/m}^3, \quad q_{m0} = 0.3079 \text{kg/s}, \quad q_{m1} = 0.9122 \text{kg/s}$$

$$v = 69.244 \text{m/s}, \quad T = 426.5 \text{K}, \quad p = 1.2211 \text{bar}, \quad \rho = 0.9975 \text{kg/m}^3$$

条件 B 的计算结果为

$$\rho_0 = \rho_1 = 1.3066 \text{kg/m}^3, \quad q_{m0} = 0.3079 \text{kg/s}, \quad q_{m1} = 1.0262 \text{kg/s}$$

$$v = 57.753 \text{m/s}, \quad T = 800.9 \text{K}, \quad p = 3.0063 \text{bar}, \quad \rho = 1.3078 \text{kg/m}^3$$

> **说明 1**：对于非等温气体的混合或合流，只要进口流速不是太高（比如 <100m/s），能量方程中的动能项可以忽略，此时 $i q_m = i_0 q_{m0} + i_1 q_{m1}$，混合温度 T 也可由此直接确定。
>
> **说明 2**：能量方程中的焓 i 照理应表示为 $i = c_p(T - T_{ref})$，其中 T_{ref} 为焓的参比温度，但联系质量守恒方程会发现 T_{ref} 项将自动消除，故直接将 i 表示为 $i = c_p T$ 不影响结果。
>
> **说明 3**：对于可压缩流体的混合，按以上方法计算出混合截面的流速与压力后，可另作机械能衡算，确定混合后机械能的损失，该损失包括局部阻力损失和膨胀功损失。

4.4.5 水跃现象及小扰动重力波传播速度问题

【P4-45】水跃现象产生条件及机械能损耗。 高速水流在明渠流动中有时会产生如图 4-57 所示的水跃现象。试确定：

① 产生水跃的条件；

② 水跃过程中单位质量流体损失的机械能。

为便于问题分析，可假设水跃前后 1、2 截面速度分布均匀，对应速度分别为 v_1、v_2，液层深度分别为 y_1、y_2，液层压力分布满足静力学方程，且水跃区间壁面摩擦可忽略不计。

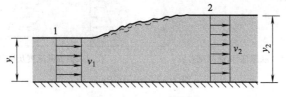

图 4-57 P4-45 附图

解 取水跃前后 1、2 截面为控制体进出口截面，控制体厚度（垂直书面方向）为单位厚度，应用稳流过程质量守恒方程可得

$$\rho v_1 y_1 = \rho v_2 y_2 \quad \text{或} \quad v_2 y_2 = v_1 y_1$$

① 考虑 1、2 截面压力线性分布且忽略壁面摩擦，故控制体水平方向动量守恒方程为

$$(\rho g y_1/2) y_1 - (\rho g y_2/2) y_2 = v_2 \rho v_2 y_2 - v_1 \rho v_1 y_1$$

将质量守恒关系代入，整理可得

$$v_1^2 = \frac{g y_1}{2}\left(\frac{y_2^2}{y_1^2} + \frac{y_2}{y_1}\right) \quad \text{或} \quad \frac{y_2}{y_1} = -\frac{1}{2} + \sqrt{\frac{1}{4} + \frac{2 v_1^2}{g y_1}}$$

因产生水跃现象时必然有 $y_2/y_1 \geqslant 1$，由此可得产生水跃的条件是

$$v_1^2 \geqslant g y_1 \quad \text{或} \quad Fr = v_1^2/g y_1 \geqslant 1$$

其中 Fr 称为弗鲁德数，是反映重力影响的无因次相似数，亦称重力影响特征数。

② 针对控制体应用引申的伯努利方程有

$$\frac{v_1^2}{2g} + z_1 + \frac{p_1}{\rho g} = \frac{v_2^2}{2g} + z_2 + \frac{p_2}{\rho g} + \sum h_f \tag{a}$$

对于静压线性分布的流动截面，截面上任意点的 $z + p/\rho g$ 是不变量。比如对于 1 截面，取截面底部和表面位置计算，总位头都相同，即

取底部位置有　$z_1 = 0$，$p_1 = p_0 + \rho g y_1$，$z_1 + p_1/\rho g = p_0/\rho g + y_1$

取表面位置有　$z_1 = y_1$，$p_1 = p_0$，$z_1 + p_1/\rho g = y_1 + p_0/\rho g$

因此，在 1、2 截面都取表面位置计算重力位头与静压头，则式(a) 简化为

$$g \sum h_f = \frac{v_1^2 - v_2^2}{2} - g(y_2 - y_1)$$

$g \sum h_f$ 是忽略壁面摩擦后的流体机械能损失。将质量与动量守恒结果代入，整理可得

$$g \sum h_f = g \frac{(y_2 - y_1)^3}{4 y_1 y_2}$$

讨论：以上结果表明，产生水跃的条件是来流的弗鲁德数 $Fr > 1$，且 Fr 越大，水跃现象越显著，同时机械能损耗也越大。该损失主要由水跃区的湍动涡流导致。实验表明，多数情况下水跃区长度范围为 $(4 \sim 6) y_2$。

【P4-46】小扰动重力波的传播速度。图 4-58 所示为小扰动在静止水面产生的重力波，其中 c 为重力波传播速度，Δy 为波高，y 为水深，且 $\Delta y \ll y$。试应用质量守恒和动量守恒关系确定该重力波相对于静止水面的传播速度 c。

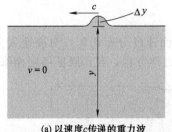
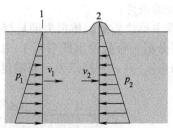

(a) 以速度 c 传递的重力波　　　(b) 1、2 截面的速度及压力分布

图 4-58　P4-46 附图

解 为便于分析，可将重力波视为静止，但水以总体速度 $v_1 = -c$ 向右侧运动，如图 4-38(b) 所示，其中水的总体运动通过重力波所在的 2 截面时的平均速度为 v_2。这样，以 1、2 截面为控制体进、出口截面，并取控制体厚度为单位厚度（垂直书面），应用质量守恒方程有

$$\rho v_1 y = \rho v_2 (y + \Delta y) \quad \text{或} \quad v_2 = \frac{v_1 y}{y + \Delta y}$$

考虑液体重力静压沿液层线性分布，则控制体水平方向的动量守恒关系为

$$\left(\frac{1}{2}\rho g y\right) y - \left[\frac{1}{2}\rho g (y + \Delta y)\right](y + \Delta y) = v_2 \left[\rho v_2 (y + \Delta y)\right] - v_1 (\rho v_1 y)$$

将质量守恒结果代入，整理可得速度 v_1（向右）或重力波传播速度 c（向左）为

$$v_1 = \sqrt{g y \left(1 + \frac{\Delta y}{y}\right)\left(1 + \frac{\Delta y}{2y}\right)} \quad \text{或} \quad c = \sqrt{g y \left(1 + \frac{\Delta y}{y}\right)\left(1 + \frac{\Delta y}{2y}\right)}$$

对于小扰动重力波，$\Delta y \ll y$，故其传播速度为

$$c \approx \sqrt{g(y + \Delta y)} \approx \sqrt{g y}$$

以上是重力波相对于静止水面的传播速度。若水以速度 v 沿重力波传播方向或逆重力波传播方向流动，则重力波传播的绝对速度 c_a 为

$$c_a = c \pm v$$

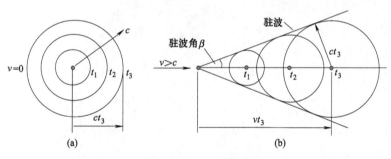

图 4-59　P4-47 附图

【P4-47】通过重力波驻波角确定水流速度。图 4-59（a）是插入静止水面的竹竿轻微晃动产生的波浪圈，此即小扰动重力波，其径向传播速度 $c = \sqrt{g y}$，其中 y 为水深。若水面流动且流速 $v > c$ ［图 4-59（b）］，则波浪圈在不断扩大的同时还将向下游运动，而不同时刻的波浪圈边缘将叠加形成所谓的驻波，驻波波面即波浪圈的公切线，该公切线与水流方向的夹角 β 称为驻波角。若已知驻波角 $\beta = 45°$，水深 $y = 1.5\text{m}$，试确定水的流速 v。

解 根据图示关系可知，驻波角的正弦 $\sin\beta$ 等于同一时刻波浪圈半径 ct 与其中心点在水流方向的移动距离 vt 之比，即

$$\sin\beta = \frac{ct}{vt} = \frac{c}{v} = \frac{\sqrt{g y}}{v} = \frac{1}{\sqrt{Fr}}$$

本问题中，$v > c$，所以 $Fr > 1$。根据以上驻波角关系，若在 1.5m 水深的河流中插入竹竿形成的驻波角 $\beta = 45°$，则可估计水的流速大约为

$$v = \frac{\sqrt{g y}}{\sin\beta} = \frac{\sqrt{9.81 \times 1.5}}{\sin 45°} = 5.425 \text{(m/s)}$$

第5章

不可压缩一维层流问题

流动现象理论分析的基本途径是建立流动微分方程。求解微分方程获得流场分布行为，不仅可揭示流动现象的内在机理，也是相关对流传递问题理论分析的基础。

本章首先概述建立流体流动微分方程的基本步骤，然后分别针对平壁层流和圆管层流给出其切应力和速度分布的一般方程，由此对平壁层流、圆管层流和平壁降膜流动中的典型问题进行分析计算。这些典型流动的基本行为亦是分析理解复杂流动问题的出发点。

5.1　概述

5.1.1　建立流动微分方程的基本步骤

流动微分方程包括连续性方程和运动微分方程。建立流动微分方程有四个基本步骤：
① 选取微分控制体（微元体）并标定相关参数（速度、表面力与体积力）。

微元体边长平行于坐标轴，边长尺度取微分尺度，但各参数均无变化的方向可取有限尺度或单位厚度。参数的标定应结合流动特点，特别注意其沿坐标方向的变化情况。

② 将控制体质量守恒方程应用于微元体，获得连续性方程。

一般微元体可有多个输入、输出面，因此针对微元体的质量守恒方程可表述为

$$\text{微元体各输出面的质量流量之和} - \text{微元体各输入面的质量流量之和} + \text{微元体质量的时间变化率} = 0 \quad (5-1)$$

③ 将控制体动量守恒方程应用于微元体，获得应力微分方程。

分别针对 x、y、z 方向，微元体的动量守恒方程可表述为

$$\text{微元体质量力与表面力之和} = \text{微元体各输出面的动量流量之和} - \text{微元体各输入面的动量流量之和} + \text{微元体动量的时间变化率} \quad (5-2)$$

④ 将表面应力与变形速率的关系（即流体本构方程，一维层流时即牛顿切应力公式）代入应力微分方程消去应力项，获得关于流体速度的微分方程——运动微分方程。

5.1.2　常见边界及定解条件

流动微分方程是某一类型流场遵循质量及动量守恒的共性方程，其中某一具体流场的特征规律则由边界条件确定。常见流场边界及定解条件如下。

流-固边界：固壁表面流体无滑移，两者速度相等；特别地，静止壁面上流体速度为零。

液-液界面：运动连续、应力连续，即液-液界面上两种流体的速度相等、切应力相等。

气-液界面：原则上仍然是运动连续、应力连续；但对于静止气体环境下的液体低速流动，气-液界面切应力较小，此时研究液体流动可规定气-液界面切应力为零。

此外，流场对称性、边界影响的局限性、流场参数的物理意义等也是重要的定解条件。

5.2　平壁层流的基本方程及应用

5.2.1　平壁层流及其特点

平壁层流　即以图 5-1 为代表的平壁间充分发展的层流流动。其特点是：密度恒定且流动定常，垂直于图面的 z 方向各参数 ϕ 无变化，流体仅有 x 方向速度 u，且 u 仅是 y 的函数，即

$$\rho = \text{const}; \quad v_y = v_z = 0, \quad v_x = u = u(y); \quad \frac{\partial \phi}{\partial t} = 0; \quad \frac{\partial \phi}{\partial z} = 0 \tag{5-3}$$

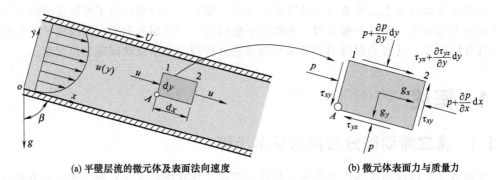

(a) 平壁层流的微元体及表面法向速度　　　　(b) 微元体表面力与质量力

图 5-1　平壁层流及其微元体受力

平壁层流的微元体及质量/动量守恒特点　代表流场任意点 A 的微元体见图 5-1(a)，微元尺度分别为 $\mathrm{d}x$、$\mathrm{d}y$，垂直于图面的 z 方向为单位厚度。因仅有 x 方向流速且 $u = u(y)$，故微元上游截面 1 和下游截面 2 是进出口截面，且进出口速度均为 u（质量守恒特点）；进一步根据动量守恒方程又可知微元体合力为零，即 $\sum F_x = 0$，$\sum F_y = 0$（动量守恒特点）。

微元质量力与表面力　平壁层流微元质量力及表面力的模板图见图 5-1(b)。其中：

① 质量力仅有重力时，x、y 方向单位质量力分别为 $g_x = g\cos\beta$，$g_y = g\sin\beta$；

② 微元面法向仅有静压力，标定 A 点相邻表面静压力为 p，则相距 $\mathrm{d}x$ 的出口面和相距 $\mathrm{d}y$ 的上表面的静压力可按微分关系标定。垂直于 z 轴的前后表面静压力自相平衡。

③ 首先按约定（见注）标定 A 点相邻表面的切应力 τ_{xy} 和 τ_{yx}，然后按微分关系标定出口面与上表面的切应力，其中因 $\tau_{xy} = \tau_{yx}$ 且平壁层流时 τ_{xy} 仅为 y 的函数，故出口截面 2 的切应力大小仍然为 τ_{xy}。垂直于 z 轴的前后表面不存在切应力。

注：切应力下标及正方向约定：以 τ_{yx} 为例，第一个下标 y 表示其作用面垂直于 y 轴，第二个下标 x 表示其指向，其中若 τ_{yx} 作用面的外法线指向 y 轴正方向 [如图 5-1(b) 中微元上表面]，则 τ_{yx} 的正方向指向 x 正方向，若 τ_{yx} 作用面的外法线指向 y 轴负方向 [如图 5-1(b) 中微元下表面]，则 τ_{yx} 的正方向指向 x 负方向。图 5-1(b) 中各切应力均按正方向标注。

根据图 5-1(b) 所示微元受力并取 $\sum F_x = 0$、$\sum F_y = 0$，可得平壁层流的基本方程。

5.2.2　平壁层流的基本方程

倾斜流动的修正压力及修正压降　与水平流动不同，倾斜流动中有重力影响。修正压力 p^* 是扣除流动方向重力影响后的静压力，其定义为

$$p^* = p - \rho g_x x = p - \rho(g\cos\beta)x \tag{5-4}$$

修正压降 Δp^* 是上游 x_1 截面与下游 x_2 截面（距离为 L）的修正压力之差，即

$$\Delta p^* = p_1^* - p_2^* = p_1 - p_2 + \rho g(x_2 - x_1)\cos\beta = \Delta p + \rho g L\cos\beta \tag{5-5}$$

对于倾斜管道流动，修正压降 Δp^* 具有明确的物理意义，即流体摩擦压降。也可说 Δp^* 是倾斜流动的压差推动力及位差（重力）推动力。

平壁层流的压力分布　其特点之一是 p 及 p^* 随流动方向坐标 x 线性变化，即压力梯度 $\partial p/\partial x$ 或 $\partial p^*/\partial x$ 为定值。这意味着流动方向压力梯度可用单位管长压降表示，即

$$\frac{\partial p}{\partial x}=\frac{p_2-p_1}{x_2-x_1}=-\frac{\Delta p}{L},\ \frac{\partial p^*}{\partial x}=\frac{p_2^*-p_1^*}{x_2-x_1}=-\frac{\Delta p^*}{L} \tag{5-6}$$

因 $\Delta p^*/L$ 是单位管长摩擦压降，意义明确，故以下方程中均以此替代 $-\partial p^*/\partial x$。

平壁层流压力分布的另一特点是：流动横截面上 p 按静力学关系变化。因此，令 p_{x,y_0}、$p_{x,y}$ 分别为同一 x 截面上 y_0 点与 y 点的压力，则二者关系为

$$p_{x,y}=p_{x,y_0}-\rho g_y(y-y_0)=p_{x,y_0}-\rho g \sin\beta(y-y_0) \tag{5-7}$$

平壁层流的切应力及速度分布一般方程　平壁层流的切应力分布方程为（适用于牛顿流体和非牛顿流体）

$$\tau_{yx}=-\frac{\Delta p^*}{L}y+C_1 \tag{5-8}$$

将牛顿切应力公式代入上式，可得牛顿流体平壁层流的速度微分方程为

$$\frac{\mathrm{d}u}{\mathrm{d}y}=\frac{1}{\mu}\left(-\frac{\Delta p^*}{L}y+C_1\right) \tag{5-9}$$

若流体黏度恒定，即 $\mu=\mathrm{const}$，则积分上式可得平壁层流速度分布一般方程，即

$$u=-\frac{1}{\mu}\frac{\Delta p^*}{L}\frac{y^2}{2}+\frac{C_1}{\mu}y+C_2 \tag{5-10}$$

以上诸式中，C_1、C_2 是积分常数，由具体问题的边界条件确定。

需要指出的是，以上诸式应用于具体问题时，应特别注意根据问题特征简化 Δp^*。例如，对于仅由平板摩擦产生的水平流动 $\Delta p^*=0$，重力产生的降膜流动 $\Delta p^*=\rho g L\cos\beta$。

5.2.3　平壁层流典型问题分析

【P5-1】平板通道的层流速度分布及摩擦阻力系数。图 5-2 所示的平板通道常见于板式换热器等设备中，其特点是板间距 b 远小于通道宽度 W 和长度 L，因此忽略进口和两侧边壁效应，内部流动可视为充分发展的平壁层流，试确定通道内的速度分布及摩擦阻力系数 λ。

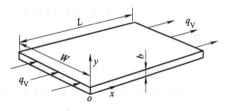

图 5-2　P5-1 附图

解　本问题边界条件为：$y=0$ 或 $y=b$，$u=0$；将其代入平壁层流速度分布式［式(5-10)］，确定其中的积分常数，可得平板通道速度分布为

$$u=\frac{b^2}{2\mu}\frac{\Delta p^*}{L}\left[\frac{y}{b}-\left(\frac{y}{b}\right)^2\right]$$

该式积分，可得平板通道平均流速 u_m 或体积流量 q_V 与单位管长摩擦压降的关系为

$$u_m=\frac{1}{b}\int_0^b u\,\mathrm{d}y\ \rightarrow\ u_m=\frac{b^2}{12\mu}\frac{\Delta p^*}{L},\ q_V=\frac{Wb^3}{12\mu}\frac{\Delta p^*}{L}$$

对于狭窄平板通道，其水力直径 D_h 以及基于 D_h 的雷诺数 Re 分别为

$$D_h=\frac{4Wb}{2(W+b)}\approx 2b,\ Re=\frac{\rho u_m D_h}{\mu}=\frac{\rho u_m 2b}{\mu}$$

因为 Δp^* 是倾斜管道的摩擦压降，故将以上 u_m 与 Δp^* 的关系代入摩擦压降定义式，即可得到平板通道层流流动的阻力系数 λ 与雷诺数 Re 的关系，即

$$\Delta p^*=\frac{12\mu L}{b^2}u_m,\ \Delta p^*=\lambda\frac{L}{D_h}\frac{\rho u_m^2}{2}\ \rightarrow\ \lambda=\frac{96}{Re}$$

以上各式适用于一般倾斜通道；对于水平通道：$\cos\beta=0$，$\Delta p^*=\Delta p$。

【P5-2】平行板间液-液流动速度分布的合理性判别。 有两种不相溶的液体 A 和 B 在平行平板间作层流流动。试问是否可能出现如图 5-3 所示的速度分布，为什么？

解 因液-液界面上要求速度连续即 $u_A=u_B$，切应力连续即 $\mu_A(\mathrm{d}u_A/\mathrm{d}y)=\mu_B(\mathrm{d}u_B/\mathrm{d}y)$，而图 5-3 所示的速度分布中，液-液界面上只满足速度连续，不满足切应力连续；因为按图中速度分布，液-液界面上 $\mathrm{d}u_A/\mathrm{d}y>0$，而 $\mathrm{d}u_B/\mathrm{d}y<0$，即 $\mu_A(\mathrm{d}u_A/\mathrm{d}y)\neq\mu_B(\mathrm{d}u_B/\mathrm{d}y)$，所以不可能出现图 5-3 所示的速度分布（至少界面处速度分布有误）。

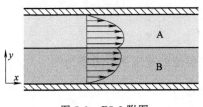

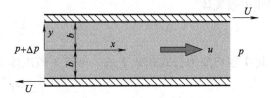

图 5-3　P5-2 附图　　　　　　　图 5-4　P5-3 附图

【P5-3】平行板间摩擦-压差流的速度及切应力分布。 如图 5-4 所示，两水平平行板间充满不可压缩流体，在压差和上下板的拖动下做一维层流流动。其中两板各自以速度 U 向相反方向运动，板间距 $2b$，板长 L 上对应的压力降为 Δp，y 坐标原点置于两板之间的中间面。试确定板间流体的速度和切应力分布关系式。

解 根据平壁层流的切应力和速度分布方程，考虑水平流动时 $\Delta p^*/L=\Delta p/L$，有

$$\tau_{yx}=-\frac{\Delta p}{L}y+C_1,\ u=-\frac{1}{\mu}\frac{\Delta p}{L}\frac{y^2}{2}+\frac{C_1}{\mu}y+C_2$$

如图 5-4 所示，根据坐标设置及板的滑动方向，本问题的边界条件以及由此确定的积分常数为

$$u\big|_{y=b}=U,\ u\big|_{y=-b}=-U,\ C_2=\frac{1}{\mu}\frac{\Delta p}{L}\frac{b^2}{2},\ C_1=\mu\frac{U}{b}$$

由此可得速度和切应力分布关系分别为

$$u=\frac{\Delta p b^2}{2\mu L}\left(1-\frac{y^2}{b^2}\right)+U\frac{y}{b},\ \tau_{yx}=-\frac{\Delta p}{L}y+\mu\frac{U}{b}$$

该结果表明，速度分布和切应力分布都是相应剪切流和压差流结果的叠加。

【P5-4】双层液膜表面的平板拖拽力及界面切应力计算。 如图 5-5 所示，在双层液膜表面拖拽载重平板，已知平板面积 $A=0.5\text{m}^2$，拖拽速度 $V=0.4\text{m/s}$，上层液膜厚度 $\delta_2=0.8\text{mm}$，黏度 $\mu_2=0.235\text{N·s/m}^2$，下层液膜厚度 $\delta_1=1.2\text{mm}$，黏度 $\mu_1=0.142\text{N·s/m}^2$。因液膜厚度较薄，平板对其产生的流动可按充分发展层流考虑，试求平板拖曳力 F 及两液膜界面处的切应力 τ；若两层液膜黏度交换即 $\mu_2=0.142\text{N·s/m}^2$，$\mu_1=0.235\text{N·s/m}^2$，则 F 及 τ 又为多少？

解 平行层流切应力及速度分布一般方程为

$$\tau_{yx}=-\frac{\Delta p^*}{L}y+C_1,\ u=-\frac{1}{\mu}\frac{\Delta p^*}{L}\frac{y^2}{2}+\frac{C_1}{\mu}y+C_2$$

对于仅由平板摩擦产生的水平剪切流动，$p_1=p_2$ 且 $\beta=\pi/2$，故 $\Delta p^*=0$，所以：

液膜 1 $$\tau_1=C_{11},u_1=\frac{C_{11}}{\mu_1}y+C_{12}$$

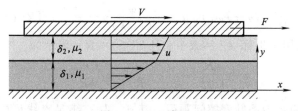

图 5-5　P5-4 附图

液膜 2
$$\tau_2 = C_{21}, \quad u_2 = \frac{C_{21}}{\mu_2} y + C_{22}$$

根据本问题坐标设置（图 5-5），其边界条件为

$$u_1\big|_{y=0}=0, \quad u_2\big|_{y=\delta_1+\delta_2}=V, \quad u_1\big|_{y=\delta_1}=u_2\big|_{y=\delta_1}, \quad \tau_1\big|_{y=\delta_1}=\tau_2\big|_{y=\delta_1}$$

将边界条件代入切应力和速度方程，可得积分常数为

$$C_{12}=0, \quad C_{11}=C_{21}=V\frac{\mu_1\mu_2}{\mu_1\delta_2+\mu_2\delta_1}, \quad C_{22}=V\frac{(\mu_2-\mu_1)\delta_1}{\mu_1\delta_2+\mu_2\delta_1}$$

代入后可得切应力分布和速度分布为

$$\tau_1=\tau_2=\frac{V\mu_1\mu_2}{\mu_1\delta_2+\mu_2\delta_1}, \quad u_1=\frac{V\mu_2 y}{\mu_1\delta_2+\mu_2\delta_1}, \quad u_2=V\frac{\mu_2\delta_1+\mu_1(y-\delta_1)}{\mu_1\delta_2+\mu_2\delta_1}$$

由此可见，液膜各层切应力相同。代入数据可得界面切应力 τ 及拖曳力 F 分别为

$$\tau=\frac{0.40\times0.142\times0.235}{0.142\times0.0008+0.235\times0.0012}=33.7(\text{Pa})$$

$$F=\tau A=33.7\times0.5=16.9(\text{N})$$

若取 $\mu_1=0.235\text{N}\cdot\text{s/m}^2$，$\mu_2=0.142\text{N}\cdot\text{s/m}^2$，其余参数不变，则

$$\tau=37.2\text{Pa}, \quad F=18.6\text{N}$$

【P5-5】圆筒摩擦剪切流的切应力及速度分布。图 5-6 所示为两同心圆筒，外筒内半径为 R，以角速度 ω 逆时针转动；内筒外半径为 kR，$k<1$，以角速度 ω_k 顺时针转动；两筒之间的润滑油油膜因内外圆筒摩擦产生剪切流动。因间隙很小，油膜流动可视为层流，且重力影响和端部效应可以忽略。试将其简化为相互滑动的两水平平板之间的剪切流动问题，确定油膜的切应力和速度分布。

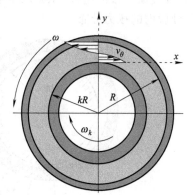

解　设置 x、y 坐标如图 5-6 所示，将问题简化为两水平平板之间的剪切流动问题，则板间距 b 为

$$b=R-kR=R(1-k)$$

下壁面坐标 $y=0$，滑动速度 $U_k=kR\omega_k$；上壁面 $y=b$，滑动速度 $U=-R\omega$；因此该问题简化为平行板间剪切流后的边界条件为

图 5-6　P5-5 附图

$$u\big|_{y=0}=kR\omega_k, \quad u\big|_{y=b}=-R\omega$$

此外，因为流动是水平方向的纯剪切流（流动方向无重力且压力不变），即 $\Delta p^*=0$，所以平壁层流切应力及速度分布一般方程简化为

$$\tau_{yx}=C_1, \quad u=C_1 y/\mu+C_2$$

将边界条件代入，得到的积分常数以及由此确定的切应力及速度分布分别为

$$C_1=-\mu(\omega+k\omega_k)/(1-k), \quad C_2=kR\omega_k$$

$$\tau_{yx}=-\frac{\mu}{1-k}(\omega+k\omega_k), \quad u=-\frac{\omega}{(1-k)}y+\frac{k\omega_k}{(1-k)}[R(1-k)-y]$$

其中速度分布也可采用 r 坐标（$r=kR+y$ 且 $kR\leqslant r\leqslant R$）表示为

$$u=\frac{kR}{1-k}\left[\omega_k\left(1-\frac{r}{R}\right)-\omega\left(\frac{r}{kR}-1\right)\right]$$

讨论：本问题简化为平壁摩擦问题后，其 τ_{yx} 与 u 满足直线型层流的牛顿剪切定律，即 $\tau_{yx}=\mu du/dy$，由此得到的 τ_{yx} 也与 y 无关（液膜内切应力均匀）。实际上，对于图5-6 所示的这种沿周向（θ 方向）的层流流动，流体层间的切应力 $\tau_{r\theta}$ 不能直接用直线型层流的切应力公式描述，而应该用下式（见第6章牛顿流体本构方程）计算 $\tau_{r\theta}$，即

$$\tau_{r\theta}=\mu\left[r\frac{\partial}{\partial r}\left(\frac{v_\theta}{r}\right)\right]=\mu\frac{\partial v_\theta}{\partial r}-\mu\frac{v_\theta}{r}$$

将以上获得的 u 替代 $-v_\theta$（见注），由上式可得

$$\tau_{r\theta}=\frac{\mu}{1-k}(\omega+\omega_k)\frac{kR}{r}\quad(kR\leqslant r\leqslant R)$$

由此可见，当液膜很薄时（$k\rightarrow1$，$r\rightarrow R$），$\tau_{r\theta}$ 将与以上获得的 τ_{yx} 相同。

注：柱坐标中规定逆时针转动的周向速度 v_θ 为正，与图5-6中 u 的正方向（x 方向）相反，故 $u=-v_\theta$。这一规定也导致 $\tau_{r\theta}$ 与 τ_{yx} 的符号相反。

【P5-6】流体动压润滑原理——平壁层流问题的扩展。滑动轴承如图5-7所示。静止状态下转轴支撑于轴承面，相互接触，但工作状态下，轴与轴承之间会形成带压的楔形油膜，使两者自动分开，从而实现转动轴的润滑，此即流体动压润滑原理。为分析楔形油膜内的压力分布，可忽略曲率影响（油膜很薄），建立如图所示的楔形液膜流动模型，其中上壁面（转轴表面）以恒速 $U=R\omega$ 水平运动，下壁面（轴承面）固定。试根据以下条件，确定楔形油膜内的压力分布。

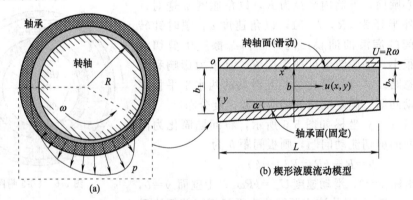

图5-7 P5-6附图

① 油膜很薄，重力影响可忽略，故压力 p 沿 y 不变，仅为 x 的函数，即 $p=p(x)$；

② 虽然油膜厚度是变化的，但因楔形角 α 很小，故任一流动截面上速度 u 沿 y 的变化仍可用平壁层流速度分布式［式(5-10)］描述，但式中流动方向的平均压力梯度 $-\Delta p^*/L$ 也同时应恢复为截面压力梯度 $\partial p^*/\partial x$［式(5-6)］；

③ 作为相对比较，可设楔形油膜进出口压力均为 0（表压）。

解 将式(5-10)中的 $-\Delta p^*/L$ 恢复为 $\partial p^*/\partial x$，则楔形油膜任意截面的速度分布可一般

表示为

$$u=\frac{1}{2\mu}\frac{\partial p^*}{\partial x}y^2+\frac{C_1}{\mu}y+C_2$$

因为不计重力时，$p^*=p$，又因 $p=p(x)$，所以

$$\frac{\partial p^*}{\partial x}=\frac{\partial p}{\partial x}=\frac{\mathrm{d}p}{\mathrm{d}x}\quad\text{或}\quad u=\frac{1}{2\mu}\frac{\mathrm{d}p}{\mathrm{d}x}y^2+\frac{C_1}{\mu}y+C_2$$

将该方程应用于 x 处截面，设该截面油膜厚度为 b，见图 5-7(b)，则该截面速度边界条件为

$$u\big|_{y=0}=U,\ u\big|_{y=b}=0$$

由此确定积分常数，可得截面 b 的速度分布为

$$u=\frac{1}{2\mu}\frac{\mathrm{d}p}{\mathrm{d}x}(y^2-by)+\frac{U}{b}(b-y)$$

此外，根据几何关系可知，任意截面的油膜厚度 b 与 x 及楔形角 α 的关系为

$$b=b_1-x\tan\alpha,\ \tan\alpha=(b_1-b_2)/L$$

由此可见，速度 u 随 x 的变化体现在 $\mathrm{d}p/\mathrm{d}x$ 和 b 中。

将截面 b 的速度 u 对 y 积分（$\mathrm{d}p/\mathrm{d}x$ 和 b 仅是 x 的函数，故对 y 积分时两者均视为常数），可得该截面单位宽度（垂直于书面方向）的体积流量 q_V 为

$$q_V=\int_0^b u\mathrm{d}y=\int_0^b\frac{1}{2\mu}\frac{\mathrm{d}p}{\mathrm{d}x}(y^2-by)+\frac{U}{b}(b-y)\mathrm{d}y=\frac{bU}{2}-\frac{b^3}{12\mu}\frac{\mathrm{d}p}{\mathrm{d}x}$$

即

$$\frac{\mathrm{d}p}{\mathrm{d}x}=\frac{6\mu U}{b^2}-\frac{12\mu q_V}{b^3}=\frac{6\mu U}{(b_1-x\tan\alpha)^2}-\frac{12\mu q_V}{(b_1-x\tan\alpha)^3}$$

上式再对 x 积分（不可压缩稳态流动各截面流量相同，积分时 q_V 为定值），又可得

$$p=\frac{6\mu U}{(b_1-x\tan\alpha)\tan\alpha}-\frac{6\mu q_V}{(b_1-x\tan\alpha)^2\tan\alpha}+C$$

其中的体积流量 q_V 及常数 C 可根据压力边界条件确定，即

$$p\big|_{x=0}=p\big|_{x=L}=0,\ q_V=\frac{b_1b_2}{b_1+b_2}U,\ C=-\frac{6\mu}{(b_1+b_2)\tan\alpha}U$$

由此可得楔形油膜内压力沿 x 方向的分布方程为

$$p=\frac{6\mu U}{b_1+b_2}\frac{x(b-b_2)}{b^2}=\frac{6\mu U}{b_1+b_2}\frac{x(L-x)\tan\alpha}{(b_1-x\tan\alpha)^2}$$

根据该式并给定相应参数进行计算，可得楔形油膜内压力沿 x 方向的分布形态如图 5-8 所示。由图 5-8 可见，尽管进出口表压均为 0，但楔形液膜内总有 $p>0$，该压力在竖直方向的合力使转动轴得以支撑，从而实现润滑。这就是流体动压润滑的原理。

对 p 的分布式积分，可得垂直于书面方向单位宽度液膜的承载力（p 在 y 方向的合力），即

$$F_y=\int_0^L p\mathrm{d}y=\frac{6\mu UL^2}{(b_1-b_2)^2}\left(\ln\frac{b_1}{b_2}-2\frac{b_1-b_2}{b_1+b_2}\right)$$

根据牛顿剪切定律，对速度求导并令 $y=0$，

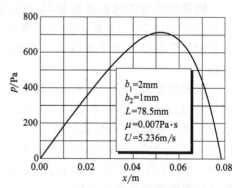

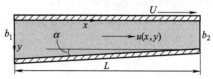

图 5-8　P5-6 附图（楔形油膜压力沿流动方向的变化）

可得滑动表面的切应力为

$$\tau_0 = \mu \frac{\partial u}{\partial y}\Big|_{y=0} = -\frac{4\mu U}{b} + \frac{6\mu U b_1 b_2}{b^2(b_1+b_2)}$$

其中
$$b = b_1 - x \tan\alpha$$

由此可得⊥书面方向单位宽度滑动表面的摩擦力为

$$F_f = -\int_0^L \tau_0 \mathrm{d}x = \frac{6\mu U L}{b_1 - b_2}\left(\frac{2}{3}\ln\frac{b_1}{b_2} - \frac{b_1 - b_2}{b_1 + b_2}\right)$$

5.3 圆管层流的基本方程及应用

5.3.1 圆管层流的特点及基本方程

圆管层流　即以图 5-9 为代表的圆管内充分发展的层流流动,其特点是密度恒定,流体仅有 z 方向速度 u,且 u 仅是 r 的函数(绕 z 轴对称),各参数 ϕ 与时间 t 无关,即

$$\rho = \mathrm{const};\ v_r = v_\theta = 0,\ v_z = u = u(r);\ \frac{\partial \phi}{\partial t} = 0 \tag{5-11}$$

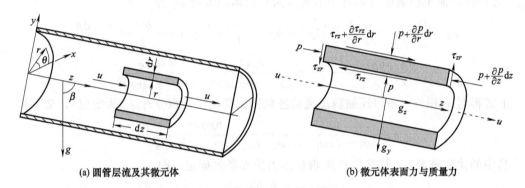

(a) 圆管层流及其微元体　　　　　　　　(b) 微元体表面力与质量力

图 5-9　圆管层流及其微元体受力

圆管层流的微元体及质量/动量守恒特点　因速度 $u = u(r)$ 且绕 z 轴对称,故圆管层流的微元为图 5-9(a) 所示的管状微元;根据密度恒定和速度分布的特点,管状微元质量守恒的结果是微元上下游端面(进出口截面)速度相同,且动量守恒方程简化为力平衡方程。

微元体受力分析　与平壁层流类似,可标出管状微元受力如图 5-9(b) 所示。其中 z 方向质量力 $g_z = g\cos\beta$;表面切应力绕 z 轴对称,其中上下游端面切应力 τ_{zr} 自相平衡,内外表面切应力乘以其作用面积可得 z 方向总力;流动截面上压力 p 是 r 和 θ 的函数,不具轴对称性,但压力梯度 $\partial p/\partial z$ 与 r 和 θ 无关(见参考文献 [1] 例 5-3),因此上下游端面 p 的合力(z 方向)可用压力增量 $(\partial p/\partial z)\mathrm{d}z$ 与端面面积直接计算。在此基础上,根据力平衡方程可得圆管层流的基本方程。

圆管层流的切应力及速度分布一般方程　圆管层流的切应力分布方程(适用于牛顿流体和非牛顿流体)为

$$\tau_{rz} = -\frac{\Delta p^*}{L}\frac{r}{2} + \frac{C_1}{r} \tag{5-12}$$

将牛顿切应力公式代入上式,可得牛顿流体圆管层流的速度微分方程为

$$\frac{\mathrm{d}u}{\mathrm{d}r} = \frac{1}{\mu}\left(-\frac{\Delta p^*}{L}\frac{r}{2} + \frac{C_1}{r}\right) \tag{5-13}$$

若流体黏度恒定，即 $\mu = \mathrm{const}$，则积分上式可得圆管层流速度分布一般方程，即

$$u = -\frac{\Delta p^*}{L}\frac{r^2}{4\mu} + \frac{C_1}{\mu}\ln r + C_2 \tag{5-14}$$

以上诸式中，C_1、C_2 是积分常数，由具体问题的边界条件确定。$\Delta p^*/L$ 即单位管长的摩擦压降，流动方向坐标为 z 时，修正压力 p^* 表示为

$$p^* = p - \rho(g\cos\beta)z \tag{5-15}$$

而上游 z_1 截面至下游 z_2 截面（两者距离 L）的修正压力降 Δp^* 表示为

$$\Delta p^* = p_1^* - p_2^* = p_1 - p_2 + \rho g\cos\beta(z_2 - z_1) = \Delta p + \rho g L\cos\beta \tag{5-16}$$

需要指出的是，以上诸式应用中应根据问题特征简化 Δp^*（见平壁层流相应说明）。

5.3.2 圆管层流典型问题分析

【P5-7】圆管层流的速度分布及阻力系数。不可压缩流体在圆管内作充分发展的层流流动，见图 5-10。设流体物性恒定，试确定管内的速度分布及摩擦阻力系数 λ。

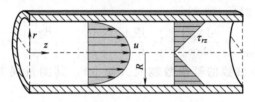

图 5-10 P5-7 附图

解 圆管流动有轴对称性，其定解条件为

$$u\big|_{r=R} = 0,\quad \frac{\mathrm{d}u}{\mathrm{d}r}\bigg|_{r=0} = 0$$

将此代入圆管层流的速度微分方程和速度分布方程确定积分常数，可得圆管内不可压缩充分发展层流的切应力和速度分布为

$$\tau_{rz} = -\frac{\Delta p^*}{L}\frac{r}{2},\quad u = \frac{\Delta p^*}{L}\frac{R^2}{4\mu}\left(1 - \frac{r^2}{R^2}\right)$$

该结果表明，圆管层流流动截面上的速度为抛物线分布，切应力为线性分布，见图 5-10。

在速度分布式中，令 $r=0$，可得最大流速 $u_{\max}$，速度沿截面积分可得平均流速 u_{m}，即

$$u_{\max} = \frac{\Delta p^*}{L}\frac{R^2}{4\mu},\quad u_{\mathrm{m}} = \frac{\Delta p^*}{L}\frac{R^2}{8\mu},\quad u_{\max} = 2u_{\mathrm{m}}$$

由此可得体积流量 q_{V} 与单位管长摩擦压降的关系——哈根-泊谡叶方程，即

$$q_{\mathrm{V}} = \pi R^2 u_{\mathrm{m}} = \frac{\Delta p^*}{L}\frac{\pi R^4}{8\mu}$$

对于倾斜管道，Δp^* 是摩擦压降，故将以上 u_{m} 与 Δp^* 的关系代入摩擦压降定义式，并引用管流雷诺数 Re（取定性尺寸 $D = 2R$），可得圆管层流的阻力系数 λ 表达式，即

$$u_{\mathrm{m}} = \frac{\Delta p^*}{L}\frac{R^2}{8\mu},\quad \Delta p^* = \lambda\frac{L}{D}\frac{\rho u_{\mathrm{m}}^2}{2} \rightarrow \lambda = \frac{64}{Re},\quad Re = \frac{\rho u_{\mathrm{m}} D}{\mu}$$

以上相关公式适用于一般倾斜管道。对于水平管道：$\cos\beta = 0$，$\Delta p^* = \Delta p$。

【P5-8】 用哈根-泊谡叶公式测量流体黏度的误差分析。水平圆管的哈根-泊谡叶公式为

$$q_V = (\Delta p/L)(\pi R^4/8\mu)$$

该式可作为测试流体黏度的原理式，即让流体在长度为 L、半径为 R 的毛细管内层流流动，测量其体积流量 q_V 和摩擦压降 Δp，以确定流体黏度 μ。若直接测量值 L、R、Δp、q_V 的相对偏差（此处指相对误差的绝对值）均为 2%，试确定间接测量值 μ 的最大相对偏差。

解 根据水平圆管层流流动的哈根-泊谡叶公式，解出黏度 μ 的表达式为

$$\mu = \frac{\Delta p}{L} \frac{\pi R^4}{8 q_V}$$

根据该式及微分法则，可得黏度 μ 的全微分为

$$d\mu = \frac{1}{L}\frac{\pi R^4}{8q_V}d\Delta p + 4\frac{\Delta p}{L}\frac{\pi R^3}{8q_V}dR - \frac{\Delta p}{L^2}\frac{\pi R^3}{8q_V}dL - \frac{\Delta p}{L}\frac{\pi R^3}{8q_V^2}dq_V$$

用 μ 的原理式遍除上式，可得 μ 的相对误差与各测量值相对误差的关系为

$$\frac{d\mu}{\mu} = \frac{d\Delta p}{\Delta p} + 4\frac{dR}{R} - \frac{dL}{L} - \frac{dq_V}{q_V}$$

因相对误差有正有负，所以 μ 的最大相对误差应为各直接测量值相对偏差之和，因此取各测量值相对偏差均为 2%，则

$$\left(\frac{d\mu}{\mu}\right)_{max} = \left|\frac{d\Delta p}{\Delta p}\right| + \left|4\frac{dR}{R}\right| + \left|\frac{dL}{L}\right| + \left|\frac{dq_V}{q_V}\right| = 14\%$$

由此可见，原理式中参数的幂指数越大（如 R），其测量误差对最终误差的贡献也越大。

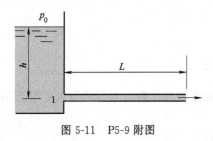

图 5-11　P5-9 附图

【P5-9】 根据圆管层流流量测试估计流体运动黏度。如图 5-11 所示，油从敞口容器侧壁沿内径 $D=1\mathrm{mm}$、长度 $L=45\mathrm{cm}$ 的光滑圆管横向流出。已知容器液面至圆管中心的垂直距离 $h=60\mathrm{cm}$ 并保持恒定，测试流量为 $14.8\mathrm{cm^3/min}$。

① 假定管内流动是充分发展层流，并忽略管道进口局部阻力损失，试估计油的运动黏度，并验证充分发展层流的假定是否有效；

② 若管道进口（位置 1）的局部阻力系数 $\zeta=0.5$，则油的运动黏度又为多少？

解 根据圆管层流哈根-泊谡叶公式，摩擦压降可表示为

$$\Delta p^* = 8\frac{\mu L q_V}{\pi R^4} = 32\frac{\mu L u_m}{D^2}$$

参见图 5-11，摩擦压降 Δp^* 指 L 段的摩擦压降，设其进口（位置 1）的局部阻力系数为 ζ，则管段的总阻力压降为

$$\Delta p^* + \zeta \rho u_m^2/2$$

因此，根据容器液面至管段出口的机械能守恒方程，可得

$$p_0 + \rho g h = p_0 + \Delta p^* + (1+\zeta)\frac{\rho u_m^2}{2} \quad \text{或} \quad \Delta p^* = \rho g h - (\alpha+\zeta)\frac{\rho u_m^2}{2}$$

式中 α 是管流的动能修正系数，层流时 $\alpha=2$。

将此代入哈根-泊谡叶公式，可将运动黏度表示为

$$\nu = \frac{\mu}{\rho} = \frac{D^2}{32Lu_m}\left[gh - (\alpha + \zeta)\frac{u_m^2}{2}\right]$$

其中的流体平均速度可根据已知流量和管径计算，即

$$u_m = \frac{q_V}{\pi R^2} = \frac{14.8 \times 10^{-6}/60}{\pi \times 0.0005^2} = 0.314(\text{m/s})$$

① 代入数据，不计进口局部阻力时 $\zeta = 0$，运动黏度为

$$\nu = \frac{0.001^2}{32 \times 0.45 \times 0.314}\left(9.81 \times 0.6 - 2 \times \frac{0.314^2}{2}\right) = 1.280 \times 10^{-6}(\text{m}^2/\text{s})$$

由此可计算管流雷诺数和层流进口段相对长度分别为

$$Re = u_m D/\nu = 243.2, \quad L_e/L = 0.058DRe/L = 3.13\%$$

由此可见，$Re < 2300$ 且进口区相对很短，故充分发展层流假设有效。

② 根据以上运动黏度表达式，计入进口局部阻力时 $\zeta = 0.5$，运动黏度为

$$\nu = 1.274 \times 10^{-6}\ \text{m}^2/\text{s}$$

【P5-10】圆形套管层流的速度分布及阻力系数。不可压缩流体在圆形套管内作充分发展的层流流动，见图 5-12。设流体物性恒定，试确定其速度分布、最大速度的半径位置以及摩擦阻力系数。

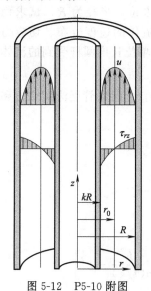

图 5-12　P5-10 附图

解　圆形套管流动的边界条件为

$$u|_{r=kR} = 0, \quad u|_{r=R} = 0$$

将此代入圆管层流的速度分布方程，确定积分常数 C_1、C_2，可得圆形套管内的层流切应力和速度分布式为

$$\tau_{rz} = -\frac{\Delta p^*}{L}\frac{r}{2}\left[1 - \frac{R^2}{r^2}\frac{1-k^2}{\ln(1/k)}\right]$$

$$u = \frac{\Delta p^*}{L}\frac{R^2}{4\mu}\left[1 - \left(\frac{r}{R}\right)^2 + \frac{1-k^2}{\ln(1/k)}\ln\left(\frac{r}{R}\right)\right]$$

以上两式所描述的切应力和速度分布如图 5-12 所示。根据速度分布，由 $\text{d}u/\text{d}r = 0$ 可确定管内最大速度 u_{max} 的半径位置 r_0，u 沿流动截面积分可确定平均流速 u_m，结果为

$$r_0 = R\sqrt{\frac{1-k^2}{2\ln(1/k)}}, \quad u_{max} = \frac{\Delta p^*}{L}\frac{R^2}{4\mu}\left(1 - \frac{r_0^2}{R^2} + \frac{r_0^2}{R^2}\ln\frac{r_0^2}{R^2}\right)$$

$$u_m = \frac{\Delta p^*}{L}\frac{R^2}{8\mu}\left[1 + k^2 - \frac{1-k^2}{\ln(1/k)}\right]$$

将以上 u_m 与 Δp^* 的关系代入摩擦压降定义式，可得圆形套管层流的阻力系数 λ 为

$$\lambda = \alpha\frac{64}{Re}, \quad \alpha = \frac{(1-k)^2\ln(1/k)}{(1+k^2)\ln(1/k) - (1-k^2)}, \quad Re = \frac{\rho u_m D_h}{\mu}$$

其中 $D_h = 2R(1-k)$ 是圆形套管的水力动量直径。对于圆形套管流动，$Re < 2000$ 为层流。

此外，分析 α 与 k 的关系可知，当 $k = 0.5 \rightarrow 1$ 时，$\alpha = 1.49 \rightarrow 1.5$，此时 $\lambda \approx 96/Re$。以上相关公式适用于一般倾斜管道；对于水平管道：$\cos\beta = 0$，$\Delta p^* = \Delta p$。

【P5-11】圆形套管输送蔗糖水溶液的流量及摩擦力计算。有一长度 $L = 8.23\text{m}$ 的水平圆形套管，内管外半径 $kR = 0.0126\text{m}$，外管内半径 $R = 0.028\text{m}$。现有温度 $T = 293\text{K}$、质量浓度为 60% 的蔗糖水溶液通过套管环隙。已知该温度下溶液的密度 $\rho = 1286\text{kg/m}^3$，黏度 $\mu = 0.0565\text{Pa·s}$，现场测得管子两端压降 $\Delta p = 37.16\text{kPa}$。试确定溶液的体积流量 q_V 和套管环隙的总摩擦力 F。

解 根据 P5-10 的结果，圆形套管层流流动平均流速公式为

$$u_{\mathrm{m}}=\frac{\Delta p^*}{L}\frac{R^2}{8\mu}\left[1+k^2-\frac{1-k^2}{\ln(1/k)}\right]$$

本问题中，管道水平即 $\Delta p^*=\Delta p$，且 $k=0.0126/0.028=0.45$，因此平均流速为

$$u_{\mathrm{m}}=\frac{37160}{8.23}\times\frac{0.028^2}{8\times0.0565}\times\left[1+0.45^2-\frac{1-0.45^2}{\ln(1/0.45)}\right]=1.596(\mathrm{m/s})$$

套管的水力直径及雷诺数分别为

$$D_{\mathrm{h}}=2R(1-k)=0.0308\mathrm{m},\ Re=\rho u_{\mathrm{m}}D_{\mathrm{h}}/\mu=1119<2000$$

该结果表明套管内流动为层流，以上平均速度计算有效，故溶液体积量流量为

$$q_{\mathrm{V}}=\pi R^2(1-k^2)u_{\mathrm{m}}=\pi\times0.028^2\times(1-0.45^2)\times1.596=3.315(\mathrm{m}^3/\mathrm{s})$$

套管环隙的总摩擦力 F 为

$$F=\pi R^2(1-k^2)\Delta p=\pi\times0.028^2\times(1-0.45^2)\times37160=73.0(\mathrm{N})$$

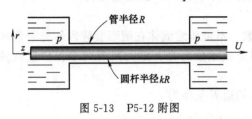

图 5-13　P5-12 附图

【P5-12】圆杆在圆管内对中滑动所产生的摩擦流动问题。如图 5-13 所示，一半径为 kR 的无限长圆杆以速度 U 匀速通过两涂料槽之间的圆管，从而拖动涂料流动。已知两涂料槽压力相同，圆管为水平方位，半径为 R。试求稳定操作条件下圆管内流体的速度分布、切应力分布、体积流量 q_{V}、单位长度圆杆受到的流体阻力 F_1、单位管长内流体沿流动方向受到的总作用力 F_2。

解 圆杆拖动涂料流动属水平方向摩擦流动，故 $\Delta p^*=\Delta p=0$，此时圆管层流切应力和速度分布一般方程简化为

$$\tau_{rz}=\frac{C_1}{r},\ u=\frac{C_1}{\mu}\ln r+C_2,\ \text{且}\ u\big|_{r=kR}=U,\ u\big|_{r=R}=0$$

由边界条件确定积分常数后可得速度分布与切应力分布方程为

$$u=\frac{U}{\ln k}\ln\frac{r}{R},\ \tau_{rz}=\mu\frac{U}{\ln k}\frac{1}{r}$$

由速度分布式积分可得体积流量为

$$q_{\mathrm{V}}=2\pi\int_{kR}^R ur\mathrm{d}r=2\pi\frac{UR^2}{\ln k}\int_{kR}^R\frac{r}{R}\ln\left(\frac{r}{R}\right)\mathrm{d}\frac{r}{R}=\pi R^2U\left[\frac{1-k^2}{2\ln(1/k)}-k^2\right]$$

根据切应力分布式，管中流体内外表面切应力分别为

$$\tau_{kR}=\tau_{rz}\big|_{r=kR}=-\frac{\mu U}{kR\ln(1/k)},\ \tau_R=\tau_{rz}\big|_{r=R}=-\frac{\mu U}{R\ln(1/k)}$$

注意：根据约定，流体内表面（接触圆杆）切应力 τ_{kR} 的正方向为 z 轴负方向，上式中 $\tau_{kR}<0$，表明 τ_{kR} 的实际指向与约定的正方向相反，即 τ_{kR} 的实际指向为 z 轴正方向。同理可知，流体外表面（接触管壁）切应力 τ_R 的实际指向为 z 轴负方向。

由此可知，单位长度圆杆受到的流体阻力 F_1 指向 z 轴负方向，其大小为

$$F_1=2\pi kR\,|\tau_{kR}|=2\pi\mu U/\ln(1/k)$$

因管内压力沿流动方向不变，故流体在流动方向的受力只有内外表面切应力，且单位管长内流体沿流动方向受到的总作用力 F_2 为

$$F_2=2\pi kR\,|\tau_{kR}|-2\pi R\,|\tau_R|=\frac{2\pi\mu U}{\ln(1/k)}-\frac{2\pi\mu U}{\ln(1/k)}=0$$

该结果表明，对于充分发展的流动，流体受到的总合力为零。

【**P5-13**】**竖直圆管内理想塑性流体的重力流动条件**。一圆管内充满理想塑性流体（Bingham 流体），如图 5-14 所示。该流体切应力与速度梯度符合下述模型

$$\tau_{rz} = -\tau_0 + \mu_0 (\mathrm{d}u/\mathrm{d}r)$$

式中，$\tau_0 \geqslant 0$、$\mu_0 > 0$；u 为轴向速度；r 为圆管径向坐标。圆管下端放置在一平板上。其当移去平板时，管内流体可能流出，也可能不流出，试解释原因，并建立流出的条件。设流体密度为 ρ，圆管半径为 R。

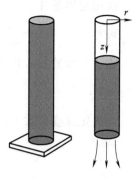

图 5-14　P5-13 附图

解　根据坐标设置（如图 5-14）及圆管流动特性可知，管内产生流动时必有径向速度梯度 $\mathrm{d}u/\mathrm{d}r$ 且 $\mathrm{d}u/\mathrm{d}r < 0$。由此可得 Bingham 流体产生流动的条件是

$$\frac{\mathrm{d}u}{\mathrm{d}r} = \frac{\tau_{rz} + \tau_0}{\mu_0} < 0 \quad 或 \quad \tau_{rz} < -\tau_0$$

另一方面，因产生流动时，流动方向向下，即 $\beta = 0$；当移去底部平板时，管的上下端都为大气压，即 $p_1 = p_2 = p_0$。所以 $\Delta p^* = \rho g L$。将此代入圆管层流切应力一般方程（适用于非牛顿流体），可得

$$\tau_{rz} = -\rho g r/2 + C_1/r$$

又因为 $r = 0$ 时切应力不可能无穷大，即 $C_1 = 0$，所以有

$$\tau_{rz} = -\rho g r/2$$

将此代入产生流动的应力条件并考虑 $r \leqslant R$，可得竖直圆管内产生重力流动的区域为

$$R \geqslant r > 2\tau_0/\rho g$$

而要使流体流出圆管，只需壁面处产生流动即可，故上式中取 $r = R$，可得流出条件为

$$R > 2\tau_0/\rho g$$

原理说明：管内流体重力 $G = \rho g \pi R^2 L$；设流体静止时的壁面切应力为 τ_w，则壁面静摩擦力 $F = 2\pi R L \tau_w$，此时 $G = F$，且 R 增大 G 与 F 都将增大。但维持流体静止状态的壁面切应力最大为 τ_0，对应的静摩擦力为 $F_0 = 2\pi R L \tau_0$，所以当 R 增大使 $G > F_0$ 时，静止状态将被打破，流体将产生流动。由 $G > F_0$ 得到的流出条件即 $R > 2\tau_0/\rho g$。

【**P5-14**】**圆柱黏度仪的黏度测量计算式**。活塞在充满液体的密闭长圆筒内对中下滑，见图 5-15，其中几何尺寸已知，活塞密度为 ρ_0，液体密度为 ρ，活塞与圆筒壁之间的流动可视为充分发展的层流流动。若实验测得活塞终端速度（平衡时的下滑速度）为 u_0，并定义 $\xi = r/R$ 为无因次径向坐标，试证明：

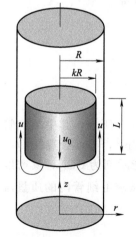

图 5-15　P5-14 附图

① 环隙内速度分布为

$$\frac{u}{u_0} = -\frac{(1-\xi^2) - (1+k^2)\ln(1/\xi)}{(1-k^2) - (1+k^2)\ln(1/k)}$$

② 流体黏度的计算式为

$$\mu = \frac{(\rho_0 - \rho) g (kR)^2}{2u_0}\left(\ln\frac{1}{k} - \frac{1-k^2}{1+k^2}\right)$$

解　① 圆管层流速度分布一般方程及本问题边界条件如下

$$u = -\frac{\Delta p^*}{L}\frac{r^2}{4\mu} + \frac{C_1}{\mu}\ln r + C_2 ; \ u|_{r=kR} = -u_0, \ u|_{r=R} = 0$$

应用边界条件并令 $\qquad B=-(\Delta p^*/L)(R^2/4\mu)$

可得 $\qquad C_1=\dfrac{\mu}{\ln k}\left[B(1-k^2)-u_0\right],C_2=\dfrac{\ln R}{\ln k}\left[u_0-B\left(1-k^2+\dfrac{\ln k}{\ln R}\right)\right]$

将积分常数代入并令 $\xi=r/R$ 可得速度分布式为

$$u=B\xi^2-u_0\frac{\ln\xi}{\ln k}+B\left[\frac{\ln\xi}{\ln k}(1-k^2)-1\right]$$

为确定速度常数 B,可利用质量守恒关系:活塞下滑排挤流量=环隙流量,即

$$u_0\pi(kR)^2=\int_{kR}^R u2\pi r\,\mathrm{d}r=2\pi R^2\int_k^1 u\xi\,\mathrm{d}\xi$$

将 u 代入上式,积分可得 $\qquad B=\dfrac{u_0}{(1-k^2)+(1+k^2)\ln k}$

将 B 代入,可将速度分布进一步表示如下,其分布形态如图 5-16 所示。

$$\frac{u}{u_0}=-\frac{(1-\xi^2)+(1+k^2)\ln\xi}{(1-k^2)+(1+k^2)\ln k}=-\frac{(1-\xi^2)-(1+k^2)\ln(1/\xi)}{(1-k^2)-(1+k^2)\ln(1/k)}$$

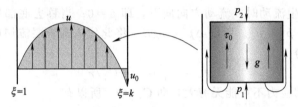

图 5-16　P5-14 附图(圆柱黏度仪环隙速度分布形态及活塞受力)

② 将 $r=kR$ 及已知的 C_1 代入圆管层流切应力方程,可得活塞壁面切应力 τ_0,即

$$\tau_{rz}=-\frac{\Delta p^*}{L}\frac{r}{2}+\frac{C_1}{r}\rightarrow\tau_0=-\frac{\Delta p^*}{L}\frac{kR}{2}+\frac{\mu}{kR\ln k}\left[B(1-k^2)-u_0\right]$$

图 5-16 坐标下,流速 u 的正方向与重力方向相反,即 $\beta=\pi$,所以摩擦压降为

$$\Delta p^*=p_1-p_2+\rho gL\cos\beta=\Delta p-\rho gL$$

其中流动方向压降 Δp 又可根据活塞力平衡方程求得(图 5-16),即

$$\tau_0 2\pi kRL+\pi(kR)^2\Delta p-\rho_0 g\pi(kR)^2 L=0\rightarrow\Delta p=\rho_0 gL-\frac{2\tau_0}{kR}L$$

将 Δp 代入 Δp^* 表达式,并进一步将 Δp^* 代入 τ_0 表达式,分别可得

$$\frac{\Delta p^*}{L}=(\rho_0-\rho)g-\frac{2\tau_0}{kR},\quad\mu=\frac{(\rho_0-\rho)g(kR)^2\ln k}{2\left[B(1-k^2)-u_0\right]}$$

进一步将前面已确定的 B 代入,可得黏度 μ 的测量原理式为

$$\mu=\frac{(\rho_0-\rho)g(kR)^2}{2u_0}\left(\ln\frac{1}{k}-\frac{1-k^2}{1+k^2}\right)$$

【P5-15】**毛细管流量计的测量计算与分析**。毛细管流量计如图 5-17 所示,其中毛细管内流动介质为水,其黏度 $\mu=100.42\times10^{-5}\text{Pa}\cdot\text{s}$,密度 $\rho=998.2\text{kg/m}^3$,毛细管直径 $D=0.254\text{mm}$,测压点 A、B 之间的距离 $L=3.048\text{m}$,U 形管压差计中指示剂为 CCl_4,其密度 $\rho_m=1594\text{kg/m}^3$。现测得 U 形管中指示剂界面高差 $\Delta h=25.4\text{mm}$,试求毛细管内的质量流量 q_m,并讨论是否需要测试倾角 α。

解　根据圆管层流的 Hagen-Poiseuille 公式,有

$$q_m = \rho \frac{\Delta p^*}{L} \frac{\pi R^4}{8\mu}$$

图 5-17 中流动方向与重力方向夹角 $\beta = \pi - \alpha$，所以管长 L 对应的摩擦压降为

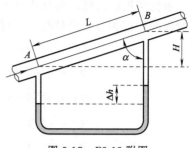

$$\Delta p^* = p_A - p_B + \rho g L \cos\beta = p_A - p_B - \rho g L \cos\alpha$$

设管长 L 对应的垂直距离为 H，H 底端至 Δh 顶端指示剂液面的距离为 x，则根据静力学关系，Δh 底端的液面压力 p 可分别用 p_A、p_B 表示为

图 5-17 P5-15 附图

$$p = p_A + \rho g(x + \Delta h), \quad p = p_B + \rho g(H + x) + \rho_m g \Delta h$$

两式相减并代入 $H = L\cos\alpha$ 可得

$$p_A - p_B - \rho g L\cos\alpha = (\rho_m - \rho)g\Delta h \quad 即 \quad \Delta p^* = (\rho_m - \rho)g\Delta h$$

将此代入 Hagen-Poiseuille 公式，可得 q_m-Δh 关系式，代入数据可得流量值，即

$$q_m = \rho \frac{(\rho_m - \rho)g\Delta h}{L} \frac{\pi R^4}{8\mu} = 4.946 \times 10^{-9}\,\mathrm{kg/s}$$

讨论：倾角 α 变化会改变 B 点位差，从而改变 p_B，进而影响流量 q_m。但这种影响会在 Δh 中反映，因此确定流量只需测量 Δh 即可，不需再测量 α。当然，若改变 α 时保持 q_m 不变，则 Δh 保持不变，原因是 Δh 反映的是摩擦压降 Δp^*，而 Δp^* 在 q_m 不变时是确定的。

【P5-16】流体层流流动通过圆管管网的流量与流向。不可压缩流体经过如图 5-18 所示的管网流动。已知进口 A 和出口 B 的修正压力分别为 p_A^*、p_B^*，管网中管道半径均为 R，各管段长度均为 L，管内流动为层流，流体黏度为 μ。假设各角点处的局部阻力可忽略不计，试确定体积流量 q_V 的表达式，以及各管段内流体的流动方向。

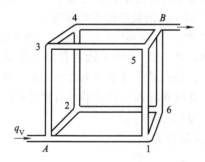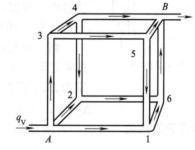

图 5-18 P5-16 附图　　　图 5-19 P5-16 附图（管网流向假设）

解　因流动为圆管层流，各管 R 相同且角点阻力不计，所以从任一管段的一端点 i 至另一端点 j（其间管长为 L）的流量都可根据 Hagen-Poiseuille 公式表示为

$$q_{V,i-j} = \frac{\Delta p_{i-j}^*}{L} \frac{\pi R^4}{8\mu}$$

根据图 5-19 的管网流向假设，对点 A 作质量守恒有

$$q_V = q_{V,A-1} + q_{V,A-2} + q_{V,A-3} = \frac{\pi R^4}{8\mu L}(\Delta p_{A-1}^* + \Delta p_{A-2}^* + \Delta p_{A-3}^*)$$

因为 $\Delta p_{i-j}^* = p_i^* - p_j^*$，所以体积流量可表示为

$$q_V = \frac{\pi R^4}{8\mu L}[3p_A^* - (p_1^* + p_2^* + p_3^*)]$$

根据管网流向图，分别作点 1～点 6 的质量守恒（下标顺序表示流动方向），且考虑每一管段的长度相等、半径相等，可得

$$q_{V,A-1}+q_{V,5-1}=q_{V,1-6} \rightarrow p_A^*-p_1^*+p_5^*-p_1^*=p_1^*-p_6^*$$

$$q_{V,A-2}+q_{V,4-2}=q_{V,2-6} \rightarrow p_A^*-p_2^*+p_4^*-p_2^*=p_2^*-p_6^*$$

$$q_{V,A-3}=q_{V,3-4}+q_{V,3-5} \rightarrow p_A^*-p_3^*=p_3^*-p_4^*+p_3^*-p_5^*$$

$$q_{V,3-4}=q_{V,4-2}+q_{V,4-B} \rightarrow p_3^*-p_4^*=p_4^*-p_2^*+p_4^*-p_B^*$$

$$q_{V,3-5}=q_{V,5-1}+q_{V,5-B} \rightarrow p_3^*-p_5^*=p_5^*-p_1^*+p_5^*-p_B^*$$

$$q_{V,2-6}+q_{V,1-6}=q_{V,6-B} \rightarrow p_2^*-p_6^*+p_1^*-p_6^*=p_6^*-p_B^*$$

求解该方程组可得

$$p_1^*=p_2^*=p_3^*=\frac{3}{5}p_A^*+\frac{2}{5}p_B^*, \quad p_4^*=p_5^*=p_6^*=\frac{2}{5}p_A^*+\frac{3}{5}p_B^*$$

由此可得

$$q_V=\frac{\pi R^4}{8\mu L}\left[\frac{6}{5}(p_A^*-p_B^*)\right]=\frac{3\pi R^4}{20\mu}\frac{\Delta p_{A-B}^*}{L}$$

因为

$$p_4^*-p_2^*=-\frac{1}{5}\Delta p_{A-B}^*<0, \quad p_5^*-p_1^*=-\frac{1}{5}\Delta p_{A-B}^*<0$$

所以，点 4 → 点 2、点 5 → 点 1 的实际流向与假设方向相反，其余流向与假设一致。由 A 点出发的三支管和汇聚于 B 点三支管的流量为 q_V 的 1/3，其余支管流量是 q_V 的 1/6。

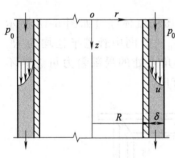

图 5-20　P5-17 附图

【P5-17】竖直圆柱表面的层流降膜流动分析。如图 5-20 所示，黏性液体在重力作用下沿竖直圆柱表面作充分发展的层流降膜流动，其中柱面半径 R，液膜厚度 δ，因流动相对缓慢，液膜表面与气体之间的摩擦力可忽略不计。试确定液膜内的切应力及速度分布，并分别计算半径 $R=0.1m$ 和 $0.25m$ 的圆柱面上厚度 $\delta=2mm$ 的液膜的平均速度。

已知流体黏度 $\mu=0.09Pa\cdot s$，密度 $\rho=900kg/m^3$。

解　很显然，图 5-20 中所示轴对称降膜流动是圆管层流的特定形式之一，特点是沿流动方向无压力差，且流动方向与重力方向相同（此时圆柱面降膜流动才有轴对称性），即

$$\Delta p^*=p_1-p_2+\rho g L\cos\beta=\rho g L$$

由此可将圆管层流的切应力和速度分布方程简化为

$$\tau_{rz}=-\frac{\rho g}{2}r+\frac{C_1}{r}, \quad u=-\frac{\rho g}{4\mu}r^2+\frac{C_1}{\mu}\ln r+C_2$$

因液膜内侧为静止固壁，外侧表面切应力可以忽略，故本问题边界条件可表述为

$$u\big|_{r=R}=0, \quad \tau_{rz}\big|_{r=R+\delta}=0$$

由此确定积分常数后，可得竖直圆柱壁面的层流降膜切应力和速度分布式为

$$\tau_{rz}=\frac{\rho g}{2}\left[\frac{(R+\delta)^2}{r}-r\right]$$

$$u=\frac{\rho g R^2}{4\mu}\left[1-\left(\frac{r}{R}\right)^2+\left(1+\frac{\delta}{R}\right)^2\ln\left(\frac{r}{R}\right)^2\right]$$

根据速度分布积分可得液膜平均流速 u_m 或体积流量 q_V 为

$$u_m=\frac{\rho g\delta^2}{3\mu}f(\alpha)$$

$$q_V = \pi \left[(R+\delta)^2 - R^2 \right] u_m = \frac{2\pi R \rho g \delta^3}{3\mu} \left(\frac{1+\alpha}{2} \right) f(\alpha)$$

其中
$$\alpha = \frac{R+\delta}{R}, \quad f(\alpha) = \frac{3}{8} \left[\frac{\alpha^4 (4\ln\alpha - 3) + 4\alpha^2 - 1}{(\alpha+1)(\alpha-1)^3} \right]$$

且
$$R \to \infty, \quad \alpha \to 1, \quad f(\alpha) \to 1$$

代入数据，可得 $\delta = 2\text{mm}$ 的液膜在 $R = 0.05\text{m}$ 和 0.20m 的圆柱面上的平均速度分别为

$$R = 0.05\text{m}、\delta = 2\text{mm}: \alpha = 1.04, \quad f(\alpha) = 1.020, \quad u_m = 0.133\text{m/s}$$
$$R = 0.20\text{m}、\delta = 2\text{mm}: \alpha = 1.01, \quad f(\alpha) = 1.005, \quad u_m = 0.131\text{m/s}$$

由此可见：δ 相同时，R 较大的圆柱面上液膜流速更小（壁面摩擦效应相对更大）。

其次，因 $\alpha \to 1$，$f(\alpha) \to 1$，故 $\alpha \to 1$ 时（液膜很薄），以上 u_m-δ 关系可简化为

$$u_m = \rho g \delta^2 / 3\mu$$

考虑 $R \to \infty$ 时圆柱壁面趋近于平壁，而此时 $\alpha = 1$，$f(\alpha) = 1$，所以该式也是竖直平壁表面充分发展层流降膜流动的 u_m-δ 关系式。

5.4 平壁降膜流动分析

5.4.1 平壁层流降膜的基本方程

平壁降膜流动指重力作用下沿平壁表面的液膜流动，液膜表面侧为气-液界面。

充分发展的平壁层流降膜流动 即平壁降膜流动的理想模式，如图 5-21 所示，充分发展指沿流动方向液膜厚度 δ 不变，速度 u 的分布形态不变。

充分发展平壁层流降膜的基本方程 与一般平壁层流相比，平壁降膜的特点是流动仅受重力驱动，液膜表面压力均匀（流动方向无压差），此条件下

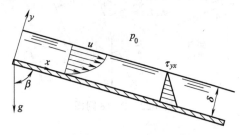

图 5-21 倾斜平壁充分发展的降膜流动

$$\Delta p^* = p_1 - p_2 + \rho g L \cos\beta = \rho g L \cos\beta$$

由此可将平壁层流的切应力和速度分布一般方程简化为

$$\tau_{yx} = -\rho g y \cos\beta + C_1$$

$$u = -\frac{\rho g \cos\beta}{2\mu} y^2 + \frac{C_1}{\mu} y + C_2$$

因液膜内侧为固壁，外侧气-液界面切应力可以忽略，故降膜流动边界条件可表述为

$$u |_{y=0} = 0, \quad \tau_{yx} |_{y=\delta} = 0$$

由此确定积分常数，可得倾斜平壁表面充分发展层流降膜流动的切应力和速度分布方程，进而得到液膜平均流速 u_m 与液膜厚度 δ 的关系，即

$$\tau_{yx} = 3\mu \frac{u_m}{\delta} \left(1 - \frac{y}{\delta} \right) \tag{5-17}$$

$$u = \frac{3}{2} u_m \left[2\frac{y}{\delta} - \left(\frac{y}{\delta} \right)^2 \right] \tag{5-18}$$

$$u_m = \frac{\rho g \delta^2 \cos\beta}{3\mu} \tag{5-19}$$

　　平壁层流降膜的雷诺数范围　实验表明，随流速增加，平壁降膜有三种流态：直线型层流（表面波纹可忽略）、波纹状层流、湍流，并可根据液膜雷诺数 Re（定性速度 u_m，水力直径 4δ）的大小来判断，即

$$直线型层流：Re<20；波纹状层流：20<Re<1500，湍流：Re>1500$$

式(5-17)～式(5-19) 适用于直线型层流降膜流动。

　　充分发展平壁层流降膜公式的扩展应用　实践表明，对于液膜厚度 δ 随 x 乃至随时间 t 变化的层流降膜，只要液膜流速较慢，气-液界面切应力可以忽略，则液膜每一截面的流速分布仍可用式(5-18)描述。其次，考虑流动缓慢而忽略惯性力（即近似认为液膜微元壁面摩擦力与流动方向重力相平衡），则液膜每一截面的平均流速 u_m 与液膜厚度 δ 之间的关系也可用式(5-19)描述。这就为变厚度层流降膜问题的分析带来了方便。

5.4.2　平壁降膜流动典型问题分析

　　【P5-18】倾斜平壁充分发展层流降膜的力平衡分析。图 5-22 所示为倾斜平壁表面充分发展的层流降膜流动，其液膜厚度为 δ，平均流速为 u_m，液膜表面压力为 p_0。现取流动方向长度为 L、垂直于书面方向为单位宽度的液膜构成液膜控制体，如图 5-22 所示，因流动稳态且控制体净输出的动量流量为零，故控制体内流体必然处于力平衡状态。

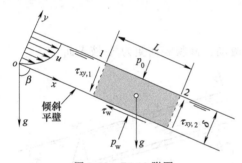

图 5-22　P5-18 附图

　　① 试根据平壁层流压力分布式［式(5-7)］写出液膜流动截面上的压力分布式，并以此确定控制体底面的压力 p_w。

　　② 试根据力平衡或力矩平衡，导出控制体前后截面（截面 1 与截面 2）上的平均切应力 $\tau_{xy,1}$ 及 $\tau_{xy,2}$ 的表达式，由此说明二者大小相等方向相反。

　　③ 受液膜表面切应力为零的启发，可知液膜截面速度分布形式为 $u=ay^2+by+c$，试根据边界条件并设液膜平均速度 u_m 为已知量，确定其中为待定常数 a、b、c，由此确定 u 的分布式。

　　④ 根据液膜控制体 x 方向的力平衡建立液膜平均速度 u_m 与厚度 δ 的关系式。

　　解　① 对于充分发展的平壁层流，流动方向压力梯度 $\partial p/\partial x=\text{const}$。对于层流降膜情况，液膜表面压力均为 p_0，所以 $\partial p/\partial x=0$，由此可知液膜各截面压力分布相同。根据式(5-7)并取 $y=\delta$，$p=p_0$，可得液膜截面压力分布及控制体底面的压力 p_w 为

$$p=p_0+\rho g(\delta-y)\sin\beta，\quad p_w=p\big|_{y=0}=p_0+\rho g\delta\sin\beta$$

　　② 图 5-22 中控制体处于力平衡状态，其合力矩必然为零。首先根据控制体受力，对截面 1 下部壁面点取矩（逆时针为正，其中根据以上压力分布可知截面 1、2 压力为自平衡力系，可不予考虑），可得力矩平衡方程为

$$(p_w-p_0)L\frac{L}{2}+\tau_{xy,2}\delta L-\rho L\delta g\sin\beta\frac{L}{2}-\rho L\delta g\cos\beta\frac{\delta}{2}=0$$

将 p_w 代入后可得

$$\tau_{xy,2}=\frac{1}{2}\rho\delta g\cos\beta$$

　　再对截面 2 下部壁面点取矩建立力矩平衡方程，则可得 $\tau_{xy,1}$，且 $\tau_{xy,1}=\tau_{xy,2}$。

　　因力矩平衡方程得到的 $\tau_{xy,1}$ 与 $\tau_{xy,2}$ 均为正，表明其实际方向与图中标注方向一致，而图中二者方向相反，由此可知二者大小相等方向相反。

③ 根据液膜表面切应力为零所假设的速度分布以及由此得到切应力分布分别为

$$u=ay^2+by+c，\tau_{yx}=\mu\frac{\mathrm{d}u}{\mathrm{d}y}=\mu(2ay+b)$$

根据平壁降膜的特点，以上分布应满足的边界条件以及 u 与 u_{m} 的关系如下

$$u\big|_{y=0}=0，\tau_{yx}\big|_{y=\delta}=0，u_{\mathrm{m}}\delta=\int_0^\delta u\mathrm{d}y$$

由此可确定

$$a=-3u_{\mathrm{m}}/2\delta^2，b=3u_{\mathrm{m}}/\delta，c=0$$

即

$$u=\frac{3}{2}u_{\mathrm{m}}\left[2\frac{y}{\delta}-\left(\frac{y}{\delta}\right)^2\right]，\tau_{yx}=3\mu\frac{u_{\mathrm{m}}}{\delta}\left(1-\frac{y}{\delta}\right)$$

其中壁面切应力

$$\tau_{\mathrm{w}}=\tau_{yx}\big|_{y=0}=3\mu u_{\mathrm{m}}/\delta$$

④ 因截面1、2压力为自平衡力系，故控制体 x 方向的力平衡方程为

$$\rho L\delta g\cos\beta-L\tau_{\mathrm{w}}=0$$

将 τ_{w} 代入，可得液膜平均速度 u_{m} 与厚度 δ 的关系为

$$u_{\mathrm{m}}=\frac{\rho g\delta^2\cos\beta}{3\mu}$$

【P5-19】在竖直平壁表面形成给定厚度油膜所需的流量。 为了在宽度 $W=500\mathrm{mm}$ 的竖直平壁一侧表面上形成 2.5mm 厚的油膜，其中油的黏度 $\mu=0.16\mathrm{Pa\cdot s}$、密度 $\rho=800\mathrm{kg/m^3}$，试按充分发展的降膜流动考虑，确定油的质量流量 q_{m} 应为多少？

解 设油的降膜流动为层流，则根据充分发展降膜流动的平均流速与膜厚关系式，可得油膜的平均流速及质量流量为

$$u_{\mathrm{m}}=\frac{\rho g\delta^2\cos\beta}{3\mu}=\frac{800\times9.81\times0.0025^2\times\cos0°}{3\times0.16}=0.102(\mathrm{m/s})$$

$$q_{\mathrm{m}}=\rho u_{\mathrm{m}}W\delta=800\times0.102\times0.5\times0.0025=0.102(\mathrm{kg/s})$$

因上述公式仅适用于层流降膜，故需校核液膜雷诺数。根据降膜流动雷诺数定义有

$$Re=\frac{\rho u_{\mathrm{m}}\times4\delta}{\mu}=\frac{800\times0.102\times4\times0.0025}{0.16}=5.1$$

因平壁层流降膜要求雷诺数 $Re<20$，故以上计算结果有效。

【P5-20】倾斜平壁蒸汽冷凝液膜的厚度与流速计算。
图 5-23 所示为饱和蒸汽在倾斜平壁表面连续冷凝形成的稳态液膜，其中液膜厚度 δ 沿流动方向不断增厚。已知平壁单位面积单位时间的蒸汽冷凝量为 $\dot{q}_{\mathrm{s}}$ 且沿平壁表面分布均匀，冷凝液密度为 ρ，黏度为 μ，平壁纵向长度为 L，宽度为 W。设液膜流动为层流，液膜惯性力及汽-液界面切应力可以忽略，且不计平壁两侧边缘效应（即平壁宽度方向 δ 不变）。

① 试确定液膜厚度 δ 随 x 变化的关系。

② 根据以下给定数据，计算平壁下端的液膜厚度 δ，平均流速 u_{m}，以及平壁表面的持液量。

$$L=2\mathrm{m}，W=1\mathrm{m}，\beta=30°，\dot{q}_{\mathrm{s}}=0.02\mathrm{kg/(m^2\cdot s)}$$
$$\rho=960\mathrm{kg/m^3}，\mu=0.0003\mathrm{Pa\cdot s}$$

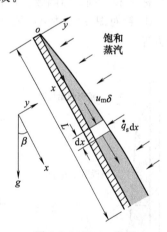
图 5-23　P5-20 附图

③ 若为保持液膜为层流，要求壁面下端截面的液膜雷诺数 $Re\leqslant1000$（其中液膜流动截面水力直径为 4δ），试确定平壁单位面积的最大冷凝量 $\dot{q}_{\mathrm{s,max}}$。

解 ① 忽略气-液界面切应力及液膜惯性力，意味着液膜截面速度满足抛物线分布，且液膜微元流动方向的重力等于摩擦力，该条件下液膜各截面上 u_m 与 δ 满足式(5-19)，即

$$u_m = \frac{\rho g \delta^2 \cos\beta}{3\mu}$$

为获得 δ 随 x 的变化关系，对图 5-23 中 dx 段液膜微元作质量守恒分析。由图可见，对应单位宽度器壁，进入液膜微元的质量流量 q_{m1} 和离开微元的质量流量 q_{m2} 分别为

$$q_{m1} = \rho u_m \delta + \dot{q}_s dx, \quad q_{m2} = \rho u_m \delta + d(\rho u_m \delta)$$

因液膜流动为稳态过程，故 $q_{m1} = q_{m2}$，由此并将以上 u_m-δ 关系代入整理可得

$$\frac{d\delta}{dx} = \frac{\mu \dot{q}_s}{\rho^2 g \delta^2 \cos\beta}$$

积分该式并应用边界条件：$x=0$，$\delta=0$，可得冷凝液膜厚度 δ 随 x 的变化关系为

$$\delta = \left(\frac{3\mu}{\rho g \cos\beta} \frac{\dot{q}_s x}{\rho}\right)^{1/3}$$

由此又可得液膜平均流速 u_m 随 x 的变化关系和平壁表面的持液量 m 分别为

$$u_m = \left(\frac{\rho g \cos\beta}{3\mu} \frac{\dot{q}_s^2 x^2}{\rho^2}\right)^{1/3}, \quad m = \int_0^L \rho W \delta dx = \frac{3}{4}\rho L W \left(\frac{3\mu}{\rho g \cos\beta} \frac{\dot{q}_s L}{\rho}\right)^{1/3}$$

② 将给定数据代入以上各式，可得平壁下端 $x=L$ 截面的 δ、u_m 以及 m 分别为

$$\delta = 0.166 \times 10^{-3} \text{m}, \quad u_m = 0.251 \text{m/s}, \quad m = 0.239 \text{kg}$$

③ 平壁下端 $x=L$ 截面的液膜雷诺数为

$$Re = \frac{\rho u_m (4\delta)}{\mu} = \frac{4\rho u_m \delta}{\mu} = \frac{4\rho}{\mu} \frac{\dot{q}_s L}{\rho} = \frac{4\dot{q}_s L}{\mu}$$

根据层流要求 $Re \leqslant 1000$，可得平壁单位面积的最大冷凝量 $\dot{q}_{s,max}$ 为

$$4\dot{q}_s L/\mu \leqslant 1000 \rightarrow \dot{q}_{s,max} = 1000(\mu/4L) = 0.0375 \text{kg/(m}^2 \cdot \text{s)}$$

【P5-21】液体排放过程中黏附于器壁表面的液量计算。 图 5-24 是黏性液体排放（液位下降）过程中在平板器壁表面形成的液膜。很显然，该液膜的平均流速 u_m 和厚度 δ 都同时是坐标 x 和时间 t 的函数。试按下列步骤完成相应工作，以获得这一函数关系。

① 针对图 5-24 中 dx 段液膜单元，垂直于书面为单位宽度，根据质量守恒导出以下微分方程

$$\frac{\partial}{\partial x}(u_m \delta) = -\frac{\partial \delta}{\partial t}$$

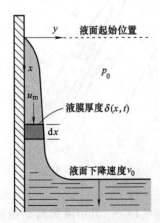

② 设液膜每一截面的平均流速 u_m 与厚度 δ 符合式(5-19)所描述的关系，将以上质量守恒方程进一步表示为

$$\frac{\partial \delta}{\partial t} + \frac{\rho g}{\mu}\delta^2 \frac{\partial \delta}{\partial x} = 0$$

③ 写出该问题的定解条件，并以新变量 $\eta = x/t$ 变换以上方程得到 δ 的解为

$$\delta = \sqrt{\frac{\mu}{\rho g} \frac{x}{t}}$$

④ 设流体黏度 $\mu = 0.16 \text{Pa} \cdot \text{s}$，密度 $\rho = 800 \text{kg/m}^3$，液面下降速度 $v_0 = 0.036 \text{m/s}$，试求时间 $t=2\text{min}$ 时单位宽度器壁黏附的液体总质量 m。

图 5-24　P5-21 附图

解 ① 对应单位宽度器壁，设 x 处液膜截面上的质量流量为 q_{m1}，$x+dx$ 处液膜截面上的质量流量为 q_{m2}，dx 段液膜的质量为 m_{cv}，则

$$q_{m1}=\rho u_m\delta, \quad q_{m2}=\rho u_m\delta+\frac{\partial(\rho u_m\delta)}{\partial x}dx, \quad \frac{\partial m_{cv}}{\partial t}=\frac{\partial(\rho\delta)}{\partial t}dx$$

将上述各项代入质量守恒方程，并考虑液体不可压缩可得

$$q_{m1}-q_{m2}=\frac{\partial m_{cv}}{\partial t} \rightarrow \frac{\partial}{\partial x}(u_m\delta)=-\frac{\partial\delta}{\partial t}$$

② 若液膜截面的平均流速 u_m 与厚度 δ 符合式(5-19) 所描述的关系，则

$$u_m=\frac{\rho g\delta^2\cos\beta}{3\mu}, \quad \frac{\partial}{\partial x}(u_m\delta)=\frac{\rho g\delta^2\cos\beta}{\mu}\frac{\partial\delta}{\partial x}$$

将此代入质量守恒方程，并考虑液膜流动方向与重力方向相同，即 $\cos\beta=1$，可得

$$\frac{\partial\delta}{\partial t}+\frac{\rho g}{\mu}\delta^2\frac{\partial\delta}{\partial x}=0$$

③ 如图 5-24 所示，因为 $t=0$ 时液面还在起始位置，相当于液膜无限厚；而 $t>0$ 时，$x=0$ 处液膜厚度为零，所以针对本问题，该方程的定解条件为

$$t=0: \delta=\infty; \quad t>0, x=0: \delta=0$$

定义新变量 $\eta=x/t$ 对以上微分方程进行变换有

$$\frac{\partial\delta}{\partial t}=\frac{\partial\delta}{\partial\eta}\frac{\partial\eta}{\partial t}=-\frac{x}{t^2}\frac{\partial\delta}{\partial\eta}, \quad \frac{\partial\delta}{\partial x}=\frac{\partial\delta}{\partial\eta}\frac{\partial\eta}{\partial x}=\frac{1}{t}\frac{\partial\delta}{\partial\eta}$$

代入原方程后可得

$$\left(-\frac{x}{t^2}+\frac{\rho g\delta^2}{\mu t}\right)\frac{\partial\delta}{\partial\eta}=0 \rightarrow \delta=\sqrt{\frac{\mu}{\rho g}\frac{x}{t}}$$

此即液膜厚度 δ 随 x 和 t 的变化关系，该关系显然满足定解条件，其中 $x/t\leqslant v_0$。

④ 任意时刻单位宽度器壁黏附的液体总质量 m 为

$$m=\int_0^{v_0t}\rho\delta dx=\int_0^{v_0t}\rho\sqrt{\frac{\mu}{\rho g}\frac{x}{t}}dx=\frac{2}{3}\sqrt{\frac{\mu\rho}{gt}}(v_0t)^{3/2}=\frac{2}{3}\sqrt{\frac{\mu\rho}{g}}v_0^{3/2}t$$

代入已知数据可得时间 $t=2\text{min}$ 时单位宽度器壁黏附的液体总质量为

$$m=1.974\text{kg/m}$$

> **讨论**：根据以上关系式可知，$t\neq0$ 的任何时刻，邻近液面处（$x=x_0=v_0t$）的液膜厚度 δ_0 及平均流速 $u_{m,0}$ 分别为
>
> $$\delta_0=\sqrt{\frac{\mu}{\rho g}\frac{x_0}{t}}=\sqrt{\frac{\mu v_0}{\rho g}}=\sqrt{\frac{0.16\times0.036}{800\times9.81}}=0.857\times10^{-3}(\text{m})$$
>
> $$u_{m,0}=\frac{\rho g\delta_0^2}{3\mu}=\frac{v_0}{3}=\frac{0.036}{3}=0.012(\text{m/s})$$
>
> 因 δ_0 及 $u_{m,0}$ 是液膜的最大厚度和平均流速，故对应的雷诺数也为最大，且
>
> $$Re_0=\frac{\rho u_{m,0}\times4\delta_0}{\mu}=\frac{800\times0.012\times4\times0.857\times10^{-3}}{0.16}=0.206$$
>
> 因最大液膜雷诺数 $Re_0<20$，液膜流动为层流，故以上计算有效。

【P5-22】传送带表面的液膜厚度及液体输送量。图 5-25(a) 所示为某液膜传送带，其中带速 $v_0=0.12\text{m/s}$，带宽 $B=0.5\text{m}$；传送带底部至顶部长度 $L=3\text{m}$，倾斜角 $\beta=45°$；传送带表面液体黏度 $\mu=0.16\text{Pa}\cdot\text{s}$，密度 $\rho=800\text{kg/m}^3$。

① 试将 P5-21 给出的液膜厚度公式进行扩展，建立图 5-25（b）中倾斜移动平壁表面非稳态液膜的厚度公式；

② 以此计算传送带底部位置 1（离开液面点）和上部位置 2 的液膜厚度、液膜的相对速度（平均）与绝对速度以及单位时间的液体输送量。设传送带已经运行 1h 以上。

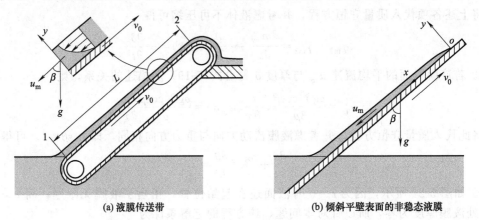

(a) 液膜传送带   (b) 倾斜平壁表面的非稳态液膜

图 5-25   P5-22 附图

解   ①参见 P5-21 附图 5-24，其中给出的液膜厚度 δ 的表达式为

$$\delta = \sqrt{\frac{\mu}{\rho g}\frac{x}{t}} \qquad (0 \leqslant x \leqslant v_0 t)$$

首先将图 5-24 中的下降液面视为静止，让垂直器壁连同坐标以 v_0 匀速上升，这种情况下 δ 公式形式不变，但注意式中的 g 与液膜相对运动方向一致。因此，将垂直器壁连同坐标倾斜，使 x 正方向（液膜相运动方向）与 g 的夹角为 β 时［见图 5-25（b）］，垂直器壁 δ 公式中的 g 将减小为 $g\cos\beta$，由此可得图 5-25（b）所示倾斜上升器壁的液膜厚度公式，即

$$\delta = \sqrt{\frac{\mu}{\rho g \cos\beta}\frac{x}{t}} \qquad (0 \leqslant x \leqslant v_0 t)$$

② 在该式中令 $x = v_0 t$，即可得到倾斜器壁离开液面时（即输送带位置 1）的液膜厚度 δ_1，并由此可得液膜相对于器壁的相对速度 u_{m1} 和液膜的绝对速度 v_1，即

$$\delta_1 = \sqrt{\frac{\mu v_0}{\rho g \cos\beta}}, \quad u_{m1} = \frac{\rho g \delta_1^2 \cos\beta}{3\mu} = \frac{v_0}{3}, \quad v_1 = v_0 - u_{m1} = \frac{2}{3}v_0$$

输送带位置 2 的坐标 $x = v_0 t - L = v_0(t - \Delta t)$，其中 $\Delta t = L/v_0$ 是传送带由位置 1 运行到位置 2 所需的时间，因此位置 2 的液膜厚度 δ_2 为

$$\delta_2 = \sqrt{\frac{\mu}{\rho g \cos\beta}\frac{(v_0 t - L)}{t}} = \sqrt{\frac{\mu v_0}{\rho g \cos\beta}\left(1 - \frac{\Delta t}{t}\right)} = \delta_1 \sqrt{\left(1 - \frac{\Delta t}{t}\right)}$$

由此可见，位置 2 的液膜厚度 δ_2 与传送带已经运行的时间 t 有关。$t < \Delta t$ 时传送带启动后所黏附的液膜还未达到位置 2（δ_2 为虚数）；$t = \Delta t$ 时传送带表面液膜起始点刚好达到位置 2，其厚度 $\delta_2 = 0$；此后 δ_2 将随运行时间 t 增长逐渐增加，并不断接近 δ_1。

本问题中，$\Delta t = L/v_0 = 25\text{s}$，传送带已经运行 1h 以上，所以 $\Delta t/t < 0.0069$，故可取 $\Delta t/t \approx 0$，由此得 $\delta_2 \approx \delta_1$。由此并代入数据，可得传送带位置 1 和位置 2 的液膜厚度、液膜相对速度、绝对速度以及单位时间的液体输送量分别为

$$\delta_2 \approx \delta_1 = \sqrt{\frac{\mu v_0}{\rho g \cos\beta}} = \sqrt{\frac{0.16 \times 0.12}{800 \times 9.81 \times \cos 45°}} = 1.86 \times 10^{-3}\,(\text{m})$$

$$u_{\mathrm{m}2} \approx u_{\mathrm{m}1} = \frac{v_0}{3} = \frac{0.12}{3} = 0.04(\mathrm{m/s}), v_2 \approx v_1 = \frac{2}{3}v_0 = \frac{2}{3} \times 0.12 = 0.08(\mathrm{m/s})$$

$$q_{\mathrm{m}2} \approx q_{\mathrm{m}1} = \rho v_1 \delta_1 B = 800 \times 0.08 \times 0.00186 \times 0.5 = 0.05952(\mathrm{kg/s})$$

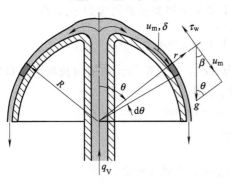

图5-26　P5-23附图

【P5-23】球面降膜流动的液膜厚度与平均流速。图5-26所示为液体沿半球壁面的轴对称稳态层流降膜流动。很显然，壁面上液膜的平均速度 u_{m} 与厚度 δ 都随经向角 θ 变化，但只要液膜流速较低且液膜厚度 $\delta \ll R$（R 为球面半径），则可认为半球壁面上（顶端除外）液膜的平均流速 u_{m} 与厚度 δ 之间仍然近似满足式（5-19）所描述的关系，只不过图示坐标下 $\cos\beta = \sin\theta$，故式（5-19）相应表示为

$$u_{\mathrm{m}} = \frac{\rho g \delta^2 \sin\theta}{3\mu} \qquad \left(\theta \leqslant \frac{\pi}{2}\right)$$

其中 ρ、μ 分别为液体密度与黏度。

① 试利用上式建立给定体积流量 q_{V} 下，液膜厚度 δ 随经向角 θ 的变化规律。

② 受液膜表面切应力为零的启示，可假设经向角 θ 处液膜截面上流速 u 沿 r 为抛物线分布，即

$$u = a(r-R)^2 + b(r-R) + c$$

试利用边界条件并设 u_{m} 为已知量，确定其中的待定常数 a、b、c。

③ 对于图5-26中所示的微元体，若考虑流动缓慢而忽略其惯性力（等价于认为微元体净输出的动量流量为零），则微元体在流动方向（θ 处切线方向，见图）的重力与壁面摩擦力相互平衡。试由此并结合第②问结果证明：液膜厚度 $\delta \ll R$ 条件下，以上 u_{m}-δ 关系确实成立。

解　① 因半锥角为 θ、母线长度为 r 的圆锥面的面积 S 为

$$S = \pi r^2 \sin\theta$$

所以经向角 θ 处液膜厚度 δ 对应的流动截面的面积 S_δ 为

$$S_\delta = \pi\sin\theta\left[(R+\delta)^2 - R^2\right] = \pi\sin\theta\left[\delta(2R+\delta)\right] \approx 2\pi\delta R\sin\theta$$

于是根据体积流量 $q_{\mathrm{V}} = S_\delta u_{\mathrm{m}}$，并将以上 u_{m}-δ 关系代入，可得 δ 随 θ 变化的关系为

$$q_{\mathrm{V}} = S_\delta u_{\mathrm{m}} = \frac{2\pi\rho g R \delta^3 \sin^2\theta}{3\mu} \quad 或 \quad \delta = \left(\frac{3\mu q_{\mathrm{V}}}{2\pi R \rho g \sin^2\theta}\right)^{1/3}$$

② 设 θ 处液膜截面上流速 u 沿 r 的分布为

$$u = a(r-R)^2 + b(r-R) + c$$

则该分布应满足的边界条件为　$u|_{r=R} = 0, \dfrac{\partial u}{\partial r}\Big|_{r=R+\delta} = 0$

由此可得　　　　　　$c = 0, b = -2a\delta, u = a(r-R)^2 - 2a\delta(r-R)$

因平均速度 u_{m} 为已知量，所以根据质量守恒关系有

$$u_{\mathrm{m}} 2\pi(R\sin\theta)\delta = \int_R^{R+\delta} u 2\pi(r\sin\theta)\mathrm{d}r$$

或　　　　$u_{\mathrm{m}} = \frac{1}{R\delta}\int_R^{R+\delta} ur\,\mathrm{d}r = \frac{a}{R\delta}\int_R^{R+\delta}\left[(r-R)^2 - 2\delta(r-R)\right]r\,\mathrm{d}r$

为使积分过程简化，令 $y = r-R$ 作变量代换，代换后的积分式及积分结果为

$$u_{\mathrm{m}} = \frac{a}{R\delta} \int_0^{\delta} (y^2 - 2\delta y)(y + R)\,\mathrm{d}y = -\frac{2}{3}a\delta^2 \left(1 - \frac{\delta}{2R}\right) \approx -\frac{2}{3}a\delta^2$$

由此可确定
$$a = -3u_{\mathrm{m}}/(2\delta^2)$$

将 a 代入可确定速度分布，进而应用牛顿剪切定律又可得到壁面切应力 τ_{w}，即

$$u = \frac{3u_{\mathrm{m}}}{2}\left[\frac{2(r-R)}{\delta} - \left(\frac{r-R}{\delta}\right)^2\right], \quad \tau_{\mathrm{w}} = \mu\frac{3u_{\mathrm{m}}}{\delta}$$

③ 见图 5-26，θ 处微元体厚度为 δ，经向长度为 $R\,\mathrm{d}\theta$，在此取微元体周向长度为单位弧长，则该微元体切线方向的壁面摩擦力 F_{τ} 和重力 F_{g} 分别为

$$F_{\tau} = \tau_{\mathrm{w}}R\,\mathrm{d}\theta, \quad F_{\mathrm{g}} = \rho(g\sin\theta)\delta R\,\mathrm{d}\theta$$

两者相等并将 τ_{w} 代入可得
$$u_{\mathrm{m}} = \frac{\rho g\delta^2\sin\theta}{3\mu}$$

即液膜流速较低且液膜厚度 $\delta \ll R$ 的条件下，以上 u_{m}-δ 关系确实成立。

第 6 章

流体流动微分方程的应用

　　流体流动微分方程（包括连续性方程和运动微分方程）是运动流体质量守恒与动量守恒的一般表述，应用于具体问题时需根据流动特点进行必要的简化。本章主要针对不可压缩流体，首先给出其流动微分方程并阐述应用要点，然后是相关问题的应用分析或计算。

6.1　流体流动微分方程

6.1.1　流体流动的连续性方程

直角坐标系的连续性方程　连续性方程是运动流体质量守恒的表述，其一般形式为

$$\frac{\partial \rho}{\partial t}+\frac{\partial(\rho v_x)}{\partial x}+\frac{\partial(\rho v_y)}{\partial y}+\frac{\partial(\rho v_z)}{\partial z}=0 \tag{6-1}$$

对于不可压缩流体有　　　　$$\nabla \cdot \mathbf{v}\equiv\frac{\partial v_x}{\partial x}+\frac{\partial v_y}{\partial y}+\frac{\partial v_z}{\partial z}=0 \tag{6-2}$$

　　注：$\nabla \cdot \mathbf{v}$ 称为速度散度，其物理意义是单位时间的流体体积应变。对于不可压缩流体，其运动过程中体积形状可变，但大小不会改变，故体积应变率为零，即 $\nabla \cdot \mathbf{v}=0$。正因如此，对于不可压缩流体，无论是稳态流动还是非稳态流动，其连续性方程都是一样的。

柱坐标系的连续性方程　其一般形式为

$$\frac{\partial \rho}{\partial t}+\frac{1}{r}\frac{\partial}{\partial r}(\rho r v_r)+\frac{1}{r}\frac{\partial}{\partial \theta}(\rho v_\theta)+\frac{\partial}{\partial z}(\rho v_z)=0 \tag{6-3}$$

对于不可压缩流体有　　$$\nabla \cdot \mathbf{v}\equiv\frac{1}{r}\frac{\partial}{\partial r}(r v_r)+\frac{1}{r}\frac{\partial v_\theta}{\partial \theta}+\frac{\partial v_z}{\partial z}=0 \tag{6-4}$$

6.1.2　不可压缩流体的运动微分方程——Navier-Stokes方程

　　流体运动微分方程是运动流体动量守恒的一般表述，简称 N-S 方程。

直角坐标系下不可压缩流体的 N-S 方程　其一般形式为

$$\begin{cases}\rho\left(\dfrac{\partial v_x}{\partial t}+v_x\dfrac{\partial v_x}{\partial x}+v_y\dfrac{\partial v_x}{\partial y}+v_z\dfrac{\partial v_x}{\partial z}\right)=\rho f_x-\dfrac{\partial p}{\partial x}+\mu\left(\dfrac{\partial^2 v_x}{\partial x^2}+\dfrac{\partial^2 v_x}{\partial y^2}+\dfrac{\partial^2 v_x}{\partial z^2}\right)\\[3mm] \rho\left(\dfrac{\partial v_y}{\partial t}+v_x\dfrac{\partial v_y}{\partial x}+v_y\dfrac{\partial v_y}{\partial y}+v_z\dfrac{\partial v_y}{\partial z}\right)=\rho f_y-\dfrac{\partial p}{\partial y}+\mu\left(\dfrac{\partial^2 v_y}{\partial x^2}+\dfrac{\partial^2 v_y}{\partial y^2}+\dfrac{\partial^2 v_y}{\partial z^2}\right)\\[3mm] \rho\left(\dfrac{\partial v_z}{\partial t}+v_x\dfrac{\partial v_z}{\partial x}+v_y\dfrac{\partial v_z}{\partial y}+v_z\dfrac{\partial v_z}{\partial z}\right)=\rho f_z-\dfrac{\partial p}{\partial z}+\mu\left(\dfrac{\partial^2 v_z}{\partial x^2}+\dfrac{\partial^2 v_z}{\partial y^2}+\dfrac{\partial^2 v_z}{\partial z^2}\right)\end{cases} \tag{6-5}$$

其矢量形式为　　　　　　$$\rho\left[\frac{\partial \mathbf{v}}{\partial t}+(\mathbf{v}\cdot\nabla)\mathbf{v}\right]=\rho\mathbf{f}-\nabla p+\mu\nabla^2\mathbf{v} \tag{6-6}$$

　　N-S 方程的物理意义即牛顿第二定律：$m\mathbf{a}=\mathbf{F}$，此处 m 即单位体积流体的质量 ρ，$\mathbf{a}$ 是流体质点加速度（式中方括号项，即速度的质点导数），$\mathbf{F}$ 是作用于单位体积流体的力（包括质量力 $\rho\mathbf{f}$、压差力 ∇p、黏性力 $\mu\nabla^2\mathbf{v}$）。从力平衡的角度，N-S 方程表示：单位体积流体的惯性力 $\rho\mathbf{a}$ 与单位体积流体的质量力＋静压力＋黏性力相平衡。

柱坐标系下不可压缩流体的 N-S 方程　其一般形式为

$$\begin{cases} \rho\left(\dfrac{\partial v_r}{\partial t}+v_r\dfrac{\partial v_r}{\partial r}+\dfrac{v_\theta}{r}\dfrac{\partial v_r}{\partial \theta}-\dfrac{v_\theta^2}{r}+v_z\dfrac{\partial v_r}{\partial z}\right)=\rho f_r-\dfrac{\partial p}{\partial r}+\mu\left[\dfrac{\partial}{\partial r}\left(\dfrac{1}{r}\dfrac{\partial}{\partial r}(rv_r)\right)+\dfrac{1}{r^2}\dfrac{\partial^2 v_r}{\partial \theta^2}-\dfrac{2}{r^2}\dfrac{\partial v_\theta}{\partial \theta}+\dfrac{\partial^2 v_r}{\partial z^2}\right] \\[3mm] \rho\left(\dfrac{\partial v_\theta}{\partial t}+v_r\dfrac{\partial v_\theta}{\partial r}+\dfrac{v_\theta}{r}\dfrac{\partial v_\theta}{\partial \theta}+\dfrac{v_r v_\theta}{r}+v_z\dfrac{\partial v_\theta}{\partial z}\right)=\rho f_\theta-\dfrac{1}{r}\dfrac{\partial p}{\partial \theta}+\mu\left[\dfrac{\partial}{\partial r}\left(\dfrac{1}{r}\dfrac{\partial}{\partial r}(rv_\theta)\right)+\dfrac{1}{r^2}\dfrac{\partial^2 v_\theta}{\partial \theta^2}+\dfrac{2}{r^2}\dfrac{\partial v_r}{\partial \theta}+\dfrac{\partial^2 v_\theta}{\partial z^2}\right] \\[3mm] \rho\left(\dfrac{\partial v_z}{\partial t}+v_r\dfrac{\partial v_z}{\partial r}+\dfrac{v_\theta}{r}\dfrac{\partial v_z}{\partial \theta}+v_z\dfrac{\partial v_z}{\partial z}\right)=\rho f_z-\dfrac{\partial p}{\partial z}+\mu\left[\dfrac{1}{r}\dfrac{\partial}{\partial r}\left(r\dfrac{\partial v_z}{\partial r}\right)+\dfrac{1}{r^2}\dfrac{\partial^2 v_z}{\partial \theta^2}+\dfrac{\partial^2 v_z}{\partial z^2}\right] \end{cases}$$

$$(6\text{-}7)$$

6.1.3　牛顿流体的本构方程

牛顿流体本构方程表征运动流体的应力与变形速率关系，可视为广义的牛顿剪切定律。本构方程既是联系应力与速度的物理方程，也可用于根据速度分布计算应力。

直角坐标系的牛顿流体本构方程　其一般形式为

$$\begin{cases} \sigma_{xx}=-p+2\mu\dfrac{\partial v_x}{\partial x}-\dfrac{2}{3}\mu(\nabla\cdot v) & \tau_{xy}=\tau_{yx}=\mu\left(\dfrac{\partial v_x}{\partial y}+\dfrac{\partial v_y}{\partial x}\right) \\[3mm] \sigma_{yy}=-p+2\mu\dfrac{\partial v_y}{\partial y}-\dfrac{2}{3}\mu(\nabla\cdot v) & \tau_{yz}=\tau_{zy}=\mu\left(\dfrac{\partial v_y}{\partial z}+\dfrac{\partial v_z}{\partial y}\right) \\[3mm] \sigma_{zz}=-p+2\mu\dfrac{\partial v_z}{\partial z}-\dfrac{2}{3}\mu(\nabla\cdot v) & \tau_{zx}=\tau_{xz}=\mu\left(\dfrac{\partial v_z}{\partial x}+\dfrac{\partial v_x}{\partial z}\right) \end{cases}$$

$$(6\text{-}8)$$

柱坐标系的牛顿流体本构方程　其一般形式为

$$\begin{cases} \sigma_{rr}=-p-\dfrac{2}{3}\mu(\nabla\cdot v)+2\mu\dfrac{\partial v_r}{\partial r} & \tau_{r\theta}=\tau_{\theta r}=\mu\left(\dfrac{1}{r}\dfrac{\partial v_r}{\partial \theta}+r\dfrac{\partial}{\partial r}\dfrac{v_\theta}{r}\right) \\[3mm] \sigma_{\theta\theta}=-p-\dfrac{2}{3}\mu(\nabla\cdot v)+2\mu\left(\dfrac{1}{r}\dfrac{\partial v_\theta}{\partial \theta}+\dfrac{v_r}{r}\right) & \tau_{\theta z}=\tau_{z\theta}=\mu\left(\dfrac{\partial v_\theta}{\partial z}+\dfrac{1}{r}\dfrac{\partial v_z}{\partial \theta}\right) \\[3mm] \sigma_{zz}=-p-\dfrac{2}{3}\mu(\nabla\cdot v)+2\mu\dfrac{\partial v_z}{\partial z} & \tau_{zr}=\tau_{rz}=\mu\left(\dfrac{\partial v_z}{\partial r}+\dfrac{\partial v_r}{\partial z}\right) \end{cases}$$

$$(6\text{-}9)$$

6.2　流动微分方程的应用

6.2.1　应用概述

6.1 节中的流动微分方程（包括 N-S 方程和连续性方程）对于不可压缩黏性流体的层流流动具有普遍的适应性；理想流体的运动方程和静力学方程仅是其特例。

由以上 N-S 方程与连续性方程构成的微分方程组共有 4 个方程，涉及 4 个流动参数即 v_x、v_y、v_z 和压力 p，所以方程组是封闭的，理论上是有解的，但一般形式的 N-S 方程目前还没有通解。因此，针对具体问题应用 N-S 方程，首先需要根据问题特点对其进行简化，获得针对该问题的微分方程或方程组，并同时确定问题的定解条件，包括初始条件和边界条件。

至于简化后的微分方程，根据方程型式及边界条件，可能有理论解，可能一时难以获得其理论解，也有可能只能得到其近似解或通过数值方法获得离散解。

需要指出的是，对具体问题做出合理的假设与简化需要知识和经验积累，根据简化方程获得的理论解是否符合或多大程度上符合实际，亦需在实践中检验。

注：N-S 方程原则上仅适用于层流，因为其中引入了基于层流背景的牛顿流体本构方程。对于湍流，一般认为非稳态的 N-S 方程对湍流的瞬时运动仍然适应，但要使这种适应性具备实用价值，首先需要建立湍流时均运动与随机脉动之间的内在关系，即湍流模型问题。

6.2.2　流动微分方程应用相关问题

【P6-1】 由控制体质量守恒积分方程变换连续性方程。控制体质量守恒积分方程为

$$\oiint_{CS} \rho(\mathbf{v} \cdot \mathbf{n}) \mathrm{d}A + \frac{\mathrm{d}}{\mathrm{d}t} \iiint_{CV} \rho \mathrm{d}V = 0$$

试根据该质量守恒积分方程导出连续性微分方程（6-1）。

提示：应用附录 A 中的高斯公式（A-17）和以下含参数变量积分的求导公式，即

$$\frac{\mathrm{d}}{\mathrm{d}t} \int_{\beta}^{\alpha} f(x, t) \mathrm{d}x = \int_{\beta}^{\alpha} \frac{\partial f(x, t)}{\partial t} \mathrm{d}x$$

其中积分上下限 α、β 与参数 t 无关，且该式对多重积分仍然适用。

解　根据附录 A 中的高斯公式（A-17）有

$$\oiint_{CS} \rho(\mathbf{v} \cdot \mathbf{n}) \mathrm{d}A = \iiint_{CV} \nabla \cdot (\rho \mathbf{v}) \mathrm{d}V$$

因为 $\rho = (x, y, z, t)$，而 $\mathrm{d}V = \mathrm{d}x\mathrm{d}y\mathrm{d}z$，故 ρ 沿控制体积分时，时间 t 是参数变量，且积分限为控制体体积（与 t 无关），因此

$$\frac{\mathrm{d}}{\mathrm{d}t} \iiint_{CV} \rho \mathrm{d}V = \iiint_{CV} \frac{\partial \rho}{\partial t} \mathrm{d}V$$

将二者代入控制体质量守恒积分方程可得

$$\iiint_{CV} \nabla \cdot (\rho \mathbf{v}) \mathrm{d}V + \iiint_{CV} \frac{\partial \rho}{\partial t} \mathrm{d}V = 0 \quad \text{或} \quad \iiint_{CV} \left[\nabla \cdot (\rho \mathbf{v}) + \frac{\partial \rho}{\partial t} \right] \mathrm{d}V = 0$$

因对封闭体积的积分为零则被积函数为零，所以

$$\nabla \cdot (\rho \mathbf{v}) + \frac{\partial \rho}{\partial t} = 0 \quad \text{或} \quad \frac{\partial \rho}{\partial t} + \frac{\partial(\rho v_x)}{\partial x} + \frac{\partial(\rho v_y)}{\partial y} + \frac{\partial(\rho v_z)}{\partial z} = 0$$

【P6-2】 应用连续性方程判断流体的可压缩性。某流体绕流扁平状物体时的速度分布为

$$v_x = -\left(A + \frac{Cx}{x^2 + y^2} \right), \quad v_y = -\frac{Cy}{x^2 + y^2}, \quad v_z = 0$$

其中，A、C 为常数。试判断该流体是否为不可压缩流体。

解　不可压缩流体运动过程中应满足连续性方程 $\nabla \cdot \mathbf{v} = 0$。根据以上速度分布有

$$\frac{\partial v_x}{\partial x} = \frac{C(x^2 - y^2)}{(x^2 + y^2)^2}, \quad \frac{\partial v_y}{\partial y} = -\frac{C(x^2 - y^2)}{(x^2 + y^2)^2}, \quad \frac{\partial v_z}{\partial z} = 0$$

由此可知

$$\nabla \cdot \mathbf{v} = \frac{\partial v_x}{\partial x} + \frac{\partial v_y}{\partial y} + \frac{\partial v_z}{\partial z} = 0$$

即该流体运动过程中满足方程 $\nabla \cdot \mathbf{v} = 0$（体积应变速率为零），所以为不可压缩流体。

【P6-3】 柱坐标微元体的质量守恒分析。在 r-θ-z 柱坐标系下取微元体 $\mathrm{d}r$-$r\mathrm{d}\theta$-$\mathrm{d}z$ 作质量衡算，导出柱坐标下的连续性微分方程式 [式(6-3)]。

解　柱坐标下，微元体体积 $dV=rdrd\theta dz$，微元体的瞬时质量及其时间变化率分别为

$$m_{cv}=\rho dV=\rho rdrd\theta dz, \quad \frac{\partial m_{cv}}{\partial t}=\frac{\partial \rho}{\partial t}dV=\frac{\partial \rho}{\partial t}rdrd\theta dz$$

对于微元体 dr-$rd\theta$-dz，其输入的质量流量 q_{m1} 和输出的质量流量 q_{m2} 分别为

$$q_{m1}=\rho v_r rd\theta dz+\rho v_\theta drdz+\rho v_z rd\theta dr$$

$$q_{m2}=\left(\rho v_r r+\frac{\partial \rho v_r r}{\partial r}dr\right)d\theta dz+\left(\rho v_\theta+\frac{\partial \rho v_\theta}{r\partial \theta}rd\theta\right)drdz+\left(\rho v_z r+\frac{\partial \rho v_z r}{\partial z}dz\right)d\theta dr$$

根据控制体质量守恒一般方程有

$$q_{m2}-q_{m1}+\frac{\partial m_{cv}}{\partial t}=0 \quad \rightarrow \quad \frac{\partial \rho v_r r}{\partial r}+\frac{\partial \rho v_\theta}{\partial \theta}+\frac{\partial \rho v_z r}{\partial z}+\frac{\partial \rho}{\partial t}r=0$$

即

$$\frac{\partial \rho}{\partial t}+\frac{1}{r}\frac{\partial}{\partial r}(\rho rv_r)+\frac{1}{r}\frac{\partial}{\partial \theta}(\rho v_\theta)+\frac{\partial}{\partial z}(\rho v_z)=0$$

【P6-4】应用连续性方程确定交变流场的密度函数。 某流体在圆管内沿轴向 z 作随时间 t 交替变化的非稳态流动，其速度分布为

$$v_r=0, \quad v_\theta=0, \quad v_z=z\left(1-\frac{r^2}{R^2}\right)\cos\omega t$$

其中 R、r、z 分别为圆管半径、径向坐标和轴向坐标；ω 为常数（圆频率）；t 为时间。由于对管壁加热（沿管壁圆周均匀加热），管中流体的密度 ρ 沿径向 r 和随时间 t 发生变化，但与 z 无关，即 $\rho=(r,t)$，且已知 $t=\pi/\omega$ 时，$\rho=\rho_0$。试利用连续性方程求密度 ρ 随时间 t 和位置 r 变化的表达式。

解　根据柱坐标下的连续性方程，并考虑 r 和 θ 方向速度为零，有

$$\frac{\partial \rho}{\partial t}+\frac{1}{r}\frac{\partial}{\partial r}(\rho rv_r)+\frac{1}{r}\frac{\partial}{\partial \theta}(\rho v_\theta)+\frac{\partial}{\partial z}(\rho v_z)=0 \quad \rightarrow \quad \frac{\partial \rho}{\partial t}+\frac{\partial}{\partial z}(\rho v_z)=0$$

将速度分布代入上式并考虑 ρ 与 z 无关，可得

$$\frac{\partial \rho}{\partial t}+\rho\left(1-\frac{r^2}{R^2}\right)\cos\omega t=0$$

进一步积分该式可得

$$\ln\rho=-\left(1-\frac{r^2}{R^2}\right)\frac{1}{\omega}\sin\omega t+C(r)$$

根据初始条件：$t=\pi/\omega$，$\rho=\rho_0$，可得 $C(r)=\ln\rho_0$，代入后有

$$\rho=\rho_0\exp\left[-\left(1-\frac{r^2}{R^2}\right)\frac{\sin\omega t}{\omega}\right]$$

【P6-5】流体微元表面的质量通量与动量通量。 流场中有一微元面 dA，该表面的外法线单位矢量 $\mathbf{n}$ 和流体速度 $\mathbf{v}$ 分别为

$$\mathbf{n}=(\mathbf{i}+\sqrt{2}\mathbf{j}+\sqrt{3}\mathbf{k})/6, \quad \mathbf{v}=v_x\mathbf{i}+v_y\mathbf{j}+v_z\mathbf{k}$$

① 试求该微元面上的质量通量；

② 求该微元面上 x、y、z 方向动量的输入或输出通量；

③ 如果取微元面 dA 的外法线单位矢量为 $\mathbf{n}=-\mathbf{i}$，则质量通量和动量通量又为何（由此明确取微元体时为什么要使其表面垂直于坐标轴）？

解　① 质量通量等于密度乘以法向速度 ρv_n，即

$$\rho v_n=\rho(\mathbf{v}\cdot\mathbf{n})=\rho[v_x(\mathbf{i}\cdot\mathbf{n})+v_y(\mathbf{j}\cdot\mathbf{n})+v_z(\mathbf{k}\cdot\mathbf{n})]=\rho(v_x+\sqrt{2}v_y+\sqrt{3}v_z)/6$$

② x、y、z 方向动量的输入输出通量等于质量通量 ρv_n 乘以相应方向的速度，即

$$\rho v_n v_x=\rho(\mathbf{v}\cdot\mathbf{n})v_x=\rho(v_x^2+\sqrt{2}v_yv_x+\sqrt{3}v_zv_x)/6$$

$$\rho v_n v_y = \rho (\mathbf{v} \cdot \mathbf{n}) v_y = \rho (v_x v_y + \sqrt{2}\, v_y^2 + \sqrt{3}\, v_z v_y)/6$$

$$\rho v_n v_z = \rho (\mathbf{v} \cdot \mathbf{n}) v_z = \rho (v_x v_z + \sqrt{2}\, v_y v_z + \sqrt{3}\, v_z^2)/6$$

③ 如果取微元面 dA 的外法线单位矢量为 $\mathbf{n} = -\mathbf{i}$，则质量通量和动量通量分别为

$$\rho v_n = \rho (\mathbf{v} \cdot \mathbf{n}) = -\rho (\mathbf{v} \cdot \mathbf{i}) = -\rho v_x (\mathbf{i} \cdot \mathbf{i}) = -\rho v_x$$

$$\rho v_n v_x = \rho (\mathbf{v} \cdot \mathbf{n}) v_x = -\rho (\mathbf{v} \cdot \mathbf{i}) v_x = -\rho (\mathbf{i} \cdot \mathbf{i}) v_x^2 = -\rho v_x^2$$

$$\rho v_n v_y = \rho (\mathbf{v} \cdot \mathbf{n}) v_y = -\rho (\mathbf{v} \cdot \mathbf{i}) v_y = -\rho (\mathbf{i} \cdot \mathbf{i}) v_x v_y = -\rho v_x v_y$$

$$\rho v_n v_z = \rho (\mathbf{v} \cdot \mathbf{n}) v_z = -\rho (\mathbf{v} \cdot \mathbf{i}) v_z = -\rho (\mathbf{i} \cdot \mathbf{i}) v_x v_z = -\rho v_x v_z$$

以上各式的负号表示通量为输入通量。由所得通量表达式可见，取微元体时其表面垂直于坐标轴的表达结果更为简洁。

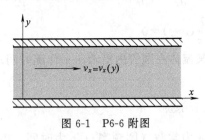

图 6-1　P6-6 附图

【P6-6】平行板间一维稳态层流的速度分布。图 6-1 所示为两水平平壁间不可压缩流体一维稳态层流流动，其中 $v_y = 0$，$v_x = v_x(y)$，且所有参数沿 z 方向不变。

① 对直角坐标系一般形式的连续性方程和 N-S 方程进行简化，写出本问题的连续性方程和运动方程；

② 证明流动方向压力梯度 $\partial p / \partial x = \text{const}$；

③ 求速度分布。

解　根据题意及坐标设置，且不考虑 z 方向参数，有

$$\rho = \text{const}, \quad \mu = \text{const}, \quad v_y = 0, \quad v_x = v_x(y), \quad \frac{\partial}{\partial t} = 0, \quad f_x = 0, \quad f_y = -g$$

① 因所有参数沿 z 方向不变，所以该流动为 x-y 平面问题，其连续性方程及简化结果为

$$\frac{\partial v_x}{\partial x} + \underbrace{\frac{\partial v_y}{\partial y}}_{0} = 0 \;\rightarrow\; \frac{\partial v_x}{\partial x} = 0 \;\rightarrow\; v_x = v_x(y)$$

该结果表明，本问题给定条件下连续性方程自动满足。

根据 N-S 方程［式(6-5)］，x-y 平面问题的 N-S 方程可写为：

x 方向　　　$\underbrace{\frac{\partial v_x}{\partial t} + v_x \frac{\partial v_x}{\partial x} + v_y \frac{\partial v_x}{\partial y}}_{0} = \underbrace{f_x}_{0} - \frac{1}{\rho}\frac{\partial p}{\partial x} + \frac{\mu}{\rho}\underbrace{\frac{\partial^2 v_x}{\partial x^2}}_{0} + \frac{\mu}{\rho}\frac{\partial^2 v_x}{\partial y^2}$

y 方向　　　$\underbrace{\frac{\partial v_y}{\partial t} + v_x \frac{\partial v_y}{\partial x} + v_y \frac{\partial v_y}{\partial y}}_{0} = f_y - \frac{1}{\rho}\frac{\partial p}{\partial y} + \frac{\mu}{\rho}\underbrace{\frac{\partial^2 v_y}{\partial x^2}}_{0} + \underbrace{\frac{\mu}{\rho}\frac{\partial^2 v_y}{\partial y^2}}_{0}$

根据给定条件（包括 $\partial v_x / \partial x = 0$），去除其中为 0 的项，得 x、y 方向运动方程分别为

$$\frac{\partial p}{\partial x} = \mu \frac{\partial^2 v_x}{\partial y^2}, \quad \frac{\partial p}{\partial y} = -\rho g$$

② 积分 y 方向的运动方程可得

$$p = -\rho g y + C(x) \quad \text{或} \quad \frac{\partial p}{\partial x} = C'(x)$$

因为 $\partial p / \partial x$ 仅是 x 的函数，而 $v_x = v_x(y)$ 仅是 y 的函数，所以 x 方向的运动方程两边必为同一常数，即 $\partial p / \partial x = \text{const}$。

③ 直接积分 x 方向的运动方程得到速度分布，即

$$\mu\frac{\partial^2 v_x}{\partial y^2}=\mu\frac{\mathrm{d}^2 v_x}{\mathrm{d}y^2}=\frac{\partial p}{\partial x} \rightarrow v_x=\frac{1}{\mu}\frac{\partial p}{\partial x}\frac{y^2}{2}+C_1 y+C_2$$

其中的积分常数可由边界条件确定。例如，若上下板固定，且板间距为 b，则有

$$v_x\big|_{y=0}=0,\ v_x\big|_{y=b}=0 \rightarrow v_x=-\frac{b^2}{2\mu}\frac{\partial p}{\partial x}\left(\frac{y^2}{b^2}-\frac{y}{b}\right)$$

讨论：因为 $\partial p/\partial x=\mathrm{const}$，所以若上游 x_1 截面与下游 x_2 截面的压力分别为 p_1 与 p_2，且两截面距离 $L=x_2-x_1$，压降 $\Delta p=p_1-p_2$，则

$$\frac{\partial p}{\partial x}=\mathrm{const} \rightarrow \frac{\partial p}{\partial x}=\frac{p_2-p_1}{x_2-x_1}=-\frac{p_1-p_2}{L}=-\frac{\Delta p}{L}$$

因 $\Delta p/L$ 是单位管长摩擦压降，意义明确且可计算，所以通常用其替代 $-\partial p/\partial x$。

【P6-7】转动摩擦液膜的速度及切应力分布。两同心圆筒如图 6-2 所示，外筒壁面半径为 R，以角速度 ω 逆时针转动；内筒壁面半径为 kR，$k<1$，以角速度 ω_k 顺时针转动。两筒之间充满液膜，因间隙很小，其流动可视为层流。忽略重力和端部效应影响，并取切向速度沿逆时针为正。

① 试证明圆筒间液膜速度分布的一般方程为

$$v_\theta=C_1\frac{r}{2}+C_2\frac{1}{r}$$

② 针对图示系统边界条件确定切应力和压力分布。

解　参照图 6-2 所示柱坐标系统，根据不可压缩流体一维稳态层流的条件及流动对称性条件，有

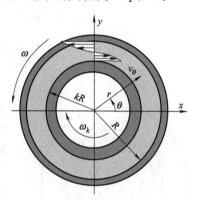

图 6-2　P6-7 附图

$$\rho=C,\ v_r=v_z=0,\ \frac{\partial v_\theta}{\partial t}=0,\ \frac{\partial v_\theta}{\partial \theta}=0$$

忽略重力影响，故质量力为零，即 $f_r=f_\theta=f_z=0$。忽略重力影响后流动为纯剪切流，故沿流动方向压力不变，即 $\partial p/\partial \theta=0$。因为整个流动与 z 无关（所有参数沿 z 方向均布），故该流动为 $r\text{-}\theta$ 平面问题。

将上述条件代入柱坐标系 $r\text{-}\theta$ 平面问题的连续性方程和运动微分方程，简化后可得：

连续性方程　　　　　$\dfrac{\partial v_\theta}{\partial \theta}=0$　或　$v_\theta=v_\theta(r)$

r 方向运动方程　　　$\rho\dfrac{v_\theta^2}{r}=\dfrac{\partial p}{\partial r}$

θ 方向运动方程　　　$0=\dfrac{\partial}{\partial r}\left[\dfrac{1}{r}\dfrac{\partial}{\partial r}(rv_\theta)\right]$

① 因 v_θ 仅是 r 的函数，故 θ 方向运动方程为常微分方程，即

$$\frac{\partial}{\partial r}\left[\frac{1}{r}\frac{\partial}{\partial r}(rv_\theta)\right]=\frac{\mathrm{d}}{\mathrm{d}r}\left[\frac{1}{r}\frac{\mathrm{d}}{\mathrm{d}r}(rv_\theta)\right]=0$$

由此积分可得圆筒间液膜速度分布的一般方程为

$$v_\theta=C_1\frac{r}{2}+C_2\frac{1}{r}$$

② 本问题边界条件为　　$v_\theta\big|_{r=kR}=-kR\omega_k,\ v_\theta\big|_{r=R}=R\omega$

由此确定积分常数，可得两反向转动圆筒间液膜速度的分布方程为

$$v_\theta = \frac{k^2}{1-k^2}\left[\omega\left(\frac{r}{k^2}-\frac{R^2}{r}\right)+\omega_k\left(r-\frac{R^2}{r}\right)\right]$$

已知速度分布，可根据柱坐标下的牛顿本构方程得切应力分布为

$$\tau_{r\theta}=\mu\left[r\frac{\partial}{\partial r}\left(\frac{v_\theta}{r}\right)\right]=2\mu(\omega+\omega_k)\frac{k^2}{1-k^2}\frac{R^2}{r^2}$$

将速度分布代入 r 方向运动方程，又可得压力微分方程为

$$\frac{\partial p}{\partial r}=\rho\frac{v_\theta^2}{r} \rightarrow \frac{\mathrm{d}p}{\mathrm{d}r}=\rho\frac{k^4}{(1-k^2)^2}\left[\omega\left(\frac{1}{k^2}-\frac{R^2}{r^2}\right)+\omega_k\left(1-\frac{R^2}{r^2}\right)\right]^2 r$$

积分上式，并令 p_R 为外壁面（$r=R$）处压力，可得液膜内压力分布为

$$p=p_R-\rho\frac{k^4 R^2}{(1-k^2)^2}\left\{\frac{1}{2}\left(\frac{\omega}{k^2}-\omega_k\right)^2\left(1-\frac{r^2}{R^2}\right)+\right.$$

$$\left.\frac{(\omega+\omega_k)^2}{2}\left(\frac{R^2}{r^2}-1\right)+2\left[\omega\omega_k\left(\frac{1}{k}-1\right)-\left(\frac{\omega}{k}+\omega_k\right)^2\right]\ln\frac{R}{r}\right\}$$

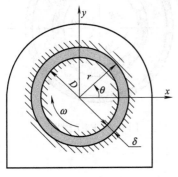

图 6-3　P6-8 附图

【P6-8】转动轴的摩擦力矩及功率计算。一摩擦轴承，如图 6-3 所示，轴的直径 $D=50.8\mathrm{mm}$，以 200r/min（$\omega=20.944\mathrm{rad/s}$）的转速顺时针旋转，带动润滑油油膜产生摩擦流动，其中油膜厚度 $\delta=0.0508\mathrm{mm}$，黏度 $\mu=0.2\mathrm{Pa\cdot s}$，与轴配合的轴承宽度 $L=50.8\mathrm{mm}$（垂直于书面方向）。因油膜很薄且及时散热，油膜流动可视为等温定常层流流动。设重力影响和端部效应可忽略，试求转动轴所承受的扭矩 M 和消耗的功率 N。

解　忽略端部效应意味着油膜流动为 r-θ 平面问题。其中因油膜很薄且流动由转动摩擦生产，故可认为 $v_r=0$，$v_\theta=v_\theta(r)$，$\partial p/\partial\theta=0$；又因流动定常且不计重力，故根据这些条件对 r-θ 平面运动的微分方程简化后，可得油膜 θ 方向的运动方程及其积分结果为

$$\frac{\mathrm{d}}{\mathrm{d}r}\left[\frac{1}{r}\frac{\mathrm{d}}{\mathrm{d}r}(rv_\theta)\right]=0,\ v_\theta=C_1\frac{r}{2}+C_2\frac{1}{r}$$

令 $R=D/2$，$k=R/(R+\delta)$，本问题的边界条件以及由此确定的速度分布为

$$v_\theta|_{r=R}=-R\omega,\ v_\theta|_{r=R+\delta}=0,\ v_\theta=-\frac{\omega k^2}{1-k^2}\left[\frac{(R+\delta)^2}{r}-r\right]$$

根据速度分布及柱坐标下的牛顿本构方程，可得液膜内及转动轴表面的切应力为

$$\tau_{r\theta}=\mu\left[r\frac{\partial}{\partial r}\left(\frac{v_\theta}{r}\right)\right]=2\mu\omega\frac{k^2}{1-k^2}\frac{(R+\delta)^2}{r^2},\ \tau_w=\tau_{r\theta}|_{r=R}=\frac{2\mu\omega}{1-k^2}$$

因转轴表面切应力 τ_w 处处相等，故转轴的摩擦力矩（扭矩）及功率分别为

$$M=A\tau_w R=2\pi RL\frac{2\mu\omega}{1-k^2}R=\frac{\mu\omega}{1-k^2}4\pi R^2 L,\ N=M\omega$$

代入数据可得　　　$k=R/(R+\delta)=25.4/(254.4+0.0508)=0.998$

$$M=0.432\mathrm{N\cdot m}$$

$$N=0.432\times 20.944=9.05(\mathrm{W})$$

该功率将耗散为摩擦热。为保持油膜恒温运行，轴承冷却系统吸热速率应等于 N。

【P6-9】双层陶瓷膜管环隙间的径向流动及压力分布。图 6-4 所示为不可压缩流体在两同心陶瓷膜管间作径向流动，即内管中的流体通过多孔壁径向扩散进入环隙，再沿径向流动至外管多孔壁向外扩散。陶瓷膜管水平放置，轴向单位长度对应的体积流量为 q_V 且恒定。设流动为稳态层流且轴对称，并忽略端部效应，将问题视为 r-θ 平面问题。

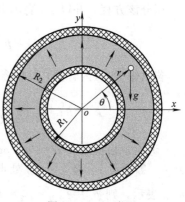

图 6-4 P6-9 附图

① 试针对环隙内的径向流动，由连续性方程证明
$$rv_r = \text{const}$$

② 试对 r-θ 平面流动的运动方程进行简化，证明环隙内 r、θ 方向的运动方程分别为
$$\frac{\partial p^0}{\partial r} = -\rho v_r \frac{\partial v_r}{\partial r}, \quad \frac{\partial p^0}{\partial \theta} = 0 \qquad (\text{其中 } p^0 = p + \rho g r \sin\theta)$$

③ 令 p_2^0 为外管壁 R_2 处的 p^0，试积分 r 方向的运动方程获得压力分布方程。

解 参照图 6-4 所示柱坐标设置，根据不可压缩、径向流动、速度轴对称、流动定常且陶瓷膜管水平放置等条件，有
$$\rho = \text{const}, \quad v_\theta = 0, \quad v_r = v_r(r), \quad \partial v_r / \partial \theta = 0, \quad \partial / \partial t = 0$$
$$f_r = -g\sin\theta, \quad f_\theta = -g\cos\theta$$

① 根据不可压缩流体 r-θ 平面问题的连续性方程，并代入上述条件，可得
$$\frac{1}{r}\frac{\partial rv_r}{\partial r} + \underbrace{\frac{\partial v_\theta}{r\partial \theta}}_{0} = 0 \rightarrow \frac{\partial(rv_r)}{\partial r} = 0 \rightarrow \frac{\mathrm{d}(rv_r)}{\mathrm{d}r} = 0 \rightarrow rv_r = C$$

若已知陶瓷膜管轴向单位长度的体积流量为 q_V，则根据质量守恒有
$$2\pi r v_r = q_V \rightarrow rv_r = \frac{q_V}{2\pi} = C \quad \text{或} \quad v_r = \frac{q_V}{2\pi r}$$

② 柱坐标下，r-θ 平面不可压缩流体定常流动问题的运动微分方程如下
$$v_r \frac{\partial v_r}{\partial r} + \underbrace{\frac{v_\theta}{r}\frac{\partial v_r}{\partial \theta} - \frac{v_\theta^2}{r}}_{0} = f_r - \frac{1}{\rho}\frac{\partial p}{\partial r} + \nu \left\{ \frac{\partial}{\partial r}\left[\frac{1}{r}\frac{\partial}{\partial r}(rv_r)\right] + \underbrace{\frac{1}{r^2}\frac{\partial^2 v_r}{\partial \theta^2} - \frac{2}{r^2}\frac{\partial v_\theta}{\partial \theta}}_{0} \right\}$$

$$\underbrace{v_r \frac{\partial v_\theta}{\partial r} + \frac{v_\theta}{r}\frac{\partial v_\theta}{\partial \theta} + \frac{v_r v_\theta}{r}}_{0} = f_\theta - \frac{1}{\rho}\frac{1}{r}\frac{\partial p}{\partial \theta} + \nu \left\{ \frac{\partial}{\partial r}\left[\frac{1}{r}\frac{\partial}{\partial r}(rv_\theta)\right] + \frac{1}{r^2}\frac{\partial^2 v_\theta}{\partial \theta^2} + \frac{2}{r^2}\frac{\partial v_r}{\partial \theta} \right\}$$

根据本问题条件，去除以上方程中标注为 0 的项，并定义参考压力 p^0 为
$$p^0 = p + \rho g r \sin\theta$$

可得
$$\frac{\partial p^0}{\partial r} = -\rho v_r \frac{\partial v_r}{\partial r}, \quad \frac{\partial p^0}{\partial \theta} = 0$$

③ 根据 v_r 的表达式，有
$$-\rho v_r \frac{\partial v_r}{\partial r} = \rho \left(\frac{q_V}{2\pi}\right)^2 \frac{1}{r^3}$$

又因为 p^0 与 θ 无关，即 $\partial p^0 / \partial r = \mathrm{d}p^0 / \mathrm{d}r$，所以 r 方向运动方程简化为
$$\frac{\mathrm{d}p^0}{\mathrm{d}r} = \rho \left(\frac{q_V}{2\pi}\right)^2 \frac{1}{r^3}$$

积分该方程，并以 p_2^0 表示 R_2（外管壁）处的参考压力 p^0，则可得压力分布为

$$p^0 = p_2^0 - \frac{\rho}{2}\left(\frac{q_V}{2\pi R_2}\right)^2\left(\frac{R_2^2}{r^2}-1\right)$$

若已知 R_1（内管壁）处的参考压力 p_1^0，则压力分布也可表示为

$$p^0 = p_1^0 + \frac{\rho}{2}\left(\frac{q_V}{2\pi R_1}\right)^2\left(1-\frac{R_1^2}{r^2}\right) \quad 或 \quad \frac{p_2^0-p^0}{p_2^0-p_1^0}=\frac{(R_2^2-r^2)}{(R_2^2-R_1^2)}\frac{R_1^2}{r^2}$$

讨论：根据定义 $p^0 = p + \rho g r\sin\theta$ 可知，参考压力 p^0 实际上是 x 轴上（$\theta=0$）的压力 p。因此设 $r=R_1$、$\theta=0$ 处点的压力已知并用 $p_{1,0}$ 表示，$r=R_2$、$\theta=0$ 处点的压力用 $p_{2,0}$ 表示，则 $p_1^0 = p_{1,0}$，$p_2^0 = p_{2,0}$。这样压力分布式可更明确地表示为

$$p = p_{1,0} - \rho g r\sin\theta + \frac{\rho}{2}\left(\frac{q_V}{2\pi R_1}\right)^2\left(1-\frac{R_1^2}{r^2}\right)$$

由此可得 $\theta=0$ 处的内外壁压差（$p_{2,0}-p_{1,0}$）和不同 θ 处的内外壁压差（p_2-p_1），即

$$p_{2,0}-p_{1,0}=\frac{\rho}{2}\left(\frac{q_V}{2\pi R_1}\right)^2\left(1-\frac{R_1^2}{R_2^2}\right),\quad p_2-p_1=(p_{2,0}-p_{1,0})-\rho g(R_2-R_1)\sin\theta$$

综上可见，参考压力 p^0 仅是 r 的函数；压力 p 则是 r 和 θ 的函数，但关于 y 轴对称；而内外壁压差（p_2-p_1）则沿周向角 θ 变化，上部最小，下部最大。

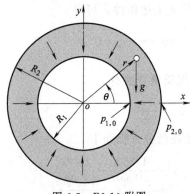

图 6-5　P6-10 附图

【P6-10】通过多孔介质流动的微分方程及其应用。对于多孔介质的流体流动，其连续性方程和运动微分方程分别由以下平均化的连续性方程和达西（Darcy）方程替代

$$\varepsilon\frac{\partial\rho}{\partial t}+\nabla\cdot(\rho\mathbf{v})=0,\quad \mathbf{v}=-\frac{\kappa}{\mu}(\nabla p-\rho\mathbf{g})$$

其中 ε 是介质孔隙率，无因次；κ 是渗透率，单位 m^2（实际应用中以达西 D 为单位，且 $1D = 0.987\times 10^{-12}\,m^2$）；$\mathbf{v}$ 是表观流速，即流量除以表面积（非表面上孔的面积）得到的流速。

图 6-5 是不可压缩流体径向通过陶瓷膜管的定常流动，其中已知 $r=R_1$、$\theta=0$ 处点的压力为 $p_{1,0}$，$r=R_2$、$\theta=0$ 处点的压力为 $p_{2,0}$。设流动为 r-θ 平面问题，且速度 $v_\theta=0$，$v_r=v_r(r)$。

① 试根据图示系统的条件简化多孔介质内的流动微分方程；

② 由此确定陶瓷膜管内径向的压力分布与速度分布表达式。

解　① 对于不可压缩流体的 r-θ 平面定常流动，以上连续性方程和达西方程可简化为

$$\nabla\cdot\mathbf{v}=0 \quad 或 \quad \frac{1}{r}\frac{\partial}{\partial r}(rv_r)+\frac{1}{r}\frac{\partial v_\theta}{\partial\theta}=0$$

$$v_r=-\frac{\kappa}{\mu}\left(\frac{\partial p}{\partial r}-\rho g_r\right),\quad v_\theta=-\frac{\kappa}{\mu}\left(\frac{\partial p}{r\partial\theta}-\rho g_\theta\right)$$

② 因为 $v_\theta=0$，$v_r=v_r(r)$，所以由连续性方程可得

$$\frac{\partial(rv_r)}{\partial r}=\frac{d(rv_r)}{dr}=0 \rightarrow rv_r=C$$

参见图 6-5，r、θ 方向的重力加速度分别为

$$g_r = -g\sin\theta, \quad g_\theta = -g\cos\theta$$

于是，由 θ 方向的运动微分方程可得

$$\frac{\partial p}{\partial \theta} + \rho r g\cos\theta = 0 \quad \text{或} \quad \frac{\partial p^0}{\partial \theta} = 0$$

其中 p^0 是参考压力，定义为

$$p^0 = p + \rho g r\sin\theta$$

根据该定义可知，参考压力 p^0 实际是 x 轴上（$\theta = 0$）的压力 p，仅与 r 有关，且

$$p_1^0 = p_{1,0}, \quad p_2^0 = p_{2,0}$$

借助以上结果，由 r 方向的运动微分方程可得

$$v_r = -\frac{\kappa}{\mu}\left(\frac{\partial p}{\partial r} + \rho g\sin\theta\right) \rightarrow -\frac{\mu}{\kappa}\frac{C}{r} = \frac{\partial p^0}{\partial r} \rightarrow \frac{\mathrm{d}p^0}{\mathrm{d}r} = -\frac{\mu}{\kappa}\frac{C}{r}$$

该式由 $r = R_1 \rightarrow r$，$p^0 = p_1^0 \rightarrow p^0$ 积分，可得压力分布为

$$p^0 - p_1^0 = -C\frac{\mu}{\kappa}\ln\frac{r}{R_1} \quad \text{或} \quad p = p_{1,0} - \rho g r\sin\theta - C\frac{\mu}{\kappa}\ln\frac{r}{R_1}$$

在该式中令 $r = R_2$，$\theta = 0$，$p = p_{2,0}$，可确定常数 C，即

$$p_{2,0} = p_{1,0} - C\frac{\mu}{\kappa}\ln\frac{R_2}{R_1} \rightarrow C = -\frac{\kappa}{\mu}\frac{p_{2,0} - p_{1,0}}{\ln(R_2/R_1)}$$

由此可将压力分布与速度分布表示为

$$\frac{p^0 - p_{1,0}}{p_{2,0} - p_{1,0}} = \frac{\ln(r/R_1)}{\ln(R_2/R_1)}, \quad v_r = \frac{C}{r} = -\frac{\kappa}{\mu}\frac{p_{2,0} - p_{1,0}}{\ln(R_2/R_1)}\frac{1}{r}$$

若陶瓷膜管长度为 L，则体积流量为

$$q_V = 2\pi L r v_r = 2\pi L\frac{\kappa}{\mu}\frac{p_{2,0} - p_{1,0}}{\ln(R_2/R_1)} = A_m\frac{\kappa}{\mu}\frac{p_{2,0} - p_{1,0}}{R_2 - R_1}$$

该式可作为 κ 的测量原理式，其中 $A_m = 2\pi R_m L$ 是基于对数平均半径 R_m 的过滤面积。

讨论：若通过陶瓷膜管的流体是气体，流动仍然定常，则考虑可压缩性由连续性方程可得：$\rho r v_r = C$；运动方程形式与上一样。但气体压差流动通常不计重力影响，此条件下将气体流动视为理想气体等温流动，则仿照以上步骤可得压力与速度分布表达式为

$$\frac{p^2 - p_1^2}{p_2^2 - p_1^2} = \frac{\ln(r/R_1)}{\ln(R_2/R_1)}, \quad v_r = -\frac{\kappa}{2\mu}\frac{p_2^2 - p_1^2}{\ln(R_2/R_1)}\left(\frac{1}{rp}\right)$$

其中 p_1 为内壁压力，p_2 为外壁压力。对于气体流动，因不考虑重力，故压力 p 的分布具有轴对称性，与 θ 无关，此时给定 p_1、p_2 不必像图 6-5 中那样指定壁面哪一点的压力。

【P6-11】两平行圆盘之间的径向层流流动问题。某润滑系统部件由两平行圆盘组成，如图 6-6(a) 所示。润滑油在两圆盘之间沿径向 r 作稳态一维层流流动。圆盘中心流体进口半径为 R_1，圆盘外半径 R_2。流动靠压差 $\Delta p = p_1 - p_2$ 推动，其中 p_1、p_2 分别为 R_1、R_2 截面的压力。仅考虑区域 $R_1 < r < R_2$ 之间的径向流动，且认为 $v_\theta = v_z = 0$。

① 试利用连续性方程和轴对称条件简化 N-S 方程，导出本系统 r、z 方向的运动方程

$$-\rho\frac{\phi^2}{r^3} = -\frac{\partial p}{\partial r} + \frac{\mu}{r}\frac{\mathrm{d}^2\phi}{\mathrm{d}z^2}, \quad \frac{\partial p}{\partial z} = -\rho g$$

其中，$\phi = r v_r$，且 ϕ 仅是 z 的函数（与 r 无关），为什么？

② 针对蠕变流（creep flow）条件（即认为 $v_r^2 \approx 0$），证明存在一常数 λ 使得

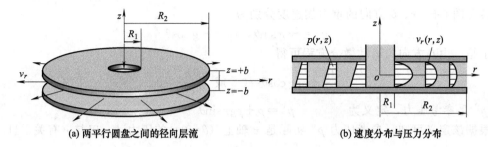

(a) 两平行圆盘之间的径向层流 　　　　　　　(b) 速度分布与压力分布

图 6-6　P6-11 附图

$$r\frac{\partial p}{\partial r}=\mu\frac{\mathrm{d}^2\phi}{\mathrm{d}z^2}=\lambda$$

③ 求解以上蠕变流方程积分，证明

$$\lambda=-\frac{\Delta p}{\ln(R_2/R_1)},\ v_r=\frac{b^2\Delta p}{2\mu r\ln(R_2/R_1)}\left[1-\left(\frac{z}{b}\right)^2\right]$$

解　参照图 6-6(a) 所示柱坐标系统，有 $f_r=0$，$f_z=-g$。

因为流体不可压缩且流动定常，流动轴对称且 $v_\theta=0$，所以本问题是 r-z 平面不可压缩稳态流动问题，且 $v_z=0$。

① 将以上条件代入柱坐标下不可压缩流体 r-z 平面问题的连续性方程，可得

$$\frac{1}{r}\frac{\partial rv_r}{\partial r}+\underbrace{\frac{\partial v_z}{\partial z}}_{0}=0\ \rightarrow\ \frac{\partial(rv_r)}{\partial r}=0\ \rightarrow\ rv_r=f(z)\quad\text{或}\quad\phi=rv_r=f(z)$$

该结果表明 ϕ 仅是 z 的函数（与 r 无关）。

将以上条件代入柱坐标下不可压缩定常流动 r-z 平面问题的运动方程，有

$$v_r\frac{\partial v_r}{\partial r}+\underbrace{v_z\frac{\partial v_r}{\partial z}}_{0}=\underbrace{f_r}_{0}-\frac{1}{\rho}\frac{\partial p}{\partial r}+\nu\left[\underbrace{\frac{\partial}{\partial r}\left(\frac{1}{r}\frac{\partial rv_r}{\partial r}\right)}_{0}+\frac{\partial^2 v_r}{\partial z^2}\right]$$

$$\underbrace{v_r\frac{\partial v_z}{\partial r}+v_z\frac{\partial v_z}{\partial z}}_{0}=f_z-\frac{1}{\rho}\frac{\partial p}{\partial z}+\nu\underbrace{\left[\frac{1}{r}\frac{\partial}{\partial r}\left(r\frac{\partial v_z}{\partial r}\right)+\frac{\partial^2 v_z}{\partial z^2}\right]}_{0}$$

简化后得

$$\rho v_r\frac{\partial v_r}{\partial r}=-\frac{\partial p}{\partial r}+\mu\frac{\partial^2 v_r}{\partial z^2},\ \frac{\partial p}{\partial z}=-\rho g$$

又因为 $v_r=\phi/r$ 且 $\phi=f(z)$，所以

$$v_r\frac{\partial v_r}{\partial r}=-\frac{\phi^2}{r^3},\ \frac{\partial^2 v_r}{\partial z^2}=\frac{\partial^2}{\partial z^2}\left(\frac{\phi}{r}\right)=\frac{1}{r}\frac{\partial^2\phi}{\partial z^2}=\frac{1}{r}\frac{\mathrm{d}^2\phi}{\mathrm{d}z^2}$$

故 r 方向运动方程为

$$-\rho\frac{\phi^2}{r^3}=-\frac{\partial p}{\partial r}+\frac{\mu}{r}\frac{\mathrm{d}^2\phi}{\mathrm{d}z^2}$$

② 在蠕变流（creep flow）条件下，认为流速 v_r 非常小，即 $v_r^2\approx0$，则

$$-\rho\phi^2/r^3=-\rho v_r^2/r\approx0$$

这样，r 方向运动方程简化为

$$r\frac{\partial p}{\partial r}=\mu\frac{\mathrm{d}^2\phi}{\mathrm{d}z^2}$$

对 z 方向运动方程积分，然后对 r 求导，可得

$$p=-\rho gz+f(r)\ \rightarrow\ \partial p/\partial r=f'(r)$$

由此可知，r 方向运动方程左侧仅为 r 的函数，右侧仅为 z 的函数（因 ϕ 仅为 z 的函

数），所以根据微分方程理论，该方程两边必为同一常数 λ，即

$$r\frac{\partial p}{\partial r}=\mu\frac{\mathrm{d}^2\phi}{\mathrm{d}z^2}=\lambda$$

③ 首先，令上式左侧为常数 λ，进行积分可得

$$r(\partial p/\partial r)=\lambda \;\rightarrow\; p=\lambda\ln r+C(z)$$

该式与 $p=-\rho g z+f(r)$ 对比可知

$$C(z)=-\rho g z+c \quad 或 \quad p=\lambda\ln r-\rho g z+c$$

设 $r=R_1$、$z=0$ 处点的压力为 $p_{1,0}$，则由此确定常数 c 后，可得圆盘间的压力分布为

$$p=p_{1,0}+\lambda\ln(r/R_1)-\rho g z$$

该式表明：压力 p 是 r 和 z 的函数；在 r 相同的流动截面上，p 则随 z 线性变化（满足静力学关系）。若用 p_1 表示 R_1 截面的压力分布，p_2 表示 R_2 截面的压力分布，则

$$p_1=p_{1,0}-\rho g z,\quad p_2=p_{1,0}+\lambda\ln(R_2/R_1)-\rho g z$$

由此可见，R_1 与 R_2 两截面对应高度（z 相同）的压差都是相同的（与 z 无关），即

$$\Delta p=p_1-p_2=-\lambda\ln(R_2/R_1)$$

由此可将常数 λ 用进出口截面压差 Δp 表示为

$$\lambda=-\Delta p/\ln(R_2/R_1)$$

其次，令蠕变流 r 方向运动方程的右侧为常数 λ，积分可得

$$\mu\frac{\mathrm{d}^2\phi}{\mathrm{d}z^2}=\lambda \;\rightarrow\; \phi=\frac{\lambda}{\mu}\frac{z^2}{2}+C_1z+C_2$$

根据边界条件：$z=\pm b$，$v_r=0(\phi=0)$，确定积分常数并将 λ 代入，可得速度分布为

$$\phi=rv_r=-\frac{\lambda b^2}{2\mu}\left[1-\left(\frac{z}{b}\right)^2\right] \quad 或 \quad v_r=\frac{b^2}{2\mu}\frac{\Delta p}{\ln(R_2/R_1)}\frac{1}{r}\left[1-\left(\frac{z}{b}\right)^2\right]$$

积分可得质量流量为

$$q_{\mathrm{m}}=\frac{4\pi\rho b^3\Delta p}{3\mu\ln(R_2/R_1)}$$

以上所得压力 p 和速度 v_r 的分布形态如图 6-6(b) 所示。

【P6-12】底板突然启动产生的一维非稳态层流问题。图 6-7 所示系统中，流体最初处于静止状态，在 $t=0$ 时刻底板突然启动并以恒定速度 U 沿 x 方向运动，从而带动各层流体沿 x 方向流动，其中系统 a [图 6-7 （a）]的流体上方为固定平板，系统 b [图 6-7 （b）]的流体上方无界。虽然两个系统上部边界条件不同，但流体的速度分布特征是一致的，即都是不可压缩流体的 x-y 平面流动问题，且 $v_y=0$，$v_x=v_x(y,t)$。设流动为层流，流体黏度为 μ，密度为 ρ。

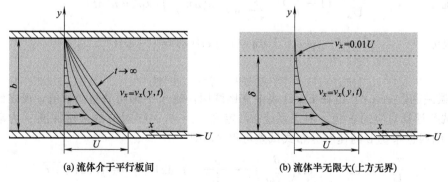

(a) 流体介于平行板间　　　　　　(b) 流体半无限大(上方无界)

图 6-7　P6-12 附图（底板突然启动产生的一维非稳态层流）

① 试对 x-y 平面问题的 N-S 方程进行简化，获得图示系统的运动微分方程；

② 分别针对系统 a 与 b，提出定解条件，并参照附录 B 给出其速度分布方程；

③ 确定系统 b 中流体速度 $v_x=0.01U$ 对应的液层深度 δ，即动量渗透深度；

④ 在 $\mu=0.001\text{Pa}\cdot\text{s}$、$\rho=955\text{kg/m}^3$、$U=0.1\text{m/s}$、$b=0.01\text{m}$ 的条件下，什么时间范围内两系统速度分布近似相同？什么时间范围内两系统底板单位面积的摩擦力相差小于 1%？

解 本问题属不可压缩流体 x-y 平面非稳态流动问题，其中流体仅沿 x 方向水平流动，该方向无质量力，且流动是底板摩擦产生的纯剪切流，故流动方向无压力梯度，即

$$v_y=0,\ v_x=v_x(x,y,t),\ f_x=0,\ f_y=-g,\ \partial p/\partial x=0$$

① 首先将 $v_y=0$ 代入不可压缩流体 x-y 平面问题的连续性方程，有

$$\frac{\partial v_x}{\partial x}+\underbrace{\frac{\partial v_y}{\partial y}}_{0}=0\ \rightarrow\ \frac{\partial v_x}{\partial x}=0\ \rightarrow\ v_x=v_x(y,t)$$

即对于不可压缩流体的 x-y 平面问题，$v_y=0$ 的条件下，v_x 就只能是 y 和 t 的函数。

将此结果和以上条件代入不可压缩流体 x-y 平面问题的 N-S 方程，有：

x 方向运动方程　$\dfrac{\partial v_x}{\partial t}+\underbrace{v_x\dfrac{\partial v_x}{\partial x}+v_y\dfrac{\partial v_x}{\partial y}}_{0}=f_x-\underbrace{\dfrac{1}{\rho}\dfrac{\partial p}{\partial x}}_{0}+\underbrace{\nu\dfrac{\partial^2 v_x}{\partial x^2}}_{0}+\nu\dfrac{\partial^2 v_x}{\partial y^2}$

y 方向运动方程　$\underbrace{\dfrac{\partial v_y}{\partial t}+v_x\dfrac{\partial v_y}{\partial x}+v_y\dfrac{\partial v_y}{\partial y}}_{0}=f_y-\dfrac{1}{\rho}\dfrac{\partial p}{\partial y}+\underbrace{\nu\dfrac{\partial^2 v_y}{\partial x^2}+\nu\dfrac{\partial^2 v_y}{\partial y^2}}_{0}$

去除方程中标注为 0 的项，并将 f_y 代入，上述运动方程将分别简化为

$$\frac{\partial v_x}{\partial t}=\nu\frac{\partial^2 v_x}{\partial y^2},\ \frac{\partial p}{\partial y}=-\rho g$$

其中，因 $\partial p/\partial x=0$（特征条件），所以 $\partial p/\partial y=\mathrm{d}p/\mathrm{d}y$。于是，积分 y 方向的运动方程，并设运动平板表面压力为 p_b，可知流体压力沿 y 的变化满足静力学方程，即

$$p=p_b-\rho g y$$

② 根据图示坐标可知，系统 a 与 b 的定解条件分别为：

系统 a　　　　　$t=0$，$v_x=0$；$t>0$，$v_x|_{y=0}=U$，$v_x|_{y=b}=0$

系统 b　　　　　$t=0$，$v_x=0$；$t>0$，$v_x|_{y=0}=U$，$v_x|_{y=\infty}=0$

参照附录 B 给出的一维非稳态微分方程在以上定解条件下的解，可得速度分布为

系统 a　　　$\dfrac{v_x}{U}=\left(1-\dfrac{y}{b}\right)-\sum\limits_{n=1}^{\infty}\dfrac{2}{n\pi}\sin\left(n\pi\dfrac{y}{b}\right)\exp(-n^2\alpha t)$

系统 b　　　$\dfrac{v_x}{U}=1-\dfrac{2}{\sqrt{\pi}}\displaystyle\int_0^{\eta}\mathrm{e}^{-\eta^2}\mathrm{d}\eta=1-\mathrm{erf}(\eta)=1-\mathrm{erf}\left(\dfrac{y}{\sqrt{4\nu t}}\right)$

其中　　　　　　　　$\alpha=\mu\pi^2/\rho b^2$，$\eta=y/\sqrt{4\nu t}$

③ 误差函数 $\mathrm{erf}(x)$ 可在 Excel 表中直接调用，输入 x 即可获得函数值，反之给定函数值，可试差计算对应的 x 值。对于系统 b，定义 $v_x=0.01U$ 对应的液层深度 y 为动量渗透深度 δ，则根据系统 b 的速度分布式试差可得 δ，即

$$\frac{v_x}{U}=0.01=1-\mathrm{erf}\left(\frac{\delta}{\sqrt{4\nu t}}\right)\ \rightarrow\ \frac{\delta}{\sqrt{4\nu t}}=1.821\ \rightarrow\ \delta=1.821\sqrt{4\nu t}$$

④ 动量扩散深度 δ 表示了平板运动影响区（动量扩散影响区）深度随时间的传播。显

然，对于系统 a，只要其运动平板的影响区 δ 未达到上部固定平板表面（即 $\delta \leqslant b$），则平板间的速度分布就可用系统 b 的速度分布描述。

因此，在 $\mu = 0.001\mathrm{Pa \cdot s}$、$\rho = 955\mathrm{kg/m^3}$、$U = 0.1\mathrm{m/s}$、$b = 0.01\mathrm{m}$ 的条件下，令 $\delta = b$ 可得

$$b = \delta = 1.821\sqrt{4\nu t} \rightarrow t = (b/1.821)^2/(4\nu) = 7.2\mathrm{s}$$

即在以上条件下，只要时间 $t < 7.2\mathrm{s}$，则系统 a 的速度可用系统 b 的分布式描述。

> **说明**：系统 a 的速度分布式是带衰减函数的无穷级数，时间越短，计算所需项数 n 越多，此时正好可用系统 b 的分布式计算。时间较长时（$\delta > b$），系统 b 的分布式不再适用，但此时用系统 a 的无穷级分布式只需要取前几项计算即可。

根据系统 a、b 的速度分布，可得运动底板单位面积的摩擦力（切应力）为：

系统 a
$$\tau_w = \mu \frac{\partial v_x}{\partial y}\Big|_{y=0} = -\mu \frac{U}{b}\left[1 + 2\sum_{n=1}^{\infty}\exp(-n^2\alpha t)\right]$$

系统 b
$$\tau_w = \mu \frac{\partial v_x}{\partial y}\Big|_{y=0} = -\mu U\left(\frac{2}{\sqrt{\pi}}e^{-\eta^2}\frac{1}{\sqrt{4\nu t}}\right)_{y=0} = -\frac{\mu U}{\sqrt{\pi\nu t}}$$

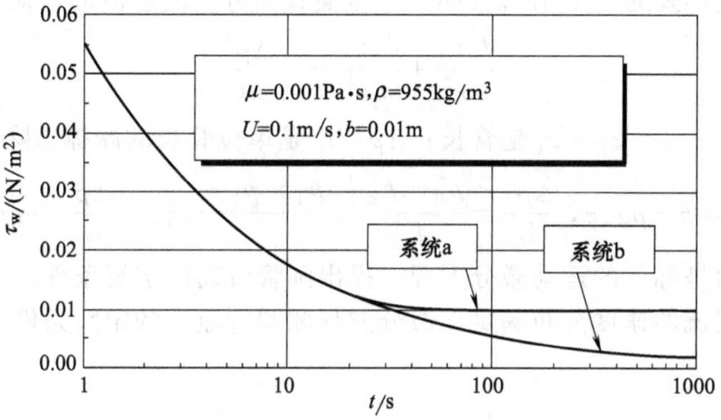

图 6-8　P6-12 附图（图 6-7 中两系统底板单位面积摩擦力随时间的变化及对比）

在以上给定数据下，两系统底板表面切应力随时间的变化如图 6-8。可见系统 a 的 τ_w 随 t 增加而减小并趋于定值，流动达到稳定状态，系统 b 的 τ_w 随 t 增加不断减小，其中 $t < 15.3\mathrm{s}$ 范围内，两系统底板表面的切应力相差小于 1%。

【**P6-13**】由 N-S 方程和流线方程推导沿流线的伯努利方程。已知 x-y 平面流动系统的流线方程为：$v_y\mathrm{d}x = v_x\mathrm{d}y$。试根据 x-y 平面问题的 N-S 方程导出重力场中沿流线的伯努利方程。

提示：利用伯努利方程的条件简化 N-S 方程；设 y 坐标垂直向上；用 $\mathrm{d}x$、$\mathrm{d}y$ 分别乘以 x、y 方向的 N-S 方程，并应用函数全微分概念。

解　因伯努利方程的前提条件是理想不可压缩流体的稳态流动，即 $\mu = 0$、$\rho = \mathrm{const}$、$\partial/\partial t = 0$，所以可首先根据这些条件对 x-y 平面问题的 N-S 方程进行简化，得到理想流体稳态流动的运动微分方程——欧拉方程；其次，取 y 坐标垂直向上（与 g 相反），则 x、y 方向单位质量流体的体积力分别为 $f_x = 0$、$f_y = -g$，将其代入后可得欧拉方程为

$$v_x\frac{\partial v_x}{\partial x} + v_y\frac{\partial v_x}{\partial y} = -\frac{1}{\rho}\frac{\partial p}{\partial x}, \quad v_x\frac{\partial v_y}{\partial x} + v_y\frac{\partial v_y}{\partial y} = -g - \frac{1}{\rho}\frac{\partial p}{\partial y}$$

将以上两式分别乘以 $\mathrm{d}x$、$\mathrm{d}y$，可得

$$v_x\frac{\partial v_x}{\partial x}\mathrm{d}x + v_y\frac{\partial v_x}{\partial y}\mathrm{d}x = -\frac{1}{\rho}\frac{\partial p}{\partial x}\mathrm{d}x, \quad v_x\frac{\partial v_y}{\partial x}\mathrm{d}y + v_y\frac{\partial v_y}{\partial y}\mathrm{d}y = -g\,\mathrm{d}y - \frac{1}{\rho}\frac{\partial p}{\partial y}\mathrm{d}y$$

再应用流线方程：$v_y \mathrm{d}x = v_x \mathrm{d}y$，可将以上两式表示为

$$v_x\left(\frac{\partial v_x}{\partial x}\mathrm{d}x + \frac{\partial v_x}{\partial y}\mathrm{d}y\right) = -\frac{1}{\rho}\frac{\partial p}{\partial x}\mathrm{d}x, v_y\left(\frac{\partial v_y}{\partial x}\mathrm{d}x + \frac{\partial v_y}{\partial y}\mathrm{d}y\right) = -g\mathrm{d}y - \frac{1}{\rho}\frac{\partial p}{\partial y}\mathrm{d}y$$

根据速度全微分概念可知，以上两式又可表示为

$$v_x \mathrm{d}v_x = -\frac{1}{\rho}\frac{\partial p}{\partial x}\mathrm{d}x, \quad v_y\mathrm{d}v_y = -g\mathrm{d}y - \frac{1}{\rho}\frac{\partial p}{\partial y}\mathrm{d}y$$

两式相加，并应用压力全微分概念可得

$$\mathrm{d}\frac{v_x^2}{2} + \mathrm{d}\frac{v_y^2}{2} = -g\mathrm{d}y - \frac{1}{\rho}\mathrm{d}p \rightarrow \mathrm{d}\left(\frac{v_x^2 + v_y^2}{2} + gy + \frac{p}{\rho}\right) = 0$$

即

$$v^2/2 + gz + p/\rho = C$$

此即沿流线的伯努利方程，它表明沿流线各点机械能守恒，且不同流线可有不同的 C。

【P6-14】等截面管内充分发展层流的运动微分方程。图 6-9 所示是一般等截面直管内不可压缩流体充分发展的定常层流流动，其速度分布特点及质量力为

$$v_x = v_y = 0, \quad v_z = v_z(x,y), \quad g_x = 0, g_y = -g\sin\beta, \quad g_z = g\cos\beta$$

① 试根据一般形式的 N-S 方程证明，等截面管充分发展层流的运动微分方程为

$$\frac{\partial^2 v_z}{\partial x^2} + \frac{\partial^2 v_z}{\partial y^2} = -\frac{\Delta p^*}{\mu L}$$

其中 p^* 是修正压力；$L = z_L - z_0$ 是管长；$\Delta p^*/L$ 是单位管长的摩擦压降，即

$$p^* = p - \rho g_z z, \quad \frac{\Delta p^*}{L} = \frac{p_0^* - p_L^*}{L} = \frac{p_1 - p_2}{L} - \rho g_z = \frac{\Delta p}{L} - \rho g\cos\beta$$

② 针对该直角坐标下的运动微分方程，提出圆管流动的定解条件。

③ 验证圆管层流的速度分布满足该微分方程和圆管流动的定解条件。

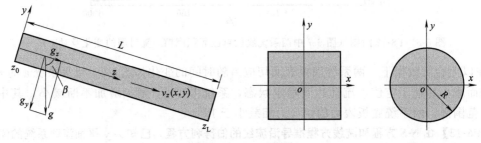

图 6-9　P6-14 附图

解　① 对于不可压缩流体的定常流动，若 $v_x = v_y = 0$，则连续性方程的结果是

$$\partial v_z/\partial z = 0 \quad \text{或} \quad v_z = f(x,y)$$

将本问题特征条件代入一般形式的 N-S 方程，简化后可得：

x 方向运动方程　　　　　　$\partial p/\partial x = 0$

y 方向运动方程　　　　　　$-\rho g\sin\beta - \partial p/\partial y = 0$

z 方向运动方程　　　　　　$\rho g\cos\beta - \dfrac{\partial p}{\partial z} + \mu\left(\dfrac{\partial^2 v_z}{\partial x^2} + \dfrac{\partial^2 v_z}{\partial y^2}\right) = 0$

由 x 方向运动方程可知 p 与 x 无关，因此积分 y 向运动方程时积分常数仅是 z 的函数，由此进一步可知 $\partial p/\partial z$ 仅为 z 的函数，即

$$p = -\rho(g\sin\beta)y + C(z) \rightarrow \partial p/\partial z = C'(z)$$

引入修正压力　　　　　　　　$p^* = p - \rho(g\cos\beta)z$

可将 z 方向运动方程表示为 $\qquad \mu\left(\dfrac{\partial^2 v_z}{\partial x^2}+\dfrac{\partial^2 v_z}{\partial y^2}\right)=\dfrac{\partial p^*}{\partial z}$

因为 $\partial p/\partial z$ 仅为 z 的函数，故 $\partial p^*/\partial z$ 也仅为 z 的函数，而 v_z 仅为 x、y 的函数，所以该微分方程两边必为常数。首先取 $\partial p^*/\partial z$ 为常数，并将其用单位长度摩擦压降表示为

$$\frac{\partial p^*}{\partial z}=C \rightarrow \frac{\partial p^*}{\partial z}=-\frac{p_0^*-p_L^*}{L}=-\frac{\Delta p^*}{L}$$

由此可将 z 方向运动微分方程——等截面管充分发展定常层流的运动微分方程表示为

$$\frac{\partial^2 v_z}{\partial x^2}+\frac{\partial^2 v_z}{\partial y^2}=-\frac{\Delta p^*}{\mu L}$$

② 该微分方程有 x、y 两个自变量，v_z 对于 x、y 的微分都是二阶的，所以理论上需要四个定解条件。对于圆形管：壁面速度为零，且管中心（$x=0$、$y=0$）速度有极值，由此可得圆管流动的四个定解条件如下

$$\begin{cases} y=\pm\sqrt{R^2-x^2} \quad (-R\leqslant x\leqslant R)\text{：} v_z=0 \\ x=0,y=0\text{：} \partial v_z/\partial x=0,\partial v_z/\partial y=0 \end{cases}$$

注：以上偏微分为零的两个边界条件是 $v_z(x,y)$ 在某点有极值的必要条件。

③ 圆管充分发展定常层流的速度分布可用直角坐标表示为

$$v_z=\frac{\Delta p^*}{L}\frac{R^2}{4\mu}\left(1-\frac{r^2}{R^2}\right)=\frac{\Delta p^*}{4\mu L}[R^2-(x^2+y^2)] \quad (\text{其中 } x^2+y^2\leqslant R^2)$$

故 $\qquad \dfrac{\partial v_z}{\partial x}=\dfrac{\Delta p^*}{4\mu L}(-2x),\ \dfrac{\partial v_z}{\partial y}=\dfrac{\Delta p^*}{4\mu L}(-2y),\ \dfrac{\partial^2 v_z}{\partial x^2}=\dfrac{\partial^2 v_z}{\partial y^2}=-\dfrac{\Delta p^*}{2\mu L}$

可见，圆管层流速度分布既满足以上 4 个定解条件，也同时满足以上运动微分方程。

【P6-15】正三角形截面管充分发展层流的速度分布及阻力系数。不可压缩流体在正三角形截面直管内作充分发展的层流流动，如图 6-10 所示。其中 x、y 为截面坐标，流体沿 z 方向（垂直于书面）流动，流动微分方程见 P6-14。现有人提出其速度分布为

$$v_z=\frac{\Delta p^*}{L}\frac{1}{4\mu H}(H-y)(y^2-3x^2)$$

① 试判别该速度分布式是否正确；

② 由此给出正三角形截面管充分发展层流的阻力系数表达式，定性尺寸取水力直径。

解 ① 根据 P6-14 可知，等截面管充分发展定常层流的运动微分方程为

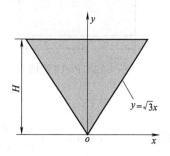

图 6-10　P6-15 附图

$$\frac{\partial^2 v_z}{\partial x^2}+\frac{\partial^2 v_z}{\partial y^2}=-\frac{\Delta p^*}{\mu L}$$

该二阶线性偏微分方程理论上需 4 个定解条件。根据图中坐标设置可知，正三角形管三个内壁表面的速度为零，且速度分布关于 y 轴对称，因此其定解条件为

$$\begin{cases} y=\sqrt{3}x \quad (0\leqslant x\leqslant H/\sqrt{3})\text{：} v_z=0 \\ y=-\sqrt{3}x \quad (-H/\sqrt{3}\leqslant x\leqslant 0)\text{：} v_z=0 \\ y=H \quad (-H/\sqrt{3}\leqslant x\leqslant H/\sqrt{3})\text{：} v_z=0 \\ x=0 \quad (0\leqslant y\leqslant H)\text{：} \partial v_z/\partial x=0 \end{cases}$$

以上速度分布式若正确，则必须同时满足运动微分方程和定解条件。显然，以上所给出

的速度分布满足内壁速度为零的三个边界条件。其次，因为

$$\frac{\partial v_z}{\partial x}=\frac{\Delta p^*}{4\mu L H}(H-y)(-6x)$$

即 $x=0$ 时

$$\frac{\partial v_z}{\partial x}=0$$

故该速度分布也满足 y 轴对称条件。即以上所给出的速度分布满足所有定解条件。

根据速度分布又可知

$$\frac{\partial^2 v_z}{\partial x^2}=-\frac{\Delta p^*}{\mu L}\frac{3}{2}\left(1-\frac{y}{H}\right),\quad \frac{\partial^2 v_z}{\partial y^2}=\frac{\Delta p^*}{\mu L}\frac{1}{2}\left(1-3\frac{y}{H}\right)$$

由此得

$$\frac{\partial^2 v_z}{\partial x^2}+\frac{\partial^2 v_z}{\partial y^2}=-\frac{\Delta p^*}{\mu L}\left[\frac{3}{2}\left(1-\frac{y}{H}\right)-\frac{1}{2}\left(1-3\frac{y}{H}\right)\right]=-\frac{\Delta p^*}{\mu L}$$

即三角形管速度分布也满足其运动微分方程。由此可以判断该三角形管速度分布是正确的。

② 等截面管的阻力系数定义式、水力直径定义及正三角形管水力直径分别为

$$\Delta p^*=\lambda\frac{L}{D_h}\frac{\rho v_m^2}{2},\quad D_h=4\frac{A}{P},\quad D_h=\frac{2}{3}H$$

对以上三角形管速度分布进行积分，可得平均速度表达式为

$$v_m=\frac{1}{60}\frac{\Delta p^*}{L}\frac{H^2}{\mu}$$

由此可知

$$\Delta p^*=\frac{160/3}{\rho v_m(2H/3)/\mu}\frac{L}{2H/3}\frac{\rho v_m^2}{2}=\frac{160/3}{(\rho v_m D_h/\mu)}\frac{L}{D_h}\frac{\rho v_m^2}{2}$$

对照阻力系数定义式并引入雷诺数，可得正三角形管充分发展层流的阻力系数式为

$$\lambda=\frac{160/3}{\rho v_m D_h/\mu}=\frac{53.33}{Re}\approx\frac{53}{Re}$$

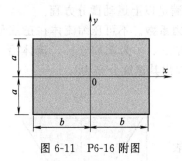

图 6-11　P6-16 附图

【P6-16】矩形截面管充分发展层流的速度分布及阻力系数。不可压缩流体在矩形截面直管内作充分发展的层流流动，如图 6-11 所示。其中 x、y 为截面坐标，流体沿 z 方向（垂直于书面方向）流动，流动微分方程见 P6-14。现有人提出其速度分布为

$$v_z(x,y)=\frac{a^2\Delta p^*}{2\mu L}\left[1-\frac{y^2}{a^2}+\frac{32}{\pi^3}f_n(x,y)\right]$$

其中

$$f_n(x,y)=\sum_{n=0}^{\infty}\frac{(-1)^{n+1}}{(2n+1)^3}\frac{\cosh\left[\dfrac{\pi}{2}\dfrac{x}{a}(2n+1)\right]\cos\left[\dfrac{\pi}{2}\dfrac{y}{a}(2n+1)\right]}{\cosh\left[\dfrac{\pi}{2}\dfrac{b}{a}(2n+1)\right]}$$

① 试判别该速度分布式的正确性；

② 由此给出矩形截面管充分发展层流的阻力系数解析式（以水力直径为定性尺寸）；

③ 工程实际应用中，矩形管阻力系数通常以 $\lambda=C/Re$ 的形式出现，试根据②中建立的阻力系数解析式，取其中无穷级数的前三项（$n=0,1,2$）计算，分别确定 $b/a=1$、2、4 这三种矩形管阻力系式中的 C 值。

提示：双曲余弦函数 $\cosh(x)$ 可在 Excel 中直接调用。对于 $-a\leqslant y\leqslant a$，下式成立

$$\left(1-\frac{y^2}{a^2}\right)=\frac{32}{\pi^3}\sum_{n=0}^{\infty}\frac{(-1)^n}{(2n+1)^3}\cos\left[\frac{\pi}{2}\frac{y}{a}(2n+1)\right]$$

解 ① 根据 P6-14 可知，等截面管充分发展定常层流的运动微分方程为

$$\frac{\partial^2 v_z}{\partial x^2}+\frac{\partial^2 v_z}{\partial y^2}=-\frac{\Delta p^*}{\mu L}$$

该二阶线性偏微分方程理论上需 4 个定解条件。对于矩形截面管内的流动，对应为 4 个内壁面的速度为零；根据图 6-11 中坐标设置，内壁速度为零的 4 个条件可表述为

$$\begin{cases} y=\pm a & (-b\leqslant x\leqslant b)：\quad v_z=0 \\ x=\pm b & (-a\leqslant y\leqslant a)：\quad v_z=0 \end{cases}$$

首先验证速度分布满足边界条件的情况。$y=\pm a$ 时，有

$$1-\frac{y^2}{a^2}=0,\ \cos\left[\frac{\pi}{2}\frac{y}{a}(2n+1)\right]=0\ \rightarrow\ f_n(x,y)_{y=\pm a}=0$$

所以由速度分布式可知 $\qquad v_z(x,y)_{y=\pm a}=0$

因为双曲余弦函数为偶函数，所以 $x=\pm b$ 时，有

$$f_n(x,y)_{x=\pm b}=-\sum_{n=0}^{\infty}\frac{(-1)^n}{(2n+1)^3}\cos\left[\frac{\pi}{2}\frac{y}{a}(2n+1)\right]$$

由此对照提示关系有 $\qquad 1-\frac{y^2}{a^2}=-\frac{32}{\pi^3}f_n(x,y)_{x=\pm b}$

于是由速度分布式又可知 $\qquad v_z(x,y)_{x=\pm b}=0$

以上验证表明，题中给出的速度分布满足矩形管流动的所有边界条件。

其次，验证速度分布满足运动微分方程的情况。根据速度分布式可知

$$\frac{\partial^2 v_z}{\partial x^2}=\frac{16a^2\Delta p^*}{\mu L\pi^3}\frac{\partial^2 f_n}{\partial x^2},\ \frac{\partial^2 v_z}{\partial y^2}=\frac{a^2\Delta p^*}{\mu L}\left(-\frac{1}{a^2}+\frac{16}{\pi^3}\frac{\partial^2 f_n}{\partial y^2}\right)$$

所以

$$\frac{\partial^2 v_z}{\partial x^2}+\frac{\partial^2 v_z}{\partial y^2}=-\frac{\Delta p^*}{\mu L}\left[1-\frac{16a^2}{\pi^3}\left(\frac{\partial^2 f_n}{\partial x^2}+\frac{\partial^2 f_n}{\partial y^2}\right)\right]$$

为简洁起见，令 $\qquad g_n=\frac{(-1)^{n+1}}{(2n+1)^3}\Big/\cosh\left[\frac{\pi}{2}\frac{b}{a}(2n+1)\right]$

则

$$f_n(x,y)=\sum_{n=0}^{\infty}g_n\cosh\left[\frac{\pi}{2}\frac{x}{a}(2n+1)\right]\cos\left[\frac{\pi}{2}\frac{y}{a}(2n+1)\right]$$

f_n 分别对 x、y 求二阶导数，其结果是两个二阶导数表达式形式相同但符号相反，即

$$\frac{\partial^2 f_n}{\partial x^2}=-\frac{\partial^2 f_n}{\partial y^2}\quad\text{或}\quad\frac{\partial^2 f_n}{\partial x^2}+\frac{\partial^2 f_n}{\partial y^2}=0$$

由此可知

$$\frac{\partial^2 v_z}{\partial x^2}+\frac{\partial^2 v_z}{\partial y^2}=-\frac{\Delta p^*}{\mu L}$$

综上，题中给出的速度分布式同时满足运动微分方程和相应边界条件，因此是正确的。

② 为得到阻力系数解析式，首先根据速度分布式积分确定平均速度，即

$$v_{\rm m}=\frac{1}{4ab}\int_{-b}^{b}\int_{-a}^{a}v_z\,\mathrm{d}y\,\mathrm{d}x=\frac{a\Delta p^*}{8b\mu L}\int_{-b}^{b}\int_{-a}^{a}\left[1-\frac{y^2}{a^2}+\frac{32}{\pi^3}f_n(x,y)\right]\mathrm{d}y\,\mathrm{d}x$$

将以上积分分为两部分，其中第一部为

$$\int_{-b}^{b}\int_{-a}^{a}\left(1-\frac{y^2}{a^2}\right)\mathrm{d}y\,\mathrm{d}x=\int_{-b}^{b}\frac{4}{3}a\,\mathrm{d}x=\frac{8}{3}ab$$

引用前面定义的 g_n，第二部分积分可表示为

$$\int_{-b}^{b}\int_{-a}^{a}f_n(x,y)\,\mathrm{d}y\,\mathrm{d}x=\sum_{n=0}^{\infty}g_n\int_{-b}^{b}\int_{-a}^{a}\cosh\left[\frac{\pi}{2}\frac{x}{a}(2n+1)\right]\cos\left[\frac{\pi}{2}\frac{y}{a}(2n+1)\right]\mathrm{d}y\,\mathrm{d}x$$

积分后可得 $\int_{-b}^{b}\int_{-a}^{a}f_n(x,y)\,\mathrm{d}y\,\mathrm{d}x=\sum_{n=0}^{\infty}g_n\frac{16a^2}{\pi^2}\frac{(-1)^n}{(2n+1)^2}\sinh\left[\frac{\pi}{2}\frac{b}{a}(2n+1)\right]$

将以上两部分积分结果代入平均速度积分式，可得

$$v_{\mathrm{m}}=\frac{a\Delta p^*}{8b\mu L}\left\{\frac{8}{3}ab+\frac{32}{\pi^3}\sum_{n=0}^{\infty}g_n\frac{16a^2}{\pi^2}\frac{(-1)^n}{(2n+1)^2}\sinh\left[\frac{\pi}{2}\frac{b}{a}(2n+1)\right]\right\}$$

再将 g_n 代入整理，可得矩形管充分发展层流流动的平均速度解析式为

$$v_{\mathrm{m}}=\frac{a^2\Delta p^*}{3\mu L}\left\{1-\frac{192}{(b/a)\pi^5}\sum_{n=0}^{\infty}\frac{1}{(2n+1)^5}\tanh\left[\frac{\pi}{2}\frac{b}{a}(2n+1)\right]\right\}$$

为简洁起见，用 β_n 代表该式中的大括号项，可将摩擦压降表示为

$$\Delta p^*=\frac{3\mu L}{a^2\beta_n}v_{\mathrm{m}},\quad \beta_n=1-\frac{192}{(b/a)\pi^5}\sum_{n=0}^{\infty}\frac{1}{(2n+1)^5}\tanh\left[\frac{\pi}{2}\frac{b}{a}(2n+1)\right]$$

对该摩擦压降式进行变换并引入水力直径 D_{h}，使其与管道阻力系数定义式对应，有

$$\Delta p^*=\frac{3\mu L}{a^2\beta_n}v_{\mathrm{m}}=\frac{3\mu L}{a^2\beta_n}\frac{2D_{\mathrm{h}}}{\rho v_{\mathrm{m}}D_{\mathrm{h}}}\frac{\rho v_{\mathrm{m}}^2}{2}=\frac{(6D_{\mathrm{h}}^2/a^2\beta_n)}{(\rho v_{\mathrm{m}}D_{\mathrm{h}}/\mu)}\frac{L}{D_{\mathrm{h}}}\frac{\rho v_{\mathrm{m}}^2}{2}$$

此式与管道阻力系数一般定义式对照，可知矩形管层流阻力系数解析式为

$$\lambda=\frac{C}{Re},\quad C=\frac{6D_{\mathrm{h}}^2}{a^2\beta_n}=\frac{96(b/a)^2}{(1+b/a)^2}\frac{1}{\beta_n},\quad Re=\frac{\rho v_{\mathrm{m}}D_{\mathrm{h}}}{\mu},\quad D_{\mathrm{h}}=\frac{2ab}{a+b}$$

③ 应用 Excel 表计算 C，其中 β_n 仅取前三项（$n=0$、1、2）之和，可得

$$\frac{b}{a}=1,\ \lambda=\frac{56.9}{Re};\quad \frac{b}{a}=2,\ \lambda=\frac{62.2}{Re};\quad \frac{b}{a}=4,\ \lambda=\frac{72.9}{Re}$$

相关文献中对以上三种截面比 b/a 给出的 C 值分别为 57、62、73。可见，由以上解析式计算矩形管阻力系数时，β_n 仅取前三项之和已足够准确。此外，由 λ 解析式可知，$b/a\to\infty$ 时，$\lambda=96/Re$，此即间距为 a 的狭缝通道阻力系数式。

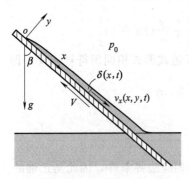

图 6-12　P6-17 附图

【P6-17】平壁非稳态层流降膜的微分方程及其近似解。图 6-12 是倾斜平板从液池中抽出并以速度 V 匀速运动时，黏附其表面的液膜流动。忽略板宽（垂直于书面）两侧的边缘效应，液膜流动是不可压缩流体 x-y 平面非稳态流动问题，其中

$$v_x=v_x(x,y,t),\ v_y=v_y(x,y,t)$$

① 试根据这一特点及图 6-12 所示坐标设置，写出该液膜流动的连续性方程及运动微分方程；

② 试根据第 5 章中对降膜流动特点的认识，对①中提出的微分方程进行简化，获得问题的近似解，包括液膜速度分布、液膜平均流速与厚度 δ 的关系，δ 与 x、t 的关系。

解　① 对于本问题，可以明确的条件是：x-y 平面流动，流体不可压缩，且质量力为

$$f_x=g_x=g\cos\beta,\ f_y=g_y=-g\sin\beta$$

根据这一特点，本问题的连续性方程及 x、y 方向的运动微分方程分别为

$$\frac{\partial v_x}{\partial x}+\frac{\partial v_y}{\partial y}=0$$

$$\frac{\partial v_x}{\partial t}+v_x\frac{\partial v_x}{\partial x}+v_y\frac{\partial v_x}{\partial y}=g\cos\beta-\frac{1}{\rho}\frac{\partial p}{\partial x}+\nu\left(\frac{\partial^2 v_x}{\partial x^2}+\frac{\partial^2 v_x}{\partial y^2}\right)$$

$$\frac{\partial v_y}{\partial t}+v_x\frac{\partial v_y}{\partial x}+v_y\frac{\partial v_y}{\partial y}=-g\sin\beta-\frac{1}{\rho}\frac{\partial p}{\partial y}+\nu\left(\frac{\partial^2 v_y}{\partial x^2}+\frac{\partial^2 v_y}{\partial y^2}\right)$$

② 该微分方程显然无一般解，只能根据降膜流动特点进行假设简化，获得其近似解。

ⅰ.连续性方程的转化：首先沿液膜厚度对连续性方程积分（x 不变对 y 积分），即

$$\int_0^\delta\frac{\partial v_x}{\partial x}\mathrm{d}y+\int_0^\delta\frac{\partial v_y}{\partial y}\mathrm{d}y=0$$

因为 $v_x=v_x(x,\ y,\ t)$，所以 $\partial v_x/\partial x$ 沿 y 积分等于 v_x 积分后再求导，即

$$\int_0^\delta\frac{\partial v_x}{\partial x}\mathrm{d}y=\frac{\partial}{\partial x}\int_0^\delta v_x\mathrm{d}y=\frac{\partial}{\partial x}(u_m\delta)$$

此处，$u_m\delta$ 是单位宽度液膜的体积流量，其中 u_m、δ 是液膜平均流速与液膜厚度。

其次，因同一 t 时刻，v_y 沿 x 不变的流动截面变化时：$\mathrm{d}t=0$，$\mathrm{d}x=0$，v_y 的全微分为

$$\mathrm{d}v_y=\frac{\partial v_y}{\partial t}\mathrm{d}t+\frac{\partial v_y}{\partial x}\mathrm{d}x+\frac{\partial v_y}{\partial y}\mathrm{d}y=\frac{\partial v_y}{\partial y}\mathrm{d}y$$

所以

$$\int_0^\delta\frac{\partial v_y}{\partial y}\mathrm{d}y=\int_0^\delta\mathrm{d}v_y=v_{y,\delta},\quad v_{y,\delta}=\frac{\partial\delta}{\partial t}$$

此处，$v_{y,\delta}$ 是液膜表面 y 方向的速度，该速度即 x 处液膜厚度 δ 的时间变化率。

综上，连续性方程转化式为

$$\frac{\partial u_m\delta}{\partial x}+\frac{\partial\delta}{\partial t}=0$$

此即 P5-21 中液膜微元质量守恒得到的结果。

ⅱ.y 方向运动方程的近似解：层流降膜的特点是 x 方向的流动较为缓慢，而液膜 y 方向的流动相对则更为缓慢，因此近似取 $v_y\approx0$，则 y 方向运动方程简化为

$$-g\sin\beta-\frac{1}{\rho}\frac{\partial p}{\partial y}=0$$

该方程积分，并取边界条件：$y=\delta$，$p=p_0$，可得液膜内压力沿 y 方向的分布为

$$p=-\rho gy\sin\beta+C(x)\rightarrow p=p_0+\rho g(\delta-y)\sin\beta$$

即假设 $v_y\approx0$ 等同于假设流动截面上的压力分布满足静力学关系，其中 $g\sin\beta$ 是流动截面上的重力加速度分量。

ⅲ.x 方向运动方程的近似解：对于一般液体，$10\mathrm{m}$ 左右的液层深度才对应一个大气压 p_0，而层流降膜的液膜厚度 δ 一般仅几个毫米范围，因此由以上流动截面压力分布可知

$$p_0\gg\rho g(\delta-y)\sin\beta,\quad 即 \quad p\approx p_0 \quad 或 \quad \partial p/\partial x\approx0$$

这样，x 方向运动方程首先简化为

$$\left(\frac{\partial v_x}{\partial t}+v_x\frac{\partial v_x}{\partial x}+v_y\frac{\partial v_x}{\partial y}\right)-g\cos\beta=\nu\left(\frac{\partial^2 v_x}{\partial x^2}+\frac{\partial^2 v_x}{\partial y^2}\right)$$

根据第 5 章已建立的经验可知，层流降膜流动缓慢，故 x 方向的质点加速度 $\ll$ 该方向重力加速度，v_x 沿 x 方向的变化率 $\ll$ 沿 y 方向的变化率，即

$$\left(\frac{\partial v_x}{\partial t}+v_x\frac{\partial v_x}{\partial x}+v_y\frac{\partial v_x}{\partial y}\right)\ll g\cos\beta,\quad \frac{\partial^2 v_x}{\partial x^2}\ll\frac{\partial^2 v_x}{\partial y^2}$$

故 x 方向运动方程进一步简化为 $\qquad \mu\dfrac{\partial^2 v_x}{\partial y^2} = -\rho g\cos\beta$

该方程物理意义是：低速降膜流动中单位质量流体 x 方向的摩擦力等于该方向的重力。

该方程沿 y 积分两次可得

$$v_x = -\frac{\rho g\cos\beta y^2}{\mu}\cdot\frac{}{2} + C_1(x,t)y + C_2(x,t)$$

因为任意 t 时刻 x 处截面上的 v_x 均满足边界条件：$v_x|_{y=0}=0$，$\partial v_x/\partial y|_{y=\delta}=0$，所以 $\qquad C_1(x,t)=\rho g\delta\cos\beta/\mu,\ C_2(x,t)=0$

将积分常数代入可得液膜速度分布，进一步积分又可得平均流速与厚度的关系，即

$$v_x = \frac{\rho g\delta^2\cos\beta}{2\mu}\left(2\frac{y}{\delta}-\frac{y^2}{\delta^2}\right),\quad u_{\mathrm m}=\frac{\rho g\delta^2\cos\beta}{3\mu}$$

ⅳ. 液膜厚度与 x、t 的关系：将以上 $u_{\mathrm m}$-δ 关系代入连续性方程转化式，可得

$$\frac{\rho g\delta^2\cos\beta}{\mu}\frac{\partial\delta}{\partial x}+\frac{\partial\delta}{\partial t}=0$$

如图 6-12 所示，因为 $t=0$ 时液膜起点位于液池表面，相当于液膜无限厚；而 $t>0$ 时，$x=0$ 处液膜厚度为零，所以针对本问题，以上 δ 微分方程的定解条件为

$$t=0:\delta=\infty;\ t>0,x=0:\delta=0$$

分析 δ 随 x、t 的变化行为，定义新变量 $\eta=x/t$，对以上微分方程进行变换，有

$$\frac{\partial\delta}{\partial t}=\frac{\partial\delta}{\partial\eta}\frac{\partial\eta}{\partial t}=-\frac{x}{t^2}\frac{\partial\delta}{\partial\eta},\quad\frac{\partial\delta}{\partial x}=\frac{\partial\delta}{\partial\eta}\frac{\partial\eta}{\partial x}=\frac{1}{t}\frac{\partial\delta}{\partial\eta}$$

将此代入原方程可得 $\qquad\delta=\sqrt{\dfrac{\mu}{\rho g\cos\beta}\dfrac{x}{t}}$

此即液膜厚度 δ 与 x、t 的关系，由此可进一步得到 $v_x=v_x(x,y,t)$ 和 $u_{\mathrm m}=u_{\mathrm m}(x,t)$。

以上过程表明：对具体问题做出合理的假设与简化，知识背景和经验积累都很重要；与第 5 章的方法比较可见，由一般方程简化得到合理结果还必须理解微积分的物理意义。

【P6-18】自然对流的运动微分方程及其应用。因温差导致流体密度变化所生产的流动称为自然对流。自然对流问题中，密度 ρ 的变化通常可表示为温度 T 的线性函数，即

$$\rho=\rho_{\mathrm m}-\rho_{\mathrm m}\beta_{\mathrm m}(T-T_{\mathrm m})$$

其中 $T_{\mathrm m}$ 是流场平均温度或主体温度；$\rho_{\mathrm m}$、$\beta_{\mathrm m}$ 则是对应于 $T_{\mathrm m}$ 的流体密度和热膨胀系数。

将 ρ 代入 N-S 方程，可得

$$\rho_{\mathrm m}\frac{\mathrm D\mathbf v}{\mathrm Dt}=(\rho_{\mathrm m}\mathbf g-\nabla p)-\rho_{\mathrm m}\beta_{\mathrm m}(T-T_{\mathrm m})\left(\mathbf g-\frac{\mathrm D\mathbf v}{\mathrm Dt}\right)+\mu\nabla^2\mathbf v$$

实践表明，对于温差 $(T-T_{\mathrm m})$ 不大的自然对流，例如温差 $<0.1T_{\mathrm m}$（绝对温度），因流体运动相对较为缓慢，则基于 $\rho_{\mathrm m}$ 的重力与压差力近似相等（满足静力学关系），且质点加速度远小于重力加速度，即

$$\rho_{\mathrm m}\mathbf g-\nabla p\approx0,\ \mathrm D\mathbf v/\mathrm Dt\ll\mathbf g$$

此时 N-S 方程简化为 $\qquad\rho_{\mathrm m}\dfrac{\mathrm D\mathbf v}{\mathrm Dt}=-\rho_{\mathrm m}\beta_{\mathrm m}(T-T_{\mathrm m})\mathbf g+\mu\nabla^2\mathbf v$

此即中小温差自然对流的运动微分方程，又称 Boussinesq 运动方程。方程的物理意义是：单位体积流体的惯性力 = 温差浮力 + 黏性力。

图 6-13 所示为温度不同的两竖直平行壁面之间的自然对流，例如双层玻璃或双层金属

壁之间的自然对流，其中高温侧壁温 T_2，低温侧壁温 T_1，温差 $\Delta T = T_2 - T_1$，两者间气体的温度分布可视为线性分布，即

$$T = T_{\mathrm{m}} - \frac{1}{2}\Delta T \frac{x}{b}, T_{\mathrm{m}} = \frac{1}{2}(T_2 + T_1)$$

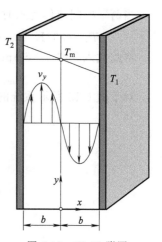

因壁面间距 $2b$ 很小（相对于壁面的高度和宽度），故可忽略边缘效应，将流动视为 x-y 平面内沿 y 方向充分发展的流动，即流动定常，$v_y = v_y(x)$，$v_x = 0$。

① 试根据自然对流运动微分方程确定速度 v_y 的分布式。

② 若图 6-13 所示系统中 $b = 5\mathrm{mm}$，$T_1 = 288\mathrm{K}$，$T_2 = 298\mathrm{K}$，试分别针对空气和水计算其自然对流的最大速度。

提示：因温度 $T = T(x)$，所以 $\rho = \rho(x)$；水的 β 可查附表 C-5；空气可视为理想气体，其热膨胀系数 β（也称体积膨胀系数）的定义为（下标 p 表示定压过程）：

$$\beta = -(1/\rho)(\partial\rho/\partial T)_{\mathrm{p}}$$

图 6-13　P6-18 附图

解 根据 x-y 平面问题的连续性方程，并考虑 $v_x = 0$ 且 $\rho = \rho(x)$，有

$$\frac{\partial(\rho v_y)}{\partial y} = 0 \rightarrow \rho\frac{\partial v_y}{\partial y} + v_y\frac{\partial\rho}{\partial y} = 0 \rightarrow \frac{\partial v_y}{\partial y} = 0 \quad \text{或} \quad v_y = v_y(x)$$

图 6-13 所示坐标下：$g_x = 0$，又因为 $v_x = 0$，所以 x 方向运动方程自然满足，即 $0 = 0$。将自然对流 y 方向运动方程展开，考虑流动定常，并将 $g_y = -g$ 及以上结果代入有

$$\underbrace{\frac{\partial v_y}{\partial t} + v_x\frac{\partial v_y}{\partial x} + v_y\frac{\partial v_y}{\partial y}}_{0} = \beta_{\mathrm{m}}(T - T_{\mathrm{m}})g + \frac{\mu}{\rho_{\mathrm{m}}}\left(\frac{\partial^2 v_y}{\partial x^2} + \underbrace{\frac{\partial^2 v_y}{\partial y^2}}_{0}\right)$$

简化后可得

$$\mu\frac{\mathrm{d}^2 v_y}{\mathrm{d}x^2} = -\rho_{\mathrm{m}}g\beta_{\mathrm{m}}(T - T_{\mathrm{m}})$$

积分该方程，并代入定解条件：$x = \pm b$，$v_y = 0$，可得速度分布为

$$v_y = \frac{\rho_{\mathrm{m}}g\beta_{\mathrm{m}}b^2\Delta T}{12\mu}\left[\left(\frac{x}{b}\right)^3 - \frac{x}{b}\right] \quad \text{或} \quad Re_y = \frac{1}{12}Gr(\eta^3 - \eta)$$

其中

$$Re_y = \rho_{\mathrm{m}}v_y b/\mu, \quad Gr = b^3\rho_{\mathrm{m}}^2 g\beta_{\mathrm{m}}\Delta T/\mu^2, \quad \eta = x/b$$

此处 Re_y 是基于局部速度 v_y 的雷诺数；Gr 称为格拉晓夫数（Grashof number），表征温差浮力与黏性力之比，是自然对流问题的动力学相似数。

② 速度对 x 求导，可得最大速度的位置与最大速度表达式分别为

$$x = -\frac{b}{\sqrt{3}}: \ v_y = v_{\max} = \frac{\rho_{\mathrm{m}}g\beta_{\mathrm{m}}b^2\Delta T}{18\sqrt{3}\mu}$$

对于理想气体，$\rho = p/RT$，且 p 沿 x 方向不变，故热膨胀系数为

$$\beta = -\rho^{-1}(\partial\rho/\partial T)_{\mathrm{p}} = 1/T \quad \text{或} \quad \beta_{\mathrm{m}} = 1/T_{\mathrm{m}}$$

当两平壁间流体为空气时，根据已知数据：$T_1 = 288\mathrm{K}$，$T_2 = 298\mathrm{K}$，计算得到的平均温度 T_{m}，热膨胀系数 β_{m} 以及根据 T_{m} 查附表 C-6 得到的空气平均密度与黏度分别为

$$T_{\mathrm{m}} = 293\mathrm{K}, \ \beta_{\mathrm{m}} = \frac{1}{T_{\mathrm{m}}} = 3.413\times10^{-3}\mathrm{K}^{-1}, \ \rho_{\mathrm{m}} = 1.205\mathrm{kg/m}^3, \ \mu = 1.81\times10^{-5}\mathrm{Pa\cdot s}$$

将此代入并取 $b = 5\mathrm{mm}$、$\Delta T = 10\mathrm{K}$，可得最大流速及对应的格拉晓夫数分别为

$$v_{\max} = 0.0179\mathrm{m/s} = 17.9\mathrm{mm/s}, \ Gr = 185.5$$

当两平壁间流体为水时，根据 T_m 查附表 C-5 可得

$$T_m = 293K, \beta_m = 1.82 \times 10^{-4} K^{-1}, \rho_m = 998.2 kg/m^3, \mu = 0.001 Pa \cdot s$$

将此代入并取 $b = 5mm$、$\Delta T = 10K$，可得最大流速及对应的格拉晓夫数分别为

$$v_{max} = 0.0143 m/s = 14.9 mm/s, Gr = 2223.7$$

对于图 6-13 所示系统的自然对流，Gr 数在数千范围内都为层流。

第 7 章

不可压缩理想流体平面流动问题

　　不可压缩平面流动问题广泛见诸于工程实际。对于这类问题，除邻接壁面的边界层区和边界层分离的尾迹区外，不可压缩理想流体平面流动的运动学规律具有重要的指导意义。

　　通常，不可压缩理想流体平面流动问题主要涉及的是不可压缩平面势流问题，即不可压缩理想流体的平面无旋流动问题，且这类问题的分析可同时借助流函数与势函数的特性，从而在多数情况下获得流场分布的解析解。

　　本章问题分为基本概念和流场分析两部分。概念部分首先从流体质点转动速率 ω 和体积应变速率 $\nabla \cdot \mathbf{v}$ 出发，由 $\omega = 0$ 引出势流及势函数概念，由不可压缩平面流动时 $\nabla \cdot \mathbf{v} = 0$ 引出流函数概念，两者结合引出不可压缩平面势流概念，然后是基本概念相关问题。流场部分先简述不可压缩平面势流流场分析的叠加法和伯努利方程，然后是流场分析相关问题。

7.1　流体平面运动的基本概念

7.1.1　流体平面运动的转动与体积应变速率

　　流体运动由四种基本形式构成，即平移、旋转、剪切、体变形（膨胀）。对于 $x\text{-}y$ 平面运动，速度分量仅有 v_x、v_y，流体质点的转动速率 ω 和体积应变速率 $\nabla \cdot \mathbf{v}$ 简化为

$$2\boldsymbol{\omega} = \nabla \times \mathbf{v} = \left(\frac{\partial v_y}{\partial x} - \frac{\partial v_x}{\partial y}\right)\mathbf{k}, \ \nabla \cdot \mathbf{v} = \frac{\partial v_x}{\partial x} + \frac{\partial v_y}{\partial y} \tag{7-1}$$

　　流体平面运动问题的分析主要针对旋转和体变形而展开。

7.1.2　无旋流动（势流）与势函数

　　无旋流动（势流）与势函数　无旋流动即势流，指转动速率 $\boldsymbol{\omega} = 0$ 或速度旋度 $\nabla \times \mathbf{v} = 0$ 的流动（否则为有旋流动）。将无旋流动称之为势流，是因为 $\nabla \times \mathbf{v} = 0$ 时速度有势，即 $\mathbf{v}$ 可表示为某一标量函数 ϕ 的梯度，或 $\mathbf{v} = -\nabla\phi$，且该函数 ϕ 称为速度势函数。

　　平面势流的势函数　对于 $x\text{-}y$ 平面势流，由 $\mathbf{v} = -\nabla\phi$ 可知 ϕ 与 v_x、v_y 有如下关系

$$v_x = -\frac{\partial \phi}{\partial x}, \ v_y = -\frac{\partial \phi}{\partial y} \tag{7-2}$$

　　该式对非定常流动仍然成立，即势函数 ϕ 是同一 t 时刻的流场运动学参数，因此对于 $x\text{-}y$ 平面势流，ϕ 的全微分可表示为

$$\mathrm{d}\phi = \frac{\partial \phi}{\partial x}\mathrm{d}x + \frac{\partial \phi}{\partial y}\mathrm{d}y \ \rightarrow \ \mathrm{d}\phi = -v_x \mathrm{d}x - v_y \mathrm{d}y \tag{7-3}$$

　　势函数的应用　已知势函数 ϕ，则求导可得速度；反之，若知道 v_x、v_y，则可根据以上 ϕ 的定义式或全微分方程求得 ϕ。其中 ϕ 对 x、y 的微积分运算中，时间 t 可视为常数。

　　等势线及等势线方程　等势线指 ϕ 的等值线，即同一 t 时刻流场中 $\phi = C$ 的曲线。等势线方程可在以上全微分式中令 $\mathrm{d}\phi = 0$ 得到，即

$$v_x \mathrm{d}x = -v_y \mathrm{d}y \tag{7-4}$$

　　注：该式是垂直于流线的一般曲线方程，有势流动的等势线与此重合。

7.1.3　不可压缩平面流动的流函数

　　流函数　流体不可压缩时 $\nabla \cdot \mathbf{v} = 0$。特别地，对于 $x\text{-}y$ 平面流动，$\nabla \cdot \mathbf{v} = 0$ 则意味着速度 v_x、v_y 必然可表示为某一标量函数 Ψ 的导数，该函数 Ψ 称为流函数，且

$$v_x = \frac{\partial \Psi}{\partial y}, v_y = -\frac{\partial \Psi}{\partial x} \tag{7-5}$$

流函数 Ψ 是同一 t 时刻不可压缩平面流场的运动学参数，因此其全微分为

$$\mathrm{d}\Psi = \frac{\partial \Psi}{\partial x}\mathrm{d}x + \frac{\partial \Psi}{\partial y}\mathrm{d}y \rightarrow \mathrm{d}\Psi = -v_y\mathrm{d}x + v_x\mathrm{d}y \tag{7-6}$$

流函数的应用　已知流函数 Ψ，则求导得速度；反之，若知道 v_x、v_y，则可根据以上 Ψ 的定义式或全微分方程求得 Ψ。其中 Ψ 对 x、y 的微积分运算中 t 视为常数。

流函数的意义　作为不可压缩平面流场的运动学参数，流函数具有如下特别意义。

① 根据式(7-6)可知，$\mathrm{d}\Psi = 0$ 则 $v_y\mathrm{d}x = v_x\mathrm{d}y$（流线方程），所以流函数等值线即 $\Psi = C$ 的流体线必然是流线；

② 见图 7-1，若通过 A、B 两点的流线的流函数值分别为 Ψ_A、Ψ_B，则 $\Psi_B - \Psi_A$ 等于 A、B 连线的线流量 q_{A-B}，即

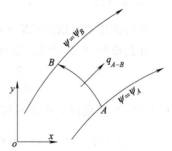

图 7-1　两流线间的线流量

$$q_{A-B} = \int_A^B (-v_y\mathrm{d}x + v_x\mathrm{d}y) = \int_A^B \mathrm{d}\Psi = \Psi_B - \Psi_A \tag{7-7}$$

根据线流量的物理意义，上式也可表述为：两流线的流函数数值之差等于两流线间单位厚度流通面的体积流量。

③ 结合以上两点又可推知，在按相同流函数差值绘制的流场流线图中，高流速区流线必然密集，低流速区流线必然稀疏。

7.1.4　不可压缩平面势流及其特点

不可压缩平面势流即无旋的不可压缩平面流动。此时势函数和流函数同时存在，且

① 根据势函数 ϕ 和流函数 Ψ 的定义，不可压缩平面势流中 ϕ 与 Ψ 必然有如下关系

$$v_x = -\frac{\partial \phi}{\partial x} = \frac{\partial \Psi}{\partial y}, \ v_y = -\frac{\partial \phi}{\partial y} = -\frac{\partial \Psi}{\partial x} \tag{7-8}$$

此关系称为柯西-黎曼条件。据此，可由速度势函数求得流函数，反之亦然。

② 考察等势线和流线方程的斜率可知，不可压缩平面势流的流线与等势线处处正交。

③ 结合无旋和不可压缩条件可知，不可压缩平面势流中 ϕ 与 Ψ 均满足拉普拉斯方程，即

$$\nabla^2\phi = \frac{\partial^2 \phi}{\partial x^2} + \frac{\partial^2 \phi}{\partial y^2} = 0, \ \nabla^2\Psi = \frac{\partial^2 \Psi}{\partial x^2} + \frac{\partial^2 \Psi}{\partial y^2} = 0 \tag{7-9}$$

7.1.5　势函数与流函数概念问题

【P7-1】根据速度势函数确定速度及流函数。已知 x-y 平面势流流场的势函数如下

①$\phi = xy$；②$\phi = x^3 - 3xy^2$；③$\phi = x/(x^2+y^2)$；④$\phi = (x^2-y^2)/(x^2+y^2)^2$

试判断相应流场是否为不可压缩流场，并确定不可压缩流场的流函数。

解　思路是由 ϕ 求导确定速度，然后计算 $\nabla \cdot v$ 且 $\nabla \cdot v = 0$ 才有流函数。求解流函数 Ψ 有两种方法：根据 Ψ 的全微分方程求解，或根据 Ψ 的定义式求解，以下交替使用两方法。

① 首先根据势函数定义式求导得到速度分量，即

$$v_x = -\partial\phi/\partial x = -y, \ v_y = -\partial\phi/\partial y = -x$$

根据该速度可以验证 $\nabla \cdot v = 0$，故该流场是不可压缩平面势流，同时有流函数存在。在此用 Ψ 的全微分方程求解 Ψ。其中 Ψ 的全微分方程及其解的一般形式为

$$\mathrm{d}\Psi = -v_y\,\mathrm{d}x + v_x\,\mathrm{d}y \;\rightarrow\; \Psi = \int -v_y\,\mathrm{d}x + \int v_x\,\mathrm{d}y + C$$

注：上式对 x 积分时 y 为常数，对 y 积分时 x 为常数，且两积分结果相同时只取其一。

于是，将 v_x、v_y 代入上式积分可得该流场的流函数为

$$\Psi = \int x\,\mathrm{d}x + \int -y\,\mathrm{d}y + C = x^2/2 - y^2/2 + C = (x^2 - y^2)/2 + C$$

若取坐标原点 $\Psi = 0$，则

$$\Psi = (x^2 - y^2)/2$$

② 速度为

$$v_x = -\frac{\partial \phi}{\partial x} = -3x^2 + 3y^2 \;,\; v_y = -\frac{\partial \phi}{\partial y} = 6xy$$

根据该速度可以验证 $\nabla \cdot \mathbf{v} = 0$，故该流场是不可压缩平面势流，同时有流函数存在。

在此根据 Ψ 的定义式求解 Ψ。方法是根据式流函数定义式之一积分得到流函数，即

$$\frac{\partial \Psi}{\partial x} = -v_y = -6xy \;\rightarrow\; \Psi = -3x^2 y + f(y)$$

其中 $f(y)$ 是偏微分积分常数。然后根据流函数定义式之二建立微分方程求得 $f(y)$，即

$$\frac{\partial \Psi}{\partial y} = v_x \;\rightarrow\; -3x^2 + f'(y) = -3x^2 + 3y^2 \;\rightarrow\; f'(y) = 3y^2 \;\rightarrow\; f(y) = y^3 + C$$

由此可知流函数

$$\Psi = y^3 - 3x^2 y + C$$

若取坐标原点 $\Psi = 0$，则

$$\Psi = y^3 - 3x^2 y$$

③ 速度为

$$v_x = -\frac{\partial \phi}{\partial x} = \frac{x^2 - y^2}{(x^2 + y^2)^2} \;,\; v_y = -\frac{\partial \phi}{\partial y} = \frac{2xy}{(x^2 + y^2)^2}$$

由此可以验证 $\nabla \cdot \mathbf{v} = 0$，流场同时有流函数存在，且流函数为

$$\Psi = \int -v_y\,\mathrm{d}x + \int v_x\,\mathrm{d}y + C = \int \frac{-2xy}{(x^2 + y^2)^2}\,\mathrm{d}x + \int \frac{x^2 - y^2}{(x^2 + y^2)^2}\,\mathrm{d}y + C$$

积分结果表明，以上两积分结果相同，故只取其一可得该流场的流函数，即

$$\Psi = y/(x^2 + y^2) + C$$

取 x 轴线上 $\Psi = 0$ 则

$$\Psi = y/(x^2 + y^2)$$

④ 速度为

$$v_x = -\frac{\partial \phi}{\partial x} = \frac{2x^3 - 6xy^2}{(x^2 + y^2)^3} \;,\; v_y = -\frac{\partial \phi}{\partial y} = -\frac{2y^3 - 6yx^2}{(x^2 + y^2)^3}$$

由此可以验证 $\nabla \cdot \mathbf{v} = 0$，流场同时有流函数存在，且根据流函数定义式有

$$\frac{\partial \Psi}{\partial x} = -v_y = \frac{2y^3 - 6yx^2}{(x^2 + y^2)^3} \;\rightarrow\; \Psi = \frac{2xy}{(x^2 + y^2)^2} + f(y)$$

$$\frac{\partial \Psi}{\partial y} = v_x \;\rightarrow\; \frac{2x^3 - 6xy^2}{(x^2 + y^2)^3} + f'(y) = \frac{2x^3 - 6xy^2}{(x^2 + y^2)^3} \;\rightarrow\; f(y) = C$$

即

$$\Psi = 2xy/(x^2 + y^2)^2 + C$$

取 x 与 y 轴线上 $\Psi = 0$ 有

$$\Psi = 2xy/(x^2 + y^2)^2$$

【P7-2】 根据流函数确定速度及速度势函数。已知 $\Psi = x^2 - y^2$ 是不可压缩平面流场的流函数，问流动是否有势？如果有，给出势函数 ϕ。

解 首先根据流函数定义式求导确定速度，即

$$v_x = \frac{\partial \Psi}{\partial y} = -2y \;,\; v_y = -\frac{\partial \Psi}{\partial x} = -2x$$

若该不可压缩平面流场有势函数 ϕ，则 $\omega_z = 0$ 或 $\nabla^2 \phi = 0$。由以上速度分布可知

$$\omega_z = \frac{1}{2}\left(\frac{\partial v_y}{\partial x} - \frac{\partial v_x}{\partial y}\right) = \frac{1}{2}(-2+2) = 0$$

或

$$\frac{\partial \phi}{\partial x} = -v_x = 2y, \quad \frac{\partial \phi}{\partial y} = -v_y = 2x \quad \rightarrow \quad \frac{\partial^2 \phi}{\partial x^2} + \frac{\partial^2 \phi}{\partial y^2} = 0$$

所以该流场无旋，流动为不可压缩平面势流，有势函数存在，且根据 ϕ 的全微分有

$$d\phi = -v_x dx - v_y dy = 2y dx + 2x dy = d(2xy)$$

即势函数为

$$\phi = 2xy + C$$

【P7-3】已知速度分量确定流场运动学特性Ⅰ。 已知不可压缩平面流场中 x 方向的速度分量为 $v_x = xy/(x^2+y^2)^{3/2}$，且 x 轴上各点速度为零。试确定该流场 y 方向的速度分量 v_y 和流函数 Ψ，并判断该流场是否有旋。

解 对于不可压缩流动，$\nabla \cdot \boldsymbol{v} = 0$。将此应用于 x-y 平面问题有

$$\frac{\partial v_x}{\partial x} + \frac{\partial v_y}{\partial y} = 0 \quad \rightarrow \quad \frac{\partial v_y}{\partial y} = -\frac{\partial v_x}{\partial x} = \frac{-y}{(x^2+y^2)^{3/2}} + \frac{3x^2 y}{(x^2+y^2)^{5/2}}$$

该式对 y 积分得

$$v_y = \frac{y^2}{(x^2+y^2)^{3/2}} + f(x)$$

其中 $f(x)$ 是偏微分的积分常数。因为 x 轴上各点速度为零，即对于任意 x，$y=0$ 时 $v_y=0$，所以积分常数 $f(x)=0$。由此可写出该不可压缩平面流场的速度分布为

$$v_x = \frac{xy}{(x^2+y^2)^{3/2}}, \quad v_y = \frac{y^2}{(x^2+y^2)^{3/2}}$$

不可压缩平面流场存在流函数，且流函数为

$$\Psi = \int -v_y dx + \int v_x dy + C = \int -\frac{y^2}{(x^2+y^2)^{3/2}} dx + \int \frac{xy}{(x^2+y^2)^{3/2}} dy + C$$

以上两积分有相同结果，故只取其一可得该流场的流函数，即

$$\Psi = -x/\sqrt{x^2+y^2} + C$$

此外，根据以上确定的速度分布，可求得该流场流体质点的转动速率为

$$\omega_z = \frac{1}{2}\left(\frac{\partial v_y}{\partial x} - \frac{\partial v_x}{\partial y}\right) = \frac{1}{2}\left(\frac{-3xy^2}{(x^2+y^2)^{5/2}} - \frac{x^3-2xy^2}{(x^2+y^2)^{5/2}}\right) = -\frac{1}{2}\frac{x}{(x^2+y^2)^{3/2}} \neq 0$$

由此可见，该流场存在 $\omega_z \neq 0$ 的区域，故为有旋流场（无速度势函数）。

【P7-4】已知速度分量确定流场运动学特性Ⅱ。 已知 x-y 平面速度场如下

$$v_x = kx^2, \quad v_y = -2kxy \ (k \text{ 为常数})$$

① 判断该速度场是否为不可压缩平面势流流场；

② 根据判断结果，求流场的流函数或速度势函数；

③ 已知零流线过坐标原点，且通过 (1，2) 和 (2，3) 两点间连线的线流量为 $40 \mathrm{m}^2/\mathrm{s}$，试确定通过这两点的流线方程，并确定常数 k。

解 ① 不可压缩平面势流流场应同时满足 $\nabla \cdot \boldsymbol{v} = 0$ 和 $\omega_z = 0$ 的条件。根据给定速度有

$$\frac{\partial v_x}{\partial x} + \frac{\partial v_y}{\partial y} = 2kx - 2kx = 0, \quad \omega_z = \frac{1}{2}\left(\frac{\partial v_y}{\partial x} - \frac{\partial v_x}{\partial y}\right) = -2ky - 0 = -ky \neq 0$$

由此可见，该流场为不可压缩流场，但流动有旋，故不是势流流场，流场无势函数。

② 不可压缩平面流场有流函数，且流函数为

$$\Psi = \int -v_y dx + \int v_x dy + C = \int 2kxy dx + \int kx^2 dy + C$$

以上两积分有相同结果，故只取其一可得该流场的流函数，即

$$\Psi = kx^2 y + C$$

③ 定义 $\Psi = 0$ 的流线（零流线）过坐标原点，则 $C = 0$；此定义下，流函数在点（1，2）和点（2，3）的值分别为

$$\Psi_1 = 2k，\Psi_2 = 12k$$

因为 $\Psi_1 \neq \Psi_2$，所以通过这两点的流线不是同一条流线（同一流线 Ψ 值相等）。将 Ψ_1、Ψ_2 分别代入流函数方程，可得通过点（1，2）和点（2，3）的流线方程分别为

$$y_1 = 2/x^2，y_2 = 12/x^2$$

此外，因为两流线的流函数数值之差等于两流线间连线的线流量，现已知通过点（1，2）和点（2，3）的流线的流函数数值，而两点间连线的线流量为 $40\text{m}^2/\text{s}$，所以

$$q_{1-2} = \Psi_2 - \Psi_1 \rightarrow 40 = 12k - 2k$$

由此可确定

$$k = 4(\text{m}\cdot\text{s})^{-1}$$

【P7-5】直线运动均匀流场的势函数与流函数Ⅰ。 已知 x-y 平面的直线型均匀流场，流场各点的速度 $v_x = 3\text{m/s}$，$v_y = 5\text{m/s}$，试写出该流场的速度势函数和流函数。

解 该流场中 v_x 及 v_y 均为定值，所以肯定满足无旋条件和不可压缩条件，因此是不可压缩平面势流流场。于是，根据速度势函数的定义式之一积分可得

$$\frac{\partial \phi}{\partial x} = -v_x \rightarrow \frac{\partial \phi}{\partial x} = -3 \rightarrow \phi = -3x + f(y)$$

其中 $f(y)$ 是偏微分积分常数，可根据速度势函数的定义式之二建立微分方程求得，即

$$\frac{\partial \phi}{\partial y} = -v_y \rightarrow f(y) = -5 \rightarrow f(y) = -5y + C$$

由此得速度势函数为

$$\phi = -3x - 5y + C$$

类似地，根据流函数的定义式有

$$\frac{\partial \Psi}{\partial x} = -v_y = -5 \rightarrow \Psi = -5x + f(y)$$

$$\frac{\partial \Psi}{\partial y} = v_x \rightarrow f'(y) = 3 \rightarrow f(y) = 3y + C$$

由此得流函数为

$$\Psi = -5x + 3y + C$$

【P7-6】直线运动均匀流场的势函数与流函数Ⅱ。 一西南风的风速为 12m/s，试写出该流场的流函数和速度势函数。

提示： x 轴指向东方，y 轴指向北方。

解 西南风指风的流向由西南指向东北，因此根据题中坐标设置，流场速度分布为

$$v_x = v_0 \cos\theta = 6\sqrt{2}\ \text{m/s}，v_y = v_0 \sin\theta = 6\sqrt{2}\ \text{m/s}$$

该流场中 v_x 及 v_y 均为定值，所以肯定满足无旋条件和不可压缩条件，因此是不可压缩平面势流流场。于是，根据速度势函数的全微分方程有

$$d\phi = -v_x dx - v_y dy = -6\sqrt{2}\,dx - 6\sqrt{2}\,dy = -d(6\sqrt{2}\,x + 6\sqrt{2}\,y)$$

积分可得势函数为

$$\phi = -6\sqrt{2}(x + y) + C$$

类似地，根据流函数的全微分方程有

$$d\Psi = -v_y dx + v_x dy = -6\sqrt{2}\,dx + 6\sqrt{2}\,dy = -6\sqrt{2}\,d(x - y)$$

积分可得流函数为

$$\Psi = -6\sqrt{2}(x - y) + C$$

【P7-7】非稳态平面流场的势函数和流函数。 已知 x-y 平面流场的速度分布如下

$$① \ \mathbf{v} = (x+t)\mathbf{i} + (y+t)\mathbf{j}；② \ \mathbf{v} = U_0\mathbf{i} + V_0 \cos(kx - \beta t)\mathbf{j}$$

求这两种流场的速度势函数和等势线方程、流函数和流线方程。

解 该问题首先应明确：无旋流动才有势函数，不可压缩平面流动才有流函数。

① 对于第一种流场，流体质点的转动速率和体积应变速率分别为

$$\omega_z = \frac{1}{2}\left(\frac{\partial v_y}{\partial x} - \frac{\partial v_x}{\partial y}\right) = \frac{1}{2}(0-0) = 0, \quad \nabla \cdot \mathbf{v} = \frac{\partial v_x}{\partial x} + \frac{\partial v_y}{\partial y} = 1+1 = 2 \neq 0$$

由此可见，该平面流场是无旋流场，但非不可压缩流场，因此仅有势函数存在。且根据速度势函数的全微分方程有

$$\mathrm{d}\phi = -v_x\,\mathrm{d}x - v_y\,\mathrm{d}y = -(x+t)\,\mathrm{d}x - (y+t)\,\mathrm{d}y = -\mathrm{d}\left[\frac{(x+t)^2}{2} + \frac{(y+t)^2}{2}\right]$$

势函数 ϕ 的全微分针对的是同一 t 时刻的流场，故微积分运算中时间 t 可视为常数，但积分常数应为 t 的函数。由此积分上式并用 $f(t)$ 表示积分常数可得

$$\phi = f(t) - \frac{(x+t)^2}{2} - \frac{(y+t)^2}{2}$$

等势线即 ϕ 为常数的流体线，因此根据上式可得 $\phi = C$ 的等势线方程为

$$(x+t)^2/2 + (y+t)^2/2 = f(t) - C$$

此方程也可直接根据等势线方程 $v_x\,\mathrm{d}x = -v_y\,\mathrm{d}y$ 确定。

若定义任何 t 时刻通过坐标原点（$x=0$、$y=0$）的等势线的势函数 $\phi=0$，则 $f(t)=t^2$，此条件下的势函数及 $\phi=C$ 的等势线方程分别为

$$\phi = t^2 - \frac{(x+t)^2}{2} - \frac{(y+t)^2}{2}, \quad \frac{(x+t)^2}{2} + \frac{(y+t)^2}{2} = t^2 - C$$

需要指出，此流场虽无流函数，流线仍然存在，但非流函数等值线。

② 对于第二种流场，流体质点的转动速率和体积应变速率分别为

$$\omega_z = \frac{1}{2}\left(\frac{\partial v_y}{\partial x} - \frac{\partial v_x}{\partial y}\right) = \frac{1}{2}\left[-V_0 k \sin(kx-\beta t) - 0\right] = -\frac{1}{2}V_0 k \sin(kx-\beta t) \neq 0$$

$$\nabla \cdot \mathbf{v} = \frac{\partial v_x}{\partial x} + \frac{\partial v_y}{\partial y} = 0+0 = 0$$

由此可见，该平面流场是不可压缩有旋流场，仅有流函数 Ψ 存在，且 Ψ 的全微分为

$$\mathrm{d}\Psi = -v_y\,\mathrm{d}x + v_x\,\mathrm{d}y = -V_0\cos(kx-\beta t)\,\mathrm{d}x + U_0\,\mathrm{d}y = \mathrm{d}\left[U_0 y - \frac{V_0}{k}\sin(kx-\beta t)\right]$$

注意：以上流函数 Ψ 的全微分针对的是同一 t 时刻的流场，故微积分运算中时间 t 可视为常数，但积分常数应为 t 的函数。由此积分上式并用 $f(t)$ 表示积分常数可得

$$\Psi = U_0 y - \frac{V_0}{k}\sin(kx-\beta t) + f(t)$$

因为 Ψ 为常数的流体线为流线，故根据上式可得 $\Psi=C$ 的流线方程为

$$y = \frac{V_0}{U_0 k}\sin(kx-\beta t) + \frac{C-f(t)}{U_0}$$

此方程也可直接根据流线方程 $v_y\,\mathrm{d}x = v_x\,\mathrm{d}y$ 确定。

若定义任何时刻通过坐标原点（$x=0$、$y=0$）的流线的 $\Psi=0$，则积分常数 $f(t)$ 为

$$f(t) = -\frac{V_0}{k}\sin(\beta t)$$

且此条件下的流函数及 $\Psi=C$ 的流线方程分别为

$$\Psi = U_0 y - \frac{V_0}{k}\left[\sin(kx-\beta t) + \sin(\beta t)\right], \quad y = \frac{V_0}{U_0 k}\left[\sin(kx-\beta t) + \sin(\beta t)\right] + \frac{C}{U_0}$$

需要指出，流场无势函数时，垂直于流线的曲线仍然存在，但非等势线。

【P7-8】速度势函数与加速度势函数的关系。试证明：若无旋流场中流体速度 $\mathbf{v}$ 的势函数为 ϕ，即 $\mathbf{v}=\boldsymbol{\nabla}\phi$，则加速度 $\mathbf{a}$ 也必然有势，且加速度的势函数 ϕ_a 与 ϕ 的关系为

$$\phi_a=\frac{\partial\phi}{\partial t}+\frac{v^2}{2} \quad \text{或} \quad \mathbf{a}=\boldsymbol{\nabla}\boldsymbol{\phi_a}=\boldsymbol{\nabla}\left(\frac{\partial\phi}{\partial t}+\frac{v^2}{2}\right)$$

提示：利用速度质点导数矢量式和附录 A 第 A.3 节第 （4） 式，并注意

$$\boldsymbol{\nabla}(\mathbf{v}\cdot\mathbf{v})=\boldsymbol{\nabla}v^2,\frac{\partial}{\partial t}\boldsymbol{\nabla}\phi=\boldsymbol{\nabla}\frac{\partial\phi}{\partial t}$$

证明 欧拉流场中，加速度 $\mathbf{a}$ 即速度 $\mathbf{v}$ 的质点导数，因此根据 $\mathbf{v}$ 的质点导数矢量式有

$$\mathbf{a}=\frac{\partial\mathbf{v}}{\partial t}+(\mathbf{v}\cdot\boldsymbol{\nabla})\mathbf{v}$$

由附录 A 第 A.3 节第 （4） 式，可知

$$\boldsymbol{\nabla}(\mathbf{v}\cdot\mathbf{v})=(\mathbf{v}\cdot\boldsymbol{\nabla})\mathbf{v}+(\mathbf{v}\cdot\boldsymbol{\nabla})\mathbf{v}+\mathbf{v}\times(\boldsymbol{\nabla}\times\mathbf{v})+\mathbf{v}\times(\boldsymbol{\nabla}\times\mathbf{v})$$

因为 $\boldsymbol{\nabla}(\mathbf{v}\cdot\mathbf{v})=\boldsymbol{\nabla}v^2$，且无旋流动时 $\boldsymbol{\nabla}\times\mathbf{v}=0$，故由上式可得

$$(\mathbf{v}\cdot\boldsymbol{\nabla})\mathbf{v}=\frac{1}{2}\boldsymbol{\nabla}v^2 \quad \text{或} \quad \mathbf{a}=\frac{\partial\mathbf{v}}{\partial t}+\frac{1}{2}\boldsymbol{\nabla}v^2$$

将 $\mathbf{v}=\boldsymbol{\nabla}\phi$ 代入上式并考虑 $\quad\dfrac{\partial}{\partial t}\boldsymbol{\nabla}\phi=\boldsymbol{\nabla}\dfrac{\partial\phi}{\partial t}$

可得 $\qquad \mathbf{a}=\boldsymbol{\nabla}\left(\dfrac{\partial\phi}{\partial t}+\dfrac{1}{2}v^2\right) \quad \text{或} \quad \mathbf{a}=\boldsymbol{\nabla}\phi_a \text{且} \phi_a=\dfrac{\partial\phi}{\partial t}+\dfrac{v^2}{2}$

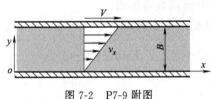

图 7-2 P7-9 附图

【P7-9】平行板间剪切流动的流函数及流量。图 7-2 是相距为 B 的两平行平板，其中底部平板静止，上部平板以速度 V 沿 x 方向匀速移动，由此带动板间液体作剪切流动，且流场速度分布为 $v_x=Vy/B$，$v_y=0$。试求该流场的流函数，并根据流函数差值确定 （垂直于书面）单位板宽的体积流量。

解 该流场属于 x-y 平面不可压缩流场，有流函数存在，且根据流函数全微分方程有

$$\mathrm{d}\Psi=-v_y\mathrm{d}x+v_x\mathrm{d}y=(V/B)y\mathrm{d}y$$

积分后可得流函数为 $\qquad \Psi=Vy^2/2B+C$

式中，C 为积分常数。因为 Ψ 的等值线为流线，而上式中 Ψ 为定值则 y 必为定值，故该流场的流线是 y 为定值的直线。其中 $y=0$ 和 $y=B$ 这两条流线的流函数数值分别为

$$y=0:\Psi=\Psi_0=C, \quad y=B:\Psi=\Psi_B=VB/2+C$$

因为两流线的流函数数值之差等于两流线间单位厚度流通面的体积流量，而这两条流线跨越了整个流动截面，所以其流函数数值之差就是 （垂直于书面）单位板宽的体积流量，即

$$q_{V,0-B}=\Psi_B-\Psi_0=VB/2$$

作为验算，亦可根据速度分布积分求得两平板间单位板宽的体积流量为

$$q_{V,0-B}=\int_0^B v_x\mathrm{d}y=(V/B)\int_0^B y\mathrm{d}y=VB/2$$

【P7-10】倾斜平壁降膜流动的流函数及流量。图 7-3 所示为倾斜平壁上充分发展的降膜流动 （x-y 平面不可压缩流动问题），其中 δ 为液膜厚度，β 是液膜流动方向 （x 方向）与重力加速度 g 方向之间的夹角。流体密度为 ρ，黏度为 μ，流场速度分布为

$$v_x=\frac{\rho g\delta^2\cos\beta}{2\mu}\left[2\frac{y}{\delta}-\left(\frac{y}{\delta}\right)^2\right], \quad v_y=0$$

试求该流场的流函数，并根据流函数差值确定（垂直于书面）单位板宽的液膜体积流量。

解 该流场属于 x-y 平面不可压缩流场，有流函数存在，且根据流函数全微分方程有

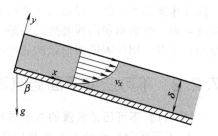

图 7-3 P7-10 附图

$$\mathrm{d}\Psi = -v_y\,\mathrm{d}x + v_x\,\mathrm{d}y = \frac{\rho g \delta^2 \cos\beta}{2\mu}\left[2\frac{y}{\delta} - \left(\frac{y}{\delta}\right)^2\right]\mathrm{d}y$$

由此积分，可得该流场的流函数为

$$\Psi = \frac{\rho g \delta^3 \cos\beta}{2\mu}\left[\left(\frac{y}{\delta}\right)^2 - \frac{1}{3}\left(\frac{y}{\delta}\right)^3\right] + C$$

式中，C 为积分常数。因为 Ψ 的等值线为流线，而上式中 Ψ 为定值则 y 必为定值，故该流场的流线是 y 为定值的直线。其中 $y=0$ 和 $y=\delta$ 这两条流线的流函数的值分别为

$$y=0: \Psi_0 = C, \quad y=\delta: \Psi_\delta = \frac{\rho g \delta^3 \cos\beta}{3\mu} + C$$

因为两流线的流函数数值之差等于两流线间单位厚度流通面的体积流量，而这两条流线跨越了整个膜厚，所以以其流函数数值之差就是（垂直于书面）单位板宽的液膜体积流量，即

$$q_{\mathrm{V},0-\delta} = \Psi_\delta - \Psi_0 = \frac{\rho g \delta^3 \cos\beta}{3\mu}$$

7.2 不可压缩平面势流流场分析

7.2.1 不可压缩平面势流分析方法

(1) 不可压缩平面势流的叠加法

根据式(7-9)可知，不可压缩平面势流的势函数 ϕ 和流函数 Ψ 均满足拉普拉斯方程。数学上，满足拉普拉斯方程的函数称为调和函数，且调和函数有线性叠加性质，即若 ϕ_1、ϕ_2 满足拉普拉斯方程，则其线性组合 $c_1\phi_1 + c_2\phi_2$（其中 c_1、c_2 为常数）也满足拉普拉斯方程。

这样一来，由简单流场的速度势函数或流函数的线性叠加，就可能得到一个复杂流动的速度势函数或流函数，此即平面势流问题的叠加法。

(2) 定常不可压缩平面势流的能量方程（伯努利方程）

可以证明（见以下P7-11），无旋即 $\mathbf{\nabla}\times\mathbf{v}=0$ 条件下，不可压缩流体的 N-S 方程将自动简化为欧拉方程——理想不可压缩流体的运动方程，即不可压缩势流问题针对的必然是理想流体。此时若流动定常，则进一步应用无旋条件可得

$$v^2/2 + gy + p/\rho = C \tag{7-10}$$

此即定常不可压缩势流的伯努利方程，自然也适用于定常不可压缩平面势流。

这样一来，对于定常不可压缩平面势流问题，一旦获得速度分布，就可根据该方程确定流场压力分布，进而计算流体与壁面边界之间的相互作用力。

注：式(7-10)中 y 是指向-g 方向的坐标；若流动仅限于水平平面，则 $gy=0$。其次，式中的 C 对全流场都是相同的，即不可压缩势流流场各点的机械能都相同。而一般理想流体的伯努利方程中 C 只针对同一流线。

(3) 固壁边界条件及固壁表面形状的确定

在不可压缩平面势流（理想流体）流场中，流体不能穿越壁面，故壁面法向速度为零，

但因流体无黏性，故壁面切向速度一般不为零（驻点除外），即固壁表面速度总与表面相切。由此可知，壁面形状曲线必然是一条流线（因为流线上的速度总与流线相切）。进一步，若壁面有驻点，则代表壁面形状的流线一定在通过驻点的流线之中。

7.2.2 不可压缩平面势流流场问题

【P7-11】 **不可压缩势流的 N-S 方程与伯努利方程**。证明：

① 不可压缩势流的 N-S 方程即理想流体的运动微分方程（欧拉方程）；

② 定常不可压缩势流全流场机械能守恒。

证明 ① 不可压缩流体的 N-S 方程如下

$$\frac{\partial \mathbf{v}}{\partial t}+(\mathbf{v}\cdot\nabla)\mathbf{v}=\mathbf{f}-\frac{1}{\rho}\nabla p+\nu\nabla^2\mathbf{v}$$

根据附录 A 第 A.3 节第（18）式，并将不可压缩条件 $\nabla\cdot\mathbf{v}=0$ 代入，可得

$$\nabla^2\mathbf{v}=\nabla(\nabla\cdot\mathbf{v})-\nabla\times(\nabla\times\mathbf{v})=-\nabla\times(\nabla\times\mathbf{v})$$

即不可压缩流体黏性力项为 $\qquad \nu\nabla^2\mathbf{v}=-\nu\nabla\times(\nabla\times\mathbf{v})$

这一结果表明：不可压缩流体的黏性力是通过流体旋度施加的。无旋（即势流）条件下 $\nabla\times\mathbf{v}=0$，则 $\nabla^2\mathbf{v}=0$，此时不可压缩流体的 N-S 方程简化为

$$\frac{\partial \mathbf{v}}{\partial t}+(\mathbf{v}\cdot\nabla)\mathbf{v}=\mathbf{f}-\frac{1}{\rho}\nabla p$$

由此可见：势流条件下，不可压缩流体 N-S 方程自动简化为理想流体运动方程（欧拉方程），即不可压缩势流问题针对的必然是理想流体。

② 定常条件下，以上理想流体运动方程进一步简化为

$$(\mathbf{v}\cdot\nabla)\mathbf{v}=\mathbf{f}-(1/\rho)\nabla p$$

该矢量方程 x 方向的分量式即 x 方向运动方程为

$$v_x\frac{\partial v_x}{\partial x}+v_y\frac{\partial v_x}{\partial y}+v_z\frac{\partial v_x}{\partial z}=f_x-\frac{1}{\rho}\frac{\partial p}{\partial x}$$

针对一般三维流动，无旋条件 $\nabla\times\mathbf{v}=0$ 的分量式为

$$\frac{\partial v_y}{\partial x}=\frac{\partial v_x}{\partial y},\ \frac{\partial v_z}{\partial y}=\frac{\partial v_y}{\partial z},\ \frac{\partial v_x}{\partial z}=\frac{\partial v_z}{\partial x}$$

据此，将 x 方向运动方程中 v_x 对 y、z 的偏导数分别用 v_y、v_z 对 x 的偏导数替代，可得

$$v_x\frac{\partial v_x}{\partial x}+v_y\frac{\partial v_y}{\partial x}+v_z\frac{\partial v_z}{\partial x}=f_x-\frac{1}{\rho}\frac{\partial p}{\partial x}\quad\text{或}\quad\frac{\partial}{\partial x}\left(\frac{v_x^2}{2}+\frac{v_y^2}{2}+\frac{v_z^2}{2}\right)=f_x-\frac{1}{\rho}\frac{\partial p}{\partial x}$$

该方程两边同乘 $\mathrm{d}x$，并以合速度 v 替代分速度，可得

$$\frac{\partial}{\partial x}\left(\frac{v^2}{2}+\frac{p}{\rho}\right)\mathrm{d}x=f_x\mathrm{d}x$$

应用无旋条件，同样可将 y、z 方向的运动方程转化为

$$\frac{\partial}{\partial y}\left(\frac{v^2}{2}+\frac{p}{\rho}\right)\mathrm{d}y=f_y\mathrm{d}y,\ \frac{\partial}{\partial z}\left(\frac{v^2}{2}+\frac{p}{\rho}\right)\mathrm{d}z=f_z\mathrm{d}z$$

将以上转化后的 x、y、z 方向运动方程相加，并应用全微分概念，有

$$\mathrm{d}\left(\frac{v^2}{2}+\frac{p}{\rho}\right)=(f_x\mathrm{d}x+f_y\mathrm{d}y+f_z\mathrm{d}z)$$

仅考虑重力场情况，并设置 y 坐标指向重力加速度 $\mathbf{g}$ 的反方向，则

$$f_x = 0, \quad f_y = -g, \quad f_z = 0$$

由此可得
$$d\left(\frac{v^2}{2} + \frac{p}{\rho}\right) = -g\,dy \quad \text{或} \quad d\left(\frac{v^2}{2} + gy + \frac{p}{\rho}\right) = 0$$

即
$$\frac{v^2}{2} + gy + \frac{p}{\rho} = C$$

此即定常不可压缩势流全流场的机械能守恒方程（伯努利方程），自然也适用于定常不可压缩平面势流。其中 C 对全流场都是相同的，即不可压缩势流流场各点机械能相等（一般理想流体的伯努利方程中 C 只针对流线，即同一流线上机械能守恒）。

【P7-12】垂直壁面角形区流场的流函数及流网图。 已知平面流场势函数 $\phi = A(x^2 - y^2)$。

① 证明 ϕ 是调和函数，并求流场速度和流函数。

② 流场中有驻点吗（即速度为零的点）？如果有，应在何处？

③ 根据速度分布说明该流场是固体壁面垂直相交构成的角形区流场。

④ 取 $A = -1$ 且令过坐标原点的流线为零流线，在 $x = 0 \sim 5$、$y = 0 \sim 5$ 的流场区绘制 $\Psi = 0$、1、5、10、15、20 的流线图和 $\phi = 0$、± 2、± 6、± 12 等势线图。

解 ① 已知势函数 $\phi = A(x^2 - y^2)$，可得 ϕ 对 x、y 的二阶导数及其之和为

$$\frac{\partial^2 \phi}{\partial x^2} = 2A, \quad \frac{\partial^2 \phi}{\partial y^2} = -2A \;\rightarrow\; \frac{\partial^2 \phi}{\partial x^2} + \frac{\partial^2 \phi}{\partial y^2} = 0$$

由此可见，该势函数满足拉普拉斯方程，即 ϕ 是调和函数。因此 ϕ 所代表的流动是不可压缩平面势流，有流函数存在。根据 ϕ 求导得到的速度和根据流函数全微分得到的 Ψ 如下

$$v_x = -\frac{\partial \phi}{\partial x} = -2Ax, \quad v_y = -\frac{\partial \phi}{\partial y} = 2Ay$$

$$d\Psi = -v_y\,dx + v_x\,dy = -2Ay\,dx - 2Ax\,dy = -d(2Axy)$$

即
$$\Psi = -2Axy + C$$

② 根据速度分布可知，该流场存在驻点，且驻点位于坐标原点，即

$$x = 0, \; y = 0: \; v_x = -2Ax = 0, \; v_y = 2Ay = 0$$

③ 以上结果中，$x = 0$、$v_x = 0$ 表明 y 轴上的法向速度为零，$y = 0$、$v_y = 0$ 表明 x 轴上的法向速度为零，因此该流场是（x、y 轴代表的）固体壁面垂直相交构成的角形区流场。其中 $x \geq 0$、$y \geq 0$ 是 x-y 平面第一象限对应的角形区。

④ 令过坐标原点的流线为零流线（$\Psi = 0$ 的流线），则 $C = 0$。该条件下取 $A = -1$，则等势线和流线方程分别为

$$y = \sqrt{x^2 + \phi}, \quad y = \Psi / 2x$$

在 $x = 0 \sim 5$、$y = 0 \sim 5$ 的角形区内，$\Psi = 0$、1、5、10、15、20 的流线和 $\phi = 0$、± 2、± 6、± 12 等势线如图 7-4 所示，其中可见，流线垂直于等势线，两者构成的网络称为流网。

【P7-13】按平面势流角形区流场计算垂直挡墙的受力。 水平流速为 10m/s 空气自右向左吹过 10m 高的挡墙，见图 7-5。试按不可压缩平面势流角形区流场计算挡墙受到的横向推力，并考察受力方向解释结果。已知空气密度为 1.2kg/m^3。

提示：应用 P7-12 给出的结果。

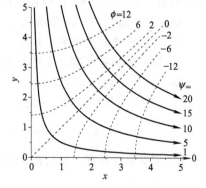

图 7-4 P7-12 附图（垂直壁面角形区流场的流网图）

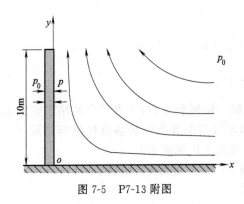

图 7-5　P7-13 附图

解　本问题与 P7-12 的角形区及坐标设置相同，但流向刚好相反，这等同于在 P7-12 给出的速度分布式中令 $A=1$，由此可得到本问题角形区的流场速度分布，即

$$v_x=-2x,\ v_y=2y,\ v^2=v_x^2+v_y^2=4(x^2+y^2)$$

根据不可压缩平面势流的伯努利方程，并忽略气体重力，可得角形区压力分布为

$$p=C-\frac{\rho v^2}{2}=C-2\rho(x^2+y^2)$$

又因为不可压缩平面势流全流场机械能守恒，而远处空气流的压力为大气压力 p_0、流速为 $v_0=$ 10m/s，其机械能也等于 C，故

$$C=p_0+\rho v_0^2/2$$

将 C 代入，可确定角形区压力分布，进而可得挡墙壁面（$x=0$）的压力 p_b，即

$$p-p_0=\frac{\rho}{2}\left[v_0^2-4(x^2+y^2)\right],\ p_b-p_0=\frac{\rho}{2}(v_0^2-4y^2)$$

挡墙所受气流推力等于该壁面压力差沿挡墙壁面的积分，即

$$\mathbf{F}=\int_0^H-\mathbf{n}(p-p_0)\mathrm{d}y=-\mathbf{i}\int_0^H\frac{\rho}{2}(v_0^2-4y^2)\mathrm{d}y=-\frac{\rho}{2}\left(v_0^2H-\frac{4}{3}H^3\right)\mathbf{i}$$

代入数据可得

$$F_x=-\frac{1.2}{2}\times\left(10^2\times10-\frac{4}{3}\times10^3\right)=200(\mathrm{N/m})$$

F_x 沿 x 正方向（吸力），与实际不符（实际应为推力）。原因是理想流体壁面上 v_y 不为零（动能不为零），又要保持机械能守恒，以致压力降低为负压，因而产生吸力。

【P7-14】点源与点汇构成的复合流动及偶极流。图 7-6(a) 是点源流动，类似于水从泉眼涌出并沿平面均匀展开的流动；图 7-6（b）是点汇流动，类似于水由平面汇于小孔的流动。这两种流动的特点是周向速度 $v_\theta=0$，仅有径向速度 v_r，且

$$v_r=q/2\pi r（点源），\ v_r=-q/2\pi r（点汇）$$

其中 q 是点源或点汇的总流量（对应单位厚度液层），称为点源或点汇的强度。

图 7-6（c）是强度相同且相距 $2a$ 的点源与点汇的复合流场（图中仅画出了流线）；图 7-6（d）则是复合流场在 $a\to0$ 时的极限情况，称为偶极流（其中 $a\to0$ 时保持 $2aq=m$，m 为有限值，称为偶极矩），即强度相同的点源与点汇汇聚于坐标原点的复合流动。

现已知点源与点汇的势函数 ϕ_1、ϕ_2，试确定：

①复合流场的势函数、速度及流函数；

②偶极流的势函数、速度及流函数。

解　复合流场中，点源中心位于 $(-a,0)$，点汇中心位于 $(a,0)$，因此根据坐标平移公式，复合流场中点源、点汇的势函数分别为

$$\phi_1=-\frac{q}{4\pi}\ln\left[(x+a)^2+y^2\right],\ \phi_2=\frac{q}{4\pi}\ln\left[(x-a)^2+y^2\right]$$

①根据叠加原理，复合流场的势函数为

$$\phi=\phi_1+\phi_2=-\frac{q}{4\pi}\ln\frac{(x+a)^2+y^2}{(x-a)^2+y^2}$$

进一步根据势函数定义可知复合流场的速度分布为

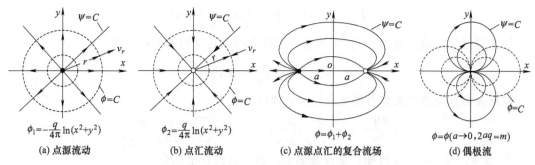

$$\phi_1=-\frac{q}{4\pi}\ln(x^2+y^2)$$
(a) 点源流动

$$\phi_2=\frac{q}{4\pi}\ln(x^2+y^2)$$
(b) 点汇流动

$$\phi=\phi_1+\phi_2$$
(c) 点源点汇的复合流场

$$\phi=\phi(a\rightarrow 0, 2aq=m)$$
(d) 偶极流

图 7-6　P7-14 附图

$$v_x=-\frac{\partial\phi}{\partial x}=\frac{q}{2\pi}\left[\frac{x+a}{(x+a)^2+y^2}-\frac{x-a}{(x-a)^2+y^2}\right]$$

$$v_y=-\frac{\partial\phi}{\partial y}=\frac{q}{2\pi}\left[\frac{y}{(x+a)^2+y^2}-\frac{y}{(x-a)^2+y^2}\right]$$

对于不可压缩平面势流，已知速度则流函数 Ψ 可根其全微分方程积分确定，即

$$\mathrm{d}\Psi=-v_y\mathrm{d}x+v_x\mathrm{d}y \rightarrow \Psi=\int-v_y\mathrm{d}x+\int v_x\mathrm{d}y+C$$

将速度代入上式积分（对 x 积分时 y 视为常数，对 y 积分时 x 视为常数），并考虑 $\arctan(x)=\pi/2-\arctan(1/x)$，且定义 x 轴线（$y=0$）上 $\Psi=0$，则复合流场的流函数 Ψ 可表示为

$$\Psi=\frac{q}{2\pi}\left[\arctan\left(\frac{y}{x+a}\right)-\arctan\left(\frac{y}{x-a}\right)\right]$$

② 考虑以上复合流场在 $a\rightarrow 0$ 时保持 $2aq=m$，可先将其势函数改写为

$$\phi=-\frac{2aq}{2\pi}\left[\frac{1}{4a}\ln\frac{(x+a)^2+y^2}{(x-a)^2+y^2}\right]=-\frac{m}{2\pi}\left[\frac{1}{4a}\ln\frac{(x+a)^2+y^2}{(x-a)^2+y^2}\right]$$

这样，令 $a\rightarrow 0$ 并应用罗比塔法则可得偶极流的势函数为

$$\phi=-\frac{m}{2\pi}\left(\frac{x}{x^2+y^2}\right)$$

根据偶极流势函数，与①中的过程类似，可得偶极流的速度分布和流函数分别为

$$v_x=-\frac{m}{2\pi}\frac{x^2-y^2}{(x^2+y^2)^2}, \quad v_y=-\frac{m}{2\pi}\frac{2xy}{(x^2+y^2)^2}; \quad \Psi=-\frac{m}{2\pi}\frac{y}{(x^2+y^2)}$$

【P7-15】均匀横向流与点源复合——理想流体绕钝头体的流动。沿 x 方向且速度为 v_0 的均匀横向流与强度为 q 且位于坐标原点的平面点源构成复合流场，物理意义上这种复合流场是流体绕钝头体的流场（钝头体即光滑流线体的头部部分，其前端点必为驻点）。

① 试写出复合流场的流函数及速度分布式；

② 根据速度确定流场驻点坐标 (x_0, y_0)，并对通过驻点的流线方程进行分析，说明该复合流动是绕钝头体的流动；

③ 取 $v_0=20$ m/s，$q=100$m^2/s，计算驻点坐标值和钝头体上下表面对应于 $x=0$ 的 y 坐标值，并绘制 $x=x_0\rightarrow 0$ 区域的钝头体表面曲线。

提示：点源的流函数 Ψ 可参见 P7-14。

解　① 对于速度为 v_0 的均匀横向流和强度为 q 且位于坐标原点的点源，其 Ψ 分别为

$$\Psi = v_0 y + C \ , \ \Psi = \frac{q}{2\pi} \arctan \frac{y}{x} + C$$

定义通过坐标原点的 $\Psi = 0$，则该条件下两者的复合流场的流函数为

$$\Psi = v_0 y + \frac{q}{2\pi} \arctan \frac{y}{x}$$

根据流函数与速度关系可得复合流场的速度分布为

$$v_x = \frac{\partial \Psi}{\partial y} = v_0 + \frac{q}{2\pi} \frac{x}{x^2 + y^2} \ , \ v_y = -\frac{\partial \Psi}{\partial x} = \frac{q}{2\pi} \frac{y}{x^2 + y^2}$$

② 令 $v_x = 0$、$v_y = 0$ 可知，该流场必有驻点，且驻点坐标为

$$y_0 = 0 \ , \ x_0 = -\frac{q}{2\pi v_0}$$

将驻点坐标 $y = y_0 = 0$ 代入，可得 $\Psi = 0$，即通过驻点的流线为零流线，且零流线方程为

$$y = -\frac{q}{2\pi v_0} \arctan \frac{y}{x}$$

分析该零流线方程可知，$y = 0$（即 x 轴线）必然是一条零流线，该流线贯穿驻点和点源中心，代表流场上下的对称线。但在 $x > x_0$ 的区域，即从驻点开始，对应于每一 x，零流线方程还有两个 $y \neq 0$ 的解 y_1、y_2，其中 $y_1 > 0$，$y_2 < 0$ 且 $y_1 = -y_2$。这表明驻点后有两个对称的固壁表面，两者构成钝头体表面，见图 7-7，其中 x-y_1 代表钝头体上表面形状，x-y_2 则代表钝头体的下表面。钝头体前端点坐标即驻点坐标，点源处（$x = 0$）钝头体表面的坐标可根据零流线方程确定，即

$$x \to 0, \ \arctan\left(\frac{y}{x}\right) \to \mp \frac{\pi}{2}, \ y = -\frac{q}{2\pi v_0}\left(\mp \frac{\pi}{2}\right) = \pm \frac{q}{4v_0}$$

③ 取 $v_0 = 10\text{m/s}$，$q = 100\text{m}^2/\text{s}$，则复合流场中钝头体前端点（驻点）坐标值为

$$y_0 = 0, \ x_0 = -\frac{q}{2\pi v_0} = -\frac{5}{\pi} = 1.592(\text{m})$$

点源处（$x = 0$）钝头体表面的 y 坐标值为

$$x = 0, y = \pm q/4v_0 = \pm 2.5\text{m}$$

钝头体表面其他点的坐标值可根据零流线方程确定，据此绘制的钝头体形状见图 7-7。

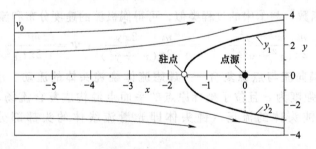

图 7-7　P7-15 附图

说明：为计算钝头体上、下表面曲线的坐标值，可将零流线方程改写为

$$x = \frac{-y}{\tan(2\pi v_0 y/q)}$$

这样就可取不同的 y 计算 x，然后再以 x 为横坐标，y 为纵坐标，作出钝头体表面曲线。

【P7-16】均匀横向流与点源/点汇复合——流场速度与压力计算。 如图 7-8 所示，强度 $q=20$ m²/s 的点汇和点源置于的流场中，流场另有流速 $v_0=10$ m/s 的均匀横向流。已知流体密度 $\rho=1000$kg/m³。试求 $x=15$m，$y=15$m 点处的速度和该点相对于来流的压力差，并讨论流场是否有驻点（速度为零的点）。

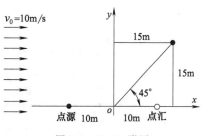

图 7-8　P7-16 附图

提示：点源与点汇复合流的势函数见 P7-14。

解 根据 P7-14，点源点汇复合流的势函数为

$$\phi=-\frac{q}{4\pi}\ln\frac{(x+a)^2+y^2}{(x-a)^2+y^2}$$

在此问题中 $a=10$m。此外，图 7-8 所示坐标下，均匀横向流的速度及其势函数为

$$v_x=v_0,\ v_y=0,\ \phi=-v_0x$$

根据叠加原理和速度势函数定义，该复合流场的势函数及速度分布为

$$\phi=\frac{q}{4\pi}\ln\left[\frac{(x-a)^2+y^2}{(x+a)^2+y^2}\right]-v_0x$$

$$v_x=-\frac{\partial\phi}{\partial x}=\frac{q}{2\pi}\left[\frac{x+a}{(x+a)^2+y^2}-\frac{x-a}{(x-a)^2+y^2}\right]+v_0$$

$$v_y=-\frac{\partial\phi}{\partial y}=\frac{q}{2\pi}\left[\frac{y}{(x+a)^2+y^2}-\frac{y}{(x-a)^2+y^2}\right]$$

对于气体流动，重力影响通常忽略。因此，设无穷远处来流压力为 p_0，则根据不可压缩平面势流全流场的伯努利方程可得

$$p-p_0=\rho(v_0^2-v^2)/2=\rho[v_0^2-(v_x^2+v_y^2)]/2$$

代入 a、v_0、ρ 的数据，可得 $x=15$m，$y=15$m 处的速度和相对压力分别为

$$v_x=10.03\text{m/s},\ v_y=-0.135\text{m/s},\ v=10.031\text{m/s},\ \theta=\arctan(v_y/v_x)=-0.77°$$

$$p-p_0=\rho(v_0^2-v^2)/2=1000\times(10^2-10.031^2)/2=-310\text{(Pa)}$$

流场驻点讨论：根据速度分布式可知，该流场有两个驻点，其坐标为

$$y=0,\ x=\pm\sqrt{a^2+aq/\pi v_0}=\pm10.31\text{m}$$

【P7-17】均匀横向流与点源/点汇复合——理想流体绕椭圆柱流动。 P7-16 中的均匀横向流与点源/点汇的复合流场，实际代表了理想流体绕椭圆柱流动的流场［见图 7-9］。

① 试借助 P7-16 给出的复合流场速度分布确定该复合流场的流函数 Ψ；

② 取 $a=2$m，$v_0=10$m/s，$q=100$m²/s，确定复合流场的驻点坐标；

③ 分析通过驻点的流线，说明椭圆柱的存在，并给出下列 x 坐标值对应的第一象限椭圆柱表面形状曲线的 y 坐标值。

$x=0.00$，0.50，1.00，1.50，2.00，2.30，2.60，2.80，3.00，3.10，3.18，3.22

解 ① 根据 P7-16 可知，均匀横向流与点源/点汇复合流场的速度分布为

$$v_x=\frac{q}{2\pi}\left[\frac{x+a}{(x+a)^2+y^2}-\frac{x-a}{(x-a)^2+y^2}\right]+v_0$$

$$v_y=\frac{q}{2\pi}\left[\frac{y}{(x+a)^2+y^2}-\frac{y}{(x-a)^2+y^2}\right]$$

速度已知，流函数 Ψ 可根据其全微分方程求得，也可借助 P7-14 给出的点源、点汇复合流场的 Ψ 与均匀横向流的 $\Psi=v_0y$ 叠加得到，结果为

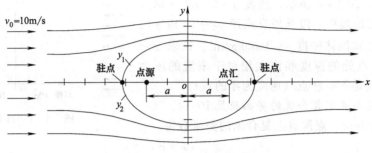

图 7-9　P7-17 附图

$$\Psi = v_0 y + \frac{q}{2\pi}\left(\arctan\frac{y}{x+a} - \arctan\frac{y}{x-a}\right)$$

② 令 $v_x = 0$，$v_y = 0$，可知该流场有两个驻点，且驻点坐标为

$$y_{01} = 0,\ x_{01} = -\sqrt{a^2 + \frac{aq}{\pi v_0}}\ ;\quad y_{02} = 0,\ x_{02} = \sqrt{a^2 + \frac{aq}{\pi v_0}}$$

取 $a = 2\mathrm{m}$，$v_0 = 10\mathrm{m/s}$，$q = 100\mathrm{m}^2/\mathrm{s}$，则驻点坐标值为

$$y_{01} = 0,\quad x_{01} = -3.220\mathrm{m}\ ;\quad y_{02} = 0,\quad x_{02} = 3.220\mathrm{m}$$

③ 因驻点处 $y = 0$，故通过驻点的流函数 $\Psi = 0$，即通过驻点的流线为零流线，其方程为

$$y = -\frac{q}{2\pi v_0}\left(\arctan\frac{y}{x+a} - \arctan\frac{y}{x-a}\right)$$

分析该零流线方程可知，$y = 0$（即 x 轴线）必然是一条零流线，该流线贯穿驻点和点源、点汇的中心，代表流场上下的对称线。但在驻点之间（$x_{01} < x < x_{02}$），对应于每一 x，零流线方程还有两个 $y \neq 0$ 的解 y_1、y_2，其中 $y_1 > 0$，$y_2 < 0$ 且 $y_1 = -y_2$。这表明有两个对称的固壁表面，两者构成椭圆柱表面，其中 x-y_1 代表椭圆柱上表面，x-y_2 则代表下表面，见图 7-9。

椭圆柱表面曲线的计算：以上零流线方程关于 x 轴和 y 轴都对称，所以只需绘制出第一象限的零流线即可获得椭圆柱表面曲线，但计算时需要注意以下两点：

ⅰ. 第一象限零流线的 x 坐标范围为：$0 \leq x \leq x_{02}$，其对应的 y 坐标应满足 $y \neq 0$（驻点除外）且 $y > 0$ 的条件，这样的零流线才代表椭圆柱表面形状。

ⅱ. 其次需要考虑的是，在 $0 \leq x < a$ 区间，$y/(x-a) < 0$，其反三角函数有两个解，即

$$\arctan\frac{y}{x-a} = \beta,\quad \arctan\frac{y}{x-a} = \pi + \beta$$

若采用第一个解，则零流线方程的解为 $y = 0$。要获得 $y \neq 0$ 且 $y > 0$ 的解，零流线方程中应采用第二个解，因此计算第一象限零流线时，x 坐标取值范围对应的方程为

$$0 \leq x < a \qquad y = -\frac{q}{2\pi v_0}\left[\arctan\frac{y}{x+a} - \left(\pi + \arctan\frac{y}{x-a}\right)\right]$$

$$x = a \qquad\qquad y = -\frac{q}{2\pi v_0}\left(\arctan\frac{y}{2a} - \frac{\pi}{2}\right)$$

$$a < x \leq x_{02} \qquad y = -\frac{q}{2\pi v_0}\left(\arctan\frac{y}{x+a} - \arctan\frac{y}{x-a}\right)$$

取 $a = 2\mathrm{m}$，$v_0 = 10\mathrm{m/s}$，$q = 100\mathrm{m}^2/\mathrm{s}$，所得第一象限零流线坐标见表 7-1，形状见图 7-9。

表 7-1　图 7-9 中第一象限零流线（椭圆柱表面曲线）的坐标值

x	0.00	0.50	1.00	1.50	2.00	2.30	2.60	2.80	3.00	3.10	3.18	3.22
y	2.287	2.262	2.183	2.042	1.820	1.633	1.384	1.163	0.858	0.840	0.371	0.00

说明：与实际黏性流体的绕流相比，理想流体绕流流场在物体迎流面与实际情况有相似之处（迎流面边界层较薄），但背流面与实际相去较远，因为实际绕流的背流面是边界层分离形成的涡流区。

【P7-18】均匀横向流与偶极流复合——理想流体绕圆柱流动。对于 P7-17 中的理想流体绕椭圆柱流动的流场，有人感兴趣想知道其在 $a \to 0$ 时的极限情况。

① 为回应该问题，试针对理想流体绕椭圆柱的流动，确定其在 $a \to 0$ 时的流函数和速度。

注：在 $a \to 0$ 的过程中保持 $2aq = m$，m 称为偶极矩且为有限值。

② 证明该极限流场是理想流体绕圆柱流动的流场。

③ 见图 7-10，在 $v_0 = 10\text{m/s}$ 的条件下，若要得到绕半径 $r_0 = 0.5\text{m}$ 的圆柱体的流动，则偶极矩 m 应为多大？

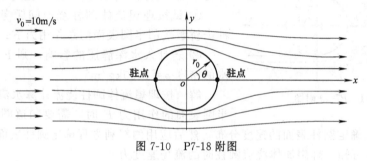

图 7-10　P7-18 附图

解　① 根据 P7-17 可知，理想流体绕椭圆柱流动的流函数为

$$\Psi = v_0 y + \frac{q}{2\pi}\left(\arctan\frac{y}{x+a} - \arctan\frac{y}{x-a}\right)$$

因为 $a \to 0$ 的过程中，$2aq = m$ 且 m 为有限值（称为偶极矩），故首先将流函数改写为

$$\Psi = v_0 y + \frac{m}{4\pi a}\left(\arctan\frac{y}{x+a} - \arctan\frac{y}{x-a}\right)$$

这样，$a \to 0$ 时，反三角函数部分的极限为 0/0 型，可应用罗比塔法则，由此可得

$$\Psi = v_0 y - \frac{m}{2\pi}\frac{y}{(x^2+y^2)}$$

此即理想流体绕椭圆柱流动在 $a \to 0$ 且 $2aq = m$ 的极限情况下的流函数。根据该流函数，又可得此极限流场的速度分布，即

$$v_x = \frac{\partial\Psi}{\partial y} = -\frac{m}{2\pi}\frac{x^2-y^2}{(x^2+y^2)^2} + v_0, \quad v_y = -\frac{\partial\Psi}{\partial x} = -\frac{m}{2\pi}\frac{2xy}{(x^2+y^2)^2}$$

② 令 $v_x = 0$，$v_y = 0$，可知该流场有两个驻点，且驻点坐标为

$$y_{01} = 0, \quad x_{01} = -\sqrt{m/(2\pi v_0)}; \quad y_{02} = 0, \quad x_{02} = \sqrt{m/(2\pi v_0)}$$

因驻点处 $y = 0$，则 $\Psi = 0$，因此通过驻点的流线为零流线，且零流线方程为

$$y = 0, \quad x^2 + y^2 = \frac{m}{2\pi v_0} \quad \text{或} \quad y = \pm\sqrt{\frac{m}{2\pi v_0} - x^2}$$

即通过驻点的零流线有三条。其中一条零流线方程是 $y = 0$（即 x 轴线），该零流线代表流场

上下的对称线。另外两条零流线构成半径为 r_0 的圆，且

$$r_0 = \sqrt{m/(2\pi v_0)}$$

因为流线上的法向速度为零，所以零流线构成的圆周线上的法向速度也为零，这说明半径为 r_0 的圆代表圆柱截面（圆柱面上法向速度为零），即理想流体绕椭圆柱流动在 $a \to 0$ 且 $2aq = m$ 的极限情况下，其流场演化为理想流体绕圆柱流动的流场（该流场显然也是均匀横向流与偶极流的复合流场）。

③ 在 $v_0 = 10\text{m/s}$ 的条件下，若要得到绕半径 $r_0 = 0.5\text{m}$ 的圆柱体的流动，则偶极矩 m 应为

$$m = 2\pi v_0 r_0^2 = 2\pi \times 10 \times 0.5^2 = 15.708 (\text{m}^3/\text{s})$$

说明：与实际黏性流体绕流圆柱相比，理想流体绕流在圆柱迎流面与实际情况比较符合（边界层除外），但背流面流场与实际相去较远。

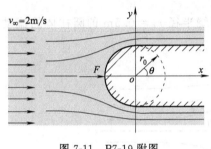

图 7-11 P7-19 附图

【P7-19】 按理想流体绕流圆柱计算桥墩端部受力。

图 7-11 为某桥墩剖面，桥墩宽度 $2r_0 = 2\text{m}$，迎流面端部为半圆形表面，水深 $H = 3\text{m}$，流速 $v_\infty = 2\text{m/s}$。

① 试按理想流体圆柱绕流问题考虑，计算水流冲击桥墩端部半圆表面的总作用力 F；

② 若计入水深静压的影响，则 F 又为多少？取水的密度 $\rho = 1000\text{kg/m}^3$。

解 按理想流体圆柱绕流计算水流冲击桥墩端部半圆表面的作用力 F 时，需要知道圆柱表面的压力分布。为此首先确定圆柱表面的速度分布，然后应用伯努利方程确定圆柱表面压力分布。

根据 P7-18 可知，理想流体绕流圆柱时的流场速度为

$$v_x = -\frac{m}{2\pi}\frac{x^2-y^2}{(x^2+y^2)^2} + v_0, \quad v_y = -\frac{m}{2\pi}\frac{2xy}{(x^2+y^2)^2}$$

见图 7-11，对于半径为 r_0 的圆柱，其表面的 x、y 坐标可用极坐标表示为

$$x^2 + y^2 = r_0^2, \quad x = r_0\cos\theta, \quad y = r_0\sin\theta$$

又速度为 v_∞ 的横向流绕流半径为 r_0 圆柱时，其偶极矩 m 为

$$m = 2\pi v_\infty r_0^2$$

将以上关系代入速度分布式，可得圆柱表面的速度分量及其合速度分别为

$$v_x = 2v_\infty\sin^2\theta, \quad v_y = -2v_\infty\cos\theta\sin\theta, \quad v^2 = v_x^2 + v_y^2 = 4v_\infty^2\sin^2\theta$$

设 p_∞ 是均匀横向流 v_∞ 对应的压力，则根据以上壁面合速度及不可压缩平面势流全流场的伯努利方程，可得圆柱表面的压力 p 为

$$p = p_\infty + \frac{\rho v_\infty^2}{2} - \frac{\rho v^2}{2} = p_\infty + \frac{\rho v_\infty^2}{2}(1 - 4\sin^2\theta)$$

借助圆柱绕流问题计算桥墩端部受力，即应用该压力分布计算 $p - p_0$ 在 $\theta = 90° \to 270°$ 范围对圆柱表面的合力。其中 p_0 是液面大气压力。

① 不计重力时，均匀横向流 v_∞ 对应的压力 $p_\infty = p_0$，所以桥墩端部所受 x 方向合力为

$$F = -\int_{90°}^{270°}(p - p_0)(Hr_0\cos\theta)\mathrm{d}\theta = -Hr_0\frac{\rho v_\infty^2}{2}\int_{90°}^{270°}(1 - 4\sin^2\theta)\cos\theta\mathrm{d}\theta$$

即

$$F = -Hr_0\frac{\rho v_\infty^2}{3} = -3 \times 1 \times \frac{1000 \times 2^2}{3} = -4000(\text{N})$$

由此可见，$F<0$，表明 F 指向 $-x$ 方向，即 F 是吸力而不是冲击力，原因是 $p-p_0$ 在驻点左右各 $30°$ 范围内为正压，此范围以外为负压，从而导致总作用力 F 指向 $-x$ 方向。

② 计入重力时（计入水深影响），液面以下深度 h 处均匀横向流 v_∞ 对应的压力为

$$p_\infty=p_0+\rho g h$$

此时圆柱表面的压力为

$$p=p_0+\rho g h+\frac{\rho v_\infty^2}{2}(1-4\sin^2\theta)$$

将此代入以上 F 的积分式，积分可得考虑水深影响时桥墩端部所受 x 方向合力为

$$F=\rho g r_0 H^2-H r_0 \rho v_\infty^2/3$$

即

$$F=1000\times9.81\times1\times9-4000=84290(\text{N})$$

可见按不可压缩势流计算，水流流动时桥墩端部受力还小于水流静止时的受力。

> 说明：按势流问题考虑，桥墩下游半圆表面压力与上游对称，故整个桥墩总力为零；实际黏性流体绕流桥墩时下游压力低于上游，桥墩所受总力不为零且指向 x 正方向。

【P7-20】**水下横移圆柱表面出现空泡时的运动速度。** 直径 $D=200\text{mm}$ 的长圆柱体在水下 $H=5\text{m}$ 处横向移动，将水视为理想流体，确定该圆柱体表面出现空泡现象（水汽化现象）时的运动速度 v_∞。已知：水面大气压力 $p_0=1.033\text{bar}$，水的密度 $\rho=1000\text{kg/m}^3$，水温 $20℃$，该温度下水的饱和蒸气压 $p_v=2338\text{Pa}$。

解 该问题可视为流体以均匀横向流速 v_∞ 绕圆柱体流动。根据 P7-19 给出的考虑水深影响时理想流体圆柱绕流的表面压力公式，运动圆柱体表面的压力分布可表示为

$$p=p_0+\frac{\rho v_\infty^2}{2}(1-4\sin^2\theta)+\rho g h$$

根据该压力分布可见，运动圆柱体表面最小压力出现在柱体上表面顶点，顶点处 $\theta=\pi/2$，$h=H-D/2$，因此，圆柱表面出现空泡的条件为

$$p_{\min}=p_0-3\frac{\rho v_\infty^2}{2}+\rho g(H-D/2)\leqslant p_v$$

即出现空泡的流速为

$$v_\infty^2\geqslant\frac{2}{3}\left[\frac{p_0-p_v}{\rho}+g\left(h-\frac{D}{2}\right)\right]$$

代入数据得

$$v_\infty^2=\frac{2}{3}\times\left[\frac{103300-2338}{1000}+9.81\times(5-0.1)\right]=99.35(\text{m}^2/\text{s}^2)$$

或

$$v_\infty=9.97\text{m/s}$$

【P7-21】**均匀横向流绕转动圆柱体的流场分析与计算。** 图 7-12 是均匀横向流绕转动圆柱体的平面势流流动，其中流体密度 $\rho=1.2\text{kg/m}^3$，来流速度 $v_\infty=10\text{m/s}$，圆柱半径 $r_0=50\text{mm}$，圆柱转动角速度为 ω（顺时针）。采用极坐标时，流场流函数及其与速度的关系为

$$\Psi=r v_\infty\sin\theta\left(1-\frac{r_0^2}{r^2}\right)+r_0^2\omega\ln r,\ v_r=\frac{1}{r}\frac{\partial\Psi}{\partial\theta},\ v_\theta=-\frac{\partial\Psi}{\partial r}$$

此情况下流场不再对称于 x 轴。试分别针对 $r_0\omega=0$、v_∞、$2v_\infty$、$2.5v_\infty$ 的情况确定：
① 流场驻点的位置；
② 通过驻点的流线方程；
③单位长度圆柱体受到的升力（y 方向的合力）。

解 ① 根据流函数 Ψ 及其与速度的关系，可得流场速度分别为

$$v_r=v_\infty\cos\theta\left(1-\frac{r_0^2}{r^2}\right),\ v_\theta=-v_\infty\sin\theta\left(1+\frac{r_0^2}{r^2}\right)-\frac{r_0^2\omega}{r}$$

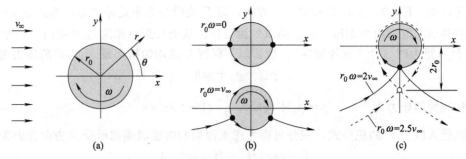

图 7-12　P7-21 附图

对于绕圆柱体的流场，径向坐标取值区域为 $r \geqslant r_0$。为此，首先考察 $r = r_0$ 即圆柱表面的驻点。根据速度分布可知，$r = r_0$ 时 $v_r = 0$，此时令 $v_\theta = 0$ 有

$$\sin\theta = -r_0\omega/(2v_\infty)$$

由此可见，圆柱表面上的驻点与圆柱转速 ω 有关，其中（参见图 7-12）：

$r_0\omega = 0$ 时，壁面有两个驻点，即 $r = r_0$，$\theta = 0°$：$r = r_0$，$\theta = 180°$。

$r_0\omega = v_\infty$ 时，壁面有两个驻点，即 $r = r_0$，$\theta = -30°$：$r = r_0$，$\theta = -120°$。

$r_0\omega = 2v_\infty$ 时，壁面两个驻点收缩到一点，即 $r = r_0$，$\theta = -90°$。

$r_0\omega > 2v_\infty$ 时，壁面上没有驻点（驻点已离开壁面），此时可根据 $v_r = 0$ 得到 $\theta = \pm 90°$，进一步考察 $v_\theta = 0$，并注意 $r \geqslant r_0$，可知流场仅有一个驻点，且 $r_0\omega = 2.5v_\infty$ 时的驻点为

$$\theta = -90°,\ r = \frac{r_0}{2}(2.5 + \sqrt{2.5^2 - 4}) = 2r_0$$

② 将 $r = r_0$、$r_0\omega = \alpha v_\infty$（其中 $0 \leqslant \alpha \leqslant 2$）代入流函数方程，可得通过壁面驻点的流函数数值 Ψ_0 以及 $\Psi = \Psi_0$ 的流线方程（通过壁面驻点的流线方程），即

$$\Psi_0 = \alpha r_0 v_\infty \ln r_0,\ r\sin\theta\left(1 - \frac{r_0^2}{r^2}\right) - \alpha r_0 \ln\frac{r_0}{r} = 0$$

由此可见，$r = r_0$ 总能满足以上流线方程，即圆柱面总与通过壁面驻点的流线重合。其中 $\alpha = 0$、1、2（即 $r_0\omega = 0$、v_∞、$2v_\infty$）时通过壁面驻点的流线形状见图 7-12。

对于 $r_0\omega = 2.5v_\infty$ 的情况，其驻点处的 Ψ_0 及通过驻点的流线方程为

$$\Psi_0 = -\frac{3}{2}r_0 v_\infty + 2.5 r_0 v_\infty \ln 2r_0,\ \frac{3}{2}r_0 + r\sin\theta\left(1 - \frac{r_0^2}{r^2}\right) - 2.5 r_0 \ln\frac{2r_0}{r} = 0$$

进一步将 $v_\infty = 10\text{m/s}$、$r_0 = 50\text{mm}$ 代入，得

$$\Psi_0 = -3.628\text{m}^2/\text{s},\ 0.075 + r\sin\theta\left(1 - \frac{0.05^2}{r^2}\right) - 0.125\ln\frac{0.1}{r} = 0$$

此流线（即通过驻点 $r = 2r_0$、$\theta = -90°$ 的流线）不再重合于圆柱面，其形状如图 7-12(c) 中虚线所示。此时 $(r_0\omega = 2.5v_\infty)$ 圆柱面上流线的流函数值为

$$\Psi_0 = 2.5 r_0 v_\infty \ln r_0 = 2.5 \times 0.05 \times 10 \times \ln 0.05 = -3.745\ (\text{m}^2/\text{s})$$

③ 在速度分布式中令 $r = r_0$，可得圆柱面上的径向速度、切向速度及其合速度为

$$v_r = 0,\ v_\theta = -2v_\infty\sin\theta - r_0\omega,\ v^2 = v_r^2 + v_\theta^2 = (2v_\infty\sin\theta + r_0\omega)^2$$

设 p_∞ 是均匀横向流 v_∞ 对应的压力，则根据伯努利方程可得转动圆柱面上的压力为

$$p = p_\infty + \frac{\rho v_\infty^2}{2} - \frac{\rho v^2}{2} = p_\infty + \frac{\rho v_\infty^2}{2}\left[1 - \left(2\sin\theta + \frac{r_0\omega}{v_\infty}\right)^2\right]$$

对于单位长度的圆柱体，该压力 p 在 y 方向作用于圆柱体的合力为

$$F_y = -\int_0^{2\pi} p r_0 \sin\theta \, \mathrm{d}\theta = 2\pi\rho v_\infty r_0^2 \omega$$

由此可见，压力 p 作用于圆柱体的合力在 $+y$ 方向，故称为升力。

取 $\rho = 1.2 \mathrm{kg/m^3}$，$v_\infty = 10\mathrm{m/s}$，$r_0 = 50\mathrm{mm}$，则 $r_0\omega = 0$、v_∞、$2v_\infty$、$2.5v_\infty$ 时分别有

$$F_y = 0,\ 37.7\mathrm{N/m},\ 75.4\mathrm{N/m},\ 94.2\mathrm{N/m}$$

注：圆柱体 y 方向受力还有浮力，且浮力大小为 $0.09\mathrm{N/m}$。

【P7-22】自由涡的液面形状曲线。图 7-13 是自由涡流场。自由涡流场中，流体径向速度 v_r 及轴向速度 v_z 均为零，流体仅有绕 z 轴的切向速度 v_θ，且 v_θ 随坐标 r 增大而减小。故自由涡流场速度分布可表示为

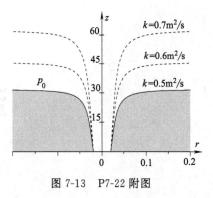

$$v_r = v_z = 0,\ v_\theta = k/r$$

其中 k 为大于零的常数。

① 证明自由涡流场是不可压缩势流流场（由此可知自由涡流场各点机械能相等）；

② 确定自由涡液面形状的曲线方程；

③ 设液面曲线通过 $r = 0.02\mathrm{m}$、$z = 0\mathrm{m}$ 的点，绘制 $k = 0.5$、0.6、$0.7\mathrm{m^2/s}$ 时自由涡液面的形状曲线。

图 7-13　P7-22 附图

注：自由涡液面上方为大气，压力为 p_0。

解　① 柱坐标下不可压缩流体的连续性方程为

$$\nabla \cdot \mathbf{v} = \frac{1}{r}\frac{\partial r v_r}{\partial r} + \frac{1}{r}\frac{\partial v_\theta}{\partial \theta} + \frac{\partial v_z}{\partial z} = 0$$

自由涡流场速度显然满足该方程，所以自由涡流场是不可压缩流场。

势流即无旋流动，条件是流场速度旋度 $\nabla \times \mathbf{v} = 0$。参见附录 A 式（A-15）可知，柱坐标下速度旋度为零的分量式条件为

$$\frac{1}{r}\frac{\partial v_z}{\partial \theta} - \frac{\partial v_\theta}{\partial z} = \frac{\partial v_r}{\partial z} - \frac{\partial v_z}{\partial r} = \frac{1}{r}\left(\frac{\partial r v_\theta}{\partial r} - \frac{\partial v_r}{\partial \theta}\right) = 0$$

自由涡流场速度显然也满足该方程，即自由涡流场为无旋流场，速度有势。

综上可知，自由涡流场是不可压缩势流流场。

② 既然自由涡流场是不可压缩势流流场，则流场各点机械能相等，即

$$\frac{v^2}{2} + gz + \frac{p}{\rho} = C$$

将该方程应用于自由涡液面，并考虑速度 $v = v_\theta = k/r$，液面上压力均为大气压力 p_0，可得自由涡液面的 z-r 关系即液面形状曲线方程为

$$z = C - \frac{p_0}{\rho g} - \frac{k^2}{2gr^2}$$

③ 设液面通过坐标为 $r = r_0$、$z = z_0$ 的点，则液面形状曲线方程可进一步表示为

$$z = z_0 + \frac{k^2}{2g}\left(\frac{1}{r_0^2} - \frac{1}{r^2}\right)$$

取 $r_0 = 0.02\mathrm{m}$、$z_0 = 0\mathrm{m}$，则 $k = 0.5$、0.6、$0.7\mathrm{m^2/s}$ 对应的液面形状见图 7-13。

第 8 章

流动相似及模型实验问题

　　模型实验是流动现象研究及过程设备开发的基本手段。其中的主要问题是如何确定模型尺寸、实验介质和操作条件，以使模型与原型具有相似的流体动力学行为，进而根据模型实验结果预测原型系统的相关行为及参数。此即流动相似理论所要解决的问题。

　　本章首先概述流体流动模型实验的相似原理与准则，然后结合具体流动问题阐述建立相似准则的两种方法：微分方程法及因次分析法，最后是模型实验设计的经验要点及相关问题。

8.1　流动相似与相似准则

　　流动相似是针对两个同类流动系统而言的。对于流动问题模型实验，两系统指的是原型系统（prototype）与模型系统（model），并通常以下标 p 和 m 加以区分。两系统流动相似同时包括：几何相似、运动相似和动力相似。

8.1.1　几何相似

　　几何相似指原型与模型系统形状相同且每一对应边的长度之比都为同一比值，即
$$L_p/L_m = C_L \tag{8-1}$$
此处 L_p、L_m 是原型与模型任一对应边的边长，比值 C_L 称为长度比尺或模型比尺。

　　已知两几何相似系统的长度比尺 C_L，则两系统的面积比尺为 C_L^2，体积比尺为 C_L^3。

8.1.2　运动相似及时间准则

　　运动相似　指几何相似的两个系统中，对应空间点的同向速度之比都为同一比值，即
$$V_p/V_m = C_V \tag{8-2}$$
此处 V_p、V_m 是原型与模型系统对应空间点的同向速度，比值 C_V 称为速度比尺。

　　运动相似的时间准则　一般来说，两系统对应点的流速 v、位移 s、时间 t 总有如下关系
$$v_p = \frac{s_p}{t_p}, \quad v_m = \frac{s_m}{t_m} \rightarrow \frac{s_p/s_m}{(v_p/v_m)(t_p/t_m)} = 1$$
但若两系统运动相似，则 $v_p/v_m = V_p/V_m = C_V$，$s_p/s_m = L_p/L_m = C_L$，因此，定义时间比尺 $C_t = t_p/t_m$，则两系统运动相似时 C_t 与 C_L、C_V 必有如下关系
$$\frac{C_L}{C_V C_t} = 1 \quad \text{或} \quad \frac{L_p}{V_p t_p} = \frac{L_m}{V_m t_m} \quad \text{或} \quad St_p = St_m \tag{8-3}$$

　　此即两系统运动相似的时间准则，又称斯特哈尔准则，简称 St 准则。其中前者是该准则的比尺关系，后者是该准则的相似数关系，相似数 $St = L/Vt$，称为斯特哈尔数。

　　St 准则对于与 t 相关的非定常问题（尤其是周期性问题）具有特别的意义。此类问题中，C_t 可由两相似系统的特征时间比（如转速比、时间周期比等）确定。

8.1.3　动力相似及动力相似准则

　　动力相似　指运动相似的两个系统中，对应空间点的同名作用力方向一致、大小之比为同一比值，即
$$F_p/F_m = C_F \tag{8-4}$$

此处 F_p、F_m 是原型与模型对应空间点的同名作用力，C_F 称为作用力比尺。

动力相似准则 即动力相似的充要条件。例如，对于一般不可压缩流动问题，流体受力主要有黏性力 F_μ、重力 F_g、压差力 $F_{\Delta p}$，其合力等于流体动量变化率。在此用惯性力 F_I 替代动量变化率（二者大小相等方向相反），则动力相似时两系统对应点诸力之比的关系为

$$\frac{F_{I,p}}{F_{I,m}} = \frac{F_{\mu,p}}{F_{\mu,m}} = \frac{F_{g,p}}{F_{g,m}} = \frac{F_{\Delta p,p}}{F_{\Delta p,m}} = C_F \tag{8-5}$$

此关系表明：动力相似即两系统对应点的惯性力与其他诸力构成的封闭多边形相似。

作为相对比较，以上作用力可用定性速度 V、定性尺度 L 及相关物理量表征如下

$$F_I \sim \rho V^2 L^2, \ F_\mu \sim \mu V L, \ F_g \sim \rho g L^3, \ F_{\Delta p} \sim \Delta p L^2$$

将此代入式(8-5)，由 F_I 的比值项与 F_μ、F_g、$F_{\Delta p}$ 的比值项分别相等，并考虑几何及运动相似时 $L_p/L_m = C_L$、$V_p/V_m = C_V$，可得不可压缩流动一般问题的动力相似准则为：

Re 准则　　　$\dfrac{C_\rho C_V C_L}{C_\mu} = 1$ 或 $\dfrac{\rho_p V_p L_p}{\mu_p} = \dfrac{\rho_m V_m L_m}{\mu_m}$ 或 $Re_p = Re_m$　　$(8\text{-}6)$

Fr 准则　　　$\dfrac{C_V^2}{C_g C_L} = 1$ 或 $\dfrac{V_p^2}{g_p L_p} = \dfrac{V_m^2}{g_m L_m}$ 或 $Fr_p = Fr_m$　　$(8\text{-}7)$

Eu 准则　　　$\dfrac{C_{\Delta p}}{C_\rho C_V^2} = 1$ 或 $\dfrac{\Delta p_p}{\rho_p V_p^2} = \dfrac{\Delta p_m}{\rho_m V_m^2}$ 或 $Eu_p = Eu_m$　　$(8\text{-}8)$

其中　　　　　$C_\rho = \dfrac{\rho_p}{\rho_m}, \ C_\mu = \dfrac{\mu_p}{\mu_m}, \ C_g = \dfrac{g_p}{g_m}, \ C_{\Delta p} = \dfrac{\Delta p_p}{\Delta p_m}$　　$(8\text{-}9)$

以上各准则中，第 1 个公式是该准则的比尺关系，第 2 个公式是其相似数关系，两者等价。其中：

① 动力相似的比尺关系表明，两系统动力相似，则两系统其他同名物理量之比（如 C_ρ、C_μ 等）也是确定的，且与两系统的 C_L、C_V 构成确定的约束关系；

② 动力相似的相似数关系表明，两系统动力相似，则两系统对应的同名相似数相等。

动力相似准则的意义 动力相似准则是相关作用力的动力相似条件。其中：

Re 准则即雷诺准则，是黏性力相似准则。凡黏性摩擦力显著的流动过程，两系统动力相似必须满足该准则。其中的相似数 $Re = \rho V L / \mu =$ 惯性力/黏性力，称为雷诺数。

Fr 准则即佛鲁德准则，是重力相似准则。凡重力作用显著的过程（特征是有自由液面运动），其动力相似必须满足该准则。相似数 $Fr = V^2/gL =$ 惯性力/重力，称为佛鲁德数。

Eu 准则即欧拉准则，是压力相似准则。凡涉及压力升降或表面阻力的流动过程，两系统动力相似必须满足该准则。其中的相似数 $Eu = \Delta p/\rho V^2 =$ 压差力/惯性力，称为欧拉数。

此外，对于可压缩性或表面张力显著的问题，相应有 Ma 准则或 We 准则，其中：

Ma 准则即马赫准则，是弹性力相似准则。凡可压缩性显著的过程应满足该准则。针对理想气体，马赫数 Ma 的定义与意义、Ma 准则的相似数关系及比尺关系分别为

$$Ma = \frac{V}{a} = \frac{\text{惯性力}}{\text{弹性力}} = \frac{\text{流速}}{\text{声速}}, \ Ma_p = Ma_m, \ \frac{C_V}{C_a} = 1 \tag{8-10}$$

We 准则即韦伯准则，是表面张力相似准则。凡表面张力显著的过程（如毛细管流动、液滴运动等）均应满足该准则。韦伯数 We 的定义与意义、We 准则的相似数及比尺关系为

$$We=\frac{\rho V^2 L}{\sigma}=\frac{惯性力}{表面张力},\ We_{\mathrm{p}}=We_{\mathrm{m}},\ \frac{C_\rho C_V^2 C_L}{C_\sigma}=1 \tag{8-11}$$

需要说明，特定流动问题的相似具体需要满足哪些动力相似准则，与该问题涉及的力学因素有关。通常可根据该问题微分方程的相似分析确定，也可根据该问题影响因素的因次分析确定。当然，对于一些常见流动问题，凭借已有经验即可直接确定其动力相似准则。

8.2　流体流动问题的相似分析

8.2.1　流动问题微分方程的相似分析

对于有微分方程描述的流动问题，可直接根据流动相似原理对微分方程进行相似分析导出其相似准则。以下结合具体问题说明由微分方程导出相似准则的方法与原理。

【P8-1】黏性不可压缩流动问题的相似准则——N-S方程相似分析。对于一般黏性不可压缩流体的流动问题，N-S方程是其共同遵守的流动微分方程，由此导出的相似准则即这类问题流动相似的基本准则。为简明起见，试以 x-y 二维平面流动的 N-S 方程为例，应用相似原理导出黏性不可压缩流动问题的相似准则。设质量力仅有重力。

解　黏性不可压缩流体 x-y 平面流动的 N-S 方程有 x、y 两个方向的分量式。由于两分量式形式一样，都表示动量变化率（惯性力）＝重力＋压力＋黏性力，故仅对 x 分量式进行分析即可。根据 x-y 平面的 N-S 方程，原型与模型 x 方向的流动微分方程分别为

$$\frac{\partial v_{x,\mathrm{p}}}{\partial t_{\mathrm{p}}}+v_{x,\mathrm{p}}\frac{\partial v_{x,\mathrm{p}}}{\partial x_{\mathrm{p}}}+v_{y,\mathrm{p}}\frac{\partial v_{x,\mathrm{p}}}{\partial y_{\mathrm{p}}}=-g_{x,\mathrm{p}}-\frac{1}{\rho_{\mathrm{p}}}\frac{\partial p_{\mathrm{p}}}{\partial x_{\mathrm{p}}}+\frac{\mu_{\mathrm{p}}}{\rho_{\mathrm{p}}}\left(\frac{\partial^2 v_{x,\mathrm{p}}}{\partial x_{\mathrm{p}}^2}+\frac{\partial^2 v_{x,\mathrm{p}}}{\partial y_{\mathrm{p}}^2}\right)$$

$$\frac{\partial v_{x,\mathrm{m}}}{\partial t_{\mathrm{m}}}+v_{x,\mathrm{m}}\frac{\partial v_{x,\mathrm{m}}}{\partial x_{\mathrm{m}}}+v_{y,\mathrm{m}}\frac{\partial v_{x,\mathrm{m}}}{\partial y_{\mathrm{m}}}=-g_{x,\mathrm{m}}-\frac{1}{\rho_{\mathrm{m}}}\frac{\partial p_{\mathrm{m}}}{\partial x_{\mathrm{m}}}+\frac{\mu_{\mathrm{m}}}{\rho_{\mathrm{m}}}\left(\frac{\partial^2 v_{x,\mathrm{m}}}{\partial x_{\mathrm{m}}^2}+\frac{\partial^2 v_{x,\mathrm{m}}}{\partial y_{\mathrm{m}}^2}\right)$$

若模型与原型几何相似、运动相似，且两系统长度、速度、时间比尺分别为 C_L、C_V、C_t，则原型与模型对应点的空间坐标关系、时间坐标关系和速度关系分别为

$$x_{\mathrm{p}}=C_L x_{\mathrm{m}},\ y_{\mathrm{p}}=C_L y_{\mathrm{m}};\ t_{\mathrm{p}}=C_t t_{\mathrm{m}};\ v_{x,\mathrm{p}}=C_V v_{x,\mathrm{m}},\ v_{y,\mathrm{p}}=C_V v_{y,\mathrm{m}}$$

若模型与原型动力相似，且压力比尺为 C_p，重力加速比尺为 C_g，流体密度比尺为 C_ρ，黏度比尺为 C_μ，则两系统对应空间点的压力、重力加速度、密度和黏度的关系分别为

$$p_{\mathrm{p}}=C_p p_{\mathrm{m}},\ g_{x,\mathrm{p}}=C_g g_{x,\mathrm{m}},\ \rho_{\mathrm{p}}=C_\rho \rho_{\mathrm{m}},\ \mu_{\mathrm{p}}=C_\mu \mu_{\mathrm{m}}$$

将以上比例关系代入原型方程，可得关于模型变量（$v_{x,\mathrm{m}}$，$v_{y,\mathrm{m}}$，p_{m}）的新方程，即

$$\frac{C_V}{C_t}\frac{\partial v_{x,\mathrm{m}}}{\partial t_{\mathrm{m}}}+\frac{C_V^2}{C_L}\left(v_{x,\mathrm{m}}\frac{\partial v_{x,\mathrm{m}}}{\partial x_{\mathrm{m}}}+v_{y,\mathrm{m}}\frac{\partial v_{x,\mathrm{m}}}{\partial y_{\mathrm{m}}}\right)=-C_g g_{x,\mathrm{m}}-\frac{C_p}{C_\rho C_L}\frac{1}{\rho_{\mathrm{m}}}\frac{\partial p_{\mathrm{m}}}{\partial x_{\mathrm{m}}}+\frac{C_\mu C_V}{C_\rho C_L^2}\frac{\mu_{\mathrm{m}}}{\rho_{\mathrm{m}}}\left(\frac{\partial^2 v_{x,\mathrm{m}}}{\partial x_{\mathrm{m}}^2}+\frac{\partial^2 v_{x,\mathrm{m}}}{\partial y_{\mathrm{m}}^2}\right)$$

这一结果表明，模型与原型流动相似的条件下，模型变量（$v_{x,\mathrm{m}}$，$v_{y,\mathrm{m}}$，p_{m}）应同时满足原方程和新方程。很显然，满足这一要求的条件是：新方程中各比尺组合项相等，即

$$\frac{C_V}{C_t}=\frac{C_V^2}{C_L}=C_g=\frac{C_p}{C_\rho C_L}=\frac{C_\mu C_V}{C_\rho C_L^2}$$

因为满足该条件，新方程将与原模型方程完全一样，模型变量自然同时满足两方程。

该条件实际就是两系统单位质量流体的"惯性力之比＝重力之比＝压力之比＝黏性力之比"，这显然与动力相似定义一致，同时也表明了微分方程导出相似准则的原理。

根据该相似比尺等式条件，由 C_V^2/C_L 遍除其他各项，可得 4 个独立的比尺方程，即

$$\frac{C_L}{C_V C_t}=1,\ \frac{C_g C_L}{C_V^2}=1,\ \frac{C_p}{C_\rho C_V^2}=1,\ \frac{C_\mu}{C_\rho C_V C_L}=1$$

此即以比尺关系表示的黏性不可压缩流动问题的相似准则。进一步将定义各比尺的参数代入，并以 V 为定性速度，L 为定性尺寸，又可得对应以上准则的相似数关系，即

$$\frac{L_p}{V_p t_p}=\frac{L_m}{V_m t_m}\ \rightarrow\ St_p=St_m,\ \frac{V_p^2}{g_p L_p}=\frac{V_m^2}{g_m L_m}\ \rightarrow\ Fr_p=Fr_m$$

$$\frac{\Delta p_p}{\rho_p V_p^2}=\frac{\Delta p_m}{\rho_m V_m^2}\ \rightarrow\ Eu_p=Eu_m,\ \frac{\rho_p V_p L_p}{\mu_p}=\frac{\rho_m V_m L_m}{\mu_m}\ \rightarrow\ Re_p=Re_m$$

其中，St 准则即运动相似时间准则（非定常流动），Fr 准则、Eu 准则、Re 准则则是与 N-S 方程中涉及的重力、压差力、黏性力一一对应的动力相似准则。

由微分方程可导出相似准则的几点说明：

① 由微分方程导出的相似数的数目 $n=m-1$，其中 m 是微分方程中非同类项的数目。例如，在以上 N-S 方程中，非同类项有 5 项（局部加速度、对流加速度、质量力、压差力、黏性力），即 $m=5$，因此相似数数目 $n=5-1=4$，即 St、Fr、Eu、Re。由此同时可知，用三维 N-S 方程进行分析，并不增加非同类项数目，得到的仍是以上 4 个相似数。

② 由以上结果不难发现，微分方程与最终的相似比尺等式条件有一一对应关系，即

$$\frac{\partial v_x}{\partial t}+\left(v_x\frac{\partial v_x}{\partial x}+v_y\frac{\partial v_{x,p}}{\partial y_p}\right)=-g_x-\frac{1}{\rho}\frac{\partial p}{\partial x}+\frac{\mu}{\rho}\left(\frac{\partial^2 v_x}{\partial x^2}+\frac{\partial^2 v_x}{\partial y^2}\right)$$

$$\frac{C_V}{C_t}=\frac{C_V^2}{C_L}=C_g=\frac{C_p}{C_\rho C_L}=\frac{C_\mu C_V}{C_\rho C_L^2}$$

换言之，由微分方程导出相似准则时，可免除中间过程，直接将方程中每一非同类项的变量用相应比尺代替，即可写出相似比尺等式条件（由此可得相似准则）。

③ 由微分方程得到的相似数数目不变，但形式可以不同。实践中，相似数形式的选择最好能使其独立反映各动力因素的影响。例如，本问题中的 St、Fr、Eu、Re 就是独立反映时间、重力、压力、黏性力影响的相似数，不仅意义明确，且便于单独忽略某一相似数（如重力不重要时忽略 Fr，不影响剩余相似数）。反之，若本问题中以 C_g 遍除其他各项，则相似数仍为 4 个，但其中 3 个将不再具备以上特点。流体流动与传递过程相关问题的常见相似数见附表 D-2。

【P8-2】小温差自然对流问题的动力相似准则。在小温差 ΔT 产生的自然对流中，流体流动相对缓慢，重力与静压力近似平衡，此时 x-y 平面稳态问题 y 方向（沿重力反方向）的 N-S 方程可表述为

$$\rho\left(v_x\frac{\partial v_y}{\partial x}+v_y\frac{\partial v_y}{\partial x}\right)=\mu\left(\frac{\partial^2 v_y}{\partial x^2}+\frac{\partial^2 v_y}{\partial y^2}\right)+\rho\beta g\,\Delta T$$

其中 ρ、μ、β 是流体平均温度下的流体密度、黏度和热膨胀系数；$\rho\beta g\,\Delta T$ 是单位体积流体 y 方向（$-g$ 方向）的温差浮力。试证明由该方程导出的动力相似数为

$$Re=\rho V L/\mu,\ Gr=L^3\rho^2 g\beta\Delta T/\mu^2$$

并解释其中格拉晓夫数 Gr 的物理意义。相似数中的 L 是定性尺度，V 是定性速度。

解 从微分方程可见，方程有 3 个非同类项，故从中可导出 2 个相似准则。

根据 P8-1 的说明②，直接将微分方程中非同类项的变量用相应比尺代替，可写出该方程对应的相似比尺等式条件为

$$\frac{C_\rho C_V^2}{C_L} = \frac{C_\mu C_V}{C_L^2} = C_\rho C_\beta C_g C_{\Delta T}$$

该条件实际就是两系统单位体积流体的"惯性力之比＝黏性力之比＝温差浮力之比"。

用第二项（单位体积黏性力之比）遍除该等式，可得相似准则的比尺关系为

$$\frac{C_\rho C_V C_L}{C_\mu} = 1, \quad \frac{C_L^2 C_\rho C_\beta C_g C_{\Delta T}}{C_\mu C_V} = 1$$

由第一个相似准则比尺关系可知，其对应的相似数为雷诺数，即

$$\frac{C_\rho C_V C_L}{C_\mu} = 1 \rightarrow \frac{\rho V L}{\mu} = Re$$

相似数的数目不变，但形式可以不同。为使第二个准则的相似数与格拉晓夫数 Gr 有相同的形式，可将其乘以第一个比尺关系（相当于乘以一个等于1的数），由此可得

$$\frac{C_L^2 C_\rho C_\beta C_g C_{\Delta T}}{C_\mu C_V} = 1 \rightarrow \frac{C_L^2 C_\rho C_\beta C_g C_{\Delta T}}{C_\mu C_V} \frac{C_\rho C_V C_L}{C_\mu} = 1$$

即

$$\frac{C_L^3 C_\rho^2 C_\beta C_g C_{\Delta T}}{C_\mu^2} = 1 \rightarrow \frac{L^3 \rho^2 g \beta \Delta T}{\mu^2} = Gr$$

由以上过程可见：格拉晓夫数 Gr 的意义是（温差浮力/黏性力）×（惯性力/黏性力），通常简化解释为：温差浮力/黏性力。

注：因方程描述的是定常问题，故不出现时间准则。

【P8-3】流动充分发展管内强制对流换热过程的相似准则。在流动充分发展的圆管内，流体仅有轴向速度 v_z，此时流体与管壁稳态对流换热的传热微分方程及边界条件为

$$v_z \frac{\partial T}{\partial z} = \alpha \left(\frac{\partial^2 T}{\partial r^2} + \frac{1}{r} \frac{\partial T}{\partial r} \right); \quad T \big|_{z=0} = T_0, \quad \frac{\partial T}{\partial r} \Big|_{r=0} = 0, \quad -k \frac{\partial T}{\partial r} \Big|_{r=R} = h(T_w - T_m)$$

其中，z 为轴向坐标；r 为径向坐标；R 为管半径；T 是流体温度；$\alpha = k/\rho c_p$ 是热扩散系数（k、ρ、c_p 分别是流体导热系数、密度、比热容）；h 为管壁对流换热系数；T_w 是管壁温度；T_m 是流体平均温度。试根据该微分方程（包括边界条件）导出其相似准则。其中相似数定性尺寸取管直径 D，定性速度取平均流速 V。

解 该问题微分方程有2个非同类项，故从方程可导出1个相似准则；此外，第三个边界条件也有2个非同类项，从中也可导出1个相似准则，故共有2个相似准则。

根据 P8-1 的说明②，直接将微分方程中非同类项的变量用相应比尺代替，可写出该方程对应的相似比尺等式条件为

$$\frac{C_V C_T}{C_L} = \frac{C_\alpha C_T}{C_L^2} \quad \text{或} \quad \frac{C_V}{C_L} = \frac{C_\alpha}{C_L^2}$$

由此可得一个相似准则，且该准则的比尺方程或相似数为

$$\frac{C_V C_L}{C_\alpha} = 1 \quad \text{或} \quad Pe = \frac{VD}{\alpha}$$

此处的 Pe 称为贝克列数，表示热对流与热扩散之比。其值越大，热扩散影响相对越小。

类似地，可写出第三个边界条件对应的相似比尺等式条件为

$$\frac{C_k C_T}{C_L} = C_h C_T \quad \text{或} \quad \frac{C_k}{C_L} = C_h$$

由此可得另一个相似准则，且该准则的比尺方程或相似数为

$$\frac{C_h C_L}{C_k} = 1 \quad \text{或} \quad Nu = \frac{hD}{k}$$

其中的 Nu 称为鲁塞尔特数，表征导热热阻与对流热阻之比。其值越大，对流换热越强。

> **说明**：以上贝克列数 Pe 可表示为雷诺数 Re 和普朗特数 $Pr=\nu/\alpha$ 的乘积，即
>
> $$Pe=\frac{VD}{\alpha}=\frac{\rho VD}{\mu}\frac{\mu/\rho}{\alpha}=\frac{\rho VD}{\mu}\frac{\nu}{\alpha}=RePr$$
>
> 考虑雷诺数 Re 本身是独立的动力相似数（对流换热相似的前提是流动相似），且普朗特数 $Pr=\nu/\alpha$ 是有明确意义的物性参数（动量扩散系数与热扩散系数之比）。因此圆管对流换热的相似数方程或经验关联式一般表示为
>
> $$Nu=f(Re,Pr)$$

8.2.2　流动问题影响因素的因次分析

因次分析亦称量纲分析。工程实践中，若已知某一流动问题的相关影响因素，则可借助因次分析导出其相似准则。但因次分析的意义不仅仅是导出相似准则。

物理量的量纲与单位　量纲是物理量的量度属性，单位是物理量的计量标准。一个物理量可有多种单位，但其量纲是不变的。常见物理量的量纲、单位及其换算见附表 D-1。

流动问题的基本量纲包括：长度量纲 L、质量量纲 M、时间量纲 T、温度量纲 Θ，其他物理量的量纲则是基本量纲的组合，如密度量纲 $[\rho]=ML^{-3}$、速度量纲 $[v]=LT^{-1}$ 等。

因次分析的白金汉法　因次分析有白金汉（Buckingham）法和瑞利（Rayleigh）法，两种方法实质一样，但白金汉方法更具一般性。白金汉法的基本原理是：若某一流动问题涉及 n 个因素（变量），且这些因素涉及 r 个基本量纲，则该问题可用 $n-r$ 个无因次数来描述，其中每个无因次数称为一个 π 项，该原理也因此称为 π 定律。

因次分析的步骤及应用　以下首先以 P8-4 详细说明因次分析方法的步骤、意义和应用要点，然后是该方法在其他相关问题中的应用。

【P8-4】管内不可压缩流动的摩擦压降——因次分析方法示例。对于黏性不可压缩流体在圆管内的定常流动，其总摩擦压降 Δp 与管径 D、管长 L、管壁粗糙度 e、流体密度 ρ、黏度 μ 及平均流速 v 相关。试通过因次分析建立摩擦压降 Δp 与其影响因素的无因次数关系。

解　因次分析白金汉方法的基本步骤及本问题分析过程如下。

① 确定问题涉及的变量数 n 和基本量纲数 r，然后根据 π 定律确定有 $n-r$ 个 π 项。

本问题中，流体总压降 Δp 及相关影响因素的一般关系可表述为

$$f_1(\Delta p,D,L,e,\rho,\mu,v)=0$$

上式中，变量数 $n=7$，这些变量涉及的基本量纲有：L、M、T，即 $r=3$，因此根据 π 定律，该问题可用 $n-r=4$ 个 π 项（无因次数）来描述，即

$$f_2(\pi_1,\pi_2,\pi_3,\pi_4)=0$$

② 从 n 个变量中选择 r 个变量作为构成各 π 项的核心组参数。要求是：核心组参数本身不能构成无因次数，其量纲必须涵盖该问题涉及的 r 个基本量纲。通常建议分别从物性、运动、几何参数中选择核心组参数，且一般不取因变量为核心组参数。

本问题中，$r=3$，故核心组参数有 3 个。在此取 ρ、v、D 作为核心组参数（分别是物性、运动、几何参数），其量纲分别为

$$[\rho]=ML^{-3},[v]=LT^{-1},[D]=L$$

可见核心组参数不构成无因次数，且涉及的量纲涵盖了本问题基本量纲 L、M、T。

③ 将核心参数以幂函数乘积形式与剩余的 $n-r$ 个变量分别组合，构成各 π 项。

本问题中，核心参数幂函数的乘积为 $\rho^a v^b D^c$，剩余变量分别是 Δp、L、e、μ，由此构成的 4 个 π 项分别为

$$\pi_1=\Delta p(\rho^{a_1}v^{b_1}D^{c_1}),\ \pi_2=L(\rho^{a_2}v^{b_2}D^{c_2}),\ \pi_3=e(\rho^{a_3}v^{b_3}D^{c_3}),\ \pi_4=\mu(\rho^{a_4}v^{b_4}D^{c_4})$$

④ 根据量纲和谐原理确定核心参数的幂指数，得到各 π 项的具体形式。即首先将相关变量的量纲代入各 π 项得到其量纲方程，然后令方程中同一量纲的幂指数之和为零，建立幂指数方程组，最后求解方程确定幂指数，并由此确定各 π 项的具体形式。

本问题中，将相关变量的量纲代入，可得各 π 项的量纲方程为

$$[\pi_1]=(M^1L^{-1}T^{-2})(M^{a_1}L^{-3a_1})(L^{b_1}T^{-b_1})(L^{c_1})$$

$$[\pi_2]=(L^1)(M^{a_2}L^{-3a_2})(L^{b_2}T^{-b_2})(L^{c_2})$$

$$[\pi_3]=(L^1)(M^{a_3}L^{-3a_3})(L^{b_3}T^{-b_3})(L^{c_3})$$

$$[\pi_4]=(M^1L^{-1}T^{-1})(M^{a_4}L^{-3a_4})(L^{b_4}T^{-b_4})(L^{c_4})$$

令每一方程中 L、M、T 的幂指数之和分别为零，可得各 π 项的幂指数方程组为

$$\begin{cases}0=-1-3a_1+b_1+c_1\\0=1+a_1\\0=-2-b_1\end{cases},\begin{cases}0=1-3a_2+b_2+c_2\\0=a_2\\0=-b_2\end{cases},\begin{cases}0=1-3a_3+b_3+c_3\\0=a_3\\0=-b_3\end{cases},\begin{cases}0=-1-3a_4+b_4+c_4\\0=1+a_4\\0=-1-b_4\end{cases}$$

求解以上方程组，可确定各幂指数的值分别为

$$\begin{cases}a_1=-1\\b_1=-2\\c_1=0\end{cases},\begin{cases}a_2=0\\b_2=0\\c_2=-1\end{cases},\begin{cases}a_3=0\\b_3=0\\c_3=-1\end{cases},\begin{cases}a_4=-1\\b_4=-1\\c_4=-1\end{cases}$$

将此代入 π_1、π_2、π_3、π_4，可确定其具体形式为

$$\pi_1=\frac{\Delta p}{\rho v^2},\ \pi_2=\frac{L}{D},\ \pi_3=\frac{e}{D},\ \pi_4=\frac{\mu}{\rho v D}$$

将 π_4 用 $1/\pi_4$ 替代（见以下应用要点②），可得 Δp 与其影响因素的无因次数关系为

$$f_2\left(\frac{\Delta p}{\rho v^2},\frac{\rho v D}{\mu},\frac{e}{D},\frac{L}{D}\right)=0 \quad\text{或}\quad \frac{\Delta p}{\rho v^2}=f\left(\frac{\rho v D}{\mu},\frac{e}{D},\frac{L}{D}\right)$$

引入欧拉数 Eu 和雷诺数 Re 的定义，这一关系可进一步表示为

$$Eu=f\left(Re,\frac{e}{D},\frac{L}{D}\right)$$

因次分析对模型实验的意义 兹结合以上问题说明如下。

① 可减少实验工作量。这是由于因次分析将本问题涉及的 7 个有量纲量缩减为 4 个无因次数后，不仅实验变量数目减少，且无因次实验变量的调节更为方便。例如，以雷诺数 Re 为实验变量时，调节 Re 的大小仅需改变 ρ、D、v、μ 中任何一个的大小即可。

② 便于寻求相关因素的影响规律。因次分析相当于实验之前就将原 7 个因素的交互影响进行了归并，归并为 4 个无因次数，故实验数据分析只需寻求这 4 个无因次数之间的关系即可。这显然比寻求原 7 个因素的相互关系更简单，所得关联式也能更好地反映过程规律。

③ 可给出该问题流动相似的具体条件（包括动力相似准则），或者说因次分析所得相似数对应相等则两系统流动相似。例如，对于以上不可压缩定常管流问题，无因次数 Eu、Re、e/D、L/D 对应相等则两系统流动相似，其中 Eu、Re 对应相等表示该问题的动力相似准则为 Eu 准则和 Re 准则，e/D、L/D 对应相等则表示两管必须几何相似。

因次分析白金汉方法应用要点

① 在分析过程影响因素时，既不能遗漏有重要影响的物理量，也要注意剔除次要量或无关量。否则导出的 π 项集合要么是不完整的，要么其中有些是不必要的。

② 在确定的影响因素下，π 项的数目是确定的，但各 π 项的形式不是唯一的。π 项的形式与核心参数的选择有关，且每一 π 项都可由自身与其他 π 项组合的新 π 项替代。

③ 该方法只能给出 π 项的数目与形式，各 π 项之间的具体函数关系（关联式）则只能根据实验数据分析并借鉴已有经验确定，即相同的实验数据，可以有不同形式的关联式。

④ 可借鉴已有经验写出核心组参数与相关变量构成的 π 项。例如，P8-4 提供的经验是：$\rho^a v^b D^c$ 与 Δp、μ、L 构成的 π 项分别为 Eu、Re、L/D，类似情况可直接借鉴。

【P8-5】管内充分发展流动的摩擦压降表达式。 管内不可压缩流动充分发展的标志是压降 Δp 随管长 L 线性增加，即单位管长压降 $\Delta p/L$ 不再与 L 有关，此时影响 $\Delta p/L$ 的因素包括管径 D、管壁粗糙度 e、流体密度 ρ、黏度 μ 及管流平均流速 v。试通过因次分析证明，不可压缩流体管内充分发展流动的摩擦压降可表示为

$$\Delta p = \lambda \frac{L}{D} \frac{\rho v^2}{2} \quad \text{且} \quad \lambda = f\left(Re, \frac{e}{D}\right)$$

其中 λ 称为管流摩擦阻力系数，是管流雷诺数 Re 和管壁相对粗糙度 e/D 的函数。

解 根据本问题给定条件，$\Delta p/L$ 及相关影响因素的一般关系可表述为

$$f_1(\Delta p/L, D, e, \rho, \mu, v) = 0$$

上式中，变量数 $n=6$，这些变量所涉及的基本量纲有：L、M、T，即 $r=3$，因此根据 π 定律，该问题可用 $n-r=3$ 个 π 项（无因次数）来描述，即

$$f_2(\pi_1, \pi_2, \pi_3) = 0$$

本问题中，$r=3$，故核心组参数有 3 个。在此按要求取 ρ、v、D 作为核心组参数，它们涉及的量纲涵盖了本问题基本量纲 L、M、T，且自身不构成无因次数。

核心参数幂函数的乘积 $\rho^a v^b D^c$ 与剩余变量 $\Delta p/L$、e、μ 构成的 3 个 π 项分别为

$$\pi_1 = (\Delta p/L)(\rho^{a_1} v^{b_1} D^{c_1}), \quad \pi_2 = e(\rho^{a_2} v^{b_2} D^{c_2}), \quad \pi_3 = \mu(\rho^{a_3} v^{b_3} D^{c_3})$$

借助 P8-4 的经验可知，核心组参数 (ρ, v, D) 与 e、μ 构成的 π_2、π_3 分别为

$$\pi_2 = \frac{e}{D}, \quad \pi_3 = \frac{\mu}{\rho v D} = \frac{1}{Re}$$

在此仅需确定 π_1 的具体形式。为此，将 π_1 中相关变量的量纲代入可得

$$[\pi_1] = (M^1 L^{-2} T^{-2})(M^{a_1} L^{-3a_1})(L^{b_1} T^{-b_1})(L^{c_1})$$

根据量纲和谐原理，上式中 L、M、T 的幂指数之和应分别为零，由此得幂指数方程为

$$0 = -2 - 3a_1 + b_1 + c_1, \quad 0 = 1 + a_1, \quad 0 = -2 - b_1$$

方程的解为 $a_1 = -1$, $b_1 = -2$, $c_3 = -1$

由此可确定 π_1 的形式为

$$\pi_1 = \frac{\Delta p}{\rho v_2^2} \frac{D}{L} = Eu \frac{D}{L}$$

即对于管内充分发展的流动，其摩擦压降 Δp 与其影响因素的无因次数关系为

$$\frac{\Delta p}{\rho v^2} \frac{D}{L} = f_3\left(Re, \frac{e}{D}\right) \quad \text{或} \quad \Delta p = 2f_3\left(Re, \frac{e}{D}\right)\frac{L}{D}\frac{\rho v^2}{2}$$

定义摩擦阻力系数 $\quad \lambda = 2f_3(Re, e/D) = f(Re, e/D)$

可得 $$\Delta p = \lambda \frac{L}{D} \frac{\rho v^2}{2}$$

此即不可压缩流体管内流动充分发展时的摩擦压降计算式，其中的 λ 即摩擦阻力系数。

一般情况下 $\lambda = f(Re, e/D)$，但对于光滑管 $\lambda = f(Re)$，水力粗糙管 $\lambda = f(e/D)$。

【P8-6】 颗粒沉降速度或绕流阻力问题的因次分析。

① 通常认为，球形颗粒在液体中的自由沉降速度 v（颗粒受力平衡时的终端速度）与液体的密度 ρ、黏度 μ、颗粒的粒径 d、颗粒与液体的密度差 $\Delta\rho = (\rho_s - \rho)$ 及重力加速度 g 相关，试通过因次分析证明：沉降速度与其影响因素的无因次数关系可表示为

$$Re = f\left(Ga, \frac{\Delta\rho}{\rho}\right) \qquad \left(\text{其中 } Re = \frac{\rho v d}{\mu}, Ga = \frac{g\rho^2 d^3}{\mu^2}\right)$$

注：此处 Ga 称为伽利略数，表征浮力/黏性力（类似于格拉晓夫数 Gr，见 P8-2）。

② 颗粒匀速沉降可视为定常绕流，因此该问题的另一种表述是：颗粒绕流阻力 F 与液体的密度 ρ、黏度 μ、颗粒的粒径 d 和颗粒终端速度 v（相对于流体的速度）相关，试通过因次分析证明：颗粒绕流阻力与其影响因素的无因次数关系可表示为

$$Eu = f(Re)，\text{其中 } Eu = F/\rho v^2 d^2$$

注：此处以总阻力 F 定义的无因次数 Eu 原本应称为牛顿数（Ne），但因 F/d^2 表征的是单位面积的力即压力，故通常也将其称为欧拉数，并同样用 Eu 表示。

③ 试根据②的结果并结合匀速沉降时颗粒所受合力为零的特点，证明表征颗粒沉降速度的雷诺数 Re 也可表示为阿基米德数 Ar 的函数，即

$$Re = f(Ar) = f\left(Ga\frac{\Delta\rho}{\rho}\right) \qquad \left(\text{其中 } Ar = \frac{\rho\Delta\rho g d^3}{\mu^2} = Ga\frac{\Delta\rho}{\rho}\right)$$

注：阿基米德数 Ar 是颗粒学中常用的相似数，表征颗粒有效重力与黏性力之比。

④ 比较①与③的结果，说明其异同，并解释差异的原因。

解 ① 根据题意，终端速度 v 及其影响因素的一般关系可表述为

$$f_1(v, \rho, \mu, d, \Delta\rho, g) = 0$$

其中变量数 $n = 6$，所涉及的基本量纲有 L、M、T，即 $r = 3$，故有 $n - r = 3$ 个 π 项，即

$$f_2(\pi_1, \pi_2, \pi_3) = 0$$

因为 $r = 3$，所以核心组参数有 3 个。在此按要求取 ρ、μ、d 为核心组参数（其量纲涵盖 L、M、T，自身不构成无因次数）。核心组参数与剩余变量 v、$\Delta\rho$、g 构成的 π 项分别为

$$\pi_1 = v(\rho^{a_1}\mu^{b_1}d^{c_1}), \pi_2 = \Delta\rho(\rho^{a_2}\mu^{b_2}d^{c_2}), \pi_3 = g(\rho^{a_3}\mu^{b_3}d^{c_3})$$

因核心参数 ρ 与变量 $\Delta\rho$ 具有相同量纲，故根据量纲和谐原理，π_2 必然有如下形式

$$\pi_2 = \Delta\rho/\rho$$

为确定 π_1、π_3 的具体形式，将其中相关变量的量纲代入，可得其量纲方程为

$$[\pi_1] = (L^1 T^{-1})(M^{a_1} L^{-3a_1})(M^{b_1} L^{-b_1} T^{-b_1})(L^{c_1})$$

$$[\pi_3] = (L^1 T^{-2})(M^{a_3} L^{-3a_3})(M^{b_3} L^{-b_3} T^{-b_3})(L^{c_3})$$

根据量纲和谐原理，上式中 L、M、T 的幂指数方程及其解为

$$\begin{cases} 0 = 1 - 3a_1 - b_1 + c_1 \\ 0 = a_1 + b_1 \\ 0 = -1 - b_1 \end{cases} \rightarrow \begin{cases} a_1 = 1 \\ b_1 = -1, \\ c_1 = 1 \end{cases} \begin{cases} 0 = 1 - 3a_3 - b_3 + c_3 \\ 0 = a_3 + b_3 \\ 0 = -2 - b_3 \end{cases} \rightarrow \begin{cases} a_3 = 2 \\ b_3 = -2 \\ c_3 = 3 \end{cases}$$

由此可确定 $\qquad \pi_1 = \dfrac{\rho v d}{\mu} = Re, \pi_3 = \dfrac{g\rho^2 d^3}{\mu^2} = Ga$

综上，颗粒沉降速度与其影响因素的无因次数关系可表示为

$$Re = f(Ga, \Delta\rho/\rho)$$

② 根据题意，颗粒匀速沉降时其绕流阻力 F 及影响因素的一般关系可表述为

$$f_1(F, \rho, \mu, d, v) = 0$$

其中变量数 $n = 5$，涉及的基本量纲有 L、M、T，即 $r = 3$，故有 $n - r = 2$ 个 π 项，即

$$f_2(\pi_1, \pi_2) = 0$$

因为 $r = 3$，所以核心组参数有 3 个。在此仍然取 ρ、μ、d 为核心组参数。核心组参数与剩余变量 F、v 构成的 π 项分别为

$$\pi_1 = F(\rho^{a_1} \mu^{b_1} d^{c_1}), \quad \pi_2 = v(\rho^{a_2} \mu^{b_2} d^{c_2})$$

借助①的结果可知 $\qquad \pi_2 = \rho v d / \mu = Re$

在此仅需确定 π_1 的具体形式。为此，将 π_1 中相关变量的量纲代入可得

$$[\pi_1] = (M^1 L^1 T^{-2})(M^{a_1} L^{-3a_1})(M^{b_1} L^{-b_1} T^{-b_1})(L^{c_1})$$

根据量纲和谐原理，上式中 L、M、T 的幂指数方程及其解分别为

$$0 = 1 - 3a_1 - b_1 + c_1, \quad 0 = 1 + a_1 + b_1, \quad 0 = -2 - b_1 \rightarrow a_1 = 1, \quad b_1 = -2, \quad c_1 = 0$$

由此可确定 $\qquad \pi_1 = F\rho / \mu^2$

为了与给定的无因次数形式一致，将 π_1 与 π_2 组合构成新的 π_1' 项如下

$$\pi_1' = \frac{\pi_1}{\pi_2^2} = \frac{F\rho}{\mu^2} \frac{\mu^2}{\rho^2 v^2 d^2} = \frac{F}{\rho v^2 d^2} = Eu$$

由此可知颗粒绕流阻力 F 与其影响因素的无因次数关系可表示为

$$Eu = f(Re)$$

③ 若以上过程中 π_1 不用新的 π_1' 替代，则绕流阻力 F 与其影响因素的关系为

$$F\rho / \mu^2 = f(Re) \quad \text{或} \quad Re = f(F\rho / \mu^2)$$

因为达到终端速度时"颗粒阻力等于其重力减去浮力"，故上式中的 F 可表示为

$$F = (\rho_s - \rho)g \frac{\pi d^3}{6} = \frac{\pi}{6} \Delta\rho g d^3 \quad \text{或} \quad \frac{F\rho}{\mu^2} = \frac{\pi}{6} \frac{\rho \Delta\rho g d^3}{\mu^2}$$

对该式适当变换并引入阿基米德数 Ar 可得

$$\frac{F\rho}{\mu^2} = \frac{\pi}{6} \frac{\rho \Delta\rho g d^3}{\mu^2} = \frac{\pi}{6} \frac{g\rho^2 d^3}{\mu^2} \frac{\Delta\rho}{\rho} = \frac{\pi}{6} Ga \frac{\Delta\rho}{\rho} = \frac{\pi}{6} Ar$$

即

$$Re = f\left(\frac{F\rho}{\mu^2}\right) = f\left(Ga \frac{\Delta\rho}{\rho}\right) = f(Ar)$$

④ 以上结果与①中结果均表示颗粒终端速度雷诺数 Re 与其无因次影响因素的关系，但①中 Re 有 2 个影响因素（即 Ga 和 $\Delta\rho/\rho$），而上式中 Ga 和 $\Delta\rho/\rho$ 合并为 1 个影响因素（即 Ar）。其原因在于①中将 $\Delta\rho$ 和 g 视为两个独立变量，而实际上颗粒沉降问题中 $\Delta\rho$ 与 g 总是以乘积形式 $g\Delta\rho$ 同时出现的（表示颗粒的有效重度）；换句话说，①中应该将 $g\Delta\rho$ 作为一个独立变量对待，这样将直接得到③的结果。

此外还需说明：$Eu = f(Re)$ 与 $Re = f(Ar)$ 实质是一致的，两者都表明匀速沉降过程有两个动力相似数，只是相似数的形式不尽相同。采用 $Eu = f(Re)$ 的形式便于确定相似过程的阻力比值，采用 $Re = f(Ar)$ 的形式则便于确定相似过程的沉降速度比值。

【P8-7】圆柱绕流诱导振动频率问题的因次分析。流体绕流圆柱体时，会在圆柱体背风面两侧交替出现流体涡旋（涡旋交替脱落在背风面下游形成的尾迹区称为卡门涡街），从而迫使圆柱体在垂直流体流动方向产生振动，称为诱导振动。实验观察表明，诱导振动的频率 φ 与来流速度 v、圆柱直径 D、流体密度 ρ、流体黏度 μ 有关。试通过因次分析确定表征频率 φ 及其影响因素的无因次数。设流体不可压缩。

解 根据题意，涡旋产生的诱导振动频率 φ 及其影响因素的一般关系可表述为

$$f_1(\varphi, v, D, \rho, \mu) = 0$$

其中变量数 $n = 5$，所涉及的基本量纲有 L、M、T，即 $r = 3$，故有 $n - r = 2$ 个 π 项，即

$$f_2(\pi_1, \pi_2) = 0$$

核心组参数选择：因为 $r = 3$，所以核心组参数有 3 个。在此按要求取 ρ、v、D 作为核心组参数，其量纲涵盖 L、M、T，且自身不构成无因次数。

核心组参数与剩余变量 φ、μ 构成的 2 个 π 项分别为

$$\pi_1 = \varphi(\rho^{a_1} v^{b_1} D^{c_1}) , \quad \pi_2 = \mu(\rho^{a_2} v^{b_2} D^{c_2})$$

借助已有经验可知，$\rho^a v^b D^c$ 与 μ 构成的 π_2 为

$$\pi_2 = \mu/(\rho v D) = 1/Re$$

在此仅需确定 π_1 的具体形式。为此，将 π_1 中相关变量的量纲代入可得

$$[\pi_1] = (T^{-1})(M^{a_1} L^{-3a_1})(L^{b_1} T^{-b_1})(L^{c_1})$$

根据量纲和谐原理，上式中 L、M、T 的幂指数方程及其解分别为

$$0 = -3a_1 + b_1 + c_1, \ 0 = a_1, \ 0 = -1 - b_1 \ \rightarrow \ a_1 = 0, \ b_1 = -1, \ c_1 = 1$$

由此可知 π_1 的形式为

$$\pi_1 = \varphi \frac{D}{v} = \frac{D}{v(1/\varphi)} = \frac{D}{v t_\varphi} = St$$

其中 $t_\varphi = 1/\varphi$ 是振动周期（时间），所以 π_1 实际是运动相似时间准则的 St 数。

综上，诱导振动频率 φ 及其影响因素的无因次数关系为

$$\varphi D/v = f(\rho v D/\mu) \quad \text{或} \quad St = f(Re)$$

实验表明，在 $Re = 10^2 \sim 10^5$ 范围内，St 变化不是太大，且此范围内 $St \approx 0.2$。

【P8-8】流体输送机械内流体压力增量影响因素的因次分析。实践表明，流体通过输送机械如离心泵、风机等的压力增量 Δp（单位体积流体的机械能增量）取决于叶轮直径 D 与转速 n，流体的密度 ρ、黏度 μ 与体积流量 q_V，壁面粗糙度 e 以及相关结构尺寸 l_1、l_2、$\cdots$、l_k。

① 试证明 $$\frac{\Delta p}{\rho n^2 D^2} = f\left(\frac{q_V}{n D^3}, \frac{\rho n D^2}{\mu}, \frac{e}{D}, \frac{l_1}{D}, \frac{l_2}{D}, \cdots, \frac{l_k}{D}\right)$$

② 其次证明：以 D 为定性尺寸，$V = nD$ 为定性速度，$t = D^3/q_V$ 为特征时间，则上述关系又可用欧拉数 Eu、斯特哈尔数 St 和雷诺数 Re 等价表示为

$$Eu = f\left(St, Re, \frac{e}{D}, \frac{l_1}{D}, \frac{l_2}{D}, \cdots, \frac{l_k}{D}\right)$$

解 ① 根据题意，叶轮机械压力增量 Δp 及影响因素的一般关系可表述为

$$f_1(\Delta p, D, n, \rho, \mu, q_V, e, l_1, l_2, \cdots, l_k) = 0$$

以上关系中，变量数 $n = 7 + k$，所涉及的基本量纲有 L、M、T，即量纲数 $r = 3$，因此根据 π 定律，该问题可用 $n - r = 4 + k$ 个 π 项（无因次数）描述，即

$$f_2(\pi_1, \pi_2, \pi_3, \pi_4, \pi_5, \pi_6, \cdots, \pi_{4+k}) = 0$$

因为 $r = 3$，所以核心组参数有 3 个；在此按要求取 ρ、q_V、D 作为核心组参数，其量纲涵盖 L、M、T，且自身不构成无因次数。核心组参数与剩余变量 Δp、n、μ、e、l_1、l_2、$\cdots$、l_k 构成的 $4 + k$ 个 π 项（无因次数）分别为

$$\pi_1 = \Delta p \rho^{a_1} q_V^{b_1} D^{c_1}, \quad \pi_2 = n \rho^{a_2} q_V^{b_2} D^{c_2}, \quad \pi_3 = \mu \rho^{a_3} q_V^{b_3} D^{c_3}, \quad \pi_4 = e \rho^{a_4} q_V^{b_4} D^{c_4}$$

$$\pi_5 = l_1 \rho^{a_5} q_V^{b_5} D^{c_5}, \quad \pi_6 = l_2 \rho^{a_6} q_V^{b_6} D^{c_6}, \quad \cdots, \quad \pi_{4+k} = l_k \rho^{a_{4+k}} q_V^{b_{4+k}} D^{c_{4+k}}$$

因为 e、l_1、l_2、$\cdots$、l_k 均为长度量，量纲均为 L，所以根据量纲和谐原理可以判定，π_4、π_5、π_6、$\cdots$、π_{4+k} 中核心参数 ρ、q_V 的幂指数必然为零，D 的幂指数均为 -1，因此这些 π 项的具体形式都是类似的，且

$$\pi_4 = \frac{e}{D}, \ \pi_5 = \frac{l_1}{D}, \ \pi_6 = \frac{l_2}{D}, \ \cdots, \ \pi_{4+k} = \frac{l_k}{D}$$

为确定 π_1、π_2、π_3 的具体形式，将相关变量的量纲代入可得各 π 项的量纲方程为

$$[\pi_1] = (M^1 L^{-1} T^{-2})(M^{a_1} L^{-3a_1})(L^{3b_1} T^{-b_1})(L^{c_1})$$

$$[\pi_2] = (T^{-1})(M^{a_2} L^{-3a_2})(L^{3b_2} T^{-b_2})(L^{c_2})$$

$$[\pi_3] = (M^1 L^{-1} T^{-1})(M^{a_3} L^{-3a_3})(L^{3b_3} T^{-b_3})(L^{c_3})$$

令每一方程中 L、M、T 的幂指数之和分别为零，可得各 π 项的幂指数方程组为

$$\begin{cases} 0 = -1 - 3a_1 + 3b_1 + c_1 \\ 0 = 1 + a_1 \\ 0 = -2 - b_1 \end{cases}, \quad \begin{cases} 0 = -3a_2 + 3b_2 + c_2 \\ 0 = a_2 \\ 0 = -1 - b_2 \end{cases}, \quad \begin{cases} 0 = -1 - 3a_3 + 3b_3 + c_3 \\ 0 = 1 + a_3 \\ 0 = -1 - b_3 \end{cases}$$

方程组的解为 $\quad \begin{cases} a_1 = -1 \\ b_1 = -2, \\ c_1 = 4 \end{cases} \begin{cases} a_2 = 0 \\ b_2 = -1, \\ c_2 = 3 \end{cases} \begin{cases} a_3 = -1 \\ b_3 = -1 \\ c_3 = 1 \end{cases}$

由此可确定 π_1、π_2、π_3 的具体形式分别为

$$\pi_1 = \frac{\Delta p D^4}{\rho q_V^2}, \ \pi_2 = \frac{n D^3}{q_V}, \ \pi_3 = \frac{\mu D}{\rho q_V}$$

为了与题中给定的无因次数形式相同，可用 π_1、π_2、π_3 组合构成 3 个新的独立 π 项。其中，π_1 的新 π 项必须包括 π_1 自身，π_2、π_3 的新 π 项也类似，即

$$\pi_1' = \frac{\pi_1}{\pi_2^2} = \frac{\Delta p}{\rho n^2 D^2}, \ \pi_2' = \frac{1}{\pi_2} = \frac{q_V}{n D^3}, \ \pi_3' = \frac{\pi_2}{\pi_3} = \frac{\rho n D^2}{\mu}$$

注：若直接选取 ρ、n、D 为核心参数，则 π_1、π_2、π_3 的形式将与以上新 π 项相同。根据以上结果可知，压力增量与其影响因素的无因次数关系可表示为

$$\frac{\Delta p}{\rho n^2 D^2} = f\left(\frac{q_V}{n D^3}, \frac{\rho n D^2}{\mu}, \frac{e}{D}, \frac{l_1}{D}, \frac{l_2}{D}, \cdots, \frac{l_k}{D}\right)$$

② 若以 D 为定性尺寸，$V = nD$ 为定性速度，$t = D^3/q_V$ 为特征时间，则有

$$\frac{\Delta p}{\rho n^2 D^2} = \frac{\Delta p}{\rho V^2} = Eu, \ \frac{q_V}{n D^3} = \frac{D}{n D t} = \frac{D}{V t} = St, \ \frac{\rho n D^2}{\mu} = \frac{\rho V D}{\mu} = Re$$

即

$$Eu = f\left(St, Re, \frac{e}{D}, \frac{l_1}{D}, \frac{l_2}{D}, \cdots, \frac{l_k}{D}\right)$$

该结果表明：几何相似的水泵或风机内，其流动相似一般应满足 Eu、St、Re 准则，其中 Eu 和 Re 准则为动力相似准则，St 准则是运动相似时间准则（通过转动叶轮的流动属周期性非稳态问题，所以其相似准则中会出现反映时间特性的 St 准则）。

【P8-9】水轮机输出力矩及其影响因素的无因次数关系。水轮机靠水流冲击叶轮输出动力。已知水轮机输出转矩 M 的影响因素包括：水轮机叶轮直径 D、转速 n、工作水头 H（水轮机进出口单位重量流体的能量差）、水流流量 q_V、密度 ρ 和水轮机效率 η。试用因次分析确定输出转矩 M 与其影响因素的无因次数关系，及输出功率 P 与其影响因素的无因次数关系。

解 根据题意，水轮机输出转矩 M 及影响因素的一般关系可表述为

$$f_1(M, D, n, \rho, q_V, H, \eta) = 0$$

以上关系中，变量数 $n = 7$，所涉及的基本量纲有 L、M、T，即量纲数 $r = 3$，因此根据 π 定律，该问题可用 $n - r = 4$ 个 π 项（无因次数）描述，即

$$f_2(\pi_1, \pi_2, \pi_3, \pi_4) = 0$$

核心参数的选择与 π 项的构成：因为 $r = 3$，所以核心组参数有 3 个；在此取 ρ、n、D 为核心组参数，其量纲涵盖 L、M、T，且自身不构成无因次数。由核心组参数与剩余变量 M、q_V、H、η 构成的 4 个 π 项（无因次数）分别为

$$\pi_1 = M\rho^{a_1} n^{b_1} D^{c_1}, \ \pi_2 = q_V \rho^{a_2} n^{b_2} D^{c_2}, \ \pi_3 = H\rho^{a_3} n^{b_3} D^{c_3}, \ \pi_4 = \eta\rho^{a_4} n^{b_4} D^{c_4}$$

因效率 η 的无量纲、水头 H 具有长度量纲，且核心组参数本身不构成无因次数，故根据量纲和谐原理可知

$$\pi_3 = H/D, \ \pi_4 = \eta$$

为确定 π_1、π_2 的具体形式，将相关变量的量纲代入可得

$$[\pi_1] = (M^1 L^2 T^{-2})(M^{a_1} L^{-3a_1})(T^{-b_1})(L^{c_1})$$

$$[\pi_2] = (L^3 T^{-1})(M^{a_2} L^{-3a_2})(T^{-b_2})(L^{c_2})$$

令每一 π 项中 L、M、T 的幂指数之和分别为零，可得 π_1、π_2 的幂指数方程及其解为

$$\begin{cases} 0 = 2 - 3a_1 + c_1 \\ 0 = 1 + a_1 \\ 0 = -2 - b_1 \end{cases} \rightarrow \begin{cases} a_1 = -1 \\ b_1 = -2 \\ c_1 = -5 \end{cases}, \begin{cases} 0 = 3 - 3a_2 + c_2 \\ 0 = a_2 \\ 0 = -1 - b_2 \end{cases} \rightarrow \begin{cases} a_2 = 0 \\ b_2 = -1 \\ c_2 = -3 \end{cases}$$

由此可知

$$\pi_1 = \frac{M}{\rho n^2 D^5}, \ \pi_2 = \frac{q_V}{nD^3}$$

综上，水轮机输出转矩与其影响因素的无因次数关系为

$$\frac{M}{\rho n^2 D^5} = f\left(\frac{q_V}{nD^3}, \frac{H}{D}, \eta\right) = f\left(St, \frac{H}{D}, \eta\right)$$

其中 St 的定性尺寸 $L = D$，定性速度 $V = nD$，特征时间为 $t = D^3/q_V$，即

$$St = \frac{L}{Vt} = \frac{D}{(nD)(D^3/q_V)} = \frac{q_V}{nD^3}$$

因为输出功率 $P = M\omega = M(n\pi/30)$，故 P 与其影响因素的无因次数关系可表示为

$$\frac{P}{\rho n^3 D^5} = f\left(\frac{q_V}{nD^3}, \frac{H}{D}, \eta\right) \quad 或 \quad N_P = f(St, H/D, \eta)$$

此处 N_P 称为功率准数，即

$$N_P = \frac{P}{\rho V^3 L^2} = \frac{P}{\rho n^3 D^5}$$

以上关系表明，效率相等时水轮机流动过程的相似数为 N_P、St 和比值 H/D。

此外，因 $H = \Delta p / \rho g$（Δp 是水轮机进出口单位体积流体的能量差）且功率 $P = \Delta p q_V$，故 H/D 实际是 Fr 与 Eu 构成的无因次数，N_P 则是 Eu 与 St 构成的无因次数，即

$$\frac{H}{D} = \frac{H}{L} = \frac{H}{L}\frac{\rho g V^2}{\rho g V^2} = \frac{V^2}{gL}\frac{\rho g H}{\rho V^2} = \frac{V^2}{gL}\frac{\Delta p}{\rho V^2} = FrEu$$

$$N_P = \frac{P}{\rho n^3 D^5} = \frac{\Delta p q_V}{\rho n^3 D^5} = \frac{\Delta p}{\rho n^2 D^2}\frac{q_V}{nD^3} = \frac{\Delta p}{\rho V^2}\frac{q_V}{nD^3} = EuSt$$

即效率相等时水轮机流动过程的相似数也可 Eu、St 和 Fr 等价替换，或

$$Eu = f(St, Fr, \eta)$$

综上，本问题有以下几点值得注意：

① 从分析过程可见，影响因素为无因次量时，该因素即为一个 π 项；

② 通过水轮机的流动属周期性非稳态问题，故会出现反映时间特性的 St；

③ 水轮机流动相似既可用 N_P、St、H/D 为相似数，也可用 Eu、St、Fr 为相似数。

【P8-10】可压缩流体与不可压缩流体绕流阻力问题的因次分析。 流体绕流物体时受到的总阻力 F（绕流阻力）一般与物体特征直径 D、特征长度 L、流体的来流速度 v、密度 ρ 及黏度 μ 有关。但流体可压缩且流速较高时，流体中的声速 a 将成为另一重要影响因素。

① 试用因次分析方法确定可压缩流体高速绕流的总阻力 F 及总阻力系数 C_D 的无因次影响因素；

② 对于可压缩流体的低速绕流或不可压缩流体的绕流流动，声速 a 不再是影响因素，试确定此条件下的绕流总阻力 F 及总阻力系数 C_D 的无因次影响因素。

提示：首先确定绕流过程的无因次数，然后再根据总阻力系数 C_D 的定义确定其无因次影响因素。

解 ① 根据题意，可压缩流体高速绕流的总阻力 F 及其影响因素的一般关系为

$$f_1(F, D, L, v, \rho, \mu, a) = 0$$

上式中 $n=7$，所涉及的基本量纲有 L、M、T，即 $r=3$，故有 $n-r=4$ 个 π 项，即

$$f_2(\pi_1, \pi_2, \pi_3, \pi_4) = 0$$

因为 $r=3$，所以有 3 个核心参数；在此按要求取 ρ、v、D 作为核心参数，其量纲涵盖 L、M、T，且自身不构成无因次数。由核心组参数与剩余变量构成的 π 项分别为

$$\pi_1 = F\rho^{a_1} v^{b_1} D^{c_1}, \ \pi_2 = L\rho^{a_2} v^{b_2} D^{c_2}, \ \pi_3 = \mu\rho^{a_3} v^{b_3} D^{c_3}, \ \pi_4 = a\rho^{a_4} v^{b_4} D^{c_4}$$

借助已有经验可知，$\rho^a v^b D^c$ 与 L、μ 构成的 π_2、π_3 具有如下形式

$$\pi_2 = L/D, \ \pi_3 = \mu/(\rho v D) = 1/Re$$

此外，由于核心参数 v 与变量 a（声速）具有相同量纲，故 π_4 必然有如下形式

$$\pi_4 = a/v = 1/Ma$$

在此仅需确定 π_1 的具体形式。为此，将 π_1 中相关变量的量纲代入可得

$$[\pi_1] = (MLT^{-2})(M^{a_1} L^{-3a_1})(L^{b_1} T^{-b_1})(L^{c_1})$$

根据量纲和谐原理，上式中 L、M、T 的幂指数之和应分别为零，由此得幂指数方程为

$$0 = 1 - 3a_1 + b_1 + c_1, \ 0 = 1 + a_1, \ 0 = -2 - b_1$$

方程的解为 $\quad a_1 = -1, \ b_1 = -2, \ c_1 = -2$

由此可确定 π_1 的形式为 $\quad \pi_1 = F/(\rho v^2 D^2) = Eu$

此处 Eu 是以总阻力 F 定义的欧拉数。

综上，可压缩流体高速绕流的总阻力 F 与其影响因素的无因次数关系可表述为

$$\frac{F}{\rho v^2 D^2} = f_3\left(\frac{\rho v D}{\mu}, \frac{v}{a}, \frac{L}{D}\right) \quad 或 \quad Eu = f_3\left(Re, Ma, \frac{L}{D}\right)$$

根据流体绕流流动总阻力系数 C_D 的定义式有

$$F = C_D \frac{\rho v^2}{2} A_D = C_D \frac{\rho v^2}{2} \frac{\pi D^2}{4} \quad 或 \quad \frac{F}{\rho v^2 D^2} = \frac{\pi}{8} C_D$$

对比可知，可压缩流体高速绕流的总阻力系数 C_D 是 Re、Ma、L/D 的函数，即

$$C_D = f(Re, Ma, L/D)$$

② 对于可压缩流体的低速绕流或不可压缩流体绕流，声速 a 不再是影响因素，因此在

以上结果中去掉马赫数 Ma（其他因素中不涉及 a），可得此条件下的绕流阻力欧拉数 Eu 和总阻力系数 C_D 与其影响因素的一般关系分别为

$$Eu = f_1(Re, L/D), \quad C_D = f_2(Re, L/D)$$

【P8-11】**水面舰船阻力问题的因次分析**。舰船在海面上航行时受到的总阻力 F（包括自由液面波浪阻力）与航行速度 v、海水密度 ρ、海水黏度 μ、舰船长度 L、特征宽度 b、吃水深度 h 以及重力 g 有关。试用因次分析缩并舰船阻力问题的影响因素。

解 根据题意，舰船航行总阻力 F 及其影响因素的一般关系可表述为

$$f_1(F, v, \rho, \mu, L, b, h, g) = 0$$

上式中 $n=8$，涉及的基本量纲有 L、M、T，即 $r=3$，故有 $n-r=5$ 个无因次数，即

$$f_2(\pi_1, \pi_2, \pi_3, \pi_4, \pi_5) = 0$$

因 $r=3$，故有 3 个核心参数；在此按要求取 ρ、v、b 作为核心参数，其量纲涵盖 L、M、T，且自身不构成无因次数。核心组参数与剩余变量 F、μ、L、h、g 构成的 π 项如下

$$\pi_1 = F\rho^{a_1} v^{b_1} b^{c_1}, \quad \pi_2 = \mu\rho^{a_2} v^{b_2} b^{c_2}$$

$$\pi_3 = L\rho^{a_3} v^{b_3} b^{c_3}, \quad \pi_4 = h\rho^{a_4} v^{b_4} b^{c_4}, \quad \pi_5 = g\rho^{a_5} v^{b_5} b^{c_5}$$

借助上一问题的经验可知，其中的 π_1、π_2、π_3、π_4 具有如下形式

$$\pi_1 = \frac{F}{\rho v^2 b^2} = Eu, \quad \pi_2 = \frac{\mu}{\rho v b} = \frac{1}{Re}, \quad \pi_3 = \frac{L}{b}, \quad \pi_4 = \frac{h}{b}$$

在此仅需确定 π_5 的具体形式。为此，将 π_5 中相关变量的量纲代入可得

$$[\pi_5] = (LT^{-2})(M^{a_5} L^{-3a_5})(L^{b_5} T^{-b_5})(L^{c_5})$$

根据量纲和谐原理，上式中 L、M、T 的幂指数之和应分别为零，由此得幂指数方程为

$$0 = 1 - 3a_5 + b_5 + c_5, \quad 0 = a_5, \quad 0 = -2 - b_5$$

方程的解为

$$a_5 = 0, \quad b_5 = -2, \quad c_5 = 1$$

由此可确定 π_5 的形式为

$$\pi_5 = gb/v^2 = 1/Fr$$

综上，舰船航行总阻力 F 与其影响因素的无因次数关系可表述为

$$\frac{F}{\rho v^2 b^2} = f\left(\frac{\rho v b}{\mu}, \frac{v^2}{gb}, \frac{L}{b}, \frac{h}{b}\right) \quad 或 \quad Eu = f\left(Re, Fr, \frac{L}{b}, \frac{h}{b}\right)$$

说明：该关系式适合于描述有自由液面的绕流阻力问题，如河流桥墩的受力问题。

【P8-12】**液体由竖直圆管流出所形成的液滴质量**。液体由竖直圆管流出所形成的液滴质量 m 与管的直径 D、管口流速 v、液体密度 ρ、密度黏度 μ、表面张力系数 σ 以及重力 g 有关。试用因次分析确定液滴质量 m 与其影响因素的无因次数。

解 根据题意，液滴质量 m 及其影响因素的一般关系可表述为

$$f_1(m, D, v, \rho, \mu, \sigma, g) = 0$$

上式中 $n=7$，涉及的基本量纲有 L、M、T，即 $r=3$，故有 $n-r=4$ 个无因次数，即

$$f_2(\pi_1, \pi_2, \pi_3) = 0$$

因为 $r=3$，所以有 3 个核心参数；在此按要求取 ρ、v、D 作为核心参数，其量纲涵盖 L、M、T，且自身不构成无因次数。核心组参数与剩余变量 m、σ、μ、g 构成的 π 项为

$$\pi_1 = m\rho^{a_1} v^{b_1} D^{c_1}, \quad \pi_2 = \sigma\rho^{a_2} v^{b_2} D^{c_2}, \quad \pi_3 = \mu\rho^{a_3} v^{b_3} D^{c_3}, \quad \pi_4 = g\rho^{a_4} v^{b_4} D^{c_4}$$

借助已有经验可知，$\rho^a v^b D^c$ 与 μ、g 构成的 π_3、π_4 具有如下形式

$$\pi_3 = \frac{\mu}{\rho v D} = \frac{1}{Re}, \quad \pi_4 = \frac{gD}{v^2} = \frac{1}{Fr}$$

在此仅需确定 π_1、π_2 的具体形式。为此，将相关变量的量纲代入其中可得

$$[\pi_1]=(M^1)(M^{a_1}L^{-3a_1})(L^{3b_1}T^{-b_1})(L^{c_1})$$

$$[\pi_2]=(M^1T^{-2})(M^{a_2}L^{-3a_2})(L^{3b_2}T^{-b_2})(L^{c_2})$$

根据量纲和谐原理，以上两式中 L、M、T 的幂指数方程及其解为

$$\begin{cases}0=-3a_1+3b_1+c_1\\0=1+a_1\\0=-b_1\end{cases}\rightarrow\begin{cases}a_1=-1\\b_1=0\\c_1=-3\end{cases},\quad\begin{cases}0=-3a_2+3b_2+c_2\\0=1+a_2\\0=-2-b_2\end{cases}\rightarrow\begin{cases}a_2=-1\\b_2=-2\\c_2=3\end{cases}$$

由此可知

$$\pi_1=\frac{m}{\rho D^3},\ \pi_2=\frac{\sigma}{\rho v^2 D}=\frac{1}{We}$$

综上，液滴质量 m 与其影响因素的无因次数关系可表述为

$$\frac{m}{\rho D^3}=f\left(\frac{\sigma}{\rho v^2 D},\frac{\mu}{\rho v D},\frac{gD}{v^2}\right)\quad\text{或}\quad\frac{m}{\rho D^3}=f(We,Re,Fr)$$

也可将 π_2 用新形式 $\pi_2'=\pi_2/\pi_4$ 替代，将上述关系表示为

$$\frac{m}{\rho D^3}=f\left(\frac{\sigma}{\rho g D^2},\frac{\mu}{\rho v D},\frac{gD}{v^2}\right)=f\left(\frac{\sigma}{\rho g D^2},Re,Fr\right)$$

该关系式的优点是：不考虑 μ 的影响时，可直接将 Re 去掉，进一步不考虑 v 的影响时，则可直接将 Fr 去掉。

【P8-13】液体喷嘴产生的液滴粒径及其影响因素。一定的气相环境下，液体喷嘴所产生的液滴直径 d 与喷嘴直径 D、喷射速度 v、液体密度 ρ、密度黏度 μ 及表面张力系数 σ 有关，试用因次分析确定液滴直径 d 与其影响因素的无因次数关系。

解 根据题意，液滴直径 d 及其影响因素的一般关系可表述为

$$f_1(d,D,v,\rho,\mu,\sigma)=0$$

上式中 $n=6$，涉及的基本量纲有 L、M、T，即 $r=3$，故有 $n-r=3$ 个无因次数，即

$$f_2(\pi_1,\pi_2,\pi_3)=0$$

因为 $r=3$，所以有 3 个核心参数；在此取 ρ、v、D 作为核心参数，其量纲涵盖 L、M、T，且自身不构成无因次数。核心组参数与剩余变量 d、μ、σ 构成的 π 项分别为

$$\pi_1=d\rho^{a_1}v^{b_1}D^{c_1},\ \pi_2=\mu\rho^{a_2}v^{b_2}D^{c_2},\ \pi_3=\sigma\rho^{a_3}v^{b_3}D^{c_3}$$

根据上一问题及已有经验可知，这三个 π 项的形式为

$$\pi_1=\frac{d}{D},\ \pi_2=\frac{\mu}{\rho v D}=\frac{1}{Re},\ \pi_3=\frac{\sigma}{\rho v^2 D}=\frac{1}{We}$$

因此，液滴直径 d 与其影响因素的无因次数关系可表述为

$$\frac{d}{D}=f\left(\frac{\mu}{\rho v D},\frac{\sigma}{\rho v^2 D}\right)\quad\text{或}\quad\frac{d}{D}=f(Re,We)$$

【P8-14】气固两相流对管壁金属的磨蚀量及其影响因素。管内气固两相流会对管壁生产磨蚀。经验表明，管壁单位面积单位时间的磨蚀量 $e[\text{kg}/(\text{m}^2\cdot\text{s})]$ 主要与管材弹性模量 E、极限强度 σ、布氏硬度数 Br（无因次）、气流速度 V、颗粒直径 d、颗粒质量流量 $\dot{m}$ 和管道直径 D 有关。试通过因次分析证明，磨蚀量 e 与其影响因素的无因次数关系可表示为

$$\frac{eV}{E}=f\left(\frac{\sigma}{E},\frac{ED^2}{\dot{m}V},\frac{Ed^2}{\dot{m}V},Br\right)$$

解 根据题意，磨蚀量 e 及其影响因素的一般关系可表述为

$$f_1(e,E,\sigma,Br,V,d,\dot{m},D)=0$$

上式中 $n=8$，涉及的基本量纲有 L、M、T，即 $r=3$，故有 $n-r=5$ 个无因次数，即
$$f_2(\pi_1, \pi_2, \pi_3, \pi_4, \pi_5)=0$$

布氏硬度数 Br 无因次，故该因素构成其中一个 π 项，在此令 $\pi_5=Br$。

因为 $r=3$，所以有 3 个核心参数，在此按要求取 E、V、D 作为核心参数，其量纲涵盖 L、M、T，且自身不构成无因次数。核心组参数与剩余变量 e、$\dot{m}$、σ、d 构成的 π 项如下
$$\pi_1=eE^{a_1}V^{b_1}D^{c_1}, \quad \pi_2=\dot{m}E^{a_2}V^{b_2}D^{c_2}, \quad \pi_3=\sigma E^{a_3}V^{b_3}D^{c_3}, \quad \pi_4=dE^{a_4}V^{b_4}D^{c_4}$$

因 π_3 中 σ 与 E 具有相同量纲，π_4 中 d 与 D 具有相同量纲，故 π_3 与 π_4 的形式分别为
$$\pi_3=\sigma/E, \quad \pi_4=d/D$$

在此仅需确定 π_1、π_2 的具体形式。为此，将相关变量的量纲代入可得
$$[\pi_1]=(ML^{-2}T^{-1})(M^{a_1}L^{-a_1}T^{-2a_1})(L^{b_1}T^{-b_1})(L^{c_1})$$
$$[\pi_2]=(MT^{-1})(M^{a_2}L^{-a_2}T^{-2a_2})(L^{b_2}T^{-b_2})(L^{c_2})$$

根据量纲和谐原理，以上两式中 L、M、T 的幂指数方程及其解为
$$\begin{cases} 0=-2-a_1+b_1+c_1 \\ 0=1+a_1 \\ 0=-1-2a_1-b_1 \end{cases} \rightarrow \begin{cases} a_1=-1 \\ b_1=1 \\ c_1=0 \end{cases}, \quad \begin{cases} 0=-a_2+b_2+c_2 \\ 0=1+a_2 \\ 0=-1-2a_2-b_2 \end{cases} \rightarrow \begin{cases} a_2=-1 \\ b_2=1 \\ c_2=-2 \end{cases}$$

由此可得
$$\pi_1=\frac{eV}{E}, \quad \pi_2=\frac{\dot{m}V}{ED^2}$$

综上，磨蚀量 e 与其影响因素的无因次数关系可表述为
$$\pi_1=f(\pi_2, \pi_3, \pi_4, \pi_5) \quad \text{或} \quad \frac{eV}{E}=f\left(\frac{\dot{m}V}{ED^2}, \frac{\sigma}{E}, \frac{d}{D}, Br\right)$$

π 项的数量不变但形式可变。将其中的 π_2、π_4 进行变换，可得其新的形式为
$$\pi_2'=\frac{1}{\pi_2}=\frac{ED^2}{\dot{m}V}, \quad \pi_4'=\frac{\pi_4^2}{\pi_2}=\frac{ED^2}{\dot{m}V}\frac{d^2}{D^2}=\frac{Ed^2}{\dot{m}V}$$

因此，磨蚀量 e 与其影响因素的无因次数关系又可表述为
$$\frac{eV}{E}=f\left(\frac{\sigma}{E}, \frac{ED^2}{\dot{m}V}, \frac{Ed^2}{\dot{m}V}, Br\right)$$

【P8-15】高爆能量产生的冲击波波面半径及其速度问题。实验表明，高爆能量在大气中释放（视为点爆炸）所形成的冲击波波面半径 r 与爆炸释放的总能量 E、大气密度 ρ 相关，并随时间 t 变化。试通过因次分析确定冲击波半径 r 与其影响因素的无因次数关系，并由此证明冲击波波面速度 v 随半径 r 的变化关系为 $v \propto r^{-1.5}$。

解 根据题意，冲击波半径 r 及其影响因素的一般关系可表述为
$$f(r, E, \rho, t)=0$$

上式中 $n=4$，涉及的基本量纲有 L、M、T，即 $r=3$，故有 $n-r=1$ 个 π 项。对于只有一个 π 项的问题，该 π 项等于常数 C（无因次），即
$$\pi=C$$

核心组参数选择：因为 $r=3$，所以有 3 个核心参数，此处选择 E、ρ、t 为核心参数，其量纲涵盖 L、M、T，且自身不构成无因次数。核心参数与 r 构成的 π 项为
$$\pi=rE^a\rho^b t^c$$

将相关变量的量纲代入其中可得
$$[\pi]=(L^1)(M^a L^{2a}T^{-2a})(M^b L^{-3b})(T^c)$$

根据量纲和谐原理，上式中 L、M、T 的幂指数方程为

$$0 = 1 + 2a - 3b, \quad 0 = a + b, \quad 0 = -2a + c$$

方程的解为

$$a = -\frac{1}{5}, \quad b = \frac{1}{5}, \quad c = -\frac{2}{5}$$

由此可得该 π 项的形式为

$$\pi = r(\rho/t^2 E)^{1/5}$$

只有一个 π 项时，该 π 项为常数 C。因此冲击波半径 r 与其影响因素的关系可表述为

$$r\left(\frac{\rho}{t^2 E}\right)^{1/5} = C \quad \text{或} \quad r = C\left(\frac{t^2 E}{\rho}\right)^{1/5}$$

此式对时间求导，可得冲击波波面速度 v 随时间 t 的变化关系为

$$v = \frac{\mathrm{d}r}{\mathrm{d}t} = C\frac{2}{5}\left(\frac{E}{\rho}\right)^{1/5}\frac{1}{t^{3/5}}$$

再从 r 的表达式中解出 t 并代入上式，可得冲击波波面速度随半径的变化关系为

$$v = \beta/r^{3/2}, \text{其中} \beta = 0.4 C^{5/2}(E/\rho)^{1/2}$$

8.3 模型实验设计及流动相似计算

8.3.1 模型实验设计的基本要点

模型实验设计的依据是相似准则。几何相似的前提下，模型实验设计首先是根据问题特征确定其动力相似准则，然后根据相应准则确定模型实验的条件（介质、流速、流量等），并建立实验结果与原型参数的换算关系。以下是其中的一些基本要点或经验。

一般定常流动问题的动力相似准则 总结以上因次分析问题的结果可得以下要点。

① 对于不可压缩流体的强制流动（内部流动或外部绕流），其动力相似一般包括 Re 和 Eu 准则（其中涉及转动桨叶的周期性问题还应满足 St 准则）；

② 对于有自由液面的舰船或桥墩绕流问题，其动力相似一般包括 Fr、Re 和 Eu 准则；

③ 对于高速气体的内部流动或外部绕流等，其动力相似一般包括 Ma、Re 和 Eu 准则。

定性准则与非定性准则 动力相似数中，作为自变量的相似数对应的准则称为定性准则，作为因变量的相似数对应的准则称为非定性准则。定性准则通常用于确定实验条件；非定性准则通常用于建立两相似系统因变量之间的换算关系。例如，在常见的以压差 Δp 或总阻力 F 为因变量的模型实验中，表征 Δp 或 F 的 Eu 准则即非定性准则，其余的 Re、Fr、Ma 等都是定性准则。这类问题中，实验条件由定性准则确定，而 Δp 或 F 的实验测试值与原型系统对应值的关系则根据 Eu 准则（即两系统 Eu 相等）确定。

自模化流动问题 此处指高 Re 下流动形态不再随 Re 变化的问题（此时流场已充分湍流，黏性影响仅限于壁面薄层，Eu 不再随 Re 变化）。高 Re 下节流元件压差 Δp 正比于 ρV^2 的流动即典型的自模化流动（此时 Eu 为定值，不再随 Re 变化）。泵内流动、外部绕流（尤其是棱状物绕流）等，在高 Re 下均可出现自模化状态。对于自模化问题，Re 准则不再是定性准则（实验条件不再受 Re 相等的限定），实验可在不同于原型的 Re 下进行（只要模型流动处于自模区即可）。这就使得某些原本难以实现的实验成为可能。

相似准则对实验条件的制约及处理方法： 比较典型的有以下两种情况。

① 仅需满足一个定性准则的模型实验，实验介质可以与原型不同。例如，若定性准则是 Re 准则，且选择水或空气为实验介质（通常如此），则可能出现的问题是实验水速或气速太高，实验设施难以满足；或气速太高产生显著的可压缩性效应，偏离原型的不可压缩特性。此时应考虑原型流动是否在自模区，以排除 Re 准则；或采用压力风洞（增加气体密

度)、低温风洞(增加密度同时降低黏度),以降低实验风速。

② 当需要同时满足两个定性准则时,实验介质将受到限定。此时可能出现的问题是难以找到满足要求的介质,而采用相同介质又不可能同时满足两个定性准则。例如有自由液面的问题只能采用水为介质,此时不可能同时满足 Fr 和 Re 准则,除非改变 g 或 $C_L = 1$。此时解决矛盾的方法有三种:一是考虑原型流动是否在自模区,以排除 Re 准则;二是采用实验与计算相结合的方法,详见 P8-42;三是放弃相对不重要的准则,做近似模型实验(例如当气流马赫数 $Ma < 0.3$ 时,近似认为可压缩性影响不重要,从而排除 Ma 准则)。

一般说,同时满足三个定性准则的模型实验几乎不存在,此时只能放弃次要准则做近似实验,或针对有并流特点的问题采用近似复制实验(例如筛板或填料塔实验中,模型塔除直径较小外,其塔高、筛板、填料结构、气液流速等参数均与原型塔相同)。

比尺效应及变异模型问题 在大尺寸原型(如河流)的模型实验中,模型比尺 C_L 通常会很大(模型很小),从而导致模型的某一特定尺寸(如水深)过小,使其动力学行为偏离原型,为此不得不打破几何相似限制,在该尺寸方向单独采用较小的几何比尺 C_{Lh},这种模型称为变异模型。变异模型常见于河流问题的模型实验中,详见 P8-45。

8.3.2 模型实验设计与相似计算问题

【P8-16】管道内不可压缩定常流动的相似工况计算。已知水在直径为 D_p 的管道内作定常流动,且水的密度 $\rho_p = 998\text{kg/m}^3$,黏度 $\mu_p = 100 \times 10^{-5}\text{Pa}\cdot\text{s}$;又已知空气(视为不可压缩)在直径为 $D_m = 2D_p$ 的管道内作定常流动,且空气密度 $\rho_m = 1.2\text{kg/m}^3$,黏度 $\mu_m = 1.81 \times 10^{-5}\text{Pa}\cdot\text{s}$。

① 若空气管道的测试结果是:体积流量 $q_{V,m} = 0.475\text{m}^3/\text{s}$ 时,50m 管长对应的压降 $\Delta p_m = 550\text{Pa}$,试确定与之流动相似的水管体积流量、压降及对应管长;

② 若流动充分发展,此时 50m 长度的水管压降又为多少。

解 根据因次分析可知(见 P8-4),对于管内不可压缩定常流动,两系统流动相似的条件是:几何相似,且 Re 和 Eu 对应相等(或满足 Re 准则和 Eu 准则)。

① 设本问题中水管为原型,气管为模型,则两系统的几何比尺和物性比尺分别为

$$C_L = \frac{D_p}{D_m} = \frac{1}{2} = 0.5,\ C_\rho = \frac{\rho_p}{\rho_m} = \frac{998}{1.2} = 831.67,\ C_\mu = \frac{\mu_p}{\mu_m} = \frac{100}{1.81} = 55.25$$

首先根据 Re 准则(定性准则)确定两系统动力相似的速度比尺,即

$$Re = \frac{\rho v D}{\mu} \rightarrow \frac{C_\rho C_V C_L}{C_\mu} = 1 \rightarrow C_V = \frac{C_\mu}{C_\rho C_L} = \frac{55.25}{831.67 \times 0.5} = 0.133$$

根据体积流量公式,两系统的体积流量之比可一般表示为

$$q_V = V \frac{\pi D^2}{4} \rightarrow C_{q_V} = \frac{q_{V,p}}{q_{V,m}} = \frac{V_p D_p^2}{V_m D_m^2}$$

因几何相似时 $D_p/D_m = C_L$,运动相似时 $V_p/V_m = C_V$,故相似系统的流量比可表示为

$$C_{q_V} = C_V C_L^2 \quad \text{或} \quad q_{V,p} = C_V C_L^2 q_{V,m}$$

将 Re 准则确定的 C_V 代入,可得与空气管道流动相似的水管体积流量为

$$q_{V,p} = C_V C_L^2 q_{V,m} = 0.133 \times 0.5^2 \times 0.475 = 0.0158(\text{m}^3/\text{s})$$

本问题中,定性准则仅有 Re 准则,故 Re 相等时 Eu 必然相等,由此可确定两系统流动相似时的压降关系,即

$$Eu = \frac{\Delta p}{\rho V^2} \rightarrow \frac{C_{\Delta p}}{C_\rho C_V^2} = 1 \rightarrow C_{\Delta p} = C_\rho C_V^2 \quad \text{或} \quad \Delta p_p = C_\rho C_V^2 \Delta p_m$$

将 Re 准则确定的 C_V 代入，可得与空气管道流动相似的水管压降为

$$\Delta p_p = C_\rho C_V^2 \Delta p_m = 831.67 \times 0.133^2 \times 550 = 8091.3 (\text{Pa})$$

该压降对应的管长 L_p 可由几何相似确定，即

$$L_p = C_L L_m = 0.5 \times 50 = 25 (\text{m})$$

② 流动充分发展时，单位管长压降相等，由此可知 50m 长度的水管压降为

$$\Delta p = \frac{\Delta p_p}{L_p} L = \frac{8091.3}{25} \times 50 = 16182.6 (\text{Pa})$$

【P8-17】 测定水管阀门阻力特性的模型实验。某输水管道的阀门工作温度（水温）为 20℃，流速范围 1～3m/s。为确定该水管阀门的局部阻力特性，拟在使用之前将其安装于尺寸相同的空气管道进行实验，实验空气温度为 20℃。

① 试根据实验目的确定实验气速 V_m 的范围；

② 若给定实验气速下测得阀门压降为 Δp_m，试确定与此动力相似的水管阀门压降 Δp_p 以及两压降对应速度的关系；

③ 阀门压降属于局部阻力压降，试根据局部压降与局部阻力系数 ζ 的定义关系，确定动力相似条件下该阀门输水和输气时的局部阻力系数之比。

解 为实现预测输水阀门阻力特性的目的，模型实验必须在流动相似的条件下进行。因实验采用同一阀门，故模型（输气）与原型（输水）几何相似，且 $C_L = 1$；又因阀门内的流动为黏性不可压缩流体的强制流动，重力影响可以忽略，故动力相似需满足 Re 准则和 Eu 准则，模型实验气速的确定及水管阀门阻力特性的预测必须以此为依据。

① 根据 Re 准则（定性准则），可确定满足实验目的要求的速度比尺或实验气速为

$$Re = \frac{VL}{\nu} \rightarrow \frac{C_V C_L}{C_\nu} = 1 \rightarrow C_V = \frac{C_\nu}{C_L} \quad \text{或} \quad V_m = V_p \frac{C_L}{C_\nu}$$

其中，阀门工作介质为 20℃ 的水，实验时采用 20℃ 的常压空气，查附表 C-5、附表 C-6 可知，此温度下水和空气的密度和运动黏度分别为：

水 $\rho_p = 998.2 \text{kg/m}^3$，$\nu_p = 1.006 \times 10^{-6} \text{m}^2/\text{s}$

空气 $\rho_m = 1.205 \text{kg/m}^3$，$\nu_m = 15.06 \times 10^{-6} \text{m}^2/\text{s}$

由此可得两系统的密度比值和运动黏度比值分别为

$$C_\rho = \frac{\rho_p}{\rho_m} = \frac{998.2}{1.205} = 828.38, \quad C_\nu = \frac{\nu_p}{\nu_m} = \frac{1.006}{15.06} = 0.0668$$

将以上数据代入，可得满足 Re 准则的速度比尺和实验气速范围为

$$C_V = \frac{C_\nu}{C_L} = \frac{0.0668}{1} = 0.0668, \quad V_m = \frac{V_p}{C_V} = \frac{1 \sim 3}{0.0668} = 14.97 \sim 44.91 (\text{m/s})$$

② 对于本问题，两阀门几何相似且 Re 相等时，其 Eu 必然相等（满足 Eu 准则），由此可确定与气管流动动力相似的水管阀门压降 Δp_p，即

$$Eu = \frac{\Delta p}{\rho V^2} \rightarrow \frac{C_{\Delta p}}{C_\rho C_V^2} = 1 \rightarrow C_{\Delta p} = C_\rho C_V^2 \rightarrow \Delta p_p = C_\rho C_V^2 \Delta p_m$$

将 C_ρ 及 Re 准则确定的 C_V 代入可得

$$\Delta p_p = C_\rho C_V^2 \Delta p_m = 828.38 \times 0.0668^2 \times \Delta p_m = 3.70 \Delta p_m$$

其中，若 Δp_m 对应的实验气速为 V_m，则 Δp_p 对应的水速

$$V_p = C_V V_m = 0.0668 V_m$$

③ 根据局部压降与局部阻力系数的定义关系，水管与气管阀门局部阻力系数可表示为

$$\zeta_p = 2\frac{\Delta p_p}{\rho_p V_p^2} = 2Eu_p, \quad \zeta_m = 2\frac{\Delta p_m}{\rho_m V_m^2} = 2Eu_m$$

满足 Eu 准则时
$$Eu_p = Eu_m \rightarrow \zeta_p = \zeta_m$$

该结果表明，两阀门 Eu 相等，则 ζ 相等。本问题中，几何相似条件下 Eu 仅为 Re 的函数，故几何相似条件下 ζ 也只是 Re 的函数，即只要由实验确定了 $Eu = f(Re)$ 的关系，则可得到 $\zeta = 2f(Re)$，且该关系对于几何相似的阀门都是适用的。

【P8-18】文丘里流量计流动过程的动力相
似。图 8-1 所示为文丘里流量计，流量计安装于直径 $D = 60\text{mm}$ 管道，其中管道流体为 $20℃$ 的水，且已知管内平均流速 $V = 5\text{m/s}$ 时，流量计 U 形管中指示剂高差为 $h = 200\text{mmHg}$。现另有一支 5 倍大的几何相似流量计，其中流体的运动黏度是小量计的 1.25 倍，但流体密度相同。

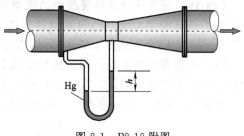

图 8-1　P8-18 附图

① 试确定动力相似条件下大流量计中的体积流量 $q_{V,p}$ 及其对应的指示剂高差 h_p。

② 假设小流量计实验表明管流雷诺数 $Re > 10^5$ 时其流动进入自模区（压差与速度平方成正比，Eu 为定值），试确定大流量计进入自模区的流速及自模区内的压差表达式。

解　① 文丘里流量计内的流动伴有黏性摩擦和压力变化，不受重力影响，其动力相似应满足 Re 准则和 Eu 准则。其中由 Re 准则确定的两相似系统的速度比尺为
$$Re = \frac{VD}{\nu} \rightarrow \frac{C_V C_L}{C_\nu} = 1 \rightarrow C_V = \frac{C_\nu}{C_L} \quad \text{或} \quad V_p = \frac{C_\nu}{C_L}V_m$$

因为体积流量＝速度×面积，所以两相似系统的体积流量之比 C_{q_V} 可用 C_L、C_V 表示为
$$q_V = VA \rightarrow C_{q_V} = C_V C_L^2 \quad \text{或} \quad q_{V,p} = C_V C_L^2 q_{V,m}$$

由 Eu 准则确定的两相似系统的压差比尺为
$$Eu = \frac{\Delta p}{\rho v^2} \rightarrow \frac{C_{\Delta p}}{C_\rho C_V^2} = 1 \rightarrow C_{\Delta p} = C_\rho C_V^2 \quad \text{或} \quad \Delta p_p = C_\rho C_V^2 \Delta p_m$$

以 ρ_h 表示 U 形管指示剂的密度，则压差 Δp 又可用指示剂高差 h 表示为
$$\Delta p_p = (\rho_h - \rho_p)gh_p, \quad \Delta p_m = (\rho_h - \rho_m)gh_m$$

满足 Re 准则时，C_{q_V} 及 $C_{\Delta p}$ 中的 C_V 由 Re 准则确定，故将 Re 确定的 C_V 代入，有
$$q_{V,p} = C_\nu C_L q_{V,m}, \quad \Delta p_p = C_\rho C_\nu^2 C_L^{-2} \Delta p_m \quad \text{或} \quad h_p = C_\rho C_\nu^2 C_L^{-2} \frac{\rho_h - \rho_m}{\rho_h - \rho_p} h_m$$

将 $C_L = 5$、$C_\nu = 1.25$、$C_\rho = 1$ 代入，可得动力相似条件下大流量计的流量及对应压差为
$$q_{V,p} = 1.25 \times 5 \times 5 \times \pi \times 0.03^2 = 0.0884(\text{m}^3/\text{s}) = 88.4(\text{L/s})$$
$$h_p = 1 \times 1.25^2 \times 5^{-2} \times 1 \times 200 = 12.5(\text{mmHg})$$

② 若小流量计中的流动在管流雷诺数 $Re > 10^5$ 时进入自模区，则动力相似条件下大流量计中的流动进入自模区的 Re 数相同，由此可确定其对应的自模区流速，即
$$Re_p = \frac{V_p D_p}{\nu_p} = \frac{V_p C_L D_m}{C_\nu \nu_m} > 10^5 \quad \text{或} \quad V_p > 10^5 \frac{C_\nu \nu_m}{C_L D_m} = 0.417(\text{m/s})$$

其中 $\nu_m = 10^{-6}\ \text{m}^2/\text{s}$，是小流量计中 $20℃$ 水的运动黏度。

自模区内，$\Delta p \propto \rho V^2$，$Eu$ 数保持为定值（与 Re 无关），而两系统动力相似时 $Eu_\mathrm{p} = Eu_\mathrm{m}$，故只要根据模型实验确定其自模区的 Eu_m 值，则与之动力相似的大流量计中的压差与速度的对应关系为

$$\Delta p_\mathrm{p} = Eu_\mathrm{p}\rho_\mathrm{p}V_\mathrm{p}^2 = Eu_\mathrm{m}\rho_\mathrm{p}V_\mathrm{p}^2 \qquad (V_\mathrm{p} > 0.417\mathrm{m/s})$$

对比以上结果可知：自模区内 Eu 数为定值，故 Δp_p 计算式仅由 Eu 准则确定；非自模区内 Eu 数随 Re 变化，故由 Eu 准则确定 Δp_p 时其中的 C_V 须根据 Re 准则确定。

【P8-19】蒸汽横掠换热管流动的模型实验。 为模拟高温高压蒸汽横掠换热管的流动，拟在水洞中进行模型实验。已知原型换热管直径 25mm，蒸汽流速 30m/s，运动黏度 $139.4 \times 10^{-6}\mathrm{m^2/s}$；水洞水流速度 1.5m/s，温度 5℃。试确定模型换热管直径。

解 为实现模拟实验目的，模型实验必须在流动相似的条件下进行。本问题属不可压缩黏性流体的定常绕流问题，重力影响可以忽略，故动力相似需满足 Re 准则和 Eu 准则。

根据 Re 准则（定性准则），可确定满足动力相似要求的模型换热管直径，即

$$Re = \frac{VL}{\nu} \rightarrow \frac{C_V C_L}{C_\nu} = 1 \rightarrow C_L = \frac{C_\nu}{C_V} \rightarrow D_\mathrm{m} = D_\mathrm{p}\frac{C_V}{C_\nu}$$

其中
$$C_V = V_\mathrm{p}/V_\mathrm{m} = 30/1.5 = 20$$

查附表 C-5，水温为 5℃时，水的密度和运动黏度分别为
$$\rho_\mathrm{m} = 999.8\mathrm{kg/m^3}, \nu_\mathrm{m} = 1.547 \times 10^{-6}\mathrm{m^2/s}$$

因此
$$C_\nu = \nu_\mathrm{p}/\nu_\mathrm{m} = 139.4/1.547 = 90.11$$

将以上数据代入，可得满足 Re 准则的模型换热管直径为
$$D_\mathrm{m} = D_\mathrm{p}C_V/C_\nu = 25 \times 20/90.11 = 5.55(\mathrm{mm})$$

以上实验条件下模型管受力（测试值）与原型换热管受力之间的关系由 Eu 准则确定。

【P8-20】椭圆柱绕流的动力相似计算。 图 8-2 为某椭圆柱在二维风洞中的绕流实验，实验测试表明：相对于椭圆柱迎风直径 D，当来流速度为 v_0 时（v_0 远小于声速），其下游 a—a 截面中心线两侧 $4D$ 范围内的速度为线性分布，其中

$$y = 0, v_x = 0.2v_0: y = \pm2D, v_x = v_0$$

现有与之几何相似且 $D = 1.5\mathrm{m}$ 的大椭圆柱在静止空气中以 80m/s 的速度横向运动（可视为二维绕流），且已知该速度下大椭圆柱绕流与风洞椭圆柱绕流达到流动相似，试确定大椭圆柱单位长度的绕流阻力及总阻力系数。其中静止空气温度 5℃，压力 68kPa，且视为理想气体。

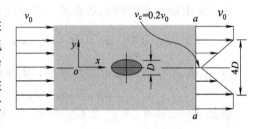

图 8-2　P8-20 附图

解 一般速度下（远小于声速），空气的定常绕流问题可忽略重力影响和可压缩效应，其动力相似准则为 Re 准则和 Eu 准则。本问题中，大椭圆柱与风洞椭圆柱几何相似、流动工况相似，因此两系统 Re 和 Eu 必然对应相等，其中要确定大椭圆柱的绕流阻力，仅需应用 Eu 对应相等这一条件即可。以下标 p 表示大椭圆柱，则两系统 Eu 相等意味着

$$\frac{C_F}{C_\rho C_V^2 C_L^2} = 1 \quad \text{或} \quad F_\mathrm{p} = FC_\rho C_V^2 C_L^2$$

上式中，风洞工况下椭圆柱的绕流阻力 F 可根据实验测试的速度分布并应用动量守恒定律求得（见 P4-10），其结果为

$$\frac{F}{L} = \frac{1}{6}\rho v_0^2 \times 4D\left(1 - \frac{v_c}{v_0}\right)\left(1 + 2\frac{v_c}{v_0}\right)$$

其中，F/L 为椭圆柱单位长度的绕流阻力，$v_c = 0.2v_0$ 是 a—a 截面中心线（$y=0$）处的气流速度。将此代入大椭圆柱绕流阻力 F_p 的表达式可得

$$F_p = FC_\rho C_V^2 C_L^2 = \frac{1}{6}\rho v_0^2 \times 4DL\left(1 - \frac{v_c}{v_0}\right)\left(1 + 2\frac{v_c}{v_0}\right)C_\rho C_V^2 C_L^2$$

因为两系统几何相似、运动相似、动力相似，所以

$$\rho C_\rho = \rho_p,\quad v_0^2 C_V^2 = v_{0,p}^2,\quad DLC_L^2 = D_p L_p,\quad \frac{v_c}{v_0} = \frac{v_{c,p}}{v_{0,p}} = 0.2$$

进一步将此代入，可得相似工况下大椭圆柱单位长度的绕流阻力计算式为

$$\frac{F_p}{L_p} = \frac{1}{6}\rho_p v_{0,p}^2 (4D_p)\left(1 - \frac{v_{c,p}}{v_{0,p}}\right)\left(1 + 2\frac{v_{c,p}}{v_{0,p}}\right)$$

绕流大椭圆柱的空气温度 5℃，压力 68kPa，故根据理想气体状态方程可知其密度为

$$\rho_p = p_p/RT_p = 68000/(287 \times 278) = 0.852(\text{kg/m}^3)$$

代入已知数据，可得大椭圆柱单位长度的绕流阻力为

$$\frac{F_p}{L_p} = \frac{1}{6} \times 0.852 \times 80^2 \times 4 \times 1.5 \times (1-0.2) \times (1+2\times0.2) = 6107.1(\text{N/m})$$

根据阻力系数的定义并代入数据，可得大椭圆柱绕流的阻力系数为

$$C_{D,p} = \frac{F_p}{(\rho_p v_{0,p}^2/2)(D_p L_p)} = \frac{4}{3}\left(1 - \frac{v_{c,p}}{v_{0,p}}\right)\left(1 + 2\frac{v_{c,p}}{v_{0,p}}\right) = \frac{4}{3} \times 0.8 \times 1.4 = 1.493$$

【P8-21】建筑物风载荷问题的模型实验。 为研究某矩形截面直立建筑物在横风作用下的受力，拟按 1：100 的比例制作模型在风洞中进行模型实验，其中风洞气流与建筑物横风黏度相同，密度相同且均为 1.2kg/m^3。

① 为模拟原型建筑物在风速 $V_p = 5\text{m/s}$ 时的受力，模型实验风速应为多少并判别其是否合适？

② 若实验中测得风速 $V_m = 10\text{m/s}$ 时模型受力 $F_m = 25\text{N}$，试按动力相似确定原型建筑物对应的风速及受力。

③ 若实验中发现风速 $V_m > 15\text{m/s}$，模型建筑物欧拉数 Eu_m 已为定值且 $Eu_m = 7.5$，试由此确定原型建筑物在风速 $V_p = 5\text{m/s}$ 和 15m/s 时的受力。

已知原型建筑物迎风宽度 $B = 10\text{m}$，且欧拉数定义为 $Eu = F/\rho V^2 B^2$，F 为建筑物受力。

解　绕建筑物的气流速度远低于声速，可压缩性和重力影响可以不计，建筑物受力包括黏性摩擦力和压差力，因此，绕流过程动力相似准则为 Re 准则和 Eu 准则。

① 对于本问题，Re 准则要求的原型与模型系统的速度比尺为

$$Re_p = Re_m \rightarrow \frac{C_\rho C_V C_L}{C_\mu} = 1 \rightarrow C_V = \frac{C_\mu}{C_\rho C_L} \quad \text{或} \quad V_m = V_p \frac{C_\rho C_L}{C_\mu}$$

将 $C_\rho = 1$、$C_\mu = 1$、$C_L = 100$ 代入，可得 $V_p = 5\text{m/s}$ 对应的模型实验风速为

$$V_m = 5 \times 1 \times 100/1 = 500(\text{m/s})$$

该风速已超过声速，此时模型建筑物受力中可压缩性影响是重要因素，但这一因素在原型建筑物中并不存在，故此风速下的实验结果不能与原型动力相似（为排除可压缩性影响，可采用压力风洞提高气流密度，将风速降到远小于声速，但本问题不必如此，见下）。

② 实验风速 $V_m = 10\text{m/s}$ 时，原型建筑物对应的风速可根据 Re 准则确定，即

$$C_V = \frac{C_\mu}{C_\rho C_L} = \frac{1}{1 \times 100} = 0.01 \quad \text{或} \quad V_p = C_V V_m = 0.01 \times 10 = 0.10(\text{m/s})$$

此风速下原型建筑物的受力可根据 Eu 准则确定，即

$$Eu_p = Eu_m \rightarrow \frac{C_F}{C_\rho C_V^2 C_L^2} = 1 \rightarrow F_P = C_\rho C_V^2 C_L^2 F_m$$

代入数据得

$$F_P = 1 \times 0.01^2 \times 100^2 \times 25 = 25(\text{N})$$

③ 绕流流动的 Eu 一般是随 Re 变化的，实验中发现风速 $V_m > 15\text{m/s}$ 后，模型建筑物欧拉数 Eu_m 为定值，表明 Eu 不再随 Re 变化，此时建筑物绕流进入自模区（绕流阻力进入速度平方区）。在此首先根据 Re 准则确定原型建筑物绕流进入自模区的风速，即

$$V_p = \frac{C_\mu}{C_\rho C_L} V_m > \frac{1}{1 \times 100} \times 15 = 0.15(\text{m/s})$$

这意味着只要原型建筑物风速 $V_p > 0.15\text{m/s}$，其绕流流动将进入自模区（Eu_p 为定值，不再与 Re 有关），此时建筑物受力将与风速的平方成正比，即

$$F_p = Eu_p \rho_p V_p^2 B_p^2$$

根据 Eu 准则：$Eu_p = Eu_m$，且实验测得 $Eu_m = 7.5$，所以

$$F_p = Eu_m \rho_p V_p^2 B_p^2 = 7.5 \rho_p V_p^2 B_p^2$$

此即 $V_p > 0.15\text{m/s}$ 时原型建筑物受力计算式。其中 $V_p = 5\text{m/s}$ 和 15m/s 时的受力分别为：

$$V_p = 5\text{m/s} \qquad F_p = 7.5 \times 1.2 \times 5^2 \times 10^2 = 22500(\text{N})$$

$$V_p = 15\text{m/s} \qquad F_p = 7.5 \times 1.2 \times 15^2 \times 10^2 = 202500(\text{N})$$

注：流体绕流棱状物体时，随流速增加通常都会进入 Eu 为定值的自模区。

【P8-22】 球体绕流阻力问题的动力相似。已知一球形物体在 20℃ 的水中以 2m/s 的速度横向移动时受到的阻力为 16N。另有一 3 倍直径的大球体置于压力为 1.0MPa、温度为 20℃ 的空气风洞中。若大球系统要与小球系统动力相似，则风洞的风速应为多少？该风速下风洞气流对大球体的作用力又为多少？

解 将小球系统视为模型，大球系统视为原型，并分别以下标 m、p 区分其参数。

查附表 C-5、附表 C-6，20℃ 的水和空气（气压 $p' = 10^5 \text{Pa}$）的密度和黏度为：

水 $\qquad\qquad\qquad \rho_m = 998.2\text{kg/m}^3，\mu_m = 0.001\text{Pa·s}$

空气 $\qquad\qquad \rho_p' = 1.205\text{kg/m}^3，\mu_p = 1.81 \times 10^{-5}\text{Pa·s}$

根据理想气体状态方程，温度相同、压力为 1.0MPa 的空气密度为

$$\rho_p = \frac{p}{p'} \rho_p' = \frac{1.0 \times 10^6}{10^5} \times 1.205 = 12.05(\text{kg/m}^3)$$

常规（低速）绕流阻力问题可压缩性影响和重力影响忽略不计，绕流阻力由摩擦阻力和压差阻力构成，其动力相似准则为 Re 准则和 Eu 准则。

根据 Re 准则可确定两系统动力相似的速度比尺，即

$$Re = \frac{\rho VD}{\mu} \rightarrow \frac{C_\rho C_V C_L}{C_\mu} = 1 \rightarrow C_V = \frac{C_\mu}{C_\rho C_L} \quad \text{或} \quad V_p = C_V V_m$$

代入数据可得满足动力相似要求的速度比尺或风洞风速为

$$C_V = \frac{1.81 \times 10^{-5}/0.001}{(12.05/998.2) \times (3/1)} = 0.50 \quad \text{或} \quad V_p = 0.50 \times 2 = 1.0(\text{m/s})$$

该风速下风洞气流对大球体的总作用力由 Eu 准则确定，即

$$Eu = \frac{F}{\rho V^2 L^2} \rightarrow \frac{C_F}{C_\rho C_V^2 C_L^2} = 1 \rightarrow F_p = C_\rho C_V^2 C_L^2 F_m$$

代入数据可得动力相似风速下，风洞气流对大球体的总作用力为

$$F_p=(12.05/998.2)\times0.5^2\times3^2\times16=0.435(N)$$

【P8-23】两球形颗粒恒速沉降过程的动力相似。 一钢制球形颗粒和铝制球形颗粒在密度为 $900kg/m^3$ 的油中自由沉降，且二者均已达到各自的终端速度（进入匀速沉降阶段）。试确定二者在匀速沉降阶段达到动力相似的直径之比和速度之比。已知钢球密度为 $7800kg/m^3$，铝球密度为 $2700kg/m^3$。

提示：参见 P8-6。

解 颗粒在油中的匀速沉降运动属于不可压缩流体的定常绕流问题，其动力相似准则为 Re 准则和 Eu 准则或 Re 准则和 Ar 准则（见 P8-6）。

① 根据 Re 准则和 Eu 准则求解该问题。

首先根据 Re 准则可得二者取得动力相似的速度比尺为

$$Re_m=Re_p \rightarrow \frac{C_\rho C_V C_L}{C_\mu}=1 \rightarrow C_V=\frac{C_\mu}{C_\rho C_L}$$

其次根据 Eu 准则确定二者在匀速沉降阶段动力相似时的阻力比尺为

$$Eu_m=Eu_p \rightarrow C_F=C_\rho C_V^2 C_L^2$$

将 Re 准则确定的速度比尺代入，阻力比尺可表示为

$$C_F=C_\rho C_V^2 C_L^2=C_\mu^2/C_\rho$$

因为二者在同一流体中沉降，故 $C_\mu=1$、$C_\rho=1$，由此可得

$$C_F=1 \quad \text{或} \quad F_p=F_m$$

该结果表明：对于在同一流体中匀速沉降的两颗粒，其动力相似时二者所受阻力相等。

因为匀速沉降时颗粒所受阻力等于其重力减去浮力，故钢制颗粒（下标 p）和铝制颗粒（下标 m）所受阻力可表示为

$$F_p=(\rho_p-\rho)g(\pi d_p^3/6), \quad F_m=(\rho_m-\rho)g(\pi d_m^3/6)$$

二者相等，可得两颗粒在同一流体中匀速沉降时达到动力相似的几何比尺或直径之比为

$$C_L=\frac{d_p}{d_m}=\left(\frac{\rho_m-\rho}{\rho_p-\rho}\right)^{1/3}=\left(\frac{2700-900}{7800-900}\right)^{1/3}=0.639$$

此时两颗粒沉降速度之比可由 Re 准则确定，即

$$\frac{V_p}{V_m}=C_V=\frac{C_\mu}{C_\rho C_L}=\frac{1}{1\times0.639}=1.565$$

以上结果表明：要在同一流体中用轻质颗粒模拟重颗粒的沉降运动，轻质颗粒粒径要大于重颗粒，其终端速度（沉降速度）则小于重颗粒，且 $C_L C_V=1$。

② 根据 Re 准则和 Ar 准则求解该问题。

阿基米德数 Ar 的定义及 Ar 准则的比尺方程为

$$Ar=\frac{\rho\Delta\rho g d^3}{\mu^2} \rightarrow \frac{C_\rho C_{\Delta\rho} C_g C_L^3}{C_\mu^2}=1$$

因为二者在同一流体中沉降，即 $C_\mu=1$、$C_\rho=1$、$C_g=1$，故 Ar 准则确定的几何比尺为

$$C_L=\frac{1}{C_{\Delta\rho}^{1/3}}=\left(\frac{\rho_m-\rho}{\rho_p-\rho}\right)^{1/3}$$

由此可知，根据 Re 准则和 Ar 准则求解的结果与方法①求解结果相同。

【P8-24】气力管道输运沙粒的模型实验。 某工艺流程拟采用流速 $V_p=10m/s$ 的空气输送粒径 $d_p=0.03mm$，密度 $\rho_p=2500kg/m^3$ 沙粒。为掌握其动力学特性，拟在 $1:3$（即 $C_L=3$）的管道中进行动力学实验，实验气体与实际工艺气相同。分析表明，此情况下动力相似的定性准则除管流雷诺数 Re 相等外，还要求沙粒悬浮状况相似，其条件是：两系统的无因

次数 $N_F = F_g/F_D$ 相等，其中 F_g 为减去浮力后的沙粒有效重力，F_D 为气流对沙粒的横向曳力，且曳力系数 $C_D = C/Re_d$，C 为常数，Re_d 是以气流速度为定性速度、沙粒粒径为定性尺寸的颗粒雷诺数。设沙粒可视为球形颗粒，且实验沙粒密度仍然为 ρ_p。

① 试确定实验气速和沙粒粒径；

② 若沙粒浓度较低时气流对沙粒的曳力系数为 $C_D = C/Re_d^{0.6}$，试确定实验沙粒的粒径。

解 本问题为两相流问题，其定性相似准则由理论和经验确定为 Re 准则和 N_F 准则。

① 根据 Re 准则，保证管流雷诺数 Re 相等，有

$$Re_m = Re_p \rightarrow \frac{C_V C_L}{C_\nu} = 1 \rightarrow C_V = \frac{C_\nu}{C_L} \rightarrow V_m = V_p \frac{C_L}{C_\nu}$$

本问题中 $C_L = 3$，实验流体与原型相同即运动黏度比尺 $C_\nu = 1$；故实验气速为

$$V_m = V_p C_L/C_\nu = 10 \times 3/1 = 30 \text{(m/s)}$$

其次，以 ρ 表示空气密度，则减去空气浮力后沙粒的有效重力 F_g 为

$$F_g = (\rho_p - \rho)g(\pi d^3/6)$$

速度为 V 的气流对粒径为 d 的球形颗粒的横向曳力为

$$F_D = C_D \frac{\rho V^2}{2} A_D = \frac{C}{Re_d} \frac{\rho V^2}{2} A_D = \frac{C}{\rho V d/\mu} \frac{\rho V^2}{2} \frac{\pi d^2}{4} = C \frac{\pi}{8} \mu V d$$

因此沙粒悬浮状况的相似准数为

$$N_F = \frac{F_g}{F_D} = \frac{(\rho_p - \rho)g\pi d^3/6}{C\pi\mu V d/8} = \frac{4}{3C} \frac{(\rho_p - \rho)g d^2}{\mu V}$$

保证沙粒悬浮状况相似，则 $N_{F,p} = N_{F,m}$，由此可得实验沙粒粒径，即

$$\frac{(\rho_p - \rho)g d_p^2}{\mu V_p} = \frac{(\rho_p - \rho)g d_m^2}{\mu V_m} \rightarrow d_m = d_p \sqrt{\frac{V_m}{V_p}} = 0.03\sqrt{\frac{30}{10}} = 0.052 \text{(mm)}$$

② 对于沙粒浓度较低的情况，气流对沙粒的曳力系数为 $C_D = C/Re_d^{0.6}$，根据以上类似过程可得沙粒悬浮状况的相似准数为

$$N_F = \frac{F_g}{F_D} = \frac{4}{3C} \frac{(\rho_p - \rho)g d^{1.6}}{\rho_p^{0.4} V^{1.4} \mu^{0.6}}$$

保证沙粒悬浮状况相似，则 $N_{F,p} = N_{F,m}$，由此可得此条件下实验沙粒的粒径为

$$d_m = d_p(V_m/V_p)^{1.4/1.6} = 0.03 \times (30/10)^{1.4/1.6} = 0.078 \text{(mm)}$$

> **说明**：本问题中的 N_F 准则属经验准则，其中沙粒粒径相当于流体参数，不由长度比尺确定。对于沙粒粒径较小的气力输送过程的模型实验，满足相似准则的同时，要避免实验沙粒粒径过小而发生团聚等偏离原型状态的现象。

【P8-25】液体喷嘴所形成的液滴粒径估算。某研究者根据实验发现，液滴在气流中破裂的临界粒径（大于临界粒径的液滴将破裂）可用韦伯数 We 和雷诺数 Re 表示为

$$We/Re^{0.5} = 0.5$$

其中相似数的定性尺寸为液滴粒径 d_{cr}，定性速度为液滴与气流的相对速度 V，密度与黏度为气流物性参数。试根据该条件估计液体喷嘴以 30m/s 的速度将水分散喷入静止空气中所能形成的液滴粒径。已知静止空气为常压，温度 20℃，水的表面张力系数 $\sigma = 0.073 \text{N/m}$。

解 根据以上经验准则和韦伯数 We、雷诺数 Re 的定义可得

$$We/Re^{0.5} = 0.5 \rightarrow \frac{\rho V^2 d_{cr}}{\sigma}\left(\frac{\mu}{\rho V d_{cr}}\right)^{0.5} = 0.5 \quad \text{或} \quad d_{cr} = 0.25 \frac{\sigma^2}{\rho\mu V^3}$$

查附表 C-6 可知，20℃ 常压空气的密度 ρ 和动力黏度 μ 为

$$\rho=1.205\mathrm{kg/m^3},\ \mu=1.81\times10^{-5}\mathrm{Pa\cdot s}$$

将已知数据代入，并近似认为分散液滴的喷射速度即液滴与空气之间的相对速度，可得喷射液滴在空气中破裂的临界粒径为

$$d_{cr}=0.25\times\frac{0.073^2}{1.205\times1.81\times10^{-5}\times30^3}=0.002(\mathrm{m})=2(\mathrm{mm})$$

此结果表明：该液体喷嘴所形成的液滴粒径小于或等于 2mm，因为大于该粒径的液滴将在与空气的相对运动中破裂。

【P8-26】喷射水流的速度与高度（机械能转换过程的相似数）。 某喷嘴以 22.0m/s 的速度垂直向上喷水，空气阻力不计，其喷射高度为 24.7m。若该喷嘴在月球上的垂直喷水高度为 36.5m，并已知月球重力为地球的 1/6。

① 试按相似准则确定该喷嘴在月球上的喷射速度；

② 该喷射速度也可直接按熟知的公式 $V=\sqrt{2gh}$ 计算，试讨论该公式与相似准则是什么关系。

解　地球空气阻力不计，月球无空气阻力，故垂直喷射水流问题实际是理想流体的动能与位能转换问题，此时不存在摩擦阻力，故不必考虑 Re 准则，其动力相似准则仅有 Fr 准则和 Eu 准则。

① 根据 Fr 准则，并以地球参数（下标 p）与月球参数（下标 m）之比定义各比尺，有

$$Fr=\frac{V^2}{gL}\rightarrow\frac{C_V^2}{C_gC_L}=1\rightarrow C_V=\sqrt{C_gC_L}\rightarrow V_m=\frac{V_p}{\sqrt{C_gC_L}}$$

此时 Eu 数中压差 $\Delta p=\rho gh$，故根据 Eu 准则有

$$Eu=\frac{\Delta p}{\rho V^2}=\frac{gh}{V^2}\rightarrow\frac{C_gC_h}{C_V^2}=1\rightarrow C_V=\sqrt{C_gC_h}\rightarrow V_m=\frac{V_p}{\sqrt{C_gC_h}}$$

对比可知

$$C_h=C_L$$

即仅以 Fr 准则为定性准则时，压差对应的压头（或水头）可视为几何尺度。

因为

$$C_g=\frac{g_p}{g_m}=6,\ C_L=C_h=\frac{h_p}{h_m}=\frac{24.7}{36.5}=0.677$$

所以月球上的喷射速度为

$$V_m=\frac{22.0}{\sqrt{6\times0.677}}=10.92(\mathrm{m/s})$$

② 直接按熟知的能量转换公式计算时，月球重力按 $9.81/6=1.635\mathrm{m/s^2}$ 计，也可得

$$V_m=\sqrt{2g_mh_m}=\sqrt{2\times1.635\times36.5}=10.92(\mathrm{m/s})$$

讨论： 无损耗的条件下，单位体积流体的动能与位能的转换关系为

$$\rho V^2/2=\rho gh\ \ 或\ \ V^2/gh=2\ \ 或\ \ V=\sqrt{2gh}$$

对比 Fr 的定义可知，单纯的动能与位能之间的转换过程，实际就是 $Fr=2$ 的相似过程；而公式 $V=\sqrt{2gh}$ 中的 2 就是该过程的相似数 Fr。

由此可以类推：单纯的动能与压力能之间的转换过程是 $Eu=1/2$ 的相似过程，即

$$\rho V^2/2=\Delta p\ \ 或\ \ \Delta p/\rho V^2=1/2\ \ 或\ \ Eu=1/2$$

同理，单纯的压力能与位能之间的转换过程是 $FrEu=1$ 的相似过程，即

$$\Delta p=\rho gh\ \ 或\ \ \frac{\Delta p}{\rho V^2}\frac{V^2}{gh}=1\ \ 或\ \ EuFr=1$$

【P8-27】反应堆冷却系统循环泵的放大模型实验。某反应堆冷却系统拟采用离心泵来驱动液态钠的循环流动，其中泵的流量为 30L/s，扬程为 2m，转速为 1760r/min，液态钠温度 400℃，密度为 $0.85g/cm^3$，动力黏度为 0.269cP。为了解该泵的运行问题，决定制作一台 4 倍大的几何相似模型泵，用 20℃ 的水进行模拟实验。试根据相似准则确定模型泵的转速 n_m、流量 $q_{V,m}$ 与扬程 H_m。设扬程近似等于静压头。

解 泵内流动问题属于不可压缩黏性流体强制流动问题，重力影响可忽略不计。根据因次分析可知（见 P8-8），几何相似泵流动相似的准则是 Re 准则、St 准则和 Eu 准则。

本问题为放大模型实验，原型泵与模型泵的几何比尺 $C_L = 1/4 = 0.25$。

查附表 C-5 可知，20℃ 时水的密度和动力黏度分别为

$$\rho_m = 998.2 \ kg/m^3, \quad \mu_m = 100.42 \times 10^{-5} \ Pa \cdot s = 1.0042cP$$

由此可计算原型与模型系统的流体密度比尺及动力黏度比尺分别为

$$C_\rho = \frac{\rho_p}{\rho_m} = \frac{850}{998.2} = 0.8515, \quad C_\mu = \frac{\mu_p}{\mu_m} = \frac{0.269}{1.0042} = 0.2679$$

根据 Re 准则，可确定两相似系统的速度比尺为

$$Re = \frac{\rho VD}{\mu} \rightarrow \frac{C_\rho C_V C_L}{C_\mu} = 1 \rightarrow C_V = \frac{C_\mu}{C_\rho C_L}$$

设泵的叶轮转速为 n，直径为 D，则叶轮边缘线速度 $V = n\pi D$，故两泵叶轮的边缘线速度之比或两泵叶轮的转速之比一般表示为

$$\frac{V_p}{V_m} = \frac{n_p(\pi D_p)}{n_m(\pi D_m)} \quad \text{或} \quad \frac{n_m}{n_p} = \frac{D_p/D_m}{V_p/V_m}$$

若两泵几何、运动相似，则上式中 $D_p/D_m = C_L$，$V_p/V_m = C_V$，此时转速比可表示为

$$\frac{n_m}{n_p} = \frac{C_L}{C_V} \quad \text{或} \quad n_m = \frac{C_L}{C_V} n_p$$

注：因叶轮转动一周的时间 $t = 1/n$，故 $C_t = t_p/t_m = n_m/n_p$。由此可知以上转速关系实际就是 St 准则，或者说直接应用 St 准则同样得到以上转速比关系。

设 d 为泵进口直径，v 为对应流速，则两泵流量之比可一般表示为

$$q_V = V \frac{\pi d^2}{4} \rightarrow C_{q_V} = \frac{q_{V,p}}{q_{V,m}} = \frac{v_p d_p^2}{v_m d_m^2}$$

同理，因几何相似时 $d_p/d_m = C_L$，运动相似时 $v_p/v_m = C_V$，故两相似系统的流量比为

$$C_{q_V} = C_V C_L^2 \quad \text{或} \quad q_{V,m} = \frac{1}{C_V C_L^2} q_{V,p}$$

将 Re 准则确定的 C_V 代入并代入已知数据，可得模型泵的转速与体积流量分别为

$$n_m = \frac{C_L}{C_V} n_p = \frac{C_\rho C_L^2}{C_\mu} n_p = \frac{0.8515 \times 0.25^2}{0.2679} \times 1760 = 350(r/min)$$

$$q_{V,m} = \frac{q_{V,p}}{C_V C_L^2} = \frac{C_\rho}{C_\mu C_L} q_{V,p} = \frac{0.8515}{0.2679 \times 0.25} \times 30 = 381.4(L/s)$$

由 Eu 准则可建立两泵进出口的压力增量关系为

$$Eu = \frac{\Delta p}{\rho V^2} \rightarrow \frac{C_{\Delta p}}{C_\rho C_V^2} = 1 \rightarrow \frac{\Delta p_p}{\Delta p_m} = C_\rho C_V^2$$

扬程 H 指流体经过泵获得的总压头（单位重量流体的机械能增量），包括速度头、静压头、位头，其中速度头和位头相对很小，通常予以忽略，故扬程 H 近似等于静压头，即

$$H = \frac{\Delta v^2}{2g} + \frac{\Delta p}{\rho g} + \Delta z \approx \frac{\Delta p}{\rho g} \quad \text{或} \quad \Delta p = \rho g H$$

注：实际上，将 Eu 数中的 Δp 视为单位体积流体的能量差，则直接有 $\Delta p = \rho g H$。

根据此关系，可得两泵动力相似时的扬程关系为

$$\frac{\Delta p_p}{\Delta p_m} = C_\rho C_V^2 \rightarrow \frac{\rho_p g_p H_p}{\rho_m g_m H_m} = C_\rho C_V^2 \rightarrow H_m = H_p \frac{C_g}{C_V^2}$$

将 Re 准则确定的 C_V 代入并代入已知数据，且考虑 $C_g = 1$，可得模型泵扬程为

$$H_m = H_p \frac{C_g}{C_V^2} = H_p \frac{C_g C_\rho^2 C_L^2}{C_\mu^2} = 2 \times \frac{1 \times 0.8515^2 \times 0.25^2}{0.2679^2} = 1.263(\text{m})$$

> **讨论**：由本问题可见，满足 Re 准则时，相似系统的转速比（St 准则）、流量比、压差比（Eu 准则）中的速度比尺 C_V 是由 Re 准则确定的。

【P8-28】通风系统轴流风扇的性能实验。某通风系统拟安装于高海拔地区，该地区空气密度 $\rho_p = 0.92\text{kg/m}^3$，通风系统轴流风扇转速 $n_p = 1400\text{r/min}$，要求风扇的体积流量 $q_{V,p} \geqslant 2\text{m}^3/\text{s}$，输入功率 $P_p \leqslant 400\text{W}$。为确定该风扇是否达到要求，拟在低海拔地区（制造厂）对其进行实验。已知实验空气密度 $\rho_m = 1.30\text{kg/m}^3$，试确定风扇实验转速以及符合要求的体积流量和输入功率。设风扇效率不变，两地区空气动力黏度近似相等，且空气近似为不可压缩流体。

解　要以实验预测高海拔地区的风扇性能，实验必须在动力相似工况下进行（相似工况下两泵参数才可相互换算），且实验测试的体积流量大于相似工况流量、输入功率小于相似工况功率，则满足高海拔地区工作要求。

风扇内的流动属于不可压缩黏性流体强制流动，重力影响可忽略不计，故该问题的动力相似准则是 Re 准则和 Eu 准则；因风扇为转动机械，故其转速比同时应满足 St 准则。

本问题相当于等尺寸模型实验，即 $C_L = 1$。

根据给定条件可知，原型与模型的空气密度比值和动力黏度比值分别为

$$C_\rho = \rho_p/\rho_m = 0.92/1.30 = 0.7077, \quad C_\mu = \mu_p/\mu_m = 1$$

根据 Re 准则，并将 $C_L = 1$、$C_\mu = 1$ 代入，可得相似工况的速度比尺为

$$Re = \frac{\rho V D}{\mu} \rightarrow \frac{C_\rho C_V C_L}{C_\mu} = 1 \rightarrow C_V = \frac{C_\mu}{C_\rho C_L} = \frac{1}{C_\rho}$$

相似工况下速度比尺 C_V 亦可由风扇叶轮边缘线速度 $V = n\pi D$ 之比确定，即

$$C_V = \frac{V_p}{V_m} = \frac{n_p(\pi D_p)}{n_m(\pi D_m)} = \frac{n_p}{n_m} C_L \quad \text{或} \quad n_m = \frac{C_L}{C_V} n_p$$

注：因叶轮转动一周的时间 $t = 1/n$，故 $n_m/n_p = t_p/t_m = C_t$。对比可见，以上转速关系实际就是 St 准则，即转速比同时应满足 St 准则。

将 $C_L = 1$、$C_V = 1/C_\rho$ 代入，可得相似工况下的实验转速为

$$n_m = \frac{C_L}{C_V} n_p = C_\rho n_p = 0.7077 \times 1400 = 991(\text{r/min})$$

将 $C_L = 1$、$C_V = 1/C_\rho$ 代入相似工况的体积流量比关系，可得相似工况的体积流量为

$$C_{q_V} = C_V C_L^2 = 1/C_\rho \rightarrow q_{V,m} = C_\rho q_{V,p} = 0.7077 \times 2 = 1.415(\text{m}^3/\text{s})$$

根据 Eu 准则可建立相似工况下风扇前后的压差关系为

$$Eu = \frac{\Delta p}{\rho V^2} \rightarrow \frac{C_{\Delta p}}{C_\rho C_V^2} = 1 \rightarrow \frac{\Delta p_p}{\Delta p_m} = C_\rho C_V^2$$

因为风扇输入功率 $P = q_V \Delta p / \eta$，且效率 η 不变，故相似工况的输入功率之比为

$$\frac{P_p}{P_m} = \frac{q_{V,p} \Delta p_p}{q_{V,m} \Delta p_m} = C_{q_V} C_{\Delta p} = (C_V C_L^2)(C_\rho C_V^2) = C_\rho C_L^2 C_V^3$$

因此，将 Re 准则确定的 $C_V = 1/C_\rho$ 和已知数据代入，可得相似工况的输入功率为

$$P_m = \frac{P_p}{C_\rho C_L^2 C_V^3} = P_p C_\rho^2 = 400 \times 0.7077^2 = 200.3 (W)$$

综上，实验应在 $n_m = 991 r/min$ 的转速下进行，其中测试流量大于 $1.415 m^3/s$，输入功率小于 $200.3 W$，则该风扇符合高海拔地区的性能要求。

【P8-29】轴流风机异地安装的相似计算。 已知某风机在 0℃、1atm 的环境下，以 480r/min 的转速运行时的送风量为 $2.66 m^3/s$，出口风压增量为 418Pa，风机效率为 70%。现将其安装于温度 60℃、压力 0.95atm 的新环境下工作，且转速和效率不变。若该风机运行工况在 Re 自模区（流动形态及风压增量不再随 Re 变化），试确定新环境下该风机的送风量、出口风压增量以及输入功率（风机消耗的功率）。

解 已知风机在某一环境的运行参数，要预测其在新环境下的运行参数，首先要确定两环境下工况相似需要满足的相似准则，由此可确定相似工况参数的换算关系。

风机内的流动可视为黏性流体的强制流动，并有周期性非稳态特征（转动机械），重力影响及压缩效应可忽略不计，故几何相似前提下，其流动相似一般应满足 Re 准则、Eu 准则和 St 准则。本问题中，风机在 Re 自模区运行，故流动相似仅需满足 Eu 准则和 St 准则。

本问题中风机为同一风机，且转速不变（转动一周的时间相同），因此新、老环境两系统的模型比尺、时间比尺以及根据 St 准则确定的速度比尺分别为

$$C_L = 1, \quad C_t = 1, \quad C_V = C_L/C_t = 1$$

将此代入相似系统的流量比尺关系，则新环境流量 $q_{V,p}$ 与老环境流量 $q_{V,m}$ 的关系为

$$C_{q_V} = C_V C_L^2 = 1 \quad \text{或} \quad q_{V,p} = q_{V,m} = 2.66 m^3/s$$

根据 Eu 准则可建立两环境下风机前后的压差关系为

$$Eu = \frac{\Delta p}{\rho V^2} \rightarrow \frac{C_{\Delta p}}{C_\rho C_V^2} = 1 \rightarrow C_{\Delta p} = C_\rho C_V^2 \quad \text{或} \quad \Delta p_p = C_\rho C_V^2 \Delta p_m$$

根据理想气体状态方程，新、老环境下空气的密度比为

$$C_\rho = \frac{\rho_p}{\rho_m} = \frac{p_p T_m}{T_p p_m} = \frac{0.95 \times 273}{333 \times 1} = 0.779$$

由此可知，新环境下风机出口风压的增量为

$$\Delta p_p = C_\rho C_V^2 \Delta p_m = 0.779 \times 1^2 \times 418 = 325.6 (Pa)$$

新环境下风机的输入功率为

$$P_p = q_{V,p} \Delta p_p / \eta = 2.66 \times 325.6 / 0.7 = 1237.3 (W)$$

说明： 本问题规定了新老工况的转速相同，若不能排除 Re 准则，则新老工况不能达到相似，因为此时 Re 准则和 St 准则将给出不同的速度比尺，不符合相似工况应有同一速度比尺的条件。计算可知，若不排除 Re 准则，又要两工况相似，则新工况转速应为 720r/min，相应流量为 $4.0 m^3/s$，压差为 733Pa，功率为 4176W。

【P8-30】离心泵的动力相似及其相似定律与比例定律。 根据因次分析可知（见 P8-8），流体经过离心泵的压力增量 Δp 与其影响因素的无因次数关系为

$$\frac{\Delta p}{\rho n^2 D^2} = f\left(\frac{q_V}{nD^3}, \frac{\rho nD^2}{\mu}, \frac{e}{D}, \frac{l_1}{D}, \frac{l_2}{D}, \cdots, \frac{l_k}{D}\right)$$

其中 D、n 分别为叶轮直径与转速；ρ、μ、q_V 分别为流体密度、黏度与体积流量；e 是壁面粗糙度；l_1、l_2、$\cdots$、l_k 分别为泵的其他相关结构尺寸。

① 以 D 为定性尺寸、$V=nD$ 为定性速度、$t=D^3/q_V$ 为特征时间，试证明以上关系中对应于 Δp、q_V、μ 的三个无因次数分别是欧拉数 Eu、斯特哈尔数 St 和雷诺数 Re。

② 由此证明，两几何相似泵（原型泵与模型泵）流动相似的条件是：两泵对应的 Eu、St 和 Re 对应相等。

③ 实践表明，离心泵通常都在较高 Re 下运行（比如进口雷诺数 $Re>10^5$），此时内部湍流已充分发展，其流动形态和压力增量已不再随 Re 变化，即流动处于与 Re 无关的自模化状态。试确定此条件下两几何相似离心泵的流量比、扬程比、功率比与两泵叶轮直径、转速及流体密度的关系。

注：忽略进出口动、位能差，泵的扬程 $H=\Delta p/\rho g$，有效功率 $P=\rho g q_V H$。

④ 进一步根据泵的相似定律，确定同一离心泵仅因叶轮转速变化导致的流量、扬程、功率的变化。

解　① 以 D 为定性尺寸、$V=nD$ 为定性速度、$t=D^3/q_V$ 为特征时间时，以上关系中对应于 Δp、q_V、μ 的三个无因次数将分别与 Eu、St 和 Re 的定义式一致，即

$$\frac{\Delta p}{\rho n^2 D^2}=\frac{\Delta p}{\rho V^2}=Eu,\quad \frac{q_V}{nD^3}=\frac{D}{Vt}=St,\quad \frac{\rho n D^2}{\mu}=\frac{\rho V D}{\mu}=Re$$

由此可将 Δp 与其影响因素的无因次数关系等价表示为

$$Eu=f\left(St,\ Re,\ \frac{e}{D},\ \frac{l_1}{D},\ \frac{l_2}{D},\ \cdots,\ \frac{l_k}{D}\right)$$

② 根据因次分析的意义可知，以上关系中的无因次数对应相等的两离心泵流动相似。

按几何相似的定义，若两离心泵几何相似，则

$$\frac{D_p}{D_m}=\frac{e_p}{e_m}=\frac{l_{1,p}}{l_{1,m}}=\frac{l_{2,p}}{l_{2,m}}=\cdots=\frac{l_{k,p}}{l_{k,m}}=C_L$$

由此可得　　$\dfrac{e_p}{D_p}=\dfrac{e_m}{D_m}$，$\dfrac{l_{1,p}}{D_p}=\dfrac{l_{1,m}}{D_m}$，$\dfrac{l_{2,p}}{D_p}=\dfrac{l_{2,m}}{D_m}$，$\cdots$，$\dfrac{l_{k,p}}{D_p}=\dfrac{l_{k,m}}{D_m}$

这表明：若泵几何相似，其结构参数的无因次数必对应相等。因此几何相似条件下，两泵流动相似只需满足 Eu、St 和 Re 对应相等即可，即

$$Eu_p=Eu_m,\quad St_p=St_m,\quad Re_p=Re_m$$

③ 当两泵流动都在与 Re 无关的自模区时，Re 不再是动力相似准则，相似准则简化为

$$Eu_p=Eu_m,\quad St_p=St_m$$

根据该简化的相似准则，由 St 准则可得两泵流量比，由 Eu 准则及 $\Delta p=\rho g H$ 可得两泵扬程比，再由关系 $P=\rho g q_V H$ 可得两泵功率比，即

$$\frac{q_{V,p}}{q_{V,m}}=\frac{n_p}{n_m}\frac{D_p^3}{D_m^3},\quad \frac{H_p}{H_m}=\frac{n_p^2}{n_m^2}\frac{D_p^2}{D_m^2},\quad \frac{P_p}{P_m}=\frac{\rho_p}{\rho_m}\frac{n_p^3}{n_m^3}\frac{D_p^5}{D_m^5}$$

此即流动状态都在与 Re 无关的自模区时，两几何相似泵的流量比、扬程比、功率比与其转速、叶轮直径和流体密度的关系，称为泵的相似定律（其中两泵处于相同重力场）。

④ 由以上相似定律可知，对于同一台泵仅因转速由 n_1 变化到 n_2 的两种工况（叶轮直径和流体保持不变），其流量、扬程、功率的比值分别为

$$\frac{q_{V,1}}{q_{V,2}}=\frac{n_1}{n_2},\quad \frac{H_1}{H_2}=\frac{n_1^2}{n_2^2},\quad \frac{P_1}{P_2}=\frac{n_1^3}{n_2^3}$$

此即自模区内同一离心泵的流量、扬程、功率随转速变化的关系，即泵的比例定律。

> **说明**：通常认为泵的进口雷诺数 $Re > 10^5$ 时流动进入自模化状态（输送水等低黏度液体的离心泵通常在该状态下运行）。以上功率比关系也适用于泵的实际功率，前提是两泵效率相等（一般而言，因制造原因，大泵的间隙、粗糙度等相对更小，效率更高）。

【P8-31】轴流泵操作性能的模型实验。 驱动轴流泵所需的功率 P 取决于叶轮的转速 n、直径 D、流体的密度 ρ、体积流量 q_V 及压头 H（扬程）等参数。为了解某原型泵的操作性能，现采用 $C_L = 3$ 的缩制模型进行实验，实验流体与原型泵相同，得到的一组数据为

$$n_m = 900 \text{r/min}, \ D_m = 0.127 \text{m}, \ q_{Vm} = 0.085 \text{m}^3/\text{s}, \ H_m = 3.05 \text{m}, \ P_m = 1510 \text{W}$$

① 若确定以上数据所代表的工况与原型泵转速为 300r/min 时的工况是动力相似的，试分析说明两泵工况一定在与 Re 无关的自模区；

② 由此进一步确定动力相似条件下原型泵的流量、压头及功率，设两泵效率相同。

解 ① 轴流泵内的流动过程类似于离心泵内的流动过程，性质上都属于不可压缩黏性流体流动问题，且是周期性非稳态问题，重力影响可忽略不计，两泵流动相似除几何相似外，一般应满足 Re 准则、St 准则和 Eu 准则。

对于本问题，首先由给定的转速可得两泵的时间比尺为

$$C_t = n_m / n_p = 900/300 = 3$$

两泵动力相似必然运动相似。现已知 C_t，故可由 St 准则确定两泵速度比尺，即

$$C_t = C_L / C_V \rightarrow C_V = C_L / C_t = 3/3 = 1$$

根据 Re 准则也可得两泵动力相似的速度比尺，即

$$Re = \frac{VD}{\nu} \rightarrow \frac{C_V C_L}{C_\nu} = 1 \rightarrow C_V = \frac{C_\nu}{C_L} = \frac{1}{3}$$

由该速度比尺可得满足 Re 准则的原型泵转速为

$$C_V = \frac{n_p \pi D_p}{n_m \pi D_m} \rightarrow n_p = \frac{C_V}{C_L} n_m = \frac{1/3}{3} \times 900 = 100 (\text{r/min})$$

以上结果表明，同时满足 St 准则和 Re 准则所得结果是矛盾的。因为已经确定原型泵转速为 300r/min 时的工况是动力相似工况，而 Re 准则给出的原型泵相似工况转速为 100 r/min，说明矛盾是由 Re 准则所导致。由此可以判断，本问题给定条件下两泵工况必然在 Re 的自模区，因为只有在自模区时流动形态及压头才不随 Re 变化，即 Re 准则不再是定性准则，如此就自然消除了以上矛盾。

② 两泵运行工况都在自模区时，几何相似泵的流动相似仅需满足 Eu 准则和 St 准则。

前面已由 St 准则得到 $C_V = 1$，将其代入相似系统的流量比关系可得原型泵流量为

$$C_{q_V} = C_V C_L^2 = 1 \times 3^2 = 9, \quad q_{V,p} = C_{q_V} q_{V,m} = 9 \times 0.085 = 0.765 (\text{m}^3/\text{s})$$

由 Eu 准则可建立原型泵与模型泵进出口压差的比值关系为

$$Eu = \frac{\Delta p}{\rho V^2} \rightarrow \frac{C_{\Delta p}}{C_\rho C_V^2} = 1 \rightarrow C_{\Delta p} = \frac{\Delta p_p}{\Delta p_m} = C_\rho C_V^2$$

忽略泵的进出口动能差和位能差，则 $\Delta p = \rho g H$，由此可得原型泵的扬程，即

$$\frac{\Delta p_p}{\Delta p_m} = C_\rho C_V^2 \rightarrow \frac{\rho_p g_p H_p}{\rho_m g_m H_m} = C_\rho C_V^2 \rightarrow H_p = H_m \frac{C_V^2}{C_g}$$

本题条件下 $C_g = 1$，满足 St 准则时 $C_V = 1$，由此可得

$$H_p = H_m \frac{C_V^2}{C_g} = 3.05 \times \frac{1^2}{1} = 3.05 (\text{m}) \quad \text{或} \quad C_H = \frac{H_p}{H_m} = 1$$

再根据功率-扬程关系，并设两泵的效率相同，可得两泵输入功率之比为

$$\frac{P_p}{P_m}=\frac{\rho_p g_p H_p q_{V,p}}{\rho_m g_m H_m q_{V,m}}=C_\rho C_g C_H C_{q_V}$$

代入已知数据，可得原型泵的输入功率为

$$P_p=P_m C_\rho C_g C_H C_{q_V}=1510\times1\times1\times1\times9=13590(\text{W})$$

> **说明**：本问题中两泵操作工况都在与 Re 数无关的自模区，故两泵流量比、压头比和功率比可直接用泵的相似定律公式计算（见 P8-30），其结果相同。

【P8-32】几何相似轴流泵输送水和空气时的相似计算。已知某轴流水泵在转速 n 时的流量为 $15\text{m}^3/\text{s}$，扬程为 20m，输入功率为 3000kW。现用一台尺度为其 1/3 的几何相似轴流泵输送空气，空气密度 1.3kg/m^3。假设两泵转速相同，泵效率相同，且泵内均处于充分湍流状态，即泵内流动形态及压头变化不再随 Re 变化，试按动力相似计算空气轴流泵的流量、扬程与功率。设空气不可压缩，扬程 H 近似等于静压头 $\Delta p/\rho g$。

解 根据因次分析可知，几何相似叶片泵的流动相似一般要求满足 Re 准则、St 准则和 Eu 准则。本问题中两泵操作都在 Re 的自模区内，故两泵流动相似除几何相似外，仅要求 St 和 Eu 对应相等。

本问题中，两泵几何相似，且空气泵（模型）尺度为水泵（原型）的 1/3，故 $C_L=3$。

因为两泵转速相同（转动一周的时间相同），即时间比尺 $C_t=1$。故根据 St 准则可确定两泵相似工况的速度比尺，即

$$C_t=C_L/C_V \rightarrow C_V=C_L/C_t=3/1=3$$

进一步根据两相似系统的流量比尺方程，可确定空气轴流泵的流量，即

$$C_{q_V}=C_V C_L^2=3\times3^2=27 \rightarrow q_{V,m}=\frac{q_{V,p}}{C_{q_V}}=\frac{15}{27}=0.556(\text{m}^3/\text{s})$$

根据 Eu 准则，并设扬程 $H=\Delta p/\rho g$，可得两泵扬程比的关系为

$$Eu=\frac{\Delta p}{\rho V^2}=\frac{\rho g H}{\rho V^2} \rightarrow \frac{g_p H_p}{V_p^2}=\frac{g_m H_m}{V_m^2} \rightarrow \frac{H_p}{H_m}=\frac{C_V^2}{C_g}$$

因为两泵运行环境的 g 相同（即 $C_g=1$），故动力相似条件下空气轴流泵的扬程为

$$C_H=\frac{H_p}{H_m}=\frac{C_V^2}{C_g}=\frac{3^3}{1}=9 \rightarrow H_m=\frac{H_p}{C_H}=\frac{20}{9}=2.222(\text{m,Air})$$

因为功率 $P=\rho g H q_V/\eta$，故两相似系统的功率比可用相关比尺表示为

$$\frac{P_p}{P_m}=\frac{(\rho g H q_V/\eta)_p}{(\rho g H q_V/\eta)_m}=\frac{C_\rho C_g C_H C_{q_V}}{C_\eta}$$

上式中，因两泵效率相同，故 $C_\eta=1$；取水的密度为 1000kg/m^3，则密度比值为

$$C_\rho=\rho_p/\rho_m=1000/1.3=769.2$$

将以上相关比尺的数据代入，可得动力相似条件下空气轴流泵的输入功率为

$$P_m=\frac{C_\eta P_p}{C_\rho C_g C_H C_{q_V}}=\frac{1\times3000}{769.2\times1\times9\times27}=0.01605(\text{kW})=16.05(\text{W})$$

> **说明**：本问题中两泵操作工况都在与 Re 无关的自模区，故两泵流量比、压头比和功率比可直接用泵的相似定律公式计算（见 P8-30），其结果相同。

【P8-33】基于水轮机模型实验的参数预测问题。用一台转子直径为 $D_m=42\text{cm}$ 的模型水轮机在水头 $H_m=5.64\text{m}$、转速 $n_m=374\text{r/min}$ 工作条件下进行实验，测得其功率输出为

$P_m = 16.52kW$，机械效率为 89.3%。试根据这些数据，估计转子直径 $D = 409cm$ 且几何相似的原型水轮机的水头 H、流量 q_V、转速 n 和输出功率 P。设原型机效率相同。

提示：参见 P8-9。

解 水轮机转动是依靠重力水流冲击水轮机叶轮实现的，且实际运行中流动过程通常处于充分湍流状态（不再随 Re 变化，即流动处于 Re 自模区）。此条件下的因次分析表明（见 P8-9），效率相等前提下，水轮机流动过程相似则 Eu、Fr 和 St 对应相等，也可等价表述为功率数 N_P、比值 H/D 和 St 数对应相等。

本问题中模型比尺 C_L 和模型流量是确定的，即

$$C_L = D/D_m = 409/42 = 9.74$$

$$q_{V,m} = \frac{P_m}{\rho_m g H_m \eta_m} = \frac{16.52 \times 10^3}{1000 \times 9.81 \times 5.64 \times 0.893} = 0.334 (m^3/s)$$

① 根据 Eu、Fr 和 St 对应相等求解该问题。

根据 Fr 准则和 Eu 准则的比尺方程，并引入压差与压头（或水头）的换算关系 $\Delta p = \rho g H$（此处 Δp 和 H 分别是单位体积和单位重量流体的能量差），可得

$$Fr = \frac{V^2}{Lg} \rightarrow \frac{C_V^2}{C_L C_g} = 1 \rightarrow C_V = \sqrt{C_g C_L}$$

$$Eu = \frac{\Delta p}{\rho V^2} = \frac{gH}{V^2} \rightarrow \frac{C_g C_H}{C_V^2} = 1 \rightarrow C_V = \sqrt{C_g C_H}$$

对比可知

$$C_H = C_L$$

即对于仅涉及 Fr 准则和 Eu 准则的动力相似过程，压头或水头 H 可视为几何尺度。

代入数据可得 $\qquad H = C_L H_m = 9.74 \times 5.64 = 55.0 (m)$

对于叶轮转动系统，其运动相似的速度比尺可由叶轮边缘线速度之比确定，而时间比尺可由叶轮转速比确定（即 $C_t = n_m/n$），由此可得

$$C_V = \frac{n(\pi D)}{n_m(\pi D_m)} \rightarrow n = n_m \frac{C_V}{C_L} \quad 或 \quad \frac{C_t C_V}{C_L} = 1$$

此即运动相似的时间准则（St 准则），或者说叶轮机械的流动相似必然满足 St 准则。

将 Fr 准则确定的 C_V 代入转速比关系并考虑 $C_g = 1$，可得原型机相似转速为

$$n = n_m \frac{C_V}{C_L} = n_m C_L^{-0.5} = 374 \times 9.74^{-0.5} = 119.8 (r/min)$$

将 Fr 准则确定的 C_V 代入相似系统的流量比尺关系，并考虑 $C_g = 1$，可得原型机流量为

$$\frac{q_V}{q_{Vm}} = C_V C_L^2 \rightarrow q_V = q_{Vm} C_V C_L^2 = q_{Vm} C_g^{0.5} C_L^{2.5} = q_{Vm} C_L^{2.5}$$

即 $\qquad q_V = q_{Vm} C_L^{2.5} = 0.334 \times 9.74^{2.5} = 98.90 (m^3/s)$

因为功率 $P = \Delta p q_V \eta$，所以由 Eu 准则和流量 q_V 的比尺方程，可得 P 的比尺方程为

$$C_{\Delta p} = C_\rho C_V^2, C_{q_V} = C_V C_L^2 \rightarrow C_P = C_{\Delta p} C_{q_V} C_\eta = C_\rho C_V^3 C_L^2 C_\eta$$

将 Fr 准则确定的 C_V 代入，并考虑 $C_g = 1$，$C_\rho = 1$，$C_\eta = 1$，$C_H = C_L$，可得原型机功率为

$$P = C_\rho C_V^3 C_L^2 C_\eta P_m = C_L^{3.5} P_m = 9.74^{3.5} \times 16.52 = 47639.4 (kW)$$

② 根据功率数 N_P、比值 H/D 和 St 数对应相等求解该问题。

首先根据两相似系统的 H/D 相等可得原型机水头为

$$\frac{H}{D}=\frac{H_m}{D_m} \rightarrow H=\frac{D}{D_m}H_m=C_L H_m=9.74\times5.64=54.9\approx55.0(m)$$

注：此处 H 为几何尺度是因为 H/D 对应相等则 Fr 和 Eu 对应相等，见 P8-9。

对于转动机械，取定性尺度 $L=D$，定性速度 $V=nD$，定性时间 $t=D^3/q_V$，则功率数 N_P 的定义式和 N_P 数相等的比尺方程、St 数的定义式和 St 数相等的比尺方程分别为

$$N_P=\frac{P}{\rho V^3 L^2}=\frac{P}{\rho n^3 D^5} \rightarrow C_P=C_\rho C_n^3 C_L^5$$

$$St=\frac{L}{Vt}=\frac{D}{nD(D^3/q_V)}=\frac{q_V}{nD^3} \rightarrow C_{q_V}=C_n C_L^3$$

又因为功率 $P=q_V\rho gH\eta$，故效率相同时两相似系统功率之比的比尺方程又可表示为

$$C_P=C_\rho C_g C_H C_{q_V}$$

以上三个比尺方程联立求解可得

$$C_n=C_g^{0.5}C_H^{0.5}C_L^{-1}, \quad C_{q_V}=C_g^{0.5}C_H^{0.5}C_L^2, \quad C_P=C_\rho C_g^{1.5}C_H^{1.5}C_L^2$$

将 $C_g=1$，$C_\rho=1$，$C_H=C_L$ 代入，可得原型机转速、流量和功率分别为

$$n=n_m C_L^{-0.5}, \quad q_V=q_{Vm}C_L^{2.5}, \quad P=P_m C_L^{3.5}$$

很显然，以上各式的计算结果与方法①结果相同。

【P8-34】水轮机模型实验的设计计算。为研究工作流量为 $15m^3/s$ 的某水轮机的运行性能，拟按 $1:5$ 的比例制作一模型机进行实验，实验水流量为 $2m^3/s$。试确定原型机与模型机的转速比、输出功率比、工作水头比。设原型机与模型机效率相同。

提示：参见 P8-9。

解　为预测原型机的行为参数，模型实验必须在与原型流动相似的条件下进行（这样方可根据相似条件对二者相关参数进行换算）。水轮机靠水流冲击转动叶轮输出动力，且实际运行中流动过程通常处于充分湍流状态（即流动处于 Re 自模区）。此条件下因次分析表明（见 P8-9），效率相等的前提下水轮机流动过程相似，则两机的功率数 N_P、比值 H/D 和 St 数对应相等，或等价表述为两机的 Eu、Fr 和 St 对应相等。其中

$$N_P=\frac{P}{\rho n^3 D^5}, \quad St=\frac{q_V}{nD^3}, \quad Eu=\frac{gH}{n^2 D^2}, \quad Fr=\frac{n^2 D}{g}$$

式中，P 是水轮机输出功率；D 是叶轮直径；n 是叶轮转速；ρ 是水的密度；q_V 是进水流量；H 是水头（水轮机进出口单位重量流体的能量差）。

本问题中模型比尺 C_L 和流量比尺是确定的，即

$$C_L=5, \quad C_{q_V}=q_{Vp}/q_{Vm}=15/2=7.5$$

① 根据功率数 N_P、比值 H/D 和 St 数对应相等求解该问题。

首先根据两相似系统的 H/D 对应相等可得原型机与模型机的水头比为

$$\frac{H_p}{D_p}=\frac{H_m}{D_p} \rightarrow \frac{H_p}{H_m}=\frac{D_p}{D_m}=C_L=5$$

其次，根据 St 数相等可确定原型机与模型机的转速比为

$$\frac{q_{Vp}}{n_p D_p^3}=\frac{q_{Vm}}{n_m D_m^3} \rightarrow \frac{n_p}{n_m}=\frac{q_{Vp}}{q_{Vm}}\frac{D_m^3}{D_p^3}=\frac{C_{q_V}}{C_L^3}=\frac{7.5}{5^3}=0.06$$

再根据 N_P 数相等可确定原型机与模型机的功率比为

$$\frac{P_p}{P_m}=\frac{\rho_p n_p^3 D_p^5}{\rho_m n_m^3 D_m^5}=C_\rho C_n^3 C_L^5=1\times0.06^3\times5^5=0.675$$

② 根据 Eu、Fr 和 St 对应相等求解该问题。

根据 St 相等确定原型机与模型机转速比的过程及结果与上相同，即

$$n_p/n_m = 0.06$$

根据转动系统 Eu 和 Fr 的定义以及对应的比尺方程可得

$$\left.\begin{array}{l} Eu = gH/n^2D^2 \rightarrow C_g C_H = C_n^2 C_L^2 \\ Fr = n^2D/g \rightarrow C_n^2 C_L = C_g \end{array}\right\} \rightarrow C_H = C_L$$

即对于仅涉及 Fr 准则和 Eu 准则的动力相似过程，水头 H 可视为几何尺度。故

$$H_m/H_p = C_L = 5$$

因为功率 $P = \rho g H q_V \eta$，故两相似系统功率 P 的比尺方程为

$$C_P = C_\rho C_g C_H C_{q_V} C_\eta$$

将 Eu 准则确定的 $C_g C_H$ 代入，并取 $C_\rho = 1$，$C_\eta = 1$，可得原型机与模型机的功率比为

$$\frac{P_p}{P_m} = C_\rho C_n^2 C_L^2 C_{q_V} C_\eta = 1 \times 0.06^2 \times 5^2 \times 7.5 \times 1 = 0.675$$

根据以上关系，由模型实验的每一组测试数据可计算原型机的相应数据。

【P8-35】 飞机降落过程的水洞模型实验。用尺度只有原型十分之一的飞机模型在水洞中进行实验，以确定飞机的升力、阻力等动力学行为。飞机实际降落过程中飞行速度 $V_p = 150$ km/h，空气温度 $T = 25℃$。考虑该飞行速度下气流可压缩性影响很小，模型实验在水洞中进行，其中实验水温 $T_m = 50℃$，来流压力 p_m 为一个大气压。

① 试根据动力相似确定水洞的实验流速 V_m。

② 若实验测得模型机升力为 F_m，则原型机实际升力 F_p 如何确定？

③ 如果飞机机头的抬升角度较大，实验中必须考虑什么因素？为什么不在风洞中进行实验？

解 查附表 C-5、附表 C-6 可知，常压下 25℃ 空气和 50℃ 水的密度及运动黏度分别为：

空气 $\rho_p = 1.185 \text{kg/m}^3$，$\nu_p = 15.53 \times 10^{-6} \text{m}^2/\text{s}$

水 $\rho_m = 988.1 \text{kg/m}^3$，$\nu_m = 0.556 \times 10^{-6} \text{m}^2/\text{s}$

此外，查附表 C-2 可知，空气绝热指数 $k = 1.4$，气体常数 $R = 287$ J/(kg·K)，因此根据理想气体声速公式和马赫数定义式可知，25℃ 空气中的声速 a 及飞机飞行的马赫数为

$$a = \sqrt{kRT} = \sqrt{1.4 \times 287 \times 298} = 346 (\text{m/s})$$

$$Ma = V/a = (150/3.6)/346 = 0.124$$

由此可见，马赫数 Ma 较小（<0.3）故气流可压缩性影响可以忽略。又因空气重力可忽略，故该问题为不可压缩黏性流体绕流问题，其动力相似应满足 Re 准则和 Eu 准则。

① 模型实验水速由 Re 准则（定性准则）确定，即

$$Re = \frac{VL}{\nu} \rightarrow \frac{C_V C_L}{C_\nu} = 1 \rightarrow C_V = \frac{C_\nu}{C_L} \rightarrow V_m = V_p \frac{C_L}{C_\nu}$$

代入数据有 $V_m = 53.7 \text{km/h} = 14.92 \text{m/s}$

② 原型机升力 F_p 与模型机升力 F_m 的比值由 Eu 准则（非定性准则）确定，即

$$Eu = \frac{F}{\rho V^2 L^2} \rightarrow \frac{C_F}{C_\rho C_V^2 C_L^2} = 1 \rightarrow C_F = C_\rho C_V^2 C_L^2 \rightarrow F_p = F_m C_\rho C_V^2 C_L^2$$

考虑满足 Re 准则时 $C_V C_L = C_\nu$，并代入数据得到

$$F_p = F_m C_\rho C_\nu^2 = (1.185/988.1) \times (15.53/0.556)^2 F_m = 0.936 F_m$$

该关系即模型机受力（测试值）与原型机受力的换算关系。

③ 如果飞机机头的抬升角度较大，实验中必须考虑水深静压的影响，即通过分析计算从实验结果中扣除水深静压的相关影响（抬升角较小时可视为水平飞行）。

若采用风洞实验，则根据 50℃时空气的运动黏度可得运动黏度比尺 $C_\nu=0.865$，此时满足 Re 准则要求气流速度 $V_m=482\text{m/s}$，该速度已超过声速。而超声速下的阻力特性包含气体可压缩性影响，与飞机降落过程的亚声速状态不能动力相似。

【P8-36】常压风洞与压力风洞中螺旋桨飞机的模型实验。 某螺旋桨飞机，其螺旋桨转速 $\omega_p=100\text{rad/s}$ 时的推进速度 $V_p=50\text{m/s}$。现采用比尺 $C_L=5$ 的模型在大气条件的风洞中实验，以研究飞机的动力学行为。

① 试确定风洞工作段的风速 V_m 和模型飞机的螺旋桨转速 ω_m，并评判该实验风速是否合理。

② 若风洞改为 3.0 倍大气压力的压力风洞（增加气流密度以降低实验气速），则 V_m 和 ω_m 又如何？

③ 若实验测得模型飞机总阻力为 F_m，则如何确定原型飞机的阻力 F_p？设常压和压力风洞的温度与飞机飞行环境温度相同，且动力黏度仅与温度有关。

解　模型实验必然是在与原型系统动力相似的条件下进行。飞机的飞行可视为气流绕流问题，重力影响可忽略不计，其动力相似准则一般有 Re 准则、Ma 准则和 Eu 准则。本问题中，大气环境下的声速大约为 340m/s，而飞机飞行速度为 50m/s，远离声速，可不考虑 Ma 准则（通常在 $Ma>0.3$ 以后才考虑可压缩性影响），故本问题动力相似仅需满足 Re 准则和 Eu 准则。

首先根据 Re 准则（定性准则）确定两系统的速度比尺及风洞气速，即

$$Re=\frac{\rho VL}{\mu} \to \frac{C_\rho C_V C_L}{C_\mu}=1 \to C_V=\frac{C_\mu}{C_\rho C_L} \quad \text{或} \quad V_m=V_p\frac{C_\rho C_L}{C_\mu}$$

对于螺旋桨气动过程，速度比尺 C_V 也可由螺旋桨边缘线速度之比定义，由此可得螺旋桨转速之比。在此设 R 为螺旋桨半径，且考虑两系统相似时 $R_p/R_m=C_L$、$\omega_m/\omega_p=C_t$，有

$$\frac{\omega_p R_p}{\omega_m R_m}=C_V \to \frac{\omega_p}{\omega_m}=\frac{C_V}{C_L} \quad \text{或} \quad \frac{C_t C_V}{C_L}=1$$

此即运动相似的时间准则，即 St 准则。这表明转动桨叶问题可直接用其确定转速比。

进一步将 Re 准则确定的 C_V 代入，可得满足 Re 准则的螺旋桨转速比关系为

$$\frac{\omega_p}{\omega_m}=\frac{C_\mu}{C_\rho C_L^2} \quad \text{或} \quad \omega_m=\omega_p\frac{C_\rho C_L^2}{C_\mu}$$

① 对于大气条件的风洞，$C_\rho=1$，$C_\mu=1$，且 $C_L=5$，故实验风速和螺旋桨转速为

$$V_m=50\times\frac{1\times5}{1}=250(\text{m/s}), \quad \omega_m=100\times\frac{1\times5^2}{1}=2500(\text{rad/s})$$

该实验风速下马赫数 $Ma=250/340=0.735$，已接近声速，模型机受力包括可压缩影响（弹性力），这与原型机受力不符（可压缩效应微弱），故该实验气速过高，不合理。

② 若风洞为 3.0 倍大气压力的压力风洞，且温度不变，则根据理想气体状态方程可知

$$C_\rho=\rho_p/\rho_m=p_p/p_m=1/3$$

又因为动力黏度与压力无关，故　　　　　$C_\mu=1$

因此，采用压力风洞时的风速 V_m 和模型机螺旋桨转速 ω_m 分别为

$$V_m=V_p C_\rho C_L/C_\mu=50\times(1/3)\times5/1=83.3(\text{m/s})$$

$$\omega_m=\omega_p C_\rho C_L^2/C_\mu=100\times(1/3)\times5^2/1=833.3(\text{rad/s})$$

该风速下 $Ma=83.3/340=0.245$，模型实验中可压缩效应较小，可以忽略。由此可见

采用压力风洞的优点是可减小实验气速，从而减小可压缩性影响，但实验动力消耗也随之增加。

③ 原型机阻力 F_p 与模型飞阻力 F_m 的比值由 Eu 准则（非定性准则）确定，即

$$Eu = \frac{F/L^2}{\rho V^2} \rightarrow \frac{C_F}{C_\rho C_V^2 C_L^2} = 1 \rightarrow C_F = C_\rho C_V^2 C_L^2$$

将 Re 准则确定的速度比尺 C_V 代入上式得

$$C_F = C_\rho C_V^2 C_L^2 = C_\rho \left(\frac{C_\mu}{C_\rho C_L}\right)^2 C_L^2 = \frac{C_\mu^2}{C_\rho}$$

采用压力风洞时，$C_\mu = 1$，$C_\rho = 1/3$，故原型机阻力 F_p 与模型机阻力 F_m 之比为

$$C_F = \frac{C_\mu^2}{C_\rho} = \frac{1^2}{1/3} = 3 \quad 或 \quad F_p = 3F_m$$

> **说明**：本问题中，除风洞风速外，也要考虑螺旋桨边缘速度保持较低的马赫数。比如，设原型机螺旋桨桨叶长度为 0.6m，则其边缘线速度为 60m/s；此时模型机桨叶长度为 0.12m。对于常压风洞，螺旋桨边缘线速度为 300m/s，而压力风洞中，螺旋桨边缘线速度为 100m/s。可见压力风洞实验中，螺旋桨边缘气速的马赫数也小于 0.3。

【P8-37】低温氮气压力风洞中的飞机模型实验。为研究某飞机在海平面上以 100m/s 速度飞行时的升力与阻力问题，拟在低温氮气压力风洞（增加密度并降低黏度，以降低实验气速）中进行模型实验。其中海平面上空气温度、压力、密度、动力黏度及对应声速分别为

$$T_p = 288K, \ p_p = 1atm, \ \rho_p = 1.23kg/m^3, \ \mu_p = 1.79 \times 10^{-5} Pa \cdot s, a_p = 340m/s$$

低温氮气压力风洞的温度、压力、气体密度、动力黏度及对应声速分别为

$$T_m = 183K, \ p_m = 5atm, \ \rho_m = 7.7kg/m^3, \ \mu_m = 1.2 \times 10^{-5} Pa \cdot s, \ a_m = 295m/s$$

① 试确定满足完全动力相似的实验气速、模型比尺以及原型机与模型机的阻力比；

② 若在以上确定的模型比尺下采用空气压力风洞进行实验，且空气温度和黏度与海平面空气相同，则风洞的风速和压力为多少？

注：空气视为理想气体，其温度相同时声速相同。

解 飞机的飞行属于可压缩流体绕流物体的流动，重力影响可忽略不计，其完全动力相似的准则为 Re 准则，Ma 准则，Eu 准则，其中 Re 准则和 Ma 准则是定性准则。

① 首先由 Ma 准则确定氮气风洞的实验气速，即

$$Ma = V/a \rightarrow V_m = V_p a_m / a_p = 100 \times 295/340 = 86.8 m/s$$

再由 Re 准则确定模型比尺，即

$$Re = \frac{\rho V L}{\mu} \rightarrow \frac{L_p}{L_m} = \frac{\mu_p}{\mu_m} \frac{\rho_m}{\rho_p} \frac{V_m}{V_p} = \frac{1.79}{1.2} \frac{7.7}{1.23} \frac{86.8}{100} = 8.1$$

原型机与模型机所受作用力的比值由 Eu 准则（非定性准则）确定，即

$$Eu = \frac{F}{\rho V^2 L^2} \rightarrow \frac{F_p}{F_m} = \frac{\rho_p}{\rho_m} \frac{V_p^2}{V_m^2} \frac{L_p^2}{L_m^2} = \frac{1.23}{7.7} \frac{100^2}{86.8^2} \times 8.1^2 = 13.9$$

② 采用空气压力风洞时，实验空气与海平面空气温度相同，两者中声速相同，因此按 Ma 准则，实验空气的气速与原型机速度相同，即

$$V_m = V_p(a_m/a_p) = 100 \times 1 = 100(m/s)$$

再根据 Re 准则，并考虑 $C_L = 8.1$ 且黏度相同，可确定压力风洞所需的空气密度，即

$$Re = \frac{\rho V L}{\mu} \rightarrow \frac{\rho_m}{\rho_p} = \frac{\mu_m}{\mu_p} \frac{L_p}{L_m} \frac{V_p}{V_m} = 1 \times 8.1 \times 1 = 8.1$$

于是根据理想气体状态方程并考虑温度相同，可得空气风洞的压力为

$$\frac{p_m}{p_p} = \frac{\rho_m}{\rho_p} \rightarrow p_m = p_p \frac{\rho_m}{\rho_p} = 1 \times 8.1 = 8.1(\text{atm}) = 8.2 \times 10^5 (\text{Pa})$$

从能耗的角度对比，风洞工作段截面相同时空气风洞的送风功率约为氮气风洞的 1.87 倍，但氮气风洞制冷系统另需消耗功率。

【P8-38】潜艇阻力的水槽实验与压力风洞实验。 已知某潜艇的速度为 9.26km/h，航行深度的海水运动黏度为 1.30×10^{-6} m²/s，密度为 1010 kg/m³。为研究其阻力等问题，现采用长度为原型十二分之一的相似模型潜艇在水槽液面之下进行实验，其中水槽水温为 50℃。

① 试按动力相似确定拖拽模型潜艇的速度。

② 试确定原型潜艇所受阻力与模型潜艇测试阻力的关系。

③ 该问题的时间比尺为多少且代表什么意义？

④ 若实验在 20℃ 的压力风洞中进行，且要求实验风速小于 60m/s，试确定风洞的压力？设空气动力黏度仅与温度相关。

解 潜艇水下航行时的阻力一般包括摩擦阻力与形状阻力，液体重力静压影响可以忽略，流动稳态且不可压缩，因此其动力相似的定性准则为 Re 准则，非定性准则为 Eu 准则。

50℃ 时，水的密度 $\rho = 988.1$kg/m³，运动黏度 $\nu = 0.556 \times 10^{-6}$ m²/s，由此可得

$$C_\rho = \frac{\rho_p}{\rho_m} = \frac{1010}{988.1} = 1.022, \quad C_\nu = \frac{\nu_p}{\nu_m} = \frac{1.3}{0.556} = 2.338$$

根据已知条件，模型比尺为

$$C_L = 12$$

① 首先根据雷诺数 Re 相等确定模型潜艇的拖拽速度（相当于实验水速），即

$$Re = \frac{VL}{\nu} \rightarrow \frac{C_V C_L}{C_\nu} = 1 \rightarrow C_V = \frac{C_\nu}{C_L} \rightarrow V_m = V_p \frac{C_L}{C_\nu}$$

代入数据得

$$V_m = 9.26 \times 12/2.338 = 47.53(\text{km/h}) = 13.20(\text{m/s})$$

② 根据欧拉数 Eu 相等，可确定原型潜艇与模型潜艇的阻力关系，即

$$Eu = \frac{F}{\rho V^2 L^2} \rightarrow \frac{C_F}{C_\rho C_V^2 C_L^2} = 1 \rightarrow C_F = C_\rho C_V^2 C_L^2 \rightarrow \frac{F_p}{F_m} = C_\rho C_V^2 C_L^2$$

将 Re 准则确定的速度比尺 C_V 代入，并代入数据可得

$$F_p = C_\rho C_V^2 C_L^2 F_m = C_\rho C_\nu^2 F_m = 1.022 \times 2.338^2 F_m = 5.587 F_m$$

③ 根据 St 准则（运动相似时间准则），并将 Re 准则确定的速度比尺 C_V 和已知数据代入，可得原型与模型的时间比尺为

$$C_t = \frac{C_L}{C_V} = \frac{C_L^2}{C_\nu} = \frac{12^2}{2.338} = 61.6$$

该时间比尺 C_t 的意义之一是流体绕过原型潜艇与模型潜艇的时间的比值。

④ 实验在 20℃ 的压力风洞中进行时，查附表 C-6 可知实验空气动力黏度为

$$\mu_m = 1.81 \times 10^{-5} \text{ Pa·s}$$

根据 Re 准则可得风洞要求的空气密度，即

$$Re = \frac{\rho V L}{\mu} \rightarrow \frac{\rho_m V_m L_m}{\mu_m} = \frac{\rho_p V_p L_p}{\mu_p} \rightarrow \rho_m = \frac{\mu_m}{\nu_p} \frac{V_p}{V_m} \frac{L_p}{L_m}$$

代入数据，并限定实验风速 $V_m \leqslant 60$m/s，可得

$$\rho_m \geqslant \frac{18.19}{1.3} \frac{9.26/3.6}{60} \times 12 = 7.163(\text{kg/m}^3)$$

根据理想气体状态方程，可知该密度对应的空气压力为

$$p=\rho RT \geqslant 7.163 \times 287 \times 293=602343.8(\text{Pa})=5.94(\text{atm})$$

根据以上结果可见，对于水槽实验，13.20m/s 的拖拽速度要求水槽有足够的长度，而采用压力风洞则需要消耗较大的功率。

【P8-39】**潜艇方向舵力矩模型实验结果的换算。** 为研究某潜艇航行时其方向舵受到的力矩，特按 1：50 的比例制作一几何相似模型进行实验，实验在水洞中进行，水的密度为 1000kg/m³，黏度为 1.3×10^{-3}Pa·s，在 10m/s 的水流速度下测得模型潜艇方向舵力矩为 3N·m。试确定与模型实验动力相似条件下原型潜艇的航行速度及方向舵力矩。已知潜艇航行深度的海水黏度为 1.4×10^{-3}Pa·s，密度为 1020kg/m³。

解 潜艇航行时水流绕方向舵的流动属于不可压缩黏性流体绕流问题，重力影响可以忽略，其动力相似准则一般为 Re 准则和 Eu 准则。

本问题中，海水与实验用水的密度比和黏度比分别为

$$C_{\rho}=\frac{\rho_{\text{p}}}{\rho_{\text{m}}}=\frac{1020}{1000}=1.020, \quad C_{\mu}=\frac{\mu_{\text{p}}}{\mu_{\text{m}}}=\frac{1.4}{1.3}=1.077$$

首先根据雷诺数 Re 相等，确定动力相似时原型潜艇的航行速度，即

$$Re=\frac{VL}{\nu} \rightarrow \frac{C_{\rho}C_{V}C_{L}}{C_{\mu}}=1 \rightarrow C_{V}=\frac{C_{\mu}}{C_{\rho}C_{L}} \rightarrow V_{\text{p}}=V_{\text{m}}\frac{C_{\mu}}{C_{\rho}C_{L}}$$

代入数据得

$$V_{\text{p}}=10 \times \frac{1.077}{1.020 \times 50}=0.211(\text{m/s})$$

其次，根据欧拉数 Eu 相等，可确定原型潜艇方向舵与模型潜艇方向舵的受力关系，即

$$Eu=\frac{F}{\rho V^{2}L^{2}} \rightarrow \frac{C_{F}}{C_{\rho}C_{V}^{2}C_{L}^{2}}=1 \rightarrow C_{F}=C_{\rho}C_{V}^{2}C_{L}^{2}$$

力矩的一般表达式为 $M=FL$（其中 L 表示力臂），因此两相似系统的力矩之比为

$$\frac{M_{\text{p}}}{M_{\text{m}}}=C_{F}C_{L} \quad \text{或} \quad M_{\text{p}}=C_{F}C_{L}M_{\text{m}}$$

将 Eu 准则确定的 C_{F} 及 Re 准则确定的 C_{V} 代入，可得动力相似时原型方向舵的力矩为

$$M_{\text{p}}=C_{F}C_{L}M_{\text{m}}=C_{\rho}C_{V}^{2}C_{L}^{3}M_{\text{m}}=\frac{C_{\mu}^{2}}{C_{\rho}}C_{L}M_{\text{m}}$$

代入数据得

$$M_{\text{p}}=\frac{1.077^{2}}{1.020} \times 50 \times 3=170.6(\text{N·m})$$

【P8-40】**鱼雷阻力的模型实验。** 为估计直径 $D=0.3$m 的鱼雷在密度 $\rho=1100$kg/m³、黏度 $\mu=0.00115$Pa·s 的水中以速度 $V=10$m/s 行进时的阻力，拟制作 1：3 的模型在 20℃ 的风洞中进行实验。

① 试按动力相似确定采用常压风洞的实验气速，并判断其合理性；

② 若采用压力风洞并限定风速为 50m/s，试确定风洞压力以及原型鱼雷与模型鱼雷的阻力之比；

③ 若常压风洞中实验表明雷诺数 $Re>1.5 \times 10^{5}$ 时其阻力进入速度平方区（Eu 为定值，不再随 Re 变化），由此确定采用常压风洞的实验风速以及原型鱼雷阻力与其速度的关系。假设气体动力黏度 μ 只与温度有关。

解 鱼雷与水的相对运动问题属于不可压缩黏性流体绕流问题，重力影响可以忽略，因此其动力相似准则一般为 Re 准则和 Eu 准则。

① 采用 20℃ 的常压风洞时，查附表 C-6 可得风的密度和动力黏度分别为

$$\rho_m = 1.205\text{kg/m}^3, \quad \mu_m = 1.81 \times 10^{-5} \text{Pa} \cdot \text{s}$$

由此可得　　$C_\rho = \dfrac{\rho_p}{\rho_m} = \dfrac{1100}{1.205} = 912.86$，$C_\mu = \dfrac{\mu_p}{\mu_m} = \dfrac{0.00115}{1.81 \times 10^{-5}} = 63.54$

根据 Re 准则确定的速度比尺或实验流速为

$$Re_m = Re_p \rightarrow \frac{C_\rho C_V C_L}{C_\mu} = 1 \rightarrow C_V = \frac{C_\mu}{C_\rho C_L} \quad \text{或} \quad V_m = V_p \frac{C_\rho C_L}{C_\mu}$$

代入数据可得　　　　　$V_m = 10 \times \dfrac{912.86 \times 3}{63.54} = 431.0 (\text{m/s})$

由此可见，采用常压风洞不合适，因为其风速已超过声速，此时模型受力包括激波阻力，这在原型鱼雷中是没有的，故实验模型与原型不能动力相似。

② 若采用 20℃ 的压力风洞且风速为 50m/s，则根据 Re 准则可得实验空气的密度为

$$C_\rho = \frac{C_\mu}{C_V C_L} \quad \text{或} \quad \rho_m = \rho_p \frac{C_V C_L}{C_\mu}$$

代入数据，且此时 $C_V = 10/50 = 0.2$，可得

$$C_\rho = \frac{C_\mu}{C_V C_L} = \frac{63.54}{0.2 \times 3} = 105.9, \quad \rho_m = \frac{\rho_p}{C_\rho} = \frac{1100}{105.9} = 10.387 (\text{kg/m}^3)$$

根据理想气体状态方程（温度相同），该密度对应的压力为

$$p_m = p \frac{\rho_m}{\rho} = 1 \times \frac{10.387}{1.205} = 8.62 (\text{atm})$$

此条件下原型阻力与模型阻力（测试值）的比值由 Eu 准则确定，即

$$Eu_m = Eu_p \rightarrow \frac{C_F}{C_\rho C_V^2 C_L^2} = 1 \rightarrow F_p = F_m C_\rho C_V^2 C_L^2$$

将 Re 准则确定的 C_V 及已知数据代入，可得

$$F_p = F_m C_\rho C_V^2 C_L^2 = F_m \frac{C_\mu^2}{C_\rho} = F_m \frac{63.54^2}{105.9} = 38.12 F_m$$

③ 因为风洞中实验表明雷诺数 $Re > 1.5 \times 10^5$ 时其阻力进入速度平方区，故可由此计算原型鱼雷与常压风洞中模型鱼雷的阻力进入自模区的速度分别为

$$V_{p,c} = Re \frac{\mu_p}{\rho_p D_p} = 1.5 \times 10^5 \times \frac{0.00115}{1100 \times 0.3} = 0.523 (\text{m/s})$$

$$V_{m,c} = Re \frac{\mu_m}{\rho_m D_m} = Re \frac{\mu_m}{\rho_m D_p} C_L = 1.5 \times 10^5 \times \frac{1.81 \times 10^{-5}}{1.205 \times 0.3} \times 3 = 22.53 (\text{m/s})$$

由此可见，原型鱼雷的速度 $V_p = 10\text{m/s}$ 时已进入阻力自模区；而常压风洞中，只要实验风速 $V_m > 22.53\text{m/s}$，则模型鱼雷的阻力也将进入自模区。这表明，由于鱼雷阻力的自模化特点，本问题的模型实验可在常压风洞中进行，且只要在实验风速 V_m（>22.53m/s）下测试出对应的阻力 F_m，并由此计算出欧拉数 Nu_m（为定值），则可仅由 Eu 准则得到原型鱼雷的阻力 F_p 与其行进速度 V_p（>0.523m/s）的关系，即

$$Nu_p = \frac{F_p}{\rho_p V_p^2 D_p^2} = Nu_m \rightarrow F_p = Nu_m \rho_p V_p^2 D_p^2$$

【P8-41】**水面舰船波浪阻力的相似计算**。已知按 1∶16 制作的水面舰船以 3m/s 的速度行进时，其波浪阻力为 10N。试确定与之动力相似的原型舰船的行进速度及其波浪阻力。设模型与原型舰船都在相同物性的水中行进。

提示：参见 P8-11。

解 水面舰船航行涉及自由液面运动，舰船受到的总阻力包括波浪阻力和摩擦阻力，因此，舰船航行问题的动力相似一般包括 Fr 准则、Re 准则和 Eu 准则（见 P8-11）。实践表明，波浪阻力的相似取决于 Fr 准则（此时 Fr 数中的 V 为航速，gL 则表征水波传播速度），摩擦阻力的相似取决于 Re 准则，两者对应相等则 Eu 数也对应相等（Eu 准则为非定性准则）。

本问题涉及的是波浪阻力问题，故动力相似时原型舰船的行进速度按 Fr 准则确定，即

$$Fr = \frac{V^2}{gL} \rightarrow \frac{C_V^2}{C_g C_L} = 1 \rightarrow C_V = \sqrt{C_g C_L} \quad 或 \quad V_p = V_m \sqrt{C_g C_L}$$

将 $C_g = 1$、$C_L = 16$ 代入可得

$$C_V = \sqrt{1 \times 16} = 4, \ V_p = 3 \times 4 = 12 (\text{m/s})$$

按 Eu 准则可确定动力相似时原型与模型舰船的阻力比为

$$Eu = \frac{F}{\rho V^2 L^2} \rightarrow C_F = C_\rho C_V^2 C_L^2 \rightarrow F_p = C_\rho C_V^2 C_L^2 F_m$$

将 Fr 准则确定的 C_V 和模型舰船波浪阻力代入，可得原型舰船的波浪阻力为

$$F_p = C_\rho C_V^2 C_L^2 F_m = C_\rho C_g C_L^3 F_m = 1 \times 1 \times 16^3 \times 10 = 40960 (\text{N})$$

说明：此问题中给出了模型舰船的波浪阻力，所以可按 Fr 准则和 Eu 准则确定原型舰船的波浪阻力。一般情况下波浪阻力难于单独测试，而是测试总阻力，此时要单独预测波浪阻力和总阻力，通常采用实验与计算相结合的方法（见以下问题）。

【P8-42】水面舰船波浪阻力与总阻力的模型实验。为模拟某舰船以 $V = 12\text{m/s}$ 的速度在海上航行时的波浪阻力和总阻力，拟采用缩小 40 倍的模型在清水中进行实验。已知原型舰船长度 $L = 78\text{m}$，摩擦面积（浸水面积）$A = 2500\text{m}^2$，海水密度 1025kg/m^3，实验用水密度 1000kg/m^3，两者运动黏度均为 $\nu = 10^{-6}\text{m}^2/\text{s}$，且已知原型与模型船体的摩擦阻力系数可用下式计算

$$C_f = 0.91(\lg Re)^{-2.58}, \ Re = VL/\nu$$

① 若考虑仅满足 Fr 准则，试确定实验水速以及原型与模型舰船波浪阻力之比；

② 若考虑仅满足 Re 准则，试确定实验水速以及原型与模型舰船摩擦阻力之比；

③ 若同时满足 Fr 准则和 Re 准则，试确定实验流体的运动黏度及其流速；

④ 试采用以下注解中介绍的方法，通过模型实验预测原型舰船的波浪阻力和总阻力。其中已知在 Fr 准则确定的实验水速下，模型舰船总阻力的测试值为 32N。

注：水面舰船航行过程中，船体的推进将产生水波，而水波的反推力将对船体的行进产生阻力，此即波浪阻力（或称兴波阻力）。分析表明，波浪阻力的相似取决于 Fr 准则（此时 Fr 数中的 V 为航速，gL 则表征水波传播速度）。因此，再考虑摩擦阻力，舰船航行问题的动力相似一般包括 Fr 准则、Re 准则和 Eu 准则。其中表征总阻力的 Eu 准则为非定性准则，即两相似系统的 Fr 数和 Re 数对应相等，则 Eu 数也对应相等。

另一方面，因涉及自由液面并考虑实验条件，舰船模型实验通常也只能在水中进行，此时要同时满足 Fr 准则和 Re 准则几乎是不可能的（见③结果）。因此要根据模型实验合理预测原型舰船以速度 V_p 航行时的阻力，必须借助其他手段，即首先以 Fr 准则确定实验水速 V_m，并测试模型总阻力 $F_{D,m}$；同时采用船体形状的薄板单独实验或通过理论分析（如边界层理论）得到 V_m 下的摩擦阻力 $F_{f,m}$，由此可得模型舰船的波浪阻力 $F_{w,m} = F_{D,m} - F_{f,m}$；然后再根据 Eu 准则确定 V_p 下原型舰船的波浪阻力 $F_{w,p}$，并再次根据实验或理论计算 V_p

下原型舰船的摩擦阻力 $F_{f,p}$，由此得到原型舰船总阻力 $F_{D,p} = F_{w,p} + F_{f,p}$。

解 本问题中 $C_L = 40$，$C_g = 1$，$C_\nu = 1$，$C_\rho = 1025/1000 = 1.025$

① 若考虑仅满足 Fr 准则，则模型舰船的水流速度（通常是以该速度拖动舰船）为

$$Fr = \frac{V^2}{gL} \rightarrow C_V = \sqrt{C_g C_L} \rightarrow V_m = \frac{V_p}{\sqrt{C_g C_L}} = \frac{12}{\sqrt{1 \times 40}} = 1.897 (\text{m/s})$$

根据 Eu 准则，原型舰船与模型舰船的阻力之比为

$$Eu = F/\rho V^2 L^2 \rightarrow F_p/F_m = C_\rho C_V^2 C_L^2$$

将 Fr 准则（波浪阻力定性准则）确定的 C_V 代入，则以上阻力比为波浪阻力之比，即

$$F_{w,p}/F_{w,m} = C_\rho C_V^2 C_L^2 = C_\rho C_g C_L^3 = 1.025 \times 1 \times 40^3 = 65600$$

此时的问题是：模型实验中难于单独测试波浪阻力。

② 若考虑仅满足 Re 准则，则模型舰船的水流速度为

$$Re = \frac{VL}{\nu} \rightarrow C_V = \frac{C_\nu}{C_L} \rightarrow V_m = V_p \frac{C_L}{C_\nu} = 12 \times \frac{40}{1} = 480 (\text{m/s})$$

将此 C_V 代入 Eu 准则，可得原型舰船与模型舰船摩擦阻力之比为

$$F_{f,p}/F_{f,m} = C_\rho C_V^2 C_L^2 = C_\rho C_\nu^2 = 1.025 \times 1^2 = 1.025$$

由此可见，满足 Re 准则需要的实验水速是难以实现的（对于 C_L 较大的模型实验，当实验流体与原型相同或相近时，都会遇到实验流速过高的问题）。除此之外的问题是：模型实验中难于单独测试摩擦阻力。

③ 若同时满足 Fr 准则和 Re 准则，则首先根据 Fr 准则可得实验流速（见上），即

$$V_m = 1.897 \text{m/s}$$

然后根据 Fr 准则和 Re 准则的 C_V 相等，可得模型实验用水的运动黏度，即

$$\sqrt{C_g C_L} = \frac{C_\nu}{C_L} \rightarrow C_\nu = C_g^{0.5} C_L^{1.5} = 1^{0.5} \times 40^{1.5} = 253.0$$

此时原型舰船与模型舰船阻力之比为总阻力之比，即

$$F_{D,p}/F_{D,m} = C_\rho C_V^2 C_L^2 = C_\rho C_\nu^2 = C_\rho C_g C_L^3 = 1.025 \times 1 \times 40^3 = 65600$$

此时的问题是：找不到运动黏度为海水黏度的 1/253 的实验流体（液体）。

④ 在舰船表面摩擦阻力可另行计算的条件下（摩擦阻力的计算相对比波浪阻力容易），可首先根据 Fr 准则确定实验水速，并在该水速下测试模型舰船总阻力，其结果为

$$V_m = 1.897 \text{m/s}, \quad F_{D,m} = 32 \text{N}$$

该速度下模型舰船的雷诺数、摩擦阻力系数、总摩擦力及波浪阻力分别为

$$Re_m = V_m L_m / \nu_m = 1.897 \times (78/40)/10^{-6} = 3.7 \times 10^6$$

$$C_{f,m} = \frac{0.91}{[\lg(Re_m)]^{2.58}} = \frac{0.91}{[\lg(3.7 \times 10^6)]^{2.58}} = 0.00708$$

$$F_{f,m} = C_{f,m} \frac{\rho_m V_m^2}{2} A_m = 0.0708 \times \frac{1000 \times 1.897^2}{2} \times (2500/40^2) = 19.9 (\text{N})$$

$$F_{w,m} = F_{D,m} - F_{f,m} = 32 - 19.9 = 12.1 (\text{N})$$

根据 Eu 准则，并将 Fr 确定的 C_V 代入，可得原型舰船在 $V_p = 12 \text{m/s}$ 时的波浪阻力为

$$F_{w,p}/F_{w,m} = C_\rho C_V^2 C_L^2 = C_\rho C_g C_L^3 = 1.025 \times 1 \times 40^3 = 65600$$

$$F_{w,p} = 65600 F_{w,m} = 65600 \times 12.1 = 793760 (\text{N})$$

原型舰船速度 $V_p = 12 \text{m/s}$ 时的雷诺数、摩擦阻力系数和总摩擦力分别为

$$Re_p = V_p L_p / \nu_p = 12 \times 78/10^{-6} = 9.36 \times 10^8$$

$$C_{f,p}=\frac{0.91}{[\lg(Re_p)]^{2.58}}=\frac{0.91}{[\lg(9.36\times10^8)]^{2.58}}=0.00317$$

$$F_{f,p}=C_{f,p}\frac{\rho_p V_p^2}{2}A_p=0.00317\times\frac{1025\times12^2}{2}\times2500=584865(N)$$

此时原型舰船的总阻力为

$$F_{D,p}=F_{w,p}+F_{f,p}=793760+584865=1378625(N)$$

讨论：用 Fr 准则确定实验条件，同时用计算方法确定摩擦阻力，这一方法之所以可行，原因是 Fr 准则确定的水速易于实现，且摩擦阻力的单独实验或理论计算相对容易。反之，若是以 Re 准则确定实验条件，同时用计算方法确定波浪阻力，则几乎没有可行性，原因是 Re 准则确定的水速不现实，且波浪阻力的单独计算也不太现实。

【P8-43】桥墩周围波浪结构的模型实验。 为研究水流速度 $V_p=5m/s$ 时桥墩周围的水波形态，拟制作几何比尺 $C_L=20$ 的相似模型进行实验。

① 试确定模型实验的水流速度。

② 若该流速下测得模型桥墩端部水波高度为 1.5cm，则原型桥墩端部水波高度为多少？

③ 若实验中测得两桥墩之间的体积流量 $q_{V,m}=0.3m^3/s$，试确定原型桥墩之间的体积流量。

解 ① 水波问题是重力作用下的自由液面运动问题，其动力相似准则为 Fr 准则。故研究桥墩周围的水波形态时，应根据 Fr 准则确定两系统的速度比尺或水流速度（其中 $C_g=1$），即

$$Fr=\frac{V^2}{gL}\rightarrow\frac{C_V^2}{C_g C_L}=1\rightarrow C_V=\sqrt{C_g C_L}\quad\text{或}\quad V_m=\frac{V_p}{C_V}$$

代入数据可得　　$C_V=\sqrt{1\times20}=2\sqrt5$，$V_m=\frac{5}{2\sqrt5}=1.118(m/s)$

② 若该流速下模型桥墩端部水波高度 $h_m=1.5cm$，则原型桥墩端部水波高度 h_p 为

$$h_p=C_L h_m=20\times0.015=0.30(m)$$

③ 将 Fr 准则确定的 C_V 代入两相似系统的体积流量比关系，可得

$$C_{q_V}=C_V C_L^2=(\sqrt{C_g C_L})C_L^2=C_g^{0.5}C_L^{2.5}\quad\text{或}\quad q_{V,p}=q_{V,m}C_g^{0.5}C_L^{2.5}$$

代入数据，可得原型桥墩之间的体积流量为

$$q_{V,p}=0.3\times1^{0.5}\times20^{2.5}=240\sqrt5(m^3/s)\approx536.66(m^3/s)$$

说明：本问题若是研究 $V_p=5m/s$ 时桥墩的受力，则动力相似的定性准则应同时包括 Fr 准则和 Re 准则，但采用相同流体（水）为实验流体，又不可能同时满足这两个准则，因为两者要求的速度比尺 C_V 不一样。解决该矛盾的办法之一可参见 P8-42；办法之二是近似认为总阻力主要是水波和压差阻力，摩擦阻力较小可以忽略（对桥墩这种绕流面积较小的结构是可行的），或认为桥墩绕流处于与 Re 无关的自模区。这样就可仅用 Fr 准则确定 C_V，进而用 Eu 准则确定原型与模型的阻力比。据此同时可知，以上的 $q_{V,p}$ 也是近似的，因为其中的 C_V 是仅由 Fr 准则确定的。

【P8-44】溢洪道流动问题的模型实验。 某水坝的溢洪道如图 8-3 所示，现按 1∶25 的比例制作模型进行实验。若已知原型的流量为 $q_{V,p}=3000m^3/s$，试确定模型的实验流量。其中模型实验用水与原型相同。

注：有实际意义的溢洪道流动都为充分湍流状态，因此通常要求溢洪道模型比尺不能太

大（即模型不能太小，通常建议溢洪道模型高度不小于1m），以保证模型流动也为充分湍流状态。设本问题中取 $C_L=25$ 可保证模型流动为充分湍流状态。

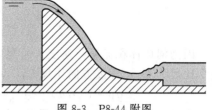

图 8-3　P8-44 附图

解　溢洪道流动兼有自由液面重力流动和摩擦流动的特点，因此其动力相似的定性准则一般包括 Fr 准则和 Re 准则。但由于有实际意义的溢洪道流动都为充分湍流状态（流动形态不再随 Re 变化），因此只要溢洪道模型比尺不太大（即模型不能太小），保证模型流动也为充分湍流状态，则模型实验条件仅需满足 Fr 准则即可。

因为本问题中取 $C_L=25$ 可保证模型流动也在充分湍流状态，所以，根据 Fr 准则可确定原型与模型的速度比尺为

$$Fr=\frac{V^2}{gL} \rightarrow \frac{C_V^2}{C_g C_L}=1 \rightarrow C_V=\sqrt{C_g C_L}$$

将该速度比尺代入两相似系统的流量比尺方程可得

$$C_{q_V}=\frac{q_{V,p}}{q_{V,m}}=C_V C_L^2=C_g^{0.5}C_L^{2.5} \quad 或 \quad q_{V,m}=\frac{q_{V,p}}{C_g^{0.5}C_L^{2.5}}$$

因为 $C_g=1$、$C_L=25$，所以模型溢洪道的实验流量为

$$q_{V,m}=\frac{q_{V,p}}{C_g^{0.5}C_L^{2.5}}=\frac{3000}{1\times25^{2.5}}=0.96(\text{m}^3/\text{s})$$

此问题中 Fr 相等，表征流体或流道所受总力的 Eu 数也对应相等。

【P8-45】河床流动模型实验的比尺效应及变异模型。河床流动既有自由液面又有河床摩擦阻力，因此一般而言，反映重力影响的 Fr 准则和反映黏性力影响的 Re 准则都是重要的定性准则。但因自由液面的模型实验通常只能采用相同流体（水），故同时满足 Fr 准则和 Re 准则几乎不可能，除非改变重力 g 或进行 $C_L=1$ 的原型实验。另一方面，由于有实际意义的河床流动多为充分湍流状态，其流动形态已不再随 Re 变化，故只要保证模型流动也在充分湍流区，则实验条件的确定只需满足 Fr 准则即可。

因场地原因，模型河床通常远小于实际河床（C_L 很大），从而产生比尺效应，即由于 C_L 很大导致模型河床水深太浅，使其流动偏离充分湍流区或成为层流（层流时表面张力影响也将显现），为此不得不在水深方向单独采用较小的几何比尺 C_{Lh}，以维持必要水深，满足充分湍流要求。这种在特定方向采用不同几何比尺的模型称为变异模型（distorted model）。

① 在河床问题模型实验中，若模型河床长、宽方向采用同一比尺 C_L，深度方向采用较小的比尺 C_{Lh}，试确定满足 Fr 准则时，速度比尺 C_V、流量比尺 C_{q_V}、时间比尺 C_t 与 C_L、C_{Lh} 的关系。

注：此时反映重力影响的 Fr 数以河床水深 h 为定性尺寸。

② 若针对长 $L=10$km、宽 $W=65$m、深 $h=3$m、流量 $q_V=300$m^3/s 的河床进行模型实验，并取长宽方向模型比尺 $C_L=500$，水深方向比尺 $C_{Lh}=50$，试确定模型河流的尺寸及流量。

③ 若河床流动充分湍流的条件是雷诺数 $Re>8000$，试问取 $C_{Lh}=50$ 是否合适？其中雷诺数 Re 的定性尺寸为河床流动截面的水力直径。

④ 若要在模型河床中研究潮汐的影响，则施加于模型河床的潮汐周期为多少？

解 ①以水深 h 为 Fr 的定性尺寸且深度比尺为 C_{Lh} 时，满足 Fr 准则的速度比尺为

$$Fr = \frac{V^2}{gh} \rightarrow \frac{C_V^2}{C_g C_{Lh}} = 1 \rightarrow C_V = \sqrt{C_g C_{Lh}}$$

因为河床体积流量＝速度×河宽×河深，水流流动时间＝河长/速度，且河流长宽方向模型比尺为 C_L，深度方向比尺 C_{Lh}，故两相似系统的流量比尺和时间比尺分别为

$$q_V = V(Wh) \rightarrow C_{q_V} = C_V C_L C_{Lh}, \quad t = L/V \rightarrow C_t = C_L/C_V$$

将 Fr 准则确定的速度比尺 C_V 代入，可得（满足 Fr 准则的）流量和时间比尺为

$$C_{q_V} = C_g^{0.5} C_L C_{Lh}^{1.5}, \quad C_t = C_L (C_g C_{Lh})^{-0.5}$$

② 根据原型河床已知数据及以上比尺关系，模型河床的尺寸、流量和流速分别为

$$L_m = L_p/C_L = 10000/500 = 20 \text{(m)}$$

$$W_m = W_p/C_L = 65/500 = 0.13 \text{(m)}, \quad h_m = h_p/C_{Lh} = 3/50 = 0.06 \text{(m)}$$

$$q_{V,m} = \frac{q_{V,p}}{C_{q_V}} = \frac{q_{V,p}}{C_g^{0.5} C_L C_{Lh}^{1.5}} = \frac{300}{1^{0.5} \times 500 \times 50^{1.5}} = 1.70 \times 10^{-3} \text{(m}^3\text{/s)}$$

$$V_m = \frac{q_{V,m}}{W_m h_m} = \frac{1.70 \times 10^{-3}}{0.13 \times 0.06} = 0.218 \text{(m/s)}$$

③ 以上条件下，原型河床及模型河床流动截面的水力直径和雷诺数分别为

$$D_p = 4\frac{A_p}{P_p} = 4\frac{W_p h_p}{W_p + 2h_p} = 4 \times \frac{65 \times 3}{65 + 2 \times 3} = 10.986 \text{(m)}$$

$$Re_p = \frac{\rho_p V_p D_p}{\mu_p} = \frac{1000 \times (300/195) \times 10.986}{0.001} = 1.69 \times 10^7 > 8000$$

$$D_m = 4\frac{A_m}{P_m} = 4\frac{W_m h_m}{W_m + 2h_m} = 4 \times \frac{0.13 \times 0.06}{0.13 + 2 \times 0.06} = 0.1248 \text{(m)}$$

$$Re_m = \frac{\rho_m V_m D_m}{\mu_m} = \frac{1000 \times 0.218 \times 0.1248}{0.001} = 27206 > 8000$$

此结果表明，取 $C_{Lh} = 50$ 是合适的，因为此条件下模型河流的流动已到达充分湍流。

注：变异模型的河流或港湾模型实验中，根据 C_{Lh} 的不同，需要在水中插入特定的干扰物，并凭经验调整其大小和间距等参数，通过其摩擦效应使模型流动形态接近原型。

④ 潮汐河流受月球引力作用的潮汐周期一般为 12.4h，所以若要在模型河床中研究潮汐的影响，施加于模型河床的潮汐周期可由时间比尺确定。本问题中该潮汐周期为

$$t_m = t_p C_L^{-1} \sqrt{C_g C_{Lh}} = 12.4 \times 500^{-1} \times \sqrt{1 \times 50} = 0.175 \text{(h)} = 10.5 \text{(min)}$$

第 9 章

不可压缩流体管内流动问题

不可压缩流体管内流动具有广泛的工程应用背景。本章主要围绕管道流动阻力计算这一核心问题，首先给出不可压缩流体管内流动的基本公式，然后简述管内流动问题的基本类型、特点及解析要领，最后是若干典型问题的分析与计算。

9.1 不可压缩流体管内流动的基本公式

9.1.1 管内流动充分发展时的速度分布

管道流动的进口区与充分发展区 管内流动沿管长方向可分为进口区与充分发展区。进口区速度分布及流动方向压力梯度 dp/dx 随管长是变化的，充分发展区速度分布及 dp/dx 不再随管长变化。其中对于常见的圆管流动，层流进口区长度 $L_e=0.058DRe$，湍流进口区长度 $L_e\approx50D$。除非另加说明，本章相关公式均针对充分发展区。

（1）光滑圆管层流流动的速度分布

圆管层流时，管流雷诺数 $Re<2300$，截面半径 r 处的局部速度 u（轴向）可表示为

$$u=2u_m\left(1-\frac{r^2}{R^2}\right)=u_{max}\left(1-\frac{r^2}{R^2}\right) \tag{9-1}$$

式中，R 为管道半径；u_m 是管道截面平均速度；u_{max} 是截面最大速度（管中心速度）。

注：等边三角形及矩形管层流速度分布也有解析式，但较复杂，见 P6-15 与 P6-16。

（2）光滑圆管湍流流动的速度分布

圆管湍流时，$Re>4000$，且由管壁 $y=0$ 至管中心 $y=R$ 分为三个区域：黏性底层、过渡层、湍流核心区，且黏性底层和过渡层通常很薄。以普朗特混合长理论为指导，实验给出的各区域范围及速度分布（称为通用速度分布或壁面律）为：

黏性底层区 $\qquad\qquad 0<y/y^*<5, \ \frac{u}{u^*}=\frac{y}{y^*}$ $\qquad\qquad$ (9-2a)

过渡层区 $\qquad\qquad 5\leqslant y/y^*\leqslant30, \ \frac{u}{u^*}=5.0\ln\frac{y}{y^*}-3.05$ $\qquad$ (9-2b)

湍流核心区 $\qquad\quad y/y^*>30, \ \frac{u}{u^*}=2.5\ln\frac{y}{y^*}+5.5$ $\qquad\quad$ (9-2c)

式中，$y=R-r$；u^* 称为摩擦速度、y^* 称为摩擦长度，二者由管壁切应力 τ_0 定义，即

$$u^*=\sqrt{\tau_0/\rho}, \ y^*=\mu/\sqrt{\tau_0\rho} \tag{9-3}$$

计算 u^*、y^* 所需的 τ_0 可根据平均速度 u_m 选择以下两式之一计算，即

$$\frac{u_m}{\sqrt{\tau_0/\rho}}=2.5\ln\frac{R\sqrt{\tau_0\rho}}{\mu}+1.75 \quad 或 \quad \tau_0=\lambda\frac{\rho u_m^2}{8}=\frac{D}{L}\frac{\Delta p_f}{4} \tag{9-4}$$

其中前者需试差，后者需事先计算摩擦阻力系数 λ 或摩擦压降 Δp_f（方法见后）。

对于湍流核心区，还有 Blasius 1/7 次方式以及由此扩展的幂函数经验式：

Blasius 1/7 次方式 $\qquad\qquad u=u_{max}\left(1-\frac{r}{R}\right)^{1/7} \quad (Re<10^5)$ $\qquad$ (9-5)

幂函数经验式 $\qquad u=u_{max}\left(1-\frac{r}{R}\right)^{1/n}, \ \frac{u_m}{u_{max}}=\frac{2n^2}{(2n+1)(n+1)}$ $\qquad$ (9-6)

上式中的 n 随雷诺数 Re 变化，变化关系如表 9-1 所示。

表 9-1　不同雷诺数 Re 下圆管湍流核心区速度分布经验式中的 n 及 $u_{\mathrm{m}}/u_{\max}$

Re	4×10^3	2.3×10^4	1.1×10^5	1.1×10^6	3.2×10^6
n	6.0	6.6	7.0	8.8	10.0
$u_{\mathrm{m}}/u_{\max}$	0.791	0.807	0.817	0.850	0.865

9.1.2　管道流动的沿程阻力与局部阻力

沿程阻力　管道壁面黏性摩擦产生的阻力称为沿程阻力，沿程阻力产生的压力降 Δp_{f} 或压头损失 h_{f} 称为摩擦压降或摩擦阻力损失。二者之间及其与摩擦阻力系数 λ 的关系为

$$\Delta p_{\mathrm{f}}=\rho g h_{\mathrm{f}}, \quad \Delta p_{\mathrm{f}}=\lambda\frac{L}{D}\frac{\rho u_{\mathrm{m}}^2}{2}, \quad h_{\mathrm{f}}=\lambda\frac{L}{D}\frac{u_{\mathrm{m}}^2}{2g} \tag{9-7}$$

以上 Δp_{f} 或 h_{f} 与 λ 的关系又称为 Darcy-Weisbach 公式，以下简称达西公式。

局部阻力　因为流动截面突变（如阀门、管口处的流动）或流动方向突变（如管道弯头处的流动）所产生的阻力称为局部阻力，由此产生的压降 $\Delta p_{\mathrm{f}}'$ 或压头损失 h_{f}' 称为局部压降或局部阻力损失。二者之间及其与局部阻力系数 ζ 的关系为

$$\Delta p_{\mathrm{f}}'=\rho g h_{\mathrm{f}}', \quad \Delta p_{\mathrm{f}}'=\zeta\frac{\rho u_{\mathrm{m}}^2}{2}, \quad h_{\mathrm{f}}'=\zeta\frac{u_{\mathrm{m}}^2}{2g} \tag{9-8}$$

9.1.3　管内流动的摩擦阻力系数

圆管层流　圆管层流的摩擦阻力系数可由理论解析得到，即

$$\lambda=\frac{64}{Re}, \quad Re=\frac{\rho u_{\mathrm{m}}D}{\mu} \tag{9-9}$$

等边三角形管层流　边长为 a 的等边三角形管，其层流摩擦阻力系数为

$$\lambda=\frac{53}{Re}, \quad Re=\frac{\rho u_{\mathrm{m}}D_{\mathrm{h}}}{\mu}, \quad D_{\mathrm{h}}=\frac{\sqrt{3}}{3}a \tag{9-10}$$

矩形管层流　矩形管截面底边宽度为 b、高度为 a，其层流摩擦阻力系数为

$$\lambda=\frac{C}{Re}, \quad Re=\frac{\rho u_{\mathrm{m}}D_{\mathrm{h}}}{\mu}, \quad D_{\mathrm{h}}=\frac{2ab}{a+b} \tag{9-11}$$

且　　$\dfrac{b}{a}=1, C=57;\ \dfrac{b}{a}=2, C=62;\ \dfrac{b}{a}=4, C=73;\ \dfrac{b}{a}=\infty, C=96$

光滑圆管湍流　光滑圆管湍流摩擦阻力系数经验式较多，有代表性的有

卡门-普朗特公式　　$\dfrac{1}{\sqrt{\lambda}}=0.873\ln(Re\sqrt{\lambda})-0.8 \quad (4000<Re<3\times10^6)$ (9-12)

尼古拉兹公式　　$\lambda=0.0032+0.221Re^{-0.237} \quad (10^5<Re<3\times10^6)$ (9-13)

Blasius 经验式　　$\lambda=0.3164Re^{-0.25} \quad (4000<Re<10^5)$ (9-14)

尼古拉兹公式与 Blasius 经验式的统一拟合式（最大偏差＜1.6%）为

$$\lambda=0.0056+0.49Re^{-0.32} \quad (Re>4000) \tag{9-15}$$

粗糙圆管湍流　粗糙圆管分为水力光滑管、过渡型圆管和水力粗糙管三种情况。

① 水力光滑管：绝对粗糙度 $e<5y^*$，其 λ 与 e 无关，可用以上光滑圆管公式计算。

② 过渡型圆管：粗糙度范围 $5y^*<e<70y^*$，其 λ 可用 Colebrook 经验式计算，即

$$\frac{1}{\sqrt{\lambda}}=1.136-0.869\ln\left(\frac{e}{D}+\frac{9.287}{Re\sqrt{\lambda}}\right) \tag{9-16}$$

③ 水力粗糙管：其 $e > 70y^*$，此时 λ 仅与 e/D 相关，可用冯·卡门经验式计算，即

$$\frac{1}{\sqrt{\lambda}} = 1.136 - 0.869\ln\frac{e}{D} \quad \text{或} \quad \frac{1}{\sqrt{\lambda}} = 0.869\ln\left(\frac{3.696}{e/D}\right) \tag{9-17}$$

该式适用范围是 $Re > 2308/(e/D)^{0.85}$，更严格的要求是 $Re > 3500/(e/D)$。

圆管湍流阻力系数的通用式 实际上，光滑管和粗糙管湍流的 λ 可用统一的公式计算。公式之一是 Colebrook 经验式 [式(9-16)]，该式是隐式公式（但对于求解流量的问题有方便之处，见 9.2.1 节）；公式之二是 Haaland 提出的显式公式，即

$$\frac{1}{\sqrt{\lambda}} = 1.135 - 0.782\ln\left[\left(\frac{e}{D}\right)^{1.11} + \frac{29.482}{Re}\right] \tag{9-18}$$

该式适用范围 $4000 \leqslant Re \leqslant 10^8$。此外，也可用熟知的 Moody 图查取 λ（此处从略）。

非圆形管湍流阻力系数的计算 可将其水力直径 D_h 代入圆管公式近似计算。

螺旋管和弯曲管的摩擦阻力系数 螺旋管结构参数包括：曲率半径 R_c、管径 d、节距 h，其摩擦阻力系数 λ_c 可采用 Mishra and Gupta 的实验关联式计算，其中：

层流流动 $\qquad \lambda_c/\lambda_s = 1 + 0.033(\lg De_m)^{4.0} \quad (1 < De_m < 3000) \tag{9-19}$

湍流流动 $\qquad \lambda_c = \lambda_s + 0.03(d/2R_c')^{0.5} \quad (4500 < Re < 10^5) \tag{9-20}$

且直管摩擦系数 λ_s 为 $\qquad \lambda_s = 64/Re$（层流），$\lambda_s = 0.3164/Re^{0.25}$（湍流）

以上 λ_c 计算式适用的几何参数范围是：$d/2R_c = 0.003 \sim 0.15$，$h/2R_c = 0 \sim 25.4$。

以上 λ_c 计算式中的 R_c' 是螺旋管修正曲率半径，De_m 称为修正迪恩数，其计算式为

$$R_c' = R_c[1 + (h/2\pi R_c)^2], \quad De_m = Re\sqrt{d/2R_c'} \tag{9-21}$$

以上几何参数范围内，实验获得的螺旋管层流与湍流的过渡雷诺数 Re_c 为

$$Re_c = 20000(d/2R_c')^{0.32} \tag{9-22}$$

令 $h = 0$，以上 λ_c 计算式可用于计算曲率半径为 R_c 的弯曲管道的阻力系数。

9.1.4 局部阻力系数

局部阻力系数 ζ 主要为实验数据。常见管件和阀件的 ζ 参考值见附表 E-2、附表 E-3。

少数结构的 ζ 有解析式或经验式，其中突扩管、突缩管、锥形扩大管、锥形缩小管的 ζ 计算式见表 9-2。

注：局部压降 $\Delta p'$ 或压头损失 h_f' 的计算均以小管流速为准。

表 9-2 突扩管、突缩管、锥形扩大管、锥形缩小管的结构及局部阻力系数计算式

管件	结构	局部阻力系数计算式
突扩管	A_1, u_1 $\rightarrow$ A_2, u_2	$\zeta = \left(1 - \dfrac{A_1}{A_2}\right)^2$
突缩管	A_1, u_1 $\rightarrow$ A_2, u_2	$\zeta \approx \dfrac{1}{2}\left[1 - \left(\dfrac{A_2}{A_1}\right)^{0.75}\right]$
锥形扩大管	A_1, u_1 θ A_2, u_2	$\theta \leqslant \dfrac{\pi}{4}$：$\zeta = 2.6\left(1 - \dfrac{A_1}{A_2}\right)^2 \sin\dfrac{\theta}{2}$；$\dfrac{\pi}{4} < \theta \leqslant \pi$：$\zeta = \left(1 - \dfrac{A_1}{A_2}\right)^2$
锥形缩小管	A_1, u_1 θ A_2, u_2	$\theta \leqslant \dfrac{\pi}{4}$：$\zeta = 0.8\left(1 - \dfrac{A_2}{A_1}\right)\sin\dfrac{\theta}{2}$；$\dfrac{\pi}{4} < \theta \leqslant \pi$：$\zeta = \dfrac{1}{2}\left(1 - \dfrac{A_2}{A_1}\right)\sqrt{\sin\dfrac{\theta}{2}}$

9.2　管内流动问题的解析与计算

9.2.1　问题的基本类型、特点与解析要领

管流问题多种多样，但问题解析的基本出发点是：质量守恒、达西公式、机械能守恒。

单一管路流动问题　单一管路问题中常见的有三种基本类型，包括：

① 确定阻力损失的问题：这类问题一般已知管道参数 D、L、e 和流量 q_V，此时可依次计算雷诺数 Re、阻力系数 λ，然后由达西公式计算摩擦压降 Δp_f 或阻力损失 h_f。

② 确定流量的问题：这类问题一般已知 D、L、e、Δp_f 或 h_f，此时可用试差法和直接法。试差法步骤是：假设流量 q_V，计算 Re、e/D、λ，然后计算 Δp_f 或 h_f 并直至其计算值与已知值相等为止。直接法步骤是：首先计算 $Re\sqrt{\lambda}$（由 Re 数定义式及达西公式解出），即

$$Re = \frac{u_m D}{\nu}, \quad h_f = \lambda \frac{L}{D} \frac{u_m^2}{2g} \rightarrow Re\sqrt{\lambda} = \frac{D}{\nu}\sqrt{\frac{2gh_f}{L/D}} \tag{9-23}$$

然后用 Colebrook 经验式［式(9-16)］计算 λ，再根据达西公式计算 u_m 或 q_V。

③ 确定管径的问题：这类问题一般已知 L、e、q_V、Δp_f 或 h_f，此时一般需试差计算，步骤是：假设 D，计算 Re、e/D、λ，然后计算 Δp_f 或 h_f，直至其计算值与已知值相等为止。

串联管路问题　其特点是各管段流量相等，总阻力降等于各管段阻力降之和，即

$$q_V = q_{V_1} = q_{V_2} = \cdots = q_{V_n}, \quad \Delta p_f = \Delta p_{f_1} + \Delta p_{f_2} + \cdots + \Delta p_{f_n} \tag{9-24}$$

利用该特点并结合达西公式和机械能守恒方程，是串联管路问题的解析要领。

并联管路问题　其特点是并联的各管路压降相等，总流量等于各管路流量之和，即

$$\Delta p_f = \Delta p_{f_1} = \Delta p_{f_2} = \cdots = \Delta p_{f_n}, \quad q_V = q_{V_1} + q_{V_2} + \cdots + q_{V_n} \tag{9-25}$$

利用该特点并结合达西公式和机械能守恒方程，是并联管路问题的解析要领。

分支管路问题　其特点是管道交汇点质量守恒（进入交汇点的流量之和等于离开交汇点的流量之和），且各分支管在交汇点有相同的压力。利用该特点并结合达西公式和机械能守恒方程，是分支管路问题的解析要领。详见 P9-26～P9-28。

管网流量计算问题　管网即有众多网格和交汇点的网络管路。其特点之一是各交汇点质量守恒，即输入＝输出，由此可得关于管段流量 q_{Vi} 的方程组（管网有 n 个交汇点，则可列出 $n-1$ 个独立方程）。特点之二是绕每一网格回路的压降为零，由此可得关于管段流量 q_{Vi} 的另一方程组（管网有 m 个独立网格则有 m 个独立方程）。两个方程组将构成管网流量 q_{Vi} 的控制方程。求解该控制方程可用解析法或迭代法（详见 P9-31～P9-33），但更可行的是逐次近似法（详见 P9-34、P9-35）。

9.2.2　管内流动典型问题的解析与计算

【P9-1】 光滑圆管截面局部速度等于平均速度的位置。根据光滑圆管层流与湍流速度分布式(湍流分别采用通用速度分布式和 Blasius 1/7 次方式)，确定截面局部速度等于截面平均速度的位置 r 与管道半径 R 的比值。设湍流时的雷诺数较大。

解　对于层流情况，在其速度分布式中令 $u = u_m$，可得 u 对应的半径坐标 r，即

$$u = 2u_m\left(1 - \frac{r^2}{R^2}\right), \quad u = u_m \rightarrow \frac{r}{R} = \frac{1}{\sqrt{2}} = 0.707$$

湍流时速度 $u=u_m$ 的位置 r 位于湍流核心区。进一步，若湍流雷诺数较大，则黏性底层和过渡层很薄，此时管道平均流速也可用核心区速度分布积分得到（误差较小）。以下分别采用通用速度分布式和 Blasius 1/7 次方式计算。

根据通用速度分布式［式(9-2)］可知，光滑圆管湍流核心区速度分布为

$$\frac{u}{u^*}=2.5\ln\frac{y}{y^*}+5.5=2.5\ln\frac{R-r}{y^*}+5.5 \tag{a}$$

如上所述，湍流雷诺数较大时管流平均速度也可用核心区速度分布式积分计算，即

$$u_m=\frac{1}{\pi R^2}\int_0^R u2\pi r\,\mathrm{d}r=\frac{2u^*}{R^2}\int_0^R\left(2.5\ln\frac{R-r}{y^*}+5.5\right)r\,\mathrm{d}r$$

积分可得

$$\frac{u_m}{u^*}=2.5\ln\frac{R}{y^*}+1.75$$

上式与式(a) 相等，可得 $u=u_m$ 时半径坐标 r 应满足的方程为

$$2.5\ln\frac{R}{y^*}+1.75=2.5\ln\frac{R-r}{y^*}+5.5$$

由此可得

$$r/R=1-\exp(-3.75/2.5)=0.777$$

湍流核心区速度分布的 Blasius 1/7 次方式及其积分得到的 u_m 表达式分别为

$$u=u_{max}(1-r/R)^{1/7},\ u_m=0.817u_{max}$$

由此可得

$$r/R=1-(u_m/u_{max})^7=1-0.817^7=0.757$$

与层流相比，湍流时 $u=u_m$ 对应的 r/R 更大，说明湍流核心区速度分布更平缓。

说明：Blasius 1/7 次方式与式(9-14) 配合使用时（比如平壁湍流边界层阻力分析，见第 10 章），通常取 $u_{max}=1.25u_m$ 或 $u_m=0.8u_{max}$。

【P9-2】光滑圆管湍流黏性底层及过渡层的相对厚度。流体在直径为 150mm 的光滑玻璃管内以 $0.006\mathrm{m}^3/\mathrm{s}$ 的流量流动。管中的流体为水，温度为 20℃。试求黏性底层及过渡层的厚度。

解 20℃时，水的密度 $\rho=998.2\mathrm{kg/m}^3$，黏度 $\mu=100.42\times10^{-5}\mathrm{Pa\cdot s}$。

代入已知数据，水的平均流速和雷诺数分别为

$$A=\pi D^2/4=0.0177\mathrm{m}^2,\ u_m=q_V/A=0.339\mathrm{m/s},\ Re=\rho u_m D/\mu=50546$$

由此可见管内流动为湍流。为确定黏性底层和过渡层厚度，需计算摩擦长度，为此先根据式(9-4) 试差计算壁面切应力，其结果为

$$\frac{u_m}{\sqrt{\tau_0/\rho}}=2.5\ln\frac{R\sqrt{\tau_0\rho}}{\mu}+1.75\ \rightarrow\ \tau_0=0.297\mathrm{Pa}$$

根据 τ_0 可计算摩擦长度，进而确定黏性底层厚度 δ_1 和过渡层厚度 δ_2，即

$$y^*=\frac{\mu}{\sqrt{\tau_0\rho}}=\frac{100.42\times10^{-5}}{\sqrt{0.297\times998.2}}=5.832\times10^{-5}(\mathrm{m})=0.05832(\mathrm{mm})$$

$$\delta_1=5y^*-0y^*=5\times0.05832=0.292(\mathrm{mm})$$

$$\delta_2=30y^*-5y^*=25\times0.05832=1.458(\mathrm{mm})$$

由此可知，黏性底层与过渡层的总厚度占管道半径的百分比为

$$(\delta_1+\delta_2)/R=(0.292+1.458)/75=0.023=2.3\%$$

黏性底层与过渡层的截面积所占管道截面的百分比为

$$1-[1-(\delta_1+\delta_2)/R]^2=1-(1-0.023)^2=0.045=4.5\%$$

因为 $Re < 10^5$，故也可将式（9-14）代入式（9-4）得到

$$\tau_0 = \frac{0.3164 \rho u_m^2}{Re^{1/4}} \frac{998.2 \times 0.339^2}{8} = \frac{0.3164}{50546^{1/4}} \frac{998.2 \times 0.339^2}{8} = 0.303(\text{Pa})$$

由此得到的摩擦长度、黏性底层与过渡层的厚度分别为

$$y^* = 0.05774\text{mm}, \quad \delta_1 = 0.289\text{mm}, \quad \delta_2 = 1.444\text{mm}, \quad (\delta_1 + \delta_2)/R = 2.3\%$$

【P9-3】光滑圆管湍流黏性底层至核心区的速度分布计算。用直径 $D = 100$mm 的光滑圆管输送流量 $q = 0.012\text{m}^3/\text{s}$ 的煤油，煤油密度 $\rho = 808\text{kg/m}^3$，黏度 $\mu = 0.00192\text{Pa·s}$。

① 试确定其壁面切应力；

② 试确定其黏性底层、过渡层、湍流核心区边界范围（用壁面距离 y 表示）；

③ 试分别采用通用速度分布式(壁面律)、Blasius 1/7 次方式(取 $u_{max} = 1.25u_m$)、幂函数经验式表达黏性底层、过渡层、湍流核心区的速度分布（用壁面距离 y 为自变量），并在 $y = 0 \sim 50$mm 范围作图对比各速度分布式（y 为横坐标且分别采用等距坐标和对数坐标）。

解 给定体积流量下，流体的平均流速和雷诺数分别为

$$u_m = \frac{4q_V}{\pi D^2} = \frac{4 \times 0.012}{\pi \times 0.1^2} = 1.528(\text{m/s}), \quad Re = \frac{\rho u_m D}{\mu} = \frac{808 \times 1.528 \times 0.1}{0.00192} = 64303$$

① 因流动为湍流，故壁面切应力采用式(9-4)的隐式公式试差计算，计算结果为

$$\frac{q_V}{\pi R^2 \sqrt{\tau_0/\rho}} = 2.5\ln\frac{R\sqrt{\tau_0 \rho}}{\mu} + 1.75 \rightarrow \tau_0 = 4.630\text{Pa}$$

② 以 $\tau_0 = 4.630$Pa 计算摩擦速度、摩擦长度，可得及各流体层边界范围，即

$$u^* = \sqrt{\tau_0/\rho} = 0.0757\text{m/s}, \quad y^* = \frac{\mu}{\sqrt{\tau_0 \rho}} = 3.139 \times 10^{-5}\text{m} = 0.03139\text{mm}$$

黏性底层区	$0 \leqslant y \leqslant 5y^*$	$\rightarrow 0 \leqslant y \leqslant 0.1570\text{mm}$
过渡区	$5y^* < y \leqslant 30y^*$	$\rightarrow 0.1570\text{mm} < y \leqslant 0.9417\text{mm}$
湍流核心区	$30y^* < y \leqslant R$	$\rightarrow 0.9417\text{mm} < y \leqslant 50\text{mm}$

③ 采用通用速度分布式、布拉修斯 1/7 次方式(取 $u_{max} = 1.25u_m$) 及幂函数经验式可得速度分布如下（其中 y^* 与 y 以 mm 为单位，u^* 与 u 以 m/s 为单位）：

黏性底层区　　　　　$u = u^*(y/y^*) \rightarrow u = 2.412y$

过渡区　　　$\dfrac{u}{u^*} = 5.0\ln\dfrac{y}{y^*} - 3.05 \rightarrow u = 0.3785\ln\dfrac{y}{0.03139} - 0.2309$

湍流核心区　　$\dfrac{u}{u^*} = 2.5\ln\dfrac{y}{y^*} + 5.5 \rightarrow u = 0.1893\ln\dfrac{y}{0.03139} + 0.4164$

1/7 次方式　　　　$u = 1.25u_m(y/R)^{1/7} \rightarrow u = 1.0923y^{1/7}$

根据雷诺数 Re 查表 9-1，可知幂函数经验式指数 $n = 6.8$，此时幂函数式为

$$u_{max} = u_m \frac{(2n+1)(n+1)}{2n^2} = 1.231u_m, \quad u = u_{max}\left(\frac{y}{R}\right)^{1/n} = 1.231u_m\left(\frac{y}{R}\right)^{1/6.8}$$

将 u_m 和 R 代入可得　　　　　$u = 1.0581y^{1/6.8}$

因 Blasius 1/7 次方式与幂函数分布式结果极其接近，故仅对通用速度分布式与 1/7 次方式的速度分布进行对比，对比结果如图 9-1 所示。从中可见，Blasius 1/7 次方式(包括幂函数经验式)不能用于描述层流底层和过渡层内的速度分布，但在湍流核心区，1/7 次方式(包括幂函数经验式)可较好描述其分布。

【P9-4】光滑圆管湍流黏性底层和过渡层厚度与雷诺数的关系。圆管半径为 R，黏性底

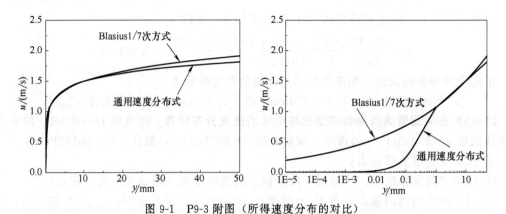

图 9-1　P9-3 附图（所得速度分布的对比）

层和过渡层厚度分别为 δ_1、δ_2，已知湍流雷诺数 Re 和摩擦阻力系数 λ。

① 试证明黏性底层和过渡层相对厚度可表示为

$$\frac{\delta_1}{R}=\frac{20\sqrt{2}}{Re\sqrt{\lambda}},\quad \frac{\delta_2}{R}=\frac{100\sqrt{2}}{Re\sqrt{\lambda}}$$

② 进一步将式（9-15）代入，将相对厚度表示为雷诺数 Re 的函数，并验算 P9-2、P9-3 中的黏性底层和过渡层相对厚度。

解　① 黏性底层厚度 δ_1 和过渡层厚度 δ_2 与摩擦长度 y^* 有关，而 y^* 又由壁面切应力 τ_0 定义，因此，将相对厚度表示为以上关系，需要将 τ_0 与 λ 和 Re 相联系。为此，首先根据雷诺数 Re 的定义，将平均速度表达为

$$Re=\frac{\rho u_{\mathrm{m}}D}{\mu}\rightarrow u_{\mathrm{m}}=Re\frac{\mu}{2\rho R}$$

将此代入壁面切应力 τ_0 与摩擦阻力系数 λ 的定义式，可得

$$\tau_0=\lambda\frac{\rho u_{\mathrm{m}}^2}{8}=\frac{\lambda Re^2}{32R^2}\frac{\mu^2}{\rho}\quad \text{或}\quad \frac{\mu^2}{\tau_0\rho}=\frac{32R^2}{\lambda Re^2}$$

上式与摩擦长度 y^* 的定义式对比可知

$$y^*=\frac{\mu}{\sqrt{\tau_0\rho}}=R\frac{4\sqrt{2}}{Re\sqrt{\lambda}}\quad \text{或}\quad \frac{y^*}{R}=\frac{4\sqrt{2}}{Re\sqrt{\lambda}}$$

于是，根据黏性底层和过渡层厚度的定义，其相对厚度可表示为

$$\frac{\delta_1}{R}=\frac{5y^*}{R}=\frac{20\sqrt{2}}{Re\sqrt{\lambda}},\quad \frac{\delta_2}{R}=\frac{25y^*}{R}=\frac{100\sqrt{2}}{Re\sqrt{\lambda}}$$

② 进一步将式（9-15）代入上式，可得相对厚度与 Re 的关系为

$$\frac{\delta_1}{R}=\frac{20\sqrt{2}}{Re\sqrt{0.0056+0.49/Re^{0.32}}},\quad \frac{\delta_2}{R}=\frac{100\sqrt{2}}{Re\sqrt{0.0056+0.49/Re^{0.32}}}$$

由此可见，黏性底层和过渡层相对厚度仅是 Re 数的函数，且随 Re 数提高，黏性底层和过渡层的相对厚度减小。P9-2、P9-3 的验算如下：

P9-2 中　　$\delta_1/R=0.0039$，$\delta_2/R=0.0194$，$Re=50546$

上式代入 Re 的计算值为　$\delta_1/R=0.0039$，$\delta_2/R=0.0193$

P9-3 中　　$\delta_1/R=0.0031$，$\delta_2/R=0.0157$，$Re=64303$

上式代入 Re 的计算值为　$\delta_1/R=0.0031$，$\delta_2/R=0.0156$

【P9-5】根据水力粗糙管截面两点速度之比确定相对粗糙度。 对某液体在粗糙圆管中充分发展的湍流速度测量表明，流体在 $r=R/2$ 位置的速度是轴心线速度（最大速度）的 0.9 倍。已知该粗糙管为水力粗糙管，且水力粗糙管湍流核心区速度分布为

$$\frac{u}{u^*}=2.5\ln\frac{R-r}{e}+8.5$$

① 试确定管道的相对粗糙度，以及达到水力粗糙管所需的最小雷诺数；
② 试确定管道截面最大速度与平均速度的比值。

解　① 因为湍流黏性底层和过渡层很薄，所以 $r=0$ 和 $r=R/2$ 的位置肯定位于核心区。因此根据水力粗糙管核心区速度分布式和测试结果，$r=0$ 和 $r=R/2$ 处的速度分别为

$$\frac{u_{\max}}{u^*}=2.5\ln\frac{R}{e}+8.5, \quad \frac{0.9u_{\max}}{u^*}=2.5\ln\frac{R}{2e}+8.5$$

首先根据第一式解出相对粗糙度，然后由两式相减解出无因次最大速度，可得

$$\frac{e}{D}=\frac{e}{2R}=\frac{1}{2}\exp\left[-\frac{1}{2.5}\left(\frac{u_{\max}}{u^*}-8.5\right)\right], \quad \frac{u_{\max}}{u^*}=25\ln2$$

由此可知　　　$\dfrac{e}{D}=\dfrac{1}{2}\exp\left[-\dfrac{1}{2.5}(25\ln2-8.5)\right]=0.0146$

其次，根据式（9-17）的适用范围可知，水力粗糙管的最小雷诺数为 $Re=2308/(e/D)^{0.85}$，或更严格的要求是 $Re=3500/(e/D)$，由此可知本问题达到水力粗糙管的最小雷诺数为

$$Re=2308/(e/D)^{0.85}=83856 \quad 或 \quad Re=3500/(e/D)=239726$$

此外，根据莫迪（Moody）图从 e/D 对应的水平线，读取最小雷诺数 $Re\approx10^5$。

② 高 Re 数湍流的黏性底层和过渡层很薄，故可用核心区速度积分计算平均速度，即

$$u_m=\frac{1}{\pi R^2}\int_0^R u2\pi r\mathrm{d}r=\frac{2u^*}{R^2}\int_0^R\left(2.5\ln\frac{R-r}{e}+8.5\right)r\mathrm{d}r$$

积分结果为　　　$\dfrac{u_m}{u^*}=2.5\ln\dfrac{R}{e}+4.75$

该式与 $r=0$ 时的最大速度式相减，可得平均速度与最大速度关系为

$$\frac{u_m}{u^*}=\frac{u_{\max}}{u^*}-3.75 \quad 或 \quad u_m=u_{\max}-3.75u^*$$

将以上得到的 u^* 代入可得　　　$u_m=0.784u_{\max}$

【P9-6】层流圆管的摩擦压降与进口压力计算。 用内径为 25mm 的管道输送密度为 850kg/m³、运动黏度为 4.5×10^{-6} m²/s 的原油，其中管道长度 50m，出口压力为常压 p_0，并设流动为充分发展流动，且不计局部阻力。

① 试确定流动为层流时的最大平均速度；
② 计算该流速下因摩擦阻力生产的压头损失及壁面切应力；
③ 若已知管道进口端高于出口端 3m，试确定该流速下进口端的表压力；
④ 若进口端压力也为常压 p_0，则进口端高于出口端多少即可。设局部阻力忽略不计。

解　① 层流最大流速时 $Re=2300$，所以保持层流的最大输送速度为

$$u_m=\frac{\nu}{D}Re=\frac{4.5\times10^{-6}}{0.025}\times2300=0.414(\mathrm{m/s})$$

② 该流速下因摩擦阻力生产的压头损失为

$$h_f = \lambda \frac{L}{D} \frac{u_m^2}{2g} = \frac{64}{Re} \frac{L}{D} \frac{u_m^2}{2g} = \frac{64}{2300} \times \frac{50}{0.025} \times \frac{0.414^2}{2 \times 9.81} = 0.486(\text{m})$$

该压头损失对应的壁面切应力为

$$\tau_0 = \frac{D \Delta p}{4L} = \frac{D \rho g h_f}{4L} = \frac{0.025 \times 850 \times 9.81 \times 0.486}{4 \times 50} = 0.506(\text{N/m}^2)$$

③ 设管道进口高于出口的垂直距离为 h，则管道进出口的机械能守恒方程为

$$p + \rho g h = p_0 + \Delta p_f \rightarrow p - p_0 = \Delta p_f - \rho g h = \rho g (h_f - h)$$

代入数据可得进口端的表压力为

$$p - p_0 = 850 \times 9.81 \times (0.486 - 3) = -20963(\text{Pa})$$

若管道进口低于出口的垂直距离为 h，则进口端的表压力为

$$p - p_0 = 850 \times 9.81 \times (0.486 + 3) = 29068(\text{Pa})$$

④ 若进口端压力也为常压 p_0，则

$$p - p_0 = \rho g (h_f - h) = 0 \rightarrow h = h_f$$

即若进口端压力也为常压 p_0，则管进口端垂直高度等于压头损失即可。

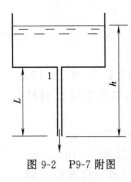

图 9-2　P9-7 附图

【P9-7】根据圆管层流特性测试流体运动黏度。 油从大的敞口容器底部沿内径 $D = 1\text{mm}$、长度 $L = 45\text{cm}$ 的竖直光滑圆管向下流动，流量为 $14.8\text{cm}^3/\text{min}$，如图 9-2 所示。容器液面至圆管出口的距离 $h = 60\text{cm}$，并保持恒定。

① 假定管道内的流动是充分发展层流，并忽略管道进口局部阻力损失，试求油的运动黏度，并验证层流和充分发展流动的假定有效；

② 若管道进口（位置 1）处局部阻力系数 $\zeta = 0.5$，则油的运动黏度又为多少？

解　根据已知流量和管径，可知流体平均速度为

$$u_m = q_V / (\pi D^2 / 4) = 0.314\text{m/s}$$

设 Δp_f 和 $\Delta p_f'$ 分别是摩擦阻力压降和局部阻力压降，考虑液面及出口均为大气压力，则根据容器液面至下端管口的机械能守恒方程可得

$$p_0 + \rho g h = p_0 + \frac{\rho u_m^2}{2} + \Delta p_f + \Delta p_f' \rightarrow \Delta p_f + \Delta p_f' = \rho g h - \frac{\rho u_m^2}{2}$$

另一方面，根据层流阻力系数关系和达西公式又有

$$\lambda = \frac{64}{Re} = \frac{64\nu}{u_m D}, \quad \Delta p_f = \lambda \frac{L}{D} \frac{\rho u_m^2}{2} = \frac{64\nu}{u_m D} \frac{L}{D} \frac{\rho u_m^2}{2} = 32 \frac{L \rho u_m}{D^2} \nu$$

① 忽略管道进口局部阻力损失时，由机械能方程和达西公式的摩擦压降相等有

$$\rho g h - \frac{\rho u_m^2}{2} = 32 \frac{L \rho u_m}{D^2} \nu \rightarrow \nu = \frac{D^2}{32 L u_m} \left(g h - \frac{u_m^2}{2} \right)$$

代入数据可得油的运动黏度、管流雷诺数及管流进口段相对长度分别为

$$\nu = 1.291 \times 10^{-6} \text{m}^2/\text{s}, \quad Re = 243.2, \quad L_e/L = 0.058 D Re/L = 3.13\%$$

由此可见，$Re < 2300$ 且进口区相对很短，故层流假设和充分发展假设有效。

② 计入管道进口局部阻力且局部阻力系数为 ζ 时，由机械能方程可得

$$\Delta p_f = \rho g h - \rho u_m^2 / 2 - \Delta p_f' = \rho g h - (1 + \zeta) \rho u_m^2 / 2$$

该式与达西公式的摩擦压降相等有

$$\rho g h - (1 + \zeta) \frac{\rho u_m^2}{2} = 32 \frac{L \rho u_m}{D^2} \nu \rightarrow \nu = \frac{D^2}{32 L u_m} \left[g h - (1 + \zeta) \frac{u_m^2}{2} \right]$$

代入数据可得 $\qquad\qquad \nu = 1.285 \times 10^{-6} \, \text{m}^2/\text{s}$

对比可知，计入进口局部阻力时所得运动黏度低 0.5%。

【P9-8】根据光滑圆管阻力系数判断流动形态。 流体在光滑圆管中作充分发展的流动，流量为 0.5L/s。

① 若测试得到阻力系数为 0.06，试确定流量增加到 3L/s 时的阻力系数；

② 若流量为 0.5L/s 时测试得到的阻力系数为 0.03，则流量增加到 3L/s 时的阻力系数又为多少？并计算此条件下的圆管直径。设流体运动黏度 $\nu = 10^{-6} \, \text{m}^2/\text{s}$，且湍流 λ 用 Blasius 公式计算。

解 ① 首先根据摩擦阻力系数 λ 计算 Re 数以判断流动是层流还是湍流。根据层流和湍流摩擦阻力系数计算式可知，$\lambda = 0.06$ 时层流和湍流对应的雷诺数分别为：

层流 $\qquad\qquad Re = 64/\lambda = 64/0.06 = 1066.7$

湍流 $\qquad\qquad Re = (0.3164/\lambda)^4 = (0.3164/0.06)^4 = 773.3$

由此可见，湍流假设出现矛盾，即流量为 0.5L/s、阻力系数为 0.06 的工况是层流，且管流雷诺数 $Re = 1066.7$。因此，当流量增加到 3L/s 时，雷诺数 $Re = 6400$，流动为湍流，此时采用 Blasius 阻力系数公式有

$$\lambda = 0.3164/Re^{0.25} = 0.3164/6400^{0.25} = 0.0354$$

② 若流量为 0.5L/s 时阻力系数为 0.03，则层流和湍流对应的雷诺数分别为：

层流 $\qquad\qquad Re = 64/\lambda = 64/0.03 = 2133.3$

湍流 $\qquad\qquad Re = (0.3164/\lambda)^4 = (0.3164/0.03)^4 = 12372.6$

由此可见，层流和湍流皆有可能（取决于管径）。流量增加到 3L/s 时，若原来为层流，则雷诺数增加至 $Re = 12800$；若原来为湍流则雷诺数增加至 $Re = 74236$。流量增加后流动皆为湍流，其对应的 λ 按 Blasius 公式计算分别为

$$Re = 12800, \lambda = 0.0297; \quad Re = 74236, \lambda = 0.0192$$

因 $q_V = 0.5\text{L/s}$、$\lambda = 0.03$ 时层流和湍流皆有可能，故圆管直径也有两种可能，其中：

原来为层流时 $\qquad Re = 2133.3, D = 4q_V/(\nu\pi Re) = 298.4\text{mm}$

原来为湍流时 $\qquad Re = 12372.6, D = 4q_V/(\nu\pi Re) = 51.5\text{mm}$

【P9-9】根据粗糙圆摩擦压降确定阻力系数及流量。 用旧铸铁管输送 15℃ 的水，其中管道内径 25cm，管长 300m，表面粗糙度 1.50mm，测得整个管长的摩擦阻力压头损失为 5m，试判断该粗糙管的类型，并计算阻力系数 λ 及水的流量 q_V。

解 判断粗糙管的类型需要计算摩擦长度 y^*，为此首先用阻力损失 h_f 表示壁面切应力 τ_0，然后计算摩擦长度，即

$$\tau_0 = \frac{D\Delta p_f}{4L} = \frac{D\rho g h_f}{4L}, \quad y^* = \mu/\sqrt{\rho\tau_0} = \mu/\sqrt{D\rho^2 g h_f/4L}$$

查附表 C-5，15℃ 时水的密度 $\rho = 998.9\text{kg/m}^3$，黏度 $\mu = 115.47 \times 10^{-5}\text{Pa·s}$，因此

$$y^* = 115.47 \times 10^{-5}/\sqrt{0.25 \times 998.9^2 \times 9.81 \times (5/4/300)} = 1.144 \times 10^{-5} \, (\text{m})$$

因 $e/y^* = 1.50/0.01144 = 131 > 70$，故该粗糙管属于水力粗糙管。

水流粗糙管阻力系数可采用式(9-17) 计算，即

$$1/\sqrt{\lambda} = 1.136 - 0.869\ln(e/D) \rightarrow \lambda = 0.0321$$

进一步根据达西公式可得管流平均速度为

$$u_m = \sqrt{h_f \frac{D}{L}\frac{2g}{\lambda}} = \sqrt{5 \times \frac{0.25}{300} \times \frac{2 \times 9.81}{0.0321}} = 1.596 \, (\text{m/s})$$

故水的流量为　$q_V = \dfrac{\pi}{4}D^2 u_m = \dfrac{\pi}{4} \times 0.25^2 \times 1.596 = 0.0783(\text{m}^3/\text{s})$

此时雷诺数 $Re = 345164 > 2308(e/D)^{-0.85}$，满足冯·卡门经验式应用条件。

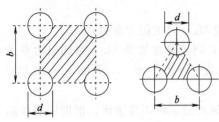

图 9-3　P9-10 附图

【P9-10】流体在管束间顺流流动的水力直径计算。换热器内管束按正方形及等边三角形排列，如图 9-3 所示，其中 d 为换热管外径，b 为管间距。若流体在管间平行于管束流动（顺流），试导出其流通截面（图中阴影截面）的水力直径计算式。

解　水力直径的定义式为 $D_h = 4A/P$，其中 A 是流通截面面积，P 是流通截面的浸润周边长度（与流体有摩擦的壁面边长，并非截面的周边长度）。

因此，根据图 9-3，正方形管束的流通截面面积 A、浸润周边长度 P 以及水力直径 D_h 分别为

$$A = b^2 - \frac{\pi d^2}{4}, \quad P = \pi d, \quad D_h = 4\frac{A}{P} = \frac{4b^2 - \pi d^2}{\pi d}$$

对于正三角形排列管束：其 A、P 和 D_h 分别为

$$A = \frac{\sqrt{3}}{4}b^2 - \frac{\pi d^2}{8}, \quad P = \frac{\pi d}{2}, \quad D_h = 4\frac{A}{P} = \frac{2\sqrt{3}b^2 - \pi d^2}{\pi d}$$

【P9-11】圆管替代矩形管的对比计算。用光滑铝板制成的矩形管输送给定流量的空气，矩形管截面的底边宽度 $b = 100\text{cm}$，高度 $a = 50\text{cm}$。设流动为湍流且阻力系数可用 Blasius 公式计算（定性尺寸用水力直径 D_h）。现拟用同样材料的圆管输送这些空气（流量不变）。

① 为保持与矩形管有相同的压降梯度 $\Delta p_f/L$，圆管的直径应为多少？

② 若保持与矩形管有相同的平均流速，则圆管的直径应为多少？此时圆管的 $\Delta p_f/L$ 比①增加或减少多少？

③ 若取圆管直径等于矩形管水力直径，则圆管的 $\Delta p_f/L$ 比①增加或减少多少？

解　根据矩形管截面参数，可知其流通面积 A 和水力直径 D_h 分别为

$$A = ab = 0.5 \times 1.0 = 0.5(\text{m}^2), \quad D_h = 4A/P = 4 \times 0.5/3 = 0.667(\text{m})$$

根据达西公式，矩形管和圆形管单位管长摩擦压降可分别表示为：

矩形管　$\dfrac{\Delta p_f}{L} = \lambda\dfrac{\rho u_m^2}{2D_h} = \dfrac{0.3164}{(\rho u_m D_h/\mu)^{0.25}}\dfrac{\rho u_m^2}{2D_h} = C\dfrac{q_V^{1.75}}{D_h^{1.25}A^{1.75}}$

圆形管　$\dfrac{\Delta p_f}{L} = \lambda\dfrac{\rho u_m^2}{2D} = \dfrac{0.3164}{(\rho u_m D/\mu)^{0.25}}\dfrac{\rho u_m^2}{2D} = C\dfrac{q_V^{1.75}}{D^{4.75}(\pi/4)^{1.75}}$

其中　　　　　　　$C = 0.1582\rho^{0.75}\mu^{0.25}$

① 对比以上两式，两者压降梯度 $\Delta p_f/L$ 和流量 q_V 相同时有

$$D^{4.75}(\pi/4)^{1.75} = D_h^{1.25}A^{1.75} \rightarrow D = [(4/\pi)^{1.75}D_h^{1.25}A^{1.75}]^{1/4.75}$$

代入数据得　　　　　　　$D = 0.761\text{m} = 761\text{mm}$

② 若保持与矩形管有相同的平均流速，则流量一定时两管流动截面积相等，由此可得

$$D = \sqrt{4A/\pi} = \sqrt{4 \times 0.5/\pi} = 0.798(\text{m}) = 798(\text{mm})$$

根据以上圆管阻力的达西公式，此时圆管的 $\Delta p_f/L$ 与①的比值为

$$\frac{(\Delta p_f/L)_2}{(\Delta p_f/L)_1} = \left(\frac{q_{V2}}{q_{V1}}\right)^{1.75}\left(\frac{D_1}{D_2}\right)^{4.75} = \left(\frac{D_1}{D_2}\right)^{4.75} = \left(\frac{761}{798}\right)^{4.75} = 0.798$$

即此时圆管的压降梯度比①减小，且减小的百分比为 20.2%。

③ 若取圆管直径等于矩形管水力直径，则此时圆管直径 $D=D_h=667\text{mm}$。根据以上圆管阻力的达西公式，此时圆管的 $\Delta p_f/L$ 与第①问情况的比值为

$$\frac{(\Delta p_f/L)_3}{(\Delta p_f/L)_1}=\left(\frac{q_{V3}}{q_{V1}}\right)^{1.75}\left(\frac{D_1}{D_3}\right)^{4.75}=\left(\frac{D_1}{D_3}\right)^{4.75}=\left(\frac{761}{667}\right)^{4.75}=1.871$$

即此时圆管的压降梯度比①增加，且增加的百分比为 87.1%。

综上可见，与等压降的圆管相比，同样流量下，按流速相等则圆管直径增大（耗材增加），但压降减小（能耗降低）；取圆管直径等于水力直径，圆管直径减小，但压降增大。

【P9-12】螺旋管流动阻力及泵送功率的计算。
用水泵将水送入螺旋换热管，如图 9-4 所示。已知泵的进口及螺旋管出口均为常压，两者间垂直高度 $H=1.5\text{m}$，螺旋管直径 $d=25\text{mm}$，弯曲半径 $R=400\text{mm}$，节距 $h=35\text{mm}$，总长度 $L=30\text{m}$（进出口直管段相对较短，仍然按螺旋管考虑，其长度已计入 L），水温按平均温度 40℃ 考虑，不计局部阻力。试计算水流量 $q_V=1.35\text{L/s}$ 时水泵的有效输入功率，该功率比相同长度直管所需功率大多少？

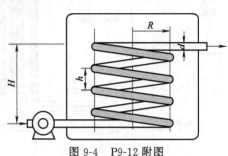

图 9-4 P9-12 附图

解 查附表 C-5，40℃时水的密度和动力黏度分别为

$$\rho=992.2\text{kg/m}^3,\ \mu=6.532\times10^{-4}\text{Pa·s}$$

根据式（9-21）及式（9-22），螺旋管的修正曲率半径及过渡雷诺数分别为

$$R'_c=R\left[1+\left(\frac{h}{2\pi R}\right)^2\right]=0.4\times\left[1+\left(\frac{0.035}{2\pi\times0.4}\right)^2\right]\approx0.400(\text{m})$$

$$Re_c=20000(d/2R'_c)^{0.32}=20000\times(0.025/0.8)^{0.32}=6598$$

螺旋管内的平均流速及雷诺数分别为

$$u_m=4q_V/\pi d^2=2.750\text{m/s},\ Re=\rho ud/\mu=104430>Re_c$$

由此可见管内流动为湍流，其阻力系数根据式（9-19）计算，即

$$\lambda_c=\lambda_s+0.03\left(\frac{d}{2R'_c}\right)^{0.5}=\frac{0.3164}{Re^{0.25}}+0.03\times\left(\frac{0.025}{0.8}\right)^{0.5}=0.0229$$

根据机械能守恒方程，泵的输入功率 N 为

$$N=\rho g(H+h_f)q_V=\rho g\left(H+\lambda_c\frac{L}{d}\frac{u_m^2}{2g}\right)q_V\rightarrow N=158.9\text{W}$$

该功率比相同长度直管所需功率（取 $\lambda_c=\lambda_s$，$N=126.7\text{W}$）大 25.4%。

【P9-13】离心泵进口管路总阻力损失计算。某离心泵进口管路包括：内径为 50mm、长为 2m 的光滑无缝钢管，一个底阀，一个 90°标准弯头。泵送介质为 20℃的水，流量为 $3\text{m}^3/\text{h}$。试求进口管路的总阻力损失。

解 附表 C-5，20℃时水的密度 $\rho=998.2\text{kg/m}^3$，黏度 $\mu=100.42\times10^{-5}\text{Pa·s}$。
查附表 E-2，底阀局部阻力系数 $\zeta=10$，90°标准弯头局部阻力系数 $\zeta=0.75$。

管流平均流速为

$$u_m=\frac{4q}{\pi D^2}=\frac{4\times(3/3600)}{\pi\times0.05^2}=0.4244(\text{m/s})$$

管流雷诺数为

$$Re=\frac{\rho u_m D}{\mu}=\frac{998.2\times0.4244\times0.05}{100.42\times10^{-5}}=21093$$

摩擦阻力系数

$$\lambda=0.3164/Re^{0.25}=0.3164/21093^{0.25}=0.0263$$

总阻力损失

$$h_{\mathrm{f}} = \left(\lambda \frac{L}{D} + \Sigma \zeta \right) \frac{u_{\mathrm{m}}^2}{2g}$$

代入数据得

$$h_{\mathrm{f}} = \left(0.0263 \times \frac{2}{0.05} + 10.75 \right) \times \frac{0.4244^2}{2 \times 9.81} = 0.108 (\mathrm{m})$$

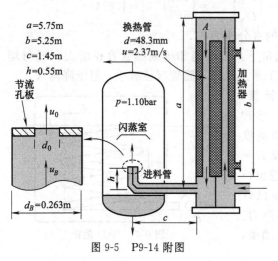

$a = 5.75\mathrm{m}$
$b = 5.25\mathrm{m}$
$c = 1.45\mathrm{m}$
$h = 0.55\mathrm{m}$

换热管
$d = 48.3\mathrm{mm}$
$u = 2.37\mathrm{m/s}$

加热器

节流孔板

u_0

d_0

u_B

$d_B = 0.263\mathrm{m}$

$p = 1.10\mathrm{bar}$

闪蒸室

进料管

图 9-5　P9-14 附图

【P9-14】**强制循环蒸发器闪蒸室进料管节流孔板的设计计算。**某强制循环蒸发器的加热器上部管箱至闪蒸室的管路如图 9-5 所示。该系统中加热器上管箱顶部 A 点压力最低，为防止该点液体汽化，拟在在闪蒸室进料管出口设置孔板保压，从而使 A 点压力不低于其饱和蒸气压。现已知 A 点温度对应的饱和蒸气压 $p_{\mathrm{s},A} = 138\mathrm{kPa}$，闪蒸室进料管出口前流体温度对应的饱和蒸气压 $p_{\mathrm{s},B} = 143\mathrm{kPa}$，闪蒸室操作压力 $p = 110\mathrm{kPa}$；管路流体的体积流量 $q_{\mathrm{V}} = 0.139\mathrm{m}^3/\mathrm{s}$，平均密度 $\rho = 951\mathrm{kg/m}^3$，动力黏度 $\mu = 2.589 \times 10^{-4}\mathrm{Pa \cdot s}$；换热管管径 $d = 48.3\mathrm{m}$，每根管内的流速 $u = 2.37\mathrm{m/s}$，进料管管径 $d_B = 0.263\mathrm{m}$，换热管

长度、进料管长度和 A 点高度尺寸如图 9-5 所示。为使得加热器上管箱顶部 A 点压力 p_A 大于其饱和压力 $p_{\mathrm{s},A}$，试确定闪蒸室进料管出口节流孔板的孔径 d_0，并校核孔板前进料管截面的流体压力是否大于其饱和压力 $p_{\mathrm{s},B}$。

提示：换热管及进料管摩擦压降可按式(9-15) 计算，管口局部压降按突扩或突缩口计算，下管箱流体 90° 转向的局部阻力系数 $\zeta = 1.25$，进料管 90° 弯头 $\zeta = 0.175$。

解　该问题的基本思路是根据 A 点至孔板的机械能守恒方程，建立 A 点压力 p_A 与孔板流速 u_0 的关系，然后根据 $p_A \geqslant p_{\mathrm{s},A}$ 的条件确定 u_0，再根据已知流量确定孔径 d_0。

① 机械能守恒方程：设加热器顶部 A 点流速为零，且 A 点且至闪蒸室孔板出口的沿程压降和局部压降分别为 Δp_{f}、$\Delta p_{\mathrm{f}}'$，则该管路的机械能守恒方程为

$$p_A + \rho g a = p + \rho g h + \frac{\rho u_0^2}{2} + (\Delta p_{\mathrm{f}} + \Delta p_{\mathrm{f}}')$$

因此 A 点压力为

$$p_A = p - \rho g (a - h) + \frac{\rho u_0^2}{2} + (\Delta p_{\mathrm{f}} + \Delta p_{\mathrm{f}}')$$

其中　$p - \rho g (a - h) = 110000 - 951 \times 9.81 \times (5.75 - 0.55) = 61487.6 (\mathrm{Pa})$

② 沿程压降计算：沿程压降包括换热管压降和进料管压降，其中换热管视为并联管路，其压降由单根管的压降计算。因此按达西公式有

$$\Delta p_{\mathrm{f}} = \lambda \frac{b}{d} \frac{\rho u^2}{2} + \lambda_B \frac{L_B}{d_B} \frac{\rho u_B^2}{2}$$

根据图 9-5 所示尺寸，可知

$$b = 5.25\mathrm{m}, \ d = 0.0483\mathrm{m}, \ L_B = 2.0\mathrm{m}, \ d_B = 0.265\mathrm{m}$$

其中换热管和进料管的流速及对应雷诺数为

$$u = 2.37\mathrm{m/s}, \ Re = \rho u D / \mu = 420479$$

$$u_B = \frac{4 q_{\mathrm{V}}}{\pi d_B^2} = \frac{4 \times 0.139}{\pi \times 0.263^2} = 2.559 (\mathrm{m/s}), \ Re_B = 2472148$$

可见流动为湍流，按充分发展流动考虑，摩擦阻力系数可用式(9-15)计算，即

$$\lambda = 0.0056 + \frac{0.49}{Re^{0.32}} = 0.0056 + \frac{0.49}{420479^{0.32}} = 0.01337, \lambda_B = 0.01001$$

代入数据沿程压降为

$$\Delta p_f = 3881.4 + 237.0 = 4118.4\text{Pa}$$

③ 局部压降计算：局部压降包括：流体进出换热管的局部压降，合计阻力系数 $\zeta = 1.5$，流速取 u；下部管箱流体 $90°$ 转向压降，$\zeta = 1.25$，流速取 u；下管箱进料管的突缩口局部压降，$\zeta = 0.5$，流速取 u_B；进料管 $90°$ 弯头局部压降，$\zeta = 0.175$，流速取 u_B。

注：根据孔板局部压降特性可知，进料管流体收缩至孔口的局部阻力损失很小，孔板损失主要发生于孔口之后（闪蒸室内），故以孔口为终点的机械能方程可不计孔板损失。

因此管路总的局部压降为

$$\Delta p_f' = 951 \times \left[(1.5 + 1.25)\frac{2.37^2}{2} + (0.5 + 0.175)\frac{2.559^2}{2}\right] = 9446.6(\text{Pa})$$

④ 节流孔板的孔径计算：将以上阻力压降代入 p_A 表达式可得

$$p_A = 61487.6 + 4118.4 + 9446.6 + 475.5u_0^2 = 75052.6 + 475.5u_0^2$$

管箱顶点 A 处流体不汽化的条件是 $p_A \geqslant p_{s,A} = 138\text{kPa}$，由此可得孔口流速为

$$75052.6 + 475.5u_0^2 \geqslant 138000 \rightarrow u_0 \geqslant 11.506(\text{m/s})$$

根据这一条件，由孔口流速与流量关系可得孔板孔径 d_0 应满足的条件是

$$u_0 = \frac{4q_V}{\pi d_0^2} \rightarrow d_0 = \sqrt{\frac{4q_V}{\pi u_0}} \leqslant \sqrt{\frac{4 \times 0.139}{\pi \times 11.506}} = 0.124(\text{m}) = 124(\text{mm})$$

⑤ 孔板前进料管截面的理论压力校核计算：根据孔板前进料管截面（压力 p_B、流速 u_B）与孔口之间的机械能守恒方程，可得

$$p_B = p + \frac{\rho(u_0^2 - u_B^2)}{2} = 110000 + \frac{951 \times (11.506^2 - 2.559^2)}{2} = 169.8(\text{kPa})$$

由此可见

$$p_B = 169.8\text{kPa} > p_{s,B} = 143\text{kPa}$$

即孔板前进料管截面流体仍保持液体状态，经过孔口时动能急速增加、压力突然减小从而闪蒸。实际过程中，溶液在孔板之前已开始收缩加速，使压力减小并产生部分蒸发。

【P9-15】根据管道泄漏点上下游的测试压降计算泄漏量。 用内径为 30cm 的新铸铁管输送 $20℃$ 的水。为了确定管道接头处的泄漏量，在管道接头点与上游 600m 处各装一只压力表，测得压力降为 140kPa；在接头点下游 600m 处又装一只压力表，测得下游管段压力降为 133kPa。试据此判断上、下游管道的粗糙管类型，并计算泄漏流量的大小。设该管粗糙度 $e = 0.3\text{mm}$。

解 为判断粗糙管类型，需计算摩擦长度。为此用 Δp_f 表示 τ_0，并计算摩擦长度，即

$$\tau_0 = \frac{D\Delta p_f}{4L} \rightarrow y^* = \frac{\mu}{\sqrt{\rho\tau_0}} = \frac{\mu}{\sqrt{\rho D\Delta p_f/4L}}$$

代入数据，可得上、下游管道的摩擦长度分别为

$$y_1^* = \frac{100.42 \times 10^{-5}}{\sqrt{998.2 \times 0.3 \times 140000/(4 \times 600)}} = 7.598 \times 10^{-6}(\text{m})$$

$$y_2^* = 7.598 \times 10^{-6} \times \sqrt{140/133} = 7.795 \times 10^{-6}(\text{m})$$

因为

$$5y_1^* = 0.038\text{mm}, 70y_1^* = 0.532\text{mm} \rightarrow 5y_1^* < e < 70y_1^*$$

$$5y_2^* = 0.039\text{mm}, 70y_2^* = 0.546\text{mm} \rightarrow 5y_2^* < e < 70y_2^*$$

所以上、下游管道的粗糙管类型均属于过渡型圆管。

设上游管道流量为 q_{V_1}、下游管道流量为 q_{V_2}、泄漏量为 Δq，则根据质量守恒有

$$\Delta q = q_{V_1} - q_{V_2}$$

由此可见，泄漏量问题属于已知压降求解流量的问题。为此，首先根据达西公式将流量表示为压降的函数，即

$$\Delta p_f = \lambda \frac{L}{D} \frac{\rho u_m^2}{2} = \lambda \frac{L}{D} \frac{\rho q_V^2}{2A^2} \rightarrow q_V = A \sqrt{\frac{2D}{L\rho} \frac{\Delta p_f}{\lambda}}$$

其中 A 为管道截面积。因本问题中 $D_1 = D_2$，$A_1 = A_2$，$L_1 = L_2$，故泄漏量可表示为

$$\Delta q = q_{V_1} - q_{V_2} = A \sqrt{\frac{2D}{\rho L}} \left(\sqrt{\frac{\Delta p_{f_1}}{\lambda_1}} - \sqrt{\frac{\Delta p_{f_2}}{\lambda_2}} \right)$$

上式中的阻力系数计算可采用式（9-16）计算，也可采用式（9-18）计算。其中，使用式（9-16），有

$$\frac{1}{\sqrt{\lambda}} = 1.136 - 0.869 \ln \left(\frac{e}{D} + \frac{9.287}{Re\sqrt{\lambda}} \right)$$

在压降已知而流量未知的情况下，式（9-16）的方便之处在于其中的 $Re\sqrt{\lambda}$ 可由达西方程直接解出，并计算其值，即

$$\Delta p_f = \lambda \frac{L}{D} \frac{\rho u_m^2}{2} = \lambda Re^2 \frac{L}{D^3} \frac{\mu^2}{2\rho} \rightarrow Re\sqrt{\lambda} = \frac{D}{\mu} \sqrt{\frac{2\rho \Delta p_f}{L/D}}$$

因为 20℃时水的密度 $\rho = 998.2 \text{kg/m}^3$，黏度 $\mu = 100.42 \times 10^{-5} \text{Pa·s}$，且

$$D_1 = D_2 = 0.3\text{m}, \quad L_1 = L_2 = 600\text{m}, \quad \Delta p_1 = 140\text{kPa}, \quad \Delta p_2 = 133\text{kPa}$$

所以代入数据可得 $(Re\sqrt{\lambda})_1 = 111679.6$，$(Re\sqrt{\lambda})_2 = 108851.8$

进一步将 $e/D = 0.3/300 = 0.001$ 和 $Re\sqrt{\lambda}$ 代入式（9-16），可得

$$\lambda_1 = 0.020, \quad \lambda_2 = 0.020$$

代入数据可得泄漏量为

$$\Delta q = q_{V_1} - q_{V_2} = 187.19 \times 10^{-3} - 182.45 \times 10^{-3} = 4.74 \times 10^{-3} (\text{m}^3/\text{s}) = 4.74(\text{L/s})$$

本问题若用式（9-15）计算阻力系数，反而需要试差，步骤为：假设平均流速 u_m，计算 Re 和 λ，再根据达西公式计算 Δp_f，直至 Δp_f 的计算值与测试压差相等为止。

【P9-16】已知流量按压降要求确定管道直径。 用 5000m 长的镀锌管输送乙醇，输送量为 8.5L/s，要求摩擦阻力压头损失等于但不大于 65m，试确定输送管直径。已知乙醇运动黏度为 $1.6 \times 10^{-6} \text{m}^2/\text{s}$，镀锌管粗糙度为 0.2mm。

解 该问题已知 L、e、q_V、h_f，为确定管径一般需试差计算，步骤是假设管径 D，依次计算 Re、e/D、λ、h_f，直至 h_f 的计算值与已知值接近或相等为止。其中，第一次管径假设可以合理流速为依据。

本问题为液体输送，可选 1.5m/s 流速计算初步管径，有

$$D = \sqrt{4q_V / \pi u_m} = \sqrt{4 \times 0.0085 / (\pi \times 1.5)} = 0.0849(\text{m}) = 84.9(\text{mm})$$

由此计算雷诺数并判定流型，即

$$Re = \frac{4q_V}{\nu \pi D} = \frac{4 \times 0.0085}{\pi \times 1.6 \times 10^{-6} \times 0.0849} = 79671 > 4000$$

因为流动为粗糙管湍流，故采用式（9-18）计算摩擦阻力系数，结果为

$$\frac{1}{\sqrt{\lambda}} = 1.135 - 0.782 \ln \left[\left(\frac{e}{D} \right)^{1.11} + \frac{29.482}{Re} \right] \rightarrow \lambda = 0.02619$$

根据达西公式可得假设管径下的摩擦阻力压头损失为

$$h_f = \lambda \frac{L}{D} \frac{u_m^2}{2g} = \lambda \frac{8L}{\pi^2 D^5} \frac{q_V^2}{g} = 0.02619 \times \frac{8 \times 5000}{\pi^2 \times 0.0849^5} \frac{0.0085^2}{9.81} = 177.3 \, (\text{m})$$

由此可见，假设 $D = 84.9 \text{mm}$ 时，h_f 的计算值大于给定值，因此应增大管径重新计算（从 Re 数的计算开始）。由此得到的最终管径及其雷诺数、流速、阻力系数、压头损失分别为

$$D = 103.3 \text{mm}, \quad Re = 65480, \quad u_m = 1.014 \text{m/s}, \quad \lambda = 0.02552, \quad h_f = 64.75 \text{m}$$

【P9-17】圆管与三角形管并联管路的对比计算。 光滑铝板制成的等边三角形管与圆形管并联输送氧气，氧气的总流量 $q_V = 1.0 \text{L/s}$，密度 $\rho = 1.33 \text{kg/m}^3$，黏度 $\mu = 2.0 \times 10^{-5} \text{Pa·s}$。氧气由一总管分配给两管，然后在下游汇合至总管，且三角形管浸润周边总长 $P = 90 \text{mm}$。设管路分支处和汇合处局部阻力不计，两并联管长度相同，且流动视为充分发展。

① 取圆管直径为三角形管水力直径，计算联管路单位管长的摩擦压降；
② 按两管平均流速相等确定圆管直径，并计算并联管路单位管长的摩擦压降；
③ 按两管体积流量相等确定圆管直径，并计算并联管路单位管长的摩擦压降；
④ 按两管流动面积相等确定圆管直径，并计算并联管路单位管长的摩擦压降；
⑤ 从摩擦压降和圆管材料消耗两个方面评价以上四种方案。

解 为估计流型，首先计算三角形管的水力直径并取 0.5L/s 的流量计算雷诺数，即

$$D_h = 4 \frac{A}{P} = 4 \frac{a^2 \sqrt{3}}{12a} = \frac{a}{\sqrt{3}} = \frac{30}{\sqrt{3}} = 17.32 \, (\text{mm})$$

$$Re = \frac{\rho u_m D_h}{\mu} = \frac{\rho}{\mu} \frac{4 q_V}{P} = \frac{1.33}{2 \times 10^{-5}} \frac{4 \times 0.5/1000}{0.09} = 1477.8$$

由此可知，可设两管并联时管内流动为层流。层流时三角形管与圆形管的摩擦阻力系数计算式分别为（以下 u_1、q_1 表示三角形管流速与流量，u_2、q_2 表示圆管流速与流量）

$$\lambda_1 = \frac{53}{Re} = \frac{53}{\rho u_1 D_h / \mu}, \quad \lambda_2 = \frac{64}{Re} = \frac{64}{\rho u_2 D / \mu}$$

两管并联且长度相同时，单位管长压降亦相同，且可用达西公式分别表示为：

三角形管
$$\frac{\Delta p_f}{L} = \lambda_1 \frac{\rho u_1^2}{2 D_h} = \frac{53}{\rho u_1 D_h / \mu} \frac{\rho u_1^2}{2 D_h} = \frac{53}{2} \frac{\mu u_1}{D_h^2} = 106 \frac{\mu q_1}{P D_h^3}$$

圆形管
$$\frac{\Delta p_f}{L} = \lambda_2 \frac{\rho u_2^2}{2 D} = \frac{64}{\rho u_2 D / \mu} \frac{\rho u_2^2}{2 D} = \frac{64}{2} \frac{\mu u_2}{D^2} = 128 \frac{\mu q_2}{\pi D^4}$$

① 取圆管直径为三角形管水力直径时，$D = D_h = 17.32 \text{mm}$，由以上二式及质量守恒可知

$$\frac{53 q_1}{P} = \frac{64 q_2}{\pi D} = \frac{64 (q_V - q_1)}{\pi D} \rightarrow q_1 = \frac{64 P q_V}{53 \pi D + 64 P}$$

代入数据可得此时三角形管流量及单位管长压降分别为

$$q_1 = \frac{64 P q_V}{53 \pi D + 64 P} = 0.666 \, (\text{L/s}), \quad \frac{\Delta p_f}{L} = 106 \frac{\mu q_1}{P D_h^3} = 3.02 \, (\text{Pa/m})$$

② 两管平均流速相等时，由以上达西公式对比，可得圆管直径为

$$\frac{53}{D_h^2} = \frac{64}{D^2} \rightarrow D = D_h \sqrt{\frac{64}{53}} = 17.32 \sqrt{\frac{64}{53}} = 19.03 \, (\text{mm})$$

此时三角形管与圆形管的流动截面积分别为

$$A_1 = \frac{\sqrt{3}}{4}a^2 = \frac{\sqrt{3}}{4} \times 30^2 = 389.7(\text{mm}^2), \quad A_2 = \frac{\pi D^2}{4} = \frac{\pi \times 19.03^2}{4} = 283.5(\text{mm}^2)$$

根据两管平均流速相等，可得三角形管的流量，以及单位管长压降，即

$$\frac{q_1}{A_1} = \frac{q_V - q_1}{A_2} \rightarrow q_1 = \frac{A_1 q_V}{A_1 + A_2} = \frac{389.7 \times 1}{389.7 + 283.5} = 0.579(\text{L/s})$$

$$\frac{\Delta p_f}{L} = 106\frac{\mu q_1}{PD_h^3} = 106 \times \frac{2 \times 10^{-5} \times (0.579/1000)}{0.09 \times 0.01732^3} = 2.62(\text{Pa/m})$$

③ 两管流量相等时，由以上达西公式对比，可得圆管直径为

$$\frac{53}{D_h^3 P} = \frac{64}{\pi D^4} \rightarrow D = \left(\frac{64}{53}\frac{PD_h^3}{\pi}\right)^{1/4} = \left(\frac{64}{53} \times \frac{90 \times 17.323}{\pi}\right)^{1/4} = 20.59(\text{mm})$$

此时 $q_1 = 0.5q_V$，并联管路单位管长压降为

$$\frac{\Delta p_f}{L} = 106\frac{\mu q_1}{PD_h^3} = 106 \times \frac{2 \times 10^{-5} \times (0.5/1000)}{0.09 \times 0.01732^3} = 2.27(\text{Pa/m})$$

④ 两管流通面积相等时，圆管直径为

$$D^2 = \frac{4}{\pi}A_1 = \frac{PD_h}{\pi} \quad \text{或} \quad D = \sqrt{\frac{90 \times 17.32}{\pi}} = 22.28(\text{mm})$$

根据以上达西公式，考虑质量守恒并代入以上 D-D_h 关系，可得三角形管流量为

$$\frac{53q_1}{D_h^3 P} = \frac{64q_2}{\pi D^4} = \frac{64(q_V - q_1)}{\pi D^4} \rightarrow q_1 = \frac{64\pi D_h q_V}{53P + 64\pi D_h} = 0.422(\text{L/s})$$

代入数据可得并联管路单位管长压降为

$$\frac{\Delta p_f}{L} = 106\frac{\mu q_1}{PD_h^3} = 1.91(\text{Pa/m})$$

⑤ 对比以上四种方案的圆管直径和压降可知，四种方案的圆管直径依次增加（耗材增加），但压降依次减小（能耗降低）。

【P9-18】圆管与矩形管串联管路的流量计算。某管路系统由圆管-风机-矩形管构成，环境空气由圆管进入，经过风机后进入矩形管，然后再由矩形管出口排于环境。已知圆管直径 0.3m，长度 20m，矩形管截面尺寸为 0.25m×0.25m，管长 50m，且两管均为光滑管。若风机有效输入功率（流体实际获得的功率）为 347.5W，空气密度 $\rho = 1.2\text{kg/m}^3$，动力黏度 $\mu = 1.81 \times 10^{-5}\text{Pa·s}$。试确定空气输送量，并确定圆管进口处的表压力。

提示：管路系统进出口重力位差忽略不计，管内流动均考虑为充分发展湍流流动，其中矩形管湍流摩擦阻力系数可以水力直径代入式(9-15)计算，且需计入圆管进口和矩形管出口的局部阻力损失。

解 首先根据机械能守恒方程建立风机功率与阻力损失的关系。因进、出口均为环境状态，动能可视为零，重力位差不计时其压力也相等（均为环境压力），故根据机械能守恒方程可知，风机提供的有效功率 N_e 将全部用于克服阻力压降，即

$$N_e/q_V = (\Delta p_{f,1} + \Delta p'_{f,1}) + (\Delta p_{f,2} + \Delta p'_{f,2})$$

式中，$\Delta p_{f,1}$、$\Delta p'_{f,1}$ 为圆管摩擦压降及进口局部压降；$\Delta p_{f,2}$、$\Delta p'_{f,2}$ 是矩形管摩擦压降及出口局部压降。且摩擦压降和局部压降可用流量 q_V 和管道截面积 A 表示为

$$\Delta p_f = \lambda\frac{L}{D}\frac{\rho u^2}{2} = \lambda\frac{L}{D}\frac{\rho q_V^2}{2A^2}, \quad \Delta p'_f = \zeta\frac{\rho u^2}{2} = \zeta\frac{\rho q_V^2}{2A^2}$$

将此应用于圆形管和矩形管（以水力直径 D_h 替代 D），则以上机械能方程可表示为

$$N_e = \left(\zeta_1 + \lambda_1 \frac{L_1}{D} \right) \frac{\rho q_V^3}{2A_1^2} + \left(\zeta_2 + \lambda_2 \frac{L_2}{D_h} \right) \frac{\rho q_V^3}{2A_2^2}$$

式中，ζ_1、ζ_2 分别为圆管进口和矩形管出口的局部阻力系数；λ_1、λ_2 分别为圆管和矩形管的摩擦阻力系数。设流动为湍流，则 λ_1、λ_2 可根据式（9-15）以流量和管道截面积表示为

$$\lambda_1 = 0.0056 + 0.49 \left(\frac{\mu A_1}{\rho D q_V} \right)^{0.32} , \quad \lambda_2 = 0.0056 + 0.49 \left(\frac{\mu A_2}{\rho D_h q_V} \right)^{0.32}$$

以上 N_e 及 λ_1、λ_2 表达式中，除流量 q_V 外，其余均为已知数，即

$$N_e = 347.5\text{W}, \rho = 1.2\text{kg/m}^3, \mu = 1.81 \times 10^{-5}\text{Pa} \cdot \text{s}$$
$$L_1 = 20\text{m}, D = 0.3\text{m}, A_1 = 0.0707\text{m}^2, \zeta_1 = 0.5$$
$$L_2 = 50\text{m}, D_h = 0.25\text{m}, A_2 = 0.0625\text{m}^2, \zeta_2 = 1$$

将这些数据代入，整理可得关于流量的方程为

$$347.5 = (430.46 + 347.48 q_V^{-0.32}) q_V^3$$

根据该方程试差可得空气流量，并可由此计算摩擦阻力系数和总阻力压降，结果为

$$q_V = 0.754\text{m}^3/\text{s}, \lambda_1 = 0.01528, \lambda_2 = 0.01546, \sum \Delta p_f = 460.88\text{Pa}$$

根据圆管进口截面与环境之间的机械能守恒方程，可得圆管进口截面的表压力为

$$p_1 - p_0 = -\frac{\rho u_1^2}{2} = -\frac{\rho q_V^2}{2A_1^2} = -\frac{1.2 \times 0.754^2}{2 \times 0.0707^2} = -68.2(\text{Pa})$$

注：矩形管出口截面压力与环境压力相同，出口动能即出口阻力损失。

此外，根据以上流量可以验算，圆管和矩形管内的流动均为湍流。

【P9-19】两水槽液面高差驱动的串联管路流量计算。 两水槽液面高差12m，之间有30m的管道，其中前10m管道的直径 $d_1 = 40\text{mm}$，后20m管道的直径 $d_2 = 60\text{mm}$，两管道由阀门连接且视为光滑管道。

① 若阀门全开时其局部阻力系数为 $\zeta = 0$，则管路流量为多少？

② 若阀门半开时其局部阻力系数为 $\zeta = 5.4$，则流量又为多少？已知管道进、出口的局部阻力系数、流体的密度与黏度分别为：$\zeta_1 = 0.5$、$\zeta_2 = 1.0$，$\rho = 1000\text{kg/m}^3$，$\mu = 0.001\text{Pa} \cdot \text{s}$。

解 本问题为串联管路流量问题，需要试差。问题的特点是管路流量相同，总阻力损失为串联管路各阻力损失之和，总阻力损失与水槽液位的关系由机械能守恒方程确定。设高、低位水槽的液位差为 H，则高位水槽液面-管路-低位水槽液面的机械能守恒方程为

$$H = (h_{f,1} + h'_{f,1}) + h'_f + (h_f + h'_{f,2})$$

其中的摩擦阻力损失 h_f 和局部阻力损失 h'_f 可用流量 q_V 和管道直径 D 表示为

$$h_f = \lambda \frac{L}{D} \frac{u^2}{2g} = \lambda \frac{L}{D} \frac{8}{g \pi^2 D^4} q_V^2, \quad h'_f = \zeta \frac{\rho u^2}{2} = \zeta \frac{8}{g \pi^2 D^4} q_V^2$$

将此应用两管道和阀门（阀门局部阻力用上游管道流速定义），则 H 可表示为

$$H = \left(\zeta_1 + \zeta + \lambda_1 \frac{L_1}{D_1} \right) \frac{8 q_V^2}{g \pi^2 D_1^4} + \left(\zeta_2 + \lambda_2 \frac{L_2}{D_2} \right) \frac{8 q_V^2}{g \pi^2 D_2^4}$$

设流动为湍流，则 λ_1、λ_2 可根据式（9-15）以流量和管道直径表示为

$$\lambda_1 = 0.0056 + 0.49 \left(\frac{\mu \pi D_1}{4 \rho q_V} \right)^{0.32}, \quad \lambda_2 = 0.0056 + 0.49 \left(\frac{\mu \pi D_2}{4 \rho q_V} \right)^{0.32}$$

以上 H 及 λ_1、λ_2 表达式中除流量 q_V 外，其余均为已知数，即

$$H = 12\text{m}, \rho = 1000\text{kg/m}^3, \mu = 0.001\text{Pa} \cdot \text{s}$$

$L_1 = 10\text{m}$, $D = 0.04\text{m}$, $\zeta_1 = 0.5$；$L_2 = 30\text{m}$, $D = 0.06\text{m}$, $\zeta_2 = 1.0$

① 将这些数据代入，并取 $\zeta = 0$，整理可得阀门全开时的流量方程为

$$12 = (79601.1 + 20417.5/q_V^{0.32})q_V^2$$

根据该方程试差可得管路流量，并可由此计算两段管道的摩擦阻力系数，结果为

$$q_V = 0.0083\text{m}^3/\text{s} = 8.30\text{L/s}, \quad \lambda_1 = 0.01642, \quad \lambda_2 = 0.01587$$

② 阀门半开时，$\zeta = 5.4$，其流量方程为

$$12 = (253892.2 + 20417.5/q_V^{0.32})q_V^2$$

根据该方程试差得到的管路流量和两段管道的摩擦阻力系数如下

$$q_V = 0.00577\text{m}^3/\text{s} = 5.77\text{L/s}, \quad \lambda_1 = 0.01573, \quad \lambda_2 = 0.01714$$

此外，根据以上流量可以验算，阀门前后管道内的流动均为湍流。

【P9-20】两水力粗糙管串联或并联使用的压降对比计算。 两粗糙管道 A、B，其中管道 A 在输送流量为 $2\text{m}^3/\text{s}$ 的水时其摩擦压降为 300kPa，管道 B 在输送流量为 $1.4\text{m}^3/\text{s}$ 的水时其摩擦压降为 250kPa，且两管道阻力系数恒定（水力粗糙管）。

① 若将其串联用于输送流量为 $1.5\text{m}^3/\text{s}$ 的水，则摩擦压降为多少？

② 若将其并联用于输送流量为 $1.5\text{m}^3/\text{s}$ 的水，则摩擦压降和各管的流量为多少？其中，连接点局部阻力忽略不计。

解 根据达西公式，管道摩擦压降可用流量表示为

$$\Delta p_f = \lambda \frac{L}{D}\frac{\rho u^2}{2} = \frac{8\lambda\rho L}{\pi^2 D^5}q_V^2 = Kq_V^2 \qquad \left(\text{其中 } K = \frac{\Delta p_f}{q_V^2} = \frac{8\lambda\rho L}{\pi^2 D^5}\right)$$

对于水力粗糙管，阻力系数 λ 仅与相对粗糙度 e/D 有关，因此对于同一水力粗糙管，输送同一流体时其 λ 为定值，K 也为定值。根据所给条件，其中管 A 与管 B 的 K 值为

$$K_A = \frac{\Delta p_f}{q_V^2} = \frac{300000}{2^2} = 75000, \quad K_B = \frac{250000}{1.4^2} = 127551$$

① 两管串联用于输送 $1.5\text{m}^3/\text{s}$ 的水时，管路总压降为两管压降之和。不计局部阻力时，管路总压降为两管摩擦压降之和，即

$$\Delta p_f = \Delta p_{f,A} + \Delta p_{f,B} = (K_A + K_B)q_V^2$$

因为两管串联与单独使用时输送介质相同，其 K_A、K_B 不变，故串联时总压降为

$$\Delta p_f = (75000 + 127551) \times 1.5^2 = 455740(\text{Pa})$$

② 两管并联用于输送 $1.5\text{m}^3/\text{s}$ 的水时，每管摩擦压降相同，流量为两管流量之和，即

$$\Delta p_f = K_A q_{V,A}^2 = K_B q_{V,B}^2, \quad q_{V,A} + q_{V,B} = q_V$$

由此可得 $\quad \Delta p_f = q_V^2\left(\dfrac{1}{\sqrt{K_A}} + \dfrac{1}{\sqrt{K_B}}\right)^{-2}$, $\quad q_{V,A} = \sqrt{\dfrac{\Delta p_f}{K_A}}$, $\quad q_{V,B} = \sqrt{\dfrac{\Delta p_f}{K_B}}$

代入数据可得并联管路摩擦压降和管 A、管 B 的流量为

$$\Delta p_f = 54058\text{Pa}, \quad q_{V,A} = 0.849\text{m}^2/\text{s}, \quad q_{V,B} = 0.651\text{m}^2/\text{s}$$

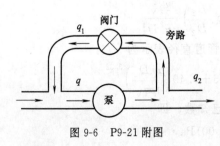

图 9-6 P9-21 附图

【P9-21】水泵旁路系统的流量计算。 图 9-6 为水泵旁路系统，其中水泵提供的压头 $H(\text{m})$ 与其流量 $q(\text{m}^3/\text{s})$ 的关系为 $H = 15(1-q)$，且水泵前后管路的摩擦阻力可忽略不计。旁路管径 $D = 10\text{cm}$，其阻力损失主要是阀门局部阻力损失，且已知阀门局部阻力系数为 10。若已知离开系统的流量 $q_2 = 0.035\text{m}^3/\text{s}$，试确定通过水泵和旁路的流量。

解　本问题类似于并联管路问题，解决问题的出发点是质量守恒和并联管路两端压头相等。

设旁路流量为 q_1，则根据质量守恒和图 9-6 中流向有：$q = q_1 + q_2$。

设旁路压头损失为 H_1，且因为 H_1 主要由阀门局部阻力产生，所以

$$H_1 = \zeta \frac{u_1^2}{2g} = \zeta \frac{q_1^2}{2gA^2}$$

根据并联管路两端压头相等可知，水泵提供的压头 H 应等于旁路损失的压头 H_1，即

$$15(1-q) = \zeta \frac{q_1^2}{2gA^2} \quad \text{或} \quad 15(1-q_1-q_2) = \zeta \frac{q_1^2}{2gA^2}$$

整理得

$$q_1^2 + Cq_1 - C(1-q_2) = 0, \quad C = \frac{30gA^2}{\zeta} = \frac{15g\pi^2 D^4}{8\zeta}$$

由此可得旁路流量为

$$q_1 = \frac{C}{2}\left(\sqrt{1 + 4\frac{1-q_2}{C}} - 1\right)$$

代入数据可得 C 值、旁路流量和水泵流量分别为

$$C = 0.001815 \text{m}^3/\text{s}, \quad q_1 = 0.041 \text{m}^3/\text{s}, \quad q = q_1 + q_2 = 0.076 \text{m}^3/\text{s}$$

【P9-22】多管程换热器的管程阻力压降及功耗计算。图 9-7 为某固定管板换热器示意图，其中管程数为 4，每管程有 32 根换热管，换热管管长 $L = 5.25\text{m}$，管径 $d = 48.3\text{mm}$，下部管箱进出口管径均为 $d_B = 0.263\text{m}$。已知流体流量 $q_V = 0.139\text{m}^3/\text{s}$，平均密度 $\rho = 951\text{kg/m}^3$，黏度 $\mu = 2.589 \times 10^{-4}\text{Pa·s}$。

① 试确定换热器管程总阻力压降（包括下部管箱进出口局部阻力）以及克服该压降所需消耗的功率；

② 若该换热器运行一段时间后管内壁产生 1mm 的垢层，且粗糙度为 0.2mm，则功率消耗增加多少？

提示：换热器运行初期阻力系数 λ 可按式 (9-15) 计算，结垢后的 λ 按 Haaland 公式计算。管口局部压降按突扩或突缩口计算，流体在管箱内每一个 90° 转向的局部阻力系数 $\zeta = 1.25$。

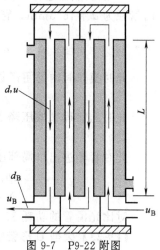

图 9-7　P9-22 附图

解　① 首先由给定流量和管径计算换热管流速 u 和管箱进出口流速 u_B。其中，每管程都是换热管构成的并联管路，且因每管程的管数、管长和管径都相同，故所有换热管有相同的流速。因此

$$u = \frac{4q_V}{n\pi d^2} = \frac{4 \times 0.139}{32 \times \pi \times 0.0483^2} = 2.371(\text{m/s}), \quad u_B = \frac{4 \times 0.139}{\pi \times 0.263^2} = 2.559(\text{m/s})$$

由此可得运行初期（光滑管）换热管内的雷诺数和摩擦阻力系数为

$$Re = \frac{\rho u d}{\mu} = \frac{951 \times 2.371 \times 0.0483}{2.589 \times 10^{-4}} = 420656$$

$$\lambda = 0.0056 + \frac{0.49}{Re^{0.32}} = 0.0056 + \frac{0.49}{420656^{0.32}} = 0.01337$$

换热器总阻力压降包括：管程摩擦阻力压降 Δp_f，管程局部阻力压降 $\Delta p_f'$，下部管箱进出口局部阻力压降 $\Delta p_{f,B}'$。

管程摩擦阻力压降 Δp_f：按达西公式，考虑有 4 管程，可得总的管程摩擦阻力压降为

$$\Delta p_f = 4\lambda \frac{L}{d} \frac{\rho u^2}{2} = 4 \times 0.01337 \times \frac{5.25}{0.0483} \times \frac{951 \times 2.371^2}{2} = 15538.8(\text{Pa})$$

管程局部阻力压降 $\Delta p'_f$：如图 9-7 所示，每一管程管流体进/出换热管的局部阻力按突缩/突扩管计算，其局部阻力系数合计为 1.5。每一管程管流体在上下管箱都有一个 90°转向，故其阻力系数合计为 2.5。这样每一管程总的局部阻力系数 $\zeta = 4$，因此 n 管程换热器内部的局部压降（有的设计手册将此称为管箱回弯压降）可一般表示为

$$\Delta p'_f = \sum_{i=1}^{n} \zeta \frac{\rho u_i^2}{2} = \sum_{i=1}^{n} 4 \frac{\rho u_i^2}{2} \quad \text{或} \quad \Delta p'_f = 4n \frac{\rho u^2}{2}$$

其中后者用于各管程速度 u_i 相同的情况。本问题中管程数 $n = 4$ 且 u_i 均相同，所以

$$\Delta p'_f = 2n\rho u^2 = 2 \times 4 \times 951 \times 2.371^2 = 42769.4 \, (\text{Pa})$$

下部管箱进出口局部阻力压降 $\Delta p'_{f,B}$：按突缩/突扩管计算，其局部阻力系数合计为 1.5，故下部管箱进出口局部阻力压降合计为

$$\Delta p'_{f,B} = \zeta \rho u_B^2 / 2 = 1.5 \times 951 \times 2.559^2 / 2 = 4670.7 \, (\text{Pa})$$

综上结果，可得换热器总阻力压降以及克服该压降所需的功率消耗为

$$\sum \Delta p_f = 15538.8 + 42769.4 + 4670.7 = 62978.9 \, (\text{Pa})$$
$$N = q_V \sum \Delta p_f = 0.139 \times 62978.9 = 8754 \, (\text{W})$$

② 该换热器运行一段时间后换热管内壁产生 1mm 的垢层，且粗糙度为 0.2mm，则此时管径为 $d = 46.3$mm，管壁相对粗糙度 $e/d = 0.00432$，换热管内平均流速 u 为

$$u = \frac{4q_V}{n\pi d^2} = \frac{4 \times 0.139}{32 \times \pi \times 0.0463^2} = 2.580 \, (\text{m/s})$$

此时换热管内的雷诺数和摩擦阻力系数（应用 Haaland 公式）为

$$Re = \rho u d / \mu = 438782, \quad \lambda = 0.02933$$

此时的管程摩擦压降 Δp_f 和管程局部阻力压降 $\Delta p'_f$ 按以上相同步骤计算，结果为

$$\Delta p_f = 42105.6 \text{Pa}, \quad \Delta p'_f = 50641.9 \text{Pa}$$

此时管箱进出口局部压降不变，故换热器总阻力压降以及克服该压降所需功耗分别为

$$\sum \Delta p_f = 42105.6 + 50641.9 + 4670.7 = 97418.2 \, (\text{Pa})$$
$$N = q_V \sum \Delta p_f = 0.139 \times 97418.2 = 13444 \, (\text{W})$$

对比光滑管的功耗 8754W 可知，由于结垢后的阻力增加，所需功耗增加了 54%。

【P9-23】大型 U 形管管束内外层换热管流速差异计算。图 9-8 为某 U 形管换热器示意图，其中内层 U 形管弯曲半径 $R_a = 50$mm，对应流速为 u_a，外层 U 形管弯曲半径 $R_b = 764$mm，对应流速为 u_b，换热管内径 $d = 13$mm，直管段长度为 $L = 6000$mm，流体密度 $\rho \approx 847.6$kg/m³，黏度 $\mu \approx 12.8 \times 10^{-5}$Pa·s。

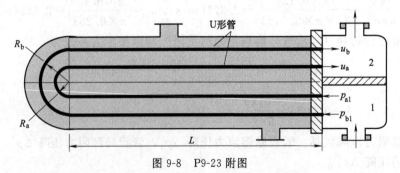

图 9-8　P9-23 附图

① 认为管箱液体静压分布满足静力学方程，证明内外层换热管的阻力损失相等（不受静压影响），即 U 形管管束是长度不同的换热管构成的并联管路。

② 由此进一步确定：内层 U 形管速度 $u_a = 1$、2、3、4、5m/s 时外层 U 形管的速度 u_b。

提示：阻力计算仅考虑湍流情况，其中直管阻力系数按式(9-15)计算，弯曲管阻力系数按式(9-20)计算；换热管进出口局部阻力系数合计为 1.0（非完全的突缩/突扩管口）。

解　① 内层换热管 a 和外层换热管 b 从下管箱 1 至上管箱 2 的机械能守恒方程分别为

$$p_{a1} - \rho g R_a = p_{a2} + \rho g R_a + (\Delta p_{f,a} + \Delta p'_{f,a})$$
$$p_{b1} - \rho g R_b = p_{b2} + \rho g R_b + (\Delta p_{f,b} + \Delta p'_{f,b})$$

因管箱内压力按静力学规律分布，所以

$$p_{a1} = p_{b1} - \rho g(R_b - R_a), \quad p_{a2} = p_{b2} + \rho g(R_b - R_a)$$

将此代入换热管 a 的机械能守恒方程可得

$$p_{b1} - \rho g R_b = p_{b2} + \rho g R_b + \Delta p_{f,a} + \Delta p'_{f,a}$$

该式与换热管 b 的机械能守恒方程对比可得

$$\Delta p_{f,a} + \Delta p'_{f,a} = \Delta p_{f,b} + \Delta p'_{f,b}$$

即内外层换热管的阻力损失相等（不受静压影响）。

② U 形管阻力由直管摩擦阻力、弯曲管摩擦阻力和进出口局部阻力构成，即

$$h_f = \lambda_s \frac{2L}{d} \frac{u^2}{2g} + \lambda_c \frac{\pi R}{d} \frac{u^2}{2g} + \zeta \frac{u^2}{2g} = (\lambda_s 2L + \lambda_c \pi R + \zeta d) \frac{u^2}{2gd}$$

因内、外层换热管阻力损失相同，换热管直径相同，所以

$$(\lambda_{s,a} 2L + \lambda_{c,a} \pi R_a + \zeta d) u_a^2 = (\lambda_{s,b} 2L + \lambda_{c,b} \pi R_b + \zeta d) u_b^2$$

或

$$\frac{u_a^2}{u_b^2} = \frac{\lambda_{s,b} 2L + \lambda_{c,b} \pi R_b + \zeta d}{\lambda_{s,a} 2L + \lambda_{c,a} \pi R_a + \zeta d}$$

将弯管阻力系数计算式即 $\lambda_c = \lambda_s + 0.03(d/2R)^{0.5}$ 代入可得

$$\frac{u_a^2}{u_b^2} = \frac{\lambda_{s,b}(2L + \pi R_b) + 0.03\pi\sqrt{R_b d/2} + \zeta d}{\lambda_{s,a}(2L + \pi R_a) + 0.03\pi\sqrt{R_a d/2} + \zeta d}$$

代入本问题给定几何尺寸和 $\zeta = 1.0$，可得速度比的计算式为

$$\frac{u_a^2}{u_b^2} = \frac{14.40\lambda_{s,b} + 0.006642 + 0.013}{12.16\lambda_{s,a} + 0.005373 + 0.013}$$

式中的直管摩擦阻力系数 λ_s 用式(9-15)计算，其中代入物性参数有

$$\lambda_s = 0.0056 + 0.49 Re^{-0.32} = 0.0056 + 0.01291 u^{-0.32}$$

将此代入速度比的计算式可得

$$\frac{u_a^2}{u_b^2} = \frac{0.08064 u_b^{-0.32} + 0.1859 + 0.006642 + 0.013}{0.06810 u_a^{-0.32} + 0.1570 + 0.005373 + 0.013}$$

或

$$\frac{u_a^{1.68}}{u_b^{1.68}} = \frac{0.08064 + 0.2055 u_b^{0.32}}{0.06810 + 0.1754 u_a^{0.32}}$$

根据该式，取内层速度 $u_a = 1$、2、3、4、5m/s，外层速度试差结果如表 9-3 所示。

表 9-3　U 形管束内外层换热管流速计算结果

U 形管内层流速 u_a/(m/s)	1	2	3	4	5
U 形管外层流速 u_b/(m/s)	0.919(0.915)	1.839(1.831)	2.760(2.747)	3.682(3.663)	4.605(4.580)
外层速度减小百分比/%	8.1(8.5)	8.1(8.5)	8.0(8.4)	8.0(8.4)	7.9(8.4)

注：括号内为不计进出口局部阻力的数据。

由此可见，外层 U 形管流速小于内层，且两者差异随局部阻力减小或流速减小而增大。分析速度比公式可知，管束直径增大或直管段长度减小也将使内外层的流速差异增大。

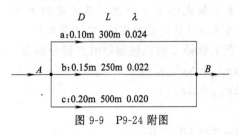

图 9-9 P9-24 附图

【P9-24】并联管路的压差与流量计算。图 9-9 是管道 a、b、c 构成的并联管路，各管直径 D、长度 L、摩擦阻力系数 λ 如图 9-9 所示。其中 A 点之前的总管路管径为 0.3m，流体速度 3m/s，且 A 点位置高度比下游交汇点 B 高出 70m。

① 试确定管道 a、b、c 的流量及摩擦压降；

② 试确定 A、B 两点的压力差。其中，局部阻力忽略不计，流体密度 1000kg/m³，上下游总管管径相同。

解 根据达西公式，摩擦压降可用流量表示为

$$\Delta p_f = \frac{8\lambda\rho L}{\pi^2 D^5}q_V^2 = Kq_V^2, \quad K = \frac{8\lambda\rho L}{\pi^2 D^5}$$

给定摩擦阻力系数 λ、L 和 D 时，各管 K 也为定值。又因长管流动可不计局部阻力，故各管仅有摩擦阻力。因此该并联管路中各管摩擦压降相等，流量之和等于总流量（以下用 q 简洁表示体积流量），即

$$\Delta p_f = K_a q_a^2 = K_b q_b^2 = K_c q_c^2, \quad q = q_a + q_b + q_c$$

由此可得 K_i 为定值时，并联管路摩擦压降和各管流量的表达式为

$$\Delta p_f = q^2\left(\frac{1}{\sqrt{K_a}} + \frac{1}{\sqrt{K_b}} + \frac{1}{\sqrt{K_c}}\right)^{-2}, \quad q_a = \sqrt{\frac{\Delta p_f}{K_a}}, \quad q_b = \sqrt{\frac{\Delta p_f}{K_b}}, \quad q_c = \sqrt{\frac{\Delta p_f}{K_c}}$$

① 根据已知数据，上式中的总流量 q 和各 K 值为

$$q = \pi \times 0.15^2 \times 3 = 0.212(\text{m}^3/\text{s})$$

$$K_a = 583610018\text{kg/m}^7, \quad K_b = 58707912\text{kg/m}^7, \quad K_c = 25330296\text{kg/m}^7$$

将此代入，可得管道 a、b、c 的摩擦压降和流量分别为

$$\Delta p_f = 327239\text{Pa}, \quad q_a = 0.0237\text{m}^3/\text{s}, \quad q_b = 0.0747\text{m}^3/\text{s}, \quad q_c = 0.1137\text{m}^3/\text{s}$$

② 为确定 A、B 两点的压力差，可列出两点的机械能守恒方程，其中两点总管管径相同（流速相同），所以机械能守恒方程为

$$p_A + \rho g H = p_B + \Delta p_f \quad \text{或} \quad p_A - p_B = \Delta p_f - \rho g H$$

代入数据有 $p_A - p_B = 327239 - 1000 \times 9.81 \times 70 = -359461(\text{Pa})$

该结果表明，因 A 点有 70m 的位能，故其静压比 B 点低 359461Pa 也可克服流动阻力。

【P9-25】串并联分支管路的压差与水泵功率计算。某水处理系统管路如图 9-10 所示，其中各管路的管径 d、管长 L 和摩擦阻力参数 λ 如图 9-10 所示。已知进水口 A_1、A_2 的平均流速都为 2.5m/s，两进水口为同一水平面，其标高比出水口 D、E、F 低 100m（出水口位于同一水平面），且进水口与出水口均为大气压力状态。试确定水泵进出口的压差 Δp 和水泵消耗的功率 N。其中流体密度 $\rho = 1000\text{kg/m}^3$，水泵效率为 $\eta = 76\%$，局部阻力忽略不计，摩擦阻力按充分发展湍流计算，体积流量直接用 q 简洁表示。

解 根据水泵进出口的机械能守恒方程，且考虑其进出口位差较小、动能相同，则水泵有效功率 N_e 与其进出口压差 Δp 和流量 q 的关系、水泵实际消耗的功率 N 分别为

$$N_e = q\Delta p, \quad N = N_e/\eta = q\Delta p/\eta$$

其中水泵体积流量 q（即管路总流量）是已知的，即

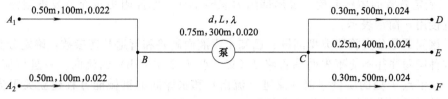

图 9-10　P9-25 附图

$$q = 2u\pi d_A^2/4 = 2\times 2.5\times \pi \times 0.5^2/4 = 0.982(\mathrm{m^3/s})$$

另一方面，根据整个管路系统进出口的机械能守恒方程，并考虑管路进出口均为大气压，进出口总流量相等，出口相对于进口的位置高度为 H，有

$$N_e/q = \rho g H + \Delta p_{f1} + \Delta p_{f2} + \Delta p_{f3}\quad 或\quad \Delta p = \rho g H + \Delta p_{f1} + \Delta p_{f2} + \Delta p_{f3}$$

式中，系统出口相对于进口的位置高度 $H=100\mathrm{m}$，所以

$$\rho g H = 1000\times 9.81\times 100 = 981000(\mathrm{Pa})$$

Δp_{f1} 是 AB 段并联管路（进口状态相同）的摩擦压降，可根据已知流速计算，即

$$\Delta p_{f1} = \lambda \frac{L}{D}\frac{\rho u^2}{2} = 0.022\times \frac{100}{0.5}\times \frac{1000\times 2.5^2}{2} = 13570(\mathrm{Pa})$$

Δp_{f2} 是 BC 段管路的摩擦压降，可根据已知流量计算，即

$$\Delta p_{f2} = \frac{8\lambda L\rho}{\pi^2 D^5}q^2 = \frac{8\times 0.02\times 300\times 1000}{\pi^2\times 0.75^5}\times 0.982^2 = 19763(\mathrm{Pa})$$

Δp_{f3} 是 C 点之后并联管路 CD、CE、CF（出口状态相同）的摩擦压降。已知该并联管路总流量 q，则该并联管路的摩擦压降和各管路的流量为（见 P9-24）

$$\Delta p_{f3} = q^2\left(\frac{1}{\sqrt{K_{CD}}}+\frac{1}{\sqrt{K_{CE}}}+\frac{1}{\sqrt{K_{CF}}}\right)^{-2},\quad q_i = \sqrt{\frac{\Delta p_f}{K_i}}\quad \left(其中\ K_i = \frac{8\lambda_i\rho L_i}{\pi^2 d_i^5}\right)$$

代入管路 CD、CE、CF 的 d、L、λ，可得

$$K_{CD} = K_{CF} = 4002812\mathrm{kg/m^7},\ K_{CE} = 7968222\mathrm{kg/m^7}$$
$$\Delta p_{f3} = 525751\mathrm{Pa},\ q_{CD} = q_{CF} = 0.3624\mathrm{m^3/s},\ q_{CE} = 0.2569\mathrm{m^3/s}$$
$$\Delta p = \rho g H + \Delta p_{f1} + \Delta p_{f2} + \Delta p_{f3} = 1540084\mathrm{Pa} = 1540.1\mathrm{kPa}$$
$$N_e = q\Delta p = 1512362\mathrm{W} = 1512.4\mathrm{kW},\ N = N_e/\eta = 1990.0\mathrm{kW}$$

【P9-26】**水库间分支管路的流量问题（给定阻力系数）**。分支管路连接的水库 a、b、c，各水库液面标高和管道直径、长度、阻力系数见图 9-11（给定 λ 意味着在涉及的流量范围内管道为水力粗糙管）。

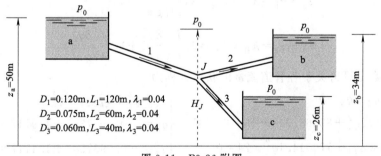

图 9-11　P9-26 附图

① 试确定交汇点 J 到水库 b 的流向；

② 试确定各管的体积流量。设局部阻力忽略不计，摩擦阻力按充分发展湍流计算，体积流量直接用 q 简洁表示。

解 该问题是分支管路典型问题：已知水库液面高差和管道几何参数，确定分支管路的流量。这种问题往往不能事先明确管路 2（交汇点 J 至水库 b）的流向。一旦该流向确定，即可根据交汇点 J 处的质量守恒（流进＝流出）和水库间的机械能方程建立关于流量的联立方程，然后采用直接法或迭代法求解。

① 判断管道 2 流向的方法：假设通往水库 b 的管道 2 关闭，然后计算交汇点 J 的总压头 H_J（H_J 即 J 点的静压头、速度头和位头之和），若 H_J 大于水库 b 液面的位高 z_b（液面总压头），则一旦管道 2 开启，流体将从 J 流向水库 b，反之从水库 b 流向 J。

交汇点总压头 H_J 的定义、管道 2 流向从 J 到水库 b 的条件可表示为

$$H_J = \frac{p_J - p_0}{\rho g} + \frac{u_J^2}{2g} + z_J, \quad H_J > z_b$$

其中 p_J，u_J，z_J 分别为 J 点的静压、速度和位置标高。

管道 2 关闭时 J 点总压头 H_J 的计算：设此时由水库 a 至水库 c 的流量为 q，因水库 a、水库 c 的液面速度为零，压力为大气压 p_0，故 a 至 c 的机械能守恒方程（不计局部阻力）为

$$z_a - z_c = h_{f1} + h_{f3} = \left(\lambda_1 \frac{L_1}{D_1^5} + \lambda_3 \frac{L_3}{D_3^5} \right) \frac{8q^2}{g\pi^2}$$

此时由水库 a 至交汇点 J 的机械能守恒方程为

$$z_a = \left(\frac{p_J - p_0}{\rho g} + \frac{u_J^2}{2g} + z_J \right) + h_{f1} = H_J + \lambda_1 \frac{L_1}{D_1^5} \frac{8q^2}{g\pi^2}$$

阻力系数 λ 给定时，以上两式消去流量 q，可得管道 2 关闭时 J 点的总压头 H_J 为

$$H_J = z_a - \frac{\lambda_1 L_1 (z_a - z_c)}{\lambda_1 L_1 + \lambda_3 L_3 (D_1 / D_3)^5}$$

代入本问题给定数据，有 $\quad H_J = 47.942\text{m} > z_b = 36\text{m}$

由此可知，一旦管道 2 开启，其中的流体将从交汇点 J 向水库 b 流动。此外，根据 H_J 还可得管道 2 关闭时管道 1 和管道 3 的流量为 $q = 0.01136\text{m}^3/\text{s}$。

② 管道 2 的流向确定后，则管道 2 开启时交汇点 J 处的质量守恒方程为

$$q_1 = q_2 + q_3 \quad \text{或} \quad q_1^2 = q_2^2 + 2q_2 q_3 + q_3^2$$

从水库 a 至 b、水库 a 至 c 的机械能守恒方程分别为

$$z_a - z_b = h_{f1} + h_{f2} = \lambda_1 \frac{L_1}{D_1^5} \frac{8q_1^2}{g\pi^2} + \lambda_2 \frac{L_2}{D_2^5} \frac{8q_2^2}{g\pi^2}$$

$$z_a - z_c = h_{f1} + h_{f3} = \lambda_1 \frac{L_1}{D_1^5} \frac{8q_1^2}{g\pi^2} + \lambda_3 \frac{L_3}{D_3^5} \frac{8q_3^2}{g\pi^2}$$

代入已知数据可得关于各管道流量的联立方程为

$$\begin{cases} q_1 - q_2 - q_3 = 0 \\ 15938.8q_1^2 + 83565.3q_2^2 - 16 = 0 \\ 15938.8q_1^2 + 170014.1q_3^2 - 24 = 0 \end{cases} \quad \text{或} \quad \begin{cases} q_1^2 = q_2^2 + 2q_2 q_3 + q_3^2 \\ q_2^2 = -0.19073q_1^2 + 1.9147 \times 10^{-4} \\ q_3^2 = -0.09375q_1^2 + 1.4117 \times 10^{-4} \end{cases}$$

此方程可用消元法求解（较烦琐，需试差）。也可用迭代法求解（在 Excel 计算表中易于实现），其中直接以流量平方 q^2 为变量，以松弛因子 ω 构造的迭代方程如下

$$\begin{cases} q_1^2 = \omega(q_2^2 + 2q_2 q_3 + q_3^2) + (1-\omega)q_1^2 \\ q_2^2 = \omega(-0.19073q_1^2 + 1.9147 \times 10^{-4}) + (1-\omega)q_2^2 \\ q_3^2 = \omega(-0.09375q_1^2 + 1.4117 \times 10^{-4}) + (1-\omega)q_3^2 \end{cases}$$

各流量的初值以①的结果为依据，取为 0.01（也可不同）。松弛因子 ω 的理论范围是：$0 < \omega < 2$，计算中 $\omega = 0.1$，得到的收敛结果为

$$q_1^2 = 0.0004239 \, \text{m}^6/\text{s}^2, \quad q_2^2 = 0.0001106 \, \text{m}^6/\text{s}^2, \quad q_3^2 = 0.0001014 \, \text{m}^6/\text{s}^2$$

$$q_1 = 0.0206 \, \text{m}^3/\text{s}, \quad q_2 = 0.0105 \, \text{m}^3/\text{s}, \quad q_3 = 0.0101 \, \text{m}^3/\text{s}$$

可以验证，上述流量下各管均为湍流流动。

【P9-27】水库间分支管路的流量问题（阻力系数随流量变化）。已知分支管路连接的水库 a、b、c，各水库液面标高和管道直径、长度、相对粗糙度见图 9-12。已知流体运动黏度 $\nu = 1.13 \times 10^{-6} \, \text{m}^2/\text{s}$，管 1 和管 3 流向如图。试确定交汇点 J 至中间水库 b 流动方向（管 2 的流向），并计算各管的体积流量。

设局部阻力忽略不计，摩擦阻力按充分发展湍流计算，体积流量直接用 q 简洁表示。

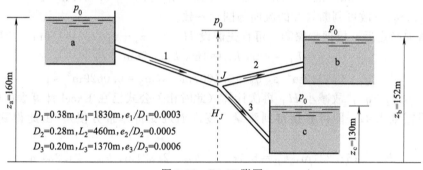

$D_1 = 0.38\text{m}, L_1 = 1830\text{m}, e_1/D_1 = 0.0003$
$D_2 = 0.28\text{m}, L_2 = 460\text{m}, e_2/D_2 = 0.0005$
$D_3 = 0.20\text{m}, L_3 = 1370\text{m}, e_3/D_3 = 0.0006$

图 9-12　P9-27 附图

解　该问题类似 P9-26，亦属分支管路流量问题，但不同的是，本问题中要考虑阻力系数随流量的变化。此时判定中间水库 b（管道 2）的流动方向和计算各管的流量，采用交汇点总压头 H_J 逐次逼近法较为方便。交汇点总压头 H_J 即 J 点的静压头、速度头和位头之和。设 J 点的静压、速度和位置标高分别为 p_J、u_J、z_J，则

$$H_J = \frac{p_J - p_0}{\rho g} + \frac{u_J^2}{2g} + z_J$$

H_J 逐次逼近法的优点是：在假设的 H_J 下，各管道的流量计算简化成单一管道流量计算问题，且可采用直接法计算。H_J 逐次逼近法的步骤如下：

① 中间水库 b（管道 2）的流向判定：假设 J 点总压头 $H_J = z_b$，此时管道 2 流量 $q_2 = 0$，而管 1 和管 3 的压头损失可根据水库 a 与交汇点 J 之间和交汇点 J 与水库 c 之间的机械能守恒方程（不计局部阻力）直接得到，即

$$h_{f1} = z_a - H_J, \quad h_{f3} = H_J - z_c$$

已知压头损失 h_f，即可根据式（9-23）计算管 1 和管 3 的 $Re\sqrt{\lambda}$，即

$$Re\sqrt{\lambda} = \frac{D}{\nu}\sqrt{\frac{2gh_f}{L/D}}$$

在此基础上，进一步应用式（9-16）又可计算管 1、管 3 的阻力系数，即

$$\frac{1}{\sqrt{\lambda}} = 1.136 - 0.869\ln\left(\frac{e}{D} + \frac{9.287}{Re\sqrt{\lambda}}\right)$$

然后由达西公式反算管道1、管道3的体积流量，即

$$h_f = \lambda \frac{L}{D} \frac{u^2}{2g} = \frac{8\lambda L q^2}{g\pi^2 D^5} \rightarrow q = \frac{\pi D^2}{4}\sqrt{\frac{2gh_f}{\lambda L/D}}$$

若 $q_1 > q_3$，则管道2流向为由交汇点 J 流向水库b，反之则流向相反。若 $q_1 = q_3$，则管道2流量 $q_2 = 0$。

② 确定管道2流向后各管道的流量计算：以管道2流向为图 9-12 所示方向为例，此时可假设 H_J 位于 z_a 与 z_b 之间，然后根据机械能守恒方程得到管道1、2、3的压头损失为

$$h_{f1} = z_a - H_J, \quad h_{f2} = H_J - z_b, \quad h_{f3} = H_J - z_c$$

再按以上相同步骤依次计算各管道的 $Re\sqrt{\lambda}$、λ、q，并判断是否满足质量守恒，即

$$q_1 = q_2 + q_3$$

如 q_1 过小，则减小 H_J 再次计算；若 q_1 过大，则增加 H_J 再次计算，直至在允许误差范围内满足以上质量守恒。

根据步骤①，代入本问题数据，假设 J 点总压头 $H_J = z_b = 152\text{m}$ 的计算结果为

$$h_{f1} = 8\text{m}, \quad h_{f3} = 22\text{m}; \quad q_1 = 0.1603\text{m}^3/\text{s}, \quad q_3 = 0.0578\text{m}^3/\text{s}$$

因为 $q_1 > q_3$，故可判断管2的流向与图示一致。

管2流向确定后，根据步骤②，可首先假设 $H_J = (z_a + z_b)/2 = 156\text{m}$，计算结果为

$$h_{f1} = 4\text{m}, \quad h_{f2} = 4\text{m}, \quad h_{f3} = 26\text{m}$$

$$q_1 = 0.1117\text{m}^3/\text{s}, \quad q_2 = 0.1007\text{m}^3/\text{s}, \quad q_3 = 0.0629\text{m}^3/\text{s}$$

因为 $q_1 < q_2 + q_3$，故减小 H_J 再次计算（此时相关公式已在 Excel 计算表中输入完毕，再次计算只需键入 H_J 即可直接得到流量，逐次逼近变得非常方便）。由此得到的最终结果为

$$H_J = 154.231\text{m}, \quad h_{f1} = 5.769\text{m}, \quad h_{f2} = 2.231\text{m}, \quad h_{f3} = 24.231\text{m}$$

$$q_1 = 0.1352\text{m}^3/\text{s}, \quad q_2 = 0.0745\text{m}^3/\text{s}, \quad q_3 = 0.0607\text{m}^3/\text{s}$$

可以验证，以上流量下各管均为湍流流动。

【P9-28】水库间分支管路的流向问题（阻力系数随流量变化）。 已知分支管路连接的水库a、b、c，各管道直径、长度、相对粗糙度以及水库a、c液面标高见图 9-13。其中交汇点 J 至低位水库c的流向（管路3流向）是确定的，但 q_1、q_2 的流向随水库b的液位 z_b 由高至低有五种情况，如图 9-13(b)。试确定图中情况 ⅱ（q_1 发生转向）和情况 ⅳ（q_2 发生转向）对应的液位 z_b。其中 $z_b > z_c$，流体运动黏度 $\nu = 1.13 \times 10^{-6}\text{m}^2/\text{s}$。

设局部阻力忽略不计，摩擦阻力按充分发展湍流计算，体积流量直接用 q 简洁表示。

解 情况 ⅱ 中，q_1 发生转向意味着 $q_1 = 0$，由机械能守恒方程可知，此时 $z_a = H_J$。同理，情况 ⅳ 中 q_2 发生转向，则 $q_2 = 0$，$z_b = H_J$。其中 H_J 是交汇点 J 的总压头，即

$$H_J = (p_J - p_0)/\rho g + u_J^2/2g + z_J$$

① 情况 ⅱ 对应的液位 z_b：该条件下 $q_1 = 0$，即管道1没有流动（也无阻力），因此设 p_J、u_J、z_J 分别为交汇点 J 的静压、速度和位高，则水库a液面至交汇点 J 的机械能守恒方程为

$$z_a = (p_J - p_0)/\rho g + u_J^2/2g + z_J \quad 即 \quad z_a = H_J$$

根据水库b至 J 点、J 点至水库c的机械能方程（不计局部阻力）并将 $z_a = H_J$ 代入，有

$$z_b = H_J + h_{f2} = z_a + h_{f2}$$

$$h_{f3} = H_J - z_c = z_a - z_c = 160 - 130 = 30(\text{m})$$

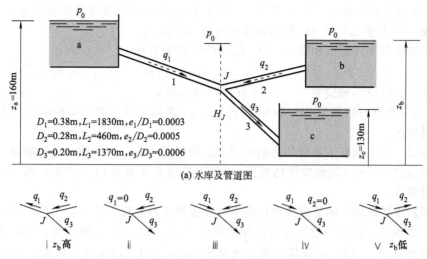

(a) 水库及管道图

q_1 q_2 $q_1=0$ q_2 q_1 q_2 q_1 $q_2=0$ q_1 q_2

J   J   J   J   J

q_3 q_3 q_3 q_3 q_3

ⅰ z_b高   ⅱ   ⅲ   ⅳ   ⅴ z_b低

(b) 液位z_b由高至低管1和管2中流动方向的五种情况

图 9-13 P9-28 附图

由此可得计算 z_b 的步骤是：根据已知的 h_{f3} 确定管道 3 的流量 q，因该流量亦等于管 2 的流量，故根据 q 可确定管 2 的阻力损失 h_{f2}，从而确定 z_b，过程如下。

管道 3 流量 q 的计算：已知 h_{f3}，可根据式（9-23）计算管道 3 的 $Re\sqrt{\lambda}$，即

$$Re\sqrt{\lambda}=\frac{D}{\nu}\sqrt{\frac{2gh_f}{L/D}}=\frac{0.2}{1.13\times10^{-6}}\times\sqrt{\frac{2\times9.81\times30}{1370/0.2}}=51882$$

进一步应用式（9-16），又可计算管道 3 的阻力系数，即

$$\frac{1}{\sqrt{\lambda}}=1.136-0.869\ln\left(\frac{e}{D}+\frac{9.287}{Re\sqrt{\lambda}}\right)\rightarrow\lambda=0.01848$$

然后由达西公式反算管道 3 的体积流量，即

$$q=\frac{\pi D^2}{4}\sqrt{\frac{2gh_f}{\lambda L/D}}=\frac{\pi\times0.2^2}{4}\times\sqrt{\frac{2\times9.81\times30}{0.01848\times1370/0.2}}=0.0677(\mathrm{m^3/s})$$

根据 q 确定管 2 的 h_{f2}：首先计算雷诺数，然后用 Haaland 公式计算 λ，再计算 h_{f2}，即

$$Re=\frac{4q}{\nu\pi D}=\frac{4\times0.0677}{\pi\times1.13\times10^{-6}\times0.28}=272435$$

$$\frac{1}{\sqrt{\lambda}}=1.135-0.782\ln\left[\left(\frac{e}{D}\right)^{1.11}+\frac{29.482}{Re}\right]\rightarrow\lambda=0.01818$$

$$h_{f2}=\lambda\frac{L}{D}\frac{u^2}{2g}=\frac{8\lambda Lq^2}{g\pi^2D^5}=\frac{8\times0.01818\times460\times0.0677^2}{9.81\times\pi^2\times0.28^5}=1.840(\mathrm{m})$$

由此可得情况 ⅱ 即 $q_1=0$ 对应的液位 z_b 为

$$z_b=z_a+h_{f2}=160+1.840=161.840(\mathrm{m})$$

若 z_b 高于此值，则 q_1、q_2 流向为图中第 ⅰ 种情况，低于此值则进入第 ⅲ 种情况。

② 情况 ⅳ 对应的液位 z_b：该条件下 $q_2=0$，即管道 2 没有流动（也无阻力），此时交汇点总压头 $H_J=z_b$，而水库 a 与交汇点 J 之间、交汇点 J 与水库 c 之间的机械能守恒方程为

$$h_{f1}=z_a-H_J, \quad h_{f3}=H_J-z_c$$

因 $q_2=0$ 时，$q_1=q_3$，所以此时确定 z_b 的步骤是：首先假设 H_J，并按以上两式计算管道 1 和管道 3 的阻力损失，然后采用与前面相同的步骤计算管道 1、管道 3 的 $Re\sqrt{\lambda}$，再

用 Colebrook 公式计算各自的阻力系数 λ，最后由达西公式反算各自的流量 q_1、q_3，直至 $q_1 = q_3$ 为止。满足该条件的 H_J 即为情况 iv 对应的液位 z_b。

根据该方法和本问题已知数据，H_J 的最终试差结果为

$$H_J = 158.524\text{m}, \quad h_{f1} = 1.476\text{m}, \quad h_{f3} = 28.524\text{m}; \quad q_1 = q_3 = 0.0660\text{m}^3/\text{s}$$

因此情况 iv 对应的液位为 $\qquad z_b = H_J = 158.524\text{m}$

若 z_b 高于此值（但低于 161.84m），则 q_1、q_2 流向为图中的第 iii 种情况，低于此值则进入第 v 种情况。

可以验证，以上流量下各管均为湍流流动。同时对 P9-27 中的流向进行验证：P9-27 中 $z_b = 152\text{m} < 158.524\text{m}$（其余参数均相同），所以其管道 1 和管道 2 的流向属于图 9-13（b）中的第 v 种情况。

【P9-29】渗透率均匀的管道内流体的平均速度及压力变化。图 9-14 所示为渗透性管道，其直径 D、管长 L，进出口速度及压力分别为 u_1、p_1、u_2、p_2，单位管长的渗透流量为 β 且 β 沿管长分布均，即 $0 \to x$ 管段的渗透流量为 βx（m^3/s）。因渗透率较低，管内压力变化可视为仅由摩擦阻力产生。

① 试确定管内平均速度 u 及压力 p 随 x 变化的方程；

② 若压力 $p_1 = 2.8\text{bar}$ 的水进入该管流动，水的密度 $\rho = 1000\,\text{kg/m}^3$，管径 $D = 0.15\text{m}$，管长 $L = 1300\text{m}$，管道摩擦阻力系数 $\lambda = 0.032$（定值），管的末端压力 $p_2 = 0.25\text{bar}$，速度 $u_2 = 0$（末端封闭），试确定进口流速 u_1 和单位管长的渗透流量 β。

提示：渗透率较低时，渗透性管内的压力变化可视为仅由摩擦阻力产生，此时 $\text{d}x$ 微分管段的压力变化 $\text{d}p$ 可用达西公式描述。

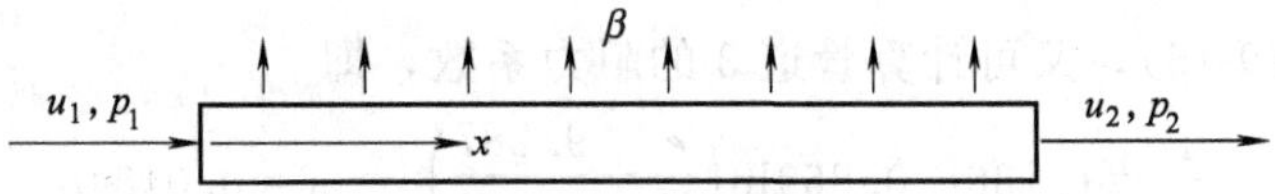

图 9-14　P9-29 附图

解　① 单位管长渗透流量 β 分布均匀的条件下，由质量守恒可知：x 处截面的体积流量 q 将等于进口流量 q_1 减去 $0 \to x$ 管段的渗透流量，即

$$q = q_1 - \beta x$$

根据上式，设管道流通截面积为 A，则管内流速 u 随 x 变化的方程为

$$u = u_1\left(1 - \frac{\beta}{Au_1}x\right) \qquad \left[\text{其中 } \beta = \frac{A}{L}(u_1 - u_2)\right]$$

$\text{d}x$ 微分管段的压力变化 $\text{d}p$（压力增量）可用达西公式描述，有

$$\frac{\text{d}p}{\text{d}x} = -\lambda\frac{1}{D}\frac{\rho u^2}{2} = -\lambda\frac{\rho u_1^2}{2D}\left(1 - \frac{\beta}{Au_1}x\right)^2$$

积分该式，并引用速度分布方程，可得压力 p 随 x 的变化（x 隐含于 u 中）为

$$p_1 - p = \lambda\frac{\rho u_1^2 L}{6D}\frac{1 - u^3/u_1^3}{1 - u_2/u_1}$$

② 根据问题所给条件可知：$x = L$ 时，$u = u_2 = 0$，$p = p_2 = 0.25\text{bar}$，将此代入压力变化方程，可解出进口速度 u_1，进一步根据速度变化方程或 β 定义式又可得到 β，即

$$u_1 = \sqrt{\frac{6D}{\lambda L \rho}(p_1 - p_2)} = \sqrt{\frac{6 \times 0.15 \times 2.55 \times 10^5}{0.032 \times 1300 \times 1000}} = 2.349\,(\text{m/s})$$

$$\beta = \frac{Au_1}{L} = \frac{\pi \times 0.075^2}{1300} \times 2.349 = 3.193 \times 10^{-5}\,(\text{m}^2/\text{s})$$

【P9-30】**渗透率均匀的串联管道内流体的压降计算。** 图 9-15 所示为两渗透性管道的串联管路，其中管道 1 的直径 $D=0.15\text{m}$、长度 $L=1500\text{m}$，管道 2 的直径 $D=0.10\text{m}$、长度 $L=900\text{m}$。已知流体密度 $\rho=1000\text{kg/m}^3$，进口流量 $q_1=0.025\text{m}^3/\text{s}$，管道 2 的末端封闭；管道 1、2 单位管长渗透流量 β_1、β_2 为定值，且 $\beta_2=\alpha\beta_1$，其中 $\alpha=0.8$。对于 β 较低的情况，管内压力变化仅由摩擦阻力产生且两管摩擦阻力系数均为 $\lambda=0.028$，接头处局部阻力不计且压力变化满足伯努利方程，试借助 P9-29 给出的渗透管内的速度和压力变化方程确定串联管路的总压力降。

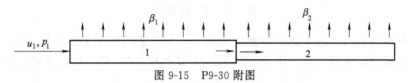

图 9-15　P9-30 附图

解　本问题中值得注意的是，管道 1 末端（接头处）的速度和压力不能直接作为管道 2 的进口速度和压力。为此，以 u_{J1}、p_{J1} 表示管道 1 末端的速度和压力，以 u_{J2}、p_{J2} 表示管道 2 进口的速度和压力，并注意管道 2 末端速度为零（封闭）。将 P9-29 中给出的渗透管内的速度变化方程分别应用于管道 1 末端和管道 2 末端，并在接头处应用质量守恒方程，有

$$u_{J1}=u_1\left(1-\frac{\beta_1 L_1}{A_1 u_1}\right),\ 0=u_{J2}\left(1-\frac{\beta_2 L_2}{A_2 u_{J2}}\right),\ u_{J2}=u_{J1}\frac{A_1}{A_2}$$

根据以上三个方程并考虑 $\beta_1=\alpha\beta_2$，可得

$$\beta_1=\frac{A_1 u_1}{\alpha L_2+L_1},\ \beta_2=\alpha\beta_1,\ u_{J1}=u_1\frac{\alpha L_2}{\alpha L_2+L_1},\ u_{J2}=u_{J1}\frac{A_1}{A_2}$$

将 P9-29 中给出的管内压力变化方程分别应用于管道 1 末端和管道 2 末端，并考虑管道 2 末端封闭（速度为零），可得

$$p_1-p_{J1}=\lambda\frac{L_1\rho u_1^2}{6D_1}\frac{1-u_{J1}^3/u_1^3}{1-u_{J1}/u_1},\ p_{J2}-p_2=\lambda\frac{L_2\rho u_{J2}^2}{6D_2}$$

接头处的伯努利方程为 $\quad p_{J2}=p_{J1}+\dfrac{\rho u_{J1}^2}{2}\left(1-\dfrac{A_1^2}{A_2^2}\right)$

对以上三个方程，将前两个方程相加并将第三个方程代入，可得串联管路的总压降为

$$p_1-p_2=\lambda\frac{\rho u_1^2 L_1}{6D_1}\frac{(1-u_{J1}^3/u_1^3)}{(1-u_{J1}/u_1)}+\lambda\frac{\rho u_{J2}^2 L_2}{6D_2}-\frac{\rho u_{J1}^2}{2}\left(1-\frac{A_1^2}{A_2^2}\right)$$

代入已知数据，可依次计算 β_1、β_2、u_{J1}、u_{J2}、(p_1-p_2)，其结果为

$$\beta_1=1.126\times10^{-5}\text{m}^2/\text{s},\ \beta_2=0.901\times10^{-5}\text{m}^2/\text{s}$$
$$u_{J1}=0.459\text{m/s},\ u_{J2}=1.032\text{m/s}$$
$$p_1-p_2=133514.8+44761.9+427.6=178704.3(\text{Pa})$$

【P9-31】**对称供油管路的压降与流量计算。** 某对称供油管路如图 9-16(a) 所示。管路在同一水平面，管路摩擦阻力损失可表示为 $h_f=Kq^2$，q 是体积流量，K 为阻力特性（s^2/m^5），且并已知管路 OC 的管径为 0.01m，管长为 2m，阻力系数为 0.04。试确定 4 个喷嘴同时以 5L/min 的流量供油时管路 OC 的流量和压降。设油的密度为 850kg/m^3 且

$$K_{OA}=K_{OB}=K_{CE}=K_{CF}=K,\ K_{AE}=K_{BF}=2K,\ K_{OC}=3K$$

解　该供油管路问题属管网问题。通常，有 n 个节点和 m 个独立回路的管网，其控制方程包括 $n-1$ 个节点的质量守恒方程（流进＝流出）和 m 个回路的压降平衡方程。

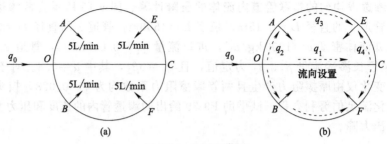

图 9-16　P9-31 附图

本问题有对称性，只需考虑上半圆网格即可。上半圆网格有 4 个节点，故有 3 个质量守恒方程。根据假设的管路流向 [图 9-16(b)]，选节点 O、A、C，其质量守恒方程为

$$2q_2 + q_1 = q_0, \quad q_2 = q_3 + 5, \quad q_1 = 2q_4$$

管路 OCE 与管路 OAE 有相同压头损失，由此得该网格的压降平衡方程为

$$h_{f,OC} + h_{f,CE} = h_{f,OA} + h_{f,AE} \ \rightarrow \ 3q_1^2 + q_4^2 = q_2^2 + 2q_3^2$$

根据质量守恒方程，将 q_2、q_3、q_4 用 q_1 表示，并连同总流量 $q_0 = 20 \text{L/min}$ 一并代入压降平衡方程，可得

$$3q_1^2 + \frac{1}{4}q_1^2 = \frac{1}{4}(q_0 - q_1)^2 + \frac{1}{2}(q_0 - q_1 - 10)^2 \ \rightarrow \ q_1^2 + 8q_1 - 60 = 0$$

解方程可得管路 OC 的流量 q_1，由此并根据达西公式可得该管路压降，结果为

$$q_1 = 2\sqrt{19} - 4 = 4.718 (\text{L/min}) = 7.863 \times 10^{-5} (\text{m}^3/\text{s})$$

$$\Delta p_{OC} = \frac{8\lambda L \rho}{\pi^2 D^5} q_1^2 = \frac{8 \times 0.04 \times 2 \times 850}{\pi^2 \times 0.01^5} \times 7.863^2 \times 10^{-5} = 3408 (\text{Pa})$$

流向假设的讨论：以上所获流量均为正值且满足质量守恒方程，因此最初的流向假设是合理的。本问题中，流向假设稍有困难的是 q_3。若 q_3 的流向与图中假设方向相反，则可得到 $q_3 < 0$ 的结果，这表明其流向假设不对，更正为图中流向后可得正确结果。

【P9-32】单一进出口简单管网的流量与压降计算。某水平管网系统如图 9-17(a) 所示，管路总流量 $q_0 = 0.5 \text{m}^3/\text{s}$，流动摩擦阻力的压头损失可表示为 $h_f = Kq^2$，其中 q 是相应管路的体积流量，K 是相应的阻力特性参数，且已知

$$K_1 = 200 \text{s}^2/\text{m}^5, \ K_2 = 800 \text{s}^2/\text{m}^5, \ K_3 = 2500 \text{s}^2/\text{m}^5, \ K_4 = 500 \text{s}^2/\text{m}^5, \ K_5 = 300 \text{s}^2/\text{m}^5$$

试确定各管路的流向、流量和摩擦压降。设流体密度为 1000kg/m^3，局部阻力不计。

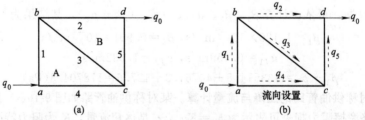

图 9-17　P9-32 附图

解　如图 9-17 所示，该管网有 4 个节点，2 个独立回路（A、B），因此可选 3 个节点列出质量守恒方程，加上 A、B 两个回路各有的压降平衡方程，共有 5 个方程。为此，首先假设管路流向 [图 9-17(b)]，其中 q_3 的流向（直接假设稍有困难）分析如下：

因为阻力参数 $K_1 = 200 < K_4 = 500$，所以可判定 $q_1 > q_4$。已知进口流量为 0.5，故可取

$q_1=0.3$，$q_4=0.2$，于是可估计管1、管4的压头损失分别为

$$h_{f,1}=K_1q_1^2=200\times0.3^2=18(\text{m}), \quad h_{f,4}=K_4q_4^2=500\times0.2^2=20(\text{m})$$

由此可知，c 点压力低于 b 点，故 q_3 的流向为 $b\to c$。这样，选择节点 a、b、c 列出其质量守恒方程，可得

$$\begin{cases}a: & q_1+q_4-q_0=0 \\ b: & q_1-q_2-q_3=0 \\ c: & q_3+q_4-q_5=0\end{cases} \quad \text{或} \quad \begin{cases}q_1=q_0-q_4 \\ q_2=q_1-q_3 \\ q_3=q_5-q_4\end{cases}$$

根据流向设置，A、B 两个回路的压降平衡方程为

$$\begin{cases}A: & K_1q_1^2+K_3q_3^2=K_4q_4^2 \\ B: & K_3q_3^2+K_5q_5^2=K_2q_2^2\end{cases} \quad \text{或} \quad \begin{cases}q_4=\sqrt{(K_1q_1^2+K_3q_3^2)/K_4} \\ q_5=\sqrt{(K_2q_2^2-K_3q_3^2)/K_5}\end{cases}$$

通常只有一个网格的问题（如 P9-31），其方程较容易获得解析解。本问题有 A、B 两个网格，其压降平衡方程与节点质量守恒方程联立的解析解极为困难。可采用迭代法求解。根据以上方程，以松弛因子 ω（$0<\omega<2$）构建的迭代方程如下

$$q_1=\omega(q_0-q_4)+(1-\omega)q_1$$
$$q_2=\omega(q_1-q_3)+(1-\omega)q_2$$
$$q_3=\omega(q_5-q_4)+(1-\omega)q_3$$
$$q_4=\omega\sqrt{(K_1q_1^2+K_3q_3^2)/K_4}+(1-\omega)q_5$$
$$q_5=\omega_1\sqrt{(K_2q_2^2-K_3q_3^2)/K_5}+(1-\omega)q_5$$

该方程组的迭代计算在 Excel 计算表中易于实现。计算表明，取松弛因子 $\omega=0.1\sim0.5$，各流量初值取为 0，都可稳定获得以上方程的收敛解。结果为

$$q_1=0.2747\text{m}^3/\text{s}, \quad q_2=0.2105\text{m}^3/\text{s}$$
$$q_3=0.0642\text{m}^3/\text{s}, \quad q_4=0.2253\text{m}^3/\text{s}, \quad q_5=0.2895\text{m}^3/\text{s}$$

获得各管路流量后，可根据下式计算相应管路的压力降，即

$$\Delta p_{f,i}=\rho g h_{f,i}=\rho g K_i q_i^2$$

结果为

$$\Delta p_{f,1}=148.1\text{kPa}, \quad \Delta p_{f,2}=347.7\text{kPa}$$
$$\Delta p_{f,3}=101.1\text{kPa}, \quad \Delta p_{f,4}=249.0\text{kPa}, \quad \Delta p_{f,5}=246.7\text{kPa}$$

以上所获流量均为正值，且满足质量守恒方程，因此最初的流向假设是合理的。

> **说明**：管网问题方程采用迭代法理论上应该有收敛解，而实际运算是否能获得收敛解，取决于初值是否合适（由方程性质确定），这恰恰是比较困难的。本问题（单一进出口）各流量初值取为 0 可稳定获得收敛解，但其他很多问题的收敛解往往严重依赖于所赋予的初值，此时应通过守恒和阻力分析，使各流量的初值尽量接近实际，才可能获得收敛解，不然迭代过程会很快出现溢出或发散，详见下一问题。

【P9-33】单一进口多出口简单管网的流量与压降计算。某水平管网系统如图 9-18(a) 所示，管路在节点 a 有流体进入，节点 b、d、e 有流体流出，其流量分别为

$$q_a=2.8\text{m}^3/\text{s}, \quad q_b=0.7\text{m}^3/\text{s}, \quad q_d=0.7\text{m}^3/\text{s}, \quad q_e=1.4\text{m}^3/\text{s}$$

管路摩擦阻力损失可表示为 $h_f=Kq^2$，其中 q 是管路体积流量，K 是阻力特性，且

$$K_1=380\text{s}^2/\text{m}^5, \quad K_2=1140\text{s}^2/\text{m}^5, \quad K_3=1520\text{s}^2/\text{m}^5$$
$$K_4=1520\text{s}^2/\text{m}^5, \quad K_5=1900\text{s}^2/\text{m}^5, \quad K_6=760\text{s}^2/\text{m}^5$$

试确定各管路的流向、流量和摩擦压降。设流体密度为 1000kg/m^3，局部阻力不计。

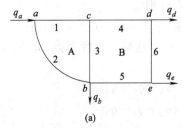 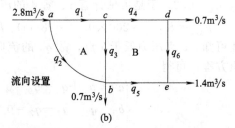

图 9-18   P9-33 附图

解   如图 9-18 所示，该管网有 5 个节点，2 个独立回路，因此可选 4 个节点列出质量守恒方程，A、B 两个网格各有 1 个压降平衡方程，共 6 个方程。为此，首先假设管路流向 [图 9-18(b)]，这样，选择节点 a、b、c、d 列出其质量守恒方程可得

$$\begin{cases} a: & q_1 = -q_2 + 2.8 \\ b: & q_2 = -q_3 + q_5 + 0.7 \\ c: & q_4 = q_1 - q_3 \\ d: & q_6 = q_4 - 0.7 \end{cases}$$

根据流向设置，A、B 两个网格的压降平衡方程为

$$\begin{cases} A: & K_1 q_1^2 + K_3 q_3^2 = K_2 q_2^2 \\ B: & K_3 q_3^2 + K_5 q_5^2 = K_4 q_4^2 + K_6 q_6^2 \end{cases} \quad 或 \quad \begin{cases} q_3 = \sqrt{(-K_1 q_1^2 + K_2 q_2^2)/K_3} \\ q_5 = \sqrt{(-K_3 q_3^2 + K_4 q_4^2 + K_6 q_6^2)/K_5} \end{cases}$$

以上方程联立的解析解极为困难。在此采用迭代法求解。根据以上方程，以松弛因子 ω（$0 < \omega < 2$）构建的迭代方程如下

$$q_1 = \omega(-q_2 + 2.8) + (1-\omega)q_1$$

$$q_2 = \omega(-q_3 + q_5 + 0.7) + (1+\omega)q_2$$

$$q_3 = \omega\sqrt{(-K_1 q_1^2 + K_2 q_2^2)/K_3} + (1-\omega)q_3$$

$$q_4 = \omega(q_1 - q_3) + (1-\omega)q_4$$

$$q_5 = \omega\sqrt{(-K_3 q_3^2 + K_4 q_4^2 + K_6 q_6^2)/K_5} + (1-\omega)q_5$$

$$q_6 = \omega(q_4 - 0.7) + (1-\omega)q_6$$

该方程组的迭代计算在 Excel 计算表中易于实现。计算表明，该方程组的迭代计算对流量的初值较为敏感：取各流量初值为 0，很快出现溢出。初值不恰当也很快出现溢出或发散。

为给出合理的初值，尤其是 q_1、q_2 的初值（影响其它流量初值），可做如下分析：

节点 a 的质量守恒方程为　　　　　$q_1 = -q_2 + 2.8$

而以上关于 q_3 的方程要求　　　　　$K_2 q_2^2 \geqslant K_1 q_1^2$

即　　　　　$q_2 \geqslant q_1 \sqrt{K_1/K_2} = q_1 \sqrt{380/1140} = 0.6 q_1$

这就为 q_1、q_2 的初值取值提供了依据，比如可分别取 $q_1 = 1.7$、$q_2 = 1.1$。以此为基础，又可根据设定流向和质量守恒原则确定其余流量的初值。这样确定的一组初值为

$$q_1 = 1.7\text{m}^3/\text{s}, \quad q_2 = 1.1\text{m}^3/\text{s}, \quad q_3 = 0.8\text{m}^3/\text{s}$$

$$q_4 = 0.9\text{m}^3/\text{s}, \quad q_5 = 1.2\text{m}^3/\text{s}, \quad q_6 = 0.2\text{m}^3/\text{s}$$

在这样一组初值下，取松弛因子 $\omega = 0.1$ 即可获得方程的收敛解。结果为

$$q_1 = 1.666\text{m}^3/\text{s}, \quad q_2 = 1.134\text{m}^3/\text{s}, \quad q_3 = 0.521\text{m}^3/\text{s}$$

$$q_4 = 1.145\text{m}^3/\text{s}, \quad q_5 = 0.955\text{m}^3/\text{s}, \quad q_6 = 0.445\text{m}^3/\text{s}$$

获得各管路流量后，可根据下式计算相应管路的压力降，即

$$\Delta p_{f,i} = \rho g h_{f,i} = \rho g K_i q_i^2$$

结果为

$$\Delta p_{f,1} = 27228\text{Pa}, \Delta p_{f,2} = 12615\text{Pa}, \Delta p_{f,3} = 2663\text{Pa}$$

$$\Delta p_{f,4} = 12861\text{Pa}, \Delta p_{f,5} = 8947\text{Pa}, \Delta p_{f,6} = 1943\text{Pa}$$

以上所获流量均为正值，且满足质量守恒方程，因此最初的流向假设是合理的。

管网问题计算方法的说明：有关文献或教材中，关于简单管网流量及压降的计算，还重点介绍了逐次近似法。这种方法可借助计算器完成一般计算，对于较复杂的管网可借助 Excel 计算表完成计算，且计算过程中少有迭代法遇到的溢出与发散问题。详见以下问题。

【P9-34】简单管网的流量与压降计算（逐次近似法）。
某水平管网系统如图 9-19（与上一问题相同以便对比），管路在一个节点有流体进入，另外三个节点有流体流出，流量值如图标注，图中同时给出了各管路的流量编号及假设流向。各管路的摩擦阻力损失可表示为 $h_f = Kq^2$，其中 q 是管路体积流量，K 是阻力特性，且已知

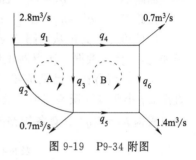

图 9-19　P9-34 附图

$$K_1 = 380\text{s}^2/\text{m}^5, K_2 = 1140\text{s}^2/\text{m}^5, K_3 = 1520\text{s}^2/\text{m}^5$$

$$K_4 = 1520\text{s}^2/\text{m}^5, K_5 = 1900\text{s}^2/\text{m}^5, K_6 = 760\text{s}^2/\text{m}^5$$

试采用逐次近似法，计算各管路的流量和摩擦压降。设流体密度为 1000kg/m^3，局部阻力不计。

解 逐次近似法是迭代法的改进（可避免由控制方程直接迭代出现的溢出或发散问题）。该方法首先以质量守恒原则假设流量初值，然后根据压降平衡（回路压降为零）构建公式，计算假设流量的修正量，以此改进假设流量，经逐次改进即可获得满足误差要求的最终流量，详见文献[4~6]。以下结合图 9-19 管网问题（管内湍流且阻力系数为定值的管网问题），说明逐次近似法的计算步骤及应用。

根据达西公式可知，管道阻力损失可用流量 q 表示为 $h_f = Kq^2$，其中

$$K = \left(\lambda \frac{L}{D} + \zeta\right) \frac{8}{g\pi^2 D^4} \tag{9-26}$$

由此可见，对于 λ 为定值的湍流，K 为定值。以此为基础，逐次近似法步骤如下：

第一步：根据各管路的 L、D、λ、ζ，应用式(9-26)计算各管路的阻力特性值 K_i。

本问题中，各管路的阻力特性值 K_i 已经给出。

第二步：设置各管路的流量编号及流向，并明确各回路中的流量是顺时针还是逆时针。

本问题中，流量编号及流向设置如图 9-19 所示，其中，回路 A 中 q_1、q_3 为顺时针，q_2 为逆时针；回路 B 中 q_4、q_6 为顺时针，q_3、q_5 为逆时针。

第三步：按各节点质量守恒原则，假定各流量的初值。然后依据下式计算每一回路的流量修正量 Δq（用于修正假设流量）

$$\Delta q = \frac{\sum^c K_i q_i^2 - \sum^a K_i q_i^2}{2\sum K_i q_i} \tag{9-27}$$

式中，符号 $\sum^c$ 表示该回路中顺时针流量的 h_f 之和，$\sum^a$ 则是逆时针流量的 h_f 之和。

本问题中，按各节点质量守恒原则假定的流量初值为

$$q_1 = 1.7\text{m}^3/\text{s}, q_2 = 1.1\text{m}^3/\text{s}, q_3 = 0.8\text{m}^3/\text{s}$$

$$q_4 = 0.9\text{m}^3/\text{s}, q_5 = 1.2\text{m}^3/\text{s}, q_6 = 0.2\text{m}^3/\text{s}$$

因此　$\Delta q_{A}=\dfrac{(K_{1}q_{1}^{2}+K_{3}q_{3}^{2})-(K_{2}q_{2}^{2})}{2(K_{1}q_{1}+K_{2}q_{2}+K_{3}q_{3})}$,　$\Delta q_{B}=\dfrac{(K_{4}q_{4}^{2}+K_{6}q_{6}^{2})-(K_{3}q_{3}^{2}+K_{5}q_{5}^{2})}{2(K_{4}q_{4}+K_{6}q_{6}+K_{3}q_{3}+K_{5}q_{5})}$

代入数据可得　　　　　$\Delta q_{A}=0.111\text{m}^{3}/\text{s}$, $\Delta q_{B}=-0.244\text{m}^{3}/\text{s}$

第四步：用各回路的修正量 Δq 改进该回路的各流量 q_{i}，得到其新流量 q_{i}'，即

$$q_{i}'=q_{i}\mp\Delta q \tag{9-28}$$

式中，若 q_{i} 在该回路中为顺时针，则取减号"—"，逆时针则取加号"＋"。特别需要注意的是：若 q_{i} 是两回路公共管路的流量，则其改进流量 q_{i}' 还应加上或减去相邻回路的修正量。

本问题中，回路 A 和回路 B 中各流量的新流量为（注意：q_{3} 为两回路公共流量）：

回路 A　　　　$q_{1}'=q_{1}-\Delta q_{A}$, $q_{3}'=q_{3}-\Delta q_{A}+\Delta q_{B}$, $q_{2}'=q_{2}+\Delta q_{A}$

回路 B　　　　$q_{4}'=q_{4}-\Delta q_{B}$, $q_{6}'=q_{6}-\Delta q_{B}$, $q_{3}'=q_{3}+\Delta q_{B}-\Delta q_{A}$, $q_{5}'=q_{5}+\Delta q_{B}$

由此可见，无论从回路 A 还是回路 B 修正，其公共流量 q_{3} 的新流量 q_{3}' 都是相同的（必须如此）。代入数据，所得新流量的计算结果见表 9-4。注意 q_{3} 为两回路公共流量。

至此，流量初值已完成第一次改进。然后又以新流量 q_{i}' 为基础，重复第三、第四步，直至 Δq 小于允许误差即可，此时 q_{i}' 趋于确定值。此值即各管路流量的最终值。流量确定后即可根据 $h_{f}=Kq^{2}$ 计算各管路的阻力损失。本问题中，随后的逐次改进计算结果见表 9-4。

表 9-4　图 9-19 管网各管路流量逐次计算结果　　　　　　　　　　　　　　m^{3}/s

重复次数	回路 A				回路 B				
	q_{1}	q_{3}	q_{2}	Δq_{A}	q_{4}	q_{6}	q_{3}	q_{5}	Δq_{B}
初值	1.7	0.8	1.1	0.111	0.9	0.2	0.8	1.2	−0.244
1	1.59	0.45	1.21	−0.077	1.14	0.44	0.45	0.96	0.011
2	1.67	0.53	1.13	0.004	1.13	0.43	0.53	0.97	−0.012
……	……	……	……	……	……	……	……	……	……
5	1.67	0.52	1.13	0.000	1.14	0.45	0.52	0.95	0.000

注：阴影列为回路中的逆时针流量。

计算表明，取流量至两位小数，第 5 次修正后流量不再变化，此流量值即可视为各管路的最终流量值（与 P9-33 结果一致）。压降计算在此从略（与 P9-33 结果相同）。

以上所获流量均为正值，且满足各节点质量守恒，因此最初的流向假设是合理的

> **说明：**只要流向设置正确，流量初值合理，逐次计算法一般可顺利得到流量的收敛解。与直接采用控制方程的迭代法相比，逐次计算法少有不收敛的情况（若流向设置正确），对流量初值的要求也不苛刻（但需满足质量守恒），而且易于在 Excel 计算表中实现（只需一次输入公式，其后的改进计算仅是拷贝过程）。此即逐次计算法相对于迭代法的主要优势。

【P9-35】应用逐次近似法计算三回路管网的流量与压降。某水平管网系统如图 9-20 所示，管路在一个节点有流体进入，另外三个节点有流体流出，流量值如图标注，各管路的流量编号及假设流向如图所示。各管路的摩擦阻力损失可表示为 $h_{f}=Kq^{2}$，其中 q 是管路体积流量，K 是阻力特性，且

$$K_{1}=640\text{s}^{2}/\text{m}^{5},\ K_{2}=830\text{s}^{2}/\text{m}^{5},\ K_{3}=800\text{s}^{2}/\text{m}^{5},\ K_{4}=800\text{s}^{2}/\text{m}^{5}$$

$$K_{5}=2930\text{s}^{2}/\text{m}^{5},\ K_{6}=2930\text{s}^{2}/\text{m}^{5},\ K_{7}=2930\text{s}^{2}/\text{m}^{5}$$

$$K_8 = 250 \text{s}^2/\text{m}^5, \quad K_9 = 250 \text{s}^2/\text{m}^5$$

试采用 P9-34 中给出的逐次近似法，计算各管路的流量和摩擦压降。设流体密度为 1000kg/m^3，局部阻力不计。

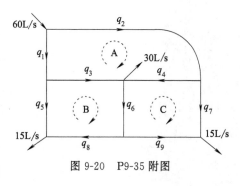

图 9-20　P9-35 附图

解　本问题中各管路 K 值已经给定。各管路流量编号和假设的流向如图 9-20 所示，且回路 A 中 q_2、q_4 为顺时针，q_1、q_3 为逆时针；回路 B 中 q_3、q_6、q_8 为顺时针，q_5 为逆时针；回路 C 中 q_7 为顺时针，q_4、q_6、q_9 为逆时针。其中 q_3 是回路 A、B 的公共流量，q_4 是回路 A、C 的公共流量，q_6 是回路 B、C 的公共流量。

按逐次近似法第三步，在此以节点质量守恒初步假设各流量初值为

$$q_1 = q_2 = 30 \text{L/s}, \ q_3 = q_4 = q_5 = 15 \text{L/s}, \ q_6 = 0 \text{L/s}, \ q_7 = 15 \text{L/s}, \ q_8 = q_9 = 0 \text{L/s}$$

根据以上流量初值及其顺/逆时针分类，按流量修正量计算式(9-27) 可得

$$\Delta q_\text{A} = 1.255 \text{L/s}, \quad \Delta q_\text{B} = -4.283 \text{L/s}, \quad \Delta q_\text{C} = 4.283 \text{L/s}$$

按逐次近似法第四步式(9-28)，用以上修正量 Δq 改进 q_i 得到的新流量 q_i' 见表 9-5。至此，已完成流量初值改进。以新流量重复第三、第四步的逐次计算结果见表 9-5。

表 9-5　图 9-20 管网各管路流量逐次计算结果　　　　　　　　　　　　　　　L/s

重复次数	回路 A					回路 B					回路 C				
	q_2	q_4	q_1	q_3	Δq_A	q_3	q_6	q_8	q_5	Δq_B	q_7	q_4	q_6	q_9	Δq_C
初值	30	15	30	15	1.255	15	0	0	15	−4.283	15	15	0	0	4.283
1	28.74	18.03	31.26	20.54	−0.113	20.54	8.57	4.28	10.72	1.490	10.72	18.03	8.57	4.28	−0.993
2	28.86	17.15	31.14	18.94	0.130	18.94	6.08	2.79	12.21	−0.284	11.71	17.15	6.08	3.29	0.416
……	……	……	……	……	……	……	……	……	……	……	……	……	……	……	……
6	28.68	17.38	31.32	19.25	0.000	19.25	6.63	2.93	12.07	0.000	11.30	17.38	6.63	3.70	0.000

注：阴影列为回路中的逆时针流量。

计算表明，取流量至两位小数，第 6 次修正后流量不再变化（此流量值即可视为各管路的最终流量值）。获得各管路流量后，可根据下式计算相应管路的压力降，即

$$\Delta p_{\text{f},i} = \rho g h_{\text{f},i} = \rho g K_i q_i^2$$

结果为

$$\Delta p_{\text{f},1} = 6159 \text{Pa}, \quad \Delta p_{\text{f},2} = 6697 \text{Pa}, \quad \Delta p_{\text{f},3} = 2908 \text{Pa}$$

$$\Delta p_{\text{f},4} = 2371 \text{Pa}, \quad \Delta p_{\text{f},5} = 4187 \text{Pa}, \quad \Delta p_{\text{f},6} = 1263 \text{Pa}$$

$$\Delta p_{\text{f},7} = 3670 \text{Pa}, \quad \Delta p_{\text{f},8} = 21 \text{Pa}, \quad \Delta p_{\text{f},9} = 34 \text{Pa}$$

以上所获流量均为正值，且满足质量守恒方程，因此最初的流向假设是合理的。

说明：本问题若直接采用控制方程进行迭代求解，在以上流量初值或更合理的流量初值下均会出现迭代发散。而逐次近似法则可顺利获得流量的收敛解。

第 10 章

边界层流动及绕流阻力问题

本章主要涉及高雷诺数下不可压缩流体的绕流流动及绕流阻力问题，包括：平壁边界层流动（平壁绕流）的边界层厚度、速度分布、动量守恒积分方程应用及摩擦阻力计算；二维与三维绕流的绕流阻力及计算方法，圆柱与球体绕流的基本行为、阻力计算及相关问题。

10.1　平壁边界层流动及摩擦阻力

10.1.1　边界层流动的基本概念

根据普朗特边界层理论，高雷诺数下的平壁绕流（流体掠过平壁表面的流动）可分成两个区域：一个是邻近壁面的边界层区（流体黏性作用区），另一个是边界层外的外流区（理想流体流动区）。由此将平壁绕流的阻力问题归结为边界层流动的阻力问题。

边界层定义　如图 10-1 所示，流体在平壁前缘接触壁面后，黏性作用使壁面流体速度滞止为零，从而在垂直壁面方向（y 方向）形成速度分布，其中流体速度从 $u=0$ 到 $u=0.99u_0$ 的流体层称为边界层，其厚度用 δ 表示。显然，δ 随 x 是变化的，即 $\delta=\delta(x)$。

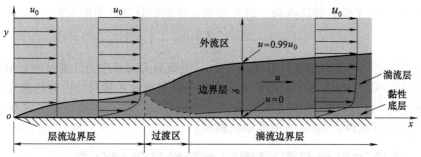

图 10-1　边界层结构及流动形态（u_0 是来流速度，u 为边界层内 x 方向速度）

层流与湍流边界层　见图 10-1，沿流动方向（x 方向），平壁前缘段边界层内的流动为层流，称为层流边界层；随流动发展，边界层内的流动将转变为湍流，称为湍流边界层；二者之间为过渡区。通常认为，湍流边界层底部薄层的流动仍然是层流，称为黏性底层。

对于图 10-1 所示的光滑平壁，边界层流态可用局部雷诺数 $Re_x=u_0x/\nu$ 来判定，其中

① $Re_x<3\times10^5$，边界层内为层流流动，称为层流边界层；

② $Re_x>3\times10^6$，边界层内为湍流流动，称为湍流边界层（黏性底层＋湍流层）；

③ $3\times10^5<Re_x<3\times10^6$，属过渡区。一般计算通常取 $Re_x=5\times10^5$ 作为过渡雷诺数。

壁面切应力及摩擦阻力系数　平壁绕流的壁面切应力随 x 变化，其中 x 处的壁面切应力称为局部切应力，用 τ_0' 表示；平壁表面上 τ_0' 的平均值称为平均切应力，以 τ_0 表示。二者可分别用局部摩擦阻力系数 C_{fx} 和总摩擦阻力系数 C_f 表示为

$$\tau_0'=C_{fx}\frac{\rho u_0^2}{2},\ \tau_0=C_f\frac{\rho u_0^2}{2} \tag{10-1}$$

由此可见，因为 τ_0 是 τ_0' 的壁面平均值，故 C_f 也必然是 C_{fx} 的壁面平均值。

壁面总摩擦力　壁面总摩擦力 F_f 等于平均切应力 τ_0 与摩擦面积 A 的乘积。设 L 为平壁长度，B 为平壁宽度（宽度方向流动参数不变），则平壁表面总摩擦力 F_f 计算式为

$$F_f=\tau_0A=C_f\frac{\rho u_0^2}{2}BL \tag{10-2}$$

由上可见，壁面切应力或摩擦阻力的计算，关键在于确定摩擦阻力系数 C_{fx} 或 C_f。

10.1.2 层流边界层的厚度及摩擦阻力系数

根据普朗特边界层理论和边界层方程，Blasius 针对来流速度为 u_0 的光滑平壁绕流，获得了层流边界层厚度和壁面局部切应力的解析解，即

$$\frac{\delta}{x}=\frac{4.96}{\sqrt{Re_x}}, \quad \tau_0'=\frac{0.664\rho u_0^2}{\sqrt{Re_x}}\frac{1}{2} \quad \left(其中 Re_x=\frac{\rho u_0 x}{\mu}\right) \tag{10-3}$$

由此可得局部摩擦阻力系数 C_{fx} 和总摩擦系数 C_f（即 C_{fx} 的壁面平均值）分别为

$$C_{fx}=\frac{0.664}{\sqrt{Re_x}}, \quad C_f=\frac{1.328}{\sqrt{Re_L}} \tag{10-4}$$

一旦 C_{fx} 或 C_f 确定，即可应用式（10-1）或式（10-2）计算壁面切应力或总摩擦力。

10.1.3 边界层动量守恒积分方程

边界层动量守恒积分方程即 von Kármán 针对边界层流动特点建立的动量守恒方程。对于来流速度为 u_0 的平壁边界层流动，边界层动量守恒积分方程的形式为

$$\tau_0'=\rho u_0^2 \frac{\mathrm{d}}{\mathrm{d}x}\left[\int_0^\delta \frac{u}{u_0}\left(1-\frac{u}{u_0}\right)\mathrm{d}y\right] \tag{10-5}$$

该式对于层流及湍流边界层均适用，其中 τ_0' 是壁面局部剪应力且满足牛顿剪切定律。

对于层流边界层，因为易于设定既满足边界条件又满足牛顿剪切定律的速度分布，故可由该方程获得 $\delta=\delta(x)$ 的近似关系式；对于湍流边界层，则必须同时设定合理的速度分布和 τ_0' 表达式，方可获得 $\delta=\delta(x)$ 的近似关系式。

10.1.4 湍流边界层厚度/摩擦阻力系数及速度分布

湍流边界层的厚度及摩擦阻力系数　将 Blasius 圆管湍流壁面切应力公式和 1/7 次方式（其中令 $R=\delta$，$u_m=0.8u_{\max}=0.8u_0$）代入边界层动量守恒积分方程，其结果为

$$(\nu/u_0)^{1/4}x=3.457\delta^{5/4}+C_1 \tag{10-6}$$

假设湍流边界层起始于平壁前缘，即 $x=0$，$\delta=0$，则可得湍流边界层厚度表达式为

$$\delta=0.371xRe_x^{-1/5} \tag{10-7}$$

由此得到的平壁湍流边界层的局部摩擦阻力系数和总摩擦系数分别为

$$C_{fx}=0.0576Re_x^{-1/5}, \quad C_f=0.072Re_L^{-1/5} \tag{10-8}$$

根据实验数据略加修正，以上总摩擦阻力系数计算式改进为

$$C_f=\frac{0.074}{Re_L^{1/5}} \quad (5\times10^5 < Re_L < 10^7) \tag{10-9}$$

湍流边界层摩擦阻力系数的修正　以上 C_f 计算式假定湍流边界层起始于平壁前缘，但实际上前缘一段距离内为层流边界层，故以上公式计算的 C_f 偏大。对此进行修正，并取过渡雷诺数 $Re_x=5\times10^5$，可得总阻力系数修正式为（见 P10-7）

$$C_f=\frac{0.074}{Re_L^{1/5}}-\frac{1700}{Re_L} \quad (5\times10^5 < Re_L < 10^7) \tag{10-10}$$

当 $Re_L>10^7$ 后，施里希廷（Schlichting）应用对数律速度分布和动量积分方程得到

$$C_f=\frac{0.455}{(\lg Re_L)^{2.58}}-\frac{1700}{Re_L} \quad (10^7 < Re_L < 10^9) \tag{10-11}$$

湍流边界层速度分布　与圆管湍流类似，湍流边界层也可根据 τ_0' 定义如下参数：

摩擦速度 $$u^* = \sqrt{\tau_0'/\rho} \tag{10-12a}$$

摩擦长度 $$y^* = \mu/\sqrt{\tau_0'\rho} \tag{10-12b}$$

由此可将湍流边界层内的速度分布分段描述如下：

$y = 0 \sim 5y^*$ 范围，即黏性底层范围，其速度沿 y 线性分布，即

$$\frac{u}{u^*} = \frac{y}{y^*} \quad \text{或} \quad u = \frac{\tau_0'}{\mu}y = \frac{0.0576\rho u_0^2}{Re_x^{1/5}}\frac{y}{2}\frac{y}{\mu} \tag{10-13}$$

$y = 5y^* \sim 30y^*$ 范围，是黏性底层与湍流层的缓冲区，其速度分布可近似表述为

$$\frac{u}{u^*} = 5.06\ln\frac{y}{y^*} - 3.14 \tag{10-14}$$

$y = 30y^* \sim 500y^*$ 的湍流层，其速度分布可用以下对数律分布式描述，即

$$\frac{u}{u^*} = 2.5\ln\frac{y}{y^*} + 5.56 \tag{10-15}$$

$y = 500y^* \sim \delta$ 的湍流层，其速度分布可用 Blasius1/7 次方式描述，即

$$u = u_0(y/\delta)^{1/7} \tag{10-16}$$

注：该 1/7 次方式可扩展用于 $y = 0.1\delta \sim \delta$ 的范围。

10.1.5　平壁边界层流动及摩擦阻力典型问题

【P10-1】**边界层排挤厚度与动量损失厚度问题**。平壁绕流如图 10-2，对于边界层流动（边界层内速度为 u）和无黏理想流动（各点速度均为 u_0），δ 范围的流量可分别表示为

$$q_m = \int_0^\delta \rho u\,\mathrm{d}y, \quad q_{m,i} = \rho u_0\delta \qquad (\text{其中 } q_{m,i} > q_m)$$

若令 $q_{m,i}$ 与 q_m 之差等于理想流动平壁边界向上推移距离 δ_d 所减少的流量 $\rho u_0\delta_d$，即

$$\rho u_0\delta_d = q_{m,i} - q_m$$

则该距离 δ_d 称为排挤厚度。且根据该等式并考虑 $y > \delta$ 时 $u = u_0$ 可得 δ_d 的表达式为

$$\delta_d = \int_0^\delta \left(1 - \frac{u}{u_0}\right)\mathrm{d}y = \int_0^\infty \left(1 - \frac{u}{u_0}\right)\mathrm{d}y$$

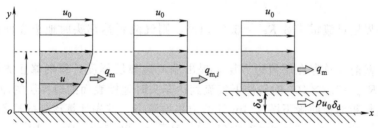

图 10-2　P10-1 附图（排挤厚度概念）

类似地，设边界层的动量流量为 M（可由动量通量 ρu^2 积分计算），则以边界层流量 q_m 和理想流速 u_0 计算的动量 $M_i = q_m u_0$ 将大于 M。若令 $M_i - M$ 等于理想流动平壁表面向上推移距离 δ_M 后所减少的动量 $\rho u_0^2\delta_M$，即 $\rho u_0^2\delta_M = M_i - M$，则该 δ_M 称为动量损失厚度。

① 试证明由此定义的动量损失厚度可表示为

$$\delta_M = \int_0^\delta \frac{u}{u_0}\left(1 - \frac{u}{u_0}\right)\mathrm{d}y = \int_0^\infty \frac{u}{u_0}\left(1 - \frac{u}{u_0}\right)\mathrm{d}y$$

② 进一步证明，若以上的 M_i 是按完全理想流动计算的 δ 范围的动量流量，并要求理想流动平壁表面向上推移距离 δ'_M 所减小的动量 $\rho u_0^2 \delta'_M = M_i - M$，则该推移距离为

$$\delta'_M = \delta_d + \delta_M$$

解 ① 边界层内的实际动量 M、以边界层流量 q_m 与 u_0 计算的动量 M_i 可分别表示为

$$M = \int_0^\delta \rho u^2 \, \mathrm{d}y \,, \quad M_i = q_m u_0 = \int_0^\delta \rho u u_0 \, \mathrm{d}y$$

根据动量损失厚度 δ_M 满足的条件可得

$$\rho u_0^2 \delta_M = M_i - M = \int_0^\delta \rho u u_0 \, \mathrm{d}y - \int_0^\delta \rho u^2 \, \mathrm{d}y$$

由此并考虑 $y > \delta$ 时 $u = u_0$，可得动量损失厚度的表达式为

$$\delta_M = \int_0^\delta \frac{u}{u_0} \left(1 - \frac{u}{u_0}\right) \mathrm{d}y = \int_0^\infty \frac{u}{u_0} \left(1 - \frac{u}{u_0}\right) \mathrm{d}y$$

② 若 M_i 是完全按理想流动计算的 δ 范围的动量流量，则

$$M_i = \rho u_0^2 \delta$$

根据此时理想流动平壁表面向上推移距离 δ'_M 所需满足的条件有

$$\rho u_0^2 \delta'_M = M_i - M \quad \rightarrow \quad u_0^2 \delta'_M = \rho u_0^2 \delta - \int_0^\delta \rho u^2 \, \mathrm{d}y$$

由此可得

$$\delta'_M = \delta - \int_0^\delta \frac{u^2}{u_0^2} \mathrm{d}y = \int_0^\delta \left(1 - \frac{u^2}{u_0^2}\right) \mathrm{d}y$$

因为

$$1 - \frac{u^2}{u_0^2} = \left(1 + \frac{u}{u_0}\right)\left(1 - \frac{u}{u_0}\right) = \left(1 - \frac{u}{u_0}\right) + \frac{u}{u_0}\left(1 - \frac{u}{u_0}\right)$$

所以

$$\delta'_M = \int_0^\delta \left(1 - \frac{u}{u_0}\right) \mathrm{d}y + \int_0^\delta \frac{u}{u_0}\left(1 - \frac{u}{u_0}\right) \mathrm{d}y = \delta_d + \delta_M$$

【P10-2】边界层厚度计算及其修正方法。 在风洞中用模型作高速列车车头的摩擦阻力实验时，可让风洞的地板以来流速度 u_0 向后运动，以避免在气流到达车头时地板表面已形成边界层。已知风洞风速 6m/s，地板前缘到车头的距离为 2.5m，空气运动黏度为 $1.55 \times 10^{-5} \, \mathrm{m^2/s}$。

① 现假设地板不动，且边界层过渡雷诺数 $Re_c = 10^6$，试求当气流到达车头时地板表面的边界层厚度。

② 如果边界层过渡雷诺数 $Re_c = 3.2 \times 10^5$，则气流到达车头时地板表面的边界层厚度又为多少？

③ 考虑平壁前缘总存在层流边界层，提出湍流边界层厚度计算的修正方法，并以此计算过渡雷诺数 $Re_c = 3.2 \times 10^5$ 的条件下气流到达车头时地板表面的边界层的厚度。

解 ① 为判断地板前缘下游 2.5m 处的边界层流态，首先计算该处的局部雷诺数，即

$$Re_x = u x / \nu = 6 \times 2.5 / (1.55 \times 10^{-5}) = 967742 < Re_c = 10^6$$

由此可见，地板前缘至下游 2.5m 的边界层均为层流边界层。因此，可按 Blasius 解析式计算气流到达车头时的边界层厚度，即

$$\delta = 4.96 x Re_x^{-0.5} = 0.0126 \mathrm{m} = 12.6 \mathrm{mm}$$

② 过渡雷诺数 $Re_c = 3.2 \times 10^5$ 时，其过渡点的坐标值 x_c 为

$$x_c = \frac{\nu}{u} Re_c = \frac{1.55 \times 10^{-5}}{6} \times 3.2 \times 10^5 = 0.827 \, (\mathrm{m})$$

由此可知 2.5m 处为湍流边界层，故该处的边界层厚度按湍流公式［式(10-7)］计

算，即

$$\delta = \frac{0.371}{Re_x^{0.2}}x = \frac{0.371}{967742^{0.2}} \times 2.5 = 0.0589(\text{m}) = 58.9(\text{mm})$$

③ 由于式(10-7)是在平壁前缘一开始就是湍流边界层的假定下得到的，而过渡点 x_c 之前实际为层流边界层，故以上湍流 δ 值大于实际厚度，需要修正。

ⅰ.修正方法一：以层流边界层厚度公式计算过渡点 x_c 处的边界层厚度 δ_c，再以 x_c 为起点用湍流边界层公式计算 x 处的厚度 δ_{x-x_c}，二者之和为 x 处湍流边界层修正厚度 δ'，即

$$\delta_c = \frac{4.96}{Re_c^{0.5}}x_c, \quad \delta_{x-x_c} = \frac{0.371}{Re_x^{0.2}}(x-x_c), \quad \delta' = \delta_c + \delta_{x-x_c}$$

因为 $$Re_c = 3.2 \times 10^5, \quad Re_x = 967742$$

所以 $$\delta_c = \frac{4.96}{320000^{0.5}} \times 0.827 = 0.00725(\text{m}) = 7.25(\text{mm})$$

$$\delta_{x-x_c} = \frac{0.371}{967742^{0.2}} \times (2.5 - 0.827) = 0.0394(\text{m}) = 39.4(\text{mm})$$

即修正厚度为 $$\delta' = \delta_c + \delta_{x-x_c} = 7.25 + 39.4 = 46.65(\text{mm})$$

ⅱ.修正方法二：从湍流边界层动量守恒方程的积分结果［式(10-6)］入手，即

$$(\nu/u_0)^{1/4}x = 3.457\delta^{5/4} + C_1$$

并在该式中令 $x = x_c$，$\delta = \delta_c$，由此确定积分常数后可得

$$\delta' = \left[\delta_c^{5/4} + \left(\frac{\nu}{u_0}\right)^{1/4}\frac{x-x_c}{3.457}\right]^{4/5}$$

代入数据可得修正厚度为 $$\delta' = 46.4\text{mm}$$

【P10-3】**考虑边界层厚度计算风车安装高度**。某风车安装在海边，风以 30km/h 的速度沿海岸向风车吹来。如果风车的叶片长为 30m，风车距海岸前缘 1000m，若要使叶片尖端距离地面空气边界层 3m 以上，试求风车叶轮轴线的最低安装高度，并分析层流边界层的存在对计算结果的影响。已知临界雷诺数为 500000，气温为 10℃。

解 气温 10℃时，空气 $\rho = 1.247\text{kg/m}^3$，$\nu = 14.16 \times 10^{-6}\text{m}^2/\text{s}$。1000m 处的雷诺数为

$$Re_x = \frac{ux}{\nu} = \frac{(30/3.6) \times 1000}{14.16 \times 10^{-6}} = 5.89 \times 10^8 > 5 \times 10^5(\text{湍流})$$

设湍流边界层起始于海岸边缘，则 1000m 处的边界层厚度为

$$\delta = \frac{0.371}{Re_x^{0.2}}x = \frac{0.371}{(5.89 \times 10^8)^{0.2}} \times 1000 = 6.54(\text{m})$$

风车叶轮轴线的最低安装高度为

$$H = 30 + 3 + 6.54 = 39.54(\text{m})$$

因 $Re_c = 5 \times 10^5$，故层流边界层距离及厚度（按 Blasius 解计算）分别为

$$x = \frac{\nu}{u}Re_c = 0.850\text{m}, \quad \delta = \frac{4.96}{\sqrt{Re_x}}x = 6.0 \times 10^{-3}\text{m}$$

由此可见，忽略层流边界层的存在对计算结果影响很小。

【P10-4】**湍流边界层内的速度分布计算**。已知水流以 5m/s 的来流速度沿平壁流动，试计算平壁前缘下游 $x = 1.8$m 处，壁面距离 $y = 0.02$mm、0.1mm、1mm、10mm 处的流速。已知水的运动黏度为 $10^{-6}\text{m}^2/\text{s}$。

解 平壁前缘下游 $x = 1.8$m 处的雷诺数为

$$Re_x = \frac{u_0 x}{\nu} = \frac{5 \times 1.8}{10^{-6}} = 9 \times 10^6 > 5 \times 10^5 \text{(湍流)}$$

由此可知此处边界层为湍流边界层。其中，边界层的厚度为

$$\delta = \frac{0.371}{Re_x^{0.2}} x = \frac{0.371}{(9 \times 10^6)^{0.2}} \times 1800 = 27.152 \text{(mm)}$$

该结果表明，题中要求计算的速度都在边界层内。其中，$x = 1.8\text{m}$ 处的局部切应力为

$$\tau_0' = C_{fx} \frac{\rho u_0^2}{2} = \frac{0.0576}{Re_x^{1/5}} \frac{\rho u_0^2}{2} = \frac{0.0576}{(9 \times 10^6)^{0.2}} \times \frac{1000 \times 5^2}{2} = 29.27 \text{(N/m}^2)$$

该局部切应力对应的摩擦速度和摩擦长度分别为

$$u^* = \sqrt{\tau_0'/\rho} = \sqrt{29.27/1000} = 0.171 \text{(m/s)}$$

$$y^* = \mu/\sqrt{\tau_0' \rho} = \nu/u^* = 10^{-6}/0.171 = 5.848 \times 10^{-6} \text{(m)}$$

由此可知，$y = 0.02\text{mm}$ 时，$y < 5y^*$，即此处位于黏性底层厚度范围，其速度按线性分布式(10-13) 计算，因此

$$u = u^* \frac{y}{y^*} = 0.171 \times \frac{0.02}{0.005848} = 0.585 \text{(m/s)}$$

当 $y = 0.1\text{mm}$ 时，$5y^* < y < 30y^*$，即此处位于黏性底层与湍流层之间的缓冲层，其速度分布按式(10-14) 计算，因此

$$u = u^* \left(5.06 \ln \frac{y}{y^*} - 3.14 \right) = 1.919 \text{(m/s)}$$

当 $y = 1\text{mm}$ 时，$30y^* < y < 500y^*$，即此处位于湍流层速度分布对数律区，其速度分布按式(10-15) 计算，因此

$$\frac{u}{u^*} = 2.5 \ln \frac{y}{y^*} + 5.56 = 3.149 \text{(m/s)}$$

当 $y = 10\text{mm}$ 时，$y > 500y^*$，此时速度分布可按式(10-16) 计算，即

$$u = u_0 (y/\delta)^{1/7} = 5(10/27.152)^{1/7} = 4.335 \text{(m/s)}$$

【P10-5】边界层动量守恒积分方程应用 I。假定平壁绕流的层流边界层速度分布为

$$u = \alpha y \qquad \text{（其中 } \alpha \text{ 为常数）}$$

① 试求该平壁绕流的边界层厚度和排挤厚度表达式(排挤厚度定义式见 P10-1)；

② 若平壁的长度为 L，宽度为 B，试求其总摩擦阻力系数表达式；

③ 比较所得表达式与 Blasius 解析式的相对误差。

解 对于线性速度分布，可根据边界条件：$y = \delta$，$u = u_0$ 确定常数 α，从而确定 u 的具体表达式，然后由牛顿剪切定律可得壁面局部切应力表达式，即

$$\alpha = \frac{u_0}{\delta}, \quad \frac{u}{u_0} = \frac{y}{\delta}, \quad \tau_0' = \mu \frac{\partial u}{\partial y} \Big|_{y=0} = \mu \frac{u_0}{\delta}$$

① 将此代入式(10-5)，有

$$\mu \frac{u_0}{\delta} = \rho u_0^2 \frac{\mathrm{d}}{\mathrm{d}x} \int_0^\delta \frac{y}{\delta} \left(1 - \frac{y}{\delta} \right) \mathrm{d}y$$

完成其中的积分并对 x 求导，可得关于 δ 的微分方程，即

$$\mu \frac{u_0}{\delta} = \frac{\rho u_0^2}{6} \frac{\mathrm{d}\delta}{\mathrm{d}x} \quad \text{或} \quad \delta\mathrm{d}\delta = \frac{6\mu}{u_0\rho}\mathrm{d}x$$

对该方程积分，并应用边界条件 $x=0$，$\delta=0$，可得边界层厚度表达式为

$$\frac{\delta}{x} = 2\sqrt{3} Re_x^{-0.5} \quad \left(\text{其中 } Re_x = \frac{\rho u_0 x}{\mu}\right)$$

将速度分布式代入排挤厚度 δ_d 的定义式（见 P10-1），又可得

$$\delta_d = \int_0^\delta \left(1 - \frac{u}{u_0}\right)\mathrm{d}y = \frac{\delta}{2} \quad \text{即} \quad \frac{\delta_d}{x} = \sqrt{3} Re_x^{-0.5}$$

② 根据局部摩擦阻力系数 C_{fx} 的定义式，并将局部切应力和 δ 的表达式代入可得

$$C_{fx} = \frac{\tau_0'}{\rho u_0^2/2} = \frac{\mu u_0/\delta}{\rho u_0^2/2} = \frac{2\mu}{\rho u_0}\frac{1}{2\sqrt{3}xRe_x^{-0.5}} = \frac{\sqrt{3}}{3}Re_x^{-0.5}$$

总摩擦阻力系数 C_f 是 C_{fx} 的平均值，因此对于长 L、宽 B 的平壁表面，C_f 表达式为

$$C_f = \frac{1}{LB}\int_0^L C_{fx}B\,\mathrm{d}x = \frac{1}{L}\int_0^L \frac{\sqrt{3}}{3}Re_x^{-0.5}\mathrm{d}x \quad \text{即} \quad C_f = \frac{2\sqrt{3}}{3}Re_L^{-0.5}$$

③ Blasius 解析解的 δ、δ_d、C_f 表达式分别为

$$\delta = 4.96xRe_x^{-0.5}, \delta_d = 1.73xRe_x^{-0.5}, C_f = 1.328Re_L^{-0.5}$$

与之比较，线性速度分布下 δ、δ_d、C_f 的相对误差分别为 -30%、0.11%、-13%。

【P10-6】边界层动量守恒积分方程应用 Ⅱ。假定平壁绕流的层流边界层速度分布为

$$u = \alpha y + \beta y^2 + \gamma y^3 \quad \text{（其中 } \alpha\text{、}\beta\text{、}\gamma \text{ 为常数）}$$

① 试求该平壁绕流的边界层厚度和排挤厚度表达式（排挤厚度定义式见 P10-1）；
② 若平壁的长度为 L，宽度为 B，试求其总摩擦阻力系数表达式；
③ 比较所得表达式与 Blasius 解析式的相对误差。

解 对于三次曲线的速度分布，确定常数 α、β、γ 的边界条件如下

$$y = \delta：u = u_0，\frac{\partial u}{\partial y} = 0；\quad y = 0：\frac{\partial^2 u}{\partial y^2} = 0$$

由此可得 $\quad \alpha = \frac{3}{2}\frac{u_0}{\delta}，\beta = 0，\gamma = -\frac{1}{2}\frac{u_0}{\delta^3}，\frac{u}{u_0} = \frac{3}{2}\left(\frac{y}{\delta}\right) - \frac{1}{2}\left(\frac{y}{\delta}\right)^3$

对于层流流动，根据速度分布并应用牛顿剪切公式可得壁面局部切应力表达式为

$$\tau_0' = \mu\frac{\partial u}{\partial y}\bigg|_{y=0} = \frac{3}{2}\frac{\mu u_0}{\delta}$$

① 将此代入式 (10-5)，有

$$\frac{3}{2}\frac{\mu u_0}{\delta} = \rho u_0^2\frac{\mathrm{d}}{\mathrm{d}x}\int_0^\delta \left[\frac{3}{2}\left(\frac{y}{\delta}\right) - \frac{1}{2}\left(\frac{y}{\delta}\right)^3\right]\left[1 - \frac{3}{2}\left(\frac{y}{\delta}\right) + \frac{1}{2}\left(\frac{y}{\delta}\right)^3\right]\mathrm{d}y$$

完成其中的积分并对 x 求导，可得关于 δ 的微分方程，即

$$\frac{\mathrm{d}\delta}{\mathrm{d}x} = \frac{140}{13}\frac{\nu}{u_0\delta}$$

再次积分上式，并应用边界条件 $x=0$，$\delta=0$，可得边界层厚度表达式为

$$\frac{\delta}{x} = 4.64\left(\frac{\nu}{u_0 x}\right)^{0.5} = \frac{4.64}{Re_x^{0.5}}$$

将速度分布式代入排挤厚度 δ_d 的定义式（见 P10-1）又可得

$$\delta_d = \int_0^\delta \left[1 - \frac{3}{2}\left(\frac{y}{\delta}\right) + \frac{1}{2}\left(\frac{y}{\delta}\right)^3\right]\mathrm{d}y = \frac{3\delta}{8} \quad \text{即} \quad \frac{\delta_d}{x} = \frac{1.74}{Re_x^{0.5}}$$

② 根据局部摩擦阻力系数 C_{fx} 的定义式，并将局部切应力和 δ 的表达式代入可得

$$C_{fx}=\frac{\tau_0'}{\rho u_0^2/2}=\frac{3\mu u_0}{2\delta}\frac{2}{\rho u_0^2}=\frac{3\mu}{\rho u_0}\frac{Re_x^{0.5}}{4.64x}=\frac{0.646}{Re_x^{0.5}}$$

总摩擦阻力系数 C_f 是 C_{fx} 的平均值，因此对于长 L、宽 B 的平壁表面，C_f 表达式为

$$C_f=\frac{1}{LB}\int_0^L C_{fx}B\,\mathrm{d}x=\frac{1}{L}\int_0^L 0.646Re_x^{-0.5}\,\mathrm{d}x \quad 即 \quad C_f=\frac{1.292}{Re_L^{0.5}}$$

③ Blasius 解析解的 δ、δ_d、C_f 表达式分别为

$$\delta=4.96xRe_x^{-0.5}, \quad \delta_d=1.73xRe_x^{-0.5}, \quad C_f=1.328Re_L^{-0.5}$$

与之比较，前面所得 δ、δ_d、C_f 的相对误差分别为 -6.5%、0.58%、-2.7%。

【P10-7】湍流边界层总摩擦阻力系数的修正计算式。 湍流边界层总摩擦阻力系数 C_f 的计算式［式(10-9)］是在湍流边界层起始于平壁前缘的假设下得到的，但实际上前缘一段距离内为层流边界层，故式(10-9) 计算的 C_f 偏大。为此提出的一种修正方法是：从 C_f 计算的总摩擦力 F_f 中减去 $0\to x_c$ 段的湍流摩擦阻力 F_{f1}（其中 x_c 为层流与湍流边界层的过渡点），并代之以 $0\to x_c$ 段的层流摩擦阻力 F_{f2}，即修正后的摩擦阻力 F_f' 的计算式可表示为

$$F_f'=F_f-F_{f1}+F_{f2}$$

试由此导出湍流边界层总摩擦阻力系数的修正计算式，并验证式(10-10)。

解　以上摩擦阻力修正式中，摩擦阻力 F_f 是基于式(10-9)的 C_f 计算得到的摩擦阻力。设平壁边界层长度为 L，宽度为 B，则 F_f 的计算式为

$$F_f=C_f\frac{\rho u_0^2}{2}A_f=\frac{0.074}{Re_L^{1/5}}\frac{\rho u_0^2}{2}BL$$

F_{f1}、F_{f2} 分别是 $0\to x_c$ 段的湍流摩擦阻力和层流摩擦阻力，所以其计算式分别为

$$F_{f1}=\frac{0.074}{Re_c^{1/5}}\frac{\rho u_0^2}{2}Bx_c, \quad F_{f2}=\frac{1.328}{Re_c^{1/2}}\frac{\rho u_0^2}{2}Bx_c$$

根据题中所给出的摩擦阻力修正值 F_f' 的计算式，可得

$$F_f'=F_f-F_{f1}+F_{f2}=\frac{0.074}{Re_L^{1/5}}\frac{\rho u_0^2}{2}BL-\frac{0.074}{Re_c^{1/5}}\frac{\rho u_0^2}{2}Bx_c+\frac{1.328}{Re_c^{1/2}}\frac{\rho u_0^2}{2}Bx_c$$

即

$$F_f'=\left(\frac{0.074}{Re_L^{1/5}}-\frac{0.074}{Re_c^{1/5}}\frac{x_c}{L}+\frac{1.328}{Re_c^{1/2}}\frac{x_c}{L}\right)\frac{\rho u_0^2}{2}BL$$

根据摩擦阻力与阻力系数关系可知，对应 F_f' 的修正阻力系数 C_f' 为

$$C_f'=\frac{0.074}{Re_L^{1/5}}-\frac{0.074}{Re_c^{1/5}}\frac{x_c}{L}+\frac{1.328}{Re_c^{1/2}}\frac{x_c}{L}$$

因为：$x_c/L=Re_c/Re_L$，所以上式可改写为

$$C_f'=\frac{0.074}{Re_L^{1/5}}-\frac{\alpha}{Re_L}$$

其中

$$\alpha=0.074Re_c^{0.8}-1.328Re_c^{0.5}$$

此即湍流边界层总摩擦阻力系数的修正计算式。其中 α 由过渡雷诺数 Re_c 确定。

可以验算，对于 $Re_c=5\times10^5$ 的常见情况，$\alpha=1743\approx1700$，即

$$C_f'=\frac{0.074}{Re_L^{1/5}}-\frac{1700}{Re_L}$$

此即湍流边界层总摩擦阻力系数的修正计算式［式(10-10)］。

【P10-8】帆船稳定板摩擦阻力计算。 帆船的稳定板浸没在海水中，如图 10-3 所示。其高度 $h=965.2\text{mm}$，下部边长 $L_1=381\text{mm}$，上部边长 $L_2=863.6\text{mm}$。若帆船以 1.544m/s 的速度航行，试求稳定板的总摩擦阻力。已知海水运动黏度为 $1.546\times10^{-6}\text{m}^2/\text{s}$，密度为 1010kg/m^3，边界层过渡雷诺数为 10^6。

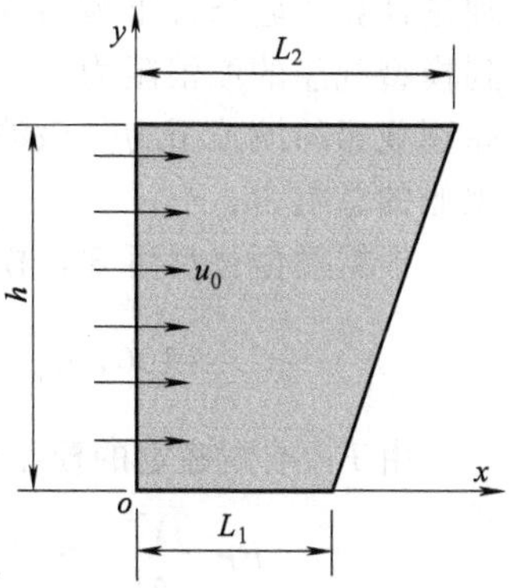

图 10-3　P10-8 附图

解　由板的几何尺寸可知，y 处板长为

$$L=L_1+\frac{L_2-L_1}{h}y$$

最大板长 $L_2=863.6\text{mm}$ 处的雷诺数为

$$Re_{L_2}=uL_2/\nu=8.625\times10^5<10^6$$

所以稳定板壁面边界层均为层流边界层。

按 Blasius 解析式计算阻力系数，则稳定板的总摩擦阻力为

$$F_\text{f}=2\int_0^h\frac{1.328}{Re_L^{0.5}}\frac{\rho u_0^2}{2}L\,\text{d}y=\frac{1.328\rho u_0^2}{(u_0/\nu)^{0.5}}\int_0^h L^{0.5}\,\text{d}y=\frac{1.328\rho u_0^2}{(u_0/\nu)^{0.5}}\int_0^h\left[L_1+\frac{L_2-L_1}{h}y\right]^{0.5}\text{d}y$$

积分得

$$F_\text{f}=\frac{1.328\rho u_0^2}{(u_0/\nu)^{0.5}}\frac{h(L_2^{1.5}-L_1^{1.5})}{1.5(L_2-L_1)}$$

代入数据得

$$F_\text{f}=2.420\text{N}$$

如果按平均板长 $L_\text{m}=0.6223\text{m}$ 计算，则有

$$F_\text{f}=2\frac{1.328}{Re_{L_\text{m}}^{0.5}}\frac{\rho u_0^2}{2}L_\text{m}h=\frac{1.328\times1010\times1.544^2}{(6.21\times10^5)^{0.5}}\times0.6223\times0.9652=2.437(\text{N})$$

【P10-9】鱼雷表面摩擦阻力的功率消耗计算。 已知某鱼雷直径 0.533m，长度 7.2m，外形是良好的流线型。试确定鱼雷在 20℃ 的海水中以 80km/h 的速度行进时，克服表面摩擦阻力所需的功率。设鱼雷表面摩擦可近似按圆柱展开面考虑，并已知海水密度为 1010kg/m^3，运动黏度 $1.01\times10^{-6}\text{m}^2/\text{s}$，且过渡雷诺数 $Re_\text{c}=5\times10^5$。

解　$L=7.2\text{m}$ 处的雷诺数为

$$Re_L=\frac{uL}{\nu}=\frac{(80/3.6)\times7.2}{1.01\times10^{-6}}=1.58\times10^8>Re_\text{c}=5\times10^5(\text{湍流})$$

根据 Re 范围采用式(10-11)计算摩擦阻力系数

$$C_\text{f}=\frac{0.455}{(\lg Re_L)^{2.58}}-\frac{1700}{Re_L}=\frac{0.455}{[\lg(1.58\times10^8)]^{2.58}}-\frac{1700}{1.58\times10^8}=1.99\times10^{-3}$$

因此，总摩擦阻力 F_f 和克服该阻力所需功率 N 分别为

$$F_\text{f}=C_\text{f}\frac{\rho u_0^2}{2}A_\text{f}=1.99\times10^{-3}\times\frac{1010\times(80/3.6)^2}{2}\times\pi\times0.533\times7.2=5983(\text{N})$$

$$N=F_\text{f}u_0=5983\times80/3.6=132955(\text{W})\approx133(\text{kW})$$

【P10-10】舰船模型实验中确定波浪阻力的辅助计算。 为确定某舰船的波浪阻力而进行模型实验。已知原型舰船长度 152m，航速 9.2m/s，船体浸水面积 2320m²（可视为摩擦面积），海水密度 1023kg/m³，黏度 0.00107Pa·s。模型比尺 1:100，模型实验在密度为 999kg/m³、黏度为 0.00115Pa·s 的水中进行，且在 Fr 准则（Fr 数相等）确定的航速下测得模型舰船总阻力为 0.445N。试确定原型舰船在航速 9.2m/s 时受到的波浪阻力和总阻力。

解　本问题中模型舰船的总阻力由波浪阻力和摩擦阻力构成，因此首先需要通过边界层

理论计算实验条件下模型舰船的摩擦阻力，然后从实验测试的总阻力中减去该摩擦阻力，得到模型舰船的波浪阻力。再根据 Eu 准则（Eu 数相等，其中速度比尺由 Fr 准则确定）可得原型舰船的波浪阻力，该波浪阻力再加上按边界层理论计算的原型舰船摩擦阻力，即为原型舰船的总阻力。

根据模型比尺可知，模型舰船的长度和船体浸水面积分别为

$$C_L=100, \quad L_m=\frac{L_p}{C_L}=\frac{152}{100}=1.52(\mathrm{m}), \quad A_m=\frac{A_p}{C_L^2}=\frac{2320}{100^2}=0.232(\mathrm{m}^2)$$

由 Fr 准则确定的模型航速为

$$Fr=\frac{V^2}{gL} \rightarrow C_V=\sqrt{C_g C_L} \rightarrow u_m=\frac{u_p}{\sqrt{C_g C_L}}=\frac{9.2}{\sqrt{1\times100}}=0.92(\mathrm{m/s})$$

由此可计算模型舰船尾部的绕流雷诺数为

$$Re_{L,m}=\frac{\rho_m u_m L_m}{\mu_m}=\frac{999\times0.92\times1.52}{0.00115}=1214784$$

根据该雷诺数范围，并设边界层过渡雷诺数为 5×10^5，则模型舰船的摩擦阻力为

$$F_{f,m}=C_f\frac{\rho_m u_m^2}{2}A_m=\left(\frac{0.074}{Re_{L,m}^{1/5}}-\frac{1700}{Re_{L,m}}\right)\frac{\rho_m u_m^2}{2}A_m$$

代入数据得
$$F_{f,m}=0.303\mathrm{N}$$

由此得模型舰船的波浪阻力为

$$F_{w,m}=F_{D,m}-F_{f,m}=0.445-0.303=0.142(\mathrm{N})$$

再根据 Eu 准则，可得原型舰船的波浪阻力为

$$Eu=\frac{F}{\rho V^2 L^2} \rightarrow \frac{F_{w,p}}{F_{w,m}}=C_\rho C_V^2 C_L^2 \rightarrow F_{w,p}=F_{w,m}C_\rho C_V^2 C_L^2$$

即
$$F_{w,p}=0.142\times1023/999\times10^2\times100^2=145411(\mathrm{N})$$

原型舰船尾部的绕流雷诺数为

$$Re_{L,p}=\frac{\rho_p u_p L_p}{\mu_p}=\frac{1023\times9.2\times152}{0.00107}=1.337\times10^9$$

根据该雷诺数范围，并设边界层过渡雷诺数为 5×10^5，则原型舰船的摩擦阻力为

$$F_{f,p}=C_f\frac{\rho_p u_p^2}{2}A_p=\left[\frac{0.455}{(\lg Re_{L,p})^{2.58}}-\frac{1700}{Re_{L,p}}\right]\frac{\rho_p u_p^2}{2}A_p$$

代入数据得
$$F_{f,p}=152060\mathrm{N}$$

由此得原型舰船的总阻力为

$$F_{D,p}=F_{w,p}+F_{f,p}=145411+152060=297471(\mathrm{N})$$

10.2 绕流流动及绕流阻力

10.2.1 绕流阻力及其计算方法

一般而言，绕流流动的总阻力 F_D 包括摩擦阻力 F_f 和形状阻力 F_p 两个部分，即

$$F_D=F_f+F_p \tag{10-17}$$

其中摩擦阻力 F_f 等于壁面切应力在来流方向的合力，形状阻力 F_p 等于壁面静压力在来流方向上的合力。引入总阻力系数 C_D、摩擦阻力系数 C_f 和形状阻力系数 C_p，则绕流总

阻力、摩擦阻力和形状阻力的一般计算式可分别表示为

$$F_D = C_D \frac{\rho u_0^2}{2} A_D, \quad F_f = C_f \frac{\rho u_0^2}{2} A_f, \quad F_p = C_p \frac{\rho u_0^2}{2} A_D \tag{10-18}$$

式中，A_D 为物体垂直于流动方向的投影面积；A_f 是物体的表面积（摩擦面积）。

由上可见，绕流阻力计算的关键在于确定阻力系数。需要指出，相关文献中通常都只提供总阻力系数 C_D 的经验值或经验式。这一是从实验的角度，测试 C_D 比分别测试 C_f 和 C_p 更为容易；二是从阻力计算的角度，通常更关心的也是总阻力。

附表 E-4 给出了高雷诺数下某些常见绕流（二维与三维绕流）的总阻力系数参考值，可供一般计算使用。

10.2.2　圆柱绕流及其总阻力系数

圆柱绕流即流体以来流速度 u_0 横掠长圆柱的流动，属二维绕流。圆柱绕流的迎风面具有边界层流动特点，背风面是边界层分离形成的尾迹区，流动行为较为复杂。从阻力的构成看，除雷诺数较低的工况外，绕流阻力中形状阻力是主要的，且 Re 越高越是如此。

卡门涡街及诱导振动问题　实验表明，当 $Re > 80$ 后，圆柱背风面两侧开始有旋涡交替脱落，由此形成的尾迹区称为卡门涡街。旋涡交替脱落会同时在圆柱表面交替产生横向作用力迫使圆柱振动，称为诱导振动。当诱导振动频率与圆柱自振频率一致时将会引起共振，因而值得关注。实验表明，虽然较高雷诺数下可视化实验难以观察到卡门涡街，但旋涡交替脱落导致的诱导振动仍然存在，且在 $250 < Re < 2 \times 10^5$ 范围内，诱导振动频率 f 可近似表示为

$$f = 0.198 \left(1 - \frac{19.7}{Re}\right) \frac{u_0}{D} \tag{10-19}$$

圆柱绕流的总阻力系数　圆柱绕流的总阻力系数 C_D 由图 10-4 给出。从中可见 C_D 随 Re 变化并非那么平稳，这与边界层的状态及分离行为有关。其中，在 $300 < Re < 2 \times 10^5$ 范围，迎风面边界层为层流，分离点也靠近迎风面一侧，此区间阻力系数 C_D 变化较小（$\approx 1 \sim 1.2$），这种情况称为亚临界状态。当 $Re > 2 \times 10^5$ 时，边界层向湍流过渡，阻力系数急剧降低，称为临界状态。当 $Re > 6.7 \times 10^5$ 时，边界层在分离前已转变为湍流，且分离点向后移动至背流面，这种状态称为超临界状态，此后 C_D 随 Re 增加又开始缓慢回升，见图 10-4。

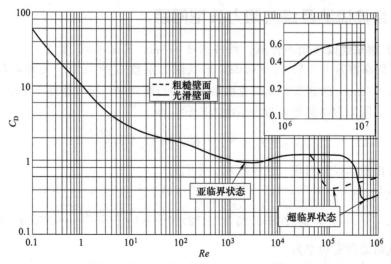

图 10-4　圆柱绕流的阻力系数 C_D 与雷诺数 Re 的关系

10.2.3　球体绕流及其总阻力系数

球体绕流的总阻力系数　球体绕流属三维绕流，与圆柱绕流有类似的复杂性。其绕流特点及总阻力系数 C_D 可大致根据雷诺数 $Re = u_0 D/\nu$ 分段描述如下。

在 $Re < 2$ 范围，称为斯托克斯（Stokes）区，该区域球体绕流上下游流场有对称性，无尾迹区，其绕流总阻力、摩擦阻力、形状阻力、总阻力系数有解析解，且

$$F_D = 3\pi\mu u_0 D, \quad F_f = \frac{2}{3}F_D, \quad F_p = \frac{1}{3}F_D, \quad C_D = \frac{24}{Re} \tag{10-20}$$

在 $2 < Re < 500$ 范围，称为阿仑（Allen）区，该区域内迎风面边界层分离前保持为层流，绕流总阻力很快由摩擦阻力占优过渡到以形状阻力占优，其总阻力系数可近似表示为

$$C_D = 18.5/Re^{0.6} \tag{10-21}$$

在 $500 < Re < 2 \times 10^5$ 范围，称为牛顿区，该区域后期壁面边界层分离前已开始向湍流过渡，绕流总阻力主要由形状阻力构成，且总阻力系数变化较小，可近似取值为

$$C_D \approx 0.44 \tag{10-22}$$

在 $2 \times 10^5 < Re < 3 \times 10^5$ 范围，球体绕流达到临界状态，此时边界层分离前已过渡到湍流，总阻力系数 C_D 急剧减小。$Re > 3 \times 10^5$ 以后，总阻力计算可近似取

$$C_D \approx 0.2 \tag{10-23}$$

需要指出：尽管以上分区公式有近似性，但却有助于时间相关问题的分析计算。对于仅涉及 C_D 计算的简单问题，在 $Re < 2 \times 10^5$ 范围的球体绕流总阻力系数可统一按下式计算

$$C_D = \frac{24}{Re} + \frac{3.73}{Re^{0.5}} - \frac{4.83 \times 10^{-3} Re^{0.5}}{1 + 3 \times 10^{-6} Re^{1.5}} + 0.49 \tag{10-24}$$

颗粒自由沉降速度　颗粒自由沉降速度指颗粒在流体中自由沉降（无颗粒间干扰、无器壁效应）时达到力平衡状态的沉降速度 u_t，亦称终端速度。其中对于球形颗粒有

$$u_t = \sqrt{\frac{4(\rho_p - \rho)gd}{3\rho C_D}} \tag{10-25}$$

应用该式一般需首先假设颗粒绕流阻力所在区域，然后选用相应区域的 C_D 计算式与上式联立，由此确定相关参数的表达式，或试差求解相关参数。

10.2.4　绕流流动及绕流阻力典型问题

【P10-11】轿车的风阻功率计算。某轿车高 1.5m，长 4.5m，宽 1.8m，汽车底盘离地 0.16m，其平均摩擦阻力系数 $C_f = 0.08$，形状阻力系数 $C_p = 0.25$，近似将轿车看成长方体，求轿车以 60km/h 的速度行驶时克服空气阻力所需功率。空气密度 1.2kg/m³。

解　空气总阻力为摩擦阻力与形状阻力之和，即

$$F_D = F_f + F_p = (C_f A_f + C_p A_D)\frac{\rho u_0^2}{2}$$

其中摩擦面积和投影面积（迎风面积）分别为

$$A_f = 2(1.5 - 0.16 + 1.8) \times 4.5 = 28.26(\text{m}^2), \quad A_D = (1.5 - 0.16) \times 1.8 = 2.412(\text{m}^2)$$

所以　　　　$F_D = (0.08 \times 28.26 + 0.25 \times 2.412) \times \dfrac{1.2 \times (60/3.6)^2}{2} = 477.3(\text{N})$

克服空气阻力所需功率为

$$P = F_D u_0 = 477.3 \times 60/3.6 = 7955(\text{W})$$

【P10-12】**潜航器的阻力与功率消耗计算**。某潜航器形状可视为长径比 $l/D=8$ 的椭球体，试计算该潜航器在水下以 10m/s 的速度航行时克服阻力所需的功率。已知潜航器迎流面积 $A=12m^2$，水的密度 $\rho=1025kg/m^3$，黏度 $\mu=1.07\times10^{-3}Pa\cdot s$。

解　首先由潜航器迎流面积确定其直径 D，即

$$D=\sqrt{4A/\pi}=\sqrt{12\times4/\pi}=3.910(m)$$

由此得潜航器沿长轴轴线方向航行时的雷诺数为

$$Re=\frac{\rho uD}{\mu}=\frac{1025\times10\times3.91}{1.07\times10^{-3}}=37455607>10^4$$

查附表 E-4 可知，该雷诺数下长径比 $l/D=8$ 的椭球体的阻力系数 $C_D=0.13$。由此可计算潜航器的航行阻力和所需功率分别为

$$F=C_D\frac{\rho u^2}{2}A=79950N,\ P=Fu=799.5kW$$

【P10-13】**厢式货车侧向倾覆的风速计算**。图 10-5 是某厢式货车的截面简化图及尺寸，其车厢长度 $L=12.5m$，质量 $m=20000kg$。按横风绕流矩形柱体考虑，并取阻力系数 $C_D=1.8$，空气密度 $\rho=1.2kg/m^3$。

① 试确定可能导致该厢式货车侧翻的风速 u。

② 若货车以 $V=80km/h$ 速度行进，并刚好经过曲率半径 $R=300m$ 的弯道，且风从弯道内测吹向外侧，假设货车质量中心位于车厢中心，则可能导致该厢式货车侧翻的风速 u 又为多少。

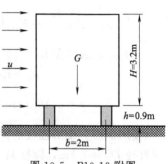

图 10-5　P10-13 附图

解　① 横风作用下，货车车厢受到横向力 F 为

$$F=C_D\frac{\rho u^2}{2}A_D=C_D\frac{\rho u^2}{2}HL$$

发生侧翻时，左车轮与地面的接触力为零，且 F 对右车轮触地点的力矩 M_F 应大于等于重力 G 对右车轮触地点的力矩 M_G。其中

$$M_F=F(H/2+h),\ M_G=G(b/2)=mg(b/2)$$

根据 $M_F\geqslant M_G$，可得可能导致该厢式货车侧翻的风速条件为

$$C_D\frac{\rho u^2}{2}HL\left(\frac{H}{2}+h\right)\geqslant mg\frac{b}{2}\ \rightarrow\ u\geqslant\sqrt{\frac{mgb}{\rho C_D HL(H/2+h)}}$$

代入数据有

$$u\geqslant42.62m/s$$

② 若货车刚好经过曲率半径 R 的弯道，且车速为 V，则货车的横向力还包括离心力 F_c。该力的大小及其对右车轮触地点的力矩 $M_{F,c}$ 分别为（设质量中心位于车厢中心）

$$F_c=mR\omega^2=\frac{mV^2}{R},\ M_{F,c}=F_c\left(\frac{H}{2}+h\right)=\frac{mV^2}{R}\left(\frac{H}{2}+h\right)$$

根据 $M_F+M_{F,c}\geqslant M_G$，可得此条件下，导致该厢式货车侧翻的风速条件为

$$u\geqslant\sqrt{\frac{mgb-2mV^2(H/2+h)/R}{\rho C_D HL(H/2+h)}}$$

代入数据可得

$$u\geqslant32.47m/s$$

【P10-14】**圆柱形烟囱的风载荷及诱导振动频率计算**。直径 $D=3m$、高 $H=80m$ 的光滑圆柱形烟囱受横向风作用，其下部 20m 风速 $u_1=10m/s$，中间 20m 风速 $u_2=20m/s$，上部 40m 风速 $u_3=30m/s$。

① 试确定其所承受的横向风力及其倾覆力矩；

② 若该烟囱在 $Re=10^5$ 时产生诱导振动，试确定其振动频率。已知空气运动黏度 $\nu=1.4\times10^{-5}\,\text{m}^2/\text{s}$，密度 $\rho=1.25\text{kg/m}^3$。

解 ① 由已知条件计算不同风速下的绕流雷诺数

$$Re=\frac{u_i D}{\nu}\rightarrow Re_1=2.14\times10^6,\ Re_2=4.29\times10^6\rightarrow Re_3=6.43\times10^6$$

根据以上雷诺数查图 10-4，可得各段圆柱体的阻力系数分别为 $C_{D1}\approx0.5$，$C_{D2}\approx0.6$，$C_{D3}\approx0.62$。因此烟囱各段的受力为

$$F_{Di}=C_{Di}\frac{\rho u_i^2}{2}DH_i\rightarrow F_{D1}=1875\text{N},\ F_{D2}=9000\text{N},\ F_{D3}=41850\text{N}$$

因此，烟囱所受总力和总力矩分别为

$$F_D=F_{D1}+F_{D2}+F_{D3}=52725(\text{N})$$

$$M=F_{D1}\frac{H_1}{2}+F_{D2}\left(H_1+\frac{H_2}{2}\right)+F_{D3}\left(H_1+H_2+\frac{H_3}{2}\right)=2.80\times10^6(\text{N}\cdot\text{m})$$

② 若该烟囱在 $Re=10^4$ 时产生诱导振动，则产生振动的风速及振动频率为

$$u_0=Re(\nu/D)=10^5\times1.4\times10^{-5}/3=0.467(\text{m/s})$$

$$f=0.198\left(1-\frac{19.7}{Re}\right)\frac{u_0}{D}=0.198\times\left(1-\frac{19.7}{10^5}\right)\times\frac{0.467}{3}=0.031(\text{Hz})$$

【P10-15】锥形圆柱的风载荷及力矩计算。 某锥形圆柱体，其底部直径 $D_1=0.3\text{m}$，上端直径 $D_2=0.1\text{m}$，圆柱高 $H=12\text{m}$，并受到 30m/s 的均匀横风作用。设该风速下圆柱的平均阻力系数 $C_D=0.3$，试确定其受到的横向风力及其对底部的弯矩。已知空气运动黏度 $\nu=1.4\times10^{-5}\,\text{m}^2/\text{s}$，密度 $\rho=1.25\text{kg/m}^3$。

解 由圆柱底部中心向上建立 y 坐标，则坐标 y 处的圆柱直径可表示为

$$D=D_1-(D_1-D_2)\frac{y}{H}$$

根据绕流阻力计算式，直径为 D 长度为 $\mathrm{d}y$ 的柱体受到的横向力及其对底部的弯矩为

$$\mathrm{d}F_D=C_D\frac{\rho u^2}{2}D\mathrm{d}y=C_D\frac{\rho u^2}{2}\left[D_1-(D_1-D_2)\frac{y}{H}\right]\mathrm{d}y$$

$$\mathrm{d}M=C_D\frac{\rho u^2}{2}Dy\mathrm{d}y=C_D\frac{\rho u^2}{2}\left[D_1y-(D_1-D_2)\frac{y^2}{H}\right]\mathrm{d}y$$

积分上式并以 D_m 表示锥形圆柱的平均直径，可得锥形圆柱受到的横向力及其对底部的弯矩分别为

$$F_D=C_D\frac{\rho u^2}{2}H\frac{D_1+D_2}{2}=C_D\frac{\rho u^2}{2}HD_m,\ M=F_D\frac{H}{3}\left(2-\frac{D_1}{2D_m}\right)$$

代入数据可得 $\qquad F_D=405\text{N},\ M=2025\text{N}\cdot\text{m}$

【P10-16】转动圆柱的空气阻力转矩及功率计算。 见图 10-6，直径为 D、长度为 $2R$ 的圆柱绕中心 o 以角速度 ω 转动。若圆柱转动半径 r 处所受空气阻力 $\mathrm{d}F$ 可按圆柱绕流计算，其中绕流气速相对等于圆柱转动半径 r 处的线速度，并假设绕流阻力系数 C_D 为定值，试确定该转动圆柱的空气阻力转矩 M 及其功率消耗 P 的表达式。若 $\omega=100\text{rad/s}$，$D=0.02\text{m}$，$R=0.5\text{m}$，$C_D=1.2$，空气密度 $\rho=1.2\text{kg/m}^3$，则 M 与 P 为多少？

解 转动半径 r 处的空气阻力 $\mathrm{d}F$ 按圆柱绕流计算，则 $\mathrm{d}F$ 及其对转动中心的力矩 $\mathrm{d}M$（圆柱中心两边均有 $\mathrm{d}F$）分别为

$$dF = C_D \frac{\rho u^2}{2} D\,dr, \quad dM = 2r\,dF$$

因为绕流气速 u 相对等于圆柱转动半径 r 处的线速度，即 $u = r\omega$，所以

$$dM = 2r\,dF = C_D \rho \omega^2 D r^3\,dr$$

积分可得　　$M = \dfrac{1}{4} C_D \rho \omega^2 D R^4$，$P = M\omega = \dfrac{1}{4} C_D \rho \omega^3 D R^4$

代入相关数据可得　　$M = 4.5 \text{N} \cdot \text{m}$，$P = M\omega = 450 \text{W}$

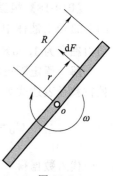

图 10-6
P10-16 附图

【P10-17】降落伞的终端速度及展开直径计算。 已知降落伞与跳伞者的总质量 $m = 85\text{kg}$，降落伞迎风面积 $A_D = 25\text{m}^2$（直径 5.64m）。设气温为 0℃，空气密度为 1.293kg/m^3，动力黏度为 1.72×10^{-5} Pa·s，空气浮力作用不计。

① 试按降落伞阻力系数或半球罩阻力系数（见附表 E-4）求该降落伞的终端速度；

② 其他条件不变，若要求降落伞终端速度不大于 3m 高自由落体的触地速度，则降落伞的展开直径（半球罩直径）应为多少？

解　设降落伞终端速度为 u_t。达到终端速度时，不计浮力则重力 G 等于阻力 F_D，因此

$$G = F_D = C_D \frac{\rho u_t^2}{2} A_D \quad \rightarrow \quad u_t = \sqrt{\frac{2G}{\rho C_D A_D}}$$

① 按降落伞考虑，查附表 E-4，其总阻力系数 $C_D = 1.2$，因此终端速度为

$$u_t = \sqrt{\frac{2G}{\rho C_D A_D}} = \sqrt{\frac{2 \times 85 \times 9.81}{1.293 \times 1.2 \times 25}} = 6.56 (\text{m/s})$$

此时雷诺数为　$Re = \dfrac{\rho u_t D}{\mu} = \dfrac{1.293 \times 6.56 \times 5.64}{1.72 \times 10^{-5}} = 2.78 \times 10^6 < 3 \times 10^7$

说明：C_D 一般随 Re 增大而减小，并在阻力进入速度平方区后趋于定值。以上 Re 小于 $C_D = 1.2$ 对应的 Re，说明实际 $C_D > 1.2$，因此终端速度应小于 6.56m/s。

若按半球罩考虑，查附表 E-4 得 $C_D = 1.4$，相应的终端速度及雷诺数分别为

$$u_t = 6.07 \text{ m/s}, \quad Re = 2.57 \times 10^6 > 10^4$$

说明：$Re > 10^4$ 后半球罩 C_D 均为 1.4，表明阻力进入速度平方区，此时 C_D 不再变化。

② 3m 高自由落体的触地速度为

$$u = \sqrt{2gh} = \sqrt{2 \times 9.81 \times 3} = 7.672 (\text{m/s})$$

以此为终端速度，则要求降落伞展开后的半球罩圆面积及对应直径为

$$A_D = \frac{2G}{\rho u^2 C_D}, \quad D = \sqrt{\frac{8G}{\pi \rho u^2 C_D}}$$

按半球罩考虑，取 $C_D = 1.4$，可得降落伞展开后的半球罩直径为

$$D = \sqrt{\frac{8 \times 85 \times 9.81}{\pi \times 1.293 \times 7.672^2 \times 1.4}} = 4.464 (\text{m})$$

该直径的降落伞以 7.672m/s 速度降落时的雷诺数为

$$Re = \rho u_t D / \mu = 2.57 \times 10^6 > 10^4$$

【P10-18】**根据终端速度确定球形颗粒直径。** 实验测得密度为 $1630 kg/m^3$ 的球形塑料珠在 20℃的 CCl_4 液体中的沉降速度为 $1.70 \times 10^{-3} m/s$。已知 20℃时 CCl_4 的密度为 $1590 kg/m^3$，动力黏度为 $1.03 \times 10^{-3} Pa \cdot s$，求此塑料珠的直径。

解 假定颗粒沉降处于 Allen 区（$2 < Re < 500$），则根据式(10-21)和式(10-25)，可得颗粒粒径表达式为

$$C_D = \frac{18.5}{Re^{0.6}}, u_t = \sqrt{\frac{4(\rho_p - \rho)gd}{3\rho C_D}} \rightarrow d = \left[\frac{55.5}{4}\frac{\rho^{0.4}\mu^{0.6}u_t^{1.4}}{g(\rho_p - \rho)}\right]^{1/1.6}$$

代入数据得 $\qquad d = 0.224 \times 10^{-3} m$

此时对应的雷诺数 $\qquad Re = \rho u_t d/\mu = 0.588$

可见该雷诺数 Re 与 Allen 区 Re 不符。重新假定颗粒沉降处于 Stokes 区（$Re < 2$），并将 Stokes 区阻力系数式 $C_D = 24/Re$ 代入式(10-25)，可得

$$d = \sqrt{\frac{18\mu u_t}{(\rho_p - \rho)g}} = \sqrt{\frac{18 \times 0.00103 \times 0.0017}{(1630 - 1590) \times 9.81}} = 0.283 \times 10^{-3} (m)$$

此时的雷诺数为 $\qquad Re = 0.588 \times 0.283/0.224 = 0.743 < 2$

可见该雷诺数 Re 与 Stokes 区 Re 相符，故塑料珠直径 $d = 0.283 mm$。

说明：也可由式(10-24)解出 C_D，并与 C_D 的经验关联式［式(10-24)］联立，即

$$C_D = \frac{4(\rho_p - \rho)gd}{3\rho u_t^2}, C_D = \frac{24}{Re} + \frac{3.73}{Re^{0.5}} - \frac{4.83 \times 10^{-3}Re^{0.5}}{1 + 3 \times 10^{-6}Re^{1.5}} + 0.49$$

然后假设 d，并由以上两式分别计算 C_D，直至两式计算的 C_D 在允许误差范围内相等为止。代入已知数据，得到（C_D 小数点后三位数相等）的试差计算结果为

$$d = 0.3046 mm, Re = 0.799, C_D = 34.682$$

【P10-19】**测试光滑球形颗粒终端速度确定流体黏度。** 通过测试光滑小球在黏性液体中的自由沉降速度，可确定液体的黏度。现将密度为 $8010 kg/m^3$、直径为 $0.16 mm$ 的钢珠置于密度为 $980 kg/m^3$ 的液体中自由沉降，测得其沉降速度为 $1.7 mm/s$，试验温度为 20℃，试求此液体的黏度。

解 假定颗粒沉降处于 Stokes 区（$Re < 2$），则根据 Stokes 区阻力系数式 $C_D = 24/Re$ 和式(10-25)，可得流体黏度表达式为

$$\mu = \frac{d^2(\rho_p - \rho)g}{18u_t}$$

代入数据有 $\qquad \mu = 0.0577 Pa \cdot s, Re = \rho u_t d/\mu = 0.005 < 2$

可见该雷诺数 Re 与 Stokes 区 Re 相符，故计算结果有效。

【P10-20】**根据氦气气球牵绳倾斜角确定风速。** 用氦气气球测量风速，如图 10-7 所示，可根据牵绳与地面的夹角 α 判断风速。设气球为圆球，半径 $R = 430 mm$，材料质量 $m = 0.1 kg$，并已知空气密度 $\rho = 1.2 kg/m^3$，黏度 $\mu = 1.81 \times 10^{-5} Pa \cdot s$，氦气密度 $\rho_h = 0.166 kg/m^3$，试确定 $\alpha = 60°$ 时的风速大小。

解 如图 10-8 所示，气球受力有浮力 F、重力 G、风的曳力 F_D 和牵绳拉力 T，其中

$$F = \frac{4}{3}\pi R^3 \rho g, G = \frac{4}{3}\pi R^3 \rho_h g + mg, F_D = C_D \frac{\rho u_0^2}{2}\pi R^2$$

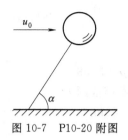

图 10-7　P10-20 附图

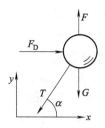

图 10-8　P10-20 附图（氦气气球的受力图）

其 x、y 方向的力平衡方程为

$$T\cos\alpha = F_D,\quad F - G - T\sin\alpha = 0 \rightarrow F - G - F_D\tan\alpha = 0$$

将诸力的表达式代入，可解出风速的表达式为

$$u_0 = \sqrt{\dfrac{2g}{C_D\rho\pi R^2\tan\alpha}\left[\dfrac{4}{3}\pi R^3(\rho-\rho_h)-m\right]}$$

设 Re 位于牛顿区：$500 < Re < 2\times10^5$，则 $C_D\approx0.44$，代入数据得

$$u_0 = 3.0\text{m/s},\quad Re = \rho u_0 d/\mu = 1.71\times10^5 < 2\times10^5$$

结果表明：Re 确实位于牛顿区，因此 u_0 计算结果有效。

> **说明**：也可假设风速 u_0，然后根据经验关联式［式（10-24）］计算 C_D，即
>
> $$C_D = \dfrac{24}{Re} + \dfrac{3.73}{Re^{0.5}} - \dfrac{4.83\times10^{-3}Re^{0.5}}{1+3\times10^{-6}Re^{1.5}} + 0.49$$
>
> 再根据以上风速表达式计算 u_0，直至 u_0 的计算值与假设值在允许误差范围相等为止。据此得到（速度小数点后三位数相等）的试差结果为
>
> $$u_0 = 2.848\text{m/s},\quad Re = 162389,\quad C_D = 0.4895$$

【P10-21】爆米花机操作风速范围计算。爆米花机如图 10-9 所示。玉米放置在金属丝网上，冷空气经过加热器加热后再加热玉米。当丝网上的玉米爆裂成玉米花后体积膨胀，所受空气曳力增大，因此被空气带入爆米花储存箱。设玉米及玉米花为球形颗粒，其中玉米粒径 6mm，质量 0.15g，玉米花直径 18mm，热空气温度 150℃（保持不变），机内压力为常压，试从单颗玉米绕流阻力的角度（不考虑颗粒间的相互影响）确定合适的操作风速范围（以 20℃空气计）。

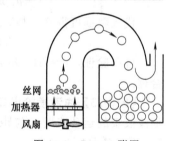

图 10-9　P10-21 附图

解　温度 150℃时，空气密度 $\rho=0.835\text{kg/m}^3$，动力黏度 $\mu=2.41\times10^{-5}\text{Pa·s}$。
玉米及玉米花的密度分别为

$$\rho_1 = m(6/\pi d_1^3) = (0.15/1000)\times[6/(\pi\times0.006^3)] = 1326.3(\text{kg/m}^3)$$

$$\rho_2 = m(6/\pi d_2^3) = (0.15/1000)\times[6/(\pi\times0.018^3)] = 49.1(\text{kg/m}^3)$$

空气操作风速应小于玉米的终端速度 u_1，大于玉米花的终端速度 u_2。设 Re 位于牛顿区：$500 < Re < 2\times10^5$，$C_D\approx0.44$，则根据式（10-25）可得

$$u_1 = \sqrt{\dfrac{4(\rho_1-\rho)gd}{3\rho C_D}} = \sqrt{\dfrac{4\times(1326.3-0.835)\times9.81\times0.006}{3\times0.835\times0.44}} = 16.827(\text{m/s})$$

$$u_2 = \sqrt{\frac{4(\rho_1 - \rho)gd}{3\rho C_D}} = \sqrt{\frac{4 \times (49.1 - 0.835) \times 9.81 \times 0.018}{3 \times 0.835 \times 0.44}} = 5.561 (\text{m/s})$$

其中 u_1、u_2 对应的雷诺数为

$$Re_1 = \rho u_1 d_1 / \mu = 3498, \quad Re_2 = \rho u_2 d_2 / \mu = 3468$$

结果表明：Re 确实位于牛顿区，因此热空气气速 u_f 的操作范围为

$$u_1 > u_f > u_2 \quad 即 \quad 16.83\text{m/s} > u_f > 5.56\text{m/s}$$

以 20℃ 空气计算，则

$$u_{20} = \frac{T_0}{T} u_2 = \frac{293}{423} \times 5.56 = 3.85 (\text{m/s}), \quad u_{10} = \frac{293}{423} \times 16.83 = 11.66 (\text{m/s})$$

即 20℃ 空气的操作气速范围为 $\quad 11.66\text{m/s} > u_f > 3.85\text{m/s}$

【P10-22】棒球掷出后的飞行时间与速度计算。 棒球直径 $D = 7.5\text{cm}$、质量 $m = 0.150\text{kg}$，投掷手掷球速度 $u_0 = 36\text{m/s}$。设棒球水平运动，求棒球飞向 18.4m 外击球手时的速度。已知空气密度 $\rho = 1.205\text{kg/m}^3$，动力黏度 $\mu = 1.81 \times 10^{-5}\text{Pa} \cdot \text{s}$。

解 棒球在空气阻力下作减速运动。为判定黏性阻力区，首先计算 u_0 下的雷诺数

$$Re = \frac{\rho u_0 D}{\mu} = \frac{1.205 \times 36 \times 0.075}{1.81 \times 10^{-5}} = 179751$$

由此可判定，棒球运动位于牛顿阻力区（$500 < Re < 2 \times 10^5$），该区域内阻力系数为

$$C_D = 0.44$$

棒球速度 u 及飞行距离 x 关于时间 t 的微分方程为

$$-C_D \frac{\rho u^2}{2} A_D = m \frac{\mathrm{d}u}{\mathrm{d}t}, \quad \frac{\mathrm{d}x}{\mathrm{d}t} = u(t)$$

积分以上方程，并注意 $t = 0$ 时，$u = u_0$，$x = 0$，可得 u-t、t-x 的关系为

$$u = \frac{u_0}{1 + u_0 \beta t}, \quad t = \frac{1}{u_0 \beta}[\exp(\beta x) - 1] \quad \left(其中 \ \beta = \frac{\rho C_D A_D}{2m}\right)$$

代入数据可得 β、棒球飞行 18.4m 所需的时间及末端速度分别为

$$\beta = 7.808 \times 10^{-3}\text{m}^{-1}, \quad t = 0.550\text{s}, \quad u = 31.18\text{m/s}$$

可以验证，$u = 31.18\text{m/s}$ 时棒球运动仍然在牛顿阻力区，所以取 $C_D = 0.44$ 的计算合理。

【P10-23】油漆喷枪出口液滴的运动速度与时间的关系。 用喷枪为工件上漆时需要了解油漆液滴的运动速度 u 与距离 x 的关系。设液滴粒径 $d = 50\mu\text{m}$，离开喷嘴时的初速 $u_0 = 50\text{m/s}$，试确定：

① 油漆液滴在多远的距离其速度降低到 0.2m/s；

② 液滴运动的最远距离。设液滴水平运动，周围空气静止，液滴相互间没有干扰，且已知液滴密度 $\rho_d = 800\text{kg/m}^3$，空气密度 $\rho = 1.205\text{kg/m}^3$，空气黏度 $\mu = 1.81 \times 10^{-5}\text{Pa} \cdot \text{s}$。

解 油漆液滴在空气阻力下作减速运动。首先判断油漆液滴运动中可能经历的阻力区，为此计算液滴在初速度 u_0 下的液滴雷诺数，即

$$Re = \frac{\rho u_0 d}{\mu} = \frac{1.205 \times 50 \times 50 \times 10^{-6}}{1.81 \times 10^{-5}} = 166.4$$

由此可知，初始速度 u_0 下运动液滴黏性阻力位于阿伦（Allen）区（$2 < Re < 500$），但随速度的降低，运动液滴将进入斯托克斯（Stocks）阻力区（$0 < Re < 2$），且进入斯托克斯区的初始速度 u_1 由 $Re = 2$ 确定，即

$$u_1 = Re\frac{\mu}{\rho d} = 2 \times \frac{1.81 \times 10^{-5}}{1.205 \times 50 \times 10^{-6}} = 0.601(\text{m/s})$$

其次，建立油漆液滴运动速度 u、运动距离 x 与时间 t 的关系。阿伦区和斯托克斯区的阻力系数可统一表示为

$$C_D = \frac{C}{Re^n} \quad \begin{cases} C = 18.5, \ n = 0.6 \text{（阿伦区）} \\ C = 24, \ n = 1 \text{（斯托克斯区）} \end{cases}$$

液滴的运动方程为

$$-C_D\frac{\rho u^2}{2}A = m\frac{\mathrm{d}u}{\mathrm{d}t} \quad \text{且} \quad \frac{\mathrm{d}x}{\mathrm{d}t} = u(t)$$

将液滴阻力系数 C_D、投影面积 A、体积 V 的表达式代入，整理后可得

$$-\beta u^{2-n} = \frac{\mathrm{d}u}{\mathrm{d}t}, \quad u(t) = \frac{\mathrm{d}x}{\mathrm{d}t} \quad \left[\text{其中 } \beta = \frac{C}{(\rho d/\mu)^n}\frac{3}{4d}\frac{\rho}{\rho_d}\right]$$

对于阿伦区：$C = 18.5$，$n = 0.6$。积分以上方程，并注意 $t = 0$ 时，$u = u_0$，$x = 0$，可得

$$u = \frac{u_0}{(1 + 0.4\beta tu_0^{0.4})^{2.5}} \quad \text{或} \quad t = \frac{[(u_0/u)^{0.4} - 1]}{0.4u_0^{0.4}\beta}$$

$$x = \frac{u_0^{0.6}}{0.6\beta}[1 - (1 + 0.4u_0^{0.4}\beta t)^{-1.5}] \quad \text{或} \quad t = \frac{[(1 - 0.6\beta x/u_0^{0.6})^{-1/1.5} - 1]}{0.4u_0^{0.4}\beta}$$

斯托克斯区：$C = 24$，$n = 1$。积分以上方程，并注意 $t = 0$ 时，$u = u_1$，$x = 0$，类似可得

$$u = u_1 \mathrm{e}^{-\beta t} \quad \text{或} \quad t = \frac{1}{\beta}\ln\frac{u_1}{u}$$

$$x = \frac{u_1}{\beta}(1 - \mathrm{e}^{-\beta t}) \quad \text{或} \quad t = \frac{1}{\beta}\ln\left(\frac{u_1}{u_1 - \beta x}\right)$$

① 从斯托克斯区的起始速度 $u_1 = 0.601\text{m/s}$ 可知，油漆液滴速度降低到 0.2m/s 之前就已进入斯托克斯区，因此液滴运动距离为阿伦区运动距离与斯托克斯区运动距离之和。

其中液滴在阿伦区运动的时间 t_1 和距离 x_1 分别为

$$t_1 = \frac{[(u_0/u_1)^{0.4} - 1]}{0.4u_0^{0.4}\beta}, \quad x_1 = \frac{u_0^{0.6}}{0.6\beta}[1 - (1 + 0.4u_0^{0.4}\beta t_1)^{-1.5}]$$

代入数据得

$$\frac{\rho d}{\mu} = \frac{1.205 \times 50 \times 10^{-6}}{1.81 \times 10^{-5}} = 3.329(\text{s/m})$$

$$\beta = \frac{C}{(\rho d/\mu)^n}\frac{3}{4d}\frac{\rho}{\rho_d} = \frac{18.5}{3.329^{0.6}} \times \frac{3}{4 \times 50 \times 10^{-6}} \times \frac{1.205}{800} = 203.13(\text{m}^{-0.4} \cdot \text{s}^{-0.6})$$

$$t_1 = \frac{[(50/0.601)^{0.4} - 1]}{0.4 \times 50^{0.4} \times 203.13} = 12.51 \times 10^{-3}(\text{s})$$

$$x_1 = \frac{50^{0.6}}{0.6 \times 203.13} \times [1 - (1 + 0.4 \times 50^{0.4} \times 203.13 \times 0.01251)^{-1.5}] = 79.77 \times 10^{-3}(\text{m})$$

斯托克斯区的 β 值为

$$\beta = \frac{C}{(\rho d/\mu)}\frac{3}{4d}\frac{\rho}{\rho_d} = \frac{24}{3.329} \times \frac{3}{4 \times 50 \times 10^{-6}} \times \frac{1.205}{800} = 162.89(\text{s}^{-1})$$

斯托克斯区液滴由初速 $u_1 = 0.601\text{m/s}$ 降低到 $u = 0.2\text{m/s}$ 时经历的时间和距离为

$$t_2 = \frac{1}{\beta}\ln\frac{u_1}{u} = \frac{1}{162.89}\times\ln\frac{0.601}{0.2} = 6.76\times10^{-3}(s)$$

$$x_2 = \frac{u_1}{\beta}(1-e^{-\beta t_2}) = \frac{0.601}{162.89}\times(1-e^{-162.89\times0.00676}) = 2.46\times10^{-3}(m)$$

综上，油漆液滴速度降低到0.2m/s时经历的总时间和总距离分别为

$$t = t_1 + t_2 = 12.51\times10^{-3} + 6.76\times10^{-3} = 19.27\times10^{-3}(s)$$

$$x = x_1 + x_2 = 79.77\times10^{-3} + 2.46\times10^{-3} = 82.23\times10^{-3}(m) = 82.23(mm)$$

② 液滴在斯托克斯区的最远运动距离为

$$x_{2,\max} = x_2\big|_{t_2=\infty} = \frac{u_1}{\beta} = \frac{0.601}{162.89} = 3.69\times10^{-3}(m)$$

油漆液滴从初速u_0降低到0时的最远运动距离为

$$x = x_1 + x_{2\max} = 79.77\times10^{-3} + 3.69\times10^{-3} = 83.46\times10^{-3}(m) = 83.46(mm)$$

第 11 章

可压缩流体管内流动问题

气体（可压缩流体）高速流动中，气体密度的变化将对流动过程产生显著影响，从而表现出若干不同于不可压缩流动的特殊性质。本章首先概要介绍可压缩流动的相关概念与基本关系，然后重点分析变截面管和等截面内的可压缩流动问题，最后是可压缩流体的速度与流量测量问题。

11.1　可压缩流动的相关概念与基本关系

11.1.1　基本假设及热力学关系

（1）基本假设
理想气体假设：若不专门提及，气体流动问题中通常将气体视为理想气体。

一元流动假设：流体或流动参数在管道截面上是均匀的，只沿流动方向变化。

（2）三种基本热力学过程
为突出问题特点，通常从热力学角度将气体流动过程简化或近似为三种基本过程。

等温过程：流体流动或状态变化过程中温度保持不变的过程。

绝热过程：流体与外界无热交换的过程。热交换可忽略的过程可近似为绝热过程。

等熵过程：可逆的绝热过程。无热交换且摩擦可以忽略的过程可近似为等熵过程。

（3）理想气体状态方程与过程方程
气体状态方程　即理想气体状态参数（密度 ρ、压力 p、温度 T）之间的一般关系

$$p/\rho = RT \tag{11-1}$$

式中，R 为气体常数。对于空气：$R=287\mathrm{J/(kg \cdot K)}$，其他常见气体的 R 见附表 C-2。

热力过程方程　即理想气体运动过程中状态参数之间的特征关系

$$p/\rho^n = \mathrm{const} \tag{11-2}$$

式中，n 称为多变过程指数。典型简单过程对应的 n 值如下：

等压过程：$n=0$，$p=\mathrm{const}$。

等温过程：$n=1$，$p/\rho=\mathrm{const}$　或　$T=\mathrm{const}$。

等熵过程：$n=k$，$p/\rho^k=\mathrm{const}$。其中 k 称为等熵指数或绝热指数，对于空气 $k=1.4$，其他常见气体的 k 值见附表 C-2。

值得指出的是，对于工程实际中的某些复杂流动过程，往往需要多个 n 值来描述。

（4）理想气体热力学参数基本关系
理想气体比定压热容 c_p、比定容热容 c_v、气体常数 R 及绝热指数 k 的关系为

$$c_\mathrm{p}-c_\mathrm{v}=R,\ \frac{c_\mathrm{p}}{c_\mathrm{v}}=k,\ c_\mathrm{p}=\frac{k}{k-1}R \tag{11-3}$$

单位质量理想气体的热焓 i、内能 u 及其与绝对温度 T 的关系为

$$i=u+p/\rho,\ i=c_\mathrm{p}T,\ u=c_\mathrm{v}T \tag{11-4}$$

11.1.2　质量与能量守恒方程

质量守恒方程　对于可压缩一元稳态流动，通常采用如下形式的质量守恒方程

$$\rho vA=\mathrm{const}\quad 或\quad \frac{\mathrm{d}\rho}{\rho}+\frac{\mathrm{d}v}{v}+\frac{\mathrm{d}A}{A}=0 \tag{11-5}$$

式中，A 为管道横截面积；v 为平均速度。其中微分式主要用于变截面管流动分析。

能量守恒方程 对于可压缩流体的稳态流动，能量守恒方程的应用主要有三种情况。

① 有热功传递的情况：此时可用稳态条件下的控制体能量守恒方程，即

$$\frac{Q+N}{q_m}=(i_2-i_1)+\frac{v_2^2-v_1^2}{2}+g(z_2-z_1) \tag{11-6}$$

式中，Q 为控制体吸热速率（J/s）；N 为控制体获得的轴功功率（J/s）；q_m 为质量流量；v、z 分别为截面的平均流速及重力位头。下标1、2分别表示进、出口参数。

② 绝热管流情况：此时 $Q=0$，$N=0$，且通常忽略气体位能，其能量守恒方程为

$$i_2+\frac{v_2^2}{2}=i_1+\frac{v_1^2}{2} \quad \text{或} \quad i_0=i+\frac{v^2}{2}=\text{const} \tag{11-7}$$

式中，i_0 称为滞止焓或总焓。该式表明：绝热稳态管流中流体的滞止焓或总焓守恒。

③ 等熵管流情况：此时 $Q=0$，$N=0$，且无摩擦（或 $\mu=0$），其能量守恒方程为

$$\frac{\mathrm{d}v^2}{2}+g\,\mathrm{d}z+\frac{\mathrm{d}p}{\rho}=0 \tag{11-8}$$

此即微分形式的伯努利方程，也称一维欧拉方程。对可压缩流体需知道 p-ρ 关系。其中对于理想气体，可用热力过程方程式表征 p-ρ 关系，积分并忽略重力影响可得

$$\frac{v^2}{2}+\frac{n}{n-1}\frac{p}{\rho}=\text{const} \tag{11-9}$$

11.1.3 声速、马赫数及其计算

声速 即声波（小扰动压力波）的传播速度。声速 a 的一般表达式为

$$a^2=(\mathrm{d}p/\mathrm{d}\rho)_s \tag{11-10}$$

式中，下标 s 表示等熵过程，即 a^2 等于等熵过程中介质压力随密度变化的变化率。

理想气体中的声速 将理想气体等熵过程方程 $p/\rho^k=\text{const}$ 代入，可得

$$a=\sqrt{kRT} \tag{11-11}$$

一般介质中的声速 引用表征物质可压缩性的体积弹性模数 E_V，由式(11-10) 可得

$$a=\sqrt{E_V/\rho} \tag{11-12}$$

该式同时适合于气/液/固介质中声速的计算。

马赫数 M 是反映可压缩性影响的无因次数，定义为气速 v 与声速 a 之比，即

$$M=v/a \tag{11-13}$$

$M<1$ 称为亚声速流（subsonic flow）；$M=1$ 称为声速流（sonic flow）；$M>1$ 称为超声速流（supersonic flow）；$M>5$ 称为高超声速流（hypersonic flow）。

【P11-1】气体及液体中的声速对比。 试求在 1atm 压力下，声波在 20℃的空气和 20℃的水中的传播速度。

解 查附表 C-2，空气 $k=1.4$，$R=287\text{J}/(\text{kg}\cdot\text{K})$，因此 20℃空气中的声速为

$$a=\sqrt{kRT}=\sqrt{1.4\times287\times293.15}=343.2(\text{m/s})$$

20℃水的密度为 $\rho=998.2\text{kg/m}^3$。查附表 C-1 可知，1atm 压力下，水的体积弹性模数 $E_V=2.171\times10^9\text{Pa}$，因此该条件下水中的声速为

$$a=\sqrt{E_V/\rho}=\sqrt{2.171\times10^9/998.2}=1474.8(\text{m/s})$$

对比可见，声波在液体（水）中的传播速度远高于气体（空气）中的传播速度。

【P11-2】以马赫数表示阻力公式并计算阻力。 压力为 101kPa 的空气以 0.7 的马赫数绕

流直径为 10mm 的球体。已知总阻力系数为 $C_D = 0.95$，空气 $k = 1.4$，试确定球体的阻力。

解 引用状态方程、声速公式和马赫数定义，可将球体阻力公式表示为

$$F_D = C_D A_D \frac{1}{2} \rho v^2 = C_D A_D \frac{kp}{kRT} \frac{v^2}{2} = C_D A_D \frac{1}{2} kp M^2$$

代入数据得

$$F_D = 0.95 \times \left(\frac{\pi}{4} \times 0.01^2 \right) \times \frac{1.4 \times 101000 \times 0.7^2}{2} = 2.58(N)$$

【P11-3】相同马赫数下飞行速度随高度的变化。飞机在 15℃ 的海平面上的飞行速度为 800km/h，试确定其以相同马赫数在 −40℃ 的高空飞行时的速度。

解 空气 $k = 1.4$，$R = 287J/(kg \cdot K)$，因此 15℃ 和 −40℃ 空气中的声速分别为

$$a = \sqrt{kRT} = \sqrt{1.4 \times 287 \times 288} = 340.17(m/s)$$

$$a = \sqrt{kRT} = \sqrt{1.4 \times 287 \times 233} = 305.97(m/s)$$

在 15℃ 海平面上，800km/h 的速度对应的马赫数为

$$M = v/a = (800/3.6)/340.17 = 0.653$$

保持马赫数不变，则飞机在 −40℃ 的高空飞行时的速度为

$$v = aM = 305.97 \times 0.653 = 199.80(m/s) = 719.28(km/h)$$

11.1.4 滞止状态及滞止参数计算

滞止状态 指运动流体经历等熵过程，其速度滞止为零时的状态。任何状态的运动流体都有对应的滞止状态。定义滞止状态的目的是便于可压缩流动问题的分析与计算。

滞止参数 即滞止状态下的状态参数，通常用下标"0"表示。

对于温度为 T、马赫数为 M 的理想气体，根据滞止焓 $i_0 = c_p T_0$，可导出其滞止温度为

$$T_0 = T \left(1 + \frac{k-1}{2} M^2 \right) \tag{11-14}$$

根据 T_0 和等熵过程方程，又可得气体滞止压力 p_0 和密度 ρ_0 与 p、ρ 的对应关系为

$$p_0 = p(T_0/T)^{k/(k-1)} = p[1 + 0.5(k-1)M^2]^{k/(k-1)} \tag{11-15}$$

$$\rho_0 = \rho(T_0/T)^{1/(k-1)} = \rho[1 + 0.5(k-1)M^2]^{1/(k-1)} \tag{11-16}$$

由此可见，低速气体的滞止参数近似等于其对应的状态参数。例如，对于 $k = 1.4$ 的气体，若 $M = 0 \sim 0.1$，则 $T_0 = (1 \sim 1.002)T$，$p_0 = (1 \sim 1.007)p$，$\rho_0 = (1 \sim 1.005)\rho$。

滞止参数的守恒性质

① 绝热或等熵流动过程中，理想气体的滞止焓 i_0 和滞止温度 T_0 保持不变；

② 等熵流动过程中，理想气体的滞止压力 p_0、滞止密度 ρ_0 保持不变。

【P11-4】固体表面的驻点压力与驻点温度。压力 200kPa、温度 20℃ 的空气以 250m/s 的速度横向绕流圆柱体，试按等熵过程估计圆柱体表面驻点处的压力与温度。

解 驻点即速度滞止为零的点。作为理论计算，通常假设气流速度滞止为零的过程为等熵过程（无摩擦且无热损失），这样驻点处的气体状态即滞止状态，驻点的压力与温度即气体的滞止压力与滞止温度。这就为驻点参数的估计提供了方法。

为确定空气的滞止参数，首先计算马赫数。因为空气 $k = 1.4$，$R = 287J/(kg \cdot K)$，故

$$M = v/a = v/\sqrt{kRT} = 250/\sqrt{1.4 \times 287 \times 293} = 0.729$$

进一步根据滞止压力和滞止温度公式，可得驻点的压力与温度分别为

$$p_0 = p[1 + 0.5(k-1)M^2]^{k/(k-1)} = 200 \times (1 + 0.2 \times 0.729^2)^{3.5} = 284.8(kPa)$$

$$T_0 = T[1 + 0.5(k-1)M^2] = 293 \times (1 + 0.2 \times 0.729^2) = 324.1(K)$$

如果将气流视为不可压缩流体且同样不计耗散（理想流体流动），则可根据不可压缩流体的伯努利方程得到驻点压力为

$$p_0 = p + \frac{\rho v^2}{2} = p + \frac{p}{RT}\frac{v^2}{2} = p\left(1 + \frac{k}{2}M^2\right)$$

代入数据可得 $\qquad\qquad\qquad p_0 = 274.4\text{kPa}$

该驻点压力与滞止压力的差异反映了可压缩性的影响，且这种影响随 M 增大愈加显著。

【P11-5】皮托管测速问题及可压缩性影响分析。见图 11-1，温度 40℃、压力 150kPa（绝压）的空气在管内流动，皮托管 U 形管指示剂高差 $h = 300\text{mm}$（指示剂密度 $\rho_m = 13600\text{kg/m}^3$）。

① 若探头端部速度滞止为零的过程可视为等熵过程，试确定气流速度。

② 如果按不可压缩流体对待，则测试误差为多少？

③ 分析这种误差与马赫数的关系。

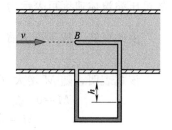

图 11-1　P11-5 附图

解　空气 $k = 1.4$，$R = 287\text{J/(kg·K)}$，根据理想气体状态方程，可知气体密度为

$$\rho = p/RT = 150000/(287 \times 313) = 1.670(\text{kg/m}^3)$$

U 形管指示剂高差 h 表示的是皮托管端部 B 点驻点压力 p_{0B} 与该点静压 p_B 的压差，即

$$p_{0B} - p_B = (\rho_m - \rho)gh \quad \text{或} \quad p_{0B} = p_B + (\rho_m - \rho)gh$$

代入数据得 $\quad p_{0B} = 150000 + (13600 - 1.670) \times 9.81 \times 0.3 = 190020(\text{Pa})$

① 若探头端部速度滞止为零的过程为等熵过程，则 p_{0B} 是气流的滞止压力。因此根据式(11-15)，可得马赫数计算式，即

$$\frac{p_{0B}}{p_B} = \left[1 + \frac{k-1}{2}M^2\right]^{k/(k-1)} \rightarrow M^2 = \frac{2}{k-1}\left[\left(\frac{p_{0B}}{p_B}\right)^{(k-1)/k} - 1\right]$$

然后再根据 $v = aM$，并将声速公式代入，可得速度计算式为

$$v = \sqrt{\frac{2kRT}{k-1}\left[\left(\frac{p_{0B}}{p_B}\right)^{(k-1)/k} - 1\right]} \quad \text{或} \quad v = \sqrt{\frac{2kRT_0}{k-1}\left[1 - \left(\frac{p_B}{p_{0B}}\right)^{(k-1)/k}\right]}$$

此即亚声速气流的测速公式。该式表明：皮托管测试出驻点压力和静压后，即可确定来流马赫数 M。若要进一步确定气流速度 v，还需测试流体静温 T 或驻点温度 T_0。

代入本题给定数据（已知空气静温 T）可得对应的气流速度为

$$v = 209.66\text{m/s}$$

② 若将气流视为不可压缩流体且过程仍然等熵，则直接根据伯努利方程可得

$$p_{0B} = p_B + \rho v^2/2 \rightarrow v = \sqrt{2(p_{0B} - p_B)/\rho} = 218.93(\text{m/s})$$

以上结果对比可知，视为不可压缩流体时计算的测试速度偏大 4.4%。

③ 采用皮托管获得驻点（滞止）压力 p_0 与静压 p 的压差 $p_0 - p$ 后，若按不可压缩流体对待（记流体速度为 v_0），则流速计算式为

$$v_0 = \sqrt{2(p_0 - p)/\rho}$$

按可压缩流体对待，则可引入滞止压力公式和状态方程，将压差 $p_0 - p$ 表示为

$$p_0 - p = p\left[\left(1 + \frac{k-1}{2}M^2\right)^{k/(k-1)} - 1\right] = \rho RT\left[\left(1 + \frac{k-1}{2}M^2\right)^{k/(k-1)} - 1\right]$$

记流体速度为 v，则 $\qquad v^2 = kRTM^2 \rightarrow \rho RT = \frac{\rho v^2}{2}\frac{2}{kM^2}$

由此可得
$$\xi_p = \frac{p_0-p}{\rho v^2/2} = \frac{2}{kM^2}\left[\left(1+\frac{k-1}{2}M^2\right)^{k/(k-1)}-1\right]$$

此处 ζ_p 称为压力系数，表示气流压差 p_0-p 与气流动压之比，且 $\zeta_p \geqslant 1$。

又因为
$$v = \sqrt{\frac{2(p_0-p)}{\rho}\frac{(\rho v^2/2)}{(p_0-p)}} = \sqrt{\frac{2(p_0-p)}{\rho\xi_p}}$$

故可压缩流体速度可表示为
$$v = \frac{1}{\sqrt{\xi_p}}\sqrt{\frac{2(p_0-p)}{\rho}} = \frac{v_0}{\sqrt{\xi_p}}$$

由此可知，按不可压缩计算的速度 v_0 相对于 v 的偏差 Δ_v 可表示为
$$\Delta_v = (v_0-v)/v = \sqrt{\xi_p}-1$$

该式表明，随 M 增大（ζ_p 增大）按不可压缩计算的流速偏差将增大。取 $k=1.4$，有

$M=0$，$\zeta_p=1$，$\Delta_v=0\%$；$M=0.3$，$\zeta_p=1.023$，$\Delta_v=1.1\%$

$M=0.591$(本题条件)，$\zeta_p=1.090$，$\Delta_v=4.4\%$

基于这一影响，不可压缩测速公式应用于气体时，一般要求 $M\leqslant0.1$；对于过程设备内的气体流动，一般规定 $M<0.3$ 且压力变化幅度较小时可按不可压缩流动处理。

【P11-6】储气罐供气管道的截面参数计算。 氢气储罐向工艺设备供气，罐内温度 $T_0=293\text{K}$、压力 $p_0=500\text{kPa}$。现已知供气管道直径为 2cm 截面处的流速为 300m/s。若氢气流动可视为等熵流动，试确定该截面处氢气的温度、压力、马赫数和质量流量。

解 通常作为气源的储气罐体积相对较大，供气过程中罐内总体速度很小（即 $M^2\approx0$），因此罐内气体的压力 p_0 和温度 T_0 就近似为滞止压力和滞止温度。又由于等熵流动中滞止压力和滞止温度恒定，所以任意截面处，氢气的滞止压力等于 p_0，滞止温度等于 T_0。

根据本题条件，首先由滞止温度关系和马赫数关系解出 T，即
$$\frac{T_0}{T}=1+\frac{k-1}{2}M^2,\quad M=\frac{v}{a}=\frac{v}{\sqrt{kRT}}\rightarrow T=T_0-\frac{(k-1)v^2}{2kR}$$

查附表 C-2，氢气 $k=1.4$，$R=4124\text{J/(kg·K)}$，因此该截面处的 T 和 M 为
$$T=T_0-\frac{(k-1)v^2}{2kR}=293-\frac{0.4\times300^2}{2\times1.4\times4124}=289.9\text{K}$$
$$M=v/\sqrt{kRT}=300/\sqrt{1.4\times4124\times289.9}=0.232$$

再根据滞止压力公式、流量公式，并引用气体状态方程可得
$$p=p_0[1+0.5(k-1)M^2]^{-k/(k-1)}=500(1+0.2\times0.95^2)^{-3.5}=481.6\text{(kPa)}$$
$$q_m=\rho vA=pvA/RT=0.038\text{(kg/s)}$$

【P11-7】气体绝热管流的参数计算。 某气体管流（稳态），进口状态为 $p_1=245\text{kPa}$，$T_1=300\text{K}$，$M_1=1.4$；出口马赫数 $M_2=2.5$。已知气体 $k=1.3$，$R=469\text{J/(kg·K)}$，并设气体流动过程绝热，试计算气流的滞止温度、进口截面单位面积的质量流量、出口温度及速度。

解 绝热过程滞止温度不变，故将滞止温度公式用于进口可得气流的滞止温度为
$$T_0=T_1[1+0.5(k-1)M_1^2]=300(1+0.15\times1.4^2)=388.2\text{(K)}$$

管道进口截面的流速和单位面积的质量流量分别为
$$v_1=M_1\sqrt{kRT_1}=1.4\times\sqrt{1.3\times469\times300}=598.75\text{(m/s)}$$
$$\frac{q_m}{A_1}=\rho_1v_1=\frac{p_1}{RT_1}v_1=\frac{245000}{469\times300}\times598.75=1042.6\text{(kg/m}^2\text{s)}$$

因为绝热流动过程 T_0 恒定，所以将滞止温度公式应用于出口，可得
$$T_2=T_0[1+0.5(k-1)M_2^2]^{-1}=388.2\times(1+0.15\times2.5^2)^{-1}=200.4\text{(K)}$$

且
$$v_2 = M_2\sqrt{kRT_2} = 2.5 \times \sqrt{1.3 \times 469 \times 200.4} = 873.9(\text{m/s})$$

11.1.5 正激波及其前后参数的计算

激波 简单地说，激波就是一个压力突变面。如图
11-2 所示，对于以超声速运动的钝头体（如飞机头部）
或超声速气流中的钝头体（如皮托管），其前方会形成脱
体激波。其中正前方垂直于气流速度的激波为正激波，
正激波两侧的激波为斜激波，再往后则衰减为马赫波。

超声速气流（$M_1 > 1$）穿过正激波后变成亚声速
（$M_2 < 1$），但其 T、p、ρ 都将增加；斜激波波后 T、p、
ρ 增加率逐渐减小，M_2 逐渐增大；当 $M_2 = 1$ 时，斜激
波衰减为马赫波，马赫波后参数将不断接近波前。

超声速物体前端激波后的亚声速区（高压高密度区）
会对物体施加额外的阻力（常规摩擦阻力和形状阻力之
外的阻力），称为激波阻力。

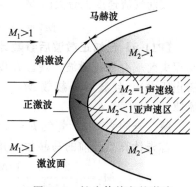

图 11-2 钝头体前方的激波

正激波关系式 即正激波前后气流参数的关系式（以下标 1、2 区分波前、波后参数）。
正激波后的马赫数 $M_2(\leqslant 1)$ 与波前马赫数 $M_1(\geqslant 1)$ 的关系为

$$M_2^2 = \frac{2+(k-1)M_1^2}{2kM_1^2-(k-1)} \quad \text{或} \quad M_1^2 = \frac{2+(k-1)M_2^2}{2kM_2^2-(k-1)} \tag{11-17}$$

超声速气流经过正激波后，其温度、压力、密度都将大于波前，其变化关系为

$$\frac{T_2}{T_1} = \frac{2+(k-1)M_1^2}{2+(k-1)M_2^2}, \quad \frac{p_2}{p_1} = \frac{1+kM_1^2}{1+kM_2^2}, \quad \frac{\rho_2}{\rho_1} = \frac{(k+1)M_1^2}{2+(k-1)M_1^2} \tag{11-18}$$

气流穿越正激波的过程可视为不可逆绝热过程（非等熵），故气流经过正激波后其滞止
温度不变，但滞止压力减小，其变化关系为

$$T_{20} = T_{10}, \quad \frac{p_{02}}{p_{01}} = \frac{p_2}{p_1}\left(\frac{T_1}{T_2}\right)^{k/(k-1)} = \frac{1+kM_1^2}{1+kM_2^2}\left[\frac{2+(k-1)M_2^2}{2+(k-1)M_1^2}\right]^{k/(k-1)} \tag{11-19}$$

因气流通过正激波的过程是不可逆绝热过程（非等熵），故熵增必然大于零，即

$$\Delta s_{1\rightarrow 2} = c_p\ln\frac{T_2}{T_1} - R\ln\frac{p_2}{p_1} > 0 \quad \text{或} \quad \Delta s_{1\rightarrow 2} = R\ln\frac{p_{01}}{p_{02}} > 0 \tag{11-20}$$

【P11-8】已知正激波前参数计算激波后参数。 速度 500m/s、静压 70kPa、静温 −40℃
的氮气气流跨越正激波。试确定激波后气流的马赫数、压力、温度、速度及熵增。若波前气
流速度无穷大，则波后马赫数为多少？

解 查附表 C-2，氮气 $k=1.4$，$R=297\text{J}/(\text{kg}\cdot\text{K})$。激波前的马赫数和滞止温度为

$$M_1 = v_1/a_1 = v_1/\sqrt{kRT_1} = 500/\sqrt{1.4 \times 297 \times 233} = 1.606$$

$$T_{01} = T_1[1+0.5(k-1)M_1^2] = 233 \times (1+0.2 \times 1.606^2) = 353.2(\text{K})$$

于是，根据激波前后参数的关系式，可得激波后的马赫数及静压分别为

$$M_2 = \left[\frac{2+(k-1)M_1^2}{2kM_1^2-(k-1)}\right]^{0.5} = 0.667, \quad p_2 = p_1\frac{1+kM_1^2}{1+kM_2^2} = 198.9\text{kPa}$$

因气流跨越激波的过程为绝热过程（非等熵），其滞止温度守恒（即 $T_{01} = T_{02}$），所以
激波后的气流温度、速度、熵增分别为

$$T_2 = T_{02}[1+0.5(k-1)M_2^2]^{-1} = 353.2 \times (1+0.2 \times 0.667^2)^{-1} = 324.3(K)$$

$$v_2 = M_2 a_2 = M_2\sqrt{kRT_2} = 0.667 \times \sqrt{1.4 \times 297 \times 324.3} = 244.9(m/s)$$

$$\Delta s_{1\to2} = R\ln[(p_1/p_2)(T_2/T_1)^{k/(k-1)}] = 33.5(J/kg)$$

波前气流速度无穷大即 $M_1 = \infty$，根据激波前后的马赫数关系，此时波后马赫数最小，且

$$M_2^2 = (k-1)/2k, \quad M_2|_{k=1.4} = 1/\sqrt{7} \approx 0.378$$

【P11-9】已知正激波后参数计算激波前参数。 用皮托管测试超声速氢气气流的流速时，其探头前端存在正激波。现已知皮托管探头端部驻点压力测试值为 $p_{02} = 260kPa$（视为波后滞止压力），且波后马赫数 $M_2 = 0.8$，静温 $T_2 = 373K$，试确定波前气流的静压、静温和流速。

解 查附表 C-2，氢气 $k = 1.67$，$R = 2077J/(kg \cdot K)$。

首先计算激波前的马赫数，并以此计算激波前的温度，再计算激波前的流速，即

$$M_1 = \left[\frac{2+(k-1)M_2^2}{2kM_2^2-(k-1)}\right]^{0.5} = \left(\frac{2+0.67 \times 0.8^2}{2 \times 1.67 \times 0.8^2 - 0.67}\right)^{0.5} = 1.286$$

$$T_1 = T_2\frac{2+(k-1)M_2^2}{2+(k-1)M_1^2} = 291.5K, \quad v_1 = M_1 a_1 = M_1\sqrt{kRT_1} = 1293.1 m/s$$

其次，根据激波前后的滞止压力关系式、静压与滞止压力的关系式，可知激波前的滞止压力和静压分别为

$$p_{01} = p_{02}\frac{1+kM_2^2}{1+kM_1^2}\left(\frac{T_2}{T_1}\right)^{k/(k-1)}, \quad p_1 = p_{01}\left(1+\frac{k-1}{2}M_1^2\right)^{-k/(k-1)}$$

代入数据得 $\qquad p_{01} = 264.34kPa, \quad p_1 = 88.09kPa$

11.2 变截面管内可压缩流体的等熵流动

变截面管常见于喷管之类的结构，其特点是流动过程快（来不及充分换热），管道相对较短（摩擦效应小），因此变截面管中的可压缩流动可假设为无摩擦绝热流动，即等熵流动。

11.2.1 变截面管等熵流动的基本特点与关系

(1) 变截面管中气流速度的变化特点

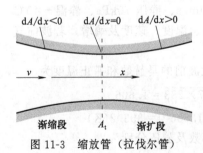

图 11-3 缩放管（拉伐尔管）

见图 11-3，变截面管中等熵气流速度变化的特点是：

① 亚声速气流在渐缩段中速度持续增加，在渐扩段中持续减小；超声速气流则恰好相反。

② 只要管截面持续变化（减小或增大），气流速度就不可能是声速，声速只能发生在截面变化率为零（$dA/dx=0$）的最小截面处。

(2) 拉伐尔管实现亚声速到超声速转变的必要条件

由上可知，要实现亚声速向超声速的转变，只能采用图 11-3 所示的缩放管（拉伐尔管），其中上游渐缩段亚声速气流要在下游扩大段成为超声速，其必要条件（非充分条件）是喉口截面（最小截面，面积 A_t）的气速必须达到声速，即 A_t 截面马赫数 $M_t = 1$。

(3) 临界状态、临界截面及临界参数

临界状态即气流经等熵流动达到声速时的状态，气流达到声速对应的截面称为临界截面，临界截面的状态参数即临界参数。定义临界状态目的是便于变截面管中的流动分析。

对于拉伐尔管中给定的等熵气流，其临界截面的面积 A_* 是确定的，且 A_* 与管道任意截面处的面积 A 及该截面的马赫数 M 有如下关系——临界面积公式

$$\frac{A_*}{A}=M\left[\frac{k+1}{2+(k-1)M^2}\right]^{(k+1)/[2(k-1)]} \tag{11-21}$$

对于拉伐尔管中给定的等熵气流，其临界参数如临界温度 T_*、压力 p_*、密度 ρ_* 等也是确定的，且与任意截面 A 处的马赫数 M 及该截面的状态参数 T、p、ρ 有如下关系

$$\frac{T_*}{T}=\frac{2+(k-1)M^2}{k+1},\quad \frac{p_*}{p}=\left(\frac{T_*}{T}\right)^{k/(k-1)},\quad \frac{\rho_*}{\rho}=\left(\frac{T_*}{T}\right)^{1/(k-1)} \tag{11-22}$$

> **说明：** ①因喷管喉口截面达到声速时，$A_t=A_*$，且 T_*、p_*、ρ_* 即喉口截面实际状态参数，故以上关系也就是喷管喉口截面达到声速时，任意截面参数与喉口截面参数的关系。
>
> ② 若在式(11-22)中令 $M=0$，$T=T_0$，$p=p_0$，$\rho=\rho_0$，则可得到临界参数与滞止参数的关系。

(4) 拉伐尔管的质量流量公式

对于稳态流动，任意截面与临界截面质量流量相等，$q_m=\rho A v=\rho_* A_* v_*$，由此可得

$$q_m=\frac{p_0 A_*}{\sqrt{RT_0}}k^{1/2}\left(\frac{2}{k+1}\right)^{(k+1)/[2(k-1)]}\quad \text{或}\quad q_m\big|_{k=1.4}=0.685\frac{p_0 A_*}{\sqrt{RT_0}} \tag{11-23}$$

11.2.2 拉伐尔管中马赫数-静压的变化及流动状态

(1) 拉伐尔管中等熵气流 M 及 p 变化的典型情况

上游为亚声速时，拉法尔管中等熵气流的马赫数及静压变化有三种典型情况，见图 11-4。其中静压变化用 p/p_0 的变化表示，且进口处流速较低，故 $p/p_0 \approx 1$。

① 情况 A：喉口处未达到声速。此时 M 与 p 的变化见图中 A，其中下游扩大段 M 逐渐减小，p 逐渐增大，整个管内均为亚声速。

② 情况 B：喉口处达到声速，但在扩大段又返回亚声速。此时 M 与 p 的变化见图中 B，其中下游扩大段 M 减小，p 增大，整个管内流动为亚声速→声速→亚声速。

③ 情况 C：喉口处达到声速，并在扩大段转变为超声速。此时 M 与 p 的变化见图中 C，其中下游扩大段 M 增大，p 减小，整个管内流动为亚声速→声速→超声速。

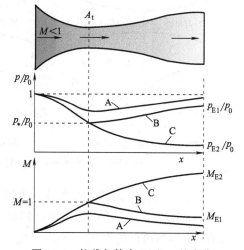

图 11-4　拉伐尔管中 M 和 p 的变化

(2) B、C情况的出口马赫数及压力计算

为以示区别，用下标"E"标注出口参数。为确定拉伐尔管中的流动状态，需首先确定

B、C 情况的出口马赫数 M_{E1}、M_{E2} 和对应的出口压力 p_{E1}、p_{E2}，过程如下。

设出口面积为 A_E，将临界面积公式(11-21)应用于出口有

$$\frac{A_E}{A_*}=\frac{1}{M_E}\left[\frac{2+(k-1)M_E^2}{k+1}\right]^{\frac{(k+1)}{2(k-1)}} \tag{11-24}$$

因 B、C 情况中喉口皆达到声速，故 $A_*=A_t$。给定 A_E/A_*，则可由该式(用 Excel 表试差)解出两个出口马赫数，小于 1 者为 M_{E1}(对应情况 B)，大于 1 者为 M_{E2}(对应情况 C)。其次，根据滞止压力公式又可确定 M_{E1}、M_{E2} 对应的出口压力 p_{E1}、p_{E2}，即

$$p_E=p_0\left[1+0.5(k-1)M_E^2\right]^{-k/(k-1)} \tag{11-25}$$

(3) 拉法尔管中流动状态的判断与流量计算

拉法尔管中的流动状态取决于出口环境压力 p_b(简称背压)与 B、C 情况出口压力 p_{E1}、p_{E2} 的相对大小。其中，背压 p_b 由高到低出现的三种情况(对应 A、B、C)如下。

① 背压 $p_b>p_{E1}$ 时：此时整个管内为亚声速流动(情况 A)。气流出口压力 $p_E=p_b$，出口马赫数 M_E 可根据 $p_E=p_b$ 由式(11-25)反算。已知 M_E，又可由式(11-24)计算 A_*，进而由式(11-23)计算流量 q_m。

② 背压 $p_b=p_{E1}$ 时：此时管内流动为亚声速→声速→亚声速(情况 B)。气流出口压力 $p_E=p_b=p_{E1}$，$M_E=M_{E1}$，$A_*=A_t$，流量 q_m 直接由式(11-23)计算。

③ 背压 $p_b<p_{E1}$ 时：此时管内流动为亚声速→声速→超声速(情况 C)。若 $p_{E1}>p_b>p_{E2}$，则出口之前气流压力已低于 p_b，此时出口将产生激波以将压力升高到 p_b，见图 11-5(a)、(b)。压差 $\Delta p=p_b-p_{E2}$ 较大时，激波为正激波(正激波后压力增量更大匹配较大的 Δp)；Δp 较小时，激波为斜激波。因此，该条件下管内流动实际为：亚声速→声速→超声速→激波→亚声速，其中激波前为等熵过程，穿越激波为绝热过程，激波后是新的等熵过程。该情况的喷管称为过膨胀喷管，激波后气流的出口压力 $p_E=p_b$，M_E 按激波后等熵流动计算，流量 q_m 直接由式(11-23)计算(用激波前参数且 $A_*=A_t$)。

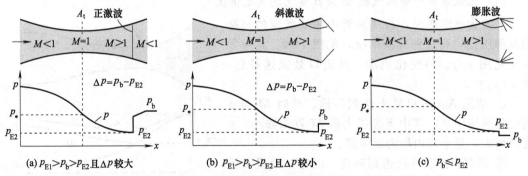

图 11-5 亚声速→声速→超声速喷管(情况 C)的出口状态与压力条件

若 $p_b\leqslant p_{E2}$，则管内无激波，出口情况见图 11-5(c)，其中 $p_b<p_{E2}$ 时，气流在出口将继续膨胀减压，出口有膨胀波(亚膨胀)；当 $p_b=p_{E2}$ 时，气流在出口无膨胀波(理想膨胀)。此条件下气流出口压力 $p_E=p_{E2}$，$M_E=M_{E2}$，$A_*=A_t$，流量 q_m 直接由式(11-23)计算。

11.2.3 拉伐尔管等熵流动分析与计算

【P11-10】**超声速风洞参数设计计算**。图 11-6 所示为超声速风洞，风洞工作段参数即喷管出口参数。现要求工作段马赫数 $M_E=3.0$，压力 $p_E=5kPa$，温度 $T_E=298K$。试按等熵

流动确定：

① 喷管面积比 A_E/A_t；

② 前室（上游气源容器）的压力 p_0 与温度 T_0；

③ $A_E=0.2\,m^2$ 时所需的压气机功率。气体为空气。

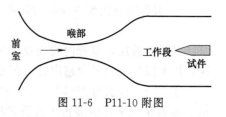

图 11-6　P11-10 附图

解　① 既然工作段达到超声速，喉口处必然为临界状态，即 $A_t=A_*$。因此，将临界面积公式应用于出口，可得喷管面积比 A_E/A_t 为

$$\frac{A_E}{A_t}=\frac{A_E}{A_*}=\frac{1}{M_E}\left[\frac{2+(k-1)M_E^2}{k+1}\right]^{(k+1)/[2(k-1)]}=\frac{1}{3}\times\left(\frac{2+0.4\times3^2}{2.4}\right)^3=4.235$$

② 将滞止参数公式应用于出口（参数已知），可确定气流的滞止温度 T_0 与压力 p_0

$$T_0=T_E[1+0.5(k-1)M_E^2]=298\times(1+0.2\times3^2)=834.4\,(K)$$

$$p_0=p_E[1+0.5(k-1)M_E^2]^{k/(k-1)}=5\times(1+0.2\times3^2)^{3.5}=183.7\,(kPa)$$

说明：因等熵气流滞止参数守恒，所以 T_0 与 p_0 也是前室气体的滞止温度与压力；又因为前室作为气源容器，其容积相对较大，其中的气速相对很小，以致 $M^2\approx0$，故通常忽略气速影响，认为前室的静态参数与滞止参数相等，因此以上 T_0 与 p_0 即前室的温度与压力。

③ 根据以上结果，$A_E=0.2\,m^2$ 时，$A_*=0.0472\,m^2$，所以质量流量为

$$q_m=0.685\frac{p_0A_*}{\sqrt{RT_0}}=0.685\times\frac{183700\times0.0472}{\sqrt{287\times834.4}}=12.14\,(kg/s)$$

压气机功率 N 是将出口状态的气体重新压缩到前室状态所需功率。取压气机为控制体，按绝热压缩考虑并忽略进出口动、位能差，应用控制体能量守恒方程 [式(11-6)]，可得

$$N=q_m(i_0-i_E)=q_m c_p(T_0-T_E)=q_m[kR/(k-1)](T_0-T_E)$$

代入数据得所需压缩功率为　　　　　　$N=6541200\,W$

由此可见，维持一个小型超声速风洞操作所需的功率也是很大的。

【P11-11】拉伐尔管工况分析与流量计算。 喉部直径 75mm、出口直径 100mm 的缩放管与容器连接，将其中压力 290kPa、温度 65℃ 的空气排放于压力为 p_b 的空间，排放过程等熵且容器内压力温度保持恒定（容器容积足够大）。试求：

① 使喷管产生堵塞现象的最大出口背压。

注：拉伐尔喷管内发生堵塞现象是指喉部达到声速的状态，因为此后再降低背压，流量不再增加，除非改变上游条件。

② 背压 p_b 分别为 280kPa、270kPa、250kPa、200kPa 时的质量流量。

③ 使喷管气体由亚声速膨胀到超声速且出口仍为超声速所对应的背压。

解　首先确定喉口截面达到声速时（B、C 情况）的出口压力 p_{E1} 和 p_{E2}，以判断流动情况。根据临界面积公式，出口面积 A_E 与其对应的马赫数 M_E 关系为

$$\frac{A_E}{A_*}=\frac{1}{M_E}\left[\frac{2+(k-1)M_E^2}{k+1}\right]^{(k+1)/[2(k-1)]} \quad 且 \quad \frac{A_E}{A_*}=\frac{A_E}{A_t}=\frac{0.100^2}{0.075^2}=1.778$$

用 Excel 表试差可得　　　　　　$M_{E1}=0.350,\ M_{E2}=2.062$

因容器内气体静态参数近似为滞止参数，故排放空气的滞止压力 $p_0=290\,kPa$，滞止温度 $T_0=338K$。于是将滞止压力公式应用于出口，可得 M_{E1}、M_{E2} 对应的 p_{E1}、p_{E2}，即

$$p_E=p_0[1+0.5(k-1)M_E^2]^{-k/(k-1)} \rightarrow p_{E1}=266.44\,kPa,\ p_{E2}=33.65\,kPa$$

① 因为喉口达到声速的背压范围为 $p_b \leqslant p_{E1}$，所以喷管产生堵塞现象的最大背压为

$$p_{b,\max} = p_{E1} = 266.44\text{kPa}$$

高于此背压，喷管内均为亚声速流，流量随背压减小而增加；低于此背压，喉口处为声速，扩大段气流将成为超声速，但质量流量不再增加。

② 当 p_b 分别为 280kPa、270kPa 时，均有 $p_b > p_{E1}$，此时整个管内均为亚声速且 $p_E = p_b$。这种情况下可由滞止压力公式反算出口 M_E，进而由临界面积公式计算 A_*，再根据流量公式计算 q_m；或将 M_E 代入 A_* 公式，再代入 q_m 公式，可得此情况（情况 A）的流量公式为

$$q_m = \frac{p_b A_E}{\sqrt{RT_0}} \sqrt{\frac{2k}{k-1}} \sqrt{(p_0/p_b)^{2(k-1)/k} - (p_0/p_b)^{(k-1)/k}}$$

取 $p_0 = 290\text{kPa}$，$T_0 = 338\text{K}$，$A_E = 7.854 \times 10^{-3}\text{m}^2$，$k = 1.4$，$R = 287\text{J/(kg·K)}$，可得

$$p_b = 280\text{kPa}: M_E = 0.2245, A_* = 29.560\text{cm}^2, q_m = 1.885\text{kg/s}$$
$$p_b = 270\text{kPa}: M_E = 0.3211, A_* = 40.995\text{cm}^2, q_m = 2.614\text{kg/s}$$

当 p_b 为 250kPa、200kPa 时，均有 $p_b < p_{E1}$，此时喉口处均为声速流，质量流量仅取决于前室条件。前室压力与温度一定，质量流量相同，即

$$q_m = 0.685 \frac{p_0 A_*}{\sqrt{RT_0}} = 0.685 \times \frac{290000 \times (\pi \times 0.075^2/4)}{\sqrt{287 \times 338}} = 2.818\text{kg/s}$$

③ 使喷管气体由亚声速膨胀到超声速且出口仍为超声速，意味着出口处不能有激波出现，至多只能有膨胀波，此时对应的背压条件为

$$p_b \leqslant p_{E2} = 33.65\text{kPa}$$

【P11-12】缩放管出现激波的背压条件。出口面积与喉部面积之比为 1.6 的缩放管与容器连接，将其中压力 500kPa、温度 50℃ 的空气（$k = 1.4$）排放于压力为 p_b 的空间，排放过程等熵且容器内压力与温度保持恒定。试确定使喷管中出现激波的背压范围。

解 喷管中出现激波的条件是：$p_{E1} > p_b > p_{E2}$，此时喉口截面即临界截面 $A_t = A_*$。

首先计算 p_{E1}、p_{E2} 对应的马赫数 M_{E1}、M_{E2}。将临界面积公式应用于出口，有

$$\frac{A_E}{A_*} = 1.6 = \frac{1}{M_E}\left[\frac{2 + (k-1)M_E^2}{k+1}\right]^{(k+1)/[2(k-1)]}$$

用 Excel 表试差可得 $M_{E1} = 0.397$，$M_{E2} = 1.936$

根据滞止压力公式，取 $p_0 = 500\text{kPa}$，可得 M_{E1}、M_{E2} 对应的 p_{E1}、p_{E2}，即

$$p_E = p_0[1 + 0.5(k-1)M_E^2]^{-k/(k-1)} \rightarrow p_{E1} = 448.53\text{kPa}, p_{E2} = 70.58\text{kPa}$$

根据喷管中出现激波的条件，可知背压范围为

$$448.53\text{kPa} > p_b > 70.58\text{kPa}$$

【P11-13】缩放管上下游截面参数关系计算。空气在拉伐尔管中等熵流动。已知喉口上游截面 $A_1 = 1000\text{cm}^2$ 处的马赫数 $M_1 = 0.3$，要求在下游 A_2 截面处的马赫数 $M_2 = 3.0$。试确定：

① 喉口面积 A_t；

② 截面 A_2 的面积；

③ 截面 A_2 与 A_1 的压力比 p_2/p_1 和温度比 T_2/T_1。

解 从亚声速到超声速，其喉口必然处于临界状态，即 $A_t = A_*$。因此将临界面积公式应用于 A_1 截面，并取 $k = 1.4$，可得喉口截面（临界截面）的面积为

$$A_t = A_* = A_1 M_1 \left[\frac{k+1}{2+(k-1)M_1^2} \right]^{(k+1)/[2(k-1)]} = 491.4 \text{cm}^2$$

已知 A_*，进一步将临界面积公式应用于截面 A_2（$M_2=3.0$），可得 A_2 的面积为

$$A_2 = \frac{A_*}{M_2} \left[\frac{2+(k-1)M_2^2}{k+1} \right]^{(k+1)/[2(k-1)]} = 2080.9 \text{cm}^2$$

等熵流动 T_0 和 p_0 保持不变，故由 A_2 与 A_1 截面的 T_0 表达式和 p_0 表达式两两相除，得

$$\frac{T_2}{T_1} = \frac{2+(k-1)M_1^2}{2+(k-1)M_2^2}, \quad \frac{p_2}{p_1} = (T_2/T_1)^{k/(k-1)}$$

代入数据有
$$T_2/T_1 = 0.3636, \quad p_2/p_1 = 0.0290$$

【P11-14】缩放管出口直径设计问题。 空气通过缩放管由大容器排放于背压 $p_b = 100 \text{kPa}$ 的环境中。已知缩放管喉部直径 25mm，容器内空气压力 800kPa、温度 313K，且维持恒定。

① 试确定缩放管出口直径，以使其出口压力 p_E 刚好等于背压 p_b（不是通过激波使出口压力与 p_b 平衡），并求此时的出口速度和马赫数；

② 在以上确定的出口直径下，若缩放管出口要产生激波，其背压 p_b 应为多少？

解 ① 根据缩放管流动特性可知，出口压力 $p_E = p_b$ 有两种情况，一是扩大段内为亚声速的情况，此时出口压力 $p_E = p_b \geqslant p_{E1}$；另一种是扩大段为超声速且出口为理想膨胀（无激波或膨胀波）的情况，此时出口压力 $p_E = p_b = p_{E2}$。

根据题中条件，可首先将滞止压力公式应用于出口，并代入 $p_E = p_b$ 计算 M_E，即

$$M_E = \sqrt{\frac{2}{k-1} \left[\left(\frac{p_0}{p_b} \right)^{(k-1)/k} - 1 \right]} = \sqrt{\frac{2}{0.4} \times \left[\left(\frac{800}{100} \right)^{0.4/1.4} - 1 \right]} = 2.0143$$

由此可见，本题条件下，$p_E = p_b$ 的情况属于扩大段为超声速且出口为理想膨胀的情况。

其次，将临界面积公式用于出口，可得到出口截面与喉口截面之比，即

$$\frac{A_E}{A_*} = \frac{1}{M_E} \left[\frac{2+(k-1)M_E^2}{k+1} \right]^{(k+1)/[2(k-1)]} = 1.7078$$

因此时喉口截面达到声速，$A_* = A_t$，所以

$$A_E/A_* = D_E^2/D_t^2 \quad \text{或} \quad D_E = D_t\sqrt{1.7078} = 25 \times \sqrt{1.7078} = 32.7 \text{(mm)}$$

此时出口马赫数 $M_E = 2.0143$，计算出口流速首先需计算出口温度和声速，即

$$T_E = T_0 [1+0.5(k-1)M_E^2]^{-1} = 313 \times (1+0.5 \times 0.4 \times 2.0143^2) = 172.8 \text{(K)}$$

$$a_E = \sqrt{kRT_E} = \sqrt{1.4 \times 287 \times 172.8} = 263.50 \text{(m/s)}$$

由此得
$$v_E = M_E a_E = 2.0143 \times 263.50 = 530.77 \text{(m/s)}$$

② 确定 A_E 后，可由临界面积公式确定喉部达到声速即 B、C 情况的马赫数。

因为
$$\frac{A_E}{A_*} = \frac{1}{M_E} \left[\frac{2+(k-1)M_E^2}{k+1} \right]^{(k+1)/[2(k-1)]} \quad \text{且} \quad \frac{A_E}{A_*} = 1.7078$$

用 Excel 表试差可得
$$M_{E1} = 0.3670, \quad M_{E2} = 2.0143$$

再根据滞止压力公式，取 $p_0 = 800 \text{kPa}$，可得 M_{E1}、M_{E2} 对应的 p_{E1}、p_{E2} 为

$$p_E = p_0[1+0.5(k-1)M_E^2]^{-k/(k-1)} \rightarrow p_{E1} = 728.9 \text{kPa}, \quad p_{E2} = 100.0 \text{kPa}$$

因缩放管出口要产生激波，其背压 p_b 应在 p_{E1}、p_{E2} 之间，故

$$728.9 \text{kPa} > p_b > 100.0 \text{kPa}$$

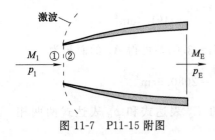

图 11-7　P11-15 附图

【P11-15】 超声速喷气发动机前段扩压器参数计算。
图 11-7 为超声速喷气发动机前段扩压器，扩压比 3∶1（即扩压器出口与进口的面积比 A_E/A_1）。飞机在高空飞行，静压 $p_1 = 30\text{kPa}$，静温 $T_1 = -40℃$，飞行马赫数 $M_1 = 1.8$，扩压器进口有正激波。设扩压器内为等熵流动，气流 $k = 1.4$，试确定：

① 进口截面正激波后的马赫数 M_2，静压 p_2 与滞止压力 p_{02}，静温 T_2 与滞止温度 T_{02}；

② 出口处的马赫数 M_E、温度 T_E、压力 p_E。

解　根据滞止参数公式，波前滞止温度为
$$T_{01} = T_1[1 + 0.5(k-1)M_1^2] = 233 \times (1 + 0.2 \times 1.8^2) = 384.0(\text{K})$$

① 根据正激波关系式及滞止压力公式，计算波后参数
$$M_2 = \left[\frac{(k-1)M_1^2 + 2}{2kM_1^2 - (k-1)}\right]^{0.5} = \left(\frac{0.4 \times 1.8^2 + 2}{2 \times 1.4 \times 1.8^2 - 0.4}\right)^{0.5} = 0.617$$

$$p_2 = p_1\frac{1 + kM_1^2}{1 + kM_2^2} = 30 \times \left(\frac{1 + 1.4 \times 1.8^2}{1 + 1.4 \times 0.617^2}\right) = 108.3(\text{kPa})$$

$$p_{02} = p_2[1 + 0.5(k-1)M_2^2]^{k/(k-1)} = 108.3 \times [1 + 0.5 \times (1.4-1) \times 0.617^2]^{1.4/(1.4-1)} = 140.0(\text{kPa})$$

$$T_2 = T_1\left[\frac{2 + (k-1)M_1^2}{2 + (k-1)M_2^2}\right] = 233 \times \left(\frac{2 + 0.4 \times 1.8^2}{2 + 0.4 \times 0.617^2}\right) = 356.8(\text{K})$$

穿越激波 T_0 不变，故　　　　　　　$T_{02} = T_{01} = 384.0\text{K}$

② 设 A_{*2} 为激波后等熵气流的临界面积，将临界面积公式应用于波后截面，有
$$\frac{A_1}{A_{*2}} = \frac{1}{M_2}\left[\frac{2 + (k-1)M_2^2}{k+1}\right]^{(k+1)/[2(k-1)]} = \frac{1}{0.617} \times \left(\frac{2 + 0.4 \times 0.617^2}{2.4}\right)^3 = 1.167$$

由此可得出口面积与波后气流的临界面积之比为
$$\frac{A_E}{A_{*2}} = \frac{A_E}{A_1}\frac{A_1}{A_{*2}} = 3 \times 1.167 = 3.501$$

将临界面积公式应用于扩压管出口，通过试差可得出口马赫数 M_E，即
$$\frac{A_E}{A_{*2}} = \frac{1}{M_E}\left(\frac{2 + 0.4M_E^2}{2.4}\right)^3 = 3.501 \rightarrow M_E = 0.1681, M_E = 2.8003$$

因扩压器内为亚声速流动，故 $M_E = 0.1681$。于是应用滞止参数关系式可得
$$T_E = T_{02}[1 + 0.5(k-1)M_E^2]^{-1} = 384.0 \times (1 + 0.2 \times 0.1681^2)^{-1} = 381.8(\text{K})$$

$$p_E = p_{02}(T_E/T_{02})^{k/(k-1)} = 140.14 \times (381.8/384.0)^{3.5} = 137.35(\text{kPa})$$

由此可见扩压过程为　　$p_1 = 30\text{kPa} \rightarrow p_2 = 108.3\text{kPa} \rightarrow p_E = 137.35\text{kPa}$

【P11-16】 拉伐尔管内正激波前后及出口马赫数的联立计算。 某拉伐尔喷管如图 11-8 所示，其出口与喉口截面之比 $A_E/A_t = 3$。已知出口背压与来流总压之比 $p_b/p_0 = 0.4$，气流 $k = 1.4$，并设流动过程等熵。试问喷管中是否会出现激波，并按正激波考虑确定：

① 正激波前后的马赫数 M_1、M_2 及出口马赫数 M_E；

② 正激波前的压力与来流总压之比 p_1/p_0，以及

图 11-8　P11-16 附图

激波所在截面的面积比 A/A_t。

解　为判断是否有激波出现，首先需确定喉口截面达到声速时（B、C情况）的出口压力 p_{E1} 和 p_{E2}，为此应用临界面积公式，并代入 $A_* = A_t$ 计算出口马赫数 M_{E1}、M_{E2}，即

$$\frac{A_E}{A_*} = \frac{1}{M_E}\left[\frac{2+(k-1)M_E^2}{k+1}\right]^{(k+1)/[2(k-1)]} \quad 且 \quad \frac{A_E}{A_*} = \frac{A_E}{A_t} = 3$$

用 Excel 表试差可得　　　　　　$M_{E1} = 0.197,\ M_{E2} = 2.637$

将滞止压力关系式应用于出口，可得 M_{E1}、M_{E2} 对应的出口压力 p_{E1}、p_{E2}，即

$$\frac{p_E}{p_0} = \left[1+\frac{(k-1)M_E^2}{2}\right]^{-k/(k-1)} \rightarrow \frac{p_{E1}}{p_0} = 0.973,\ \frac{p_{E2}}{p_0} = 0.0473$$

由此可见，$p_b/p_0 = 0.4$ 位于 p_{E1}/p_0 与 p_{E2}/p_0 之间，故出口有激波出现。

① 对于有正激波的缩放管，已知 A_E/A_t、p_b/p_0，要确定 M_1、M_2 及 M_E，需建立联立方程。为此，设 A_{*1}、A_{*2} 分别为激波前、后等熵气流的临界面积，则 A_E/A_t 可变换为

$$\frac{A_E}{A_t} = \frac{A_E}{A_{*1}} = \frac{A_E/A_{*2}}{A/A_{*2}}\frac{A}{A_{*1}}$$

以上三个比值中，A_E/A_{*2}、A/A_{*2} 可用激波后等熵气流临界面积公式表达，A/A_{*1} 可用激波前等熵气流临界面积公式表达。由此可得 M_1、M_2 及 M_E 的关系式之一，即

$$\frac{A_E}{A_t} = \frac{M_2}{M_E M_1}\left[\frac{2+(k-1)M_E^2}{2+(k-1)M_2^2}\frac{2+(k-1)M_1^2}{k+1}\right]^{(k+1)/[2(k-1)]} \tag{a}$$

对 p_b/p_0 进行变换（此时 $p_0 = p_{01}$，且激波后气流为亚声速，故出口压力 $p_E = p_b$），并将滞止压力公式和激波前后滞止压力关系式代入，可得三个马赫数的另一关系，即

$$\frac{p_b}{p_0} = \frac{p_E}{p_{01}} = \frac{p_E}{p_{02}}\frac{p_{02}}{p_{01}} = \left[\frac{2}{2+(k-1)M_E^2}\frac{2+(k-1)M_2^2}{2+(k-1)M_1^2}\right]^{k/(k-1)}\frac{1+kM_1^2}{1+kM_2^2}$$

由此解出　　　$M_E^2 = \frac{2}{k-1}\left[\left(\frac{p_b}{p_0}\frac{1+kM_2^2}{1+kM_1^2}\right)^{-(k-1)/k}\frac{2+(k-1)M_2^2}{2+(k-1)M_1^2}-1\right] \tag{b}$

此外，根据激波前后的马赫数关系有

$$M_2 = \left[\frac{2+(k-1)M_1^2}{2kM_1^2-(k-1)}\right]^{0.5} \tag{c}$$

以上三个方程需用 Excel 表试差计算，即假设 M_1，由式（c）计算 M_2，再由式（b）计算 M_E，然后将三个马赫数代入式（a）计算 A_E/A_t，直至 $A_E/A_t = 3$。结果为

$$M_1 = 2.585,\ M_2 = 0.5052,\ M_E = 0.4716$$

② 正激波前的压力 p_1 与来流总压 p_0 之比可用激波前气流的滞止压力关系计算，即

$$p_1/p_0 = [1+0.5(k-1)M_1^2]^{-k/(k-1)} = (1+0.2\times2.585^2)^{-3.5} = 0.0513$$

正激波截面的面积比 A/A_t 可用激波前气流临界面积公式计算（$A_{*1} = A_t$），即

$$\frac{A}{A_t} = \frac{1}{M_1}\left[\frac{2+(k-1)M_1^2}{k+1}\right]^{(k+1)/[2(k-1)]} = \frac{1}{2.585}\times\left(\frac{2+0.4\times2.585^2}{2.4}\right)^3 = 2.855$$

【P11-17】火箭喷管中正激波截面的面积及位置计算。 某火箭喷管如图 11-19 所示，其喉口截面直径 $D_t = 4\text{cm}$，出口截面直径 $D_E = 8\text{cm}$，进口总压 $p_0 = 250\text{kPa}$，出口背压 $p_b = 100\text{kPa}$。已知气体 $k = 1.2$。试问喷管下游是否会有激波出现，并按正激波考虑确定：

① 正激波前后的马赫数 M_1、M_2 及出口马赫数 M_E

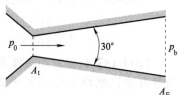

图 11-9　P11-17 附图

（借助 P11-16 给出的联立公式）；

② 波后气流的临界面积；

③ 分别用波前、波后的临界面积计算正激波所在截面的面积 A 及其与喉口截面的距离。

解 为判断是否有激波出现，首先需确定喉口截面达到声速时（B、C 情况）的出口压力 p_{E1} 和 p_{E2}，为此应用临界面积公式，并代入 $A_* = A_t$、$k = 1.2$，计算出口马赫数 M_{E1}、M_{E2}，即

$$\frac{A_E}{A_*} = \frac{1}{M_E}\left[\frac{2+(k-1)M_E^2}{k+1}\right]^{(k+1)/[2(k-1)]} \quad 且 \quad \frac{A_E}{A_*} = \frac{A_E}{A_t} = \frac{D_E^2}{D_t^2} = 4$$

用 Excel 表试差可得 $\qquad M_{E1} = 0.150, \; M_{E2} = 2.619$

将滞止压力关系式应用于出口，可得 M_{E1}、M_{E2} 对应的出口压力 p_{E1}、p_{E2}，即

$$\frac{p_E}{p_0} = [1+0.5(k-1)M_E^2]^{-k/(k-1)} \rightarrow \frac{p_{E1}}{p_0} = 0.987, \; \frac{p_{E2}}{p_0} = 0.0436$$

因为 $p_b/p_0 = 100/250 = 0.4$，位于 p_{E1}/p_0 与 p_{E2}/p_0 之间，故出口有激波出现。

① 已知 A_E/A_t、p_b/p_0，要确定 M_1、M_2 及 M_E，可借助 P11-16 给出的联立公式

$$M_2 = \sqrt{\frac{2+(k-1)M_1^2}{2kM_1^2-(k-1)}}$$

$$M_E^2 = \frac{2}{k-1}\left[\left(\frac{p_b}{p_0}\frac{1+kM_2^2}{1+kM_1^2}\right)^{-(k-1)/k}\frac{2+(k-1)M_2^2}{2+(k-1)M_1^2}-1\right]$$

$$\frac{A_E}{A_t} = \frac{M_2}{M_E M_1}\left(\frac{2+(k-1)M_E^2}{2+(k-1)M_2^2}\frac{2+(k-1)M_1^2}{k+1}\right)^{(k+1)/[2(k-1)]}$$

以上三个方程用 Excel 表试差计算更方便，即假设 M_1，计算 M_2，再计算 M_E，然后将三个马赫数代入计算 A_E/A_t，直至 $A_E/A_t = 4$。结果为

$$M_1 = 2.463, \; M_2 = 0.4731, \; M_E = 0.3675$$

② 波后气流的临界面积可根据临界面积公式，用出口马赫数计算，即

$$A_{*2} = A_E M_E\left[\frac{k+1}{2+(k-1)M_E^2}\right]^{(k+1)/[2(k-1)]} = 28.983 \text{cm}^2$$

③ 用激波前的临界面积计算正激波所在截面的面积 A，结果为

$$\frac{A}{A_{*1}} = \frac{A}{A_t} = \frac{1}{M_1}\left[\frac{2+(k-1)M_1^2}{k+1}\right]^{(k+1)/[2(k-1)]} = 3.2615$$

所以 $\qquad A = 3.2615 A_t = 3.2615(\pi \times 2^2) = 40.985 \text{cm}^2$

用激波后的临界面积计算正激波所在截面的面积 A，结果为

$$\frac{A}{A_{*2}} = \frac{1}{M_2}\left[\frac{2+(k-1)M_2^2}{k+1}\right]^{(k+1)/[2(k-1)]} = 1.4134$$

所以 $\qquad A = 1.4134 A_{*2} = 1.4134(28.983) = 40.965 \text{cm}^2$

根据喷管几何特征，激波面与喉口截面的距离为

$$x = \frac{D-D_t}{2\tan15°} = D_t\frac{\sqrt{A/A_t}-1}{2\tan15°} = 4\times\frac{\sqrt{3.2615}-1}{2\tan15°} = 6.016 \text{cm}$$

【P11-18】火箭发动机推力计算。 图 11-10 为火箭发动机示意图（火箭竖直发射）。已知火箭发动机燃烧室中燃气压力 $p_0 = 1.8$ MPa，温度 $T_0 = 3300$K，渐缩管喉口面积 $A_t = 10\text{cm}^2$，出口空间压力为 $p_b = 100$kPa。燃气可视为理想气体，其 $k = 1.2$，$R = 400$J/(kg·K)，

且流动可视为等熵过程。

① 若要求燃气出口为理想膨胀，试计算喷管膨胀比（即 A_E/A_t）和火箭发动机的推力；

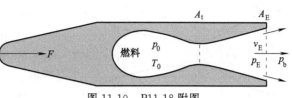

图11-10 P11-18 附图

② 若将喷管膨胀比减小为 $A_E/A_t=3$（其中 A_t 保持不变）以实现亚膨胀（出口压力 $p_E > p_b$），则火箭的推力又为多少。

提示：火箭发动机推力等于其发射时要克服的火箭重力、加速度惯性力和空气阻力之和 F。

解 取火箭外表面及出口截面构成控制体，并将坐标固定于控制体。火箭发射时控制体受力包括：火箭重力、外表空气阻力、火箭加速度惯性力，这三个力方向一致，指向图中右方，合力用 F 表示。此外还有出口截面的压差力 $(p_E-p_b)A_E$，压差力总是指向控制体表面，即图中左方向。因此，针对控制体应用动量守恒方程有

$$F-(p_E-p_b)A_E=\rho_E v_E^2 A_E=q_m v_E \quad 或 \quad F=q_m v_E+(p_E-p_b)A_E$$

因为火箭发动机推力等于 F，故关键是确定燃气流量、出口速度、压力和出口面积。

① 燃气出口为理想膨胀，意味着出口为超声速，且出口压力 $p_E=p_b$。因此，将滞止压力公式应用于出口截面，可得出口马赫数，即

$$\frac{p_0}{p_E}=[1+0.5(k-1)M_E^2]^{k/(k-1)} \rightarrow M_E=\sqrt{\frac{2}{k-1}[(p_0/p_E)^{(k-1)/k}-1]}$$

代入数据有

$$M_E=\sqrt{10\times[(18/1)^{0.2/1.2}-1]}=2.4877$$

由此可见出口的确为超声速。故此时喉口截面达到声速，$A_t=A_*$。于是将临界面积公式应用于出口，可得喷管膨胀比为

$$\frac{A_E}{A_t}=\frac{1}{M_E}\left[\frac{2+(k-1)M_E^2}{k+1}\right]^{(k+1)/[2(k-1)]}=3.367 \quad 或 \quad A_E=3.367A_t=33.67\text{cm}^2$$

此时喷管出口的温度、流速及喷管质量流量分别为

$$T_E=T_0[1+0.5(k-1)M_E^2]^{-1}=2038.5\text{K}, \quad v_E=M_E\sqrt{kRT_E}=2460.8\text{m/s}$$

$$q_m=\frac{p_0 A_*}{\sqrt{RT_0}}k^{1/2}\left(\frac{2}{k+1}\right)^{(k+1)/[2(k-1)]}=1.016\text{kg/s}$$

将以上参数代入动量守恒方程，可得火箭发动机推力大小为

$$F=q_m v_E+(p_E-p_b)A_E=1.016\times2460.8+0=2500.2(\text{N})$$

② 喷管膨胀比减小为 $A_E/A_t=3$ 时，由临界面积公式试差可得出口马赫数，即

$$\frac{A_E}{A_t}=\frac{1}{M_E}\left[\frac{2+(k-1)M_E^2}{k+1}\right]^{(k+1)/[2(k-1)]} \rightarrow M_E=2.3971$$

此时流量不变，出口温度、流速、压力分别为

$$T_E=T_0[1+0.5(k-1)M_E^2]^{-1}=2095.8\text{K}, \quad v_E=M_E\sqrt{kRT_E}=2404.3\text{m/s}$$

$$p_E=p_0[1+0.5(k-1)M_E^2]^{-k/(k-1)}=118.1\text{Pa}$$

将以上参数代入动量守恒方程，可得此时火箭发动机推力大小为

$$F=q_m v_E+(p_E-p_b)A_E=2442.8+54.3=2497.1(\text{N})$$

【P11-19】 给定上游截面参数和正激波截面面积计算背压。空气在图11-11所示的拉伐尔管内流动。已知喉口上游截面 $A=200\text{cm}^2$ 处的马赫数 $M=0.3$、静压 $p=400\text{kPa}$；正激波所在截面面积 $A_S=120\text{cm}^2$，出口面积 $A_E=200\text{cm}^2$。试确定：

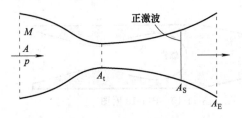

图 11-11　P11-19 附图

① 喷管喉口面积 A_t；

② 正激波前的滞止压力 p_{01} 和马赫数 M_1；

③ 喷管出口的背压 p_b。除激波外，流动过程均等熵。

解　① 上游亚声速，下游有正激波，意味着 $A_t = A_*$，因此将临界面积公式应用于进口可得喉口面积，即

$$A_t = A_* = AM\left[\frac{k+1}{2+(k-1)M^2}\right]^{(k+1)/[2(k-1)]} = 98.28\text{cm}^2$$

② 正激波截面前滞止压力 p_{01} 即上游气流的滞止压力，可由滞止压力公式确定，即

$$p_{01} = p[1+0.5(k-1)M^2]^{k/(k-1)} = 400 \times (1+0.2\times 0.3^2)^{3.5} = 425.8(\text{kPa})$$

将临界面积和滞止压力公式应用于激波截面，可得激波前 $M_1 (>1)$ 和 p_1 分别为

$$\frac{A_S}{A_*} = \frac{120}{98.28} = \frac{1}{M_1}\left[\frac{2+(k-1)M_1^2}{k+1}\right]^{(k+1)/[2(k-1)]} \rightarrow M_1 = 1.563$$

$$p_1 = p_{01}[1+0.5(k-1)M_1^2]^{-k/(k-1)} = 105.8\text{kPa}$$

③ 因激波后气流为亚声速，故背压 $p_b = p_E$。而确定 p_E，需知道波后气流的滞止压力 p_{02} 和出口马赫数 M_E。为此首先根据正激波关系式确定激波后的马赫数 M_2 和压力 p_2

$$M_2 = \left[\frac{2+(k-1)M_1^2}{2kM_1^2-(k-1)}\right]^{0.5} = 0.680, \quad p_2 = p_1\frac{1+kM_1^2}{1+kM_2^2} = 283.9\text{kPa}$$

由此可确定激波后等熵气流的滞止压力 p_{02} 和临界面积 A_{*2} 分别为

$$p_{02} = p_2[1+0.5(k-1)M_2^2]^{k/(k-1)} = 386.9\text{kPa}$$

$$A_{*2} = A_S M_2\left[\frac{k+1}{2+(k-1)M_2^2}\right]^{(k+1)/[2(k-1)]} = 108.14\text{cm}^2$$

据此，进一步将临界面积公式和滞止压力公式应用于出口，可得出口马赫数和压力为

$$\frac{A_E}{A_{*2}} = \frac{200}{108.14} = \frac{1}{M_E}\left[\frac{2+(k-1)M_E^2}{k+1}\right]^{(k+1)/[2(k-1)]} \rightarrow M_E = 0.3344$$

$$p_b = p_E = p_{02}[1+0.5(k-1)M_E^2]^{-k/(k-1)} = 358.01\text{kPa}$$

【P11-20】超声速气流进入缩放管后的参数计算。空气在图 11-12 所示的变截面管内流动。已知上游截面面积 $A_1 = 100\text{cm}^2$，马赫数 $M_1 = 2.1$，静压 $p_1 = 100\text{kPa}$，喉口截面面积 $A_t = 70\text{cm}^2$，出口截面面积 $A_E = 125\text{cm}^2$，出口背压 $p_b = 30\text{kPa}$。试确定出口截面的马赫数 M_E、静压 p_E 及驻点压力 p_{0E}，并判断管内是否会出现激波。除激波外，流动过程等熵。

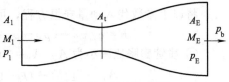

图 11-12　P11-20 附图

解　首先由上游截面参数计算等熵气流临界面积和滞止压力

$$A_* = A_1 M_1\left[\frac{2+(k-1)M_1^2}{k+1}\right]^{-(k+1)/[2(k-1)]} = 54.44\text{cm}^2$$

$$p_0 = p_1[1+0.5(k-1)M_1^2]^{k/(k-1)} = 914.47\text{kPa}$$

由此可见，喉部截面积 $A_t > A_*$，这意味着上游超声速气流在收缩段减速流动到喉部时仍为超声速，因此，气流进入扩大段后将保持超声速，并加速流动。

根据临界面积公式，并考虑 $M_t > 1$、$M_E > 1$，试差可得喉部和出口马赫数分别为

$$\frac{A_t}{A_*}=\frac{70}{54.44}=\frac{1}{M_t}\left[\frac{2+(k-1)M_t^2}{k+1}\right]^{(k+1)/[2(k-1)]} \rightarrow M_t=1.6425$$

$$\frac{A_E}{A_*}=\frac{125}{54.44}=\frac{1}{M_E}\left[\frac{2+(k-1)M_E^2}{k+1}\right]^{(k+1)/[2(k-1)]} \rightarrow M_E=2.3504$$

根据滞止压力公式，并考虑等熵流动滞止压力不变，可得喉部和出口压力分别为

$$p_t=p_0[1+0.5(k-1)M_t^2]^{-k/(k-1)}=201.97\text{kPa}$$

$$p_E=p_0[1+0.5(k-1)M_E^2]^{-k/(k-1)}=67.59\text{kPa}$$

由此可见，因 $p_E>p_b$，故喷管内没有激波，但出口有膨胀波。

11.2.4 渐缩管等熵流动分析与计算

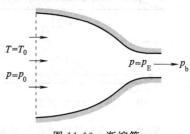

图 11-13　渐缩管

渐缩管　即管流截面沿流动方向逐渐缩小且出口处 $dA/dx=0$ 的管道，也相当于在拉伐尔管喉口截面处切断得到的收缩管，如图 11-13 所示。

常用假设　渐缩管进口通常与大容器连接，此时可认为容器内气体的静态参数 T、p、ρ 即渐缩管气流的滞止参数 T_0、p_0、ρ_0。

出口流速变化与噎噻现象　上游亚声速气流的状态一定时，出口流速随背压 p_b 减小而增加；当 p_b 降低至临界压力即 $p_b=p_*$ 时，出口达到临界状态，流速达到声速；此后进一步降低背压，即 $p_b<p_*$ 时，出口将维持临界状态，流速将不再增加（维持声速）。这种出口流速达到声速后不再随背压减小而增加的现象称为**噎塞**（choking）。

临界压力与滞止压力关系　对于渐缩管等熵流动，需要根据气流滞止压力 p_0 计算临界压力 p_*，以判断出口状态。为此，根据式（11-22）给出两者的关系如下

$$p_*=p_0\left(\frac{2}{k+1}\right)^{k/(k-1)} \quad \text{或} \quad p_*\mid_{k=1.4}=0.5283p_0 \tag{11-26}$$

流动工况判断及流量计算　根据 p_* 与背压 p_b 的相对大小，渐缩管流动有两种工况。

① 若 $p_b>p_*$，则整个管内直至出口都为亚声速。此时出口压力 $p_E=p_b$，流量为

$$q_m=\frac{p_b A_E}{\sqrt{RT_0}}\sqrt{\frac{2k}{k-1}}\sqrt{(p_0/p_b)^{2(k-1)/k}-(p_0/p_b)^{(k-1)/k}} \tag{11-27}$$

此式是将临界面积公式和滞止压力公式代入式（11-23）并取 $p_E=p_b$ 得到。

② 若 $p_b\leqslant p_*$，则管上游为亚声速，出口为声速。此时出口为临界状态，即 $p_E=p_*$，$M_E=1$，$A_E=A_*$，流量直接由式（11-23）计算。

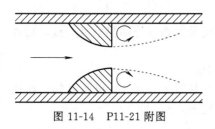

图 11-14　P11-21 附图

【P11-21】用渐缩管测量管内质量流量。图 11-14 所示的渐缩喷管可用来测定管道气流的质量流量。现已知喷管出口截面面积为 3cm^2，实验测得喷管上游滞止压力 $p_0=300\text{kPa}$、滞止温度 $T_0=293\text{K}$，喷管下游出口背压 $p_b=90\text{kPa}$。试计算质量流量及喷管出口的压力、温度、密度和流速。气体为空气。

解法一　视渐缩喷管内的流动为等熵流动。对于空气，已知 p_0 时其临界压力可根据式（11-26）计算

$$p_*=0.5283p_0=0.5283\times300=158.5(\text{kPa})$$

因为 $p_b<p_*$，所以渐缩管出口达到临界状态，此时 $M_E=1$，$A_*=A_E=3\text{cm}^2$。因此

$$q_m = 0.685 \frac{p_0 A_*}{\sqrt{RT_0}} = 0.685 \times \frac{300000 \times 3 \times 10^{-4}}{\sqrt{287 \times 293}} = 0.213 (\text{kg/s})$$

出口参数分别为 $\qquad\qquad p_E = p_* = 158.5\text{kPa}$

$$T_E = T_0 [1 + 0.5(k-1)M_E^2]^{-1} = 293 \times (1 + 0.2 \times 1^2)^{-1} = 244.2(\text{K})$$

$$\rho_E = p_E / (RT_E) = (158.5 \times 1000) / (287 \times 244.2) = 2.262(\text{kg/m}^3)$$

$$v_E = a_E = \sqrt{kRT_E} = \sqrt{1.4 \times 287 \times 244.2} = 313.2(\text{m/s})$$

验证计算 $\qquad q_m = \rho_E v_E A_E = 2.262 \times 313.2 \times 3 \times 10^{-4} = 0.213(\text{kg/s})$

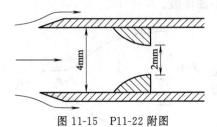

图 11-15 P11-22 附图

【P11-22】**等动量取样管设计计算**。采用图 11-15 所示的取样管对气体进行取样时，保证取样管管口的进气速度与原气流速度相等是非常重要的（等动量取样），为此在取样管中设置渐缩管控制流量。已知取样管管径 4mm，管内喷嘴出口直径 2mm；取样管处于流速 50m/s、温度 600℃、压力 100kPa 的热空气中。试确定实现等动量取样所要求的背压。

解法一　等动量取样意味着喷嘴流量等于按取样管进口截面和来流气流参数计算的流量，即

$$q_m = \rho v A = \frac{p}{RT} v A = \frac{100000}{287 \times 873} \times 50 \times \pi \times 0.002^2 = 2.51 \times 10^{-4}(\text{kg/s})$$

为判断该流量下喷嘴的出口状态，首先计算来流气流的马赫数、滞止温度和压力，即

$$M = v/a = v/\sqrt{kRT} = 50/\sqrt{1.4 \times 287 \times 873} = 0.0844$$

$$T_0 = T[1 + 0.5(k-1)M^2] = 873 \times (1 + 0.2 \times 0.0844^2) = 874.24(\text{K})$$

$$p_0 = p[1 + 0.5(k-1)M^2]^{k/(k-1)} = 100 \times (1 + 0.2 \times 0.0844^2)^{3.5} = 100.50(\text{kPa})$$

若喷嘴出口达到临界状态，则 $A_E = A_*$，此时质量流量为

$$q_m = 0.685 p_0 A_* / \sqrt{RT_0} = 4.30 \times 10^{-4}\text{kg/s}$$

该流量大于等动量取样流量，表明等动量取样时喷嘴出口仍为亚声速，或者说背压 p_b 应大于临界压力 p_*。此情况下可将 A_* 公式代入式(11-23)，得到 q_m 与 M_E 的关系

$$q_m = \frac{p_0 A_E}{\sqrt{RT_0}} k^{1/2} M_E \left[\frac{2}{2 + (k-1)M_E^2}\right]^{(k+1)/[2(k-1)]}$$

据此，将等动量取样时的流量 $q_m = 2.51 \times 10^{-4}\text{kg/s}$ 代入，试差可得等动量取样时的出口马赫数 M_E，进而又可根据滞止压力公式计算等动量取样时的出口压力 p_E，即

$$M_E = 0.364, \quad p_E = p_0 [1 + 0.5(k-1)M_E^2]^{-k/(k-1)} = 91.71\text{kPa}$$

因为喷嘴出口为亚声速时其出口压力等于背压，故等动量取样所要求的背压为

$$p_b = p_E = 91.71\text{kPa}$$

解法二　等动量取样意味着取样管进口截面的气流速度及状态与外部热空气一致，而外部热空气状态的马赫数和滞止压力分别为（见以上计算）

$$M = 0.0844, \quad p_0 = 100.50\text{kPa}$$

该状态气流进入取样管后等熵流动，在喷管出口处的马赫数 $M_E (\leqslant 1)$ 可由已知面积比和临界面积公式试差确定，进而由滞止压力公式确定压力比 p_E/p，即

$$\frac{A}{A_E} = \frac{A/A_*}{A_E/A_*} = \frac{M_E}{M} \left[\frac{2 + (k-1)M^2}{2 + (k-1)M_E^2}\right]^{\frac{(k+1)}{2(k-1)}} \qquad 且 \quad \frac{A}{A_E} = \frac{4^2}{2^2} = 4 \ \rightarrow \ M_E = 0.3635$$

$$\frac{p_E}{p} = \frac{p_0/p}{p_0/p_E} = \left[\frac{2 + (k-1)M^2}{2 + (k-1)M_E^2}\right]^{k/(k-1)} = \left(\frac{2 + 0.4 \times 0.0844^2}{2 + 0.4 \times 0.3635^2}\right)^{3.5} = 0.9173$$

$M_E<1$ 表明等动量取样时喷管出口未达到临界状态，此时 $p_b=p_E$。因此，为维持等动量取样所需的背压 p_b 为

$$p_b=p_E=0.9173p=91.73\text{kPa}$$

附加校核计算：根据等熵气流进、出口滞止温度相等，可得进、出口温度关系为

$$\frac{T_E}{T}=\frac{T_0/T}{T_0/T_E}=\frac{2+(k-1)M^2}{2+(k-1)M_E^2}$$

代入数据得 $T_E=851.7\text{K}$

因出口参数已知，故质量流量直接用出口参数表示，形式为

$$q_m=\rho_E A_E v_E=\frac{p_E A_E}{RT_E}M_E\sqrt{kRT_E}=\frac{p_E A_E}{\sqrt{RT_E}}k^{1/2}M_E$$

代入数据可得 $q_m=2.51\times10^{-4}\text{kg/s}$，与前面计算的等动量取样流量一致。

【P11-23】**喷气火箭推力计算**。图 11-16 为喷气火箭示意图。火箭内渐缩喷管出口面积 $A_E=120\text{cm}^2$，燃烧室中燃气压力 $p_0=1\text{MPa}$，温度 $T_0=1500\text{K}$，出口空间压力为 $p_b=100\text{kPa}$。燃气可视为理想气体，$k=1.3$，$R=415.7\text{J/(kg·K)}$，燃气流动为等熵过程。试计算喷气火箭的推力。

图 11-16　P11-23 附图

解　取火箭外表面及出口截面构成控制体，并将坐标固定于控制体。控制体受力包括：火箭外表阻力、火箭加速时的惯性力，这两个力方向一致，均指向图中右方，合称火箭推力 F。此外还有出口处的压差力 $(p_E-p_b)A_E$，压差力总是指向控制体表面，即图中左方向。

于是，针对控制体应用动量守恒方程有

$$F-(p_E-p_b)A_E=\rho_E v_E^2 A_E=q_m v_E \quad \text{或} \quad F=q_m v_E+(p_E-p_b)A_E$$

由此可见：计算推力 F 需确定喷管出口处的压力、质量流量和流速。

首先计算燃气临界压力以判断出口状态。已知 p_0 且流动等熵，故由式（11-26）得

$$p_*=p_0\left(\frac{2}{k+1}\right)^{k/(k-1)}=1000\times\left(\frac{2}{2.3}\right)^{1.3/0.3}=545.7(\text{MPa})$$

可见 $p_b<p_*$，出口为临界状态，即 $M_E=1$，$p_E=p_*$，$A_E=A_*$，而 T_E、v_E 则为

$$T_E=T_0[1+0.5(k-1)M_E^2]^{-1}=1500\times(1+0.15\times1^2)^{-1}=1304.3(\text{K})$$

$$v_E=M_E a_E=M_E\sqrt{kRT_E}=1\times\sqrt{1.3\times415.7\times1304.3}=839.6(\text{m/s})$$

根据式（11-23）计算流量，然后代入动量守恒方程得到推力

$$q_m=\frac{p_0 A_*}{\sqrt{RT_0}}k^{1/2}\left(\frac{2}{k+1}\right)^{\frac{(k+1)}{2(k-1)}}=\frac{10^6\times0.0120}{\sqrt{415.7\times1500}}\times1.3^{0.5}\times\left(\frac{2}{2.3}\right)^{\frac{2.3}{0.6}}=10.14(\text{kg/s})$$

$$F=q_m v_E+(p_E-p_b)A_E=10.14\times839.6+445700\times0.012=13861.9(\text{N})$$

【P11-24】**不同背压下恒温恒压容器孔口的流量与温度**。温度 65℃、压力 600kPa 的空气由大容器经直径为 40mm 的孔口排放到压力为 p_b 的空间。设孔口流动为渐缩管等熵过程，且容器内压力温度保持不变。试确定 $p_b=50\text{kPa}$、200kPa、350kPa、500kPa 时的质量流量及出口温度。

解　对于等熵气流（空气），已知其滞止压力为 600kPa，则其临界压力为

$$p_* = 0.5283p_0 = 0.5283 \times 600 = 316.98 \text{(kPa)}$$

① 当 $p_b = 50\text{kPa}$、200kPa 时，$p_b < p_*$，故排气过程中渐缩管出口都处于临界状态，即 $M_E = 1$，$p_E = p_*$，$A_E = A_*$；此时流量 q_m 与 p_b 无关（管流噎塞），且对于空气有

$$q_m = 0.685 \frac{p_0 A_*}{\sqrt{RT_0}} = 0.685 \times \frac{600000 \times (\pi \times 0.04^2/4)}{\sqrt{287 \times 338}} = 1.658 \text{(kg/s)}$$

出口温度可根据滞止温度公式计算，即

$$T_E = T_0[1 + 0.5(k-1)M_E^2]^{-1} = 338 \times (1 + 0.2 \times 1^2)^{-1} = 281.7 \text{(K)}$$

② 当 $p_b = 350\text{kPa}$、500kPa 时，$p_b > p_*$，故排气过程中渐缩管内均为亚声速状态，此时出口压力 $p_E = p_b$，质量流量用式(11-27)计算，即

$$q_m = \frac{p_b A_E}{\sqrt{RT_0}} \left(\frac{2k}{k-1}\right)^{1/2} \sqrt{(p_0/p_b)^{2(k-1)/k} - (p_0/p_b)^{(k-1)/k}}$$

出口马赫数 M_E 可由 p_0 公式解出，其中 $p_E = p_b$。然后用 T_0 公式计算出口温度 T_E，即

$$M_E = \sqrt{\frac{2}{k-1}[(p_0/p_b)^{(k-1)/k} - 1]}, \quad T_E = T_0\left[1 + \frac{(k-1)}{2}M_E^2\right]^{-1}$$

代入数据可得

$$p_b = 350\text{kPa}: \quad q_m = 1.647\text{kg/s}, \quad M_E = 0.9124, \quad T_E = 289.8\text{K}$$
$$p_b = 500\text{kPa}: \quad q_m = 1.267\text{kg/s}, \quad M_E = 0.5171, \quad T_E = 320.8\text{K}$$

该结果表明，出口为亚声速时，随 p_b 减小，q_m 增加、T_E 减小。

【P11-25】天然气管道小孔泄漏问题。 某天然气输送管道，压力 350kPa，温度 300K，气速 15m/s。现因管道局部腐蚀出现直径 5mm 的小孔而发生泄漏。若环境压力为 100kPa，孔口泄漏可视为渐缩管等熵流动，天然气的 k 和 R 可按甲烷气取值，并假定泄漏过程不影响管流参数，试问小孔泄漏量（质量流量）为多少？若泄漏不影响管流参数假设的前提条件是泄漏量不大于天然气输送量的 0.1%，试确定管道直径。

解 查附表 C-2，甲烷气 $k = 1.3$，$R = 519\text{J/(kg·K)}$。管流状态下天然气的马赫数、滞止压力与温度分别为

$$M = v/a = 15/\sqrt{1.3 \times 519 \times 300} = 0.0333$$
$$T_0 = T[1 + 0.5(k-1)M^2] = 300 \times (1 + 0.15 \times 0.0333^2) = 300.05 \text{(K)}$$
$$p_0 = p[1 + 0.5(k-1)M^2]^{k/(k-1)} = 350 \times [1 + 0.5 \times (1.3-1) \times 0.0333^2]^{1.3/(1.3-1)} = 350.25 \text{(kPa)}$$

由此可见低速（15m/s）情况下，气体滞止温度或压力完全可取其静温或静压值。

视泄漏过程等熵，则根据式(11-26)可知泄漏气流的临界压力为

$$p_* = p_0[2/(k+1)]^{k/(k-1)} = 350.25 \times (2/2.3)^{1.3/0.3} = 191.14 \text{(kPa)}$$

由此可见，出口背压 $p_b < p_*$，因此，泄漏过程中渐缩管出口处于临界状态，即 $M_E = 1$，$p_E = p_*$，$A_E = A_*$。此时流量 q_m 与 p_b 无关（管流噎塞），且

$$q_m = \frac{p_0 A_*}{\sqrt{RT_0}} k^{1/2} \left(\frac{2}{k+1}\right)^{(k+1)/[2(k-1)]} = 0.0116\text{kg/s}$$

若泄漏量 q_m 不大于天然气输送量 q_m' 的 0.1%，则天然气输送量为

$$q_m \leqslant 0.001q_m' \rightarrow q_m' \geqslant 1000q_m = 11.6\text{kg/s}$$

天然气的密度 ρ 及流量 q_m' 对应的管道直径为

$$\rho = p/(RT) = 2.248\text{kg/m}^3, \quad q_m' = \rho v A \rightarrow D = \sqrt{4q_m'/\pi\rho v} \geqslant 0.662\text{m}$$

【P11-26】恒温容器放气过程的压力-时间关系及数值积分计算。 高压容器通过壁面渐缩

口将空气排放于大气环境，见图 11-17。已知容器体积为 5m^3，储
存有压力 30bar、温度 25℃的空气，渐缩口出口面积为 15mm^2，环
境压力 1bar。设放气过程中容器内气体温度恒定，且渐缩口流动可
视为拟稳态等熵过程（即放气过程每一时刻的渐缩口流量可按稳态
等熵流动计算）。试确定：

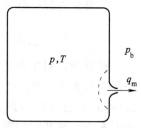

① 容器内压力降低到 5bar 所需的时间；

② 容器内压力降低到 1.5bar 所需的时间；

③ 容器内压力降低到 1.5bar 时，容器与外界交换的总热量。

图 11-17　P11-26 附图

解　放气过程的时间与渐缩口流量大小有关，流量的计算可采用渐缩管流量公式。但渐缩管流量公式要区分出口是声速还是亚声速，为此首先判断放气过程中渐缩口的出口状态。

根据渐缩管等熵流动特性可知，其出口状态取决于气流临界压力 p_* 与环境压力 p_b 的相对大小，其中 $p_b \leqslant p_*$ 时出口为声速，$p_b > p_*$ 时出口为亚声速。因此，在 $k = 1.4$ 的气流临界压力公式(11-26) 中令 $p_b = p_*$，可得两种状态交界点对应的气流滞止压力，在此用 p_c 表示，即

$$p_b = p_* = 0.5283 p_c \rightarrow p_c = p_b / 0.5283 = 1 / 0.5283 = 1.893 (\text{bar})$$

因容器内压力 p 可视为渐缩管气流的滞止压力，故由此可以判断：容器内压力 $p \geqslant p_c$ 时，$p_b \leqslant p_*$，渐缩管出口为声速；容器内压力 $p < p_c$ 时，$p_b > p_*$，出口为亚声速。

① 容器内压力由初始压力 p_1 降低到 p（$p \geqslant p_c$）所需时间的计算。

此期间喷管出口为声速状态，其流量用式(11-23) 计算，且式中的气流滞止压力与温度即容器内的 p、T，式中的临界面积 $A_* = A_E$（喷管出口截面积），所以有

$$q_m = k^{1/2} \left(\frac{2}{k+1} \right)^{(k+1)/[2(k-1)]} \frac{p A_E}{\sqrt{RT}}$$

根据容器控制体的质量守恒方程有

$$-q_m = dm/dt$$

再根据理想气体关系，等温容器内气体质量 m 的时间变化率可表示为

$$\frac{dm}{dt} = \frac{d}{dt} \left(\frac{pV}{RT} \right) = \frac{V}{RT} \frac{dp}{dt}$$

将此及流量公式一并代入质量守恒方程，积分并整理可得排放压力与时间的关系为

$$t = \frac{(V/A_E)}{\sqrt{kRT}} \left(\frac{k+1}{2} \right)^{(k+1)/[2(k-1)]} \ln \frac{p_1}{p}$$

代入数据可得容器内压力由 $p_1 = 30\text{bar}$ 降低到 $p = 5\text{bar}$ 时所需时间为 $t = 2983\text{s}$。

同理可得容器内压力由 $p_1 = 30\text{bar}$ 降低到 $p_c = 1.893\text{bar}$ 所需的时间为 $t_c = 4600\text{s}$。

② 容器内压力由 $p_c = 1.893\text{bar}$ 降低到 p 所需时间的计算。

压力低于 p_c 后，容器出口为亚声速状态，此期间渐缩管流量根据式(11-27) 计算，即

$$q_m = \frac{p_b A_E}{\sqrt{RT}} \left(\frac{2k}{k-1} \right)^{1/2} \sqrt{P^{2(k-1)/k} - P^{(k-1)/k}}，\text{其中 } P = \frac{p}{p_b}$$

再根据理想气体关系，可得等温容器内气体质量 m 的时间变化率为

$$\frac{dm}{dt} = \frac{d}{dt} \left(\frac{pV}{RT} \right) = \frac{p_b V}{RT} \frac{dP}{dt}$$

将此关系及流量公式一并代入质量守恒方程，整理可得如下压力-时间微分方程

$$dt = \alpha \frac{(-dP)}{\sqrt{P^{2(k-1)/k} - P^{(k-1)/k}}}，\text{其中 } \alpha = \frac{V/A_E}{\sqrt{RT}} \left(\frac{k-1}{2k} \right)^{1/2}$$

该微分方程积分有些困难，故采用数值积分法，时间的数值积分公式为

$$t=\sum_{i=1}^{n}\Delta t_i=\sum_{i=1}^{n}\alpha(P_i^{2(k-1)/k}-P_i^{(k-1)/k})^{-0.5}\Delta P_i \quad (i=1,2,\cdots,n)$$

计算中，对于容器内压力由起始压力 P_c 降低至 P，可首先将压力区间细分为 n 段，对应压力点为 $P_c,P_1,P_2,\cdots,P_n(=P)$，其中第 i 段区间的压力降 $\Delta P_i=P_{i-1}-P_i,(i=1,2,\cdots,n)$，且 $\Delta P_1=P_c-P_1$。然后利用 Excel 表，依次计算每个 ΔP_i 对应的时间 Δt_i，再将所有 Δt_i 加和得到容器内压力由 P_c 降低至 P 所需的时间 t。

本问题中，$P_c=1.893$，$P=P_n=1.500$，故在此将该压力区间分为 $n=131$ 段，每段压力降均为 $\Delta P_i=0.003$。由此计算可得，等温容器中压力由 P_c 降低至 P 所需的时间为 $t=393\text{s}$。

合并以上计算结果，容器压力由最初的 30bar 降低至 1.5bar 所需的总时间为

$$\sum t=t_c+t=4600+393=4993\text{s}$$

注：数值积分计算中所需的 α 可根据给定条件事先计算，其值为 $\alpha=430.8\text{s}$。

③ 为确定放气过程中的换热量，以容器为控制体，并将其出口截面设置在渐缩口上游位置（见图 11-7 中虚线）。这样取控制体，既表征了容器总体，又可认为其出口截面流速低动能小，且截面流体与容器内流体有相同的状态参数。于是，应用非稳态能量方程 [式(4-19)]，并考虑轴功为零，忽略动能/位能，且总储存能 $E_{cv}=mu$，出口流量 $q_m=-\mathrm{d}m/\mathrm{d}t$，可得

$$Q=\left(u+\frac{p}{\rho}\right)q_m+\frac{\mathrm{d}E_{cv}}{\mathrm{d}t} \rightarrow Q=-\left(u+\frac{p}{\rho}\right)\frac{\mathrm{d}m}{\mathrm{d}t}+u\frac{\mathrm{d}m}{\mathrm{d}t} \rightarrow Q=-\frac{p}{\rho}\frac{\mathrm{d}m}{\mathrm{d}t}$$

根据理想气体状态方程，且考虑温度 T 和气体容积 V 不变，有

$$\frac{p}{\rho}=RT,\quad \frac{\mathrm{d}m}{\mathrm{d}t}=\frac{\mathrm{d}}{\mathrm{d}t}\left(\frac{pV}{RT}\right)=\frac{V}{RT}\frac{\mathrm{d}p}{\mathrm{d}t}$$

将此代入能量方程可得 $\qquad Q\mathrm{d}t=-V\mathrm{d}p$

因为 $Q\mathrm{d}t$ 的积分即容器与外界的热交换量（在此用 Q_h 表示），故有

$$Q_h=\int_0^t Q\mathrm{d}t=-V\int_{p_1}^p \mathrm{d}p=V(p_1-p)$$

代入数据有 $\qquad Q_h=5\times(30-1.5)\times10^5=142.5\times10^5(\text{J})$

由此可见，放气过程中容器内气体要保持温度不变，必须从外界吸热。

【P11-27】绝热容器放气过程的压力-时间关系及数值积分计算。 高压容器通过壁面渐缩口将空气排放于大气环境，见图 11-17。已知容器体积 5m³，储存有压力 30bar、温度 25℃ 的空气，渐缩口出口面积 15mm²，环境压力 1bar。设放气过程容器绝热，且渐缩口流动可视为拟稳态等熵过程（即放气过程每一时刻的渐缩口流量可按稳态等熵流动计算）。试确定：

① 放气过程中容器内压力与温度的关系；

② 容器内压力降低到 5bar 及 1.5bar 时各自所需的时间。

解 ① 为寻求放气过程中容器内 p 与 T 的关系，可选择容器为控制体，但将其出口截面设置在渐缩口上游，即图 11-17 中虚线位置。这样取控制体，既表征了容器总体，又可认为其出口截面流速低、动能小，且截面流体与容器内流体有相同的状态参数。于是，应用非稳态能量方程 [式(4-19)]，并考虑容器绝热，轴功为零，忽略动能/位能，且 $E_{cv}=mu$，可得

$$\frac{\mathrm{d}E_{cv}}{\mathrm{d}t}=-\left(u+\frac{p}{\rho}\right)q_m \rightarrow u\frac{\mathrm{d}m}{\mathrm{d}t}+m\frac{\mathrm{d}u}{\mathrm{d}t}=-\left(u+\frac{p}{\rho}\right)q_m$$

另一方面，根据容器控制体的质量守恒方程、理想气体状态方程和内能计算式，又有

$$q_{\mathrm m}=-\frac{\mathrm{d}m}{\mathrm{d}t}, \quad m=\frac{pV}{RT}, \quad \mathrm{d}m=\frac{V}{RT}\left(\mathrm{d}p-\frac{p}{T}\mathrm{d}T\right), \quad \frac{p}{\rho}=RT, \quad \mathrm{d}u=c_{\mathrm v}\mathrm{d}T$$

将此代入能量方程，并引用理想气体比热参数关系式［式(11-3)］，整理可得

$$\left(\frac{c_{\mathrm v}}{R}+1\right)\frac{\mathrm{d}T}{T}=\frac{\mathrm{d}p}{p} \quad \text{或} \quad \frac{\mathrm{d}T}{T}=\frac{(k-1)}{k}\frac{\mathrm{d}p}{p}, \quad \text{其中 } k=\frac{c_{\mathrm p}}{c_{\mathrm v}}$$

从初始状态 1 到任意状态积分该式，可得刚性绝热容器放气过程中的压力-温度关系为

$$T=T_1(p/p_1)^{(k-1)/k}$$

② 放气过程的时间与渐缩口流量大小有关，流量的计算可采用渐缩管流量公式。但渐缩管流量公式要区分出口是声速还是亚声速，为此需首先判断放气过程中渐缩口的出口状态。

根据渐缩管等熵流动特性可知，其出口状态取决于气流临界压力 p_* 与环境压力 $p_{\mathrm b}$ 的相对大小，其中 $p_{\mathrm b}\leqslant p_*$ 时出口为声速，$p_{\mathrm b}>p_*$ 时出口为亚声速。因此，在 $k=1.4$ 的气流临界压力公式中令 $p_{\mathrm b}=p_*$，可得两种状态交界点对应的气流滞止压力，在此用 $p_{\mathrm c}$ 表示，即

$$p_{\mathrm b}=p_*=0.5283p_{\mathrm c} \rightarrow p_{\mathrm c}=p_{\mathrm b}/0.5283=1/0.5283=1.893\text{(bar)}$$

因容器内压力 p 可视为气流滞止压力，故由此可以判断：容器内压力 $p\geqslant p_{\mathrm c}$ 时，$p_{\mathrm b}\leqslant p_*$，渐缩管出口为声速；容器内压力 $p<p_{\mathrm c}$ 时，$p_{\mathrm b}>p_*$，出口为亚声速。

a. 容器内压力由初始压力 p_1 降低到 $p(p\geqslant p_{\mathrm c})$ 所需时间的计算。

此期间喷管出口为声速状态，其流量用式(11-23)计算，且式中的气流滞止压力与温度即容器内的 p、T，式中的临界面积 $A_*=A_{\mathrm E}$（喷管出口截面积），所以有

$$q_{\mathrm m}=K\frac{pA_{\mathrm E}}{\sqrt{RT}}, \quad \text{其中 } K=k^{1/2}\left[2/(k+1)\right]^{(k+1)/[2(k-1)]}$$

再将①给出的 T-p 关系代入，可将流量用容器内压力 p 表示为

$$q_{\mathrm m}=K\frac{pA_{\mathrm E}}{\sqrt{RT}}=K\frac{p_1A_{\mathrm E}}{\sqrt{RT_1}}(p/p_1)^{(k+1)/2k}$$

式中，p_1、T_1 是容器内的初始压力与温度。

根据容器控制体的质量守恒方程有

$$-q_{\mathrm m}=\mathrm{d}m/\mathrm{d}t$$

根据理想气体关系，容器内的气体质量 m 及其微分可表示为

$$m=\frac{pV}{RT}=\frac{p_1V}{RT_1}\left(\frac{p}{p_1}\right)^{1/k}, \quad \mathrm{d}m=\frac{p_1V}{kRT_1}\left(\frac{p}{p_1}\right)^{-(k-1)/k}\mathrm{d}\left(\frac{p}{p_1}\right)$$

将此及流量公式一并代入质量守恒方程，积分并整理，可得排放压力与时间的关系为

$$t=\frac{(V/A_{\mathrm E})}{\sqrt{kRT_1}}\left(\frac{k+1}{2}\right)^{(k+1)/[2(k-1)]}\frac{2}{(k-1)}\left[(p/p_1)^{-(k-1)/2k}-1\right]$$

代入数据可得容器内压力由 $p_1=30\text{bar}$ 降低到 $p=5\text{bar}$ 时所需时间为 $t=2428\text{s}$。

同理可得容器内压力由 $p_1=30\text{bar}$ 降低到 $p_{\mathrm c}=1.893\text{bar}$ 所需的时间为 $t_{\mathrm c}=4028\text{s}$。

b. 容器内压力由 $p_{\mathrm c}=1.893\text{bar}$ 降低到 p 所需时间的计算。

压力低于 $p_{\mathrm c}$ 后，容器出口为亚声速状态，此期间渐缩管流量根据式(11-27)计算，即

$$q_{\mathrm m}=\frac{p_{\mathrm b}A_{\mathrm E}}{\sqrt{RT}}\left(\frac{2k}{k-1}\right)^{1/2}\sqrt{P^{2(k-1)/k}-P^{(k-1)/k}}, \quad \text{其中 } P=\frac{p}{p_{\mathrm b}}$$

根据①给出的 T-p 关系，可将 T 用无因次压力 P 表示为

$$\frac{T}{T_c} = \left(\frac{p}{p_c}\right)^{(k-1)/k} = \left(\frac{p}{p_b}\frac{p_b}{p_c}\right)^{(k-1)/k} = P^{(k-1)/k}P_c^{-(k-1)/k}\text{，其中 }P_c = \frac{p_c}{p_b}$$

将此代入以上流量关系式，可将流量用容器内的无因次压力 P 表示为

$$q_m = \frac{p_b A_E}{\sqrt{RT_c}}\left(\frac{2k}{k-1}\right)^{1/2} P_c^{(k-1)/2k}\sqrt{P^{(k-1)/k}-1}$$

再根据理想气体关系，可得容器内的气体质量 m 及其微分为

$$m = \frac{pV}{RT} = \frac{p_b V}{RT_c}P_c^{(k-1)/k}P^{1/k}\text{，}\mathrm{d}m = \frac{p_b V}{kRT_c}P_c^{(k-1)/k}P^{-(k-1)/k}\mathrm{d}P$$

将此关系及流量公式一并代入质量守恒方程，整理可得如下压力-时间微分方程

$$\mathrm{d}t = \beta\frac{(-\mathrm{d}P)}{\sqrt{P^{3(k-1)/k}-P^{2(k-1)/k}}}\text{，其中 }\beta = \frac{(V/A_E)}{k\sqrt{RT_c}}\left(\frac{k-1}{2k}\right)^{1/2}P_c^{(k-1)/2k}$$

该微分方程积分有些困难，故采用数值积分法。为此写出时间的数值积分公式如下

$$t = \sum_{i=1}^n \Delta t_i = \sum_{i=1}^n \beta(P_i^{3(k-1)/k}-P_i^{2(k-1)/k})^{-0.5}\Delta P_i \quad (i=1,2,\cdots,n)$$

计算中，容器内压力由起始压力 P_c 降低至 P，可首先将压力区间细分为 n 段，对应压力点为 $P_c, P_1, P_2, \cdots, P_n(=P)$，其中第 i 段区间的压力降 $\Delta P_i = P_{i-1}-P_i(i=1,2,\cdots,n)$，且 $\Delta P_1 = P_c - P_1$。然后利用 Excel 表，依次计算 ΔP_i 对应的时间 Δt_i，最后加和得到时间 t。

本问题中，$P_c = 1.893$，$P = P_n = 1.500$，故在此将该压力区间分为 $n=131$ 段，每段压力降均为 $\Delta P_i = 0.003$。由此计算可得，绝热容器中压力由 P_c 降低至 P 所需的时间为 $t = 424\text{s}$。

合并以上计算结果，容器压力由最初的 30bar 降低至 1.5bar 所需的总时间为

$$\sum t = t_c + t = 4028 + 424 = 4452(\text{s})$$

数值积分计算中所需的 β 及 T_c 可根据给定条件事先计算，其值分别为

$$T_c = T_1(p_c/p_1)^{(k-1)/k} = 135.3\text{K}\text{，}\beta = 500.3\text{s}$$

11.3　等截面管内可压缩流体的摩擦流动

与变截面管有所不同，等截面管主要用于流体输送，摩擦是需要考虑的主要问题。

对于不可压缩流体，摩擦不影响流体密度，对温度的影响亦很微弱，其导致的主要变化是压力降；压力降是摩擦热的总度量，其中并不涉及摩擦热本身的传递情况。

可压缩流体则不一样，摩擦会导致其密度、温度、压力同时变化，使管内流动状态持续变化（不能形成充分发展流动），且这种变化与摩擦热的总量及摩擦热的传递情况都相关。但由于一般情况下摩擦热的传递难以确定，所以管内可压缩流体的摩擦流动通常考虑两类极端情况：有摩擦的绝热流动（与外界无热交换）、有摩擦的等温流动（与外界有充分热交换）。工程实际中，停留时间短或保温良好的管道可近似处理为前者，一般长输管道可近似为后者。

11.3.1　有摩擦绝热流动的特点及基本关系

(1) 马赫数变化特点及基本关系

对于等截面管中有摩擦的绝热流动，若进口为亚声速（$M<1$），则管内流速将持续增

加，且至多只能在管道出口达到声速；若进口为超声速（$M>1$），则管内流速将持续减小，且至多只能在管道出口降到声速。要实现超声速到亚声速的转变，只有出现激波。

对于内径为 D 的等截面管，气流马赫数 M 随进口距离 x 的变化关系为

$$\frac{1-M^2}{kM^2}+\frac{k+1}{2k}\ln\left[\frac{(k+1)M^2}{2+(k-1)M^2}\right]=\lambda\frac{x_*-x}{D} \tag{11-28}$$

此处 x_* 是气流达到声速所需管长（称为临界长度）。其中上游为亚声速时，若出口仍然为亚声速，则 $x_*>L$（实际管长）；若出口为声速，则 $x_*=L$，x_* 不可能小于 L。

λ 是管道平均阻力系数。对于亚声速流动，可采用 Haaland 经验式计算 λ，即

$$\frac{1}{\sqrt{\lambda}}=1.135-0.782\ln\left[\left(\frac{e}{D}\right)^{1.11}+\frac{29.482}{Re}\right] \tag{11-29}$$

式中，e/D 是相对粗糙度；$Re=\rho vD/\mu$ 是管流雷诺数；μ 是进出口平均温度下的黏度。因等截面稳态管流 ρv 恒定，所以温度变化只通过改变 μ 来改变雷诺数 Re。

(2) 压力、温度、密度变化的特点及基本关系

对于等截面管绝热摩擦流动，气流参数变化的特点是：进口为亚声速时（M 持续增加），p、T、ρ 都将持续降低，进口为超声速时则恰好相反。其中上游截面 1 与下游截面 2 的参数之比与两截面的马赫数 M_1、M_2 有如下关系

$$\frac{T_1}{T_2}=\frac{2+(k-1)M_2^2}{2+(k-1)M_1^2},\ \frac{p_1}{p_2}=\frac{M_2}{M_1}\left(\frac{T_1}{T_2}\right)^{1/2},\ \frac{\rho_1}{\rho_2}=\frac{M_2}{M_1}\left(\frac{T_2}{T_1}\right)^{1/2} \tag{11-30}$$

> **说明**：以上关系式中令 $M_2=1$，对应的 p_2、T_2、ρ_2 即 x_* 截面的参数。其次，因绝热流动滞止温度 T_0 不变，故已知截面马赫数 M，则该截面温度 T 仍可用滞止温度公式计算。

(3) 进口为亚声速时出口马赫数及压力的三种情况

图 11-18 是进口为亚声速，且出口背压 p_b 一定时，管内 p 和 M 的变化规律。流体静止时，见图中虚线，$M=0$，$p=p_b$；流动情况下，总体趋势是管内 p 逐渐降低，M 逐渐增加。其中随进口压力由低到高，出口马赫数 M_E 和出口压力 p_E 有三种情况。

情况 A：进口压力相对较低，出口为亚声速（即 $M_E<1$），出口压力 $p_E=p_b$，见图中曲线 A。

情况 B：进口压力增加，出口达到声速（即 $M_E=1$），出口压力维持 $p_E=p_b$，见图中曲线 B。

情况 C：进口压力进一步增加，出口维持声速（即 $M_E=1$），但出口压力 $p_E>p_b$，见图中曲线 C。此情况下出口气流将继续膨胀（有膨胀波）。

以上情况中，情况 B 的两个出口条件都是确定

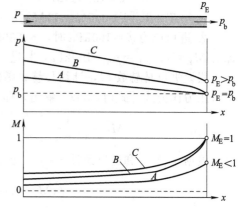

图 11-18 绝热管道中 M 和 p 的变化规律

的（等式）：即 $M_E=1$，$p_E=p_b$，因此，需要由进口压力确定出口状态时，可先确定情况 B 对应的进口压力，并以此区分情况 A、C。

等截面管绝热摩擦流动的流量通常直接按 $q_m=\rho vA$ 计算。

11.3.2 有摩擦绝热流动典型问题

【P11-28】 绝热摩擦流动三种典型工况的对比计算。总温（滞止温度）$T_0=300K$ 的空气，进入直径 $D=3cm$、长度 $L=8m$ 的管道作绝热流动。已知出口环境压力 $p_b=100kPa$。

① 若出口马赫数 $M_E=1$，出口压力 $p_E=p_b$，且取平均阻力系数 $\lambda=0.0129$，试确定出口温度 T_E、进口压力 p、温度 T 和马赫数 M；

② 若进口压力 $p=160kPa$，且取平均阻力系数 $\lambda=0.0160$，试确定进口温度 T、马赫数 M，出口的压力 p_E、温度 T_E 和马赫数 M_E；

③ 若进口压力 $p=600kPa$，且取平均阻力系数 $\lambda=0.0110$，试确定进口温度 T、马赫数 M，出口的压力 p_E、温度 T_E 和马赫数 M_E；

④ 绘制上述三种情况下管内的马赫数 M、压力 p 和温度 T 分布图。

解 ① $M_E=1$、$p_E=p_b$，意味着流动工况属图 11-18 中的情况 B。

因绝热流动 T_0 保持不变，故由滞止温度公式可得出口温度 T_E，即

$$T_E=T_0[1+0.5(k-1)M_E^2]^{-1}=300\times(1+0.2\times1^2)^{-1}=250(K)$$

因出口 $M_E=1$，故 $x_*=8m$（管长），由此可计算进口（$x=0$）对应的摩擦项为

$$\lambda\frac{x_*-x}{D}=0.0129\times\frac{8-0}{0.03}=3.440$$

用马赫数函数 $f(M)$ 表示马赫数分布式［式(11-28)］左边函数项，即

$$f(M)\equiv\frac{1-M^2}{kM^2}+\frac{k+1}{2k}\ln\left[\frac{(k+1)M^2}{2+(k-1)M^2}\right]$$

则对应于进口马赫数 M 有 $\qquad f(M)=3.440$

据此试差可得进口马赫数 $\qquad M=0.3504$

再根据两截面压力比公式和滞止温度公式，可得情况 B 的进口压力 p 和温度 T，即

$$p=p_E\frac{M_E}{M}\left[\frac{2+(k-1)M_E^2}{2+(k-1)M^2}\right]^{0.5}=\frac{100\times1}{0.3504}\times\left(\frac{2+0.4\times1^2}{2+0.4\times0.3504^2}\right)^{0.5}=308.9(kPa)$$

$$T=T_0[1+0.5(k-1)M^2]^{-1}=300\times(1+0.2\times0.3504^2)^{-1}=292.8(K)$$

② 进口压力 $p=160kPa$ 时，$p<308.9kPa$（情况 B 进口压力），故流动工况属情况 A。此时 $M_E<1$，$p_E=p_b=100kPa$，其进、出口马赫数需试差计算，过程如下。

假设进口马赫数 M，计算马赫数函数 $f(M)$ 的值和出口马赫数 M_E，其中 M_E 可由进出口压力比公式［式(11-30)］解出，即

$$M_E^2=\frac{1}{(k-1)}\left\{\sqrt{1+\frac{k-1}{(p_E/p)^2}M^2[2+(k-1)M^2]}-1\right\}$$

根据 $f(M)$ 和进口条件 $x=0$，应用马赫数分布式计算临界管长 x_*，即

$$f(M)=\lambda\frac{x_*-0}{D}\rightarrow x_*=\frac{D}{\lambda}f(M)$$

再分别计算出口的 $f(M_E)$ 和摩擦项，直至二者相等，即取 $x=L$（管长）并直至

$$f(M_E)=\lambda\frac{x_*-L}{D}$$

试差结果为 $\qquad M=0.2918,\ M_E=0.4611,\ x_*=10.697m$

确定进、出口马赫数后，由滞止温度公式可得进、出口温度，即

$$T=T_0/[1+0.5(k-1)M^2]\rightarrow T=295.0K,\ T_E=287.8K$$

③ 进口压力 $p=600$kPa 时，$p>308.9$kPa，故流动工况属于情况 C。此情况下 $M_E=1$，$p_E>p_b$，$x_*=8$m，且已知 $\lambda=0.0110$，所以进口 $x=0$ 处有

$$\bar{\lambda}\frac{x_*-x}{D}=0.0110\times\frac{8-0}{0.03}=2.933 \rightarrow f(M)=2.933$$

据此试差可得进口马赫数　　　　　　　$M=0.3699$

将进口 M 代入滞止温度公式，可得进口温度 T 为

$$T=T_0[1+0.5(k-1)M^2]^{-1}=300\times(1+0.2\times0.3699^2)^{-1}=292.0(K)$$

当出口 $M_E=1$ 时，出口截面的滞止温度公式、进出口截面的压力比关系分别为

$$\frac{T_0}{T_E}=\frac{1+k}{2}, \quad \frac{p_E}{p}=M\left[\frac{2+(k-1)M^2}{k+1}\right]^{0.5}$$

代入已知的 T_0 和进口截面的 p、M，可得此时的出口压力和温度分别为

$$p_E=205.4\text{kPa}, \quad T_E=250\text{K}$$

以上三种情况下的进出口压力、马赫数、温度汇总见表 11-1。

表 11-1　P11-28 附表

项目	压力/kPa		马赫数		温度/K	
	进口 p	出口 p_E	进口 M	出口 M_E	进口 T	出口 T_E
② 情况 A	160.0	100.0=p_b	0.2918	0.4611	295.0	287.8
① 情况 B	308.9	100.0=p_b	0.3504	1	292.8	250.0
③ 情况 C	600.0	205.4>p_b	0.3699	1	292.0	250.0

④ 以上三种情况下，管道内的马赫数 M 分布图可由马赫数分布式计算绘制，压力 p 分布图和温度 T 分布图可分别用压力比公式和滞止温度公式计算后绘制，如图 11-19 所示。

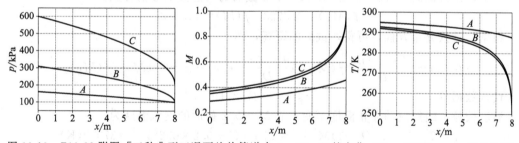

图 11-19　P11-28 附图［三种典型工况下绝热管道中 p、M、T 的变化（$T_0=300$K，$p_b=100$kPa）］

【P11-29】绝热管流中马赫数所在截面的位置计算。空气在直径 5cm 的管内绝热流动，进口马赫数 0.2。若管道平均阻力系数为 0.015，试确定马赫数达到 0.6 和 1.0 的截面位置。

解　空气 $k=1.4$，进口马赫数 $M=0.2$ 对应的马赫数函数值为

$$f(M)=\frac{1-M^2}{kM^2}+\frac{k+1}{2k}\ln\left[\frac{(k+1)M^2}{2+(k-1)M^2}\right]=14.533$$

根据绝热摩擦流动马赫数分布式，将进口条件 $x=0$ 代入可得管流临界长度 x_*

$$f(M)=\lambda\frac{x_*-0}{D} \rightarrow x_*=\frac{D}{\lambda}f(M)=\frac{0.05}{0.015}\times14.533=48.443(\text{m})$$

此 x_* 即 $M=1.0$ 的截面（只能是出口截面）至进口截面的距离。

将 $M=0.6$ 代入计算得　　　　　　　$f(M)=0.491$

因同一管流 x_* 不变，故根据马赫数分布式，可得 $M=0.6$ 的截面至进口的距离 x，即

$$f(M)=\lambda\frac{x_*-x}{D} \rightarrow x=x_*-f(M)\frac{D}{\lambda}=46.806\mathrm{m}$$

根据计算结果可见，马赫数由 $0.6 \rightarrow 1.0$ 只需约 $1.6\mathrm{m}$ 的距离，说明绝热流动在接近临界长度的区域内气流马赫数变化（增加）非常快（见图 11-19 中 M 的变化）。

【P11-30】根据出口马赫数和背压确定上游截面参数。 空气在直径 $3\mathrm{cm}$、相对粗糙度 $e/D=0.00005$ 的黄铜管内流动（绝热）。已知其出口马赫数为 0.8，空气总温 $373\mathrm{K}$，出口环境压力 $100\mathrm{kPa}$。试确定上游马赫数为 0.2 的截面的气流温度及该截面到出口的距离。

解 绝热流动 T_0 不变，且已知出口 M_E，故由滞止温度公式可得出口温度为

$$T_E=T_0[1+0.5(k-1)M_E^2]^{-1}=373\times(1+0.2\times0.8^2)^{-1}=330.7(\mathrm{K})$$

由此可计算出口速度，即

$$v_E=M_E a_E=0.8\times\sqrt{1.4\times287\times330.7}=291.6(\mathrm{m/s})$$

又因出口为亚声速（情况 A），故出口压力 $p_E=p_b=100\mathrm{kPa}$，因此出口密度为

$$\rho_E=p_E/RT_E=100000/(287\times330.7)=1.054(\mathrm{kg/m^3})$$

估计空气平均温度为 $350\mathrm{K}$，其黏度 $\mu=2.11\times10^{-5}\mathrm{Pa\cdot s}$；又因稳态等截面管流中 $\rho v=\rho_E v_E$，故雷诺数和平均阻力系数为

$$Re=\rho_E v_E D/\mu=1.054\times291.6\times0.03/(2.11\times10^{-5})=436985.4$$

$$\frac{1}{\sqrt{\lambda}}=1.135-0.782\ln\left[\left(\frac{e}{D}\right)^{1.11}+\frac{29.482}{Re}\right] \rightarrow \lambda=0.0139$$

用马赫数函数 $f(M)$ 表示马赫数分布式 [式(11-28)] 左边函数项，即

$$f(M)=\frac{1-M^2}{kM^2}+\frac{k+1}{2k}\ln\left[\frac{(k+1)M^2}{2+(k-1)M^2}\right]$$

其中，出口截面（$M_E=0.8$）和 $M=0.2$ 截面的马赫数函数值分别为

$$f(M_E)=0.0723, \quad f(M)=14.533$$

根据马赫数分布方程，可得两截面的距离，即

$$f(M_E)=\lambda\frac{x_*-x_E}{D}, \quad f(M)=\lambda\frac{x_*-x}{D} \rightarrow x_E-x=[f(M)-f(M_E)]\frac{D}{\lambda}$$

代入数据得 $\qquad x_E-x=31.211\mathrm{m}$

温度校核：绝热流动滞止温度不变，故 $M=0.2$ 截面的气流温度为

$$T=T_0[1+0.5(k-1)M^2]^{-1}=373\times(1+0.2\times0.2^2)^{-1}=370.0(\mathrm{K})$$

由此可知流体平均温度为 $350.3\mathrm{K}$，与计算黏度时假设的平均温度相符。

【P11-31】颗粒输送管气流进口参数计算（与平均密度法对比）。 某粒状农产品输送系统由风机和管路组成，管道为直径 $20\mathrm{cm}$ 的钢管，管长 $150\mathrm{m}$，设计出口流速 $50\mathrm{m/s}$。已知出口环境压力 $100\mathrm{kPa}$，温度 $15\mathrm{°C}$，试确定管道进口端（风机出口）空气的温度、压力和速度。设颗粒载气的 $k=1.4$，$R=287\mathrm{J/(kg\cdot K)}$，管路平均阻力系数为 0.015。

解 根据本题给定条件（管长 $150\mathrm{m}$，流速 $50\mathrm{m/s}$）可知，气流的停留时间约为 $3\mathrm{s}$，可按绝热情况考虑。因出口为亚声速（情况 A），故出口压力 $p_E=p_b=100\mathrm{kPa}$；若取 $T_E=288\mathrm{K}$，则管道出口处的声速、马赫数、滞止温度分别为

$$a_E=\sqrt{kRT_E}=340.2\mathrm{m/s}, \quad M_E=v_E/a_E=0.147$$

$$T_0=T_E[1+0.5(k-1)M_E^2]=289.2\mathrm{K}$$

将出口马赫数 $M_E=0.147$ 及 $k=1.4$ 代入马赫数函数 $f(M)$，可得其值为

$$f(M) = \frac{1-M^2}{kM^2} + \frac{k+1}{2k}\ln\left[\frac{(k+1)M^2}{2+(k-1)M^2}\right] \rightarrow f(M_E) = 29.2065$$

将马赫数分布式应用于出口，其中出口至进口的距离用 x_E 表示（即管长），则有

$$f(M_E) = \lambda\frac{x_* - x_E}{D} \quad \text{或} \quad x_* = f(M_E)\frac{D}{\lambda} + x_E$$

代入数据可得该管流的临界长度 x_* 为

$$x_* = 29.2065 \times 0.2/0.015 + 150 = 539.42\,(\text{m})$$

已知 x_* 后（既定管流 x_* 不变），可计算进口截面（$x=0$）对应的摩擦项，即

$$\lambda\frac{x_* - x}{D} = 0.015 \times \frac{539.42 - 0}{0.2} = 40.457 \quad \text{即} \quad f(M) = 40.457$$

由此试差可得进口马赫数 $\qquad M = 0.127$

绝热过程滞止温度不变，所以进口温度及进口流速分别为

$$T = T_0[1+0.5(k-1)M^2]^{-1} = 289.2 \times (1+0.2\times0.127^2)^{-1} = 288.3\,(\text{K})$$
$$v = M\sqrt{kRT} = 0.127 \times \sqrt{1.4\times287\times288.3} = 43.22\,(\text{m/s})$$

将 $M_E = 0.147$、$M = 0.127$ 代入两截面压力比公式，可得进口压力，即

$$\frac{p}{p_E} = \frac{M_E}{M}\left[\frac{2+(k-1)M_E^2}{2+(k-1)M^2}\right]^{1/2} = 1.1581, \quad p = 1.1581p_E = 115.81\text{kPa}$$

注：以上是设定出口温度 $T_E = 288\text{K}$ 的计算结果。

按常规平均密度方法的对比计算：平均密度法中，进、出口压降表示为

$$p - p_E = \lambda\frac{L}{D}\frac{\rho_m v_m^2}{2} = \lambda\frac{L}{D}\frac{(\rho_m v_m)^2}{2\rho_m}$$

因已知出口条件，所以根据等截面管定常流动质量通量守恒和状态方程有

$$\rho_m v_m = \rho_E v_E = p_E v_E/(RT_E)$$

对于气体流动，常规计算中密度取进出口压力下的平均密度（不计温度变化），即

$$\rho_m = (\rho + \rho_E)/2 = (p + p_E)/(2RT_E)$$

代入压降表达式可得以出口参数表达的进口压力，代入已知数据可得进口压力值，即

$$p^2 = p_E^2\left(1 + \lambda\frac{L}{D}\frac{v_E^2}{RT_E}\right) = p_E^2\left(1 + \lambda\frac{L}{D}kM_E^2\right), \quad p = 115.77\text{kPa}$$

以上结果表明：气速较低且管长相对较短时（$L \ll x_*$），气流进出口温度变化极小，压力变化也较小，此时常规算法结果差别很小。若其他条件不变，提高出口马赫数至 $M_E = 0.5$，则按绝热流动计算 $T = 299.6\text{K}$，$p = 237.8\text{kPa}$，按常规算法 $p = 222.2\text{kPa}$，差别增大。

【P11-32】**给定管长/流量/进口压力试差计算管径**。氢气气瓶外接调节阀，通过 3m 长的软管将氢气排放于压力 $p_b = 50\text{kPa}$ 的环境中，要求调节阀出口压力（软管进口压力）为 310kPa 时的流量为 $q_m = 0.026\text{kg/s}$。已知气流总温 $T_0 = 313\text{K}$，软管相对粗糙度 $e/D = 0.0015$。试按绝热流动确定软管直径。

解　查附表 C-2，氢气 $k = 1.4$，$R = 4124\text{J/(kg·K)}$。查附表 C-3，氢气在 0℃ 的黏度 $\mu_0 = 8.4 \times 10^{-6}\text{Pa·s}$，$C = 71$，因此氢气黏度随温度的变化可表示为

$$\mu = \mu_0\frac{273+C}{T+C}\left(\frac{T}{273}\right)^{1.5} = 8.4\times10^{-6}\times\frac{344}{T+71}\left(\frac{T}{273}\right)^{1.5}$$

条件分析：因进口压力较高（相对于 p_b），故可首先假设出口情况为图 11-18 中的情况 C。

即出口处马赫数 $M_E=1$，压力 $p_E > p_b = 50\text{kPa}$，此时出口温度为

$$T_E = T_0[2/(k+1)] = 313 \times 2/2.4 = 260.83(\text{K})$$

将质量流量公式用出口参数表示，可得管径 D 与出口压力 p_E 关系为

$$q_m = \rho_E v_E A = \frac{p_E}{RT_E} M_E \sqrt{kRT_E} A \rightarrow D^2 = q_m \frac{4/\pi}{M_E p_E} \sqrt{\frac{RT_E}{k}}$$

据此可建立管径设计试差步骤：

① 首先假设 p_E 计算 D （也可假设 D 计算 p_E）；

② 由进/出口压力比公式计算进口马赫数 M 以及对应的马赫数函数值

$$M^2 = \frac{1}{k-1} \left\{ \sqrt{1 + \frac{(k-1)M_E^2}{(p/p_E)^2}[2+(k-1)M_E^2]} - 1 \right\}$$

$$f(M) = \frac{1-M^2}{kM^2} + \frac{k+1}{2k} \ln\left[\frac{(k+1)M^2}{2+(k-1)M^2}\right]$$

③ 计算进口温度 T、平均温度 T_m、气体黏度 μ、雷诺数 Re，以获得阻力系数 λ

$$T = T_0/[1+(k-1)M^2/2], \quad T_m = (T+T_E)/2, \quad Re = 4q_m/(\pi D\mu)$$

$$1/\sqrt{\lambda} = 1.135 - 0.782\ln[(e/D)^{1.11} + 29.482/Re]$$

④ 将马赫数分布式用于进口（$x=0$）计算临界长度 x_*，即

$$f(M) = \lambda \frac{x_* - 0}{D} \rightarrow x_* = f(M)\frac{D}{\lambda}$$

⑤ 试差收敛条件：因出口 $M_E=1$，故以上计算的 x_* 应等于实际管长，即 $x_* \cong 3\text{mm}$。
试差收敛结果如下

$$p_E = 95.93\text{Pa}, D=17.39\text{mm}, M=0.3352, f(M)=3.905, T=306.12\text{K}$$

$$T_m = 283.48\text{K}, \bar{\mu}=8.625\times10^{-6}\text{Pa}\cdot\text{s}, Re=220672.8, \bar{\lambda}=0.02263, x_*=3.0006\text{m}$$

结果讨论： 以上结果满足题中所有给定条件，因此假设出口情况为情况 C 是合理的。换句话说，给定进口压力 $p=310\text{kPa}$、管长 $L=3\text{m}$ 的条件下，要实现 $q_m=0.026\text{kg/s}$ 的流量，其出口压力必然大于背压，即出口不可能是情况 A、B（出口压力等于背压）。

根据 D 与 p_E 的关系可知，$q_m=0.026\text{kg/s}$ 时，要出现情况 B（$M_E=1$，$p_E=50\text{kPa}$）则要求管径 $D=24.09\text{mm}$，由此并根据进口压力 $p=310\text{kPa}$ 可得要求的管长为 $x_*=20.447\text{m}$（这是按情况 B 设计的结果，其中管长远大于给定管长）。

【P11-33】给定气流总温试差计算进口压力对应的流量。 氧气在直径 2.5cm、长 10m、相对粗糙度 $e/D=0.0018$ 的铸铁管内绝热流动，其出口环境压力 $p_b=100\text{kPa}$。已知进口处氧气总温 $T_0=293\text{K}$。试确定进口静压分别为 300kPa 和 500kPa 时的质量流量。

解 查附表 C-2，氧气 $k=1.4$，$R=260\text{J/(kg}\cdot\text{K)}$；查附表 C-3，氧气在 0℃的黏度 $\mu_0=1.92\times10^{-5}\text{Pa}\cdot\text{s}$，$C=125$，因此其黏度随温度的变化可表示为

$$\mu = \mu_0 \frac{273+C}{T+C}\left(\frac{T}{273}\right)^{1.5} = 1.92\times10^{-5}\times\left(\frac{398}{T+125}\right)\left(\frac{T}{273}\right)^{1.5}$$

① 情况 B 的进口压力 p_B 计算（用于判断出口状态）：情况 B 出口条件是 $M_E=1$，$p_E=p_b=100\text{kPa}$，且 $x_*=10\text{m}$。已知 T_0，则出口温度 T_E、流速 v_E、密度 ρ_E 分别为

$$T_E = T_0[1+0.5(k-1)M_E^2]^{-1} = 293\times(1+0.2\times1^2)^{-1} = 244.2(\text{K})$$

$$v_E = M_E a_E = M_E\sqrt{kRT_E} = 1\times\sqrt{1.4\times260\times244.2} = 298.1(\text{m/s})$$

$$\rho_E = p_E/RT_E = 100000/(260 \times 244.2) = 1.575(\text{kg/m}^3)$$

考虑到进口温度高于 T_E，计算黏度 μ 时假设平均温度为 267K，由此得

$$\mu = 1.92 \times 10^{-5} \times \left(\frac{398}{267+125}\right)\left(\frac{267}{273}\right)^{1.5} = 1.885 \times 10^{-5}(\text{Pa} \cdot \text{s})$$

$$Re = \rho_E v_E D/\mu = 622689$$

根据 Re 与 $e/D = 0.0018$，由 Haaland 经验式可得阻力系数为

$$\lambda = 0.0231$$

情况 B 下出口处 $M_E = 1$，所以 $x_* = 10\text{m}$，而进口处 $x = 0$，故进口摩擦项为

$$\lambda \frac{x_* - x}{D} = 0.0231 \times \frac{10-0}{0.025} = 9.240，即 f(M) = 9.240$$

据此试差可得进口马赫数为 $\qquad M = 0.2416$

平均温度校核：根据滞止温度公式计算进口温度 T 和进出口平均温度 T_m

$$T = T_0[1+0.5(k-1)M^2]^{-1} = 293 \times (1+0.2 \times 0.2416^2)^{-1} = 289.6(\text{K})$$

$$T_m = (T+T_E)/2 = (289.6+244.2)/2 = 266.9(\text{K})$$

可见 T_m 与计算黏度时假设的 367K 一致。

根据压力比公式，代入进口 $M = 0.2416$，出口 $M_E = 1$，可得情况 B 的进口压力 p_B 为

$$\frac{p_B}{p_E} = \frac{M_E}{M}\left[\frac{2+(k-1)M_E^2}{2+(k-1)M^2}\right]^{0.5} = 4.508 \rightarrow p_B = 4.508 p_E = 450.8\text{kPa}$$

② 不同进口压力下的出口状态和流量计算：

ⅰ. 进口压力 $p = 300\text{kPa}$ 时，$p < p_B$，出口为亚声速（情况 A）。此时，$p_E = p_b = 100\text{kPa}$。为计算 q_m $(=\rho v A)$，除已知的进口压力 p 外，尚需确定进口 M 和 T（以确定 ρ 和 v）。由于过程中 x_*、λ 的计算又需先给定 M 和 T，所以计算过程需要试差，具体步骤如下。

假设进口 M，计算进口温度 T，继而计算进口密度 ρ 和速度 v，即

$$T = T_0[1+0.5(k-1)M^2]^{-1}，\rho = p/RT，v = M\sqrt{kRT}$$

然后根据进出口压力比公式解出并计算 M_E

$$M_E^2 = \frac{1}{k-1}\left\{\sqrt{1+\frac{k-1}{(p_E/p)^2}M^2[2+(k-1)M^2]} - 1\right\}$$

由此计算出口温度 T_E、平均温度 T_m、气体黏度 μ、雷诺数 Re，并获得阻力系数 λ

$$T_E = T_0/[1+(k-1)M_E^2/2]，T_m = (T+T_E)/2，Re = \rho v D/\mu$$

$$1/\sqrt{\lambda} = 1.135 - 0.782\ln[(e/D)^{1.11} + 29.482/Re]$$

计算进口的马赫数函数 $f(M)$，并根据马赫数分布式取 $x = 0$ 计算临界长度 x_*，即

$$f(M) = \frac{1-M^2}{kM^2} + \frac{k+1}{2k}\ln\left[\frac{(k+1)M^2}{2+(k-1)M^2}\right]，x_* = \frac{D}{\lambda}f(M)$$

根据 M_E 和 x_*，并取 $x = L$（管长），分别计算马赫数分布式两边，并直至其相等，即

$$f(M_E)，\lambda\frac{x_*-L}{D} \rightarrow f(M_E) \cong \lambda\frac{x_*-L}{D}$$

试差计算收敛结果如下

$$M = 0.2385，T = 289.7\text{K}，\rho = 3.983\text{kg/m}^3，v = 77.449\text{m/s}，M_E = 0.6878$$

$$T_E = 267.7\text{K}，\mu = 1.952 \times 10^{-5}\text{ Pa} \cdot \text{s}，Re = 394979，\lambda = 0.0232，x_* = 10.250\text{m}$$

由此得质量流量为 $\qquad q_m = \rho v A = 0.151\text{kg/s}$

ⅱ. 进口压力 $p=500$kPa 时，$p > p_B$，出口达到声速（情况 C）。此情况下，出口 $M_E=1$，$p_E > p_b$，$x_* = L = 10$m，出口温度 T_E 可根据 T_0 确定

$$T_E = T_0[1+0.5(k-1)M_E^2]^{-1} = 293 \times (1+0.2 \times 1^2)^{-1} = 244.17 \text{(K)}$$

为计算 q_m 同样需要试差。此时 M_E、x_*、T_E 已定，故过程较为简单，步骤如下。

假设进口 M，计算进口 T、ρ、v

$$T = T_0[1+0.5(k-1)M^2]^{-1}, \quad \rho = p/RT, \quad v = M\sqrt{kRT}$$

然后计算平均温度 T_m，气体黏度 μ、雷诺数 Re，并获得阻力系数 λ（公式同前）。

根据假设的 M 并取 $x=0$（进口）分别计算马赫数分布式两边，并直至其相等，即

$$f(M), \quad \lambda \frac{x_* - 0}{D} \rightarrow f(M) \cong \lambda \frac{x_*}{D}$$

满足收敛条件的试差结果如下

$$M=0.2417, \quad T=289.6\text{K}, \quad \rho=6.640\text{kg/m}^3, \quad v=78.476\text{m/s}$$

$$T_m=266.9\text{K}, \quad \mu=1.885 \times 10^{-5} \text{ Pa} \cdot \text{s}, \quad Re=691156, \quad \lambda=0.0231$$

由此得到的质量流量和出口压力如下

$$q_m = \rho v A = 0.256\text{kg/s}, \quad p_E = pM\left[\frac{2+(k-1)M^2}{k+1}\right]^{0.5} = 111.0\text{kPa}$$

上三种情况下的进出口压力、马赫数、温度和质量流量见表 11-2。

表 11-2　P11-33 附表

项目	压力/kPa		马赫数		温度/K		质量流量 $q_m/(\text{kg/s})$
	进口 p	出口 p_E	进口 M	出口 M_E	进口 T	出口 T_E	
情况 A	300.0	$100.0 = p_b$	0.2385	0.6878	289.7	267.7	0.151
情况 B	450.8	$100.0 = p_b$	0.2416	1	289.6	244.2	0.230
情况 C	500.0	$111.0 > p_b$	0.2417	1	289.6	244.2	0.256

【P11-34】给定气流进口温度试差计算进口压力对应的流量。氧气在直径 2.5cm、长 10m、相对粗糙度 $e/D=0.0018$ 的铸铁管内绝热流动，其出口环境压力 $p_b=100$kPa。已知进口处氧气温度 $T=320$K 且不变。试确定进口压力分别为 300kPa 和 500kPa 时的质量流量。

解　查附表 C-2，氧气 $k=1.4$，$R=260$J/(kg·K)；查附表 C-3，氧气在 0℃ 的黏度 $\mu_0=1.92 \times 10^{-5}$Pa·s，$C=125$，因此其黏度随温度的变化可表示为

$$\mu = \mu_0 \frac{273+C}{T+C}\left(\frac{T}{273}\right)^{1.5} = 1.92 \times 10^{-5} \times \left(\frac{398}{T+125}\right)\left(\frac{T}{273}\right)^{1.5}$$

① 情况 B 的进口压力 p_B 计算（用于判断出口状态）：情况 B 出口条件是 $M_E=1$，$p_E = p_b = 100$kPa，且 $x_*=10$m。进口温度 T 一定，p_B 与进口 M 有关，而计算 M 需要的阻力系数 λ 又与 M 有关，因此计算过程是试差过程，步骤如下。

假设进口 M，计算进口速度 v、压力 p_B、密度 ρ，以及出口 T_E 和平均温度 T_m，其中

$$v = M\sqrt{kRT}, \quad p_B = \frac{p_E}{M}\left[\frac{k+1}{2+(k-1)M^2}\right]^{1/2}, \quad \rho = \frac{p_B}{RT}$$

$$T_E = T\frac{2+(k-1)M^2}{2+(k-1)M_E^2} = T\frac{2+(k-1)M^2}{k+1}, \quad T_m = \frac{T+T_E}{2}$$

进而计算气体平均黏度 μ、雷诺数 Re 和阻力系数 λ（Haaland 公式）。

根据进口 M，取 $x=0$，分别计算马赫数函数 $f(M)$ 和摩擦项，直至二者相等，即

$$f(M), \lambda \frac{x_* - 0}{D} \rightarrow f(M) \cong \lambda \frac{x_*}{D}$$

满足此条件的试差结果如下

$$M = 0.2414, v = 82.388\text{m/s}, p_B = 451.17\text{kPa}, \rho = 5.423\text{kg/m}^3$$

$$T_E = 269.77\text{K}, T_m = 294.89\text{K}, \mu = 2.043 \times 10^{-5}\,\text{Pa·s}, Re = 546670, \lambda = 0.0231$$

由此得质量流量为 $\qquad q_m = \rho v A = 0.2193\text{kg/s}$

② 进口压力 $p = 300\text{kPa}$ 时的出口状态和流量计算：此时，$p < p_B$，出口为亚声速（情况 A）。此情况下，$M_E < 1$，$p_E = p_b = 100\text{kPa}$，进口密度 ρ 由 p、T 确定

$$\rho = p/(RT) = 300000/(260 \times 320) = 3.606(\text{kg/m}^3)$$

为计算 $q_m (= \rho v A)$，除已知 ρ 外，尚需知道进口马赫数 M（以确定进口速度 v），因计算 M 时的阻力系数 λ 也与 M 有关，因此计算过程是试差过程，步骤如下。

假设进口 M，计算进口速度 v 和出口马赫数 M_E（由两点压力比公式解出），即

$$v = M\sqrt{kRT}, M_E^2 = \frac{1}{k-1}\left\{\sqrt{1 + \frac{k-1}{(p_E/p)^2}M^2[2+(k-1)M^2]} - 1\right\}$$

由此计算出口温度 T_E $\qquad T_E = T\frac{2+(k-1)M^2}{2+(k-1)M_E^2}$

进而可计算平均温度 T_m、气体平均黏度 μ（黏度公式）、雷诺数 Re，并根据 Haaland 公式计算阻力系数 λ。

计算进口的马赫数函数 $f(M)$，并根据马赫数分布式取 $x=0$ 计算临界长度 x_*，即

$$x_* = (D/\lambda)f(M)$$

根据 M_E 和 x_*，取 $x=L$（管长），分别计算马赫数分布式两边，并直至其相等，即

$$f(M_E), \lambda \frac{x_* - L}{D} \rightarrow f(M_E) \cong \lambda \frac{x_* - L}{D}$$

满足以上条件的试差结果如下

$$M = 0.23824, v = 81.309\text{m/s}, M_E = 0.6871, T_E = 295.7\text{K}, T_m = 307.85\text{K}$$

$$\mu = 2.114 \times 10^{-5}\text{Pa·s}, Re = 346704, \lambda = 0.0233, x_* = 10.252\text{m}$$

由此得质量流量为 $\qquad q_m = \rho v A = 0.1439\text{kg/s}$

③ 进口压力 $p = 500\text{kPa}$ 时的出口状态和流量计算：此时，$p > p_B$，出口达到声速（情况 C）。此情况下，出口 $M_E = 1$，$p_E > p_b$，且 $x_* = L = 10\text{m}$。其中进口密度 ρ 由 p、T 确定

$$\rho = p/(RT) = 500000/(260 \times 320) = 6.010(\text{kg/m}^3)$$

为计算 q_m，需要迭代。此时 M_E、x_*、T 已定，故过程较为简单，步骤如下。

假设进口 M，计算进口速度 v、出口温度 T_E、平均温度 T_m，有

$$v = M\sqrt{kRT}, T_E = T\frac{2+(k-1)M^2}{2+(k-1)M_E^2}, T_m = \frac{T+T_E}{2}$$

然后计算气体平均黏度 μ、雷诺数 Re，并获得阻力系数 λ（公式同前）。

根据假设的进口 M，取 $x=0$，分别计算马赫数函数和摩擦项，并直至其相等，即

$$f(M), \lambda \frac{x_* - 0}{D} \rightarrow f(M) \cong \lambda \frac{x_*}{D}$$

满足以上条件的试差结果，以及由此得到的质量流量 q_m 和出口压力 p_E 如下

$M=0.2415$，$v=82.422 \mathrm{m/s}$，$T_\mathrm{E}=269.8 \mathrm{K}$，$T_\mathrm{m}=294.9 \mathrm{K}$，$\mu=2.043\times10^{-5} \mathrm{Pa \cdot s}$

$Re=606089$，$\lambda=0.0231$，$q_\mathrm{m}=\rho v A=0.2431 \mathrm{kg/s}$，$p_\mathrm{E}=110.9 \mathrm{kPa}$

以上三种情况下的进出口压力、马赫数、温度和质量流量见表11-3。

表 11-3　P11-34 附表

项目	压力/kPa		马赫数		温度/K		质量流量
	进口 p	出口 p_E	进口 M	出口 M_E	进口 T	出口 T_E	$q_\mathrm{m}/(\mathrm{kg/s})$
情况 A	300.0	$100.0=p_\mathrm{b}$	0.23824	0.6871	320	295.71	0.144
情况 B	451.2	$100.0=p_\mathrm{b}$	0.2414	1	320	269.77	0.219
情况 C	500.0	$110.9>p_\mathrm{b}$	0.2415	1	320	269.78	0.243

【P11-35】**矩形管绝热摩擦流动计算**。空气以 45kg/s 的流量在截面尺寸 250mm× 350mm 的矩形管内绝热流动。已知管道进口截面压力 550kPa，温度 310K，密度为 ρ_1。试求流体密度 $\rho_2=0.75\rho_1$ 的截面至进口截面的距离。管道阻力系数 $\lambda=0.01$，管道直径用水力当量直径。

解　矩形管截面积及水力当量直径分别为

$$A=0.25\times0.35=0.0875(\mathrm{m^2})，\quad D_\mathrm{h}=4\frac{A}{P}=4\times\frac{250\times350}{2\times600}=292(\mathrm{mm})$$

进口截面流体密度、速度及马赫数分别为

$$\rho_1=p_1/(RT_1)=550000/(287\times310)=6.182(\mathrm{kg/m^3})$$
$$v_1=q_\mathrm{m}/(\rho_1 A)=45/(6.182\times0.0875)=83.191(\mathrm{m/s})$$
$$M_1=v_1/a_1=83.191/\sqrt{1.4\times287\times310}=0.2357$$

根据绝热摩擦流动两截面密度比公式解出下游马赫数，并代入数据得

$$M_2^2=\frac{2}{(k-1)}\left[\left(\frac{2}{(k-1)M_1^2}+1\right)\left(\frac{\rho_2}{\rho_1}\right)^2-1\right]^{-1}\rightarrow M_2=0.3156$$

定义马赫数函数

$$f(M)=\frac{1-M^2}{kM^2}+\frac{k+1}{2k}\ln\left[\frac{(k+1)M^2}{2+(k-1)M^2}\right]$$

代入数据可得　　　　$f(M_1)=9.8124$，$f(M_2)=4.6193$

根据马赫数分布方程，并代入数据，可得两截面的距离为

$$x_2-x_1=[f(M_1)-f(M_2)]\frac{D_\mathrm{h}}{\lambda}=151.639\mathrm{m}$$

下游截面的温度和压力分别为

$$T_2=T_1\frac{2+(k-1)M_1^2}{2+(k-1)M_2^2}=307.3\mathrm{K}，\quad p_2=p_1\frac{T_2\rho_2}{T_1\rho_1}=408.9\mathrm{kPa}$$

11.3.3　有摩擦等温流动的特点及基本关系

等温流动即气流温度 T 保持不变的流动。等温意味着黏度 μ 不变，故定常条件下等截面管有摩擦等温流动中，管道各截面的质量通量 ρv、雷诺数 Re 及阻力系数 λ 均保持不变。其流量通常也直接按 $q_\mathrm{m}=\rho v A$ 计算。

（1）管内马赫数变化的特点及关系

等截面管等温摩擦流动中，若进口马赫数 $M<1/\sqrt{k}$，则管内流速持续增加，且至多只

能在管道出口趋于 $M=1/\sqrt{k}$；若进口 $M>1/\sqrt{k}$，则管内流速持续减小，且至多只能在出口趋于 $M=1/\sqrt{k}$，即壁面摩擦总是使等温气流的 M 趋近于 $1/\sqrt{k}$。

对于内径为 D 的等截面管，气流马赫数 M 随进口距离 x 的变化关系为

$$\ln(kM^2)+\frac{1-kM^2}{kM^2}=\lambda\frac{x_{\rm T}-x}{D} \tag{11-31}$$

式中，$x_{\rm T}$ 是气流马赫数 $M=1/\sqrt{k}$ 所需管长（称为临界长度），且 $x_{\rm T}\geqslant L$（实际管长）。λ 是管道阻力系数。对于亚声速流动，λ 可用 Haaland 经验式计算。

根据 M 分布式可知，任意两截面的马赫数 M_1、M_2 与其进口距离 x_1、x_2 有如下关系

$$\ln\frac{M_1^2}{M_2^2}+\frac{1}{kM_1^2}-\frac{1}{kM_2^2}=\lambda\frac{x_2-x_1}{D} \tag{11-32}$$

(2) 压力变化的特点及基本关系

对于等截面管的等温摩擦流动，若进口 $M<1/\sqrt{k}$，则气流压力 p 和密度 ρ 将持续降低，进口 $M>1/\sqrt{k}$ 时则恰好相反。其中任意两截面的压力、密度与对应 M_1、M_2 有如下关系

$$p_1M_1=p_2M_2,\quad \rho_1M_1=\rho_2M_2 \tag{11-33}$$

(3) 有摩擦等温流动时管内外的传热特点

等截面管等温摩擦流动中，管内流体与外界（管外）必然存在热量传递。其中，若进口马赫数 $M<1/\sqrt{k}$，则等温流动必然是吸热过程（热流量 $Q>0$），且 Q 沿 x 的变化规律取决于 M 沿 x 的变化；若进口马赫数 $M>1/\sqrt{k}$，则等温流动必然是放热过程。吸热或放热不足，或不满足 M 沿 x 的变化要求，流动将偏离等温流动（见 P11-42）。

11.3.4　有摩擦等温流动典型问题

【P11-36】等温摩擦流动进出口压力关系与平均密度法关系的对比。气体在长度 L、直径 D（截面积为 A）、阻力系数 λ 的等截面管内等温流动（温度 T）。

① 试推导进出口压力 p_1、p_2 与质量流量 $q_{\rm m}$ 的关系，p_1、p_2 与进口马赫数 M_1 或出口马赫数 M_2 的关系；

② 试根据常规的管道流动压降与阻力系数关系（达西公式），并取流体密度为进出口平均密度推导类似关系；

③ 对比分析以上两种方法所建立的关系式。

解　定常流动时 $q_{\rm m}=\rho_1v_1A=\rho_2v_2A$，据此并引用气体状态方程、马赫数定义、两截面马赫数关系和压力关系，可得等温摩擦流动进出口压力 p_1、p_2 与流量 $q_{\rm m}$ 的关系为

$$p_1^2-p_2^2=\left(\lambda\frac{L}{D}+2\ln\frac{p_1}{p_2}\right)\left(\frac{q_{\rm m}}{A}\right)^2RT \tag{11-34}$$

将两截面压力关系式 ［式(11-33)］ 代入两截面马赫数关系式 ［式(11-32)］，可得

$$\frac{p_2^2}{p_1^2}=1-\left(\lambda\frac{L}{D}+2\ln\frac{p_1}{p_2}\right)kM_1^2,\quad \frac{p_1^2}{p_2^2}=1+\left(\lambda\frac{L}{D}+2\ln\frac{p_1}{p_2}\right)kM_2^2 \tag{11-35}$$

② 常规方法中，管道压降采用阻力系数定义式计算，密度取进出口平均密度，即

$$p_1-p_2=\lambda\frac{L}{D}\frac{\rho_{\rm m}v_{\rm m}^2}{2}=\lambda\frac{L}{D}\left(\frac{q_{\rm m}}{A}\right)^2\frac{1}{2\rho_{\rm m}},\quad \rho_{\rm m}=\frac{\rho_1+\rho_2}{2}=\frac{p_1+p_2}{2RT}$$

由此可得
$$p_1^2 - p_2^2 = \lambda \frac{L}{D}\left(\frac{q_m}{A}\right)^2 RT \qquad (11\text{-}36)$$

根据上式，考虑 $q_m/A = \rho_1 v_1 = \rho_2 v_2$，并引用状态方程和马赫数定义，可得

$$\frac{p_2^2}{p_1^2} = 1 - \lambda \frac{L}{D} k M_1^2, \quad \frac{p_1^2}{p_2^2} = 1 + \lambda \frac{L}{D} k M_2^2 \qquad (11\text{-}37)$$

以上两式中，前者用于进口参数给定的情况，后者用于出口参数给定的情况。

③ 比较以上平均密度法关系与等温摩擦流动对应关系可见，平均密度法的偏差取决于 $\lambda(L/D)$ 与 $2\ln(p_1/p_2)$ 的相对大小，后者相对较小时偏差较小，反之偏差较大。

【P11-37】矩形管等温摩擦流动下游压力计算（对比平均密度法）。 温度 310K 的空气以 45kg/s 的流量在截面尺寸 250mm×350mm 的矩形管内等温流动，其中管道阻力系数为 0.01。现已知管道上游某截面处的压力为 550kPa，试确定该截面下游 150m 处的压力。若采用常规平均密度法（见 P11-36），则 150m 处的压力又为多少？管道直径可用水力当量直径。

解 空气 $k=1.4$，$R=287\text{J/(kg·K)}$。压力 550kPa 截面处的马赫数为

$$M_1 = \frac{v_1}{a} = \frac{q_m}{\rho_1 A \sqrt{kRT}} = \frac{RT q_m}{p_1 A \sqrt{kRT}} = \frac{q_m}{p_1 A}\sqrt{RT/k}$$

代入数据得 $M_1 = 0.2357$

矩形管水力直径为 $D_h = 4A/P = 292\text{mm}$

已知 p_1、M_1，下游 150m 处的压力 p_2 可按式(11-35)试差确定，即

$$\frac{p_2^2}{p_1^2} = 1 - \left(\lambda\frac{L}{D} + 2\ln\frac{p_1}{p_2}\right)kM_1^2 \;\rightarrow\; p_2 = 409.6\text{kPa}$$

也可先根据两截面的马赫数关系式 [式(11-32)] 试差确定下游 150m 处的 M_2，即

$$2\ln\left(\frac{M_1}{M_2}\right) + \frac{1}{kM_1^2} - \frac{1}{kM_2^2} = \lambda\frac{x_2-x_1}{D_h} \rightarrow M_2 = 0.3165$$

再根据两截面的压力比公式，得到下游 150m 处的压力 p_2，即

$$p_2 = p_1 M_1/M_2 = 550\times0.2357/0.3165 = 409.6(\text{kPa})$$

常规平均密度法对比计算：已知进口条件，采用式(11-37)并代入已知数据可得

$$p_2 = p_1\sqrt{1 - \lambda\frac{L}{D}kM_1^2} = 426.2\text{kPa}$$

本题中 $2\ln(p_1/p_2) = 0.59$，$\lambda(L/D) = 5.14$

平均密度法未计入 $2\ln(p_1/p_2)$ 的影响，故计算的出口压力偏大约 4%。

【P11-38】根据进口参数确定下游压力（等温与绝热流动对比）。 用直径 15cm、相对粗糙度 $e/D=0.0003$ 的钢管输送甲烷气。进口压力 1MPa，温度 320K，流速 20m/s。已知甲烷气的比热比 $k=1.31$，$R=518\text{J/(kg·K)}$，并假设气体黏度不变且 $\mu=1.5\times10^{-5}\text{Pa·s}$。试分别按等温和绝热流动计算管道下游 3km 处的压力 p_2。若按常规平均密度法计算，则 p_2 又为多少？

解 首先计算甲烷气进口马赫数和密度，然后计算雷诺数和阻力系数，结果如下

$$M_1 = v_1/a_1 = v_1/\sqrt{kRT_1} = 20/\sqrt{1.31\times518\times320} = 0.04292$$

$$\rho_1 = p_1/RT_1 = 1000000/(518\times320) = 6.033(\text{kg/m}^3)$$

$$Re = \rho_1 v_1 D/\mu = 6.033\times20\times0.15/(1.5\times10^{-5}) = 1206600$$

$$1/\sqrt{\lambda} = 1.135 - 0.782\ln[(e/D)^{1.11} + 29.482/Re] \rightarrow \lambda = 0.0155$$

① 按等温流动计算：已知进口 p_1 和 M_1，3000m 出口处的压力 p_2 可直接根据式(11-35) 试差确定，即

$$\frac{p_2^2}{p_1^2}=1-\left(\lambda\frac{L}{D}+2\ln\frac{p_1}{p_2}\right)kM_1^2 \rightarrow p_2=498.55\text{kPa}$$

也可根据等温流动马赫数分布式，将 M_1 及 $x=0$ 代入计算出 x_T，然后再根据马赫数分布式试差确定 $x=3000$m 处的马赫数 M_2，再进一步根据两截面压力比公式计算 p_2，结果为

$$x_T=3942.2\text{m},\ M_2=0.08609,\ p_2=498.55\text{kPa}$$

② 按绝热流动计算：将进口 M_1 及 $x=0$ 代入式(11-28)，可得

$$\frac{1-M_1^2}{kM_1^2}+\frac{k+1}{2k}\ln\left[\frac{(k+1)M_1^2}{2+(k-1)M_1^2}\right]=\lambda\frac{x_*-0}{D} \rightarrow x_*=3950.3\text{m}$$

根据临界管长 x_* 可计算出口处（$x=3000$m）的摩擦项为

$$\lambda(x_*-x)/D=0.0155\times(3950.3-3000)/0.15=98.198$$

再将此代入绝热流动马赫数分布式，试差可得出口马赫数为

$$M_2=0.08602$$

进一步根据绝热流动两截面压力比公式，可得 3km 出口处的压力 p_2，即

$$\frac{p_2}{p_1}=\frac{M_1}{M_2}\left[\frac{2+(k-1)M_1^2}{2+(k-1)M_2^2}\right]^{1/2} \rightarrow p_2=0.4987p_1=498.7\text{kPa}$$

③ 按常规平均密度法，出口压力可用式(11-37) 计算，即

$$p_2^2=p_1^2\left(1-\lambda\frac{L}{D}kM_1^2\right) \rightarrow p_2=501.9\text{kPa}$$

本问题进出口马赫数很低，故按等温和绝热流动计算的结果差别不大。因为在较低的马赫数范围内，绝热与等温流动的压力变化规律接近，温度变化亦如此。

其次，本问题虽然压降较大，$p_1/p_2\approx2$，但因为

$$\lambda(L/D)=3100\gg2\ln(p_1/p_2)=1.392$$

故按平均密度法计算的出口压力偏差很小，仅偏大约 0.6%。

【P11-39】给定管参数/出口压力计算最大流量及进口压力。 用直径 50cm、长 1000m、相对粗糙度 $e/D=0.0001$ 的钢管输送 15℃甲烷气。已知甲烷气 $k=1.31$，$R=518\text{J}/(\text{kg·K})$，运动黏度 $\nu=1.59\times10^{-5}\text{m}^2/\text{s}$。若钢管出口压力 100kPa，试按等温流动确定最大质量流量及进口压力。

解　对于等截面管有摩擦等温流动，其最大流量的出口马赫数及对应流速为

$$M_E=1/\sqrt{k}=1/\sqrt{1.31}=0.874$$

$$v_E=M_Ea_E=M_E\sqrt{kRT_E}=0.874\times\sqrt{1.31\times518\times288}=386.4(\text{m/s})$$

因此其最大流量为　$q_m=\rho_Ev_EA=\frac{p_E}{RT_E}v_EA=\frac{100\times10^3}{518\times288}\times386.4\times\frac{0.5^2\times\pi}{4}=50.86(\text{kg/s})$

为计算该流量下进口压力，首先按出口条件（为已知条件）计算雷诺数，即

$$Re=v_ED/\nu=386.4\times0.5/(1.59\times10^{-5})=1.215\times10^7$$

根据该雷诺数范围，可采用 Haaland 经验式计算阻力系数 λ，即

$$\lambda^{-0.5}=1.135-0.782\ln[(e/D)^{1.11}+29.482/Re] \rightarrow \lambda=0.012$$

等温流动雷诺数 Re 处处相等，阻力系数 λ 保持不变，所以在进口处（$x=0$）有

$$\lambda\frac{x_T-x}{D}=0.012\times\frac{1000-0}{0.5}=24$$

据此并应用等温流动马赫数分布式 [式(11-31)]，试差可得进口马赫数为

$$kM^2 = 0.0353 \rightarrow M = \sqrt{0.0353/1.31} = 0.164$$

进一步根据等温流动两截面压力比公式，可得进口压力为

$$p = p_E M_E/M = 100 \times 0.874/0.164 = 532.9 (\text{kPa})$$

已知 p_E、M_E，进口压力 p 也可直接按式(11-35)试差确定，即

$$\frac{p^2}{p_E^2} = 1 + \left(\lambda \frac{L}{D} + 2\ln\frac{p}{p_E}\right) kM_E^2 \rightarrow p = 532.4 \text{kPa}$$

若按平均密度法计算，应用式(11-37)可得进口压力为

$$p = p_E \sqrt{1 + \lambda(L/D)kM_E^2} = 100 \times \sqrt{1 + 0.012 \times (1000/0.5) \times 1} = 500 (\text{kPa})$$

本问题中 $\quad\quad\quad\quad \lambda(L/D) = 24, \ 2\ln(p/p_E) = 3.346$

因后者达到前者的 14%，故按平均密度法计算的进口压力偏差较大。

【P11-40】给定两截面压力试差计算质量流量（对比平均密度法）。 氦气在直径为 5cm、长度为 100m、相对粗糙度 $e/D = 0.00003$ 的黄铜管内流动，进口压力 120kPa，出口压力 100kPa，温度维持 288K。已知 288K 时氦气的黏度 $\mu = 1.95 \times 10^{-5} \text{Pa·s}$，试确定质量流量。

解 查附表 C-2，氦气 $k = 1.67$，$R = 2077 \text{J/(kg·K)}$。管道进口氦气密度为

$$\rho = p/RT = 120000/(2077 \times 288) = 0.201 (\text{kg/m}^3)$$

计算流量需要知道速度 v（或马赫数 M），而计算 v 需要的阻力系数 λ 又与 v 有关，故计算流量首先需要试差计算 v，过程如下。

假设进口 M，计算进口速度 $v = M\sqrt{kRT}$、雷诺数 Re 及阻力系数 λ（Haaland 公式）。应用两点压力比公式，由假定的 M 计算出口马赫数 M_E，即

$$pM = p_E M_E \rightarrow M_E = (p/p_E)M = 1.2M$$

再根据 M、M_E 和 λ，取 $x_E - x = 100\text{m}$，分别计算马赫数关系式左右两端，即

$$2\ln\left(\frac{M}{M_E}\right) + \frac{1}{kM^2} - \frac{1}{kM_E^2}, \ \lambda\frac{x_E - x}{D}$$

试差收敛条件是以上两项相等（满足两截面马赫数关系）。满足该条件的试差结果为

$$M = 0.0629, \ v = 62.867\text{m/s}, \ Re = 32338, \ \lambda = 0.02295, \ M_E = 0.0755$$

由该结果计算的质量流量为

$$q_m = \rho v A = 0.201 \times 62.87 \times \pi \times 0.025^2 = 0.0248 (\text{kg/s})$$

若按平均密度法，则质量流量按式(11-36)计算，即

$$q_m = A\sqrt{\frac{D}{\lambda L}\frac{p_1^2 - p_2^2}{RT}} = 0.0249\text{kg/s}$$

该式中的阻力系数 λ 按前面的试差结果取值，即 $\lambda = 0.02295$。

本问题中 $\quad\quad\quad\quad \lambda(L/D) = 115, \ 2\ln(p_1/p_2) = 0.365$

可见后者相对于前者可以忽略，故按平均密度法计算的流量偏差很小。但此情况下平均密度法中阻力系数仍需试差，故平均密度法计算过程没有实质性简化。

【P11-41】出口马赫数为极限状态时进口马赫数的分析与计算。 空气在直径 5cm、长度 100m、相对粗糙度 $e/D = 0.00005$ 的管道内等温流动，温度维持 300K。已知出口压力 100kPa，空气 $k = 1.4$，$R = 287 \text{J/(kg·K)}$，300K 时的黏度 $\mu = 1.85 \times 10^{-5} \text{Pa·s}$。

① 试确定该管道等温流动的最大流量；

② 判断该管道可否实现进口马赫数 $M_1 = 0.5$ 的等温流动；

③ 确定该管道可实现等温流动的进口马赫数范围。

解　① 对于马赫数 $M<k^{-0.5}$ 的等温流动，其最大流量在出口马赫数最大时取得，而等温流动出口的最大马赫数为

$$M_2=1/\sqrt{k}=1/\sqrt{1.4}$$

此时出口的气流密度及最大马赫数对应的流速分别为

$$\rho_2=p_2/RT=100000/(287\times300)=1.1614(\mathrm{kg/m^3})$$

$$v_2=M_2\sqrt{kRT}=1.4^{-0.5}\times\sqrt{1.4\times287\times300}=293.43(\mathrm{m/s})$$

因此管道最大流量为　　　　$q_\mathrm{m}=\rho_2 v_2 A=0.669\mathrm{kg/s}$

② 根据等温流动特性可知，当进口马赫数 $M_1<k^{-0.5}$ 时，等温气流马赫数将随管长不断增大，但最大不超过 $k^{-0.5}$，其中气流马赫数达到 $k^{-0.5}$ 所经历的管长 x_T 则是进口马赫数为 M_1 的气流实现等温流动的最大管长。因此，对于实际长度为 L 管道，若 M_1 对应的 $x_\mathrm{T}\geq L$，则表示气流马赫数至多在出口才达到极限值 $k^{-0.5}$，此时进口马赫数为 M_1 的等温流动是可实现的。反之若 $x_\mathrm{T}<L$，则意味着气流马赫数在出口之前就达到极限值 $k^{-0.5}$，此时进口马赫数为 M_1 的等温流动是不可实现的。本问题中给定 $M_1=0.5$，其对应的 x_T 计算如下。

首先根据①得到的出口密度和速度计算 Re 和 λ（Haaland 公式），结果为

$$Re=\rho_2 v_2 D/\mu=921053,\ \lambda=0.01263$$

进一步根据式(11-31)，取 $M_1=0.5$、$x=0$，可得

$$\ln(kM_1^2)+\frac{1-kM_1^2}{kM_1^2}=\lambda\frac{x_\mathrm{T}-0}{D}\rightarrow x_\mathrm{T}=3.196\mathrm{m}$$

由此可见，气流进口马赫数 $M_1=0.5$ 时，其等温流动所需的最大管长 $x_\mathrm{T}<L$，因此本问题给定条件下，不能实现进口马赫数 $M_1=0.5$ 的等温流动。

注：气流马赫数在出口之前就达到极限值 $k^{-0.5}$ 时，管道内将出现喧噻（chocking）现象，此时管中气流状态将在保持极限流量的条件下自动调节：降低 M_1 并提高进口压力 p_1，直至极限马赫数推移到管道出口处；此后若进一步降低 M_1，则出口马赫数及流量相应减小。

③ 根据以上分析可知，给定管长 L 时，取 $M_2=k^{-0.5}$ 计算的 M_1 即是可实现等温流动的最大进口马赫数。该最大进口马赫数可根据进出口马赫数关系试差计算，即

$$\ln\frac{M_1^2}{M_2^2}+\frac{1}{kM_1^2}-\frac{1}{kM_2^2}=\lambda\frac{x_2-x_1}{D}$$

代入 $\lambda=0.01263$，并取 $M_2=1.4^{-0.5}$、$x_2-x_1=100\mathrm{m}$、$D=0.05\mathrm{m}$，试差可得

$$M_1=0.1552$$

此时的进口压力和流量（即前面计算得到的最大流量）分别为

$$p_1=p_2 M_2/M_1=544.6\mathrm{kPa},\ q_\mathrm{m}=\rho_2 v_2 A=0.669\mathrm{kg/s}$$

即本题条件下只要进口马赫数 $M_1\leq 0.1552$，皆可实现等温流动。此条件下进口马赫数 M_1 减小，则进口压力 p_1 相应增加，而出口马赫数 M_2 和管道流量 q_m 相应减小。

【P11-42】等温摩擦流动管长计算及传热分析。 空气在直径 $D=200\mathrm{mm}$、相对粗糙度 $e/D=0.0015$ 的管道内等温流动。已知管道进口截面压力 $p_1=600\mathrm{kPa}$、温度 $T=25℃$、流速 $v_1=30\mathrm{m/s}$，在该截面下游另一截面测得的空气压力 $p_2=100\mathrm{kPa}$。试确定：

① 两截面之间的距离；

② 为维持等温流动，两截面间需要由管壁输入的总热流量为多少？

③ 输入的热流量沿流动方向（x 方向）如何变化（增加、减小或恒定）？两截面处单位管长所需的热流量为多少？

解 25℃时空气的黏度 $\mu=1.83\times10^{-5}$ Pa·s。根据给定条件，进口截面（用下标 1 表示）的空气密度、马赫数，以及管内质量流量、雷诺数和摩擦阻力系数分别为

$$\rho_1=p_1/RT=7.015\text{kg/m}^3，M_1=v_1/\sqrt{kRT}=0.0867$$

$$q_m=\rho_1 v_1 A=6.611\text{kg/s}，Re=\rho_1 v_1 D/\mu=2.3\times10^6，\lambda=0.02185$$

① 根据等温流动两点压力关系和马赫数关系，可得下游截面的马赫数及距离分别为

$$M_2=M_1 p_1/p_2=0.0867\times(600/100)=0.5202$$

$$2\ln\left(\frac{M_1}{M_2}\right)+\frac{1}{kM_1^2}-\frac{1}{kM_2^2}=\lambda\frac{x_2-x_1}{D}\rightarrow L=x_2-x_1=807.314\text{m}$$

② 根据式(11-6)，考虑管流轴功功率 $N=0$，等温流动时 $\Delta i=0$，且气体位能亦可忽略，可得两截面间需要由管壁输入的总热流量为

$$Q=q_m\frac{v_2^2-v_1^2}{2}=q_m\frac{kRT}{2}(M_2^2-M_1^2)$$

该式表明：对于等径管的等温摩擦流动，因进口马赫数 $M_1<1/\sqrt{k}$ 时 $M_2>M_1$，故 $Q>0$，即流动必然是吸热过程（按传热原理，这要求环境温度高于气流温度）；反之，若进口马赫数 $M_1>1/\sqrt{k}$（此时 $M_2<M_1$），则 $Q<0$，即流动必然是放热过程（按传热原理，这要求环境温度低于气流温度）。

本题条件下 $M_1=0.0867<1/\sqrt{k}$，故两截面间需要由管壁输入的总热流量为

$$Q=0.5\times6.611\times1.4\times287\times298\times(0.5202^2-0.0867^2)=104128.5(\text{J/s})$$

③ 将 Q 的表达式对 x 求导（其中以 M_2 为变量），并引用等温流动马赫数 M 沿 x 的变化关系，可得吸热率 Q 沿 x 的变化率为

$$\frac{\mathrm{d}Q}{\mathrm{d}x}=\frac{\lambda q_m RT}{2D}\frac{k^2 M^4}{1-kM^2}$$

该式表明：对于等径管内的摩擦等温流动，若进口马赫数 $M_1<1/\sqrt{k}$（此时总有 $kM^2<1$），则 $\mathrm{d}Q/\mathrm{d}x>0$，即流体吸热率 Q 沿流动方向将不断增加；反之，若进口马赫数 $M_1>1/\sqrt{k}$（此时总有 $kM^2>1$），则 $-\mathrm{d}Q/\mathrm{d}x>0$，即流体放热率（$-Q$）沿流动方向将不断增加。若吸热或放热不满足上式规律，则流动将偏离等温流动。

本题条件下，两截面处单位管长所需的热流量分别为

$$x=0\text{m}，M=M_1=0.0867，\mathrm{d}Q/\mathrm{d}x=3.457\text{W/m}$$

$$x=807\text{m}，M=M_2=0.5202，\mathrm{d}Q/\mathrm{d}x=7.137\times10^3\text{W/m}$$

11.4 可压缩流体的速度与流量测试

11.4.1 可压缩流体的速度与流量测量公式

(1) 亚声速气流皮托管测速公式

皮托管测速时，直接测试量是驻点压力 p_0 和静压 p（或两者之差）。对于气体，视气流

速度在皮托管前端点滞止为零的过程为等熵过程，则对应的马赫数或速度计算式为

$$M^2 = \frac{2}{k-1}\left[(p_0/p)^{(k-1)/k} - 1\right], \quad v^2 = \frac{2kR}{k-1}T_0\left[1 - (p/p_0)^{(k-1)/k}\right] \tag{11-38}$$

由此表明，皮托管测试出流场静压 p 和驻点压力 p_0，即可确定来流马赫数 M。若要进一步确定气流速度 v，还需测试驻点温度 T_0。

亚声速皮托管测速公式应用及可压缩性影响分析详见 P11-5。

(2) 超声速气流皮托管测速公式

超声速气流中，见图 11-20，皮托管前端将出现脱体激波，皮托管测试的驻点压力 p_{02} 是正激波后气流的驻点压力。视速度滞止为零的过程为等熵过程，则 p_{02} 是正激波后气流的滞止压力，且 p_{02} 与激波前静压 p_1 与马赫数 M_1 的关系为

$$\frac{p_{02}}{p_1} = \left[\frac{(k+1)^{(k+1)}}{2kM_1^2 - (k-1)}\left(\frac{M_1^2}{2}\right)^k\right]^{1/(k-1)} \tag{11-39}$$

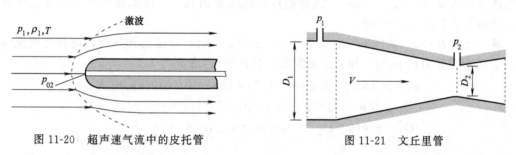

图 11-20　超声速气流中的皮托管　　　　　图 11-21　文丘里管

根据该式，测得 p_{02} 和 p_1，即可试差确定波前马赫数 M_1。确定 M_1 后，再测试驻点温度 $T_{02} = T_{01}$，即可根据滞止温度公式计算来流静温 T_1，由此计算声速 a_1 和来流速度 v_1（$= M_1 a_1$）。

(3) 可压缩流体流量测量

可压缩流体质量流量常采用如图 11-21 所示的渐缩管（即文丘里管）测量，其中下游测压管位于喉口位置。直接测试量为 p_1、p_2，将流动过程视为等熵过程，其质量流量计算式为

$$q_m = C_d\rho_2 A_2 v_2 = C_d A_2 v_2 \rho_1 (p_2/p_1)^{1/k} \tag{11-40a}$$

或

$$q_m = C_d A_2\left(\frac{p_2}{p_1}\right)^{1/k}\sqrt{\frac{2[k/(k-1)](p_1\rho_1)[1-(p_2/p_1)^{(k-1)/k}]}{1-(p_2/p_1)^{2/k}(D_2/D_1)^4}} \tag{11-40b}$$

其中 C_d 为流量系数，是理论流量的修正系数。该式对亚声速和超声速气流均适用，条件是截面 1 与截面 2 之间没有激波产生（文丘里管设计通常避免出现超声速流动）。且当文丘里管内流速较高（Re 较大）时，通常可取流量系数 $C_d = 1$。

11.4.2　可压缩流体速度与流量测量计算

【P11-43】**超声速飞机的马赫数及速度测量问题**。图 11-22 是飞机上用于测量马赫数的皮托管。已知驻点压力测管的读数为 $p_{02} = 150\text{kPa}$，静压测管的压力读数为 $p_1 = 40\text{kPa}$（注：静压测口位于马赫波后区域，因马赫波前后压力变化无限小，故该区域测试的静压代表激波前方静压），且前端正激波后的滞止温度 $T_{02} = 360\text{K}$。试确定飞机飞行的马赫数 M_1 和速度 v_1。

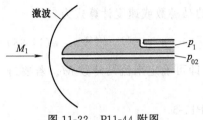

图 11-22　P11-44 附图

解　根据式(11-39)，取 $k=1.4$、$p_{02}/p_1=150/40=3.75$，试差可得

$$M_1=0.4715 \quad 或 \quad M_1=1.5863$$

因波前为超声速，故　　　$M_1=1.5863$

因气流穿越正激波为绝热过程，滞止温度守恒，故激波前气流滞止温度 $T_{01}=T_{02}=360K$。于是根据滞止温度公式可得激波前气流的静温为

$$T_1=T_{01}[1+0.5(k-1)M_1^2]^{-1}=360\times(1+0.2\times1.5863^2)^{-1}=239.5(K)$$

由此可得飞机飞行速度为

$$v_1=M_1a_1=M_1\sqrt{kRT_1}=1.5863\times\sqrt{1.4\times287\times239.5}=492.1(m/s)$$

【P11-44】**文丘里管测量氢气流量的对比计算**。压力 $p_1=100kPa$、温度 $T_1=288K$ 的氢气通过文丘里管流动。文丘里管水平放置，进口直径 $D_1=2cm$，喉口直径 $D_2=0.5D_1$。现测得进出口压降 $p_1-p_2=1kPa$，试分别按可压缩流动和不可压缩流动计算氢气的质量流量。已知流量系数 $C_d=0.62$。

解　查附表 C-2，氢气 $k=1.4$，$R=4124J/(kg\cdot K)$。根据已知条件，进口处的氢气密度 ρ_1、进出口压力比 p_2/p_1 和文丘里管喉口截面积 A_2 分别为

$$\rho_1=p_1/RT_1=100000/(4124\times288)=0.0842(kg/m^3)$$

$$p_2/p_1=1-(p_1-p_2)/p_1=1-1/100=0.99$$

$$A_2=\frac{\pi D_2^2}{4}=\frac{\pi\times(0.5D_1)^2}{4}=\frac{\pi\times(0.5\times0.02)^2}{4}=7.854\times10^{-5}(m^2)$$

因此根据式(11-40)，有

$$q_m=C_dA_2\left(\frac{p_2}{p_1}\right)^{1/k}\sqrt{\frac{2[k/(k-1)](p_1\rho_1)[1-(p_2/p_1)^{(k-1)/k}]}{1-(p_2/p_1)^{2/k}(D_2/D_1)^4}}$$

代入数据可得　　　　　　　　$q_m=6.49\times10^{-4}kg/s$

若按不可压缩流动处理，则根据伯努利方程，可得进口流速及质量流量分别为

$$p_1-p_2=\frac{\rho_1}{2}(v_2^2-v_1^2)=\frac{\rho_1 v_1^2}{2}\left(\frac{D_1^4}{D_2^4}-1\right)\rightarrow v_1=\sqrt{2\frac{p_1-p_2}{\rho_1[(D_1/D_2)^4-1]}}$$

$$q_m=C_d\rho_1 v_1 A_1=C_dA_1\sqrt{\frac{2\rho_1(p_1-p_2)}{[(D_1/D_2)^4-1]}}=C_dA_2\sqrt{\frac{2\rho_1(p_1-p_2)}{[1-(D_2/D_1)^4]}}$$

代入数据得　　　　　　　　$q_m=6.53\times10^{-4}kg/s$

也可将其中的 ρ_1 用平均密度 ρ_m 代替计算质量流量，结果为

$$\rho_m=\frac{\rho_1+\rho_2}{2}\approx\frac{p_1+p_2}{2RT_1}=0.0838kg/m^3,\ q_m=6.51\times10^{-4}kg/s$$

本问题压差仅有 p_1 的 1%，且流速较低，故按不可压缩流动计算的流量偏差较小。

第 12 章

过程设备内流体的
停留时间问题

流体由设备进口到出口所经历的时间称为停留时间。由于速度分布不均等原因，设备内流体的流动有快有慢，因此出口截面上流体的停留时间有长有短，出口截面上流体停留时间长短的构成情况称为停留时间分布（residence time distribution，RTD）。通过实验获得停留时间分布曲线，可为设备内流动模式的分析或建模提供依据。本章的分析与计算主要涉及停留时间基本概念与关系、停留时间分布测试与模型相关的基本问题。

12.1 停留时间的基本概念与关系

12.1.1 流体停留时间与进口时间的关系

在稳态连续流动系统中，若流体在 t_0 时刻进入系统，并于 t 时刻到达出口，则流体的停留时间 τ 为

$$\tau = t - t_0 \tag{12-1}$$

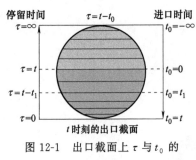

图 12-1 出口截面上 τ 与 t_0 的对应关系

出口截面上流体的停留时间 τ 通常分布于 $0 \to \infty$ 之间。想象将 t 时刻出口截面上的流体按其 τ 的长短排列起来，则可根据上式作出流体停留时间 τ 与其进口时间 t_0 的对应关系图，如图 12-1 所示。根据该图，可直观确定以下两方面的基本关系：

① 停留时间为 τ 的流体所对应的输入时间 t_0，例如：

• 停留时间 $\tau = 0$ 的流体必然是 $t_0 = t$ 时刻（当前时刻）进入系统的流体（短路情况）；

• 停留时间 $\tau = t$ 的流体必然是 $t_0 = 0$ 时刻进入系统的流体（进入后经时间 t 达到出口）；

• 停留时间 $\tau = \infty$ 的流体必然是 $t_0 = -\infty$ 时刻（很久以前）就进入系统的流体。

② 不同时间段输入的流体在出口截面上的分布区间，例如：

• 在 $t_0 = 0 \to t$ 期间进入系统的流体，只能且仅有其才能分布于 $\tau = t \to 0$ 的区域；

• 在 $t_0 \leqslant 0$ 期间进入系统的流体，只能且仅有其才能分布于 $\tau = t \to \infty$ 的区域；

• 在 $t_0 = 0 \to t_1$ 期间进入系统的流体，只能且仅有其才能分布于 $\tau = t \to t - t_1$ 的区域。

12.1.2 停留时间分布函数与密度函数

(1) RTD 分布函数 $F(t)$

分布函数 $F(t)$ 定义为出口截面上停留时间为 $\tau = 0 \to t$ 的流体的质量分率，见图 12-2。

这样一来，t 时刻出口截面上不同停留时间段的流体的质量分率 x 就可用分布函数 $F(t)$ 来表示，例如

$$\tau = 0 \to t \qquad x = F(t)$$
$$\tau = 0 \to t + \mathrm{d}t \qquad x = F(t + \mathrm{d}t)$$
$$\tau = t \to t + \mathrm{d}t \quad x = F(t + \mathrm{d}t) - F(t) = \mathrm{d}F(t)$$

因为 $\tau = 0$：$x = 0$，$\tau = 0 \to \infty$：$x = 1$，所以

$$F(0) = 0, \ F(\infty) = 1 \tag{12-2}$$

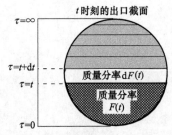

图 12-2 不同停留时间段的质量分率

（2）**RTD 密度函数 $E(t)$**

密度函数 $E(t)$ 定义为 $F(t)$ 的时间导数，即

$$E(t) = \frac{\mathrm{d}F(t)}{\mathrm{d}t} \quad 或 \quad F(t) = \int_0^t E(t)\mathrm{d}t \tag{12-3}$$

由此可见，$E(t)\mathrm{d}t$ 即停留时间在 $t \to t + \mathrm{d}t$ 时段（微分时段）的流体的质量分率。

（3）**分布函数 $F(t)$ 与密度函数 $E(t)$ 的关系**

① 如图 12-3 所示。分布函数 $F(t)$ 是一个累积函数，t 时刻 $F(t)$ 的值等于 $0 \to t$ 时间内 $E(t)$ 曲线下的面积。因为 $F(\infty) = 1$，所以 $E(t)$ 曲线下的总面积等于 1，即

$$F(\infty) = \int_0^\infty E(t)\mathrm{d}t = 1 \tag{12-4}$$

② t 时刻 $E(t)$ 的值等于 $F(t)$ 曲线的斜率，$E(t)_{\max}$ 点对应 $F(t)$ 曲线的拐点。

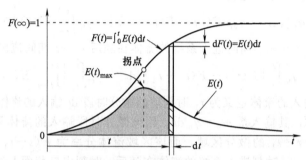

图 12-3　分布函数 $F(t)$ 与密度函数 $E(t)$ 之间的关系

（4）**无因次分布函数 $F(\theta)$ 与密度函数 $E(\theta)$**

为简洁起见，可根据平均停留时间 $\bar{t}$ 定义无因次时间 θ 和无因次密度函数 $E(\theta)$ 如下

$$\bar{t} = V/q_V, \ \theta = t/\bar{t}, \ E(\theta) = \bar{t}E(t) \tag{12-5}$$

根据这样的定义，由 $F(t)$ 与 $E(t)$ 的关系可得

$$F(t) = \int_0^t E(t)\mathrm{d}t = \int_0^\theta \bar{t}E(t)\mathrm{d}\theta = \int_0^\theta E(\theta)\mathrm{d}\theta = F(\theta)$$

由此可见，采用无因次时间 θ 后，仍然有 $F(t) = F(\theta)$，且 $F(\theta)$ 与 $E(\theta)$ 的关系不变，即

$$\mathrm{d}F(\theta) = E(\theta)\mathrm{d}\theta, \ F(\theta) = \int_0^\theta E(\theta)\mathrm{d}\theta \tag{12-6}$$

且仍然有

$$F(0) = 0, \ F(\infty) = \int_0^\infty E(\theta)\mathrm{d}\theta = 1 \tag{12-7}$$

12.1.3　不同时间输入的流体在出口截面的输出计算

【P12-1】**不同时间输入的流体在特定时间段流出系统的总质量。**一稳态连续流动系统，质量流量为 q_m，且已知其 RTD 分布函数 $F(t)$ 或密度函数 $E(t)$。试求：

① $t_0 = 0 \to t$ 期间输入系统的流体在 $0 \to t$ 期间流出系统的总质量；

② $t_0 = 0 \to t_1$ 期间进入系统的流体在随后 $t_1 \to t$ 期间流出系统的总质量；

③ $t_0 = t_1$ 时刻进入系统的流体在随后 $t_1 \to t$ 期间流出系统的总质量；

④ $t_0 = 0$ 时刻进入系统的流体在 $0 \to t$ 期间流出系统的总质量。

解　① 在 t 时刻的出口截面上，$t_0 = 0 \to t$ 期间输入的流体只能且仅有其才能分布于 $\tau =$

$t \to 0$ 的区域，而该区域流体分率为 $F(t)$，所以 $t_0 = 0 \to t$ 期间进入系统的流体在 t 时刻出口截面上的质量流量为

$$q_{m,0 \to t}^{t} = q_m F(t) = q_m \int_0^t E(t)\,\mathrm{d}t \tag{12-8}$$

注：$q_{m,0 \to t}^{t}$ 中下标 $0 \to t$ 表示输入时间段，上标表示 t 时刻出口截面，以下类似。

由此积分可得 $t_0 = 0 \to t$ 期间输入的流体在 $0 \to t$ 期间流出系统的总质量为

$$m_{0 \to t}^{0 \to t} = q_m \int_0^t F(t')\,\mathrm{d}t' = q_m \int_0^t \left[\int_0^{t'} E(t)\,\mathrm{d}t \right] \mathrm{d}t' \tag{12-9}$$

注：$m_{0 \to t}^{0 \to t}$ 中的下标为输入时间段，上标为输出时间段，以下类似。

② 类似地，因 $t_0 = 0 \to t_1 \, (t_1 \leqslant t)$ 期间输入的流体只能且仅有其才能分布于 $\tau = t \to t - t_1$ 的区域，而该区域流体分率为 $F(t) - F(t - t_1)$，所以 $t_0 = 0 \to t_1$ 期间进入系统的流体在随后 t 时刻出口截面上的质量流量为

$$q_{m,0 \to t_1}^{t} = q_m [F(t) - F(t - t_1)] = q_m \int_{t-t_1}^{t} E(t)\,\mathrm{d}t \tag{12-10}$$

由此积分可得 $t_0 = 0 \to t_1$ 期间进入系统的流体在随后 $t_1 \to t$ 期间流出系统的总质量为

$$m_{0 \to t_1}^{t_1 \to t} = q_m \int_{t_1}^{t} [F(t') - F(t' - t_1)]\,\mathrm{d}t' = q_m \int_{t_1}^{t} \left[\int_{t'-t_1}^{t'} E(t)\,\mathrm{d}t \right] \mathrm{d}t' \tag{12-11}$$

③ $t_0 = t_1$ 时刻输入的流体定义为 t_1 时刻前的微分时段 $\mathrm{d}t$ 输入的流体，即 $t_0 = t_1 - \mathrm{d}t \to t_1$ 微分时段输入的流体，其输入量 $m_0 = q_m \mathrm{d}t$。因该微分时段输入的流体只能且仅有其才能分布于 $\tau = t - t_1 + \mathrm{d}t \to t - t_1$ 的微分区域，而该区域流体分率为 $F(t - t_1 + \mathrm{d}t) - F(t - t_1) = \mathrm{d}F(t - t_1)$，所以 $t_0 = t_1$ 时刻进入系统的流体在随后 t 时刻出口截面上的流量为

$$q_{m,t_1}^{t} = q_m \mathrm{d}F(t - t_1) \quad \text{或} \quad q_{m,t_1}^{t} = m_0 \frac{\mathrm{d}F(t - t_1)}{\mathrm{d}t} = m_0 E(t - t_1) \tag{12-12}$$

由此积分可得 $t_0 = t_1$ 时刻进入系统的流体在随后 $t_1 \to t$ 期间流出系统的总质量为

$$m_{t_1}^{t_1 \to t} = m_0 F(t - t_1) = m_0 \int_{t_1}^{t} E(t - t_1)\,\mathrm{d}t = m_0 \int_0^{t-t_1} E(t)\,\mathrm{d}t \tag{12-13}$$

④ 在以上两式中令 $t_1 = 0$，则可得 $t_0 = 0$ 时刻进入系统的流体在随后 t 时刻出口截面上的流量和在 $0 \to t$ 期间流出系统的总质量分别为

$$q_{m,0}^{t} = m_0 \frac{\mathrm{d}F(t)}{\mathrm{d}t} = m_0 E(t), \quad m_0^{0 \to t} = m_0 F(t) = m_0 \int_0^t E(t)\,\mathrm{d}t \tag{12-14}$$

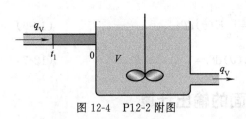

图 12-4　P12-2 附图

【P12-2】根据密度函数计算不同时间输入的流体在特定时间的输出量。图 12-4 为稳态连续流动系统，其中设备体积为 V，流体体积流量为 q_V，密度为 ρ。已知该系统 RTD 密度函数 $E(t)$ 为

$$E(t) = \frac{1}{k} \mathrm{e}^{-t/k}$$

其中 k 是时间常数。设想 $t_0 = 0$ 时刻系统进口切换为新流体，直到 $t_0 = t_1$ 时刻恢复为老流体，且新老流体物性/流量相同。试求：

① $0 \to t$ 时间内 $(t \leqslant t_1)$ 流出系统的新流体的总质量；

② $0 \to t$ 时间内 $(t \geqslant t_1)$ 流出系统的新流体的总质量；

③ $0 \to t$ 时间内 $(t \geqslant t_1)$ 流出系统的重新输入的老流体的总质量；

④ $0 \to t$ 时间内 $(t \geqslant t_1)$ 流出系统的 $t_0 = 0$ 以前输入的老流体的总质量。

解　① 当 $t \leqslant t_1$ 时，$t_0 = 0 \to t$ 时间内系统进口处的输入一直为新流体，而 $t_0 = 0 \to t$ 期

间输入的流体在 $0 \to t$ 期间流出系统的总质量可按式（12-9）计算，因此 $0 \to t$ 期间流出系统的新流体的总质量为

$$m_{0 \to t}^{0 \to t} = q_m \int_0^t \left[\int_0^{t'} E(t) \, dt \right] dt' = \frac{\rho q_V}{k} \int_0^t \left[\int_0^{t'} e^{-t/k} \, dt \right] dt'$$

积分后可得

$$m_{0 \to t}^{0 \to t} = k \rho q_V \left(\frac{t}{k} + e^{-t/k} - 1 \right)$$

② 当 $t \geqslant t_1$ 时，新流体在 $0 \to t$ 期间流出系统的总质量可分为两部分，一部分是 $0 \to t_1$ 期间流出系统的新流体量，可在以上结果中令 $t = t_1$ 得到，即

$$m_{0 \to t_1}^{0 \to t_1} = k \rho q_V \left(\frac{t_1}{k} + e^{-t_1/k} - 1 \right)$$

另一部分是 $t_1 \to t$ 期间流出的新流体量，可按式（12-11）计算，即

$$m_{0 \to t_1}^{t_1 \to t} = q_m \int_{t_1}^t \left[\int_{t'-t_1}^{t'} E(t) \, dt \right] dt' = \frac{\rho q_V}{k} \int_{t_1}^t \left[\int_{t'-t_1}^{t'} e^{-t/k} \, dt \right] dt'$$

积分后可得

$$m_{0 \to t_1}^{t_1 \to t} = k \rho q_V \left[1 + e^{-t/k} (1 - e^{t_1/k}) - e^{-t_1/k} \right]$$

两部分相加得

$$m_{0 \to t_1}^{0 \to t} = m_{0 \to t_1}^{0 \to t_1} + m_{0 \to t_1}^{t_1 \to t} = k \rho q_V \left[\frac{t_1}{k} - (e^{t_1/k} - 1) e^{-t/k} \right]$$

当 $t \to \infty$ 时，上式给出

$$m_{0 \to t_1}^{0 \to \infty} = \rho q_V t_1$$

即无限长时间后输入的新流体量 $\rho q_V t_1$ 将全部流出。

③ 重新输入的老流体只能在 $t \geqslant t_1$ 后流出系统，其流出的总量等于 $t_0 = 0 \to t$ 期间输入系统的流体在 $0 \to t$ 期间流出的总量减去该期间流出的新流体的量，即

$$m_{t_1 \to t}^{t_1 \to t} = m_{0 \to t}^{0 \to t} - m_{0 \to t_1}^{0 \to t_1} - m_{0 \to t_1}^{t_1 \to t}$$

即

$$m_{t_1 \to t}^{t_1 \to t} = k \rho q_V \left(\frac{t}{k} + e^{-t/k} - 1 \right) - k \rho q_V \left[\frac{t_1}{k} + e^{-t/k} (1 - e^{t_1/k}) \right]$$

简化后得

$$m_{t_1 \to t}^{t_1 \to t} = k \rho q_V \left[\frac{t - t_1}{k} + e^{-(t-t_1)/k} - 1 \right]$$

④ $0 \to t$ 时间内（$t \geqslant t_1$）流出系统的 $t_0 = 0$ 以前输入的老流体的总质量等于 $0 \to t$ 流出系统的流体总质量减去 $t_0 = 0 \to t$ 期间输入系统的流体在 $0 \to t$ 期间的流出量（包括新流体和重新输入的老流体的流出量），即

$$m_{-\infty \to 0}^{0 \to t} = \rho q_V t - m_{0 \to t}^{0 \to t}$$

或

$$m_{-\infty \to 0}^{0 \to t} = \rho q_V t - k \rho q_V \left(\frac{t}{k} + e^{-t/k} - 1 \right) = k \rho q_V (1 - e^{-t/k})$$

因为 $t \to \infty$ 时，$t_0 = 0$ 以前已经进入设备的老流体将全部流出，故在上式中令 $t \to \infty$ 可得 $t_0 = 0$ 以前设备内的老流体量为：$k \rho q_V$。由于设备体积为 V，所以 $t_0 = 0$ 以前已经进入设备的老流体量又等于 ρV。由此可知 $k = V/q_V$，即常数 k 是设备内流体的平均停留时间。

［算例］ 取 $q_m = 1 \, \text{kg/min}$，$k = 25 \, \text{min}$，$t_1 = 1 \, \text{min}$，$t = 10 \, \text{min}$，根据以上结果有：

ⅰ．新流体输入总量为 $1 \, \text{kg}$，t 时刻已经流出 $0.316 \, \text{kg}$，设备中剩余 $0.684 \, \text{kg}$；

ⅱ．重新输入的老流体量为 $9 \, \text{kg}$，t 时刻已经流出 $1.442 \, \text{kg}$，设备中剩余 $7.558 \, \text{kg}$；

ⅲ．$t_0 = 0$ 以前设备内的老流体为 $25 \, \text{kg}$，t 时刻已流出 $8.242 \, \text{kg}$，设备中剩余 $16.758 \, \text{kg}$；

根据以上结果：$0 \to t$ 期间三部分流出总量为 $10 \, \text{kg}$，与此期间输入的总量平衡；三部分剩余在容器内的量为 $25 \, \text{kg}$，等于容器装载量。

【P12-3】内部年龄分布密度函数 $I(t)$ 及其与 $F(t)$ 和 $E(t)$ 的关系。内部年龄指 t 时

刻仍然还在设备内的流体已在设备内经历的时间，用 τ_a 表示。显然，t 时刻仍然在设备内的流体其年龄 τ_a 有长有短，若定义其中年龄在 $\tau_a=t\rightarrow t+\mathrm{d}t$ 区间的流体分率为 $I(t)\mathrm{d}t$，则 $I(t)$ 称为年龄分布密度函数。根据这一定义，若设备内流体体积为 V_0，则其中 $\tau_a=t\rightarrow t+\mathrm{d}t$ 年龄段流体的体积 $\mathrm{d}V(t)$ 以及 $\tau_a=0\rightarrow t$ 年龄段流体的体积 $V(t)$ 就可分别表示为

$$\mathrm{d}V(t)=V_0 I(t)\mathrm{d}t, \quad V(t)=V_0\int_0^t I(t)\mathrm{d}t \tag{12-15}$$

现假设某稳态连续流动系统，系统内流体体积为 V，体积流量为 q_V，密度为 ρ。设想 $t=0$ 时刻将进口流体切换为性质、流量完全相同的新流体，并一直保持下去。

① 试采用内部年龄分布密度函数 $I(t)$ 表示 t 时刻存留在系统中的新流体量 m_1；

② 试采用 RTD 分布函数 $F(t)$ 表示 $0\rightarrow t$ 时间段流出系统的新流体量 m_2；

③ 试采用 RTD 分布函数 $F(t)$ 表示 $0\rightarrow t$ 时间段流出系统的老流体量 m_3；

④ 根据新流体的质量守恒，确定 $I(t)$ 与 $F(t)$ 或 $E(t)$ 之间的关系。

解 ① 因为 t 时刻存留在系统内的新流体的年龄一定分布于 $0\rightarrow t$ 时间段内（也只有新流体才分布于该时段内），故根据式(12-15)，t 时刻存留在系统中的新流体量 m_1 为

$$m_1=\rho V\int_0^t I(t)\mathrm{d}t$$

② $0\rightarrow t$ 时间段输入的全是新流体，所以根据式(12-9)，$0\rightarrow t$ 时间段流出系统的新流体量为

$$m_2=\rho q_V\int_0^t F(t)\mathrm{d}t$$

③ $0\rightarrow t$ 时间段流出系统的老流体量等于 $0\rightarrow t$ 期间流出系统的流体总质量 $\rho q_V t$ 减去该期间流出的新流体量 m_2，即

$$m_3=\rho q_V t-m_2 \rightarrow m_3=\rho q_V t-\rho q_V\int_0^t F(t)\mathrm{d}t$$

④ 根据质量守恒，$0\rightarrow t$ 期间输入的新流体总量 $\rho q_V t=m_1+m_2$，由此并令 $\bar{t}=V/q_V$（平均停留时间）可得

$$\rho q_V t=\rho V\int_0^t I(t)\mathrm{d}t+\rho q_V\int_0^t F(t)\mathrm{d}t \rightarrow t=\int_0^t[\bar{t}I(t)+F(t)]\mathrm{d}t$$

即 $$\bar{t}I(t)+F(t)=1 \quad\text{或}\quad \bar{t}I(t)=1-F(t)=1-\int_0^t E(t)\mathrm{d}t \tag{12-16}$$

此外，也可根据 t 时刻存留在系统的新流体量 m_1 等于 $0\rightarrow t$ 时间内流出系统的老流体量 m_3（等量置换）得到上述关系。

12.2 停留时间分布的测试及基本模型

12.2.1 停留时间分布函数与密度函数的测试

实验测试 RTD 分布函数 $F(t)$ 或密度函数 $E(t)$ 最常见的是脉冲示踪法和阶跃示踪法。

(1) 脉冲示踪法 (pulse signal)

脉冲示踪法就是 $t=0$ 时刻在系统进口以脉冲方式（瞬间）注入示踪剂 $m_0(\mathrm{g})$，同时在出口测定示踪剂浓度 $C(t)(\mathrm{g/m^3})$ 响应曲线。其优点是可直接由响应曲线 $C(t)$ 获得系统的 RTD 密度函数 $E(t)$。根据式(12-14)并设系统流量为 q_V、体积为 V，可得两者关系为

$$E(t)=\frac{q_V}{m_0}C(t) \quad\text{或}\quad \bar{t}E(t)=\frac{C(t)}{C_0} \quad\text{或}\quad E(\theta)=C(\theta) \tag{12-17}$$

其中 $\quad \bar{t}=V/q_V,\ C_0=m_0/V,\ E(\theta)=\bar{t}E(t),\ C(\theta)=C(t)/C_0$

通常由浓度记录仪输出的数据或由浓度曲线读取的数据是离散数据 $[t_i\text{-}C(t_i)]$。此时可按下式计算每一时刻的 $E(t_i)$ 值和 $F(t_i)$ 值，即

$$E(t_i)=\frac{q_V}{m_0}C(t_i),\quad F(t_i)=\sum_{k=1}^{i}E(t_k)\Delta t_k \quad (i=1,2,\cdots,n-1,n) \tag{12-18}$$

其中，Δt_i 是相邻两数据点的时间间隔；n 是总的数据点数。为使实验尽量准确，测试时间应足够长（或 n 足够多）且 Δt_i 应足够小。此外，还可根据 $t_i\text{-}C(t_i)$ 计算示踪剂量 m_{0c}

$$m_{0c}=\sum_{i=1}^{n}q_V C(t_i)\Delta t_i \tag{12-19}$$

然后通过比较 m_{0c} 与示踪剂实验用量 m_0 的误差大小，评判实验的误差程度。

关于脉冲示踪法的基本要求、缺点与难点等可见参考文献 [1] 或其他相关文献。

(2) 阶跃示踪法 （step change）

阶跃示踪法就是在 $t=0$ 时刻将系统进口切换成浓度为 $C_{S0}(t)$ （g/m³）的示踪剂溶液（保持 q_V 不变且物性相似），并同时在出口处测定示踪剂浓度 $C_S(t)$——响应曲线。该方法的优点是可直接由响应曲线得到系统的 RTD 函数 $F(t)$，两者关系可由式(12-8)得到，即

$$F(t)=\frac{C_S(t)}{C_{S0}}\quad \text{或}\quad F(\theta)=C_S(\theta) \tag{12-20}$$

对于实验获得的离散数据：$t_i\text{-}C_S(t_i)$，可根据上式获得 $t_i\text{-}F(t_i)$ 对应关系。$E(t_i)$ 的获取需数值微分，但误差较大；也可按式(12-18) 列方程求解 $E(t_i)$，但须编程计算。

关于阶跃示踪法的基本要求、缺点与难点等可见参考文献 [1] 或其他相关文献。

12.2.2 停留时间分布的数字特征

(1) 停留时间的数学期望 $\tilde{\tau}$

停留时间的数学期望 $\tilde{\tau}$ 即 $E(t)$ 曲线的一次矩，也称停留时间均值，其定义为

$$\tilde{\tau}\int_0^\infty E(t)\mathrm{d}t=\int_0^\infty tE(t)\mathrm{d}t \tag{12-21a}$$

或对于离散数据有

$$\tilde{\tau}=\frac{\sum t_i E(t_i)\Delta t_i}{\sum E(t_i)\Delta t_i}=\frac{\sum t_i \Delta F(t_i)}{\sum \Delta F(t_i)} \tag{12-21b}$$

物理上 $\tilde{\tau}$ 就是 $E(t)$ 曲线下总面积形心的横坐标，见图 12-5，反映停留时间平均特性。

需要指出的是，由于设备内可能存在短路或死角等原因，停留时间均值 $\tilde{\tau}$ 与名义上的平均停留时间 $\bar{t}=V/q_V$ 不一定相等。因此通过比较 $\tilde{\tau}$ 与 $\bar{t}$ 可推断设备内的流动状况。例如，$\tilde{\tau}<\bar{t}$ 表明设备内可能存在沟流或短路；$\tilde{\tau}>\bar{t}$ 则表明可能存在死区或吸附。

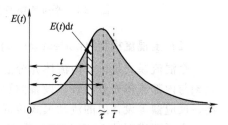

图 12-5 停留时间的数学期望或均值

(2) 停留时间的方差 σ^2

停留时间方差 σ^2 是 $E(t)$ 曲线的二次矩，表征 $E(t)$ 曲线相对于 $\tilde{\tau}$ 的分散度，定义为

$$\sigma^2\int_0^\infty E(t)\mathrm{d}t=\int_0^\infty (t-\tilde{\tau})^2 E(t)\mathrm{d}t=\int_0^\infty t^2 E(t)\mathrm{d}t-\tilde{\tau}^2 \tag{12-22a}$$

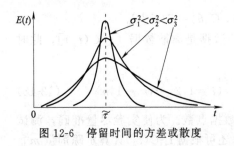

图 12-6 停留时间的方差或散度

或对于离散数据有

$$\sigma^2 = \frac{\sum t_i^2 E(t_i)\Delta t_i}{\sum E(t_i)\Delta t_i} - \tilde{\tau}^2 = \frac{\sum t_i^2 \Delta F(t_i)}{\sum \Delta F(t_i)} - \tilde{\tau}^2$$

(12-22b)

如图 12-6 所示，方差 σ^2 小，表明 $E(t)$ 曲线分布较集中，反之则较分散。特别地，$\sigma^2 = 0$ 则 $E(t)$ 曲线分散度为零，表示流体停留时间均相同且等于 $\tilde{\tau}$。

12.2.3 几种典型的停留时间分布模型

实际设备中流体的停留时间分布是多种多样的，以下介绍几种典型流动模式的 RTD 模型，包括：平推流模型、全混流模型、多釜串联模型、轴向扩散流模型。实际设备内流体的 RTD 模型通常可用这些模型及其组合来描述。

(1) 平推流模型 (plug flow)

平推流模型是流体以活塞状运动（混合程度为零）的理想流动模型。该模式下管道进口注入的示踪剂将如活塞一样向前运动 [见图 12-7(a)]，并在同一时间达到出口，故所有流体具有相同的停留时间（等于流体平均停留时间 $\bar{t} = L/u$）。较高速度的管流接近平推流。

平推流模式下，流体的停留时间均为 $\bar{t}$，即出口截面上停留时间为 $\bar{t}$ 的流体分率为 1，故平推流模型的 RTD 密度函数 $E(t)$ 与分布函数 $F(t)$ 可表述为

$$\begin{cases} t \neq \bar{t}: & E(t) = 0, \; E(t)\mathrm{d}t = 0, \; F(t) = 0 \\ t = \bar{t}: & E(t) = \infty, \; E(t)\mathrm{d}t = 1, \; F(t) = 1 \end{cases}$$

(12-23)

这一关系如图 12-7(b)、(c) 所示。由此可得平推流的停留时间均值 $\tilde{\tau}$ 与方差 σ^2 为

$$\tilde{\tau} = \bar{t}, \; \sigma^2 = 0$$

(12-24)

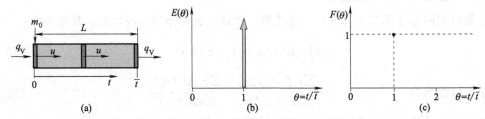

图 12-7 平推流模型及其 RTD 密度函数 $E(t)$ 与分布函数 $F(t)$

(2) 全混流模型 (perfect mixing)

全混流模式是设备内流体充分混合的理想流动模型。全混流模式下，示踪剂进入设备后立刻与内部流体充分混合，设备内示踪剂浓度均匀，出口浓度＝内部浓度。搅拌充分的混合器、反应器等设备内的流动模式接近全混流。

全混流模型的 RTD 密度函数 $E(t)$ 和分布函数 $F(t)$ 具有如下形式

$$E(t) = \frac{1}{\bar{t}} \mathrm{e}^{-t/\bar{t}} \quad \text{或} \quad E(\theta) = \mathrm{e}^{-\theta}; \quad F(t) = 1 - \mathrm{e}^{-t/\bar{t}} \quad \text{或} \quad F(\theta) = 1 - \mathrm{e}^{-\theta}$$

(12-25)

这一关系如图 12-8 所示，其停留时间均值 $\tilde{\tau}$ 与方差 σ^2 如下

$$\tilde{\tau} = \bar{t}, \; \sigma^2 = \tilde{\tau}^2 = \bar{t}^2$$

(12-26)

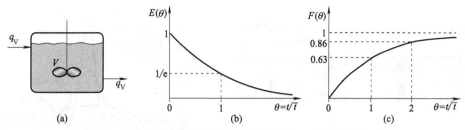

图 12-8　全混流模型及其 RTD 密度函数 $E(t)$ 与分布函数 $F(t)$

(3) 多釜串联模型

多釜串联模型即由 n 个等容积的全混釜串联而成的系统的 RTD 模型，见图 12-9（a）。该模型通常用于描述返混（混合）程度较大的反应器等设备内的流动模式。

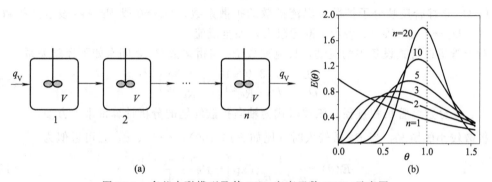

图 12-9　多釜串联模型及其 RTD 密度函数 $E(\theta)$ 示意图

多釜串联模型的 RTD 密度函数 $E(t)$、停留时间均值和方差如下（见 P12-14）

$$E(\theta)=\bar{t}E(t)=\frac{n}{(n-1)!}(n\theta)^{(n-1)}\mathrm{e}^{-n\theta} \tag{12-27}$$

$$\tilde{\tau}=\bar{t}=nV/q_{\mathrm{V}},\ \sigma^2=\bar{t}^2/n \tag{12-28}$$

式中，n 为串联釜的数量；$\bar{t}$ 是流体经过 n 个串联釜系统的平均停留时间；$\theta=t/\bar{t}$ 是无因次时间。多釜串联模型的 $E(\theta)$ 曲线如图 12-9（b）所示。由该图或式（12-28）可见：$n=1$，流动模式为全混流，$\tilde{\tau}=\bar{t}$，$\sigma^2=\bar{t}^2$；$n\rightarrow\infty$，流动模式为平推流，$\tilde{\tau}=\bar{t}$，$\sigma^2=0$。

对于实际设备，通过 RTD 实验获得 $E(\theta)$ 曲线及其数学期望和方差后，即可按式（12-28）确定该设备的级数 n（不一定是整数），n 越大，说明返混程度越小。

(4) 轴向扩散流模型

轴向扩散流模型即"平推流＋轴向扩散"构成的流动模型。如图 12-10（a）所示，有轴向扩散时，进口注入的示踪剂除了随平均速度 u 流动外，还要沿中心向两边扩散，因而其流动模式可视为平推流与轴向扩散的叠加。该模型适合描述有扩散效应的管式设备。

在图中开式进出口条件下，轴向扩散流的 $E(t)$ 函数具有如下形式（见 P12-15）

$$E(\theta)=\bar{t}E(t)=\frac{1}{2\sqrt{\pi\theta/Pe}}\exp\left[-Pe\frac{(1-\theta)^2}{4\theta}\right] \tag{12-29}$$

由此积分可得轴向扩散流模型的停留时间均值和方差分别为

$$\tilde{\theta}=\frac{\tilde{\tau}}{\bar{t}}=1+\frac{2}{Pe},\ \sigma_\theta^2=\frac{\sigma^2}{\bar{t}^2}=\frac{2}{Pe}+\frac{8}{Pe^2} \tag{12-30}$$

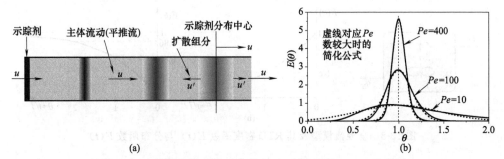

图 12-10　轴向扩散流模型及其 RTD 密度函数 $E(\theta)$ 示意图

式中，Pe 称为贝克列（Peclet）数，是反映对流与扩散效应之比的特征数，其定义为

$$Pe = uL/D_e \tag{12-31}$$

其中的 D_e 是综合反映分子扩散及涡流扩散的扩散系数。$D_e \to 0$ 或 $Pe \to \infty$ 表示无扩散，如平推流；$D_e \to \infty$ 或 $Pe \to 0$ 表示扩散无限大，如全混流。

对于管道或管式设备中的流动，贝克列数 Pe 与雷诺数 Re 之间有如下经验关系

$$Pe = \frac{uL}{D_e} = \frac{L}{d}\left(\frac{3.0 \times 10^7}{Re^{2.1}} + \frac{1.35}{Re^{1/8}}\right)^{-1} \tag{12-32}$$

其中 L、d 分别为管长和直径。该关联式为轴向扩散问题的分析计算带来了方便。

扩散较小的情况：当 Pe 数较大时（比如 $Pe > 100$），$E(\theta)$、$\tilde{\theta}$、σ_θ^2 可近似为

$$E(\theta) \approx \frac{1}{2\sqrt{\pi/Pe}} \exp\left[-Pe\frac{(1-\theta)^2}{4}\right] \tag{12-33}$$

$$\tilde{\theta} = \frac{\tilde{\tau}}{\bar{t}} \approx 1,\ \sigma_\theta^2 = \frac{\sigma^2}{\bar{t}^2} \approx \frac{2}{Pe} \tag{12-34}$$

此时的分布函数为　　　$$F(\theta) = -\frac{1}{2}\left\{1 - \mathrm{erf}\left[\frac{\sqrt{Pe}}{2}(1-\theta)\right]\right\} \tag{12-35}$$

式中的 $\mathrm{erf}(x)$ 称为误差函数，其定义、性质及计算见附录 B。

轴向扩散流的 $E(\theta)$ 曲线分布形态如图 12-10(b) 所示（虚线为正态分布）。其中 Pe 即轴向扩散流的模型参数。若实际设备的流动模式可近似为轴向扩散流，则可用脉冲示踪实验，将获得的 $E(\theta)$ 曲线与不同 Pe 数下的 $E(\theta)$ 曲线比较，得到对应的 Pe 以及方差 σ^2。

12.2.4　停留时间分布测试与模型的相关问题

【P12-4】根据脉冲示踪响应曲线确定 RTD 函数。某稳态连续流动系统，流量为 q_V，系统内流体体积为 V，现采用脉冲示踪实验（示踪剂量 m_0）获得其浓度响应曲线为

$$C(t) = 2k\theta e^{-2\theta}$$

其中 k 为常数，$\theta = t/\bar{t}$（$\bar{t}$ 为平均停留时间）。试确定常数 k，并求该系统的停留时间分布函数 $F(\theta)$ 以及出口截面上停留时间在 $0.5\bar{t} \sim 1\bar{t}$ 区间的流体的质量分率。

解　根据脉冲示踪实验浓度响应曲线与密度函数的关系式 [式(12-17)]，有

$$E(t) = \frac{q_V}{m_0}C(t) = \frac{q_V}{m_0}2k\theta e^{-2\theta} \rightarrow E(\theta) = \frac{2k\theta e^{-2\theta}}{C_0}$$

其中　　　　　　　　$$E(\theta) = \bar{t}E(t),\ \bar{t} = V/q_V,\ C_0 = m_0/V$$

再根据密度函数的性质可得

$$\int_0^\infty E(\theta)\mathrm{d}\theta = 1 \;\rightarrow\; \frac{2k}{C_0}\int_0^\infty \theta \mathrm{e}^{-2\theta}\mathrm{d}\theta = \frac{k}{2C_0} = 1 \;\rightarrow\; k = 2C_0$$

又根据分布函数与密度函数的关系可得

$$F(\theta) = \int_0^\theta E(\theta)\mathrm{d}\theta = 4\int_0^\theta \theta \mathrm{e}^{-2\theta}\mathrm{d}\theta = 1 - (1+2\theta)\mathrm{e}^{-2\theta}$$

根据 $F(\theta)$ 的意义可知，出口截面上停留时间在 $0.5\bar{t} \sim 1\bar{t}$ 区间的流体的质量分率为

$$F(1) - F(0.5) = (1 - 3\mathrm{e}^{-2}) - (1 - 2\mathrm{e}^{-1}) = 2\mathrm{e}^{-1} - 3\mathrm{e}^{-2} = 0.330$$

【P12-5】根据阶跃示踪响应曲线确定 RTD 函数。在某稳态连续流动系统中进行阶跃示踪实验，示踪剂溶液浓度 $C_{S0}(\mathrm{g/m^3})$，获得的浓度响应曲线 $C_S(t)$ 为

$$C_S(t)/C_{S0} = 1 - (1+4k\theta)\mathrm{e}^{-2\theta}$$

其中 k 为常数，$\theta = t/\bar{t}$（$\bar{t}$ 为平均停留时间）。试确定该系统的 RTD 分布函数 $F(\theta)$、密度函数 $E(\theta)$ 和内部年龄密度函数 $I(\theta)$。其中 $I(\theta) = \bar{t}I(t)$，其定义见 P12-3。

解 根据阶跃示踪实验浓度响应曲线 $C_S(t)$ 与分布函数 $F(\theta)$ 的关系式 [式(12-20)]，有

$$\frac{C_S(t)}{C_{S0}} = F(\theta) \;\rightarrow\; F(\theta) = 1 - (1+4k\theta)\mathrm{e}^{-2\theta}$$

根据密度函数 $E(\theta)$ 与分布函数 $F(\theta)$ 的关系可得

$$E(\theta) = \frac{\mathrm{d}F(\theta)}{\mathrm{d}\theta} = [2 + 4k(2\theta - 1)]\mathrm{e}^{-2\theta}$$

再根据内部年龄密度函数 $I(t)$ 与分布函数 $F(t)$ 的关系式 [式(12-16)]，可得

$$\bar{t}I(t) = 1 - F(t) \;\rightarrow\; I(\theta) = \bar{t}I(t) = 1 - F(\theta) = (1+4k\theta)\mathrm{e}^{-2\theta}$$

【P12-6】根据阶跃示踪响应曲线确定串联釜模型参数。在某稳态连续流动系统中进行阶跃示踪实验，示踪剂溶液浓度 $C_{S0}(\mathrm{g/m^3})$，获得的浓度响应曲线 $C_S(t)$ 为

$$C_S(t)/C_{S0} = 1 - (1+4k\theta)\mathrm{e}^{-2\theta}$$

其中 k 为常数，$\theta = t/\bar{t}$（$\bar{t}$ 为平均停留时间）。

① 若该系统流动模式可用两个全混釜串联模型描述，试确定其中的常数 k；

② 若 $t=0$ 时刻 $\mathrm{d}t$ 微元时段输入该系统的流体量为 m_0，试确定 50% 的 m_0 流出系统所需要的时间 θ。

解 ① 根据阶跃示踪实验浓度响应曲线 $C_S(t)$ 与分布函数 $F(\theta)$ 的关系 [式(12-20)]，有

$$C_S(t)/C_{S0} = F(\theta) \;\rightarrow\; F(\theta) = 1 - (1+4k\theta)\mathrm{e}^{-2\theta}$$

再根据密度函数 $E(\theta)$ 与分布函数 $F(\theta)$ 的关系得

$$E(\theta) = \frac{\mathrm{d}F(\theta)}{\mathrm{d}\theta} = [2 + 4k(2\theta - 1)]\mathrm{e}^{-2\theta}$$

根据全混釜串联系统的密度函数公式 [式(12-27)] 可知，两釜串联时的密度函数为

$$E(\theta) = 4\theta\mathrm{e}^{-2\theta}$$

两者对比可知 $\qquad\qquad\qquad\qquad k = 0.5$

② $t=0$ 进入该系统的流体量 m_0 在 $0 \rightarrow t$ 时间内流出的量可按式(12-14) 计算，即

$$m_0^{0 \rightarrow t} = m_0 F(t) = m_0 F(\theta) = m_0[1 - (1+2\theta)\mathrm{e}^{-2\theta}]$$

代入数据试差可得 $\qquad \dfrac{m_0^{0 \rightarrow t}}{m_0} = 0.5 = [1 - (1+2\theta)\mathrm{e}^{-2\theta}] \;\rightarrow\; \theta \approx 0.839$

【P12-7】食用油汽提塔中的停留时间分布实验。为测定某食用油除臭汽提塔中的停留时

间分布特性，在 $t=0$ 时刻将进料改为性质相似的椰子油进行阶跃示踪实验，并通过测试馏出物取样的折光指数获得椰子油质量百分率随时间的关系如表 12-1 所示。

① 试确定汽提塔中油的平均停留时间。

② 若采用串联釜模型描述汽提塔停留时间分布，则串联釜的数量为多少？

③ 如果采用轴向扩散模型描述汽提塔停留时间分布，则贝克列数 Pe 为多少？

表 12-1　P12-7 附表（1）

取样时间/min	30	40	45	50	55	60	65	70	80	105
质量百分率/%	0	5	16.5	34.5	53	69	82	92	99	100

解　相邻时间段 Δt_i 对应的质量百分率之差即 $\Delta F(t_i)=E(t_i)\Delta t_i$，其中 $\Delta F(t_i)$ 对应的时间 t_i 可取相邻时间段的中点时间，由此得到 $\Delta F(t_i)$ 及对应的时间 t_i 见表 12-2。

表 12-2　P12-7 附表（2）

$\Delta F(t_i)$/%	0	5	11.5	18.0	18.5	16.0	13.0	10	7.0	1.0
t_i/min	15	35	42.5	47.5	52.5	57.5	62.5	67.5	75.0	92.5

① 根据式（12-21）和式（12-22），可得

$$\tilde{\tau}=\frac{\sum t_i \Delta F(t_i)}{\sum \Delta F(t_i)}=55.15\text{min}, \quad \sigma^2=\frac{\sum t_i^2 \Delta F(t_i)}{\sum \Delta F(t_i)}-\tilde{\tau}^2=115.23\text{min}^2$$

② 若采用串联釜模型描述汽提塔停留时间分布，则串联釜的数量 n 为

$$\sigma^2=\frac{\tilde{\tau}^2}{n} \rightarrow n=\frac{\tilde{\tau}^2}{\sigma^2}=\frac{55.15^2}{115.23}=26.4$$

③ 如果采用轴向扩散流模型描述汽提塔停留时间分布，则贝克列数 Pe 为

$$\frac{\sigma^2}{\tilde{\tau}^2}=\frac{2}{Pe}+\frac{8}{Pe^2} \rightarrow \frac{\sigma^2}{\tilde{\tau}^2}=0.0379, \quad Pe=56.5$$

以上计算结果表明，汽提塔中食用油的流动模式远离全混流，属于轴向扩散流。

【P12-8】 串联搅拌器系统的停留时间分布实验。为测定由 6 个搅拌器串联组成的系统的混合效率，进行停留时间实验。实验以水为流体，用某种酸为脉冲示踪剂。$t=0$ 时刻酸由第一个搅拌器进口注入（脉冲示踪），在最后一个反应器出口取样分析的酸浓度结果见表 12-3。

表 12-3　P12-8 附表（1）

时间/min	0	5	10	15	20	25	30	35	40	50	60	70
浓度/(g/L)	0.0	0.10	1.63	3.23	3.96	3.71	3.00	2.12	1.39	0.51	0.10	0.0

① 试确定该串联系统的平均停留时间。

② 若采用串联釜模型描述系统停留时间分布，则串联釜的数量 n 为多少？

③ 如果采用轴向扩散流模型描述系统的停留时间分布，则贝克列数 Pe 为多少？

④ 如果系统流量为 100L/min，试确定注入的示踪剂量。

解　根据式（12-17）可知，对于体积流量为 q_V 的连续系统，注入示踪剂量 m_0 的脉冲示踪实验所获得的浓度响应曲线 $C(t)$ 与系统密度函数 $E(t)$ 的关系为

$$E(t)=\frac{q_V}{m_0}C(t)$$

因此，根据式(12-21) 和式(12-22)，分别有

$$\tilde{\tau}=\frac{\sum t_i E(t_i)\Delta t_i}{\sum E(t_i)\Delta t_i}=\frac{\sum t_i C(t_i)\Delta t_i}{\sum C(t_i)\Delta t_i}, \quad \frac{\sigma^2}{\tilde{\tau}^2}=\frac{\sum t_i^2 E(t_i)\Delta t_i}{\tilde{\tau}^2\sum E(t_i)\Delta t_i}-1=\frac{\sum t_i^2 C(t_i)\Delta t_i}{\tilde{\tau}^2\sum C(t_i)\Delta t_i}-1$$

实际计算中，Δt_i 可取 t_i 两侧的中间点时间之差计算，由此得 t_i 对应的 Δt_i 见表 12-4。

表 12-4　P12-8 附表（2）

t_i/min	0	5	10	15	20	25	30	35	40	50	60	70
$C(t_i)$/(g/L)	0.0	0.10	1.63	3.23	3.96	3.71	3.00	2.12	1.39	0.51	0.10	0.0
Δt_i/min	2.5	5.0	5.0	5.0	5.0	5.0	5.0	5.0	7.5	10.0	10.0	5

① 由以上数据表计算可得系统平均停留时间及方差为

$$\tilde{\tau}=26.02\text{min}, \sigma^2=116.15\text{min}^2$$

② 若采用串联釜模型描述系统停留时间分布，则串联釜的数量 n 为

$$\sigma^2=\frac{\tilde{\tau}^2}{n} \rightarrow n=\frac{\tilde{\tau}^2}{\sigma^2}=\frac{26.02^2}{116.15}=5.83$$

③ 如果采用轴向扩散流模型描述系统的停留时间分布，则贝克列数 Pe 为

$$\sigma_\theta^2=\frac{\sigma^2}{\bar{t}^2}=\frac{2}{Pe}+\frac{8}{Pe^2} \rightarrow \frac{\sigma^2}{\bar{t}^2}=\frac{1}{5.83}, \quad Pe=14.81$$

④ 如果系统流量为 100L/min，则注入的示踪剂量为

$$m_0=\int_0^\infty C(t)q_V dt=q_V\sum C(t_i)\Delta t_i=100\times105.28=10528(\text{g})=10.528(\text{kg})$$

【P12-9】化工厂废液排放池出口的组分浓度检测问题。某化工厂旁有一混合池，其进/出口流量 $q_V=0.1\text{m}^3/\text{s}$，液体密度为 ρ。该工厂时常将少量废液排入混合池进口，但由于废液量相对较少，废液的排入不影响混合池流量，仅影响其浓度。检测表明，在长期排放的情况下突然停止排放，混合池出口处废液组分浓度就呈指数规律下降，且每100min 浓度降低1/2。若该工厂从 $t=0$ 时刻起，以 $q_m=2\text{g/s}$ 的流量向清洁的混合池内连续排放 10min 的废液，试估计混合池出口处可检测到的废液组分最大浓度为多少。

解　首先设（长期排放情况下）突然停止排放后混合池出口的废液组分浓度为 $C(t)$。按指数变化规律，则 $C(t)$ 具有如下函数形式

$$C(t)=C_0 e^{-\beta t}$$

因为每 100min 浓度降低 1/2，故有

$$\frac{C(t_1)}{C(t_2)}=e^{-\beta(t_1-t_2)} \rightarrow 2=e^{\beta100} \rightarrow \beta=\frac{\ln2}{100}=6.931\times10^{-3}(\text{min}^{-1})$$

其次，长期排放情况下突然在 $t=0$ 时刻停止排放，则 $0\rightarrow t$ 时间段混合池进口输入的全部为清洁流体。设混合池的停留时间分布函数为 $F(t)$，则 t 时刻出口截面上清洁流体的质量分率为 $F(t)$，而废液组分的质量分率 x 或浓度 $C(t)$ 则为

$$x=1-F(t) \quad \text{或} \quad C(t)=\rho[1-F(t)]$$

对比以上两浓度表达式并应用 $F(0)=0$ 的性质，可确定混合池的 RTD 分布函数 $F(t)$ 为

$$F(t)=1-e^{-\beta t}$$

工厂在 $0\rightarrow t_1(t_1=10\text{min})$ 时间段以 $q_m=2\text{g/s}$ 的流量向清洁混合池内连续排放废液，相当于 $0\rightarrow t_1$ 时间段内混合池进口输入切换成了浓度为 C_{S0} 的流体，其中

$$C_{S0} = q_m/q_V = 2/0.1 = 20(\text{g/m}^3)$$

而 t 时刻混合池出口截面的废液组分浓度 C 可分为两个时间段计算。

当时间 $t \leqslant t_1$ 时，出口截面废液的质量流量即 $0 \to t$ 期间进入系统的流体在 t 时刻出口截面上的质量流量 $q_{m,0 \to t}^t$，该流量可按式(12-8) 计算，即

$$q_{m,0 \to t}^t = q_m F(t)$$

将 $F(t)$ 代入可得浓度为 $\quad C(t) = \dfrac{q_{m,0 \to t}^t}{q_V} = \dfrac{q_m}{q_V} F(t) = C_{S0}(1 - e^{-\beta t}) \quad (t \leqslant t_1)$

当时间 $t > t_1$ 时，出口截面废液的质量流量即 $0 \to t_1$ 期间输入系统的流体在随后 t 时刻出口截面上的质量流量 $q_{m,0 \to t_1}^t$，该流量可按式(12-10) 计算，即

$$q_{m,0 \to t_1}^t = q_m[F(t) - F(t - t_1)]$$

将 $F(t)$ 代入可得浓度为 $\quad C(t) = C_{S0}(e^{-\beta(t-t_1)} - e^{-\beta t}) \quad (t > t_1)$

根据 $C(t)$ 方程可见，在 $0 \leqslant t \leqslant t_1$ 期间，C 随 t 增加而增加，在 $t \geqslant t_1$ 期间，C 随 t 增加而减小。因此其最大浓度在 $t = t_1$ 取得，且

$$C_{\max} = C_{S0}(1 - e^{-\beta t_1}) = 20 \times [1 - e^{-(6.931/1000) \times 10}] = 1.34(\text{g/m}^3)$$

【P12-10】 化工厂废液排放渠下游的组分浓度检测问题。某化工厂旁有一水渠，水渠流量 $q_V = 0.1\text{m}^3/\text{s}$，平均流速 $u = 0.5\text{m/s}$。若该工厂从 $t = 0$ 时刻起，以 $q_m = 1\text{g/s}$ 的流量向渠内连续排放 6min 的废液，试估计下游 500m 处可检测到的废液组分最大浓度，并估计在该处第一次测得废液组分浓度为 5g/m^3 的时间。假设：废液排量相对很小，不影响水渠流量；废液在水渠中以轴向扩散模式流动，其中扩散系数 $D_e = 0.3\text{m}^2/\text{s}$。

解 首先根据给定数据计算废液到达 500m 处的平均停留时间和贝克列数

$$\bar{t} = \frac{L}{u} = \frac{500}{0.5} = 1000(\text{s}), \quad Pe = \frac{uL}{D_e} = \frac{0.5 \times 500}{0.3} = 833.3$$

化工厂在 $0 \to t_1$ 时间段 ($t_1 = 6\text{min} = 360\text{s}$) 以 $q_m = 1\text{g/s}$ 的流量将废液连续排入水渠，相当于 $0 \to t_1$ 时间段内水渠进口输入切换成了浓度为 C_{S0} 的流体，且

$$C_{S0} = q_m/q_V = 1/0.1 = 10(\text{g/m}^3)$$

下游 500m 处出口截面的废液组分浓度 C 可分为两个时间段计算。

当时间 $t \leqslant t_1$ 时，出口截面废液的质量流量即 $0 \to t$ 期间进入系统的流体在 t 时刻出口截面上的质量流量 $q_{m,0 \to t}^t$，该流量可按式(12-9) 计算，即

$$q_{m,0 \to t}^t = q_m F(t)$$

将轴向扩散模型的 RTD 分布函数式(12-35) 代入，可得浓度为

$$C(t) = \frac{q_{m,0 \to t}^t}{q_V} = \frac{q_m}{q_V} F(t) = \frac{q_m}{q_V} \frac{1}{2} \left\{ 1 - \text{erf} \left[\frac{1}{2} \sqrt{Pe} \left(1 - \frac{t}{\bar{t}} \right) \right] \right\} \quad (t \leqslant t_1)$$

当时间 $t > t_1$ 时，出口截面废液的质量流量即 $0 \to t_1$ 期间输入系统的流体在 t 时刻出口截面上的质量流量 $q_{m,0 \to t_1}^t$，该流量可按式(12-11) 计算，即

$$q_{m,0 \to t_1}^t = q_m \int_{t-t_1}^t \text{d}F(t) = q_m[F(t) - F(t - t_1)]$$

将轴向扩散模型的 RTD 分布函数式(12-35) 代入，可得浓度为

$$C(t) = \frac{q_m}{q_V} \frac{1}{2} \left\{ \text{erf} \left[\frac{\sqrt{Pe}}{2} \left(1 - \frac{t - t_1}{\bar{t}} \right) \right] - \text{erf} \left[\frac{\sqrt{Pe}}{2} \left(1 - \frac{t}{\bar{t}} \right) \right] \right\} \quad (t > t_1)$$

将数据代入，用 Excel 计算表可得下游 500m 截面处的时间-浓度关系为

$$t=0 \sim t_1=0 \sim 360\mathrm{s}, \ C(t)=0$$

$$t=\bar{t}+0.5t_1=1180\mathrm{s}, \ C(t) \approx C(t)_{\max} \approx 10.0\mathrm{g/m^3}$$

$$t=\bar{t}=1000\mathrm{s}, \ C(t)=5.0\mathrm{g/m^3}; \ t=\bar{t}+t_1=1360\mathrm{s}, \ C(t)=5.0\mathrm{g/m^3}$$

【P12-11】两个体积不同的全混釜串联系统的 RTD 密度函数。两个理想混合容器串联，如图 12-11 所示。流体流量 q_V，容器的有效体积分别为 V_1 和 V_2，且 $V_1 \neq V_2$。试通过虚拟脉冲示踪实验并对每个容器的示踪剂作质量守恒分析，确定两个串联容器系统的 RTD 密度函数 $\overline{E}_2(t)$（上划线表示串联系统的 RTD 密度函数，下标 2 表示系统由两个容器串联构成）。

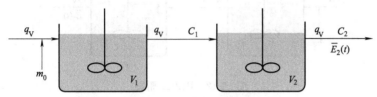

图 12-11　P12-11 附图

解　设 $t=0$ 时刻注入脉冲示踪剂量 m_0，随后 t 时刻容器出口浓度分别为 $C_1(t)$ 和 $C_2(t)$。因为两个容器内都是理想混合，所以 $C_1(t)$ 和 $C_2(t)$ 同时也是容器 1 和容器 2 内的示踪剂浓度。

对容器 1 中的示踪剂作物料衡算，有

$$0-q_V C_1=\frac{\mathrm{d}C_1 V_1}{\mathrm{d}t} \quad \text{且} \quad t=0: C_1=C_{01}=\frac{m_0}{V_1}$$

积分上式，并引入平均停留时间 $t_1=V_1/q_V$，可得

$$C_1(t)=C_{01}\mathrm{e}^{-t/t_1}=\frac{m_0}{V_1}\mathrm{e}^{-t/t_1}=\frac{m_0}{t_1 q_V}\mathrm{e}^{-t/t_1}$$

对容器 2 中的示踪剂作物料衡算，有

$$q_V C_1-q_V C_2=\frac{\mathrm{d}C_2 V_2}{\mathrm{d}t} \quad \text{且} \quad t=0: C_2=0$$

引入平均停留时间 $t_2=V_2/q_V$，并将 $C_1(t)$ 代入，得

$$\frac{\mathrm{d}C_2}{\mathrm{d}t}+\frac{1}{t_2}C_2=\frac{C_{01}}{t_2}\mathrm{e}^{-t/t_1}$$

该微分方程形式为 $y'+p(x)y=q(x)$，参照附录 B.2.1 给出的解，可得

$$C_2(t)=\frac{m_0}{(t_2-t_1)q_V}(\mathrm{e}^{-t/t_2}-\mathrm{e}^{-t/t_1})$$

根据式(12-17)，脉冲示踪响应曲线 $C_2(t)$ 与串联系统密度函数 $\overline{E}_2(t)$ 的关系为

$$\bar{t}\overline{E}_2(t)=\frac{C_2(t)}{C_0} \quad \text{或} \quad \overline{E}_2(\theta)=C_2(\theta)$$

其中，因系统由两个串联容器构成，所以

$$\bar{t}=\frac{V_1+V_2}{q_V}=t_1+t_2, \ C_0=\frac{m_0}{V_1+V_2}, \ \theta=\frac{t}{\bar{t}}=\frac{t}{t_1+t_2}$$

将 $C_2(t)$ 代入，并令 $\theta_1=t/t_1$、$\theta_2=t/t_2$，可得

$$\overline{E}_2(t)=\frac{1}{t_2-t_1}[\mathrm{e}^{-t/t_2}-\mathrm{e}^{-t/t_1}] \quad \text{或} \quad \overline{E}_2(\theta)=\frac{t_2+t_1}{t_2-t_1}[\mathrm{e}^{-\theta_2}-\mathrm{e}^{-\theta_1}] \qquad (12\text{-}36)$$

当 $V_1 = V_2$ 时 $\qquad\qquad \overline{E}_2(t) = \dfrac{4t}{\bar{t}^2}\mathrm{e}^{-2t/\bar{t}} \quad$ 或 $\quad \overline{E}_2(\theta) = 4\theta\mathrm{e}^{-2\theta}$

【P12-12】**两个容器串联系统的密度函数与其独立密度函数的关系。**两个一般流动模式的容器串联，如图 12-12 所示。流体流量 q_V，其有效容积分别为 V_1 和 V_2，流体平均停留时间分别为 t_1 与 t_2。已知每个容器的 RTD 独立密度函数分别为 $E_1(t)$、$E_2(t)$（独立密度函数指各自作为独立容器时的密度函数）。

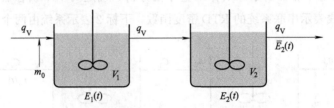

图 12-12　P12-12 附图

① 证明：串联容器系统的 RTD 密度函数 $\overline{E}_2(t)$ 为

$$\overline{E}_2(t) = \int_0^t E_1(\tau)E_2(t-\tau)\mathrm{d}\tau \tag{12-37}$$

② 假设两个容器内的流动模式为全混流，试用上式确定 $\overline{E}_2(t)$ 与 t、t_1、t_2 的关系。

解　设 $t=0$ 时刻注入脉冲示踪剂量 m_0，考察 $0 \to t$ 时间内 V_1 和 V_2 流出的示踪剂量。

① 根据式（12-14）可知，对于容器 V_1，$t=0$ 时刻注入的脉冲示踪剂量 m_0 在随后 $0 \to t$ 期间流出的质量为

$$m_1 = m_0\int_0^t E_1(t)\mathrm{d}t \tag{a}$$

类似，对于容器 $V_1 + V_2$ 组成的串联系统，用 $\overline{E}_2(t)$ 表示其 RTD 密度函数，则 $t=0$ 时刻注入的脉冲示踪剂量 m_0 在随后 $0 \to t$ 期间（由容器 V_2 出口）流出的质量为

$$m = m_0\int_0^t \overline{E}_2(t)\mathrm{d}t \tag{b}$$

另一方面，单独从容器 V_2 的角度考虑，其进口有连续不断的示踪剂输入。设其中任意 τ 时刻（$0 \leqslant \tau \leqslant t$）输入的示踪剂量为 $\mathrm{d}m_1$，则该输入量可由式（a）微分得到，即

$$\mathrm{d}m_1 = m_0 E_1(\tau)\mathrm{d}\tau$$

将 $\mathrm{d}m_1$ 视为 τ 时刻的脉冲输入量，则该脉冲输入量在随后 $\tau \to t$ 时间内流出容器 V_2 的质量 $\mathrm{d}m_2$ 可按式（12-13）计算，即

$$\mathrm{d}m_2 = \mathrm{d}m_1\int_\tau^t E_2(t-\tau)\mathrm{d}t = m_0\left[\int_\tau^t E_2(t-\tau)\mathrm{d}t\right]E_1(\tau)\mathrm{d}\tau$$

于是，由 $\tau = 0 \to t$ 积分上式，可得容器 V_2 出口在 $0 \to t$ 时间内流出的示踪剂量为

$$m_2 = m_0\int_0^t \left[\int_\tau^t E_2(t-\tau)E_1(\tau)\mathrm{d}t\right]\mathrm{d}\tau$$

再根据 $m = m_2$，有

$$\int_0^t \overline{E}_2(t)\mathrm{d}t = \int_0^t \left[\int_\tau^t E_2(t-\tau)E_1(\tau)\mathrm{d}t\right]\mathrm{d}\tau$$

该积分式两边对 t 求导，其中左边求导可得

$$\frac{\mathrm{d}}{\mathrm{d}t}\int_0^t \overline{E}_2(t)\mathrm{d}t = \overline{E}_2(t)$$

令 $\qquad\qquad f(\tau, t) = \int_\tau^t E_2(t-\tau)E_1(\tau)\mathrm{d}t$

则右边求导（参照对积分限的求导公式）可得

$$\frac{\mathrm{d}}{\mathrm{d}t}\int_0^t f(\tau,t)\mathrm{d}\tau = \int_0^t \frac{\partial f(\tau,t)}{\partial t}\mathrm{d}\tau + f[(t),t]\frac{\mathrm{d}(t)}{\mathrm{d}t} - f[(0),t]\frac{\mathrm{d}(0)}{\mathrm{d}t} = \int_0^t \frac{\partial f(\tau,t)}{\partial t}\mathrm{d}\tau$$

又因为

$$\frac{\partial f(\tau,t)}{\partial t} = \frac{\partial}{\partial t}\int_\tau^t E_2(t-\tau)E_1(\tau)\mathrm{d}t = E_2(t-\tau)E_1(\tau)$$

所以有

$$\overline{E}_2(t) = \int_0^t E_1(\tau)E_2(t-\tau)\mathrm{d}\tau$$

② 当两容器内的流动模式均为理想混合时，各容器独立的 RTD 密度函数为

$$t_1 E_1(t) = \mathrm{e}^{-t/t_1},\; t_2 E_2(t) = \mathrm{e}^{-t/t_2},\; t_1 = V_1/q_V,\; t_2 = V_2/q_V$$

代入 $\overline{E}_2(t)$ 方程后积分可得

$$\overline{E}_2(t) = \int_0^t \frac{1}{t_1}\mathrm{e}^{-\tau/t_1}\frac{1}{t_2}\mathrm{e}^{-(t-\tau)/t_2}\mathrm{d}\tau = \frac{1}{t_2-t_1}\left[\mathrm{e}^{-t/t_2} - \mathrm{e}^{-t/t_1}\right]$$

【P12-13】 n 个一般反应釜串联系统的 RTD 密度函数递推公式。 n 个容器串联构成系统，见图 12-13，其中每个容器独立的密度函数为 $E_i(t)(i=1,2,\cdots,n)$。试根据式(12-37)，证明该串联系统末级出口处的 RTD 密度函数 $\overline{E}_n(t)$ 为

$$\overline{E}_n(t) = \int_0^t \overline{E}_{n-1}(\tau)E_n(t-\tau)\mathrm{d}\tau \tag{12-38}$$

其中，$\overline{E}_{n-1}(t)$ 是前 $n-1$ 个串联容器系统的 RTD 密度函数，且 $\overline{E}_1(t)=E_1(t)$。

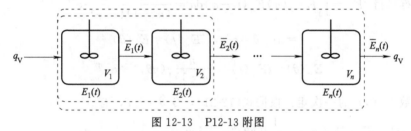

图 12-13　P12-13 附图

解　因为 $\overline{E}_1(t)=E_1(t)$，即容器 1 在串联时与独立时的 RTD 密度函数相同，所以根据式(12-37)，两个容器串联系统的 RTD 密度函数 $\overline{E}_2(t)$ 可表示为

$$\overline{E}_2(t) = \int_0^t \overline{E}_1(\tau)E_2(t-\tau)\mathrm{d}\tau$$

对于三个容器串联系统，可将前两个串联容器视为一个容器，其独立的 RTD 密度函数为 $\overline{E}_2(t)$，而将容器 3 视为第二个容器，其独立的 RTD 密度函数为 $E_3(t)$，因此，参照式(12-37)，可得

$$\overline{E}_3(t) = \int_0^t \overline{E}_2(\tau)E_3(t-\tau)\mathrm{d}\tau$$

以此类推，可得 n 个容器串联系统末级出口处的 RTD 密度函数 $\overline{E}_n(t)$ 为

$$\overline{E}_n(t) = \int_0^t \overline{E}_{n-1}(\tau)E_n(t-\tau)\mathrm{d}\tau$$

或

$$\overline{E}_n(t) = \int_0^t \left(\cdots\left(\int_0^t \left(\int_0^t \overline{E}_1(t)E_2(t-\tau)\mathrm{d}\tau\right)E_3(t-\tau)\mathrm{d}\tau\right)\cdots\right)E_n(t-\tau)\mathrm{d}\tau$$

【P12-14】 n 个相同全混釜串联系统的 RTD 密度函数及数字特征。 参见图 12-13，其中每个容器独立的密度函数为 $E_i(t)(i=1,2,\cdots,n)$，n 个容器串联作为一个整体系统的 RTD 密度函数为 $\overline{E}_n(t)$，且根据式(12-38) 已知

$$\overline{E}_n(t)=\int_0^t \overline{E}_{n-1}(a)E_n(t-a)\mathrm{d}a \quad (n=2,3,\cdots,)$$

其中，$\overline{E}_{n-1}(t)$ 是前 $n-1$ 个容器作为整体系统的 RTD 密度函数，且 $\overline{E}_1(t)=E_1(t)$。若这 n 个容器均为体积相同的理想混合容器，流量连续稳定（每个容器流量相同），试求 $\overline{E}_n(t)$ 的具体表达式及其一次矩和散度。

解　每个理想混合容器体积相同，流量相同，所以各自独立的密度函数都一样，即

$$E_i(t)=\frac{1}{\tau}\mathrm{e}^{-t/\tau}, \quad \tau=V/q_V$$

因此只有一个容器时　　　　　　　$\overline{E}_1(t)=E_1(t)=\frac{1}{\tau}\mathrm{e}^{-t/\tau}$

对于由两个及以上相同的理想混合容器构成的串联系统，其 RTD 密度函数分别为

$$\overline{E}_2=\int_0^t \overline{E}_1(a)E_2(t-a)\mathrm{d}a=\frac{1}{\tau^2}\int_0^t \mathrm{e}^{-a/\tau}\mathrm{e}^{(t-a)/\tau}\mathrm{d}a=\frac{t}{\tau^2}\mathrm{e}^{-t/\tau}$$

$$\overline{E}_3=\int_0^t \overline{E}_2(a)E_3(t-a)\mathrm{d}a=\frac{1}{\tau^3}\int_0^t a\,\mathrm{e}^{-a/\tau}\mathrm{e}^{-(t-a)/\tau}\mathrm{d}a=\frac{1}{2}\frac{t^2}{\tau^3}\mathrm{e}^{-t/\tau}$$

$$\overline{E}_4=\int_0^t \overline{E}_3(a)E_4(t-a)\mathrm{d}a=\frac{1}{2\tau^4}\int_0^t a^2\,\mathrm{e}^{-a/\tau}\mathrm{e}^{-(t-a)/\tau}\mathrm{d}a=\frac{1}{3!}\frac{t^3}{\tau^4}\mathrm{e}^{-t/\tau}$$

以此类推可得　$\overline{E}_n=\int_0^t \overline{E}_{n-1}(a)E_n(t-a)\mathrm{d}a=\frac{1}{(n-1)!}\frac{t^{n-1}}{\tau^n}\mathrm{e}^{-t/\tau}$

定义　　　　　　　　　$\bar{t}=n\tau, \quad \theta=t/\bar{t}, \quad \bar{t}\overline{E}_n(t)=\overline{E}_n(\theta)$

可得　　　　　　　　$\overline{E}_n(\theta)=\bar{t}\overline{E}_n(t)=\frac{n}{(n-1)!}(n\theta)^{n-1}\mathrm{e}^{-n\theta}$

密度函数 $\overline{E}_n(\theta)$ 的一次矩：根据式(12-21)，令 $\tilde{\theta}=\tilde{\tau}/\bar{t}$，有

$$\tilde{\theta}_n=\int_0^\infty \theta\overline{E}_n(\theta)\mathrm{d}\theta=\int_0^\infty \frac{1}{n!}(n\theta)^n \mathrm{e}^{-n\theta}\mathrm{d}n\theta=\frac{1}{n!}\int_0^\infty x^n\mathrm{e}^{-x}\mathrm{d}x$$

$$=\frac{1}{n!}\{-\mathrm{e}^{-x}[x^n+nx^{n-1}+n(n-1)x^{n-2}+\cdots+n!]\}\Big|_0^\infty=\frac{n!}{n!}=1$$

密度函数 $\overline{E}_n(\theta)$ 的方差（二次矩）：根据式(12-22)，令 $\sigma_\theta^2=\sigma^2/\bar{t}^2$，有

$$\sigma_{n\theta}^2=\int_0^\infty (\theta-\tilde{\theta})^2\overline{E}_n(\theta)\mathrm{d}\theta=\int_0^\infty \theta^2\overline{E}_n(\theta)\mathrm{d}\theta-2\tilde{\theta}_n^2+\tilde{\theta}_n^2=\int_0^\infty \theta^2\overline{E}_n(\theta)\mathrm{d}\theta-1$$

$$=\int_0^\infty \frac{1}{n!}\frac{1}{n}(n\theta)^{n+1}\mathrm{e}^{-n\theta}\mathrm{d}(n\theta)-1=\int_0^\infty \frac{1}{n!}\frac{1}{n}x^{n+1}\mathrm{e}^{-x}\mathrm{d}x-1$$

$$=\frac{1}{n!}\frac{1}{n}\{-\mathrm{e}^{-x}[x^{n+1}+(n+1)x^n+(n+1)nx^{n-1}+\cdots+(n+1)!]\}\Big|_0^\infty-1=\frac{1}{n}$$

即　　　　　　　　　$\tilde{\theta}_n=\frac{\tilde{\tau}}{\bar{t}}=1, \quad \sigma_{n\theta}^2=\frac{\sigma^2}{\bar{t}^2}=\frac{1}{n}$

【P12-15】轴向扩散流模型的 RTD 密度函数及分布函数。试通过虚拟脉冲示踪实验确定轴向扩散流（见图 12-10）的 RTD 密度函数 $E(t)$，并给出 Pe 数较大时的分布函数 $F(t)$。

解　轴向扩散流模型即"平推流＋轴向扩散"构成的流动模型（参见图 12-10）。在此进一步用图 12-14 来描述轴向扩散流模式下脉冲示踪剂的扩散过程。该模式下，设想在管道进口注入脉冲示踪剂，则示踪剂中心（图中白线）以速度 u 向下推进时，还会由中心向两侧扩散。因此，为分析方便，可先考虑流体静止（$u=0$）时示踪剂的扩散，见图 12-14(b)，

并以扩散中心为原点建立新坐标 x'，分析 dx' 微元段示踪剂的质量守恒，建立示踪剂扩散浓度 $C'(x',t)$ 的微分方程。由此获得距离扩散中心 x' 处的示踪剂浓度 $C'(x',t)$ 后，再将 x' 替换为 $x-ut$，获得 x 位置处的浓度，即 $C(x,t)=C'(x-ut,t)$，见图 12-14(a)。

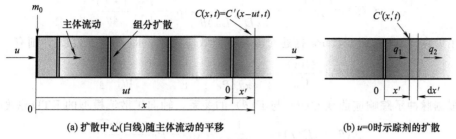

(a) 扩散中心(白线)随主体流动的平移　　　　(b) $u=0$ 时示踪剂的扩散

图 12-14　P12-15 附图

针对图 12-14(b) 中的 dx' 微元段，扩散进入、输出微元体的示踪剂质量流量 q_1、q_2 及微元内示踪剂量 m 的变化率分别为

$$q_1=-D_e S\frac{\partial C'}{\partial x'},\ q_2=-D_e S\frac{\partial C'}{\partial x'}-D_e S\frac{\partial^2 C'}{\partial x'^2}dx',\ \frac{\partial m}{\partial t}=\frac{\partial C'}{\partial t}S dx'$$

式中，D_e 为示踪剂在流体内的扩散系数；S 为管道的横截面积。

由此可得 dx' 微元段的示踪剂质量守恒方程为

$$q_1-q_2=\frac{\partial m}{\partial t}\ \to\ \frac{\partial C'}{\partial t}-D_e\frac{\partial^2 C'}{\partial x'^2}=0$$

设示踪剂注入时本身的初始浓度为 C_0'，且令 $C^*=C'/C_0'$，则上述方程可写为

$$\frac{\partial C^*}{\partial t}-D_e\frac{\partial^2 C^*}{\partial x'^2}=0$$

相应初始条件为　$\left.\begin{array}{l}C^*|_{t=0}=1\quad(x'=0)\\C^*|_{t=0}=0\quad(x'\neq0)\end{array}\right\}$　或　$C^*|_{t=0}=\delta(x')$　$\begin{cases}x'=0,\delta=1\\x'\neq0,\delta=0\end{cases}$

该方程即附录 B.2.6 中的一维扩散柯西问题方程，参照其解可得

$$C^*(x',t)=\frac{1}{2\sqrt{\pi D_e t}}\int_{-\infty}^{\infty}\delta(\xi)\exp\left[-\frac{(x'-\xi)^2}{4D_e t}\right]d\xi$$

对于本问题，根据 $\delta(x)$ 函数的性质并注意 $C^*=C'/C_0'$，可得

$$C'(x',t)=\frac{C_0'}{2\sqrt{\pi D_e t}}\exp\left(-\frac{x'^2}{4D_e t}\right)dx'$$

考虑主体流动影响，将 x' 替换为 $x-ut$，则 x 处的浓度 $C(x,t)=C'(x-ut,t)$，即

$$C(x,t)=\frac{C_0'}{2\sqrt{\pi D_e t}}\exp\left[-\frac{(x-ut)^2}{4D_e t}\right]dx$$

设注入的示踪剂量为 m_0，则理论上有 $C_0'=m_0/S dx$，因此

$$C(x,t)=\frac{m_0}{2S\sqrt{\pi D_e t}}\exp\left[-\frac{(x-ut)^2}{4D_e t}\right]$$

于是，对于管长为 L 的管式反应器，出口处对脉冲示踪输入的浓度响应为

$$C(t)=\frac{m_0}{2S\sqrt{\pi D_e t}}\exp\left[-\frac{(L-ut)^2}{4D_e t}\right]$$

分别引入平均停留时间 $\bar t$、以反应器体积定义的示踪剂初始浓度 C_0、无因次时间 θ 和无

因次浓度 $C(\theta)$ 如下

$$\bar{t}=\frac{L}{u}, \; C_0=\frac{m_0}{LS}, \; \theta=\frac{t}{\bar{t}}, \; C(\theta)=\frac{C(t)}{C_0}$$

可得

$$C(\theta)=\frac{C(t)}{C_0}=\frac{1}{2\sqrt{\pi(D_e/Lu)\theta}}\exp\left[-\frac{Lu}{D_e}\frac{(1-\theta)^2}{4\theta}\right]$$

采用贝克列（Peclet）数 Pe 描述对流与扩散效应之比，即 $Pe=uL/D_e$，则有

$$C(\theta)=\frac{C(t)}{C_0}=\frac{1}{2\sqrt{\pi\theta/Pe}}\exp\left[-Pe\frac{(1-\theta)^2}{4\theta}\right]$$

于是，根据脉冲示踪响应曲线 $C(\theta)$ 与 $E(\theta)$ 的关系，轴向扩散流模型的 RTD 密度函数为

$$E(\theta)=\bar{t}E(t)=\frac{1}{2\sqrt{\pi\theta/Pe}}\exp\left[-Pe\frac{(1-\theta)^2}{4\theta}\right]$$

由此可计算得到该模型下的停留时间均值和方程分别为

$$\tilde{\theta}=\frac{\tilde{\tau}}{\bar{t}}=1+\frac{2}{Pe}, \; \sigma_\theta^2=\frac{\sigma^2}{\bar{t}^2}=\frac{2}{Pe}+\frac{8}{Pe^2}$$

扩散较小情况：当 Pe 数较大时（比如 $Pe>100$），以上结果可近似为

$$E(\theta)=\frac{1}{2\sqrt{\pi/Pe}}\exp\left[-Pe\frac{(1-\theta)^2}{4}\right], \; \tilde{\theta}=\frac{\tilde{\tau}}{\bar{t}}=1, \; \sigma_\theta^2=\frac{\sigma^2}{\bar{t}^2}=\frac{2}{Pe}$$

此情况下，根据 $F(\theta)$ 与 $E(\theta)$ 的关系有

$$F(\theta)=\int_0^\theta E(\theta)\mathrm{d}\theta=\frac{\sqrt{Pe}}{2}\frac{1}{\sqrt{\pi}}\int_0^\theta\exp\left[-Pe\frac{(1-\theta)^2}{4}\right]\mathrm{d}\theta$$

令

$$y=\sqrt{Pe/4}(1-\theta)$$

有

$$\mathrm{d}\theta=-\frac{2}{\sqrt{Pe}}\mathrm{d}y, \; \theta=0\rightarrow y=\sqrt{Pe/4}, \; \theta=\theta\rightarrow y=\sqrt{Pe/4}(1-\theta)$$

因此 $F(\theta)$ 积分式转化为

$$F(\theta)=-\frac{1}{\sqrt{\pi}}\int_{\sqrt{Pe/4}}^{\sqrt{Pe/4}(1-\theta)}\mathrm{e}^{-y^2}\mathrm{d}y$$

或

$$F(\theta)=\frac{1}{2}\left(\frac{2}{\sqrt{\pi}}\int_0^{\sqrt{Pe/4}}\mathrm{e}^{-y^2}\mathrm{d}y-\frac{2}{\sqrt{\pi}}\int_0^{\sqrt{Pe/4}(1-\theta)}\mathrm{e}^{-y^2}\mathrm{d}y\right)$$

引入误差函数的定义

$$\mathrm{erf}(x)=\frac{2}{\sqrt{\pi}}\int_0^x\mathrm{e}^{-y^2}\mathrm{d}y$$

分布函数又可表示为

$$F(\theta)=\frac{1}{2}\mathrm{erf}(\sqrt{Pe/4})-\frac{1}{2}\mathrm{erf}[\sqrt{Pe/4}(1-\theta)]$$

因为 Pe 较大时（比如 $Pe>20$），$\mathrm{erf}(\sqrt{Pe/4})>0.998$，且 $\mathrm{erf}(\infty)=1$，所以返混很小（Pe 较大）时轴向扩散流模式的 RTD 分布函数可表示为

$$F(\theta)=\frac{1}{2}\{1-\mathrm{erf}[(1-\theta)\sqrt{Pe/4}]\}$$

密度函数 $E(\theta)$ 描述的曲线关系如图 12-10 所示。

注：误差函数 $\mathrm{erf}(x)$ 可在 Excel 计算表中直接引用（与常见函数计算类似）。

【P12-16】圆管内充分发展层流流动的 RTD 分布函数。 流体以平均流速 u_m 在半径 R、长度 L 的圆管内作充分发展的层流流动，流速分布为

$$u=2u_m[1-(r/R)^2]$$

① 忽略扩散，试证明该系统的 RTD 分布函数 $F(t)$ 为

$$0 \leqslant t < \frac{L}{2u_m},\ F(t)=0;\ t \geqslant \frac{L}{2u_m},\ F(t)=1-\frac{L^2}{(2u_m t)^2}$$

② 定义流体平均停留时间为：$t_m = \int_0^1 t\,\mathrm{d}F$，试证明：$t_m = L/u_m$

解 ① 根据速度分布可知，忽略扩散时圆管截面半径 r 处流体到达出口所需时间为

$$t = \frac{L}{u} = \frac{L}{2u_m}\frac{1}{(1-r^2/R^2)} \tag{a}$$

根据该式可知，管道中心（$r=0$）流体速度最快，其停留时间最短，该停留时间为

$$t = L/2u_m = t_{min}$$

这意味着出口截面其他位置处流体的停留时间都大于 t_{min}，或截面上停留时间小于 t_{min} 的流体分率为 0，即

$$0 \leqslant t < t_{min} = \frac{L}{2u_m},\ F(t)=0,\ E(t)=0$$

考察出口截面上流体停留时间与其所在半径位置的关系（如图 12-15 所示）可知：停留时间为 t_{min} 的流体位于管中心，即 $r=0$。

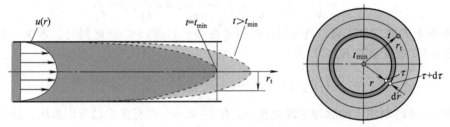

图 12-15　P12-16 附图（圆管层流流动时流体停留时间与径向位置的关系）

根据式（a）可知，停留时间为 $t(\geqslant t_{min})$ 的流体所在半径 r_t 为

$$r_t = R\sqrt{1-L/2u_m t} = R\sqrt{1-t_{min}/t}$$

因此，停留时间在 $\tau = t_{min} \to t$ 范围的流体必然位于 $0 \to r_t$ 之间。设停留时间为 $\tau \to \tau + \mathrm{d}\tau$ 的流体所在区域为 $r \to r+\mathrm{d}r$，则该区域流体的质量流量为 $\rho u 2\pi r\,\mathrm{d}r$，该流量对应的质量分率即停留时间为 $\tau \to \tau + \mathrm{d}\tau$ 的流体的质量分率，根据 $F(t)$ 的定义可知，该质量分率可表示为

$$\mathrm{d}F(t) = \frac{\rho u 2\pi r\,\mathrm{d}r}{\rho u_m \pi R^2} = \frac{2ur\,\mathrm{d}r}{u_m R^2}$$

上式在 $r=0 \to r_t$ 范围积分，即是停留时间在 $t_{min} \to t$ 范围的流体的质量分率，即

$$F(t) = \int_0^{r_t}\frac{2u}{R^2 u_m}r\,\mathrm{d}r = \frac{2}{R^2 u_m}\int_0^{r_t}2u_m\left(1-\frac{r^2}{R^2}\right)r\,\mathrm{d}r = 1-\frac{L^2}{(2u_m t)^2}$$

即

$$t \geqslant t_{min} = L/2u_m,\ F(t)=1-\frac{L^2}{(2u_m t)^2}$$

也可根据

$$E(t)\mathrm{d}t = \mathrm{d}F(t) = \frac{2ur\,\mathrm{d}r}{u_m R^2} \to E(t) = \frac{2u}{u_m R^2}r\frac{\mathrm{d}r}{\mathrm{d}t}$$

并考虑

$$u = \frac{L}{t},\ r = R\sqrt{1-\frac{L}{2u_m t}},\ r\frac{\mathrm{d}r}{\mathrm{d}t} = \frac{LR^2}{4u_m t^2}$$

得到

$$E(t) = L^2/2u_m^2 t^3,\ F(t) = \int_{t_{min}}^t E(t)\mathrm{d}t = 1-\frac{L^2}{(2u_m t)^2}$$

② 根据已获得的 RTD 分布函数 $F(t)$ 可得

$$t_{\mathrm{m}} = \int_0^1 t\,\mathrm{d}F = \int_{t_{\min}}^\infty 2t\left(\frac{L}{2u_{\mathrm{m}}}\right)^2 \frac{1}{t^3}\,\mathrm{d}t = \frac{L}{u_{\mathrm{m}}}$$

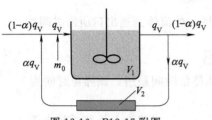

图 12-16 P12-17 附图

【P12-17】全混流-平推流循环系统的 RTD 密度函数。图 12-16 是理想混合容器与外循环构成的系统，其中容器体积 V_1，体积流量 q_V，循环流为平推流且容积 V_2，体积流量 αq_V（α 为回流比），系统流量为 $(1-\alpha)q_V$。

① 假设 $t=0$ 时刻在容器进口脉冲注入示踪剂 m_0，试通过示踪剂质量守恒分析证明：当无因次时间 θ 在 $(n-1)\beta \leqslant \theta < n\beta$ 区间时 $(n=1,2,\cdots,\infty)$，容器出口处的示踪剂浓度 $C_n(\theta)$ 为

$$C_n(\theta) = \frac{C_n(t)}{C_*} = \sum_{m=0}^{n-1} \alpha^m \frac{(\theta-m\beta)^m}{m!} \mathrm{e}^{-(\theta-m\beta)} \tag{12-39}$$

其中

$$C_* = \frac{m_0}{V_1},\quad \bar{t}_1 = \frac{V_1}{q_V},\quad \bar{t}_2 = \frac{V_2}{\alpha q_V},\quad \theta = \frac{t}{\bar{t}_1},\quad \beta = \frac{\bar{t}_2}{\bar{t}_1}$$

② 根据上式进一步证明，当无因次时间 θ 在 $(n-1)\beta \leqslant \theta < n\beta$ 区间时，系统（容器＋外循环）的 RTD 密度函数 $E_n(\theta)$ 为

$$E_n(\theta) = \bar{t}_1 E_n(t) = (1-\alpha)\sum_{m=0}^{n-1} \alpha^m \frac{(\theta-m\beta)^m}{m!} \mathrm{e}^{-(\theta-m\beta)} \tag{12-40}$$

③ 求 $t=0$ 时刻注入的脉冲示踪剂量 m_0 在 $t=0.5\bar{t}_1$ 时有多少已流出系统。其中已知

$$m_0 = 1\mathrm{kg},\quad q_V = 60\mathrm{L/min},\quad \alpha = 0.2$$

$$\bar{t}_1 = V_1/q_V = 20\mathrm{min},\quad \bar{t}_2 = V_2/\alpha q_V = 6\mathrm{min},\quad \beta = \bar{t}_2/\bar{t}_1 = 0.3$$

解 容器内为理想混合，则容器内示踪剂浓度等于出口浓度。循环流为平推流，则示踪剂由容器出口返回进口需要的时间为 $\bar{t}_2$（外循环平均停留时间）。

① 设 $t=0$ 时刻在进口处脉冲注入示踪剂 m_0，则各时间段示踪剂质量守恒关系如下：

i. 在 $0 \leqslant t < \bar{t}_2$（即 $0 \leqslant \theta < \beta$）期间，进口处无回流示踪剂，容器出口示踪剂浓度 C_1 完全是对脉冲示踪剂 m_0 的响应。此期间容器中示踪剂的质量衡算方程为

$$0 - C_1(t)q_V = \frac{\mathrm{d}C_1(t)V_1}{\mathrm{d}t}\quad \text{或}\quad 0 - C_1(\theta) = \frac{\mathrm{d}C_1(\theta)}{\mathrm{d}\theta}$$

其中

$$\theta = t/\bar{t}_1,\quad C_1(\theta) = C_1(t)/C_*,\quad C_* = m_0/V_1$$

积分上式并代入初始条件 $C_1(\theta)_{\theta=0} = 1$，可得

$$C_1(\theta) = C_{\mathrm{r}1}(\theta) = \mathrm{e}^{-\theta}$$

此处 $C_{\mathrm{r}1}$ 表示对脉冲输入的响应，见图 12-17(a)。

ii. 在 $\bar{t}_2 \leqslant t < 2\bar{t}_2 (\beta \leqslant \theta < 2\beta)$ 期间，示踪剂已返回容器进口。其中，示踪剂在进口处未汇入主流之前的浓度为 $\bar{t}_2$ 之前容器出口的浓度即 $C_1(t-\bar{t}_2)$，汇入主流后的浓度为 $\alpha C_1(t-\bar{t}_2)$，相应的质量流量为 $\alpha q_V C_1(t-\bar{t}_2)$。设此时出口浓度为 C_2，则示踪剂质量衡算方程为

$$\alpha q_V C_1(t-\bar{t}_2) - q_V C_2(t) = \frac{\mathrm{d}C_2(t)V_1}{\mathrm{d}t}\quad \text{或}\quad \frac{\mathrm{d}C_2(\theta)}{\mathrm{d}\theta} + C_2(\theta) = \alpha C_1(\theta-\beta)$$

该方程为 $y' + p(x)y = q(x)$ 型方程，其通解由附录 B.2.1 给出，定解条件是

$$C_2(\theta)_{\theta=\beta} = C_1(\theta)_{\theta=\beta} = \mathrm{e}^{-\beta}$$

由此可得

$$C_2(\theta) = \mathrm{e}^{-\theta} + \alpha(\theta-\beta)\mathrm{e}^{-(\theta-\beta)}\quad \text{或}\quad C_2(\theta) = C_{\mathrm{r}1}(\theta) + C_{\mathrm{r}2}(\theta)$$

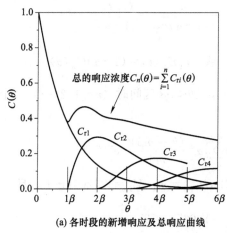

(a) 各时段的新增响应及总响应曲线

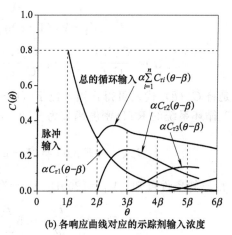

(b) 各响应曲线对应的示踪剂输入浓度

图 12-17　P12-17 附图（各时间段的新响应、总响应曲线及其对应的示踪剂输入浓度）

其中
$$C_{r2}(\theta) = \alpha(\theta-\beta)\mathrm{e}^{-(\theta-\beta)}$$

由此可见，C_2 在原有的脉冲响应 C_{r1} 的基础上，增加了新的响应 C_{r2}，见图 12-17(a)。其中新增响应 C_{r2} 对应的示踪剂输入浓度为 $\alpha C_{r1}(\theta-\beta)$，见图 12-17(b)。

ⅲ. 在 $2\bar{t}_2 \leqslant t < 3\bar{t}_2(2\beta \leqslant \theta < 3\beta)$ 期间，类似可知，t 时刻容器进口示踪剂质量流量为 $\alpha q_V C_2(t-\bar{t}_2)$，设此时出口浓度为 C_3，则示踪剂质量衡算方程为

$$\alpha q_V C_2(t-\bar{t}_2) - q_V C_3(t) = \frac{\mathrm{d}C_3(t)V_1}{\mathrm{d}t} \quad 或 \quad \frac{\mathrm{d}C_3(\theta)}{\mathrm{d}\theta} + C_3(\theta) = \alpha C_2(\theta-\beta)$$

该方程型式仍为 $y' + p(x)y = q(x)$，其通解由附录 B.2.1 给出，定解条件是
$$C_3(\theta)_{\theta=2\beta} = C_2(\theta)_{\theta=2\beta} = \mathrm{e}^{-2\beta} + \alpha\beta\mathrm{e}^{-\beta}$$

由此可得
$$C_3(\theta) = C_{r1}(\theta) + C_{r2}(\theta) + C_{r3}(\theta)$$

其中
$$C_{r3}(\theta) = \alpha^2 \frac{(\theta-2\beta)^2}{2!}\mathrm{e}^{-(\theta-2\beta)}$$

由此可见，C_3 在原有响应 C_{r1} 和 C_{r2} 基础上，又新增响应 C_{r3}，见图 12-17(a)。其中新增响应 C_{r3} 对应的示踪剂输入浓度为 $\alpha C_{r2}(\theta-\beta)$，见图 12-17(b)。

ⅳ. 在 $3\bar{t}_2 \leqslant t < 4\bar{t}_2(3\beta \leqslant \theta < 4\beta)$ 期间，类似可得
$$C_4(\theta) = C_{r1}(\theta) + C_{r2}(\theta) + C_{r3}(\theta) + C_{r4}(\theta)$$

其中新增响应为
$$C_{r4}(\theta) = \alpha^3 \frac{(\theta-3\beta)^3}{3!}\mathrm{e}^{-(\theta-3\beta)}$$

新增响应 C_{r4} 见图 12-17(a)，其对应的示踪剂输入浓度 $\alpha C_{r3}(\theta-\beta)$ 见图 12-17(b)。

ⅴ. 以此类推，在 $(n-1)\bar{t}_2 \leqslant t < n\bar{t}_2[(n-1)\beta \leqslant \theta < n\beta]$ 期间，容器出口浓度为
$$C_n(\theta) = \frac{C_n(t)}{C_*} = \sum_{i=1}^{n} C_{ri}(\theta) = \sum_{m=0}^{n-1} \alpha^m \frac{(\theta-m\beta)^m}{m!}\mathrm{e}^{-(\theta-m\beta)}$$

② 对于脉冲示踪实验，系统的 RTD 密度函数 $E_n(t)$ 与响应浓度 $C_n(t)$ 的一般关系为
$$C_n(t) = C_0\bar{t}E_n(t) \quad 且 \quad C_0 = \frac{m_0}{V_1+V_2}, \quad \bar{t} = \frac{V_1+V_2}{(1-\alpha)q_V}$$

根据题中已给出的定义关系
$$\bar{t}_1 = \frac{V_1}{q_V}, \quad \bar{t}_2 = \frac{V_2}{\alpha q_V}, \quad \beta = \frac{\bar{t}_2}{\bar{t}_1}, \quad \theta = \frac{t}{\bar{t}_1}, \quad C_* = \frac{m_0}{V_1}, \quad C_n(\theta) = \frac{C_n(t)}{C_*}$$

可知
$$C_0 \bar{t} = \frac{m_0}{V_1 + V_2} \frac{V_1 + V_2}{(1-\alpha)q_V} = \frac{m_0}{(1-\alpha)q_V} = \frac{C_* \bar{t}_1}{(1-\alpha)}$$

所以
$$E_n(t) = \frac{C_n(t)}{C_0 \bar{t}} = (1-\alpha)\frac{C_n(t)}{C_* \bar{t}_1} \quad \text{或} \quad \bar{t}_1 E_n(t) = (1-\alpha)C_n(\theta)$$

于是将 $C_n(\theta)$ 代入可得：当 θ 位于 $(n-1)\beta \leqslant \theta < n\beta$ 区间时 $(n=1,2,\cdots)$，"全混流+平推流"循环系统的 RTD 密度函数为

$$\bar{t}_1 E_n(t) = E_n(\theta) = (1-\alpha)\sum_{m=0}^{n-1} \alpha^m \frac{(\theta-m\beta)^m}{m!} e^{-(\theta-m\beta)}$$

③ 由已知条件可知，$V_1 = 1200L$，$V_2 = 72L$，$C_* = m_0/V_1 = 1/1200 \text{kg/L}$，且

$$t = 0.5\bar{t}_1 = 0.5\frac{\bar{t}_2}{\beta} = 0.5\frac{\bar{t}_2}{0.3} = 1.667\bar{t}_2 < 2\bar{t}_2 \rightarrow n=2$$

因此，根据 RTD 密度函数公式，对于 $n=2$，有

$$0 \leqslant \theta < \beta: \ m=0, \qquad \bar{t}_1 E_1(t) = (1-\alpha)e^{-\theta}$$

$$\beta \leqslant \theta < 2\beta: \ m=0,1 \quad \bar{t}_1 E_2(t) = (1-\alpha)[e^{-\theta} + \alpha(\theta-\beta)e^{-(\theta-\beta)}]$$

于是根据式(12-14)可知，$t=0$ 时刻注入的示踪剂在 $0 \rightarrow t$ 期间流出系统的质量为

$$m_0^{0 \rightarrow t} = m_0 \int_0^t E(t)\mathrm{d}t = m_0\left[\int_0^{\bar{t}_2} E_1(t)\mathrm{d}t + \int_{\bar{t}_2}^t E_2(t)\mathrm{d}t\right]$$

或
$$m_0^{0 \rightarrow t} = m_0(1-\alpha)\left\{\int_0^\beta e^{-\theta}\mathrm{d}\theta + \int_\beta^\theta [e^{-\theta} + \alpha(\theta-\beta)e^{-(\theta-\beta)}\mathrm{d}\theta]\right\}$$

积分后得
$$m_0^{0 \rightarrow t} = m_0(1-\alpha)\{1 - e^{-\theta} + \alpha[1-(1+\theta-\beta)e^{-(\theta-\beta)}]\}$$

代入数据，$m_0 = 1\text{kg}$，$\alpha = 0.2$，$\beta = 0.3$，可得 $\theta = 0.5$ 时已流出系统的示踪剂量为

$$m_0^{0 \rightarrow t} = 0.3176\text{kg}$$

若回流比 $\alpha = 0$，则
$$m_0^{0 \rightarrow t} = 0.3935\text{kg}$$

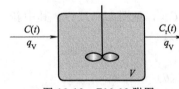

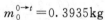

图 12-18　P12-18 附图

【P12-18】变浓度示踪输入的响应曲线与 RTD 密度函数的关系。某单元设备系统如图 12-18 所示，其中进出口体积流量为 q_V，设备容积为 V，出口截面上流体的 RTD 密度函数为 $E(t)$，分布函数为 $F(t)$。现设想从 $t=0$ 开始，进口处流体切换成浓度为 $C(t)$ 的溶液，溶液流量及物性保持与原流体相同，但 $C(t)$ 随时间变化（相当于变浓度阶跃示踪输入）。

① 试证明出口处的响应浓度 $C_r(t)$ 与设备的 RTD 密度函数有如下关系

$$C_r(t) = \int_0^t C(\tau)E(t-\tau)\mathrm{d}\tau \quad (0 \leqslant \tau \leqslant t) \tag{12-41}$$

② 根据上式验证：对于常规阶跃输入 $(C=C_{S0})$ 或脉冲示踪输入（$t=0$ 时刻以脉冲方式输入示踪剂量 m_0），分别有

$$C_r(t)/C_{S0} = \int_0^t E(t)\mathrm{d}t = F(t) \quad \text{或} \quad C_r(t)/C_0 = \bar{t}E(t)$$

其中
$$\bar{t} = V/q_V, \quad C_0 = m_0/V, \quad \bar{t}C_0 = m_0/q_V$$

解　① 对于浓度随时间变化的连续输入，可将 $0 \rightarrow t$ 时间段内的连续输入视为无数个按顺序排列的脉冲输入，对于其中 τ 时刻 $(0 \leqslant \tau \leqslant t)$ 的脉冲输入，其输入的示踪剂量可表

示为

$$m_0(\tau) = C(\tau)q_V\mathrm{d}\tau$$

根据式(12-12)，τ 时刻输入的示踪剂 $m_0(\tau)$ 在随后 t 时刻（$t \geqslant \tau$）出口截面上的质量流量为

$$q^t_{m,\tau} = m_0(\tau)E(t-\tau) \quad \text{或} \quad q^t_{m,\tau} = C(\tau)q_V E(t-\tau)\mathrm{d}\tau$$

由此可得 t 时刻出口截面上对 τ 时刻的脉冲输入 $m_0(\tau)$ 的响应浓度为

$$C_r(t)\big|_{m_0(\tau)} = \frac{q^t_{m,\tau}}{q_V} = \frac{m_0(\tau)E(t-\tau)}{q_V} = C(\tau)E(t-\tau)\mathrm{d}\tau$$

于是，将 $0 \to t$ 时间段内无数个顺序排列的脉冲输入所产生的浓度响应相加（即上式在 $\tau = 0 \to t$ 区间积分），可得溶液浓度为 $C(t)$ 的连续输入在出口截面产生的响应浓度 $C_r(t)$ 为

$$C_r(t) = \int_0^t C(\tau)E(t-\tau)\mathrm{d}\tau$$

② 对于浓度恒定为 C_{S0} 的阶跃输入，上式中 $C(\tau) = C_{S0}$，因此有

$$\frac{C_r(t)}{C_{0S}} = \int_0^t E(t-\tau)\mathrm{d}\tau = \int_0^t E(t)\mathrm{d}t = F(t)$$

对于 $t = 0$ 时刻的脉冲示踪输入（示踪剂量为 m_0），相当于 $C(\tau)$ 仅存在于 $\tau = 0 \to \mathrm{d}t$ 微元时段，且 $m_0 = q_V C(\tau)_{\tau=0}\mathrm{d}t$，故

$$C_r(t) = \int_0^t C(\tau)E(t-\tau)\mathrm{d}\tau = C(\tau)_{\tau=0}E(t)\mathrm{d}t = \frac{m_0}{q_V}E(t) = C_0\bar{t}E(t)$$

即

$$C_r(t)/C_0 = \bar{t}E(t)$$

【P12-19】一般循环系统的脉冲示踪响应曲线及 RTD 密度函数。 图 12-19 是由容器与循环管路构成一般循环系统，系统流量 $(1-\alpha)q_V$。其中容器容积 V_1，体积流量 q_V，RTD 密度函数 $E_1(t)$；循环管路容积 V_2，体积流量 αq_V（α 为回流比），RTD 密度函数 $E_2(t)$。此时若在容器进口脉冲输入示踪剂 m_0，测试得到出口示踪剂浓度响应曲线为 $C_r(t)$，则 $C_r(t)$ 不仅包含对 m_0 的响应，还包括对示踪剂循环返回输入的响应。

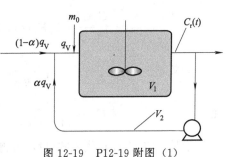

图 12-19　P12-19 附图（1）

① 试根据式(12-41)证明：$C_r(t)$ 与 $E_1(t)$、$E_2(t)$ 有如下关系

$$C_r(t) = C_0\bar{t}_1 E_1(t) + \alpha\int_0^t \left[\int_0^\tau C_r(\tau')E_2(\tau-\tau')\mathrm{d}\tau'\right]E_1(t-\tau)\mathrm{d}\tau \tag{12-42}$$

且

$$C_0 = m_0/V_1, \quad \bar{t}_1 = V_1/q_V, \quad \bar{t}_1 C_0 = m_0/q_V$$

式中的 τ、τ' 均为时间参数，且 $0 \leqslant \tau \leqslant t$，$0 \leqslant \tau' \leqslant \tau$。

② 若整个系统的 RTD 密度函数为 $E_r(t)$，试根据上式进一步证明

$$E_r(t) = (1-\alpha)E_1(t) + \alpha\int_0^t \left[\int_0^\tau E_r(\tau')E_2(\tau-\tau')\mathrm{d}\tau'\right]E_1(t-\tau)\mathrm{d}\tau \tag{12-43}$$

解 ① 根据题意，可将 $C_r(t)$ 视为由两部分构成：一部分是对脉冲示踪剂 m_0 的直接响应 $C_{r1}(t)$，另一部分是对循环返回容器的示踪剂的响应 $C_{r2}(t)$，即

$$C_r(t) = C_{r1}(t) + C_{r2}(t) \tag{a}$$

对脉冲示踪 m_0 的直接响应 $C_{r1}(t)$ 仅与容器的 RTD 密度函数 $E_1(t)$ 有关，且根据脉冲示踪实验响应浓度与容器 RTD 密度函数的关系，有

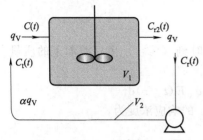

图 12-20　P12-19 附图 (2)

$$C_{r1}(t) = \frac{m_0}{q_V} E_1(t) = C_0 \bar{t}_1 E_1(t) \tag{b}$$

为确定 $C_{r2}(t)$，可设示踪剂循环返回输入容器进口时的浓度为 $C(t)$，如图 12-20 所示。这样 $C_{r2}(t)$ 则是对连续输入 $C(t)$ 的响应，且根据式(12-41)可知两者关系为

$$C_{r2}(t) = \int_0^t C(\tau) E_1(t-\tau) \mathrm{d}\tau \tag{c}$$

将式(c)和式(b)代入式(a)，可得

$$C_r(t) = C_0 \bar{t}_1 E_1(t) + \int_0^t C(\tau) E_1(t-\tau) \mathrm{d}\tau \tag{d}$$

由此可见，在脉冲输入后同时测试进口处的浓度 $C(t)$，则可确定 $E_1(t)$。

但理论上，$C(t)$ 的测试不是必需的。因为 $C(t) = \alpha C_t(t)$，而 $C_t(t)$ 又是循环管末端对连续输入 $C_r(t)$ 的响应。故进一步引用式(12-41)，可将 $C(t)$ 与 $C_r(t)$ 相关联，即

$$C(t) = \alpha C_t(t) = \alpha \int_0^t C_r(\tau') E_2(t-\tau') \mathrm{d}\tau' \tag{e}$$

于是将式(e)中的时间 t 用 τ 表示，并代入式(d)，可得

$$C_r(t) = C_0 \bar{t}_1 E_1(t) + \alpha \int_0^t \left[\int_0^\tau C_r(\tau') E_2(\tau-\tau') \mathrm{d}\tau' \right] E_1(t-\tau) \mathrm{d}\tau \tag{f}$$

根据这一关系，若已知 $E_2(t)$、α，则可通过在线测试 $C_r(t)$ 确定 $E_1(t)$；或已知 $E_1(t)$、$E_2(t)$，通过在线测试 $C_r(t)$ 确定回流比 α（比如有内循环的设备中的回流比）。

② 设图 12-19 所示循环系统的 RTD 密度函数为 $E_r(t)$，则根据脉冲示踪实验响应曲线与系统 RTD 密度函数的关系，有

$$\frac{C_r(t)}{C_{0r}} = \bar{t}_r E_r(t)，\text{其中 } C_{0r} = \frac{m_0}{V_1+V_2}，\bar{t}_r = \frac{V_1+V_2}{(1-\alpha)q_V}$$

定义

$$\bar{t}_1 = \frac{V_1}{q_V}，\bar{t}_2 = \frac{V_2}{\alpha q_V}，\beta = \frac{\bar{t}_2}{\bar{t}_1}，C_0 = \frac{m_0}{V_1}$$

则

$$\bar{t}_r C_{0r} = \frac{m_0}{(1-\alpha)q_V} = \frac{\bar{t}_1 C_0}{1-\alpha}，E_r(t) = \frac{C_r(t)}{\bar{t}_r C_{0r}} = (1-\alpha)\frac{C_r(t)}{\bar{t}_1 C_0}$$

于是，将 $C_r(t)$ 代入式(f)，可得 $E_r(t)$ 与 $E_1(t)$、$E_2(t)$、α 的关系为

$$E_r(t) = (1-\alpha)E_1(t) + \alpha \int_0^t \left[\int_0^\tau E_r(\tau') E_2(\tau-\tau') \mathrm{d}\tau' \right] E_1(t-\tau) \mathrm{d}\tau$$

【P12-20】封闭循环系统脉冲示踪实验及 RTD 密度函数计算。参见图 12-21，为确定容器 V_1 出口截面上流体的 RTD 密度函数 $E_1(t)$，进行脉冲示踪实验，但由于排放限制等原因，不得不将容器进出口用管路连接形成封闭系统，这使得出口截面的示踪剂浓度 C_r 同时包括对脉冲输入和示踪剂返回输入的响应。现通过脉冲示踪实验测得出口截面上示踪剂浓度 $C_r(t_i)$ 与时间 t_i 的数据（见表 12-5）。若循环管路流动模式可视为平推流，试由表中数据计算 $E_1(t_i)$。已知：容器流体体积 V_1、循环管路体积 V_2、示踪剂量 m_0 和流体流量 q_V 如下

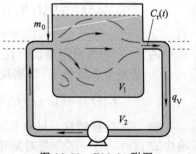

图 12-21　P12-20 附图

$$V_1 = 245\text{L}，V_2 = 74.15\text{L}，m_0 = 60\text{g}，q_V = 25.08\text{m}^3/\text{h}$$

表 12-5　P12-20 附表（容器出口截面上的示踪剂浓度及对应时间）

t/s	$C_r/(g/L)$	t/s	$C_r/(g/L)$	t/s	$C_r/(g/L)$	t/s	$C_r/(g/L)$	t/s	$C_r/(g/L)$	t/s	$C_r/(g/L)$
0	0.0000	15	0.2500	30	0.1912	45	0.1765	60	0.1880	75	0.1907
1	0.0000	16	0.2680	31	0.1850	46	0.1782	61	0.1866	76	0.1910
2	0.0000	17	0.2745	32	0.1800	47	0.1810	62	0.1852	77	0.1900
3	0.0000	18	0.2745	33	0.1750	48	0.1828	63	0.1838	78	0.1890
4	0.0000	19	0.2730	34	0.1720	49	0.1840	64	0.1824	79	0.1883
5	0.0000	20	0.2680	35	0.1690	50	0.1865	65	0.1805	80	0.1879
6	0.0020	21	0.2600	36	0.1662	51	0.1885	66	0.1805	81	0.1878
7	0.0065	22	0.2530	37	0.1645	52	0.1895	67	0.1805	82	0.1877
8	0.0180	23	0.2460	38	0.1640	53	0.1915	68	0.1823	83	0.1876
9	0.0390	24	0.2390	39	0.1638	54	0.1920	69	0.1837	84	0.1877
10	0.0670	25	0.2300	40	0.1650	55	0.1922	70	0.1850	85	0.1878
11	0.0970	26	0.2215	41	0.1680	56	0.1924	71	0.1865	86	0.1879
12	0.1300	27	0.2130	42	0.1700	57	0.1920	72	0.1882	87	0.1880
13	0.1750	28	0.2050	43	0.1720	58	0.1910	73	0.1895	……	……
14	0.2170	29	0.1975	44	0.1745	59	0.1900	74	0.1903	140	0.1880

解　根据一般循环系统脉冲示踪响应浓度 C_r 与容器和管路的 RTD 密度函数 E_1、E_2 的关系式 [式(12-42)]，并考虑封闭循环时 $\alpha = 1$，可得

$$E_1(t) = \frac{1}{\bar{t}_1 C_0} \left\{ C_r(t) - \int_0^t \left[\int_0^\tau C_r(\tau') E_2(\tau - \tau') d\tau' \right] E_1(t - \tau) d\tau \right\}$$

当循环管内为平推流时，$t = \bar{t}_2$：$E_2(t)dt = 1$，$t \neq \bar{t}_2$：$E_2(t)dt = 0$，故

$$E_1(t) = \frac{1}{\bar{t}_1 C_0} \left[C_r(t) - \int_0^t C_r(\tau - \bar{t}_2) E_1(t - \tau) d\tau \right]$$

针对离散采样点 $t_i \to C_r(t_i)(i = 0, 1, 2, \cdots, 139, 140)$，记 $t_k = \bar{t}_2$，该积分式可改写为

$$E_1(t_i) = \frac{1}{\bar{t}_1 C_0} \left[C_r(t_i) - \sum_{j=k}^{i} C_r(t_j - t_k) E_1(t_i - t_j) \Delta t_j \right]$$

根据表中数据可知采样时间间隔均等，即 $\Delta t_j = \Delta t = 1s$；又根据已知实验条件，可知

$$\bar{t}_1 C_0 = \frac{V_1}{q_V} \frac{m_0}{V_1} = \frac{m_0}{q_V} = \frac{60}{25.08/3.6} = 8.612(s \cdot g/L)$$

$$\bar{t}_2 = \frac{V_2}{q_V} = \frac{74.15}{25.08/3.6} = 10.6(s)，\ t_k = k\Delta t = \bar{t}_2 \to k = \frac{\bar{t}_2}{\Delta t} = 10.6 \approx 11$$

根据 $k = 11$，并考虑到 $t < \bar{t}_2$ 时，$C_r(t - \bar{t}_2) = 0$，可得 $E_1(t_i)$ 的计算公式为

$t_i < t_{11}(i = 0, 1, \cdots, 10)$：$\quad E_1(t_i) = C_r(t_i) / \bar{t}_1 C_0$

$t_i \geqslant t_{11}(i = 11, \cdots, 140)$：$\quad E_1(t_i) = \frac{1}{\bar{t}_1 C_0} \left[C_r(t_i) - \sum_{j=11}^{i} C_r(t_j - t_{11}) E_1(t_i - t_j) \Delta t \right]$

计算说明：在 $t_i \geqslant t_k = t_{11}$ 计算 $E_1(t_i)$ 时，式中的 $E_1(t_i - t_j)$ 是已知值，即 $E_1(t_i - $

t_j）在 $E_1(t_i)$ 之前已经计算出来（可采用编程或在 Excel 计算表中进行计算）。根据计算结果数据 t_i-$E_1(t_i)$ 绘制的曲线图见 12-22，其中 $C_r(t)$ 曲线由表 12-1 中的数据绘制。

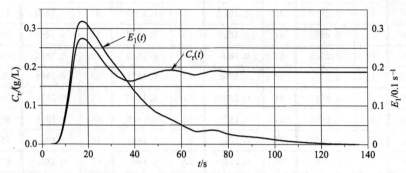

图 12-22　P12-20 附图［根据封闭系统脉冲示踪响应浓度计算得到的 $E_1(t)$ 曲线］

根据密度函数的性质，$E_1(t)$ 曲线下的面积 $S=1$，此处根据 $E_1(t_i)$ 曲线计算的面积 S 为

$$S = \sum_{i=1}^{140} E_1(t_i)\Delta t_i = 1.003$$

附　录

附录 A   矢量与场论的基本公式

A.1   矢量运算基本公式

直角坐标系下，任意矢量 $\mathbf{A}$ 及其模 $|\mathbf{A}|$ 分别表示为

$$\mathbf{A}=A_x\mathbf{i}+A_y\mathbf{j}+A_z\mathbf{k}, \quad |\mathbf{A}|=\sqrt{A_x^2+A_y^2+A_z^2}$$

A.1.1   两个矢量的数积（或称点积）

定义：$\mathbf{A}$、$\mathbf{B}$ 两矢量，夹角为 $\theta(\leqslant\pi)$，其数积或点积定义为

$$\mathbf{A}\cdot\mathbf{B}=|\mathbf{A}||\mathbf{B}|\cos\theta=A_xB_x+A_yB_y+A_zB_z \tag{A-1}$$

意义：两矢量的数积中，既可将 $|\mathbf{B}|\cos\theta$ 看成是矢量 $\mathbf{B}$ 在 $\mathbf{A}$ 上的投影，也可将 $|\mathbf{A}|\cos\theta$ 看成是矢量 $\mathbf{A}$ 在 $\mathbf{B}$ 上的投影，因此，若 $\mathbf{A}$、$\mathbf{B}$ 两矢量相互垂直，则必然有

$$\mathbf{A}\cdot\mathbf{B}=A_xB_x+A_yB_y+A_zB_z=0 \tag{A-2}$$

运算：设 $\mathbf{A}$、$\mathbf{B}$、$\mathbf{C}$ 为矢量，λ 为常数，则矢量数积满足下列运算规律

$$\mathbf{A}\cdot\mathbf{B}=\mathbf{B}\cdot\mathbf{A} \tag{A-3a}$$

$$\mathbf{A}\cdot(\mathbf{B}+\mathbf{C})=\mathbf{A}\cdot\mathbf{B}+\mathbf{A}\cdot\mathbf{C} \tag{A-3b}$$

$$(\lambda\mathbf{A})\cdot\mathbf{B}=\lambda(\mathbf{A}\cdot\mathbf{B})=\mathbf{A}\cdot(\lambda\mathbf{B}) \tag{A-3c}$$

A.1.2   两个矢量的矢积（或称叉积）

定义：$\mathbf{A}$、$\mathbf{B}$ 两矢量，夹角为 $\theta(\leqslant\pi)$，其矢积或叉积为

$$\mathbf{A}\times\mathbf{B}=\begin{vmatrix} \mathbf{i} & \mathbf{j} & \mathbf{k} \\ A_x & A_y & A_z \\ B_x & B_y & B_z \end{vmatrix}=(A_yB_z-A_zB_y)\mathbf{i}+(A_zB_x-A_xB_z)\mathbf{j}+(A_xB_y-A_yB_x)\mathbf{k}$$

$$\tag{A-4}$$

意义：$\mathbf{A}$、$\mathbf{B}$ 两矢量矢积的模 $|\mathbf{A}\times\mathbf{B}|=|\mathbf{A}||\mathbf{B}|\sin\theta$ 等于以 $\mathbf{A}$、$\mathbf{B}$ 为邻边所作平行四边形的面积，因此，若 $\mathbf{A}$、$\mathbf{B}$ 两矢量平行则必然有

$$\mathbf{A}\times\mathbf{B}=0 \quad 或 \quad (A_yB_z-A_zB_y)=(A_zB_x-A_xB_z)=(A_xB_y-A_yB_x)=0 \tag{A-5}$$

运算：设 $\mathbf{A}$、$\mathbf{B}$、$\mathbf{C}$ 为矢量，λ 为常数，则矢量矢积满足下列运算规律

$$\mathbf{A}\times\mathbf{B}=-\mathbf{B}\times\mathbf{A} \tag{A-6a}$$

$$\mathbf{A}\times(\mathbf{B}+\mathbf{C})=\mathbf{A}\times\mathbf{B}+\mathbf{A}\times\mathbf{C} \tag{A-6b}$$

$$(\lambda\mathbf{A})\times\mathbf{B}=\lambda(\mathbf{A}\times\mathbf{B})=\mathbf{A}\times(\lambda\mathbf{B}) \tag{A-6c}$$

$$\mathbf{A}\times(\mathbf{B}\times\mathbf{C})=(\mathbf{A}\cdot\mathbf{C})\mathbf{B}-(\mathbf{A}\cdot\mathbf{B})\mathbf{C} \tag{A-6d}$$

A.1.3   三个矢量的混合积

定义：$\mathbf{A}$、$\mathbf{B}$、$\mathbf{C}$ 三个矢量的混合积为

$$\mathbf{A}\cdot(\mathbf{B}\times\mathbf{C})=\begin{vmatrix} A_x & A_y & A_z \\ B_x & B_y & B_z \\ C_x & C_y & C_z \end{vmatrix} \tag{A-7a}$$

或 $\quad \mathbf{A}\cdot(\mathbf{B}\times\mathbf{C})=A_xB_yC_z+A_yB_zC_x+A_zB_xC_y-A_xB_zC_y-A_yB_xC_z-A_zB_yC_x \tag{A-7b}$

意义：混合积 $\mathbf{A}\cdot(\mathbf{B}\times\mathbf{C})$ 的数值大小等于以 $\mathbf{A}$、$\mathbf{B}$、$\mathbf{C}$ 为邻边所作平行六面体的体积，因此，若 $\mathbf{A}$、$\mathbf{B}$、$\mathbf{C}$ 三个矢量共面，则必然有

$$\mathbf{A}\cdot(\mathbf{B}\times\mathbf{C})=0 \tag{A-8}$$

运算：对于 $\mathbf{A}$、$\mathbf{B}$、$\mathbf{C}$ 三个矢量的混合积有

$$\mathbf{A}\cdot(\mathbf{B}\times\mathbf{C})=\mathbf{B}\cdot(\mathbf{C}\times\mathbf{A})=\mathbf{C}\cdot(\mathbf{A}\times\mathbf{B}) \tag{A-9}$$

A.2　梯度、散度和旋度

直角坐标中矢量　　　　　　　　$\mathbf{A}=A_x\mathbf{i}+A_y\mathbf{j}+A_z\mathbf{k}$

柱坐标系中矢量　　　　　　　　$\mathbf{A}=A_r\mathbf{e}_r+A_\theta\mathbf{e}_\theta+A_z\mathbf{e}_z$

式中 $\mathbf{e}_r$、$\mathbf{e}_\theta$、$\mathbf{e}_z$ 分别是 r、θ、z 方向的单位矢量，但 $\mathbf{e}_r$、$\mathbf{e}_\theta$ 不是常矢量，且

$$\mathbf{e}_r=\cos\theta\mathbf{i}+\sin\theta\mathbf{j},\ \mathbf{e}_\theta=-\sin\theta\mathbf{i}+\cos\theta\mathbf{j},\ \mathbf{e}_z=\mathbf{k},\ \frac{\partial\mathbf{e}_r}{\partial\theta}=\mathbf{e}_\theta,\ \frac{\partial\mathbf{e}_\theta}{\partial\theta}=-\mathbf{e}_r \tag{A-10}$$

A.2.1　哈密尔顿（Hamilton）算子及拉普拉斯（Laplace）算子

哈密尔顿（Hamilton）算子 $\mathbf{\nabla}$ 是矢量微分算子，其定义如下

$$\mathbf{\nabla}=\frac{\partial}{\partial x}\mathbf{i}+\frac{\partial}{\partial y}\mathbf{j}+\frac{\partial}{\partial z}\mathbf{k}\quad 或\quad \mathbf{\nabla}=\mathbf{e}_r\frac{\partial}{\partial r}+\mathbf{e}_\theta\frac{1}{r}\frac{\partial}{\partial\theta}+\mathbf{e}_z\frac{\partial}{\partial z} \tag{A-11}$$

拉普拉斯（Laplace）算子 $\mathbf{\nabla}^2$ 是二阶微分算子，其定义如下

$$\mathbf{\nabla}^2=\frac{\partial^2}{\partial x^2}+\frac{\partial^2}{\partial y^2}+\frac{\partial^2}{\partial z^2}\quad 或\quad \mathbf{\nabla}^2=\frac{1}{r}\frac{\partial}{\partial r}\left(r\frac{\partial}{\partial r}\right)+\frac{1}{r^2}\frac{\partial^2}{\partial\theta^2}+\frac{\partial^2}{\partial z^2} \tag{A-12}$$

A.2.2　梯度

设标量函数 ϕ 连续可微，则 ϕ 的梯度 $\mathrm{grad}(\phi)$ 定义为

$$\mathbf{\nabla}\phi=\frac{\partial\phi}{\partial x}\mathbf{i}+\frac{\partial\phi}{\partial y}\mathbf{j}+\frac{\partial v}{\partial z}\mathbf{k}\quad 或\quad \mathbf{\nabla}\phi=\frac{\partial\phi}{\partial r}\mathbf{e}_r+\frac{1}{r}\frac{\partial\phi}{\partial\theta}\mathbf{e}_\theta+\frac{\partial v}{\partial z}\mathbf{e}_z \tag{A-13}$$

标量函数 ϕ 的梯度 $\mathbf{\nabla}\phi$ 是矢量，指向 ϕ 变化率最大的方向。矢量的梯度同此定义。

A.2.3　散度

设矢量函数 $\mathbf{A}$ 连续可微，则 $\mathbf{A}$ 的散度 $\mathrm{div}(\mathbf{A})$ 定义为

$$\mathbf{\nabla}\cdot\mathbf{A}=\frac{\partial A_x}{\partial x}+\frac{\partial A_y}{\partial y}+\frac{\partial A_z}{\partial z}\quad 或\quad \mathbf{\nabla}\cdot\mathbf{A}=\frac{1}{r}\frac{\partial rA_r}{\partial r}+\frac{1}{r}\frac{\partial A_\theta}{\partial\theta}+\frac{\partial A_z}{\partial z} \tag{A-14}$$

矢量函数 $\mathbf{A}$ 的散度 $\mathbf{\nabla}\cdot\mathbf{A}$ 是标量函数。

A.2.4　旋度

设矢量函数 $\mathbf{A}$ 连续可微，则 $\mathbf{A}$ 的旋度 $\mathrm{rot}(\mathbf{A})$ 定义为

$$\mathbf{\nabla}\times\mathbf{A}=\left(\frac{\partial A_z}{\partial y}-\frac{\partial A_y}{\partial z}\right)\mathbf{i}+\left(\frac{\partial A_x}{\partial z}-\frac{\partial A_z}{\partial x}\right)\mathbf{j}+\left(\frac{\partial A_y}{\partial x}-\frac{\partial A_x}{\partial y}\right)\mathbf{k} \tag{A-15a}$$

或

$$\mathbf{\nabla}\times\mathbf{A}=\left(\frac{1}{r}\frac{\partial A_z}{\partial\theta}-\frac{\partial A_\theta}{\partial z}\right)\mathbf{e}_r+\left(\frac{\partial A_r}{\partial z}-\frac{\partial A_z}{\partial r}\right)\mathbf{e}_\theta+\frac{1}{r}\left(\frac{\partial rA_\theta}{\partial r}-\frac{\partial A_r}{\partial\theta}\right)\mathbf{e}_z \tag{A-15b}$$

A.3　Hamilton 算子的常用运算公式

设 $\mathbf{A}$、$\mathbf{B}$ 是矢量函数，ϕ、η 是标量函数，$\mathbf{c}$ 是常矢量，c 是常数。则 Hamilton 算子有如下常用运算公式

（1）$\mathbf{\nabla}(c\phi)=c\mathbf{\nabla}\phi$

（2）$\mathbf{\nabla}(\phi\pm\eta)=\mathbf{\nabla}\phi\pm\mathbf{\nabla}\eta$

（3）$\mathbf{\nabla}(\phi\eta)=\phi\mathbf{\nabla}\eta+\eta\mathbf{\nabla}\phi$

(4) $\nabla(\mathbf{A}\cdot\mathbf{B})=\mathbf{A}\times(\nabla\times\mathbf{B})+(\mathbf{A}\cdot\nabla)\mathbf{B}+\mathbf{B}\times(\nabla\times\mathbf{A})+(\mathbf{B}\cdot\nabla)\mathbf{A}$

(5) $\nabla\cdot(c\mathbf{A})=c\nabla\cdot\mathbf{A}$

(6) $\nabla\cdot(\mathbf{A}\pm\mathbf{B})=\nabla\cdot\mathbf{A}\pm\nabla\cdot\mathbf{B}$

(7) $\nabla\cdot(\mathbf{c}\phi)=(\nabla\phi)\cdot\mathbf{c}$

(8) $\nabla\cdot(\phi\mathbf{A})=(\nabla\phi)\cdot\mathbf{A}+\phi(\nabla\cdot\mathbf{A})$

(9) $\nabla\cdot(\mathbf{A}\times\mathbf{B})=(\nabla\times\mathbf{A})\cdot\mathbf{B}-(\nabla\times\mathbf{B})\cdot\mathbf{A}$

(10) $\nabla\cdot(\nabla\phi)=\nabla^2\phi$

(11) $\nabla\cdot(\nabla\times\mathbf{A})=0$

(12) $\nabla\times(c\mathbf{A})=c\nabla\times\mathbf{A}$

(13) $\nabla\times(\mathbf{A}\pm\mathbf{B})=\nabla\times\mathbf{A}\pm\nabla\times\mathbf{B}$

(14) $\nabla\times(\mathbf{c}\phi)=(\nabla\phi)\times\mathbf{c}$

(15) $\nabla\times(\phi\mathbf{A})=\phi(\nabla\times\mathbf{A})+(\nabla\phi)\times\mathbf{A}$

(16) $\nabla\times(\mathbf{A}\times\mathbf{B})=(\mathbf{B}\cdot\nabla)\mathbf{A}-(\mathbf{A}\cdot\nabla)\mathbf{B}-\mathbf{B}(\nabla\cdot\mathbf{A})+\mathbf{A}(\nabla\cdot\mathbf{B})$

(17) $\nabla\times(\nabla\phi)=0$

(18) $\nabla\times(\nabla\times\mathbf{A})=\nabla(\nabla\cdot\mathbf{A})-\nabla^2\mathbf{A}$

以下公式中，$\mathbf{r}=x\mathbf{i}+y\mathbf{j}+z\mathbf{k}$ 为矢径，其模 $r=|\mathbf{r}|=\sqrt{x^2+y^2+z^2}$，且 $\mathbf{r}^\circ=\mathbf{r}/r$

(19) $\nabla r=\mathbf{r}/r=\mathbf{r}^\circ$

(20) $\nabla\cdot\mathbf{r}=3$

(21) $\nabla\times\mathbf{r}=0$

(22) $\nabla f(r)=f'(r)\nabla r=f'(r)(\mathbf{r}/r)=f'(r)\mathbf{r}^\circ$

(23) $\nabla\times[f(r)\mathbf{r}]=0$

(24) $\nabla\times(r^{-3}\mathbf{r})=0$

A.4　矢量的积分定理

A.4.1　斯托克斯公式

设矢量函数 $\mathbf{F}$ 在曲面 S 上连续可微，曲面 S 任意点的外法线单位矢量为 $\mathbf{n}$，C 是曲面 S 的边缘线（封闭曲线）且 C 的正方向与 $\mathbf{n}$ 构成右手螺旋系，$\mathbf{r}$ 是边缘线 C 上任意点的矢径，则下述积分公式成立

$$\oint_C \mathbf{F}\cdot\mathrm{d}\mathbf{r}=\iint_S(\nabla\times\mathbf{F})\cdot\mathbf{n}\mathrm{d}S \tag{A-16}$$

该式称为斯托克斯公式。根据该式可将封闭曲线积分转化为曲面积分，反之亦然。

A.4.2　高斯公式

设矢量函数 $\mathbf{F}$ 在光滑封闭曲面 S 所包围的流场区域 V 内连续可微，$\mathbf{n}$ 是曲面 S 任意点的外法线单位矢量，则以下矢量积分公式成立

$$\oiint_S \mathbf{F}\cdot\mathbf{n}\mathrm{d}S=\iiint_V(\nabla\cdot\mathbf{F})\mathrm{d}V \quad\text{或}\quad \oiint_S\mathbf{F}\times\mathbf{n}\mathrm{d}S=-\iiint_V(\nabla\times\mathbf{F})\mathrm{d}V \tag{A-17}$$

若标量函数 ϕ 在光滑封闭曲面 S 所包围的流场区域 V 内连续可微，$\mathbf{n}$ 是曲面 S 任意点的外法线单位矢量，$\mathbf{r}$ 是区域 V 内任意点的矢径，则以下矢量积分公式成立

$$\oiint_S\mathbf{n}\phi\mathrm{d}S=\iiint_V\nabla\phi\mathrm{d}V \quad\text{或}\quad \oiint_S\mathbf{r}\times\mathbf{n}\phi\mathrm{d}S=\iiint_V(\mathbf{r}\times\nabla\phi)\mathrm{d}V \tag{A-18}$$

以上公式都可称为高斯公式。由此可将相应情况下的封闭曲面积分转化为体积分。

附录 B　典型特殊函数的性质及微分方程的解

B.1　典型特殊函数及其性质

B.1.1　伽马函数

伽马函数 $\Gamma(x)$ 是积分函数，其定义及基本性质如下

$$\Gamma(x)=\int_0^\infty \eta^{x-1}\mathrm{e}^{-\eta}\mathrm{d}\eta \quad (x>0)$$

且

$$x\Gamma(x)=\Gamma(x+1),\ \Gamma(1)=\Gamma(2)=1,\ \Gamma(1/2)=\sqrt{\pi}$$

注：给定 $x>0$，可在 Excel 表中直接输入伽马函数语句计算 $\Gamma(x)$ 的值。

B.1.2　误差函数

误差函数 $\mathrm{erf}(x)$ 是积分函数，其定义及基本性质如下

$$\mathrm{erf}(x)=\frac{2}{\sqrt{\pi}}\int_0^x \mathrm{e}^{-\eta^2}\mathrm{d}\eta,\ 且\ \mathrm{erf}(0)=0,\ \mathrm{erf}(\infty)=1$$

注：给定 $x\geqslant0$，可在 Excel 表中直接输入误差函数语句计算 $\mathrm{erf}(x)$ 的值。

B.2　典型微分方程及其在相应定解条件下的解

B.2.1　一阶变系数非齐次线性常微分方程

以下形式的一阶变系数非齐次常微分方程的通解为

$$\frac{\mathrm{d}y}{\mathrm{d}x}+p(x)y=q(x)\rightarrow y=\mathrm{e}^{-\int p(x)\mathrm{d}x}\left[\int q(x)\mathrm{e}^{\int p(x)\mathrm{d}x}\mathrm{d}x+c\right]$$

其中，c 为积分常数，由具体问题的定解条件确定。

B.2.2　二阶常系数非齐次线性常微分方程

对于以下形式的二阶常系数非齐次线性常微分方程（α、β、φ 为常数）

$$\frac{\mathrm{d}^2y}{\mathrm{d}x^2}+\alpha\frac{\mathrm{d}y}{\mathrm{d}x}+\beta y=\varphi$$

其解需要计算特征根 k_1、k_2，其中

$$k_1=\frac{1}{2}(-\alpha+\sqrt{\alpha^2-4\beta}),\ k_1=\frac{1}{2}(-\alpha-\sqrt{\alpha^2-4\beta})$$

若特征根为不同实数，即 $k_1\neq k_2$，则方程的通解为

$$y=c_1\mathrm{e}^{k_1x}+c_2\mathrm{e}^{k_2x}+\varphi/\beta$$

若特征根为重根，即 $k_1=k_2=k$，则方程的通解为

$$y=(c_1+c_2x)\mathrm{e}^{kx}+\varphi/\beta$$

若特征根为复根，即 $k_1=A+iB$，$k_2=A-iB$，其中 $i=\sqrt{-1}$，则方程的通解为

$$y=c_1\mathrm{e}^{Ax}\sin Bx+c_2\mathrm{e}^{Ax}\cos Bx+\varphi/\beta$$

以上通解中的 c_1、c_2 为积分常数，由具体问题的定解条件确定。

B.2.3　一维非稳态扩散方程 Ⅰ

对于以下一维非稳态扩散方程（$\alpha > 0$）及给定的定解条件

$$\frac{\partial y}{\partial t} = \alpha \frac{\partial^2 y}{\partial x^2} \quad \begin{cases} \text{初始条件 } x \geqslant 0: \quad y|_{t=0} = 0 \\ \text{边界条件 } t > 0: \quad y|_{x=0} = y_0, \ y|_{x=\infty} = 0 \end{cases}$$

可用新变量

$$\Psi = y/y_0, \quad \eta = x/\sqrt{4\alpha t}$$

将方程及定解条件转化为

$$\frac{\mathrm{d}^2 \Psi}{\mathrm{d}\eta^2} + 2\eta \frac{\mathrm{d}\Psi}{\mathrm{d}\eta} = 0 \quad \begin{cases} \Psi|_{\eta=0} = 1 \\ \Psi|_{\eta=\infty} = 0 \end{cases}$$

根据 B.2.1 给出的该类型方程的解，可得其通解及满足定解条件的解分别为

$$\Psi = c_1 \int e^{-\eta^2} \mathrm{d}\eta + c_2, \quad \frac{y}{y_0} = 1 - \mathrm{erf}(\eta) = 1 - \frac{2}{\sqrt{\pi}} \int_0^\eta e^{-\tau^2} \mathrm{d}\tau$$

特别地

$$y/y_0 = 0.99, \quad \eta = 1.8214, \quad x = 1.8214\sqrt{4\alpha t}$$

B.2.4　一维非稳态扩散方程 Ⅱ

对于以下一维非稳态扩散方程（$\alpha > 0$）及给定的定解条件

$$\frac{\partial y}{\partial t} = \alpha \frac{\partial^2 y}{\partial x^2} \quad \begin{cases} \text{初始条件 } x \geqslant 0: y|_{t=0} = 0 \\ \text{边界条件 } t > 0: y|_{x=0} = y_0, \ y|_{x=x_0} = 0 \end{cases}$$

可采用分离变量法或积分变换法获得方程的解，即

$$\frac{y}{y_0} = \left(1 - \frac{x}{x_0}\right) + \sum_{n=1}^\infty (-1)^n \frac{2}{n\pi} \sin\left[n\pi\left(1 - \frac{x}{x_0}\right)\right] \exp\left(-n^2 \pi^2 \frac{\alpha t}{x_0^2}\right)$$

B.2.5　一维非稳态变系数扩散方程

对于以下一维非稳态变系数扩散方程（$\alpha > 0$）及给定的定解条件

$$x\frac{\partial y}{\partial t} = \alpha \frac{\partial^2 y}{\partial x^2} \quad \begin{cases} \text{初始条件 } x \geqslant 0: y|_{t=0} = y_0 \\ \text{边界条件 } t > 0: y|_{x=0} = y_s, \ y|_{x=\infty} = y_0 \end{cases}$$

可用新变量

$$\Psi = \frac{y - y_0}{y_s - y_0}, \quad \eta = \frac{x}{\sqrt[3]{9\alpha t}}$$

将方程及定解条件转化为

$$\frac{\mathrm{d}^2 \Psi}{\mathrm{d}\eta^2} + 3\eta^2 \frac{\mathrm{d}\Psi}{\mathrm{d}\eta} = 0 \quad \begin{cases} \Psi|_{\eta=0} = 1 \\ \Psi|_{\eta=\infty} = 0 \end{cases}$$

根据 B.2.1 给出的该类型方程的解，可得其通解及满足定解条件的解分别为

$$\Psi = c_1 \int e^{-\eta^3} \mathrm{d}\eta + c_2, \quad \frac{y - y_0}{y_s - y_0} = 1 - \frac{1}{\Gamma\left(\frac{4}{3}\right)} \int_0^\eta e^{-\tau^3} \mathrm{d}\tau$$

B.2.6　一维扩散柯西问题方程

对于以下一维非稳态扩散方程及初值条件问题（一维扩散柯西问题方程），即

$$\frac{\partial y}{\partial t} - \alpha^2 \frac{\partial^2 y}{\partial x^2} = f(x,t), \quad y|_{t=0} = \varphi(x) \ (-\infty < x < \infty)$$

方程的解为

$$y(x,t) = y_1(x,t) + y_2(x,t)$$

其中

$$y_1(x,t) = \frac{1}{2\alpha\sqrt{\pi t}} \int_{-\infty}^\infty \varphi(\xi) \exp\left[-\frac{(x-\xi)^2}{4\alpha^2 t}\right] \mathrm{d}\xi$$

$$y_2(x,t) = \int_0^t \left\{ \int_{-\infty}^\infty \frac{f(\xi,\tau)}{2\alpha\sqrt{\pi(t-\tau)}} \exp\left[-\frac{(x-\xi)^2}{4\alpha^2(t-\tau)}\right] \mathrm{d}\xi \right\} \mathrm{d}\tau$$

附录 C　常见流体的物性参数

表 C-1　常压下常见液体的主要性质

流体名称	温度 $t/℃$	密度 $\rho/(kg/m^3)$	黏度 $\mu/\times 10^{-3} Pa \cdot s$	比热 $c/[J/(kg \cdot K)]$	表面张力系数* $\sigma/(N/m)$	体积弹性模数 $E_v/\times 10^9 Pa$
水	20	998	1.00	4187	0.073	2.171
海水	20	1023	1.07	3933	0.073	2.300
水银	20	13550	1.56	139.4	0.5137(0.3926)	26.200
四氯化碳	20	1596	0.9576	842	0.2685(0.4494)	1.3859
润滑油	20	890~920	—	—	0.035~0.038	1.7238
乙醇	20	789	1.1922		0.0223	—
苯	20	876	0.6511	1720	0.029	1.030
甘油	20	1258	1494	2386	0.063	4.344
煤油	20	808	1.92	2000	0.025	
原油	20	856	7.2	—	0.03	—
液氢	-257	73.7	0.021		0.0029	
液氧	-195	1206	0.278	约964	0.015	

* 括号内的数据为液体与水接触，其余均指液体与空气接触。

表 C-2　常见气体的主要性质 ($t=20℃$，$p=10^5 Pa$)

气体名称	符号	分子量 M /(kg/kmol)	密度 ρ /(kg/m³)	黏度 μ /$\times 10^{-6} Pa \cdot s$	气体常数 R /[J/(kg·K)]	比热容/[J/(kg·K)]		绝热指数 $k=c_p/c_v$
						c_p	c_v	
空气		28.97	1.205	18.1	287	1005	716	1.40
水蒸气	H_2O	18.02	0.747	10.1	461	1867	1406	1.33
氮	N_2	28.02	1.16	17.6	297	1038	742	1.40
氧	O_2	32.00	1.33	20.0	260	917	657	1.40
氢	H_2	2.016	0.084	9.0	4124	14320	10190	1.40
氦	He	4.003	0.166	19.7	2077	5200	3123	1.67
一氧化碳	CO	28.01	1.16	18.2	297	1042	745	1.40
二氧化碳	CO_2	44.01	1.84	14.8	189	845	656	1.29
甲烷	CH_4	16.04	0.668	13.4	519	2227	1709	1.30

表 C-3　常见气体动力黏度随温度变化经验公式常数值

气体名称	空气	水蒸气	氮	氧	氢	一氧化碳	二氧化碳	二氧化硫
$\mu_0/\times 10^{-6} Pa \cdot s$	17.09	8.93	16.60	19.20	8.4	16.80	13.80	11.60
C	111	961	104	125	71	100	254	306

注：温度为 $T(K)$ 时气体的动力黏度：$\mu = \mu_0 \dfrac{273+C}{T+C} \left(\dfrac{T}{273}\right)^{1.5}$，其中 μ_0 为 0℃时气体的黏度，C 为依气体而定的常数。

表 C-4 不同压力下水和油的黏度与其在 $10^5\,Pa$ 压力下的黏度值之比 μ_p/μ_0

流体	温度 t /℃	压力 p /$\times 10^5\,Pa$					
		100	300	500	750	1000	2000
水	30	1.0	1.01	1.02	1.04	1.05	1.13
水	10	1.0	0.98	0.97	0.96	0.95	0.965
润滑油 SAE30	54	1.45	2.50	4.70	9.40	19.00	~150

表 C-5 水的物性参数

温度 t/℃	压力 $p\times 10^{-5}$/Pa	密度 ρ /(kg/m³)	热焓 $i\times 10^{-3}$ /(J/kg)	比热 $C_p\times 10^{-3}$ /[J/(kg·K)]	导热系数 $\lambda\times 10^2$ /[W/(m·K)]	导温系数 $a\times 10^7$ /(m²/s)	黏度 $\mu\times 10^5$ /Pa·s	运动黏度 $\nu\times 10^6$ /(m²/s)	体积膨胀系数 $\beta\times 10^4$ /K⁻¹	表面张力系数 $\sigma\times 10^3$ /(N/m)	普兰特数 Pr
0	1.01	999.9	0	4.212	55.08	1.31	178.78	1.789	−0.63	75.61	13.66
10	1.01	999.7	42.04	4.191	57.41	1.37	130.53	1.306	+0.70	74.14	9.52
20	1.01	998.2	83.99	4.183	59.85	1.43	100.42	1.006	1.82	72.67	7.01
30	1.01	995.7	125.69	4.174	61.71	1.49	80.12	0.805	3.21	71.20	5.42
40	1.01	992.2	165.71	4.174	63.33	1.53	65.32	0.659	3.87	69.63	4.30
50	1.01	988.1	209.30	4.174	64.73	1.57	54.92	0.556	4.49	67.67	3.54
60	1.01	983.2	251.12	4.178	65.89	1.61	46.98	0.478	5.11	66.20	2.98
70	1.01	977.8	292.99	4.167	66.70	1.63	40.60	0.415	5.70	64.33	2.53
80	1.01	971.8	334.94	4.195	67.40	1.66	35.50	0.365	6.32	62.57	2.21
90	1.01	965.3	376.98	4.208	67.98	1.68	31.48	0.326	6.95	60.71	1.95
100	1.01	958.4	419.19	4.220	68.21	1.69	28.24	0.295	7.52	58.84	1.75
110	1.43	951.0	461.34	4.233	68.44	1.70	25.89	0.272	8.08	56.88	1.60
120	1.99	943.1	503.67	4.250	68.56	1.71	23.73	0.252	8.64	54.82	1.47
130	2.70	934.8	546.38	4.266	68.56	1.72	21.77	0.233	9.17	52.86	1.35
140	3.62	926.1	589.08	4.287	68.44	1.73	20.10	0.217	9.72	50.70	1.26
150	4.76	917.0	632.20	4.312	68.33	1.73	16.83	0.203	10.3	48.64	1.18
160	6.18	907.4	675.33	4.346	68.21	1.73	17.36	0.191	10.7	46.58	1.11
170	7.92	897.3	719.29	4.379	67.86	1.73	16.28	0.181	11.3	44.33	1.05
180	10.03	886.9	763.25	4.417	67.40	1.72	15.30	0.173	11.9	42.27	1.00
190	12.55	876.0	807.63	4.460	66.93	1.71	14.42	0.165	12.6	40.01	0.96
200	15.55	863.0	852.43	4.505	66.24	1.70	13.63	0.158	13.3	37.66	0.93
210	19.08	852.8	897.65	4.555	65.48	1.69	13.04	0.153	14.1	35.40	0.91
220	23.20	840.3	943.71	4.614	66.49	1.66	12.46	0.148	14.8	33.15	0.89
230	27.98	827.3	990.18	4.681	63.68	1.64	11.97	0.145	15.9	30.99	0.88
240	33.48	813.6	1037.49	4.756	62.75	1.62	11.47	0.141	16.8	28.54	0.87
250	39.78	799.0	1085.64	4.844	62.71	1.59	10.98	0.137	18.1	26.19	0.86
260	46.95	784.0	1135.04	4.949	60.43	1.56	10.59	0.135	19.7	23.73	0.87
270	55.06	767.9	1185.28	5.070	58.92	1.51	10.20	0.133	21.6	21.48	0.88
280	64.20	750.7	1236.28	5.229	57.41	1.46	9.81	0.131	23.7	19.12	0.89
290	74.46	732.3	1289.95	5.485	55.78	1.39	9.42	0.129	26.2	16.87	0.93
300	85.92	712.5	1344.80	5.736	53.92	1.32	9.12	0.128	29.2	14.42	0.97
310	98.70	691.1	1402.16	6.071	52.29	1.25	8.83	0.128	32.9	12.06	1.02
320	112.90	667.1	1462.03	6.573	50.55	1.15	8.53	0.128	38.2	9.81	1.11
330	128.65	640.2	1526.19	7.243	48.34	1.04	8.14	0.127	43.3	7.67	1.22
340	146.09	610.1	1594.75	8.164	45.67	0.92	7.75	0.127	53.4	5.67	1.38
350	165.38	574.4	1671.37	9.504	43.00	0.79	7.26	0.126	66.8	3.82	1.60
360	186.75	528.0	1761.39	13.984	39.51	0.54	6.67	0.126	109	2.02	2.36
370	210.54	450.5	1892.43	40.391	33.70	0.19	5.69	0.126	264	0.47	6.80

表 C-6 干空气的物性参数（$p=10^5\,\mathrm{Pa}$）

温度 $t/℃$	密度 ρ $/(\mathrm{kg/m^3})$	比热 $c_p\times10^{-3}$ $/[\mathrm{J/(kg\cdot K)}]$	导热系数 $\lambda\times10^2$ $/[\mathrm{W/(m\cdot K)}]$	导温系数 $a\times10^5$ $/(\mathrm{m^2/s})$	黏度 $\mu\times10^5$ $/\mathrm{Pa\cdot s}$	运动黏度 $\nu\times10^6$ $/(\mathrm{m^2/s})$	普兰特数 Pr
−50	1.584	1.013	2.034	1.27	1.46	9.23	0.727
−40	1.515	1.013	2.115	1.38	1.52	10.04	0.723
−30	1.453	1.013	2.196	1.49	1.57	10.08	0.724
−20	1.395	1.009	2.278	1.62	1.62	11.60	0.717
−10	1.312	1.009	2.359	1.74	1.67	12.43	0.714
0	1.293	1.005	2.440	1.88	1.72	13.28	0.708
10	1.247	1.005	2.510	2.01	1.77	14.16	0.708
20	1.205	1.005	2.591	2.14	1.81	15.06	0.686
30	1.165	1.005	2.673	2.29	1.86	16.00	0.701
40	1.128	1.005	2.754	2.43	1.91	16.96	0.696
50	1.093	1.005	2.824	2.57	1.96	17.95	0.697
60	1.060	1.005	2.893	2.72	2.01	18.97	0.698
70	1.029	1.009	2.963	2.86	2.06	20.02	0.701
80	1.000	1.009	3.044	3.02	2.11	21.09	0.699
90	0.972	1.009	3.126	3.19	2.15	22.10	0.693
100	0.946	1.009	3.207	3.36	2.19	23.13	0.695
120	0.898	1.009	3.335	3.68	2.29	25.45	0.692
140	0.854	1.013	3.486	4.03	2.37	27.80	0.688
160	0.815	1.017	3.637	4.39	2.45	30.09	0.685
180	0.779	1.022	3.777	4.75	2.53	32.49	0.684
200	0.746	1.026	3.928	5.14	2.60	34.85	0.679
250	0.674	1.038	4.265	6.10	2.74	40.61	0.666
300	0.615	1.047	4.602	7.16	2.97	48.33	0.675
350	0.566	1.059	4.904	8.19	3.14	55.46	0.677
400	0.524	1.068	5.206	9.31	3.31	63.09	0.679
500	0.456	1.093	5.740	11.53	3.62	79.38	0.689
600	0.404	1.114	6.217	13.83	3.91	96.89	0.700
700	0.362	1.135	6.700	16.34	4.18	115.4	0.707
800	0.329	1.156	7.170	18.88	4.43	134.8	0.714
900	0.301	1.172	7.623	21.62	4.67	155.1	0.719
1000	0.277	1.185	8.064	24.59	4.90	177.1	0.719
1100	0.257	1.197	8.494	27.63	5.12	199.3	0.721
1200	0.239	1.210	9.145	31.65	5.35	233.7	0.717

附录 D　常见物理量的量纲与单位换算及常见特征数

表 D-1　常见物理量的量纲、单位及其换算

（基本量纲：长度 L，质量 M，时间 T，温度 Θ；英制等其他单位×转换系数＝SI 制标准单位）

物理量名称〔量纲〕	英制等其他单位	转换系数	SI 制标准单位	物理量名称〔量纲〕	英制等其他单位	转换系数	SI 制标准单位
长度〔L〕	Å	10^{-10}	m	力〔MLT^{-2}〕	dyne	10^{-5}	$N=kg\cdot m/s^2$
	in	0.0254	m		lb_f	4.4482	$N=kg\cdot m/s^2$
	ft	0.3048	m		poundal	0.138	$N=kg\cdot m/s^2$
	yd	0.9144	m	质量〔M〕	lb_m	0.4536	kg
	mile	1609.3	m		ton(2000lb)	907	kg
面积〔L^2〕	in^2	6.45×10^{-4}	m^2	能量〔ML^2T^{-2}〕	Btu	1055.06	$J=N\cdot m$
	ft^2	0.0929	m^2		cal	4.1868	$J=N\cdot m$
体积〔L^3〕	in^3	1.639×10^{-5}	m^3		kcal	4186.8	$J=N\cdot m$
	ft^3	0.02832	m^3		erg	10^{-7}	$J=N\cdot m$
	gal(US)	3.785×10^{-3}	m^3		$ft\cdot lb_f$	1.356	$J=N\cdot m$
	L(liter)	0.001	m^3		$kW\cdot h$	3.6×10^6	$J=N\cdot m$
密度〔ML^{-3}〕	lb_m/ft^3	16.02	kg/m^3	功率〔ML^2T^{-3}〕	Btu/s	1055.06	$W=J/s$
	g/cm^3	1000	kg/m^3		cal/s	4.1868	$W=J/s$
黏度〔$ML^{-1}T^{-1}$〕	cP	0.001	$Pa\cdot s$		kcal/s	4186.8	$W=J/s$
	poise	0.1	$Pa\cdot s$		$ft\cdot lb_f/s$	1.356	$W=J/s$
	$lb_f\cdot s/ft^2$	47.88	$Pa\cdot s$	压力〔$ML^{-1}T^{-2}$〕	hp	735.5	$W=J/s$
	$lb_m/(ft\cdot s)$	1.488	$Pa\cdot s$		atm	101325	$Pa=N/m^2$
比热容〔$L^2T^{-2}\Theta^{-1}$〕	$Btu/(lb_m\cdot °F)$	4186.8	$J/(kg\cdot K)$		$ata=kgf/cm^2$	9.807×10^4	$Pa=N/m^2$
	$cal/(g\cdot K)$	4186.8	$J/(kg\cdot K)$		bar	10^5	$Pa=N/m^2$
扩散系数〔L^2T^{-1}〕	ft^2/h	2.581×10^{-5}	m^2/s		$lb_f/in^2(psi)$	6895	$Pa=N/m^2$
	ft^2/s	0.0929	m^2/s		lb_f/ft^2	47.88	$Pa=N/m^2$
导热系数〔$MLT^{-3}\Theta^{-1}$〕	$erg/(cm\cdot s\cdot K)$	10^{-5}	$W/(m\cdot K)$		dyn/cm^2	0.1	$Pa=N/m^2$
	$cal/(cm\cdot s\cdot K)$	418.68	$W/(m\cdot K)$		torr	133.3	$Pa=N/m^2$
	$lb_f/(s\cdot °F)$	8.007	$W/(m\cdot K)$		inH_2O	249.1	$Pa=N/m^2$
	$Btu/(ft\cdot h\cdot °F)$	1.731	$W/(m\cdot K)$		inHg	3386.2	$Pa=N/m^2$
传热系数〔$MT^{-3}\Theta^{-1}$〕	$g/(s^3\cdot K)$	10^{-3}	$W/(m^2\cdot K)$		mmH_2O	9.807	$Pa=N/m^2$
	$cal/(cm^2\cdot s\cdot K)$	41868	$W/(m^2\cdot K)$		mmHg	133.3	$Pa=N/m^2$
	$lb_m/(s^3\cdot °F)$	0.8165	$W/(m^2\cdot K)$	温度〔Θ〕	\multicolumn{3}{c}{$t(℃)=(5/9)[t(°F)-32]$}		
	$Btu/(ft^2\cdot h\cdot °F)$	5.678	$W/(m^2\cdot K)$		\multicolumn{3}{c}{$T(K)=t(℃)+273.15$}		

表中符号注解：

ata—工程大气压	dyne—达因	H_2O—水柱	lb_f—磅(力)	Pa—帕
atm—标准大气压	erg—尔格	in—英寸	lb_m—磅(质量)	s—秒
Å—埃	ft—英尺	J—焦耳	L—升	ton—吨(英)
bar—巴	g—克	kcal—千卡	m—米	torr—托
Btu—英热单位	gal—加仑	kg—千克	mile—英里	W—瓦
cal—卡	h—小时	kgf—公斤力	N—牛顿	yd—码
cm—厘米	hp—马力	kW—千瓦	poise—泊	℃—摄氏度
cP—厘泊	Hg—汞柱	K—开尔文	poundal—磅达	°F—华氏度

表 D-2　常见特征数（相似数）及其意义

符号	特征数名称	英文名称	定义式	意义与应用	符号定义
Ar	阿基米德	Archimedes	$\dfrac{\rho(\rho_p-\rho)gd^3}{\mu^2}$	有效重力与黏性力之比；应用于混合对流、颗粒流态化问题	
Bi	毕渥	Biot	$\dfrac{hL}{k_s}$或$\dfrac{h(V/A)}{k_s}$	物体内部导热热阻与边界对流换热热阻之比；应用于热传导问题	
Eu	欧拉	Euler	$\dfrac{p}{\rho u^2}$	压力与惯性力之比；应用于压差流或涉及空化的流动问题	
Fo	傅里叶	Fourier	$\dfrac{\alpha t}{L^2}$或$\dfrac{\alpha t}{(V/A)^2}$	热扩散时间准数；应用于非稳态热传导问题，反映导热进程快慢	a—声速
Fr	佛鲁德	Froude	$\dfrac{u^2}{gL}$	惯性力与重力之比；应用于有自由表面的流动问题	A—物体表面积
Ga	伽利略	Galileo	$\dfrac{g\rho^2 d^3}{\mu^2}$	浮力与黏性力之比；应用于自然对流、颗粒沉降或流态化问题	c_p—比定压热容
Gr	格拉晓夫	Grashof	$\dfrac{L^3\rho^2 g\beta\Delta T}{\mu^2}$	温差浮力与黏性力之比；应用于自然对流换热问题	d—颗粒直径
Gz	格雷兹	Graetz	$\dfrac{q_m c_p}{kL}$	表征对流换热进口区长度；应用于管道内的对流换热问题	D_{AB}—质量扩散系数
Le	刘易斯	Lewis	$\dfrac{k}{c_p\rho D_{AB}}$或$\dfrac{\alpha}{D_{AB}}$	热量扩散与质量扩散之比；应用于对流换热问题	h—对流换热系数
Ma	马赫	Mach	$\dfrac{u}{a}$	流体速度与声速之比；应用于高速气体流动问题	h_D—对流传质系数 k—流体导热系数
Nu	鲁塞尔特	Nusselt	$\dfrac{hL}{k}$	导热与对流热阻之比，表征对流换热强度；应用于对流换热问题	k_s—固体导热系数 L—定性尺度
Pe	贝克列	Peclet	$\dfrac{uL}{\alpha}$或$RePr$	热对流与热扩散速率之比；应用于对流换热问题	p—流体压力
			$\dfrac{uL}{D_{AB}}$或$ReSc$	对流流速与质量扩散速率之比；应用于对流传质问题	q_m—质量流量 t—时间
Pr	普兰特	Prandtl	$\dfrac{c_p\mu}{k}$或$\dfrac{\nu}{\alpha}$	动量扩散与热量扩散之比；应用于对流换热问题	u—定性速度 V—物体体积
Re	雷诺	Reynolds	$\dfrac{\rho uL}{\mu}$	惯性力与黏性力之比；应用于涉及黏性和惯性力的流动	α—热扩散系数 $(\alpha=k/\rho c_p)$
Sc	斯密特	Schmidt	$\dfrac{\mu}{\rho D_{AB}}$或$\dfrac{\nu}{D_{AB}}$	动量扩散与质量扩散之比；应用于对流传质问题	β—热膨胀系数 ΔT—流体温差
Sh	谢伍德	Sherwood	$\dfrac{h_D L}{D_{AB}}$	扩散与对流传质阻力比，表征对流传质强度；应用于对流传质问题	μ—流体黏度 ρ—流体密度
St	斯坦顿	Stanton	$\dfrac{h}{c_p\rho u}$或$\dfrac{RePr}{Nu}$	组合准数，对流换热与热焓增量之比；应用于对流换热问题	ρ_p—颗粒密度 ν—动量扩散系数
St	斯特哈尔	Strouhal	$\dfrac{L}{ut}$	惯性力时间变化与空间变化之比；应用于非稳态或周期性流动问题	或运动粘度
We	韦伯	Weber	$\dfrac{\rho u^2 L}{\sigma}$	惯性力与表面张力之比；应用于涉及流体界面力的流动问题	

附录 E 管道粗糙度、局部阻力系数及绕流总阻力系数参考值

表 E-1 常见管道粗糙度参考值

材料名称	粗糙度 e/mm	材料名称	粗糙度 e/mm
拉拔管(黄铜、铅等)	$0.01 \sim 0.05$	橡皮软管	$0.01 \sim 0.03$
无缝钢管及镀锌管(新)	$0.1 \sim 0.2$	浇注沥青的铸铁管	0.12
轻度腐蚀无缝钢管	$0.2 \sim 0.3$	木管道	$0.25 \sim 1.25$
铸铁管(新)	0.3	混凝土管道	$0.3 \sim 3.0$
铸铁管(旧)	$\geqslant 0.85$	铆接钢管	$0.9 \sim 9.0$
玻璃管	0.0015	聚氯乙烯塑料管	0.0015

表 E-2 管件和阀件的局部阻力系数 ζ 参考值

标准弯头	$45°:\zeta = 0.35; 90°:\zeta = 0.75$			活管接		$\zeta = 0.4$	
90°方形弯头	$\zeta = 1.3$			180°回弯头		$\zeta = 1.5$	

弯管	φ	30°	45°	60°	75°	90°	105°	120°
$R_w/D = 1.5, \zeta$		0.08	0.11	0.14	0.16	0.175	0.19	0.20
$R_w/D = 2.0, \zeta$		0.07	0.10	0.12	0.14	0.15	0.16	0.17

入管口 (容器→管)	$\zeta = 0.5$	$\zeta = 0.56$	$\zeta = 3 \sim 1.3$	$\zeta = 0.5 + 0.5\cos\varphi + 0.2\cos^2\varphi$
标准三通	$\zeta = 0.4$	$\zeta = 1.5$用作弯头	$\zeta = 1.3$用作弯头	$\zeta = 1$

水泵底阀进口 无底阀:$\zeta = 2 \sim 3$	有底阀	D/mm	40	50	75	100	150	200	250	300
		ζ	12	10	8.5	7.4	6.0	5.2	4.4	3.7

闸阀	全开		3/4 开		1/2 开		1/4 开	
	$\zeta = 0.17$		$\zeta = 0.9$		$\zeta = 4.5$		$\zeta = 24$	

标准截止阀 (球心阀)	全开:$\zeta = 6.4$; 1/2开:$\zeta = 9.5$		单向阀 (止逆阀)		摇板式:$\zeta = 2$;球形单向阀:$\zeta = 70$	

蝶阀	φ	5°	10°	20°	30°	40°	45°	50°	60°	70°
	ζ	0.24	0.52	1.54	3.91	10.8	18.7	30.6	118	751

旋塞	φ	5°		10°		20°		40°		60°
	ζ	0.05		0.29		1.56		19.3		206

角阀(90°)	$\zeta = 5$	滤水器(滤水网)	$\zeta = 2$	水表(盘形)	$\zeta = 7$

表 E-3 由大容器进入管口（有圆角过渡）的局部阻力系数 ζ 参考值

	r/D	0.02	0.04	0.06	0.10	$\geqslant 0.15$
	ζ	0.28	0.24	0.15	0.09	0.04

表 E-4 典型物体绕流总阻力系数 C_D 参考值（$Re > 10^4$）

形 状		C_D	形 状		C_D
长圆柱	○	查图10-4	无限长椭圆柱 $u_0 \to$ 椭圆 b, a	$a/b=2$	0.2
半圆形 长柱体	◗	1.20		$a/b=4$	0.1
	◖	1.70		$a/b=8$	0.1
无限长 半管壳	C	1.20	旋转椭球体(椭圆球体) $u_0 \to$ 椭圆 d, l	$l/d=2$	0.06
	Ɔ	2.30		$l/d=4$	0.06
正方形 长柱体	□	2.00		$l/d=8$	0.13
	◇	1.50		$l/b=1$	1.18
正三角 长柱体	▷	2.00	矩形薄板 $u_0 \to$ 薄板 b	$l/b=5$	1.20
	◁	1.39		$l/b=10$	1.30
立方体	□	1.10		$l/b=20$	1.50
	◇	0.81		$l/b=\infty$	1.98
60°圆锥	◁	0.49		$l/d \to 0$	1.17
半球体	◖	0.38	流体平行圆柱体 ($l/d \to 0$为圆碟片) d, l u_0	$l/d=0.5$	1.15
	◗	1.17		$l/d=1$	0.90
半球壳罩	◖	0.39		$l/d=2$	0.85
	◗	1.40		$l/d=4$	0.87
降落伞	$Re = 3 \times 10^7$	1.20		$l/d=8$	0.99

参 考 文 献

[1] 黄卫星，伍勇. 工程流体力学. 3版. 北京：化学工业出版社，2018.

[2] 潘文全. 工程流体力学. 北京：清华大学出版社，1988.

[3] 伯德 R B，斯图沃特 W E，莱特富特 E N. 传递现象. 戴干策，戎顺熙，石炎福译. 北京：化学工业出版社，2004.

[4] Douglas J F，Gasiorek J F，Swaffield J A. Fluid Mechanics. 3rd ed. 北京：世界图书出版公司北京公司，2000.

[5] Roberson J A，Crowe C T. Engineering Fluid Mechanics. 5th ed. Boston：Houghton Mifflin Company，1993.

[6] Finnemore E J，Franzini J B. Fluid Mechanics with Engineering Applications. 10th ed. 北京：清华大学出版社，2003.

[7] Welty J R，Wicks C E，Wilson R E，Gregory R. Fundamentals of Momentum，Heat，and Mass Transfer. 4th ed. New York：John Wiley & Sons，2001.

[8] 戴干策，陈敏恒. 化工流体力学. 2版. 北京：化学工业出版社，2005.

[9] 陈敏恒，丛德滋，方图南，等. 化工原理（上册）. 2版. 北京：化学工业出版社，1999.

[10] 康永，张建伟，李桂水. 过程流体机械. 北京：化学工业出版社，2008.

[11] 刘桂玉，刘志刚，阴建民，等. 工程热力学. 北京：高等教育出版社，1998.

[12] 数学手册编写组编. 数学手册. 北京：高等教育出版社，2000.

[13] Qiao M，Wei W Y，Huang W X，et al. Flow patterns and hydrodynamic model for gas-liquid co-current downward flow through an orifice plate. Experimental Thermal and Fluid Science，2019，100：144-157.

[14] Qiao M，Huang W X，Li J F，et al. Experimental Investigation on the Pulse Flow Regime Transition of Gas-liquid Concurrent Downward Flow through Sieve Plate Packed Bed. Industrial & Engineering Chemistry Research，2019，58（21）：9140-9154.

[15] Deng C J，Huang W X，Wang H Y，et al. Modeling liquid-liquid interface level in a horizontal three-phase separator with a bucket and weir. Journal of Dispersion Science and Technology，2018；39（11）：1582-1587.

[16] Deng C J，Huang W X. Modeling and design procedures for decontamination of an evaporation tower with sieve trays in radioactive wastewater treatment of nuclear power plant. Environment Engineering Science，2017，34（9）：648-658.

[17] Shi W D，Huang W X，Zhou Yuhan，et al. Hydrodynamics and pressure loss of concurrent gas-liquid downward flow through sieve plate packing. Chemical Engineering Science，2016，143（4）：206-215.

[18] Qi X B，Zhu J，Huang W X. Hydrodynamic similarity in circulating fluidized bed risers. Chemical Engineering Science，2008，63（23）：5613-5625.

[19] 黄卫星，余华瑞，石炎福. 强制循环蒸发器流体停留时间分布测试分析. 高校化学工程学报，1996，10（2）：140-144.

[20] Huang W X，Gu D T. A Study on Secondary Flow and Fluid Resistance in a Helically Coiled Tube with Rectangular Cross Section. International Journal of Chemical Engineering，1989，29（3）：480-485.

[21] Haaland S E. Simple and explicit Formulas for the Friction Factor in Turbulent Pipe Flow. J Fluids Engineering，1983，105（1）：89-90.

[22] Mishra P，Gupta S N. Momentum transfer in curved pipes-1 Newtonian fluids. Ind Eng Chem Process Des Dev，1979；18（1）：130-136.